U0226885

内 容 简 介

本书以南水北调中线工程水源地丹江口水库淅川库区一级保护区小太平洋水域为研究对象，采用原位观测、野外调查、模拟实验和室内分析相结合的方法，系统研究库区氮干、湿沉降及总沉降量，揭示氮沉降对库区水体外源氮输入的贡献，厘清氮沉降化合物的形态特征，识别库区氮沉降的来源及变化规律，阐明氮沉降对库区水体水质及水生生态系统的潜在影响，并在此基础上，探索性地提出有针对性的库区水体氮污染控制途径。

本书是作者及团队5年来在丹江口水库氮沉降研究方面所做工作的系统总结和展示，均为第一手研究资料，可供环境科学、生态学等相关专业的科研和管理人员及高等学校的本科生、研究生参考与阅读。

审图号：GS 京(2024)2153 号

图书在版编目(CIP)数据

南水北调中线工程水源地氮沉降特征及其生态效应／赵同谦等著．—北京：科学出版社，2024. 10

ISBN 978-7-03-077716-4

Ⅰ. ①南…　Ⅱ. ①赵…　Ⅲ. ①南水北调-水利工程-水源地-氮-沉降-研究　Ⅳ. ①X523

中国国家版本馆 CIP 数据核字（2023）第 248511 号

责任编辑：张　菊　李　洁／责任校对：樊雅琼

责任印制：赵　博／封面设计：无极书装

科学出版社 出版

北京东黄城根北街 16 号

邮政编码：100717

http://www.sciencep.com

三河市春园印刷有限公司印刷

科学出版社发行　各地新华书店经销

*

2024 年 10 月第　一　版　开本：787×1092　1/16

2025 年　1　月第二次印刷　印张：23 1/2　插页：2

字数：550 000

定价：278.00 元

（如有印装质量问题，我社负责调换）

南水北调中线工程
特征及其生态

赵同谦　郭晓明　肖春艳 等

科 学 出 版 社

北 京

《南水北调中线工程水源地氮沉降特征及其生态效应》

撰写成员

赵同谦　郭晓明　肖春艳　武　俐

李卫国　贺玉晓　陈晓舒

前 言

氮是地球生物体的重要构成元素和维持动物、植物生命活动的必需元素。氮在元素周期表中是第VA族元素，可以形成从负三价到正五价的化合物或原子团，如NH_3、N_2H_2、N_2O、NO、NO_2、NO_2^-、NO_3^-等。两个氮原子构成一个氮气分子，氮气是构成大气的主要组成成分。氮不仅是生物体内蛋白质分子的构成元素，也是细胞核中核酸的主要组成部分，具有不可替代性。同时，氮也是生态系统中一种极其重要的生态因子，其主要输入来源包括生物固氮、径流输入和大气沉降。

大气沉降是氮素输入生物圈的重要途径，是大气中的含氮化合物通过干、湿沉降形式降落到地表的过程。自工业革命以来，人类活动已成为地球系统变化的主要驱动力，对地球系统氮循环的扰动已经超过了其承载力。近几十年来，由于中国经济的快速发展以及能源和粮食消耗的持续增长，化石燃料燃烧、化肥施用及畜牧业发展等向大气中排放的氮化合物迅速增加，从而使中国成为继欧洲和美国之后的第三大氮沉降区。日渐凸显的氮沉降问题及其生态效应越来越成为当前生态学领域和环境科学领域研究的焦点。

氮沉降对生态环境的影响具有多重性、连锁性和放大性效应。适量的氮沉降有助于生态系统生产力的提高，而过量的氮沉降则会对生态系统健康和服务功能造成显著影响，如水体富营养化、生物多样性丧失、温室效应增强和土壤营养元素淋失等。目前，国内外学者围绕氮沉降量、沉降特征及其生态效应展开了一系列研究，其中，陆地生态系统研究集中在森林、草地、农田、区域和城市，水体氮沉降研究则集中在海洋、湖泊和沼泽。比较而言，有关水库氮沉降的研究相对较少，尤其是针对具有水源地意义的大型和超大型水库的相关研究更是较为缺乏。并且，对于水库来说，由于其具有较大的水域面积和一定的水力停留时间，氮沉降所引发的环境和生态效应可能尤为突出。因此，系统开展重要水源地大型水库的氮沉降特征研究具有重要的科学意义和现实意义。

南水北调中线工程是我国跨流域水资源优化配置和保障民生的重大战略性基础设施，水源地丹江口水库横跨河南、湖北两省，其中，河南省南部的淅川库区面积为546 km^2，占库区总面积的52%，取水口位于淅川县的陶岔。截至2021年12月12日，南水北调中线工程正式通水7周年累计调水441亿m^3。习近平总书记于2021年5月13日赴河南省淅川县南水北调中线工程水源地考察时，强调“要把水源区的生态环境保护工作作为重中之重”和“守好这一库碧水”。如何从“守住生命线”的高度切实维护工程安全、供水安全、水质安全，持续做好水源地生态环境保护，确保“一泓清水北上”，已经上升为该区域的热点问题和重大需求。

根据2016～2020年《河南省生态环境质量年报》提供的数据，丹江口水库取水口水质总体良好，水质符合Ⅱ类标准，但是若总氮参与评价，则其水质符合Ⅲ类或Ⅳ类标准，潜在威胁不容忽视。库区水体总氮居高不下的原因何在？氮沉降是不是库区水体外源氮输入的重要来源？库区特殊下垫面条件下氮沉降呈现何种特征？氮沉降对水质和水生生态系统会产生何种程度的影响？上述问题已经成为库区水质保护、国家重大水源地生态安全实践中亟待解决的重要科学问题。

在国家自然科学基金河南联合基金重点项目（U1704241）和中原科技创新领军人才项目（194200510010）的共同资助下，本课题组紧扣南水北调工程供水安全的国家战略需求，在丹江口水库淅川库区开展了一系列野外调查、定位观测等研究工作，内容涉及氮沉降量的时空特征、形态特征、来源解析、生态效应及其控制途径等多方面，获取了水源地核心库区氮沉降特征的第一手资料，不仅为库区水质保护工作提供了基础数据支撑，还为其他类似水源地水质保护和生态环境建设决策与实践提供了借鉴。

本书共分为9章。第1章绪论，对氮沉降的概念、形态、来源、生态效应等方面的国内外研究进展进行较为系统的总结和回顾，并对研究的内容和技术路线进行介绍；第2章对南水北调中线工程水源地的自然地理和社会经济概况、水源地周边土地利用格局及其动态变化规律等进行系统分析；第3章以野外原位观测实验为基础，分析库区氮干、湿沉降量的时空变化特征，揭示氮沉降对库区水体外源氮输入的贡献；第4章系统分析库区氮沉降的形态特征，重点探索有机氮沉降的组分特征及其影响因素；第5章基于同位素示踪和PMF模型，对库区氮沉降的来源进行解析；第6章基于野外调查和高通量测序，分析库区浮游植物群落结构时空变化特征及其影响因素；第7章基于室内模拟实验探讨库区氮沉降对浮游植物群落组成及多样性的影响；第8章揭示库区典型硅藻对水体氮素变化的响应机制；第9章基于上述研究结果，提出库区水体外源氮输入的控制途径和水质保护措施。

本书由赵同谦教授组织撰写，并由其和郭晓明、肖春艳、武俐、李卫国、贺玉晓、陈晓舒等共同完成。其中，前言和第1章由赵同谦主笔，第2章由肖春艳和陈晓舒共同完成，第3章由郭晓明主笔，第4章由武俐主笔，第5章由肖春艳主笔，第6章由李卫国和贺玉晓共同完成，第7章由李卫国主笔，第8章由贺玉晓主笔，第9章由赵同谦和郭晓明共同完成，全书由赵同谦统稿定稿。此外，参与本书研究和撰写工作的还包括常天俊副教授、李艳利副教授，以及罗玲、张春霞、杨亦轩、刘轩、金超、王海坡、郑永坤、买思婕、陈飞宏、张清森、刘晓真、王祖恒和胡倩倩等多位研究生。本书凝结了上述研究人员多年的成果和心血，在此一并表示感谢。

特别感谢国家自然科学基金委员会以及河南省科学技术厅的经费支持，感谢河南省南水北调中线渠首生态环境监测中心、河南理工大学资源环境学院和环境科学与工程河南省一级重点学科在研究过程中给予的各种便利和鼎力支持。感谢中国科学院计算网络信息中心在遥感影像获取、解译和数据分析过程中给予的大力帮助。

由于氮沉降在形态分析和来源解析等方面的研究存在诸多不确定性因素，加之作者水平有限，书中不妥或疏忽之处在所难免，欢迎读者和同行专家批评指正。

著　者

2023年8月10日

目　　录

前言
第 1 章　绪论 ………… 1
1.1　研究背景 ………… 1
1.2　氮沉降的研究进展 ………… 2
1.2.1　氮沉降概述 ………… 2
1.2.2　氮沉降类型 ………… 3
1.2.3　氮沉降量 ………… 4
1.2.4　氮沉降化合物的形态特征 ………… 6
1.2.5　氮沉降化合物的来源识别 ………… 6
1.2.6　氮沉降对湖库水体的生态效应 ………… 8
1.2.7　存在的问题 ………… 9
1.3　研究内容 ………… 9
1.4　研究技术路线 ………… 11
参考文献 ………… 12
第 2 章　水源地周边土地利用变化及其对氮输出的影响 ………… 18
2.1　研究方法 ………… 19
2.1.1　研究区概况 ………… 19
2.1.2　土地利用数据来源及分类 ………… 21
2.1.3　缓冲区划分 ………… 23
2.1.4　土地利用转移矩阵 ………… 24
2.1.5　InVEST 模型 ………… 24
2.2　水源地周边土地利用格局动态变化 ………… 27
2.2.1　土地利用变化特征 ………… 27
2.2.2　土地利用类型转移 ………… 30
2.3　水源地周边土地利用类型变化对库区氮输出的影响 ………… 45
2.3.1　不同土地利用类型氮输出特征 ………… 45
2.3.2　氮输出对土地利用类型变化的响应 ………… 49
2.4　小结 ………… 51
参考文献 ………… 52
第 3 章　氮沉降时空变化 ………… 56
3.1　概述 ………… 56
3.1.1　氮沉降的时空特征 ………… 56

3.1.2 氮沉降的影响因素 …… 57
3.1.3 氮沉降对地表水体外源氮输入的贡献 …… 60
3.2 材料与方法 …… 61
3.2.1 采样点概况 …… 61
3.2.2 样品采集与分析 …… 63
3.2.3 数据分析 …… 66
3.3 氮沉降的时空特征 …… 66
3.3.1 干沉降 …… 66
3.3.2 湿沉降 …… 88
3.4 氮沉降时空分布的影响因素 …… 111
3.4.1 干沉降 …… 111
3.4.2 湿沉降 …… 114
3.5 氮沉降对水库水体外源氮输入的贡献 …… 117
3.5.1 氮沉降对水库水体外源氮输入的贡献 …… 117
3.5.2 氮沉降对水体氮浓度的净增量 …… 119
3.5.3 氮沉降对水体初级生产力的贡献 …… 121
3.6 小结 …… 121
参考文献 …… 122
第4章 氮沉降化合物的形态特征 …… 131
4.1 概述 …… 131
4.1.1 氮沉降化合物形态的分类 …… 131
4.1.2 氮沉降化合物的典型组分特征 …… 131
4.1.3 不同形态氮沉降的生态影响 …… 134
4.2 材料与方法 …… 136
4.2.1 样品采集 …… 136
4.2.2 测定方法 …… 136
4.2.3 数据分析 …… 137
4.3 氮沉降的组分特征 …… 137
4.3.1 干沉降中无机氮的组成 …… 138
4.3.2 湿沉降中无机氮的组成 …… 139
4.3.3 无机氮沉降对总氮沉降的贡献 …… 140
4.3.4 有机氮沉降对总氮沉降的贡献 …… 141
4.4 尿素沉降的时空变化 …… 143
4.4.1 尿素沉降特征的时间变化 …… 143
4.4.2 尿素沉降特征的空间变化 …… 144
4.5 氨基酸沉降特征 …… 148
4.5.1 游离态氨基酸沉降的时空变化 …… 148
4.5.2 结合态氨基酸沉降的时空变化 …… 154

4.5.3　氨基酸的组分特征 …… 159
4.6　有机胺浓度分析 …… 163
4.6.1　有机胺浓度的时空变化特征 …… 163
4.6.2　脂肪胺浓度的时空变化特征 …… 165
4.6.3　芳香胺浓度的时空变化特征 …… 166
4.6.4　杂环胺四氢吡咯浓度的时空变化特征 …… 166
4.7　小结 …… 167
参考文献 …… 168
第5章　氮沉降来源解析 …… 178
5.1　概述 …… 178
5.1.1　大气中氨氮来源 …… 178
5.1.2　大气中硝酸盐来源 …… 179
5.1.3　大气中有机氮来源 …… 181
5.2　研究方法 …… 183
5.2.1　野外观测点布设与样品采集 …… 183
5.2.2　样品分析与测试 …… 185
5.2.3　源解析方法 …… 186
5.3　氨氮同位素特征及其来源 …… 190
5.3.1　氨氮浓度特征 …… 190
5.3.2　氨氮同位素特征 …… 195
5.3.3　不同排放源对氨氮的贡献 …… 198
5.4　硝氮同位素特征及其来源 …… 202
5.4.1　硝氮浓度特征 …… 202
5.4.2　硝氮同位素特征 …… 206
5.4.3　不同排放源对硝氮的贡献 …… 211
5.5　有机氮浓度特征及其来源 …… 214
5.5.1　有机氮浓度特征 …… 214
5.5.2　无机离子浓度特征 …… 219
5.5.3　有机氮与无机离子的相关关系 …… 221
5.5.4　不同排放源对有机氮的贡献 …… 223
5.6　小结 …… 228
参考文献 …… 229
第6章　库区浮游植物群落的群落特征 …… 239
6.1　概述 …… 239
6.1.1　浮游植物与水质的关系 …… 239
6.1.2　浮游植物生长的驱动因子 …… 240
6.1.3　浮游植物的分类鉴定 …… 242
6.1.4　库区浮游植物群落结构 …… 243

6.2 材料与方法 …… 244
6.2.1 采样点布设 …… 244
6.2.2 采样与分析 …… 245
6.2.3 数据统计与分析 …… 246
6.3 库区的水质特征 …… 247
6.3.1 库区水质的季节性变化 …… 247
6.3.2 库区水质的空间变化 …… 247
6.4 浮游植物的群落结构特征 …… 250
6.4.1 浮游植物群落结构季节特征 …… 250
6.4.2 浮游植物群落结构空间特征 …… 258
6.5 浮游植物结构与理化因子 …… 267
6.5.1 浮游植物群落季节变化的驱动因子 …… 267
6.5.2 浮游植物群落空间变化的驱动因子 …… 270
6.6 小结 …… 271
参考文献 …… 273
第7章 氮沉降对浮游植物群落结构特征的影响 …… 277
7.1 概述 …… 277
7.1.1 氮素对浮游植物初级生产力及生物多样性的影响 …… 278
7.1.2 水体氮素对浮游植物群落结构特征的影响 …… 278
7.1.3 浮游植物响应氮沉降的变化特征 …… 280
7.2 材料与方法 …… 281
7.2.1 实验设计 …… 281
7.2.2 测定与分析 …… 282
7.3 氮沉降量对浮游植物的影响 …… 283
7.3.1 浮游植物响应氮沉降量变化的生长特性 …… 283
7.3.2 浮游植物群落对氮沉降量变化的响应 …… 284
7.3.3 氮沉降量变化对浮游植物的影响 …… 289
7.4 不同氮素形态对浮游植物的影响 …… 291
7.4.1 浮游植物响应不同氮素形态的生长特性 …… 291
7.4.2 浮游植物响应不同氮素形态的群落结构特征 …… 292
7.4.3 不同氮素形态对浮游植物群落结构的影响 …… 296
7.5 小结 …… 297
参考文献 …… 298
第8章 典型硅藻对水体氮素变化的响应机制 …… 301
8.1 概述 …… 301
8.1.1 氮素对藻类生长的影响 …… 302
8.1.2 氮素对藻类荧光特性的影响 …… 303
8.1.3 浮游植物对氮的吸收动力学研究 …… 303

8.1.4　浮游植物对不同形态氮吸收的差异 …… 304
8.1.5　氮素对藻类种间竞争的影响 …… 305
8.2　材料与方法 …… 305
8.2.1　样本采集与藻种分离纯化 …… 305
8.2.2　形态学观察、分子鉴定及序列分析 …… 307
8.2.3　藻种的扩大培养 …… 308
8.2.4　氮吸收动力学 …… 308
8.2.5　藻细胞密度和生长 …… 308
8.2.6　响应氮素的光合特性 …… 309
8.2.7　响应水体氮素的竞争关系 …… 310
8.2.8　数据统计分析 …… 310
8.3　典型硅藻响应水体氮素的吸收动力学特征 …… 311
8.3.1　脆杆藻对不同氮素的吸收情况及动力学参数 …… 311
8.3.2　针杆藻对不同氮素的吸收情况及动力学参数 …… 312
8.3.3　梅尼小环藻对不同氮素的吸收情况及动力学参数 …… 313
8.3.4　讨论 …… 315
8.4　典型硅藻响应水体氮素的生长特性 …… 315
8.4.1　不同氮素对脆杆藻生长的影响 …… 315
8.4.2　不同氮素对针杆藻生长的影响 …… 317
8.4.3　不同氮素对梅尼小环藻生长的影响 …… 318
8.4.4　讨论 …… 319
8.5　典型硅藻响应水体氮素的光合特性 …… 321
8.5.1　不同氮素对脆杆藻叶绿素荧光的影响 …… 321
8.5.2　不同氮素对针杆藻叶绿素荧光的影响 …… 324
8.5.3　不同氮素对梅尼小环藻叶绿素荧光的影响 …… 328
8.5.4　讨论 …… 331
8.6　典型硅藻响应水体氮素的竞争关系 …… 333
8.6.1　不同氮素对三种硅藻单独培养的影响 …… 333
8.6.2　不同氮素对脆杆藻和针杆藻混合培养的影响 …… 334
8.6.3　不同氮素对脆杆藻和梅尼小环藻混合培养的影响 …… 336
8.6.4　不同氮素对针杆藻和梅尼小环藻混合培养的影响 …… 338
8.6.5　讨论 …… 340
8.7　小结 …… 341
参考文献 …… 343
第9章　氮沉降控制途径 …… 350
9.1　氮沉降特征及其生态效应 …… 350
9.1.1　氮沉降量及其对水体外源氮输入的贡献 …… 350
9.1.2　氮沉降组分特征 …… 352

9.1.3 含氮化合物来源 …… 354
9.1.4 氮沉降生态效应 …… 355
9.2 氮沉降控制途径 …… 357
9.2.1 NH_4^+-N 排放控制途径 …… 357
9.2.2 NO_3^--N 排放控制途径 …… 359
9.2.3 有机氮排放控制途径 …… 360
参考文献 …… 361
彩图

第1章 绪　论

1.1 研究背景

南水北调中线工程是我国跨流域水资源优化配置和保障民生的重大战略性基础设施，水源地丹江口水库横跨河南、湖北两省，其中，河南省南部的淅川库区面积为546km^2，占库区总面积的52%，取水口位于淅川县的陶岔。截至2021年12月12日，南水北调中线工程正式通水7周年，累计向河南、河北、天津和北京四省（直辖市）调水441亿m^3。习近平总书记于2021年5月13日赴河南省淅川县南水北调中线工程水源地考察，他指出要从“守住生命线”的高度切实维护工程安全、供水安全和水质安全。因此，持续做好水源地生态环境保护，确保“一泓清水北上”，已经上升为该区域的热点问题和重大需求。

根据2016～2020年《河南省生态环境质量年报》提供的数据（河南省环境保护厅，2021），丹江口水库取水口水质总体良好，水质符合Ⅱ类标准，但是若总氮参与评价，则其水质符合Ⅲ类或Ⅳ类标准，潜在威胁不容忽视。库区水体氨氮不高而总氮居高不下的原因何在？氮沉降是不是库区水体外源氮输入的重要来源？库区特殊下垫面条件下氮沉降呈现何种特征？氮沉降对水体水质和水生生态系统会产生何种程度的影响？上述问题已经成为库区水质保护、国家重大水源地生态安全实践中亟待解决的重要科学问题。

氮沉降是氮素输入生物圈的重要途径。近几十年来化石燃料燃烧、化肥施用及畜牧业发展等向大气中排放的含氮化合物激增，目前，中国已经成为继欧洲和美国之后的第三大氮沉降区（Galloway et al.，2008；顾峰雪等，2016）。顾峰雪等（2016）的研究表明，1961～2010年中国的氮沉降速率呈显著增加趋势，过去50年中国陆地氮沉降速率增加了近8倍，虽然不同研究对不同区域的氮沉降量估计存在一定的差异，但可以看出中国区域的氮沉降量已经超过了美国和欧洲地区。Galloway等（2008）的研究表明，到2050年全球氮沉降量超过7.5kg/(hm^2·a)的地区将达到一半，其中，沉降量超过50kg/(hm^2·a)的地区集中在中国。Yu等（2020a）研究了珠江三角洲的氮干湿沉降量，发现溶解性总氮（DTN）沉降量在城市、农村和森林中分别为39.8kg/(hm^2·a)、33.8kg/(hm^2·a)和52.0kg/(hm^2·a)。Chen等（2019）通过对长江三角洲不同土地利用类型的氮湿沉降量进行研究发现，农业、城市和湖泊的氮湿沉降量分别为26.6kg/(hm^2·a)、20.6kg/(hm^2·a)、16.9kg/(hm^2·a)，指出氮沉降已成为该区外源氮营养元素输入的重要来源。然而，有关水库氮沉降的研究相对较少（刘冬碧等，2015；卢俊平等，2015），尤其是针对具有水源地意义的大型和超大型水库的相关研究更是较为缺乏。并且对于水库来说，由于其具有较大的水域面积和一定的水力停留时间，氮沉降所引发的环境和生态效应可能尤为突出。因此，系统开展重要水源地大型水库的氮沉降特征研究具有重要的科学意义和现实意义。

本研究拟以南水北调中线工程水源地一级保护区小太平洋水域为研究对象，从氮沉降量、氮沉降化合物的形态特征、氮沉降化合物的来源识别、氮沉降的生态效应四方面系统地开展研究。本研究的开展，一方面，紧扣南水北调中线工程供水安全的国家战略需求，系统地开展重要水源地大型水库的氮沉降量及其变化特征研究，获取水源地核心库区氮沉降特征的第一手资料，为库区水质保护工作提供基础数据支撑。另一方面，可以为国内外有关大型水库氮沉降及其生态效应研究提供案例支持，为其他类似水源地水质保护和生态环境建设决策和实践提供借鉴。

1.2 氮沉降的研究进展

1.2.1 氮沉降概述

氮沉降是氮素生物地球化学循环中的重要环节，是指人类活动向大气中排放的含氮化合物与其他物质如硫氧化物、碳氢化合物等发生多相反应，随后在大气动力作用下发生迁移、扩散和转化，经自身重力、下垫面吸收和降水等从大气中移除而回到地表或者植物冠层的过程（常运华等，2012；刘文竹等，2014）。Rockström 等（2009）认为，自工业革命以来，人类活动已经成为地球系统变化的主要驱动力，导致对氮循环的干扰已经逾越了地球系统承载力的阈值。已有研究表明，人类活动产生的活性氮已经由 1860 年的 15Tg/a 增加到了 2005 年的 187Tg/a，预计到 2050 年可达 200Tg/a，远远超过了全球氮素临界负荷（100Tg/a）（常运华等，2012；宋欢欢等，2014；顾峰雪等，2016）。日渐凸显的氮沉降问题越来越成为当前生态学领域和环境科学领域研究的焦点之一。

氮沉降对生态环境的影响具有多重性、连锁性和放大性效应。适量的氮沉降有助于生态系统生产力的提高，而过量的氮沉降则会对生态系统健康和服务功能造成显著影响，如水体富营养化、生物多样性丧失、土壤营养元素淋失等（Bergström and Jansson，2006；Liu et al.，2011；Gao et al.，2014；Tian and Niu，2015；Stevens，2016）。目前，国内外学者围绕氮沉降量、沉降特征及其生态效应展开了一系列研究。其中，陆地生态系统研究集中在森林（Zhu et al.，2015；Hůnová et al.，2017）、草地（张菊等，2013；Liu et al.，2017）、农田（Zbieranowski and Aherne，2013；Huang et al.，2016）、区域（Huang et al.，2015；Kuang et al.，2016）、城市（贺成武等，2014；Wang et al.，2016），水体氮沉降研究则集中在海洋（Im et al.，2013；Jung et al.，2013；Xing et al.，2017）、湖泊（余辉等，2011；Sheibley et al.，2014；Nanus et al.，2017）、沼泽（孙大成等，2013；Granath et al.，2014）。因此，氮沉降及其引发的生态环境效应已经引起了公众和科学家的广泛关注（崔键等，2015）。

氮沉降的研究始于 1843 年成立的英国的洛桑试验站，之后世界各地开展了零星的氮沉降监测，直到 20 世纪 70 年代氮沉降研究才初步开始呈现系统化和网络化的态势（常运华等，2012；宋欢欢等，2014）。欧美国家和地区的氮沉降研究开始较早，其中，1980 年确定的美国国家酸雨评估计划（National Atmospheric Deposition Program）和 1997 年启动的欧洲监测与评价计划（European Monitoring and Evaluation Programme）被公推为里程碑式的氮沉降研究计划，在研究内容、范围、方法方面都取得了长足的发展，推动了氮沉降监测网络的发展。目前，发达国家的氮沉降研究继续朝着网络化和系统化的方向发展，并开发和应用了适于不同空间尺度和精度需要的氮排放、传输和沉降模拟模型（Flechard et al.，2011；Liu et al.，2011；常运华等，2012；Stevens，2016；Zhao et al.，2017），为氮减量策略的制定提供科学依据。

中国的氮沉降研究起步于20世纪70年代，发展相对滞后。到了80年代，随着酸雨问题的日渐突出，有关大气含氮化合物沉降的定量研究逐渐增多，但仍缺乏对氮沉降全面而系统的研究（常运华等，2012；宋欢欢等，2014）。20世纪90年代末，国家环境保护总局、中国气象局开始独立运作各自300多个监测网络（Liu et al.，2011；宋欢欢等，2014），前者集中分布在城市周边地区，后者则零星散布于农村或者背景值地区，其监测范围仅限于以氮氧化物（NO_x）或NO_2浓度为指征的大气质量监控。自2004年起，中国农业大学组织建立了涵盖农田、草原、城市、森林等生态系统的全国性氮沉降监测网络（Nationwide Nitrogen Deposition Monitoring Network，NNDMN），中国科学院地理科学与资源研究所建立了中国生态系统研究网络（Chinese Ecosystem Research Network，CERN），但是与发达国家相比，中国的氮沉降距离网络化和系统化研究存在一定的差距（Liu et al.，2011），不同生态系统尤其是大型湖库水源地的氮沉降特征及其潜在影响研究仍然需要更多的实证案例（Liu et al.，2011；Stevens，2016）。

1.2.2　氮沉降类型

氮沉降主要包括湿沉降和干沉降两种类型。湿沉降是指在降雨或降雪等条件下大气中悬浮的颗粒物或者气态污染物，通过云内清除（气溶胶或者气体参与云滴的形成）和云下冲刷（雨滴在下落过程中云层底部以下的气溶胶或者气体附着在雨滴表面被清除）两种方式从大气中去除的过程（Behera et al.，2013）。对于氮湿沉降来说，无机氮通常是在云下被清除，而有机氮的去除方式则有所不同，例如Matsumoto等（2019）研究发现雨水中有机氮浓度与降水量、降雨时间、降雨强度、颗粒物和气溶胶中有机氮浓度之间无显著相关性，他们认为雨水对有机氮的吸收可能发生在高层大气中；Yu等（2020b）研究发现当降水量增加时有机氮浓度保持相对稳定，他们认为云内清除可能是有机氮去除的主要方式。

氮湿沉降已经成为地表水体外源氮污染输入的重要来源之一。Zhan等（2017）研究发现滇池的大气氮湿沉降量为14.67kg/(hm^2·a)；余辉等（2011）通过对太湖流域研究发现，太湖大气氮湿沉降量为10 868t/a，占河流氮入湖量的18.6%；Xing等（2017）通过对胶州湾研究发现，该地大气氮湿沉降量为1011t/a，占外源水体氮输入量的10%。此外，通常认为，湿沉降量与降水量之间呈现显著的正相关关系，湿润多雨区湿沉降量占沉降总量的比例一般在61%~84%，月均氮浓度与当月降水量呈极显著关系，且中、小雨挟带的总氮污染物量大于大、暴雨（Huang et al.，2016）。

干沉降是指在空气动力学作用下，气态和颗粒态等物质由于自身重力作用或者下垫面吸收而迁移到地面的过程。相较于湿沉降的脉冲性特征，干沉降具有持续性特征，缓慢而长期的干沉降将会提高湖库水体中的有效氮含量，促进水生植物对氮的吸收，对水体净初级生产力的提高可能具有更大作用。目前，越来越多的研究指出干沉降量在氮总沉降量中的占比是举足轻重的，例如王焕晓等（2018）通过对密云水库石匣小流域大气氮沉降研究发现，该流域大气氮沉降量为 43.14kg/(hm^2·a)，其中干沉降量（颗粒态）占 60.15%，湿沉降量占 39.85%；卢俊平等（2021）通过对大河口水库大气氮沉降研究发现，大气氮沉降量为 32.06kg/(hm^2·a)，其中干沉降量占比 75%，湿沉降量占比 25%。因此，干沉降是大气氮沉降的重要组成部分，一旦其被忽视，氮沉降的含量水平及其生态效应将会被严重低估。

氮湿沉降的监测方法主要包括雨量器采集法和离子交换树脂法。雨量器采集法操作方便且价格低廉，但是在收集湿沉降过程中可能会混入部分干沉降，导致结果偏高（Lindberg et al., 1986）。离子交换树脂法的主要原理是通过交换官能团来固定降水中的含氮阴阳离子。该方法适用范围广，尤其是在山脉和森林等空气湿度较高的地区，测得的大气氮沉降量相对较为准确（Sheng et al., 2013），但是，树脂的使用寿命及其成本也是必须考虑的一个问题。氮干沉降的监测方法主要包括推算法、差减法、串级过滤器采样法和替代面法等（宋欢欢等，2014）。推算法是一种间接测定方法，通过测定大气中含氮化合物的浓度，并结合特定的污染物沉降速率来计算氮干沉降量。该方法较为便捷和准确，已经被广泛应用于氮干沉降的研究中，但是需要考虑大气的稳定度和下垫面的粗糙程度（Wesely and Hicks, 2000）。差减法是通过使用两个沉降缸来采集样品，其中一个沉降缸只在发生降雨时敞开，收集湿沉降样品，而另一个沉降缸始终保持敞开状态，收集混合沉降样品，最终混合沉降样品和湿沉降样品沉降量的差值即为干沉降量。串级过滤器采样法是通过采用相互连接且不同的过滤器，对大气中的含氮化合物进行收集，但是在偏远和电力供应不稳定的野外地区，该方法则有很大的局限性（吴玉凤等，2019）。替代面法是设置一个替代物体来收集干沉降样品，通过除以替代物体的采样面积和采样时间计算干沉降量。替代表面通常是经过处理的塑料、过滤器、金属、玻璃或水等物体（Zufall et al., 1998; Raymond et al., 2004; Wang et al., 2013）。已有研究表明，水作为替代面收集气体的效率可能高于固体表面（Yi et al., 1996, 1997），已被越来越多的学者接受并应用在研究实践中。陈能汪等（2006）采用沉降缸湿法收集九龙江流域 10 个采样点的氮干沉降样品，得出总氮沉降量为 3.41～7.63kg/(hm^2·a)；Huang 等（2016）使用水作为替代面对黄淮海平原的典型农业生态系统氮干沉降进行了研究，发现干沉降对氮沉降总量的贡献可达 65%。

1.2.3 氮沉降量

氮沉降量始终是氮沉降研究者关注的重要内容。氮沉降量在全球的空间格局上呈现出高度的异质性，高沉降区集中在欧洲、美国、印度和中国地区（Vet et al., 2014）。自 20 世纪 90 年代初以来，欧洲由于 NO_x 和氨气（NH_3）排放量的减少，氮沉降量水平已经趋于平稳；美国 NO_x 排放物的减少导致硝酸盐沉降量水平大幅降低，但是 NH_3 的沉降量并没有明显的下降趋势；印度由于氮肥和化石燃料消费量的增长，NO_x 和 NH_3 的沉降量均呈现出迅速增加的趋势（Tørseth et al.，2012；Li et al.，2016）。中国经济的快速发展以及能源和粮食消耗的持续增长，导致农业和工业污染源排放的活性氮物质迅速增加，从而使中国成为继欧洲和美国之后的全球第三大氮沉降区（顾峰雪等，2016）。Liu 等（2013）研究指出，中国氮沉降量已由 1980 年的 13.2kg/(hm^2·a) 增加到 2010 年的 21.1kg/(hm^2·a)，并且氮肥施用量、畜禽养殖数量、煤炭消费量和机动车的保有量在时间上具有增加的趋势。不过，自 2010 年以来尤其是“蓝天碧水”工程实施后，中国 NO_x 的排放量持续减少，导致硝酸盐的沉降量水平明显下降（Zheng et al.，2018），但是氨氮的沉降量仍然居高不下甚至有进一步增加的趋势，例如 Luo 等（2020）研究指出，在 2011～2018 年，河南郑州大气中 NH_3 的浓度增加了 110%，同时 NH_3 的干沉降速率具有逐渐增加的趋势。此外，Liu 等（2010）研究指出，中国无机氮（氨氮与硝氮之和）湿沉降量大体上可分为 3 个等级，即高沉降区［>25kg/(hm^2·a)］、中沉降区［15～25kg/(hm^2·a)］和低沉降区［<15kg/(hm^2·a)］，其中高沉降区包括河南、上海、北京、山东、四川、重庆、江苏、浙江和江西等地，中沉降区包括河北、湖南、山西、辽宁、福建和广东等地，低沉降区包括云南、贵州、西藏、内蒙古、新疆、甘肃、吉林和黑龙江等地。

由于生态系统类型、区域氮排放特征和环境条件等因素的影响，不同区域、不同季节、不同观测点的观测数据存在很大的差异。目前，氮沉降量研究集中于森林、草地和农田等陆生生态系统。绝大多数的森林氮沉降量为 3～30kg/(hm^2·a)（Flechard et al.，2011；McDonnell et al.，2014），但个别研究值较大，例如荷兰、比利时部分地区森林沉降量达到 30～40kg/(hm^2·a)（Flechard et al.，2011），而位于中国亚热带农业集中区的林地氮沉降量高达 55kg/(hm^2·a)（Shen et al.，2013）；草地生态系统氮沉降量实测研究相对较少，沉降量在 12～35kg/(hm^2·a)（张菊等，2013；Liu et al.，2017）；农田生态系统的氮沉降量一般相对较大，大多在 20～70kg/(hm^2·a)（Yang et al.，2010；Zbieranowski and Aherne，2013；Huang et al.，2016），而有些区域氮沉降量非常大，例如崔键（2011）在江西鹰潭的研究表明氮沉降量高达 94.50～185.99kg/(hm^2·a)。

有关水体氮沉降量的研究相对较少，且以海洋、湖泊等自然水生生态系统为主。海洋方面，从全球范围来看，可溶性氮的沉降量与河流输入量大致相当，而近海水体中生物可利用性“新氮”的 20%～40% 或更多来源于大气沉降（Jung et al.，2013；Xing et al.，2017）。不同研究案例中湖泊生态系统氮沉降量差别非常大，华盛顿国家公园的湖泊极度贫营养，夏季总无机氮沉降量仅为 0.6～2.4kg/(hm^2·a)（Sheibley et al.，2014）；印度贾萨曼德（Jaisamand）湖仅硝氮的沉降量就为 7.18～29.95kg/(hm^2·a)，且呈现出持续增加的趋势（Pandey U and Pandey Y，2013）；太湖是我国开展氮沉降研究最多的水体，研究集中在湿沉降及其对湖泊氮输入的贡献（余辉等，2011），相对而言，杨龙元等（2007）的研究涵盖干、湿沉降，氮沉降总量为 42.26kg/(hm^2·a)。水库与湖泊相比，往往水深较大并随之出现水温垂向分层现象，上下水层物质交换作用小，因此河流输入和大气沉降成为水库氮输入的主要来源。刘冬碧等（2015）在湖北丹江口库区汉库北岸小茯苓流域的研究表明，氮干湿总沉降量为 26.53kg/(hm^2·a)。现有水体氮沉降量观测数据在不同区域之间没有借鉴性，沉降总量与气候带之间也没有呈现出显著规律，特定区域的氮排放特征可能是导致沉降量差异巨大的主要原因。

1.2.4 氮沉降化合物的形态特征

氮沉降化合物的形态分无机态和有机态两种。无机氮化合物主要包括氨氮（NH_4^+-N）、硝氮（NO_3^--N）和亚硝氮（NO_2^--N）；有机氮的组成较为复杂，一般可分为氧化态有机氮、还原态有机氮和生物有机氮三类。就全球而言，有机氮占沉降总量的25%～30%（Liu et al.，2015）。目前的氮沉降研究聚焦于无机氮而忽略了有机氮，这种忽视导致了氮素沉降总量的普遍低估，进而导致对生态系统氮沉降风险估计不足（Jiang et al.，2013）。

无机氮沉降研究中一般仅仅关注占绝对优势的NH_4^+-N和NO_3^--N。其中，NO_3^--N主要来自煤炭、石油和生物体的燃烧及雷击过程，迁移距离可达几千千米；NH_4^+-N主要来自农业活动，如土壤、肥料和家畜粪便中的NH_3挥发及生物质燃烧，迁移距离一般在100km以内（宋欢欢等，2014）。绝大部分研究中，NH_4^+-N在沉降总量中的比例大于或等于NO_3^--N，例如马拉开波湖部分湖区湿沉降中NH_4^+-N沉降量是NO_3^--N沉降量的4倍，太湖湿沉降中NH_4^+-N沉降量是NO_3^--N沉降量的1.38倍（余辉等，2011），而部分研究如华盛顿国家公园希瑟（Heather）湖的NH_4^+-N沉降量比例却小于NO_3^--N沉降量比例（Sheibley et al.，2014）。农田生态系统的NH_4^+-N沉降量比例一般均超过了60%（崔键，2011；Zbieranowski and Aherne，2013；Huang et al.，2016），反映了农业生产活动对NH_4^+-N挥发的贡献以及大气NH_4^+-N的近距离沉降特征，同时也表明NH_4^+-N含量受到研究区局地环境条件、人类活动影响尤其是土地利用、农业活动的影响更加显著（Xie et al.，2008）。

有机氮是氮沉降的重要组成部分。有机氮可分为溶解性有机氮（DON）和非溶解性有机氮，通常人们感兴趣的是具有生物活性的DON（Cape et al.，2011；Seitzinger and Sanders，1999）。Seitzinger和Sanders（1999）认为雨水中45%～75%的DON可以很快被微生物利用，虽然浮游植物对相同浓度的有机氮和NH_4^+-N在生物量变化上的响应程度是相似的，但是最终浮游植物的群落组成却显著不同。Zhang等（2012）研究了中国32个典型观测点雨水中DON含量，结果表明雨水中DON平均含量为6.86kg/(hm^2·a)，与世界其他地区相比相对较高，占氮总沉降量的28%。

目前对有机氮的研究有两种不同方式：一是研究单种化合物或者化合物组成，以了解这些物质的生物活性（如尿素、氨基酸等）或生物毒性（如氮代多环芳烃）；二是确定DON总量以满足研究有机氮沉降量的需要（Cape et al.，2011）。Altieriet等（2009）用超高分辨率傅里叶变换离子回旋共振质谱对美国新泽西州的雨水样品进行分析，确定了402种含氮化合物的元素组成；Feng等（2016）从洱海湿沉降样品中检出近790种有机物，其中DON占了18.3%。目前，能够量化研究的有机氮组分不到有机氮总量的50%，虽然科学工作者做了很多工作，但是有机氮的组成在很大程度上仍然是未知的（Altieri et al.，2009；Cape et al.，2011；Feng et al.，2016）。

1.2.5 氮沉降化合物的来源识别

氮沉降中含氮化合物的来源辨识一直是本研究领域的热点问题。目前，已经被研究人员尝试采用的方法主要有四种，分别为 NH_4^+-N/NO_3^--N 法、相关分析法、气团后向轨迹分析法、稳定同位素法（宋欢欢等，2014）。其中，NH_4^+-N/NO_3^--N 法、相关分析法、气团后向轨迹分析法可用于含氮化合物来源的定性判别，稳定同位素法则可定量识别不同污染排放源对大气氮沉降中含氮化合物的贡献率。上述方法各有特点，但是在实际研究中，采用多种方法相结合的途径综合分析才可能得出准确、可靠的分析结果。

NH_4^+-N/NO_3^--N 法常常用于简单地推测沉降物中氮化合物的来源。NH_4^+-N 主要来源是动物排泄物和肥料施用等，传输距离较近，受局地环境条件和农业活动影响较大；NO_3^--N 主要来源于工业化石燃料的燃烧等，传输距离较长。一般当 NH_4^+-N/NO_3^--N 值>1 时，农业排放源占主导地位（宋欢欢等，2014）。同时，可以根据该值的季节性变化特征来推断氮沉降来源，例如 Xie 等（2008）在太湖流域的研究结果表明，NH_4^+-N/NO_3^--N 值在 6 月中旬出现峰值，此时正是水稻移栽后期，由此大致可以推断出氮沉降的主要来源是稻田施用的基肥。相关分析法是根据氮沉降中污染物与大气中其他组分在时间或空间上的关联性大小来推断污染物的可能来源，例如在有机氮的来源问题上，许多在特定区域进行的研究已经尝试通过有机氮与来源已知的大气组分及气象条件的相关性辨别其来源，分析其可能的来源如海洋、人为活动、生物质燃烧、化肥施用和土壤扬尘等（Cape et al.，2011）。气团后向轨迹分析法是利用降水前特定时间内影响监测点的气团轨迹来分析排放源与接受点的关系，进而揭示污染物的可能来源，目前研究中通常采用美国海洋与大气管理局（NOAA）提供的 HYSPLIT 模型进行分析（宋欢欢等，2014）。Kieber 等（2005）运用气团向后轨迹分析法对美国东海岸监测点降水中的氮化合物进行研究，表明 NH_4^+-N、NO_3^--N 及氨基酸大部分来自人为源；Bencs 等（2009）在比利时海岸监测点的研究发现，DON 部分来自海上气流。

稳定同位素法是利用土壤、植物、动物、水体和化石燃料等不同来源 $\delta^{15}N$ 值的变异特征来推断氮沉降化合物来源。天然氮有两种稳定同位素（^{14}N 和 ^{15}N），在自然界复杂的物理、化学和生物过程中同位素会产生同位素分馏，引起含氮物质 ^{15}N 含量和 ^{14}N 含量的显著差异，导致不同来源、不同形态的氮化合物具有相异的氮同位素组成，这使得氮同位素技术具有示踪氮污染物来源的重要潜力（林光辉，2013）。大气中的 NO_3^--N 主要来源于气态 NO_x 的转化，闪电产生的 NO_x 的 $\delta^{15}N$ 值在 0‰左右，生物质燃烧和土地释放的 NO_x 则有较低的 $\delta^{15}N$ 负值，电厂等使用煤炭等燃料的固定地点产生的 NO_x 具有高 $\delta^{15}N$ 值（4.8‰~9.6‰），机动车等移动产生的 NO_x 的 $\delta^{15}N$ 值（3.7‰~5.7‰）相对较低；大气中的 NH_4^+-N 主要由 NH_3 转化而来，来源于挥发和热反应，其中，NH_3 挥发主要来源于动物排泄物或下水道污染物、肥料、土壤的自然释放，而热反应主要来自生物质和化石燃料的燃烧。NH_3 挥发来源一般具有较低的 $\delta^{15}N$ 负值，而煤等化石燃烧产生 NH_3 的 $\delta^{15}N$ 值平均接近 4‰（林光辉，2013；宋欢欢等，2014）。Zhang 等（2008）利用氮同位素技术研究了中国北方地区大气氮湿沉降中化合物的来源，其中，北京市东北旺观测点的 NH_4^+-N 和 NO_3^--N 的 $\delta^{15}N$ 值分别为 0.45‰±4.39‰和 4.23‰±4.34‰，而河北吴桥和曲周观测点的 NH_4^+-N 和 NO_3^--N 的 $\delta^{15}N$ 均值分别为−2.8‰±4.06‰和−1.19‰±3.74‰，且随季节变化显著，研究结果表明都市区的氮沉降化合物具有多重来源，而平原区的氮沉降化合物主要受控于农业活动。由于氮素自身转化过程存在同位素分馏效应，丰度值会发生变异，使得解析其来源变得复杂，同时测定 $\delta^{18}O$ 值，相互配合进行分析（任玉芬等，2013），对于辨识氮沉降化合物来源具有很好的支持作用。

1.2.6 氮沉降对湖库水体的生态效应

作为生物圈重要的营养元素，氮沉降的输入无疑会对湖库水生生态系统的影响非常关键，它不仅会增加水体中的氮素含量，而且随之会产生一系列生态效应，如水体水质的改变、水体营养限制状态的改变、浮游植物群落结构与群落特征的改变，以及大型水生植物、生物多样性的相应变化等。

氮沉降会对湖库水体营养水平产生显著影响。全球大部分湖库都处于氮限制状态（Hessen，2013），氮沉降会增加水体氮素浓度，导致原先贫营养的湖库水体向中等营养甚至富营养化转变，同时，会促进浮游植物由氮限制状态变为磷限制状态，特别是高山、偏远等贫营养湖库水体更易受到氮沉降的影响，即使中等强度的活性氮输入也会导致向磷限制状态发展（Baron et al.，2011）。此外，氮沉降能促进水体有机物的积累和 N_2O 的排放，氮沉降量大的湖泊不仅有更高的 NO_3^--N 和 TN 浓度、更高的 TN：TP 以及高出低沉降湖泊数倍的悬浮物碳含量，而且有更高的悬浮物 C：N 和 C：P（McCrackin and Elser，2010）。

为了更好地控制氮的沉降量，一些研究者提出了氮沉降临界负荷的概念，认为在临界负荷范围内的氮沉降不会对生态系统造成重大影响。例如，相关研究提出美国西部高海拔湖泊氮临界负荷为1.3～3.0kg/(hm^2·a)，而东北部高海拔湖泊的临界负荷为3.5～6.0kg/(hm^2·a)（Baron et al.，2011），而英国建议浅水湖经验氮沉降阈值为5～10kg/(hm^2·a)。目前，在氮沉降对水生生态系统的影响方面积累的实证资料还比较少，要全面厘清氮沉降对水体的生态影响还需要进行更多的实证研究。

氮沉降会对水生生物群落结构和特征产生深远影响。氮的输入会显著引起水体氮素浓度的变化，而水体氮素变化必然会影响浮游植物的生长、生理和代谢过程，进而对水生生态系统和生物地球化学循环产生深远影响。特定条件下大气沉降提供的氮能提高50%～200%的初级生产力（胡开明等，2012）；Pandey U 和 Pandey J（2013）在印度 Jaisamand 湖的研究表明，微生物的生物量和活性随着氮沉降量的增加而增加，浮游植物生长与大气营养盐输入呈显著线性相关。氮沉降会对湖泊浮游植物的群落结构和组成产生深远影响，导致耐低氮的硅藻等数量降低甚至消失，而耐高氮脆杆藻、丝状藻等数量上升，从而推动湖泊群落结构的改变（Elser et al.，2009）。此外，同样的氮沉降总量，不同的氮沉降化学特征将产生不同的生态效应。由于水生植物通常倾向于吸收 NH_4^+-N，而输入湖泊的硝酸盐只有被硝酸盐还原酶转化之后才能为藻类所代谢，从而导致藻类对 NO_3^--N 的吸收比对 NH_4^+-N 的吸收更慢，进而影响浮游植物的生长以及物种组成，并引起浮游植物粒径结构的变化（李小平，2013）。

氮沉降同样会对大型水生植物产生显著影响。已有研究表明，增加的氮沉降降低了大型植物多样性，改变了大型植物群落结构组成，最终会导致大型物种的消失，产生变化的根本原因在于不同物种对氮的利用效率不同，对氮利用效率高的、生长快的物种会取代对氮利用效率低的、生长慢的物种（Moss et al.，2013），并会对消费者和更高的营养级产生影响（Elser et al.，2009；Moss et al.，2013），导致食物链营养关系发生改变（Meunier et al.，2016）。长期、连续的氮沉降会导致对氮需求量大的物种丰度增大，而对高氮水平不适应的物种衰退甚至消失，最终导致物种多样性降低以及净初级生产力下降（Moss et al.，2013；Meunier et al.，2016）。

总之，氮沉降对水生生态系统的影响是多方面的，具有连锁性和放大性的效应。但是相较于陆地生态系统而言，目前在氮沉降对水生生态系统的影响方面积累的实证资料还比较少。要全面厘清氮沉降对水体的生态影响还需要进行更多的实证研究，特别是要加强氮沉降对浮游植物影响的研究。

1.2.7　存在的问题

综上所述，日渐凸显的氮沉降问题及其生态效应越来越成为当前环境科学和生态学领域研究的焦点。虽然目前国内外学者围绕着氮沉降及其生态效应已经做了一系列探索性研究，但是仍然存在较多的知识空白。

1）水库的特点决定了氮沉降是除河流输入外库区水体重要的外源氮输入途径。目前，有关水库氮沉降及其生态效应的研究相对较少，特别是针对具有水源地意义的大型和超大型水库的相关研究更是较为缺乏。

2）由于生态系统类型不同、区域氮排放特征不同、环境条件不同等客观因素的影响，不同区域、不同季节、不同观测点的观测数据有着较大的差异，现有氮沉降量观测数据在不同区域之间没有足够的借鉴性，难以满足重大工程实际应用的需要。

3）相当多的氮沉降研究聚焦于无机氮而忽略了有机氮，这种忽视导致了氮素沉降总量的普遍低估，并且科学工作者虽然做了很多工作，但是对有机氮组成的认知在很大程度上仍然是较为不足的。

4）氮沉降化合物的来源辨识一直是本领域研究的热点问题。目前，还没有公认的充分准确可靠的辨识方法，虽然氮、氧稳定同位素技术越来越被研究者认同，但是成功的案例和研究经验尚有待积累。

5）氮的输入会显著引起水体氮素浓度水平的变化，而水体氮素变化必然会影响浮游植物的生长、生理和代谢过程，进而对水生生态系统和生物地球化学循环产生深远影响。目前要全面厘清氮沉降对水体的生态影响还需要进行更多的实证研究。

1.3　研究内容

本研究以南水北调中线工程水源地丹江口水库淅川库区一级保护区小太平洋水域为研究对象，采用野外定位观测、野外调查、模拟实验和室内分析相结合的方法，系统地研究库区氮干、湿沉降及总沉降量，揭示氮沉降对库区水体外源氮输入的贡献，厘清氮沉降化合物的形态特征，识别库区氮沉降的来源及变化规律，阐明氮沉降对库区水体水质及水生生态系统的潜在影响，并在此基础上，探索性地提出有针对性的库区水体氮污染控制途径。主要内容包括以下四方面。

（1）氮沉降量

结合库区周围地貌形态特征、土地利用以及水质自动监测站点建设现状，在小太平洋水域周边设置6个观测站点，通过定位观测和检测分析，对研究区氮干、湿沉降及总沉降量开展系统研究，揭示氮沉降对库区水体外源氮输入的贡献。具体包括以下内容。

1）氮的干、湿沉降和总沉降量。利用库区周边6个观测点对水域氮干、湿沉降和总沉降量开展系统观测，分析氮沉降的月、季、年际变化规律，获取核心库区氮沉降特征的第一手资料，为库区水质保护工作提供基础数据支撑。

2）氮沉降对库区水体外源氮输入的贡献。以氮的干、湿沉降及总沉降量观测数据为基础，结合库区河流水体断面流量、水质监测数据、库区水资源利用及外调相关资料，探索建立库区水体氮素动态平衡数据清单，揭示氮沉降对库区水体外源氮输入的贡献。

（2）氮沉降化合物的形态特征

以6个站点的量观测为依托，通过对沉降样品的检测分析，揭示研究区干、湿沉降中氮化合物的形态特征，并结合库区周边季节变化、农业活动变化情况，阐明氮沉降化合物的形态特征变化规律及其影响因素。具体包括以下内容。

1）干氮沉降化合物的形态特征。通过对干沉降样品的检测分析，研究干沉降化合物中可溶性无机氮化合物（DIN）和DON的组分构成及其月、季变化规律，并比较分析其在干沉降过程中的特征差异及其影响因素。

2）湿氮沉降化合物的形态特征。通过对湿沉降样品的检测分析，研究湿沉降中DIN和DON的组分构成及其随降水强度、降水类型（雨/雪）等的变化规律，并比较分析其特征差异及其影响因素。

（3）氮沉降化合物的来源识别

利用氮、氧稳定同位素技术，结合库区干湿沉降量、氮沉降化合物形态特征等实测结果，综合库区周边背景数据和基础资料，研究不同季节氮沉降化合物的来源及变化特征，探讨库区周边人类活动尤其是农业活动对库区氮沉降的影响。具体包括以下内容。

1）干、湿沉降的氮、氧稳定同位素丰度值及其变化特征。测定不同季节干、湿沉降样品的^{15}N、^{18}O自然丰度，将其与背景数据和相关研究结果比较，阐明干、湿沉降的氮、氧稳定同位素丰度值及其变化特征。

2）库区氮沉降化合物的来源综合识别。以干、湿沉降样品的氮、氧稳定同位素丰度值及其变化特征研究结果为基础，结合NH_4^+-N/NO_3^--N比值、DON检测结果和库区周边土地利用、农业活动特征，综合判别氮沉降化合物的来源及其变化特征。

3）库区周边人类活动及土地利用对库区氮沉降的影响。在上述研究结果的基础上，结合库区社会经济现状、土地利用和农业生产特征，评价库区周边人类活动及土地利用对库区氮沉降的影响。

（4）氮沉降的生态效应

利用观测结果和库区水体水质监测数据，系统地分析氮沉降月、季节变化与库区水体相关水质指标的耦合关系，阐明氮沉降对水质的影响；通过野外调查和模拟实验，探讨氮沉降对库区水体浮游植物群落结构特征的影响，揭示典型浮游植物对氮沉降响应的生理及其分子调控机制。具体包括以下内容。

1）氮沉降对库区水体水质的影响。深入分析氮沉降量月、季节变化规律，并结合氮沉降化合物的形态特征，与水质自动监测站获取的总氮、氨氮、叶绿素 a、溶解氧等库区水体相关水质指标进行对比分析，探讨建立其耦合关系，阐明氮沉降对库区水体水质的影响。

2）氮沉降对库区水体浮游植物群落结构特征的影响。通过调查采样分析浮游植物的种类组成、生物量、优势种、丰度等生态学特征，阐明浮游植物群落的结构特征及其季节性动态变化规律。在此基础上，以库区氮沉降特征研究结果为基准，通过室内模拟实验开展浮游植物氮沉降响应模拟实验研究，探讨氮沉降对库区水体浮游植物群落结构特征的影响。

3）浮游植物对氮沉降的生理生化响应及其分子调控机制。以浮游植物氮沉降响应模拟实验研究为依托，从浮游植物生长特性和生理响应的角度，研究氮沉降对浮游植物生长、光合特性及氮素吸收、转运、同化过程的影响；同时，运用高通量测序技术进行转录组测序分析，筛选典型浮游植物氮沉降响应的差异表达基因，鉴定并分析关键基因功能及其表达模式，构建基因调控网络，揭示浮游植物响应氮素沉降的分子调控机制。

4）库区水体外源氮输入的控制途径和水质保护措施。综合以上氮沉降量、氮沉降化合物的形态特征、氮沉降化合物的来源识别、氮沉降的生态效应四部分研究结果，围绕库区水体水质保护与生态安全现状和控制目标，探讨提出有针对性的库区水体外源氮输入的控制途径和水质保护措施。

1.4　研究技术路线

本研究技术路线如图 1-1 所示。

通过在库区水域周边设置观测站点开展定位观测，系统研究库区氮干、湿沉降量及沉降特征，明确氮干、湿沉降和总沉降量的变化规律，评价氮沉降对库区水体外源氮输入的贡献；厘清无机氮化合物和有机氮化合物的形态特征；基于氮、氧稳定同位素技术，揭示库区氮沉降的来源；结合已有调查研究结果和库区水体断面水质监测数据，探讨氮沉降月、季节变化与库区水体主要水质指标的耦合关系，阐明氮沉降对库区水体的生态影响，并在此基础上，探索有针对性的库区水体氮输入控制途径和水质保护措施。

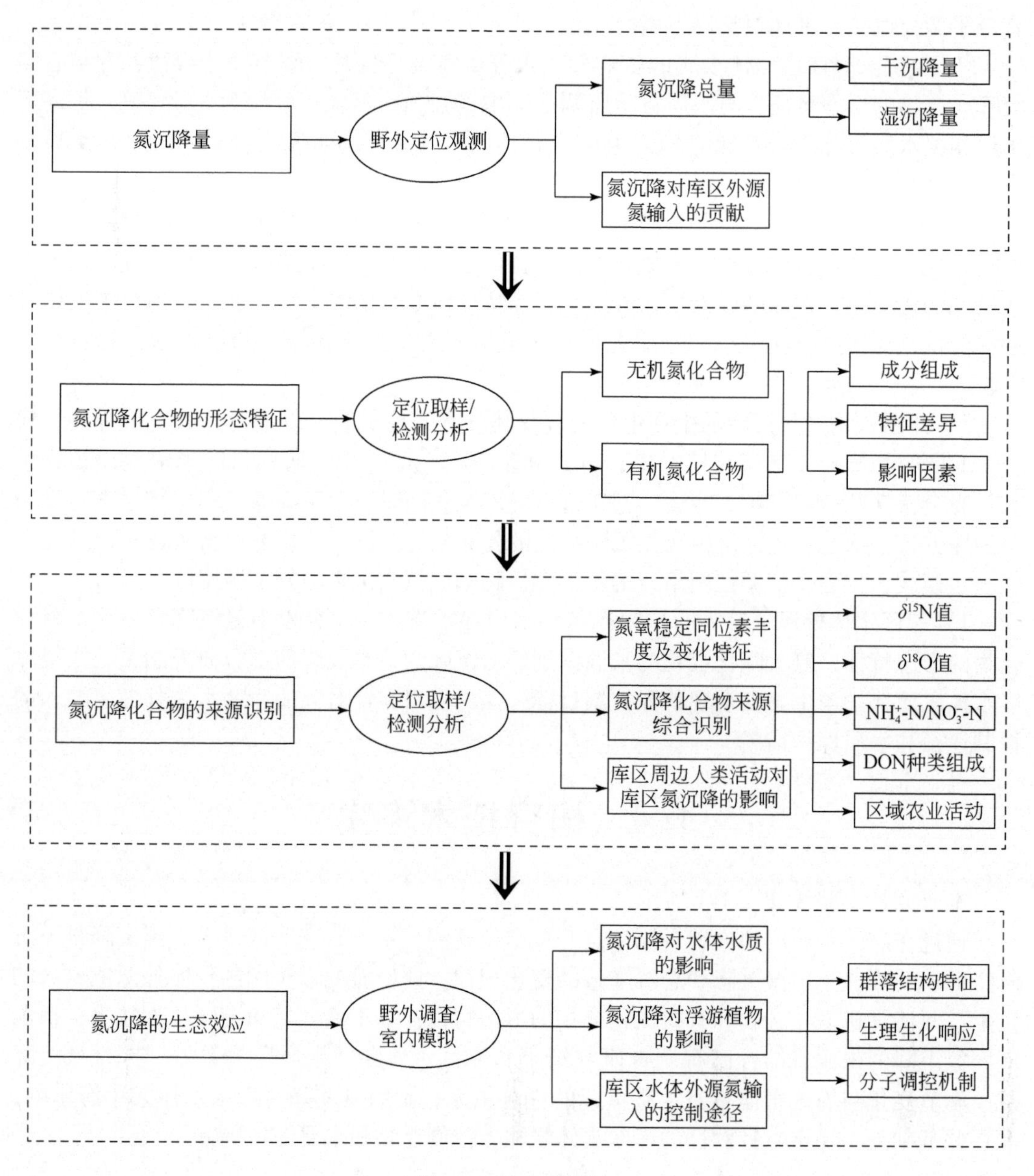

图 1-1　技术路线图

参 考 文 献

常运华，刘学军，李凯辉，等 . 2012. 大气氮沉降研究进展 . 干旱区研究，29（6）：972-979.

陈能汪，洪华生，肖健，等 . 2006. 九龙江流域大气氮干沉降 . 生态学报，26（8）：2602-2607.

崔键 . 2011. 典型红壤农田区大气氮沉降通量研究 . 南京：南京师范大学 .

崔键，周静，杨浩，等 . 2015. 我国红壤区大气氮沉降及其农田生态环境效应 . 土壤，47（2）：245-251.

顾峰雪，黄玫，张远东，等 . 2016. 1961—2010 年中国区域氮沉降时空格局模拟研究 . 生态学报，36（12）：3591-3600.

河南省环境保护厅. 2021. 河南省环境质量年报. https://sthjt.henan.gov.cn/hjzl/hjzlbgs/ [2021-07-01].
贺成武，任玉芬，王效科，等. 2014. 北京城区大气氮湿沉降特征研究. 环境科学，35（2）：490-494.
胡开明，逄勇，王华. 2012. 太湖湖体总氮平衡及水质可控目标. 水科学进展，23（4）：555-562.
李小平，程曦，陈小华，等. 2013. 湖泊学. 北京：科学出版社.
林光辉. 2013. 稳定同位素生态学. 北京：高等教育出版社.
刘冬碧，张小勇，巴瑞先，等. 2015. 鄂西北丹江口库区大气氮沉降. 生态学报，35（10）：3419-3427.
刘文竹，王晓燕，樊彦波. 2014. 大气氮沉降及其对水体氮负荷估算的研究进展. 环境污染与防治，36（5）：88-93，101.
卢俊平，马太玲，张晓晶，等. 2015. 典型沙源区水库大气氮干、湿沉降污染特征研究. 农业环境科学学报，34（12）：2357-2363.
卢俊平，张晓晶，刘廷玺，等. 2021. 京蒙沙源区水库大气氮沉降变化特征及源解析. 中国环境科学，41（3）：1034-1044.
任玉芬，张心昱，王效科，等. 2013. 北京城市地表河流硝酸盐氮来源的氮氧同位素示踪研究. 环境工程学报，7（5）：1636-1640.
宋欢欢，姜春明，宇万太. 2014. 大气氮沉降的基本特征与监测方法. 应用生态学报，25（2）：599-610.
孙大成，郭雪莲，解成杰，等. 2013. 氮输入对沼泽湿地植物生长和氮吸收的影响. 生态环境学报，22（8）：1317-1321.
王焕晓，庞树江，王晓燕，等. 2018. 小流域大气氮干湿沉降特征. 环境科学，（12）：5365-5374.
吴玉凤，高霄鹏，桂东伟，等. 2019. 大气氮沉降监测方法研究进展. 应用生态学报，30（10）：3605-3614.
杨龙元，秦伯强，胡维平，等. 2007. 太湖大气氮、磷营养元素干湿沉降率研究. 海洋与湖沼，（2）：104-110.
余辉，张璐璐，燕姝雯，等. 2011. 太湖氮磷营养盐大气湿沉降特征及入湖贡献率. 环境科学研究，24（11）：1210-1219.
张菊，康荣华，赵斌，等. 2013. 内蒙古温带草原氮沉降的观测研究. 环境科学，34（9）：3552-3556.
Altieri K E, Turpin B J, Seitzinger S P. 2009. Composition of dissolved organic nitrogen in continental precipitation investigated by ultra-high resolution FT-ICR mass spectrometry. Environmental Science & Technology, 43 (18): 6950-6955.
Baron J S, Driscoll C T, Stoddard J L, et al. 2011. Empirical critical loads of atmospheric nitrogen deposition for nutrient enrichment and acidification of sensitive US lakes. BioScience, 61 (8): 602-613.
Behera S N, Sharma M, Aneja V P, et al. 2013. Ammonia in the atmosphere: a review on emission sources, atmospheric chemistry and deposition on terrestrial bodies. Environmental Science and Pollution Research International, 20 (11): 8092-8131.
Bencs L, Krata A, Horemans B, et al. 2009. Atmospheric nitrogen fluxes at the Belgian coast: 2004–2006. Atmospheric Environment, 43 (24): 3786-3798.
Bergström A K, Jansson M. 2006. Atmospheric nitrogen deposition has caused nitrogen enrichment and eutrophication of lakes in the Northern Hemisphere. Global Change Biology, 12 (4): 635-643.
Cape J N, Cornell S E, Jickells T D, et al. 2011. Organic nitrogen in the atmosphere-Where does it come from? A review of sources and methods. Atmospheric Research, 102 (1-2): 30-48.
Chen Z L, Huang T, Huang X H, et al. 2019. Characteristics, sources and environmental implications of atmospheric wet nitrogen and sulfur deposition in Yangtze River Delta. Atmospheric Environment, 219: 116904.

Elser J J, Andersen T, Baron J S, et al. 2009. Shifts in lake N : P stoichiometry and nutrient limitation driven by atmospheric nitrogen deposition. Science, 326 (5954): 835-837.

Feng S, Zhang L, Wang S R, et al. 2016. Characterization of dissolved organic nitrogen in wet deposition from Lake Erhai Basin by using ultrahigh resolution FT-ICR mass spectrometry. Chemosphere, 156: 438-445.

Flechard C R, Nemitz E, Smith R I, et al. 2011. Dry deposition of reactive nitrogen to European ecosystems: a comparison of inferential models across the NitroEurope network. Atmospheric Chemistry and Physics, 11 (6): 2703-2728.

Galloway J N, Townsend A R, Erisman J W, et al. 2008. Transformation of the nitrogen cycle: recent trends, questions, and potential solutions. Science, 320 (5878): 889-892.

Gao Y, He N P, Zhang X Y. 2014. Effects of reactive nitrogen deposition on terrestrial and aquatic ecosystems. Ecological Engineering, 70: 312-318.

Granath G, Limpens J, Posch M, et al. 2014. Spatio-temporal trends of nitrogen deposition and climate effects on Sphagnum productivity in European Peatlands. Environmental Pollution, 187: 73-80.

Hessen D. 2013. Inorganic nitrogen deposition and its impacts on N : P-ratios and lake productivity. Water, 5 (2): 327-341.

Huang Z J, Wang S S, Zheng J Y, et al. 2015. Modeling inorganic nitrogen deposition in Guangdong Province, China. Atmospheric Environment, 109: 147-160.

Huang P, Zhang J B, Ma D H, et al. 2016. Atmospheric deposition as an important nitrogen load to a typical agroecosystem in the Huang-Huai-Hai Plain. 2. Seasonal and inter-annual variations and their implications (2008–2012). Atmospheric Environment, 129: 1-8.

Hůnová I, Kurfürst P, Stráník V, et al. 2017. Nitrogen deposition to forest ecosystems with focus on its different forms. Science of the Total Environment, 575: 791-798.

Im U, Christodoulaki S, Violaki K, et al. 2013. Atmospheric deposition of nitrogen and sulfur over southern Europe with focus on the Mediterranean and the Black Sea. Atmospheric Environment, 81: 660-670.

Jiang C M, Yu W T, Ma Q, et al. 2013. Atmospheric organic nitrogen deposition: analysis of nationwide data and a case study in Northeast China. Environmental Pollution, 182: 430-436.

Jung J, Furutani H, Uematsu M, et al. 2013. Atmospheric inorganic nitrogen input via dry, wet, and sea fog deposition to the subarctic western North Pacific Ocean. Atmospheric Chemistry and Physics, 13 (1): 411-428.

Kieber R J, Long M S, Willey J D. 2005. Factors influencing nitrogen speciation in coastal rainwater. Journal of Atmospheric Chemistry, 52 (1): 81-99.

Kuang F H, Liu X J, Zhu B, et al. 2016. Wet and dry nitrogen deposition in the central Sichuan Basin of China. Atmospheric Environment, 143: 39-50.

Li Y, Schichtel B A, Walker J T, et al. 2016. Increasing importance of deposition of reduced nitrogen in the United States. Proceedings of the National Academy of Sciences of the United States of America, 113 (21): 5874-5879.

Lindberg S E, Lovett G M, Richter D D, et al. 1986. Atmospheric deposition and canopy interactions of major ions in a forest. Science, 231 (4734): 141-145.

Liu X J, Song L, He C N, et al. 2010. Nitrogen deposition as an important nutrient from the environment and its impact on ecosystems in China. Journal of Arid Land, 2 (2): 137-143.

Liu X J, Duan L, Mo J M, et al. 2011. Nitrogen deposition and its ecological impact in China: an overview. Environmental Pollution, 159 (10): 2251-2264.

Liu X J, Zhang Y, Han W X, et al. 2013. Enhanced nitrogen deposition over China. Nature, 494 (7438):

459-462.

Liu X J, Xu W, Pan Y P, et al. 2015. Liu et al. suspect that Zhu et al. (2015) may have underestimated dissolved organic nitrogen (N) but overestimated total particulate N in wet deposition in China. Science of the Total Environment, 520: 300-301.

Liu L, Monaco T A, Sun F D, et al. 2017. Altered precipitation patterns and simulated nitrogen deposition effects on phenology of common plant species in a Tibetan Plateau alpine meadow. Agricultural and Forest Meteorology, 236: 36-47.

Luo X S, Liu X J, Pan Y P, et al. 2020. Atmospheric reactive nitrogen concentration and deposition trends from 2011 to 2018 at an urban site in North China. Atmospheric Environment, 224: 117298.

Matsumoto K, Sakata K, Watanabe Y. 2019. Water-soluble and water-insoluble organic nitrogen in the dry and wet deposition. Atmospheric Environment, 218: 117022.

Mccrackin M L, Elser J J. 2010. Atmospheric nitrogen deposition influences denitrification and nitrous oxide production in lakes. Ecology, 91 (2): 528-539.

McDonnell T C, Belyazid S, Sullivan T J, et al. 2014. Modeled subalpine plant community response to climate change and atmospheric nitrogen deposition in Rocky Mountain National Park, USA. Environmental Pollution, 187: 55-64.

Meunier C L, Gundale M J, Sánchez I S, et al. 2016. Impact of nitrogen deposition on forest and lake food webs in nitrogen-limited environments. Global Change Biology, 22 (1): 164-179.

Moss B, Jeppesen E, Søndergaard M, et al. 2013. Nitrogen, macrophytes, shallow lakes and nutrient limitation: resolution of a current controversy? . Hydrobiologia, 710 (1): 3-21.

Nanus L, McMurray J A, Clow D W, et al. 2017. Spatial variation of atmospheric nitrogen deposition and critical loads for aquatic ecosystems in the Greater Yellowstone Area. Environmental Pollution, 223: 644-656.

Pandey U, Pandey J. 2013. Impact of DOC trends resulting from changing climatic extremes and atmospheric deposition chemistry on periphyton community of a freshwater tropical lake of India. Biogeochemistry, 112: 537-553.

Raymond H A, Yi S M, Moumen N, et al. 2004. Quantifying the dry deposition of reactive nitrogen and sulfur containing species in remote areas using a surrogate surface analysis approach. Atmospheric Environment, 38 (17): 2687-2697.

Rockström J, Steffen W, Noone K, et al. 2009. A safe operating space for humanity. Nature, 461 (7263): 472-475.

Seitzinger S P, Sanders R W. 1999. Atmospheric inputs of dissolved organic nitrogen stimulate estuarine bacteria and phytoplankton. Limnology and Oceanography, 44 (3): 721-730.

Sheibley R W, Enache M, Swarzenski P W, et al. 2014. Nitrogen deposition effects on diatom communities in lakes from three National Parks in Washington state. Water, Air, & Soil Pollution, 225 (2): 1857.

Shen J L, Li Y, Liu X J, et al. 2013. Atmospheric dry and wet nitrogen deposition on three contrasting land use types of an agricultural catchment in subtropical central China. Atmospheric Environment, 67: 415-424.

Sheng W P, Yu G R, Jiang C M, et al. 2013. Monitoring nitrogen deposition in typical forest ecosystems along a large transect in China. Environmental Monitoring and Assessment, 185 (1): 833-844.

Stevens C J. 2016. How long do ecosystems take to recover from atmospheric nitrogen deposition? . Biological Conservation, 200: 160-167.

Tian D S, Niu S L. 2015. A global analysis of soil acidification caused by nitrogen addition. Environmental Research Letters, 10 (2): 024019.

Tørseth K, Aas W, Breivik K, et al. 2012. Introduction to the European Monitoring and Evaluation Programme (EMEP) and observed atmospheric composition change during 1972—2009. Atmospheric Chemistry and Physics, 12 (12): 5447-5481.

Vet R, Artz R S, Carou S, et al. 2014. A global assessment of precipitation chemistry and deposition of sulfur, nitrogen, sea salt, base cations, organic acids, acidity and pH, and phosphorus. Atmospheric Environment, 93: 3-100.

Wang X M, Wu Z Y, Shao M, et al. 2013. Atmospheric nitrogen deposition to forest and estuary environments in the Pearl River Delta Region, Southern China. Tellus Series B: Chemical and Physical Meteorology, 65: 20480.

Wang H B, Yang F M, Shi G M, et al. 2016. Ambient concentration and dry deposition of major inorganic nitrogen species at two urban sites in Sichuan Basin, China. Environmental Pollution, 219: 235-244.

Wesely M L, Hicks B B. 2000. A review of the current status of knowledge on dry deposition. Atmospheric Environment, 34: 2261-2282.

Xie Y X, Xiong Z Q, Xing G X, et al. 2008. Source of nitrogen in wet deposition to a rice agroecosystem at Tai Lake Region. Atmospheric Environment, 42 (21): 5182-5192.

Xing J W, Song J M, Yuan H M, et al. 2017. Fluxes, seasonal patterns and sources of various nutrient species (nitrogen, phosphorus and silicon) in atmospheric wet deposition and their ecological effects on Jiaozhou Bay, North China. Science of the Total Environment, 576: 617-627.

Yang R, Hayashi K, Zhu B, et al. 2010. Atmospheric NH_3 and NO_2 concentration and nitrogen deposition in an agricultural catchment of Eastern China. Science of the Total Environment, 408 (20): 4624-4632.

Yi S M, Holsen T M, Noll K E. 1996. Comparison of dry deposition predicted from models and measured with a water surface sampler. Environmental Science & Technology, 31 (1): 272-278.

Yi S, Holsen T M, Zhu X, et al. 1997. Sulfate dry deposition measured with a water surface sampler: a comparison to modeled results. Journal of Geophysical Research, 102 (D16): 19695-19705.

Yu X, Pan Y P, Song W, et al. 2020a. Wet and dry nitrogen depositions in the Pearl River Delta, south China: observations at three typical sites with an emphasis on water-soluble organic nitrogen. Journal of Geophysical Research: Atmospheres, 125 (3): e2019JD030983.

Yu X, Li D J, Li D, et al. 2020b. Enhanced wet deposition of water-soluble organic nitrogen during the harvest season: influence of biomass burning and in-cloud scavenging. Journal of Geophysical Research: Atmospheres, 125 (18): e2020JD032699-1-e2020JD032699-13.

Zbieranowski A L, Aherne J. 2013. Ambient concentrations of atmospheric ammonia, nitrogen dioxide and nitric acid in an intensive agricultural region. Atmospheric Environment, 70: 289-299.

Zhan X Y, Bo Y, Zhou F, et al. 2017. Evidence for the importance of atmospheric nitrogen deposition to eutrophic Lake Dianchi, China. Environmental Science & Technology, 51 (12): 6699-6708.

Zhang Y, Liu X J, Fangmeier A, et al. 2008. Nitrogen inputs and isotopes in precipitation in the North China Plain. Atmospheric Environment, 42 (7): 1436-1448.

Zhang Y, Song L, Liu X J, et al. 2012. Atmospheric organic nitrogen deposition in China. Atmospheric Environment, 46: 195-204.

Zhao Y H, Zhang L, Chen Y F, et al. 2017. Atmospheric nitrogen deposition to China: a model analysis on nitrogen budget and critical load exceedance. Atmospheric Environment, 153: 32-40.

Zheng B, Tong D, Li M, et al. 2018. Trends in China's anthropogenic emissions since 2010 as the consequence of clean air actions. Atmospheric Chemistry and Physics, 18 (19): 14095-14111.

Zhu X M, Zhang W, Chen H, et al. 2015. Impacts of nitrogen deposition on soil nitrogen cycle in forest ecosystems: a review. Acta Ecologica Sinica, 35 (3): 35-43.

Zufall M J, Davidson C I, Caffrey P F, et al. 1998. Airborne concentrations and dry deposition fluxes of particulate species to surrogate surfaces deployed in southern Lake Michigan. Environmental Science & Technology, 32 (11): 1623-1628.

第2章 水源地周边土地利用变化及其对氮输出的影响

土地是自然和人类长期活动作用下形成的一个不断产生、发展和演替的复杂系统（Turner et al., 1995; Lambin et al., 2000, 2001; 李飞, 2019）。土地利用与土地覆盖变化（LUCC）表征人类活动行为对地球陆表自然生态系统影响最直接的信号，是人类社会经济活动行为与自然生态过程交互和链接的纽带（Mooney et al., 2013）。通过对土地利用的分析，可以了解不同地区的经济结构、城市化水平和环境状况等信息（刘纪远等, 2009; Rajbongshi et al., 2018; Bonato et al., 2019; Zhang et al., 2022; Yao et al., 2023; Chang et al., 2023）。近年来，随着经济快速发展，农业生产活动中化肥和有机肥投入增加，工业生产活动中化石燃料消耗量显著增长，频繁的人为活动影响着大气活性氮的排放和沉降（Liu et al., 2013）。相关研究表明，大气氮沉降的迅速增加与地表含氮气体排放的增加紧密相关（邓欧平, 2018）。土地覆盖类型的改变引起区域景观变化、地表粗糙度变化、水热通量变化和边界层状态变化，改变了区域氮素地球化学循环形式和驱动因子，影响了大气氮沉降过程（欧阳琰等, 2003; Decina et al., 2017; 邓欧平, 2018）。

土地利用类型是人类活动和决策规划在空间上的体现，土地利用类型能间接反映人类活动，特别是农业、建设及交通用地等能够集中体现人类活动的空间分布（Vogt et al., 2015; 邓欧平, 2018）。不同土地利用类型对氮沉降的接收和吸收能力有所差异（Campbell et al., 2022; Kijowska-Strugała and Bochenek, 2023; Jiang et al., 2023; Yang et al., 2023）。例如，森林和湿地等自然生态系统具有较高的氮吸收能力，可以有效地减少氮沉降到地表的量。而农田等人工利用土地则具有相对较低的氮吸收能力，容易受到氮沉降的影响。土地利用类型也会影响氮化物的排放源（Wiegand et al., 2011; Tanner et al., 2022; Li et al., 2023）。农田施肥和养殖业都是重要的氮化物排放源，因此对研究区域土地利用分析可以帮助确定相应的减排措施。此外，土地利用变化也可能导致局部或区域性的氮沉降变化（Singh et al., 2017; Li et al., 2022; Tikuye et al., 2023）。例如，在城市扩张过程中，原本为农田或林地区域转变为城市建设用地，将改变区域的气候条件、植被覆盖情况等，进而影响该区域的氮沉降情况。通过建立土地利用类型与大气氮沉降的关系，可以指示大气活性氮排放和沉降的来源（Vogt et al., 2015）。农业用地的氮沉降主要来自氮肥施用、畜禽养殖和秸秆燃烧等农业活动，该区域活性氮排放强度大，氮沉降量大（邓欧平, 2018）。相关研究认为，在NH_3排放源中，农业活动占主导地位，占全球NH_3排放的60%以上，而美国的NH_3排放约有85%来自农业源，中国也有80%以上来自农业活动（Li et al., 2017; Zhang et al., 2018; Fu et al., 2020; Fan et al., 2022）。Pan等（2018）研究表明，中国农业区的NH_3年平均浓度约为森林、水体和草原地区的3倍。基于多源地理空间数据（包括农田施肥、畜牧业养殖、遥感活性氮浓度等）和区域统计数据的研究发现，全球 3 种主要作物（小麦、玉米和水稻）和 4 种主要动物（牛、鸡、羊和猪）占氨排放总量的 70% 以上（Liu et al., 2022）。建设用地的氮沉降主要受工业、城区垃圾和供暖等城区生活的影响，活性氮排放通量大，也加剧了氮沉降（邓欧平，2018）。战雯静（2012）利用大气数值模拟法模拟了不同土地利用类型下的大气氮沉降，结果表明排放源排放强度相同时，城区下垫面的大气氮浓度最大 。Song 等（2017）通过对中国西南地区四川省 3 种主要土地利用类型的研究发现，硝氮沉降量表现为城区最高、城市郊区次之，农业区最低。在中国沿海城市广州的研究也表明，农村地区大气颗粒物中水溶性有机氮年均浓度及其占水溶性总氮浓度的比值均显著高于城市地区，尤其在旱季，农村地区的水溶性有机氮浓度是城市地区的两倍（Yu et al., 2017）。Pan 等（2016）通过对大气气溶胶中氨氮的 $\delta^{15}N$ 值研究发现，北京冬季供暖区域气溶胶中 NH_3 沉降明显增加，其中有 90% 来自化石燃料燃烧排放。交通用地的氮沉降则主要来自机动车尾气排放 。有研究认为，离高速公路越近，近地面的活性氮浓度越高（Faus-Kessler et al., 2008）。Song 等（2019）运用稳定同位素（SIAR）模型分析了北京 $PM_{2.5}$ 中硝酸盐的形成途径及其来源，发现汽车尾气排放是 $PM_{2.5}$ 中硝酸盐的主要来源，其贡献率为 12%～46%。林地的氮沉降主要受到森林土壤的 NO 排放的影响（Huang et al., 2022）。相关研究发现，植物园附近土壤排放源对大气 $PM_{2.5}$ 中硝酸盐的贡献率显著增加（苏涛，2022）。卢学鹤等（2016）研究发现，森林向草灌和农田的转变使氮沉降增加速率显著上升，而农田向草灌和森林的转变则使氮沉降增加速率下降。总之，土地利用方式决定库区周边的植被种类及耕作措施，对污染物的进入与输送产生影响，进而影响库区水环境质量。

丹江口水库水源区土地利用复杂，耕地、林地、灌草地等镶嵌，氮素通过地表和地下径流、氮沉降等方式进入库区水体，直接影响库区水质安全。在氮素（硝氮、氨氮及有机氮）的几种主要形态中，硝氮为远距离传播，有机氮是一个广泛的类别，其传播距离会因具体情况而异，关于氮沉降影响的氮源范围边界仅有氨氮在已有研究中提及较多（Pitcairn et al., 2002）。点源释放 NH_3 浓度在 600 m 处降低 50%（Pitcairn et al., 2002），4km 处降低 70%，Aneja 等（1998）报道约 50% 的 NH_3 在 50 km 距离内发生沉降及转化，且随距离的增加，区域内氨源对研究区域的影响越小。本章利用 2000～2020 年 5 个时段的卫星遥感影像数据，结合前期野外调查的实际情况，深入研究了淅川库区小太平洋水域一级水质保护区边缘向外 50 km 距离内的土地利用格局及其动态变化，分析了不同土地利用类型对区域氮输出的影响及响应，为减少氮污染源排放提供科学依据和指导。

2.1 研究方法

2.1.1 研究区概况

（1）地理位置

研究区位于丹江口水库淅川库区小太平洋水域一级水质保护区，地理位置如图 2-1 所示（见彩图）。

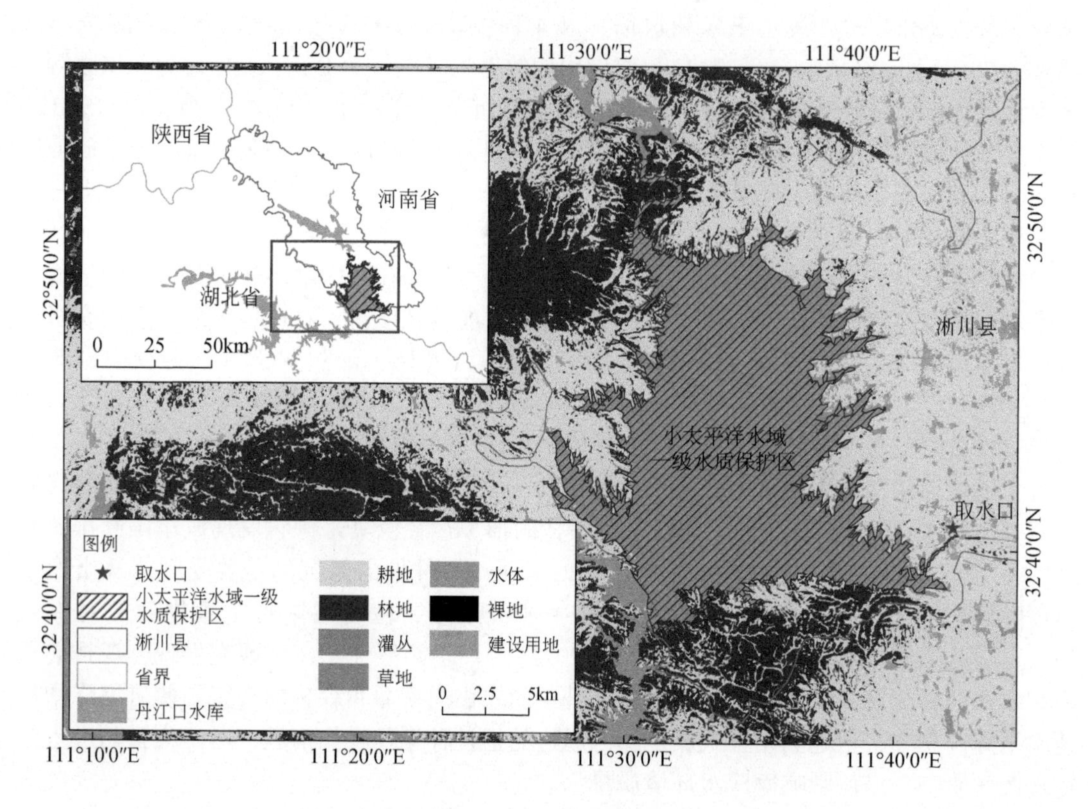

图 2-1　研究区位置图

淅川县地处豫鄂陕三省七县结合部，是南水北调中线工程核心水源区、渠首所在地、国家生态安全战略要地，地理坐标介于 110°58′E ~ 110°53′E、32°55′E ~ 33°23′N，由西北到东南长约 107 km，宽约 46 km，总面积 2820 km^2。全县形成西北突起向东南展开的马蹄形地形，西北部为低山区，中部为丘陵区，东南部为岗丘区，丹江口水库位于淅川县南部，海拔 120 ~ 1086 m。亚热带季风性大陆气候，年均气温 15.8℃，年均降水量 762.6mm，多年平均水面蒸发量 878.4mm，干旱指数在 1.0 ~ 2.0，属于半湿润区。淅川县地质构造复杂、地势多变，土壤种类也比较复杂，以黄棕壤和紫色土为主。

（2）地形地貌

淅川县境北部元古界陡岭群、毛堂群分布地区为复杂式单斜构造，中部为荆紫关至师岗复向斜构造，南部大龙山至四峰山一带为复背斜构造，以褶皱为主。厚坡、九重一带属南阳盆地边缘区，地表主要为第四系沉积物。县域山地面积 2541 km^2，占县域面积的 90%。由丹江切割为西北和丹南两部分，西北山区海拔 157 ~ 943m，丹南山区海拔 157 ~ 1086m。丘陵区面积 277km^2，海拔 120 ~ 344m。自然土壤有黄棕壤、紫色土、砂浆黑土，农业土壤有潮土和水稻土，有 9 个亚类、30 个土属、71 个土种，以黄棕壤为主，其总面积为 1933km^2，占全县土壤总面积的 90.9%。

（3）水文气象

淅川属北亚热带季风性气候。四季分明，气候温和，日照量高，雨量充沛，无霜期长，过渡性明显，光、热、水资源丰富。境内最热月份平均气温 30. 7℃；最冷月份平均气温-0. 9℃。年平均气温 15. 8℃，极高气温 42. 6℃，极低气温-13. 2℃。年日照时数平均为 1650h 左右，日照率 37%，太阳辐射量年均约 91. 9kcal①/cm²，有效辐射量 45. 07kcal/cm²。年均降水量 762. 60 mm。但降水周期分布不均，降水集中在夏季，平均 400 mm；冬季降水量最少，平均 46. 80 mm；春、秋降水量接近，均 200 mm 左右。无霜期年均 228 天，初霜期一般在 11 月上旬，终霜期一般在 3 月中旬。年均降雪日 18 天左右，最大积雪厚度超过 20cm。年均气压 99. 39kPa。平均风速 1. 80 m/s，二级风左右；风向多为东南风，次多风向为西北风。

(4) 河流水系

淅川县河流全部属于长江流域汉江水系，据统计，全县大小河流 89 条，其中流域面积在 100 km²以上的河流有 14 条，30 ~ 100 km²的河流有 17 条，30 km²以下的河流有 58 条。境内河流多属山区型河流，河槽深，洪枯流量变幅大，部分河段夏秋季洪水徒增徒落，冬春季枯竭甚至断流。丹江为汉江一级支流，自西北向东南纵贯淅川县全境，主要支流有老灌河、淇河、滔河，分别在马蹬、寺湾、滔河金营汇入丹江干流。丹江及其支流占全县流域总面积的 90% 以上。刁河属于唐白河水系，在县内流域面积 182. 40 km²，占全县总面积的 6. 5%，另外，在县域东南部九重镇境内部分河流属排子河支流（汉江支流），流域分区为丹江口以下区，流域面积 75 km²。

(5) 水文地质

区域构造十分复杂，以基底与盖层间大规模逆冲断裂-淅川断裂为界，划分为元古界基底构造层和盖层岩层，前者分布于测区北部，后者分布于测区南部。区内地下水分为松散岩类孔隙水及碳酸盐岩岩溶裂隙水两种。淅川县山泉资源丰富，主要山泉有 73 处，一般流量总计 7. 80m³/s，效益面积 1. 27 万亩②。

(6) 社会经济

淅川县总面积为 2820 km²。辖 17 个乡镇（街道），487 个村（社区），常住人口 52. 7 万人，城镇人口 28. 6 万人，乡村人口 24. 1 万人，城镇化率 54. 3%。2023 年，全地区生产总值约为 273 亿元。第一产业、第二产业和第三产业比例为 20. 2 ：29 ：50. 8。其中，农业，粮食作物播种面积达 97. 2 万亩，粮食总产量 28. 4 万 t；油料、林果、中草药、烟叶等经济作物 104. 5 万亩；造林面积 4. 3 万亩，幼林抚育面积 1. 2 万亩；肉类总产 1. 7 万 t（数据来自《淅川县统计局关于 2023 年国民经济和社会发展的统计公报》）。淅川县工业经济稳中向好，效益显著提高，工业强县建设步伐加快，工业综合实力稳居全市第一方阵。淅川县服务业发展良好，生态旅游、现代物流、金融服务等快速推进，商务中心区建设步伐加快。

2.1.2 土地利用数据来源及分类

研究采用的土地利用数据来自中国年度土地覆盖数据集（annual China Land Cover

---

① 1cal=4. 1900J。

② 1 亩≈666. 67m²。

Dataset，CLCD）（Yang and Huang，2021），选取了 2000 年、2005 年、2010 年、2015 年和 2020 年 5 期分辨率为 30 m 的土地利用数据。CLCD 是基于谷歌地球引擎（Google Earth Engine，GEE）上 335 709 景 Landsat 影像，利用收集的训练样本（包括 CLCD 中提取的稳定样本和来自卫星时间序列数据、谷歌地球和谷歌地图的视觉解释样本），构建时空特征，结合随机森林分类器得到的分类结果。该数据集还结合时空过滤和逻辑推理进一步提高了 CLCD 的时空一致性，并基于 5463 个目视解译样本，使 CLCD 的总体准确率提高到 80%。

CLCD 的土地利用类型分类包括耕地、林地、灌丛、草地、水体、雪/冰地、裸地、不透水面和湿地，对比欧洲航天局（European Space Agency，ESA）气候变化计划（Climate Change Initiative，CCI）的土地利用分类系统，在综合考虑野外实地调查和遥感影像的具体情况下，本章归并和调整了土地利用现状分类，将研究区土地利用类型分为 7 类，分别为耕地、林地、灌丛、草地、水体、裸地和建设用地（表 2-1）。

表 2-1　研究区土地利用类型分类系统

编号	研究区分类	CLCD	ESA_CCI
1	耕地	耕地	雨养农田
			灌溉或洪水后的农田
			混合农田（>50%）和自然植被（树木、灌木、草本覆盖）（<50%）
			混合自然植被（树木、灌木、草本覆盖）（>50%）和农田（<50%）
2	林地	林地	树木覆盖，针叶，常绿，覆盖度大于 15%
			树木覆盖，针叶，落叶，覆盖度大于 15%
			树木覆盖，混合叶型（阔叶和针叶）
			树木覆盖，阔叶，常绿，覆盖度大于 15%
			树木覆盖，阔叶，落叶，覆盖度大于 15%
			混合树木、灌木覆盖（>50%）和草本覆盖（<50%）
			混合草本覆盖（>50%）和树木、灌木覆盖（<50%）
3	灌丛	灌丛	灌木地
4	草地	草地	草地
			稀疏植被（树木、灌木、草本覆盖）（<15%）
			地衣和苔藓
5	水体	水体	水体
6	—	雪/冰地	永久性雪和冰
7	裸地	裸地	裸地
8	建设用地	不透水面	城市区域
9	—	湿地	灌木或草本覆盖，湿地，淡水/盐水/卤水

源数据的土地利用类型 1 ~ 9 分别为耕地、林地、灌丛、草地、水体、雪/冰地、裸地、不透水面、湿地，根据实地采点定位匹配后，将不透水面重分类为建设用地，其他没有变化，重新得到分类好的土地利用数据。在属性表中计算得到各种土地利用类型的面

积，并导入 Excel 中进行分析。

同年各土地利用类型面积比例如式（2-1）所示：

$$k_i = \frac{A_i \times 100}{\sum_{i=1}^{n} A_i} \tag{2-1}$$

式中，k_i为第 i 种土地利用类型占区域总面积的比例；A_i为第 i 种土地利用类型面积。

2.1.3 缓冲区划分

参考前人的研究，本章选择丹江口水库一级水质保护区小太平洋水域为中心，分别以 600m（近距离）、4km（中远距离）和 50km（远距离）为辐射半径作为水域的缓冲区进行土地利用类型划分。以 2010 年淅川库区小太平洋水域一级水质保护区边界矢量图为基础，运用 ArcGIS 10.8 作为分析平台，使用 Buffer 工具，分别以 600m、4km 和 50km 为半径创建 3 个范围边界数据，并分别另存为单个边界矢量数据，缓冲区示意图如图 2-2 所示（见彩图）。

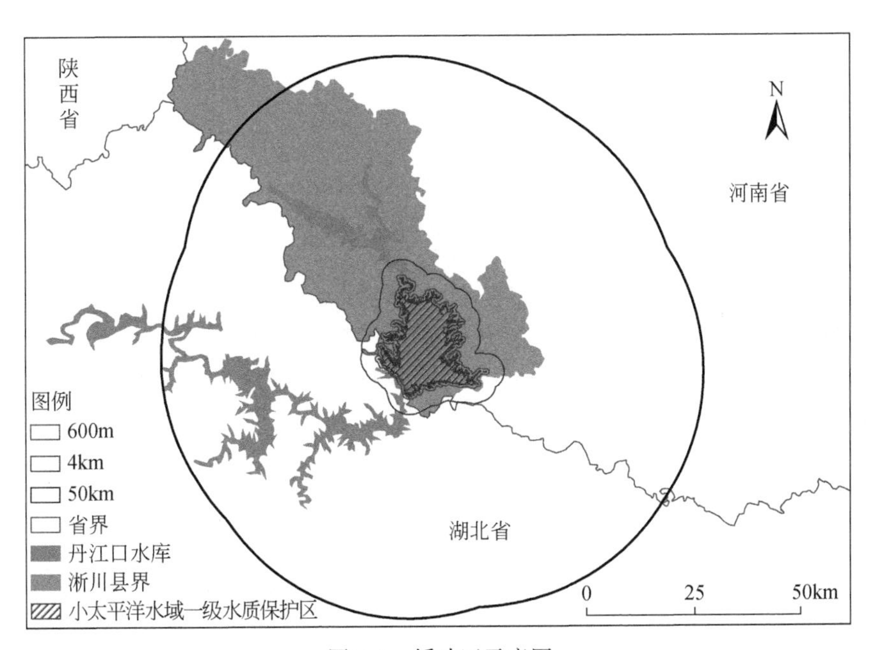

图 2-2　缓冲区示意图

在全国 30m 的 CLCD 数据集的基础上，运用 ArcGIS 10.8，将所需年份（2000 年、2005 年、2010 年、2015 年和 2020 年）中区域涵盖范围内的河南、湖北的数据分别挑出。利用工具 Spatial Analyst Tools> Extraction> Extract by mask，将不同年份分别按 50km 范围的矢量数据进行提取。提取后，利用工具 Data Management> Raster>Mosaic to New Raster，按年份将区域范围内的湖北和河南的数据进行拼接，得到不同年份最大距离范围的研究数据，并将该数据分别按所需范围（4km 和 600m）边界进行再分割，得到不同年份不同距离范围的栅格数据。

2.1.4 土地利用转移矩阵

本章分析研究了南水北调中线工程通水前后近 20 年土地利用格局动态变化情况，不同土地利用类型间的转移情况运用土地利用转移矩阵进行计算。不同时期不同土地利用类型转化的数量和方向的变化以及土地利用变化结果的特征可以用土地利用转移矩阵来表征，土地利用转移矩阵能够定量表述不同土地利用类型之间相互转化的具体情况，有助于理解土地利用的时空演变过程。本章利用研究区 2000 年、2005 年、2010 年、2015 年、2020 年的土地利用数据，采用 ArcGIS 10.8 空间分析 Spatial Analyst Tools 中 Zonal-Tabulate area 获得 2000～2005 年、2005～2010 年、2010～2015 年、2015～2020 年及 2000～2020 年的土地利用转移矩阵，分析近 20 年南水北调中线工程水源地周边土地利用变化的空间分布格局。

具体形式如式（2-2）所示：

$$A_{ij}=\begin{bmatrix} A_{11} & A_{12} & \cdots & A_{1n} \\ A_{21} & A_{22} & \cdots & A_{2n} \\ \vdots & \vdots & & \vdots \\ A_{n1} & A_{n2} & \cdots & A_{nn} \end{bmatrix} \tag{2-2}$$

式中，A_{ij} 为 K 时期的 i 种土地利用类型转化为 $K+1$ 时期 j 种土地利用类型的面积。

通过土地利用转移矩阵可以计算 K 时期 i 种土地利用类型转化为 $K+1$ 时期 j 种土地利用类型，占 K 时期变化面积的比例，如式（2-3）所示：

$$B_{ij}=\frac{A_{ij}\times 100}{\sum_{i=1}^{n} A_{ij}-A_{ij未变}} \tag{2-3}$$

式中，B_{ij} 为 K 时期 i 种土地利用类型转化为 $K+1$ 时期 j 种土地利用类型面积占 K 时期总变化面积的比例。

2.1.5 InVEST 模型

InVEST 模型在量化和评估生态系统服务时大多数功能基于生产函数进行。在原理要求的条件和过程下，生产函数能够清晰地阐明环境所提供的生态系统服务功能输出结果（马方正，2021；段冰森，2023）。在计算公式原理明晰的情况下，土地利用类型变化情况对生态系统服务功能的影响水平能够得到量化（Han et al., 2021）。本章基于 InVEST 模型中养分输送（NDR）模块对丹江口水库库区 2000～2020 年生态系统氮输出特征进行分析。

（1）模型原理及方法

InVEST 模型中 NDR 模块使用了简单的质量平衡方法，通过经验关系描述了大量养分物质在空间中长期的稳态流动（李威等，2022）。整个景观的养分来源，也称为养分负荷，是与景观的每个像元相关的养分物质的来源，例如农田的氮负荷信息包括肥料施用、畜禽排放及大气氮沉降。结合不同土地利用类型的氮负荷及养分持留能力（养分保留率和养分保留距离）与区域径流特征，模拟和量化研究区域氮持留和输出。具体计算公式如下：

$$X_{\exp\_tot} = \sum_i X_{\exp\_i} \tag{2-4}$$

$$X_{\exp\_i} = \text{load}_{\text{surf},i} \times \text{NDR}_{\text{surf},i} + \text{load}_{\text{surs},i} \times \text{NDR}_{\text{surs},i} \tag{2-5}$$

式中，$X_{\exp_tot}$为流域营养物输出总量；$X_{\exp_i}$为栅格 i 的营养物输出量；$\text{load}_{\text{surf},i}$、$\text{load}_{\text{surs},i}$分别为地表、地下营养物负荷量；$\text{NDR}_{\text{surf},i}$、$\text{NDR}_{\text{surs},i}$分别为地表、地下营养物传输速率。

地表和地下的栅格单元营养物负荷量为模型修正后的营养负荷量，如式（2-6）~式（2-9）所示：

$$\text{load}_{\text{surf},i} = 1 - \text{proportion}_{\text{subsurface}\_i} \times \text{modified. load}_{x\_i} \tag{2-6}$$

$$\text{load}_{\text{surs},i} = \text{proportion}_{\text{subsurface}\_i} \times \text{modified. load}_{x\_i} \tag{2-7}$$

$$\text{modified. load}_{x\_i} = \text{load}_{x\_i} \times \text{RPI}_{x\_i} \tag{2-8}$$

$$\text{RPI}_{x\_i} = \frac{\text{RP}_i}{\text{RP}_{\text{av}}} \tag{2-9}$$

式中，$\text{modified. load}_{x_i}$为栅格 i 上营养物 x 修正负荷量；$\text{proportion}_{\text{subsurface}_i}$为营养物来源占比参数；$\text{load}_{x_i}$为栅格 i 上营养物 x；RPI_{x_i}为栅格 i 上营养物 x 的径流潜在指数；RP_i 为栅格 i 的养分径流数；RP_{av}为平均径流数。

地下营养物传输速率计算公式如下：

$$\text{NDR}_{\text{surs},i} = 1 - \text{eff}_{\text{subs}} \left(1 - e^{\frac{-5L_i}{L_{\text{subs}}}}\right) \tag{2-10}$$

式中，$\text{NDR}_{\text{surs},i}$为地下营养物传输速率；$\text{eff}_{\text{subs}}$为最大营养物截留效率；$L_{\text{subs}}$为截留地下挟带营养物的径流长度；$L_i$为栅格 i 到河流的长度。

地表营养物传输速率计算公式如下：

$$\text{NDR}_{\text{surf},i} = \text{NDR}_{o\_i} \left(1 + \exp\left(\frac{\text{IC}_i - \text{IC}_o}{k}\right)\right)^{-1} \tag{2-11}$$

$$\text{NDR}_{o\_i} = 1 - \text{eff}'_i \tag{2-12}$$

式中，$\text{NDR}_{\text{surf},i}$为地表营养物传输速率；$\text{IC}_o$和 k 为校正系数；IC_i为地形因子；NDR_{o_i}为下游栅格 i 未截留到的营养物传输率；eff'_i为栅格 i 的营养物最大地表截留效率。

eff'_i通过式（2-13）和式（2-14）计算得出：

$$\text{eff}'_i = \begin{cases} \text{eff}_{\text{LULC}\_i} \times (1 - S_i) & \text{下游栅格是溪流像元} \\ \text{eff}'_{\text{down}\_i} \times S_i + \text{eff}_{\text{LULC}\_i} \times (1 - S_i) & \text{eff}_{\text{LULC}\_i} > \text{eff}'_{\text{down}\_i} \\ \text{eff}'_{\text{down}\_i} & \text{其他} \end{cases} \tag{2-13}$$

$$S_i = \exp\left(\frac{-5L_{\text{down}\_i}}{L_{\text{LULC}\_i}}\right) \tag{2-14}$$

式中，$\text{eff}'_{\text{down}_i}$为下游栅格 i 的有效养分截留率；$\text{eff}_{\text{LULC}_i}$为地类的最大养分截留效率；$S_i$为步长因子；$L_{\text{down}_i}$为栅格 i 与河流邻近栅格之间的路径长度；L_{LULC_i}为地类栅格 i 的截留长度。

（2）InVEST 模型数据来源

InVEST 模型 NDR 模块输入参数包括数字高程模型（DEM）数据、土地利用类型数据、急流指数或年降水量、流域/子流域数据、生物物理学表、流量阈值和 Boreselli *k* 参数。所有数据、说明及来源见表 2-2、表 2-3。

表 2-2 InVEST 模型 NDR 模块参数信息

数据	说明及处理	数据格式及单位	数据来源
DEM	经过填洼处理的 30m 分辨率美国奋进号航天飞机雷达地形测绘任务（Shuttle Radar Topography Mission，SRTM）数据 DEM	Raster，30m×30m	地理空间数据云
土地利用类型	2000 年、2005 年、2010 年、2015 年、2020 年 5 期 CLCD 数据	Raster，30m×30m	武汉大学杨杰等，CLCD 数据集
急流指数或年降水量	本章使用 2000 年、2005 年、2010 年、2020 年降水量数据	Raster，mm	国家地球系统科学数据中心
流域/子流域	基于 DEM 提取的中国流域、河网数据集	shp	中国科学院地理科学与资源研究所，中国科学院资源环境科学与数据中心
生物物理学表	氮负荷（load_n），kg/(hm^2·a)；氮滞留效率（eff_n）；氮滞留临界距离（crit_len_n），m	csv	参考文献（马方正，2021；李威等，2022；段冰森，2023）及模型使用手册
流量阈值	根据 DEM 数据确定水系流向，在水流终止及保持功能停止的地方，余下的养分会被输出到河流中，本研究取 1000	常数，像素数	参考文献（马方正，2021；Han et al.，2021）及使用手册
Boreselli *k* 参数	校准参数，决定了水文连通性和营养物质输送率之间的关系，本研究取值为 2	常数，量纲为一	参考文献（马方正，2021；Han et al.，2021）及使用手册

表 2-3 InVEST 模型 NDR 模块生物物理表相关参数

土地利用类型	氮负荷/[kg/(hm^2·a)]	最大滞留效率	氮滞留临界距离/m
耕地	23.12	0.34	150
林地	3.98	0.8	300
灌丛	4.64	0.6	300
草地	6.5	0.48	150
水体	0.001	0.05	10
裸地	0.05	0.05	10
建设用地	12.56	0.05	10

2.2 水源地周边土地利用格局动态变化

2.2.1 土地利用变化特征

淅川库区小太平洋水域一级水质保护区边缘向外 50km 距离内 2000 年、2005 年、2010 年、2015 年和 2020 年的土地利用类型如图 2-3 所示（见彩图）。从图 2-3 可以看出，区域内主要的土地利用类型为耕地，其次是林地、水体、建设用地，灌丛和草地极少。研究区周边土地利用具有显著差异，耕地主要分布在库区东部，林地主要分布在库区西部，水体主要分布在库区西南部，草地则在库区北部偏西相对集中，而建设用地分布较为分散。淅川库区北、东、南侧均有明显的斑块分布，其中东侧随着年份的增加，斑块面积增长更加显著。各类土地利用类型由保护区边缘向外，随着距离的增加，不同土地利用类型占整个区域面积的比例有所变化；且年份不同，同种土地利用类型的面积发生了变化。

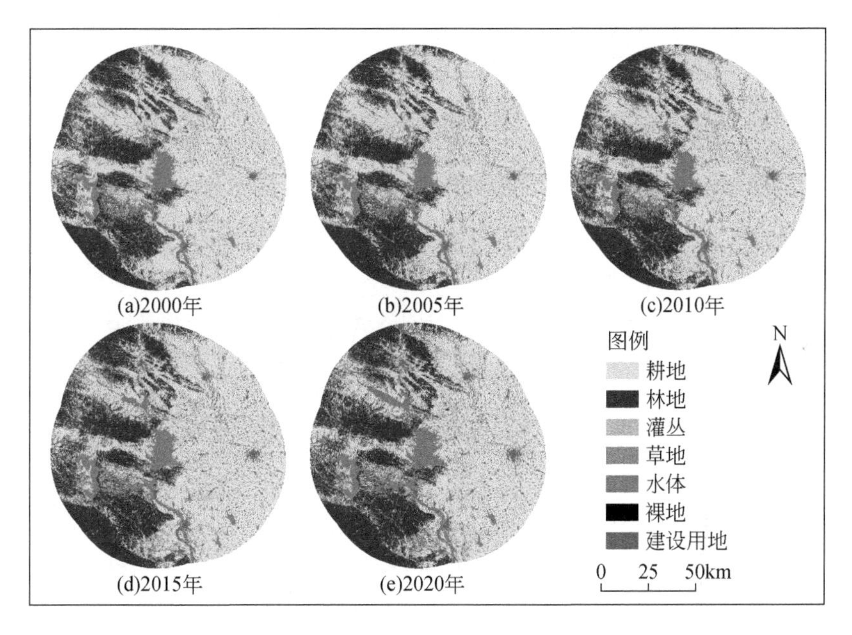

图 2-3　2000 ~ 2020 年土地利用格局分布图

(1) 近距离缓冲区土地利用格局

2000 ~ 2020 年淅川库区小太平洋水域一级水质保护区近距离缓冲区（边缘向外 600m 范围）内土地利用类型发生了显著变化（表 2-4）。2000 ~ 2020 年，库区近距离缓冲区内土地利用类型变化的总趋势是：水体和林地面积增加，耕地、草地和建设用地面积减少。水体和耕地是库区近距离缓冲区内主要的土地利用类型，其次为林地和建设用地，草地和裸地面积较少，无灌丛类型。水体面积由 2000 年的 185.26km^2（占研究区土地总面积的 49.0 %）增加到 2020 年的 261.42km^2（占研究区土地总面积的 69.1%），增加了

76.16km²，特别是2014年后，库区近距离缓冲区内水体面积明显增加，占研究区土地总面积的69%以上。由此也表明，随着南水北调中线工程的实施，丹江口水库蓄水能力显著增大，水位抬升，造成库区水体面积增加。

表2-4　2000～2020年近距离缓冲区土地利用类型面积　（单位：km²）

类型	2000年	2005年	2010年	2015年	2020年
耕地	136.80	139.50	132.96	110.89	78.69
林地	27.15	26.14	28.22	28.03	31.14
草地	3.07	1.34	0.88	0.50	0.13
水体	185.26	188.93	196.66	226.91	261.42
裸地	0.00	0.00	0.00	0.00	0.00
建设用地	25.79	22.16	19.35	11.74	6.69

库区近距离缓冲区内林地面积呈增加趋势，从2000年的27.15km²增加到2020年的31.14km²，占研究区土地总面积的比例由7.2%增加到8.2%。根据野外考察情况分析，林地面积增加主要是库区周边果园面积增加所致。淅川县是南水北调中线工程核心水源区和渠首所在地，肩负着“一库碧水永续北上”的重任，为了在水质保护和致富增收间找到平衡点，淅川县出台政策扶持发展杏李等生态林果产业，导致了库区林地面积增加。

库区近距离缓冲区内耕地面积大幅度减少，耕地面积从2000年的136.80km²（占研究区土地总面积的36.2%）减少到2020年的78.69km²（占研究区土地总面积的20.8%），共减少了58.11km²；建设用地面积减少幅度次之，占研究区土地总面积的比例由6.8%减少到1.8%；草地面积略有下降，从占研究区土地总面积的比例由0.8%减少到不足0.1%。

（2）中远距离缓冲区土地利用格局

2000～2020年淅川库区小太平洋水域一级水质保护区中远距离缓冲区（边缘向外4km范围）内土地利用格局分布如表2-5所示。从表2-5可知，2000～2020年，库区中远距离缓冲区内土地利用类型变化的总趋势与近距离缓冲区一致，也表现为水体和林地面积增加，耕地、草地和建设用地面积减少。耕地和水体仍然是库区中远距离缓冲区内主要的土地利用类型，其次为林地和建设用地，草地和裸地面积较少，无灌丛类型。水体面积较近距离缓冲区有所增加，由2000年的194.77km²（占研究区土地总面积的25.6%）增加到2020年的278.74km²（占研究区土地总面积的36.6%），增加了83.97km²，库区中远距离缓冲区内水体面积自2014年后明显增加，占研究区土地总面积的36%以上，究其原因仍是南水北调中线工程建设后丹江口水库水位抬升导致的水域面积增加。

表2-5　2000～2020年中远距离缓冲区土地利用类型面积　（单位：km²）

类型	2000年	2005年	2010年	2015年	2020年
耕地	386.22	402.14	392.89	359.83	319.66
林地	122.69	116.54	120.18	125.41	136.69

续表

类型	2000 年	2005 年	2010 年	2015 年	2020 年
草地	17.15	6.53	5.97	6.18	1.16
水体	194.77	198.99	207.08	240.38	278.74
裸地	0.00	0.00	0.00	0.00	0.00
建设用地	41.40	38.03	36.11	30.43	25.98

库区中远距离缓冲区内林地面积呈增加趋势，从 2000 年的 122.69km^{2}增加到 2020 年的 136.69km^2，占研究区土地总面积的比例由 16.1%增加到 17.9%。耕地面积先增加再大幅度减少，耕地面积从 2000 年的 386.22km^2（占研究区土地总面积的 50.7%）增加到 2005 年的 402.14km^2（占研究区土地总面积的 52.8%），共增加了 15.92km^2，再减少到 2020 年的 319.66km^2（占研究区土地总面积的 41.9%），共减少了 82.48km^2；建设用地面积减少幅度次之，占研究区土地总面积的比例由 5.4%减少到 3.4%；草地面积略有下降，从占研究区土地总面积的比例由 2.2%减少到 0.2%。

（3）远距离缓冲区土地利用格局

2000～2020 年淅川库区小太平洋水域一级水质保护区远距离缓冲区（边缘向外 50km 范围）内土地利用类型面积如表 2-6 所示。从表 2-6 可知，2000～2020 年，库区远距离缓冲区内土地利用类型变化较近距离缓冲区和中远距离缓冲区发生了变化，其土地利用类型变化的总趋势是：林地、水体和建设用地面积增加，耕地、草地、灌丛面积减少，裸地面积先减少后增加。库区远距离缓冲区内的主要土地利用类型是耕地和林地，其次是建设用地、水体和草地，灌丛和裸地面积较少。水体面积由 2000 年的 548.70km^2（占研究区土地总面积的 4.4%）增加到 2020 年的 841.43km^2（占研究区土地总面积的 6.8%），增加了 292.73km^2，库区远距离缓冲区内水体面积的增加仍是受南水北调中线工程通水影响导致的水库水位抬升所致。

表 2-6　2000～2020 年远距离缓冲区土地利用类型面积　（单位：km^2）

类型	2000 年	2005 年	2010 年	2015 年	2020 年
耕地	7687.97	7678.24	7649.90	7261.68	6959.30
林地	3042.64	3147.00	3149.36	3364.31	3606.72
灌丛	3.55	1.89	1.89	3.88	2.75
草地	352.65	199.47	151.68	137.22	44.47
水体	548.70	584.12	610.80	710.31	841.43
裸地	0.01	0.01	0.00	0.03	0.05
建设用地	697.98	722.77	769.87	856.07	878.78

库区远距离缓冲区内林地面积呈增加趋势，从 2000 年的 3042.64km^{2}增加到 2020 年的 3606.72km^2，占研究区土地总面积的比例由 24.7%增加到 29.2%。耕地面积大幅度减少，

耕地面积从 2000 年的 7687.97km² （占研究区土地总面积的 62.3%） 减少到 2020 年的 6959.30km² （占研究区土地总面积的 56.4%），共减少了 728.67km²；建设用地面积增加，占研究区土地总面积的比例由 5.7% 增加到 7.1%；草地面积减少，从占研究区土地总面积的比例由 2.9% 减少到 0.4%；灌丛和裸地面积占研究区土地总面积比例微小，均不足 0.1%。

总体来看，2000～2020 年，近距离和中远距离缓冲区内土地利用类型以水体和耕地为主，远距离缓冲区内则以耕地和林地为主。近距离缓冲区内因辐射半径较小，区域内土地利用格局以水体占主导（占研究区总面积的 49.0%～69.1%）；其次是耕地，占研究区总面积的 20.8%～36.9%。南水北调中线工程通水运行后的 5 年时间，水体面积增加了 9.1 个百分点（由 2015 年的 60.0% 增加到 2020 年的 69.1%），而耕地面积减少了 8.5 个百分点（由 2015 年的 29.3% 减少到 2020 年的 20.8%），也进一步反映出当地政府为了保护“一库清水”而采取了退耕等生态环境保护措施。中远距离和远距离缓冲区内，随着辐射半径的增加，耕地占据了研究区土地利用类型的主导地位，其占研究区土地总面积的比例分别为 41.9%～52.8%、56.4%～62.3%。中远距离缓冲区内，水体面积在研究区总面积的占比有所下降（25.6%～36.6%），而林地面积的占比逐渐上升，达到了 15.3%～17.9%。远距离缓冲区内，林地面积的占比仅次于耕地，达到了 24.7%～29.2%，而水体面积的占比则显著下降（4.4%～6.8%）。整体而言，研究区耕地和林地面积的占比随着缓冲区半径的增加而增加，而水体面积的占比随着缓冲区半径的增加而减少。作为农业用地的耕地在近距离缓冲区内分布最为广泛，说明了距水域远近是限制耕地分布的重要因素（李明蔚，2021）。在距离水域较远的地区，地方政府为了发展经济而开展了植树造林。《淅川县土地利用总体规划（2006～2020 年）》显示，淅川县于 2006～2020 年在保障耕地的同时，增加了园地和林地的建设，同时优化农田布局和建设用地。退耕还林和封山育林工程的实施，减少了丹江口水库库区的耕地面积，从而增加了流域范围内的林地面积（董国权，2022）。

2.2.2 土地利用类型转移

土地利用类型动态演化是一定时期区域内自然、社会、经济发展的综合体现。土地利用类型矩阵可以清晰地反映淅川库区不同时期各种土地利用类型面积的变化情况，可以研究土地利用类型由前一个时期向后一个时期的转移比率以及研究后一个时期中土地利用类型由前一个时期土地利用类型的转移比率来源。淅川库区小太平洋水域一级水质保护区边缘向外 50km 距离内 2000～2020 年土地利用变化如图 2-4 所示（见彩图）。图 2-4 中（a）～（d）为 2000～2020 年每 5 年间隔的土地利用变化空间分布，变化面积由多到少依次为 2015～2020 年、2010～2015 年、2000～2005 年、2005～2010 年；（e）～（g）为 2000～2020 年 10 年间隔的土地利用变化空间分布，变化面积由多到少依次为 2010～2020 年、2005～2015 年、2000～2010 年；（h）为 2000～2020 年 20 年间隔土地利用变化空间分布。从图 2-4 可知，区域内面积变化最多的土地利用类型分布于淅川库区西侧。不同距离范围内，土地利用结构存在差异，各种土地利用类型间相互转化也有所不同。

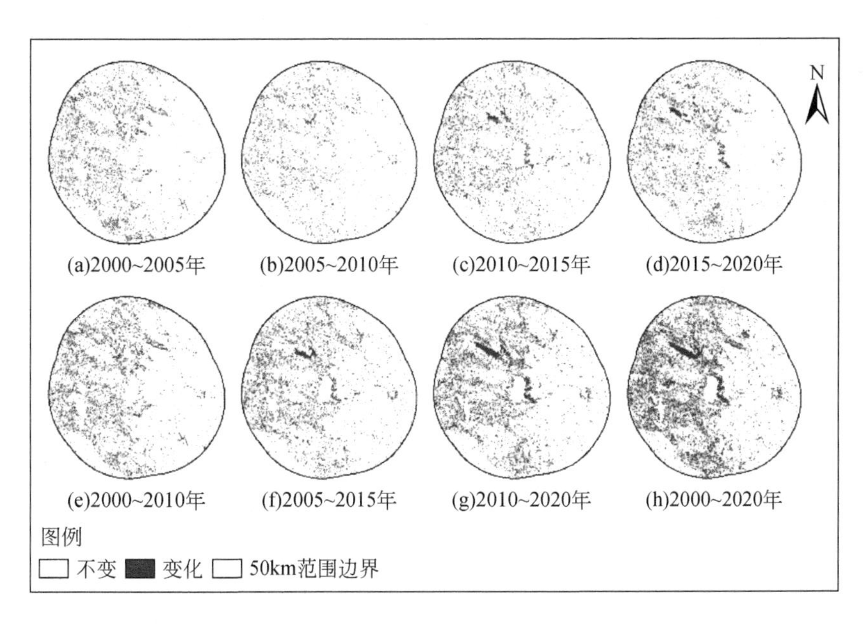

图 2-4 2000 ~ 2020 年土地利用变化空间分布图

(1) 近距离缓冲区土地利用变化

水库蓄水以及水源地生态环境保护使得库区各种土地利用类型发生了转化。本节根据遥感和 GIS 分析，计算 2000 ~ 2020 年淅川库区小太平洋水域一级水质保护区近距离缓冲区（边缘向外 600m 范围）内 4 个时期（2000 ~ 2005 年、2005 ~ 2010 年、2010 ~ 2015 年、2015 ~ 2020 年）土地利用转移矩阵，探讨不同时期土地利用的演变过程。根据土地利用类型互相转化的原始转移矩阵，计算不同土地利用类型在两个时期相互转化的面积，分析探讨库区小太平洋水域一级水质保护区近距离缓冲区内 2000 ~ 2020 年土地利用类型的动态演化特征，其土地利用转移矩阵如表 2-7 ~ 表 2-10 所示，不同时期土地利用类型转化比例存在差异。

表 2-7 2000 ~ 2005 年近距离缓冲区土地利用转移矩阵 （单位：km^2）

土地利用类型	耕地	林地	草地	水体	裸地	建设用地
耕地	133.65	1.96	0.07	0.94	0.00	0.18
林地	2.98	24.16	0.00	0.00	0.00	0.01
草地	1.77	0.02	1.24	0.01	0.00	0.03
水体	1.10	0.00	0.03	184.04	0.00	0.09
裸地	0.00	0.00	0.00	0.00	0.00	0.00
建设用地	0.00	0.00	0.00	3.94	0.00	21.85

表 2-8　2005 ~ 2010 年近距离缓冲区土地利用转移矩阵　（单位：km^2）

土地利用类型	耕地	林地	草地	水体	裸地	建设用地
耕地	130.96	3.49	0.09	4.60	0.00	0.36
林地	1.44	24.68	0.01	0.00	0.00	0.01
草地	0.39	0.04	0.78	0.07	0.00	0.06
水体	0.17	0.01	0.00	188.72	0.00	0.03
裸地	0.00	0.00	0.00	0.00	0.00	0.00
建设用地	0.00	0.00	0.00	3.27	0.00	18.89

表 2-9　2010 ~ 2015 年近距离缓冲区土地利用转移矩阵　（单位：km^2）

土地利用类型	耕地	林地	草地	水体	裸地	建设用地
耕地	107.91	2.63	0.13	20.89	0.00	1.40
林地	2.76	25.38	0.01	0.05	0.00	0.02
草地	0.19	0.02	0.36	0.30	0.00	0.01
水体	0.03	0.00	0.00	196.62	0.00	0.01
裸地	0.00	0.00	0.00	0.00	0.00	0.00
建设用地	0.00	0.00	0.00	9.05	0.00	10.30

表 2-10　2015 ~ 2020 年近距离缓冲区土地利用转移矩阵　（单位：km^2）

土地利用类型	耕地	林地	草地	水体	裸地	建设用地
耕地	77.27	4.27	0.00	29.02	0.00	0.33
林地	1.18	26.83	0.00	0.00	0.00	0.02
草地	0.24	0.04	0.13	0.09	0.00	0.00
水体	0.00	0.00	0.00	226.91	0.00	0.00
裸地	0.00	0.00	0.00	0.00	0.00	0.00
建设用地	0.00	0.00	0.00	5.40	0.00	6.34

2000 ~ 2005 年库区近距离缓冲区内土地利用类型渐变过程如表 2-7 所示。由表 2-7 可知，近距离缓冲区内耕地净增加 2.70km^2，其中新增 5.85km^2，他化耕地 3.15km^2。新增耕地来自林地（2.98km^2）、草地（1.77km^2）、水体（1.10km^2）。耕地向林地、水体、建设用地、草地的转化是耕地他化的主要方向，分别占他化耕地的 62.2%、29.9%、5.7%、2.2%。林地净减少 1.01km^2，其中新增 1.98km^2，他化 2.99km^2。新增林地主要来自耕地（1.96km^2）和草地（0.02km^2）；林地他化去向为耕地和建设用地，分别占他化林地的 99.7%、0.3%。草地净减少 1.73km^2，其中新增 0.10km^2，他化 1.83km^2。新增草地来自耕地（0.07km^2）和水体（0.03km^2）；他化去向为耕地、建设用地、林地和水体，分别占他化草地的 96.7%、1.6%、1.1% 和 0.6%。水体净增加 3.67km^2，其中新增 4.89km^2，他化 1.22km^2。新增水体来自建设用地（3.94km^2）、耕地（0.94km^2）和草地

(0.01km^2)；他化去向为耕地、建设用地、草地和林地，分别占他化水体的90.0%、7.4%、2.4%和0.2%。裸地没有变化。建设用地净减少3.63km^2，其中新增0.31km^2，他化3.94km^2。新增建设用地包括耕地（0.18km^2）、水体（0.09km^2）、草地（0.03km^2）、林地（0.01km^2），他化去向全为水体。

2000～2005年，库区近距离缓冲区内土地利用变化总体表现为：耕地、水体面积增加，建设用地、草地和林地面积减少。水体面积的增加主要来源于建设用地面积的减少，而耕地面积变化较为复杂，其来源是主要为林地，其次为草地和水体，但其变化去向主要为林地。水体面积的增加，代表着淹没区面积的增加，对水体周围建设用地影响巨大，其次是部分耕地。而近距离缓冲区内耕地、林地及草地的转化显然对淹没区面积没有显著的影响，根据淅川县1997～2005年土地规划成效，三者的转化受人为驱动的可能性更大。

2005～2010年库区近距离缓冲区内土地利用类型渐变过程如表2-8所示。由表2-8可知，近距离缓冲区内耕地净减少6.54km^2，其中新增2.00km^2，他化耕地8.54km^2。新增耕地来自林地（1.44km^2）、草地（0.39km^2）、水体（0.17km^2）；耕地向水体、林地、建设用地和草地转化，分别占他化耕地的53.9%、40.9%、4.2%、1.0%。林地净增加2.08km^2，其中新增3.54km^2，他化1.46km^2。新增林地来自耕地（3.49km^2）、草地（0.04km^2）和水体（0.01km^2）；林地他化去向为耕地、建设用地和草地，分别占他化林地的98.6%、0.7%和0.7%。草地净减少0.46km^2，其中新增0.10km^2，他化0.56km^2。新增草地主要来自耕地（0.09km^2）和林地（0.01km^2）；他化去向为耕地、水体、建设用地和林地，分别占他化草地的69.7%、12.5%、10.7%和7.1%。水体净增加7.73km^2，其中新增7.94km^2，他化0.21km^2。新增水体主要来自耕地（4.60km^2）、建设用地（3.27km^2）和草地（0.07km^2）；他化去向为耕地、建设用地、林地和草地，分别占他化水体的80.6%、14.2%、4.7%和0.5%。建设用地共减少2.81km^2，其中新增0.46km^2，他化3.27km^2。新增建设用地包括耕地（0.36km^2）、草地（0.06km^2）、水体（0.03km^2）和林地（0.01km^2），他化去向全为水体。

2005～2010年库区近距离缓冲区内土地利用变化总体表现为：水体和林地面积增加，耕地、建设用地、草地面积总体减少，但100%转变为水体。水体面积的增加主要来自建设用地和耕地的减少，而变化的耕地除一部分被淹没外，其余主要转变为林地，且这部分面积大于由林地转变为耕地的面积。水体周边主要的土地利用类型为建设用地、耕地和草地。淹没区面积的持续增加，对水域周边建设用地、耕地和草地的改变是不可避免的。同时耕地、林地在空间上的分布出现转化，这其中的驱动因素包括水库周围植树和当地的退耕还林政策以及林转耕的适宜性。

2010～2015年库区近距离缓冲区内土地利用类型渐变过程如表2-9所示。由表2-9可知，近距离缓冲区内耕地净减少22.07km^2，其中新增2.98km^2，他化耕地25.05km^2。新增耕地主要来自林地（2.76km^2）、草地（0.19km^2）、水体（0.03km^2）；耕地向水体、林地、建设用地和草地转化，分别占他化耕地的83.4%、10.5%、5.6%、0.5%。林地净减少0.19km^2，其中新增2.65km^2，他化2.84km^2。新增林地主要来自耕地（2.63km^2）和草地（0.02km^2）；林地他化去向为耕地、水体、建设用地和草地，分别占他化林地的97.2%、1.8%、0.7%和0.3%。草地净减少0.38km^2，其中新增0.14km^2，他化

0.52km^2。新增草地主要来自耕地（0.13km^2）和林地（0.01km^2）；他化去向为水体、耕地、林地和建设用地，分别占他化草地的57.7%、36.5%、3.9%和1.9%。水体净增加30.25km^2，其中新增30.29km^2，他化0.04km^2。新增水体来自耕地（20.89km^2）、建设用地（9.05km^2）、草地（0.30km^2）和林地（0.05km^2）；他化去向为耕地、建设用地、林地和草地，分别占他化水体的69.8%、23.3%、4.6%和2.3%。建设用地净减少7.61km^2，其中新增1.44km^2，他化9.05km^2。新增建设用地来自耕地（1.40km^2）、林地（0.02km^2）、草地（0.01km^2）和水体（0.01km^2），他化去向全为水体。

2010～2015年库区近距离缓冲区内土地利用变化总体表现为：水体面积增加，其他土地利用类型面积均减少，减少最多的为耕地，其次为建设用地，最后是草地和林地。随着水体面积的增加，淹没区域除建设用地、耕地、草地外，存在少部分林地。2010～2015年，南水北调中线工程通水，对库区600m范围内的耕地影响巨大，减少的耕地面积占研究区总面积的15.7%，这5年受淹没区面积增加影响，所有土地利用类型面积均有所减少。同时，林地和耕地在空间上的转化面积相当。

2015～2020年库区近距离缓冲区内土地利用类型渐变过程如表2-10所示。由表2-10可知，近距离缓冲区内耕地净减少32.20km^2，其中新增1.42km^2，他化耕地33.62km^2。新增耕地来自林地（1.18km^2）和草地（0.24km^2）；耕地向水体、林地和建设用地转化，分别占他化耕地的86.3%、12.7%和1.0%。林地净增加3.11km^2，其中新增4.31km^2，他化1.20km^2。新增林地来自耕地（4.27km^2）和草地（0.04km^2）；林地他化去向为耕地和建设用地，分别占他化林地的98.3%和1.7%。草地净减少0.37km^2，减少的草地全转化为其他类型，他化去向为耕地、水体和林地，分别占他化草地的64.9%、24.3%和10.8%。水体净增加34.51km^2。新增水体来自耕地（29.02km^2）、建设用地（5.40km^2）和草地（0.09km^2）；他化去向为建设用地。建设用地净减少5.05km^2，其中新增0.35km^2，他化5.40km^2。新增建设用地包括耕地（0.33km^2）和林地（0.02km^2），他化去向全为水体。

2015～2020年库区近距离缓冲区内土地利用变化总体表现为：水体、林地面积增加，耕地、建设用地、草地面积减少。水体面积持续性增加，增加的淹没区域主要是耕地、建设用地、草地。2020年库区600m范围内，陆地面积仅占研究区总面积的30.9%，耕地和建设用地受淹没区影响持续增加。同时，受到退耕还林的水质保护政策驱动，耕地向林地的转化大于林地向耕地的转化。

整体而言，2000～2005年、2005～2010年、2010～2015年和2015～2020年，库区近距离缓冲区内4个5年间隔的土地利用变化面积占区域总面积的比例分别为3.5%、3.7%、9.9%、10.7%，2010～2020年的变化率明显增加。根据2000～2020年区域整体土地利用转化关系（图2-5），土地利用的转化主要为耕地、水体、林地及建设用地的相互转化，其中以耕地向水体（耕地→水体53.82km^2）、建设用地向水体（建设用地→水体21.10km^2）为主，其次为耕地和林地（耕地↔林地）双向转化。

2000～2020年库区近距离缓冲区内，土地利用变化最多的是水体，其次分别为耕地、建设用地、林地和草地。其中，水体面积净增76.16km^2，耕地面积净减58.11km^2，建设用地面积净减少19.10km^2，林地面积净增3.99km^2，草地面积净减少2.94km^2。转化面积最多出现在 2010 ~ 2020 年，淹没区对研究区耕地和建设用地影响巨大。2010 年大坝加高，丹江口水库的容量增大，2014 年开始通水，蓄水面的扩大会淹没丹江口水库周边及上游的土地利用类型，这是其他土地利用类型面积大量转入水体的主要原因之一（段小芳，2023）。由于国家耕地保护政策不断完善、耕地占补平衡更加严格，库区周边部分园地和林地通过整治改造为耕地，因此该阶段有小部分林地转为耕地。此外，该阶段林地面积净增加，表明研究区内土地利用格局的变化，除受淹没区范围影响外，退耕还林和农田保育政策的人为驱动因素也是改变研究区土地格局变化的重要原因。

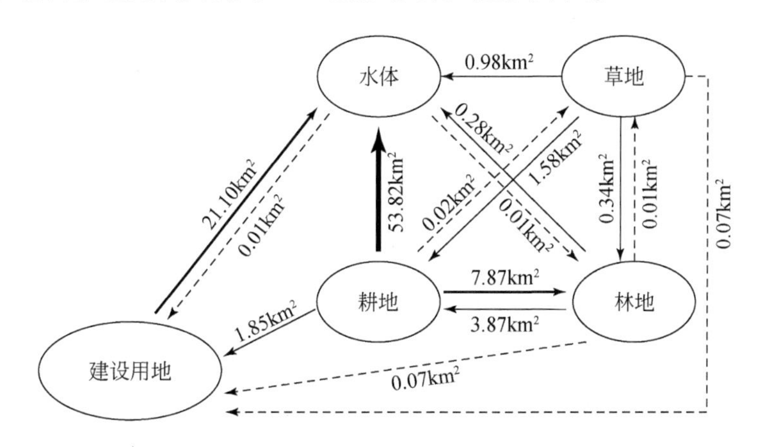

图 2-5　2000 ~ 2020 年近距离缓冲区土地利用转化关系

（2）中远距离缓冲区土地利用变化

根据 2000 ~ 2020 年淅川库区小太平洋水域一级水质保护区中远距离缓冲区（边缘向外 4km 范围）内 4 个时期（2000 ~ 2005 年、2005 ~ 2010 年、2010 ~ 2015 年、2015 ~ 2020 年）土地利用转移矩阵，探讨不同时期土地利用的演变过程。根据土地利用类型互相转化的原始转移矩阵，计算不同土地利用类型在两个时期相互转化的面积，分析探讨库区小太平洋水域一级水质保护区中远距离缓冲区内 2000 ~ 2020 年土地利用类型的动态演化特征，其土地利用转移矩阵如表 2-11 ~ 表 2-14 所示，不同时期土地利用类型转化比例存在差异。

表 2-11　2000 ~ 2005 年中远距离缓冲区土地利用转移矩阵　（单位：km^2）

土地利用类型	耕地	林地	草地	水体	裸地	建设用地
耕地	376.07	7.82	0.28	1.33	0.00	0.72
林地	14.11	108.57	0.00	0.00	0.00	0.01
草地	10.70	0.15	6.22	0.01	0.00	0.07
水体	1.26	0.00	0.03	193.38	0.00	0.10
裸地	0.00	0.00	0.00	0.00	0.00	0.00
建设用地	0.00	0.00	0.00	4.27	0.00	37.13

表 2-12　2005～2010 年中远距离缓冲区土地利用转移矩阵　（单位：km^2）

土地利用类型	耕地	林地	草地	水体	裸地	建设用地
耕地	383.31	11.05	1.57	4.83	0.00	1.38
林地	7.58	108.87	0.06	0.00	0.00	0.03
草地	1.78	0.23	4.34	0.07	0.00	0.11
水体	0.22	0.03	0.001	198.71	0.00	0.03
裸地	0.00	0.00	0.00	0.00	0.00	0.00
建设用地	0.00	0.00	0.00	3.47	0.00	34.56

表 2-13　2010～2015 年中远距离缓冲区土地利用转移矩阵　（单位：km^2）

土地利用类型	耕地	林地	草地	水体	裸地	建设用地
耕地	351.40	12.36	1.98	22.92	0.00	4.23
林地	7.27	112.71	0.02	0.05	0.00	0.13
草地	1.05	0.34	4.18	0.34	0.00	0.06
水体	0.11	0.00	0.00	209.96	0.00	0.01
裸地	0.00	0.00	0.00	0.00	0.00	0.00
建设用地	0.00	0.00	0.00	10.11	0.00	26.00

表 2-14　2015～2020 年中远距离缓冲区土地利用转移矩阵　（单位：km^2）

土地利用类型	耕地	林地	草地	水体	裸地	建设用地
耕地	309.57	16.44	0.00	32.10	0.00	1.72
林地	6.28	119.09	0.00	0.00	0.00	0.04
草地	3.71	1.16	1.16	0.13	0.00	0.02
水体	0.10	0.00	0.00	240.27	0.00	0.01
裸地	0.00	0.00	0.00	0.00	0.00	0.00
建设用地	0.00	0.00	0.00	6.24	0.00	24.19

2000～2005 年，库区中远距离缓冲区土地利用类型渐变过程如表 2-11 所示。由表 2-11 可知，中远距离缓冲区内耕地净增加 15.92km^2，其中新增 26.07km^2，他化耕地 10.15km^2。新增耕地来自林地（14.11km^2）、草地（10.70km^2）、水体（1.26km^2）；耕地向林地、水体、建设用地、草地的转化是耕地他化的主要方向，分别占他化耕地的 77.0%、13.1%、7.1%、2.8%。林地净减少 6.15km^2，其中新增 7.97km^2，他化 14.12km^2。新增林地来自耕地（7.82km^2）和草地（0.15km^2）；林地他化去向为耕地和建设用地，分别占他化林地的 99.9%、0.1%。草地净减少 10.62km^2，其中新增 0.31km^2，他化 10.93km^2。新增草地来自耕地（0.28km^2）和水体（0.03km^2）；他化去向为耕地、林地、建设用地和水体，分别占他化草地的 97.9%、1.4%、0.6% 和 0.1%。水体净增加 4.22km^2，其中新增 5.61km^2，他化 1.39km^2。新增水体来自建设用地（4.27km^2）、耕地

（1.33km^2）和草地（0.01km^2）；他化去向为耕地、建设用地和草地，分别占他化水体的 90.6%、7.2%和 2.2%。建设用地净减少 3.37km^2，其中新增 0.90km^2，他化 4.27km^2。新增建设用地来自耕地（0.72km^2）、水体（0.10km^2）、草地（0.07km^2）和林地（0.01km^2），他化去向全为水体。

2000～2005 年库区 600m～4km 范围内土地利用变化总体表现为：耕地面积净增 13.22km^2，草地面积净减 8.89km^2，林地面积净减 5.14km^2，水体面积净增 0.55km^2，建设用地面积净增 0.26km^2。随着距离水体距离的增加，淹没区的扩大不再是土地利用格局变化的主要驱动因素。该区域内水体面积在 2000～2005 年仅增加了 0.55km^2，但依然是建设用地变化的绝对驱动因素。尽管耕地有一部分转变为林地，但林地和草地的大部分转变为耕地，是造成林地和草地面积净减少的原因。淅川县在 1997～2005 年实施的土地规划，在保证水源生态的同时，通过耕地保护和调整减缓了耕地面积持续减少、人均耕地不足的问题，耕地面积在 2005 年显著增加。

2005～2010 年，库区中远距离缓冲区土地利用类型渐变过程如表 2-12 所示。由表 2-12 可知，中远距离缓冲区内耕地净减少 9.25km^2，其中新增 9.58km^2，他化耕地 18.83km^2。新增耕地来自林地（7.58km^2）、草地（1.78km^2）和水体（0.22km^2）；耕地向林地、水体、草地和建设用地转化，分别占他化耕地的 58.7%、25.7%、8.3%、7.3%。林地净增加 3.64km^2，其中新增 11.31km^2，他化 7.67km^2。新增林地来自耕地（11.05km^2）、草地（0.23km^2）和水体（0.03km^2）；林地他化去向为耕地、草地和建设用地，分别占他化林地的 98.8%、0.8%和 0.4%。草地净减少 0.56km^2，其中新增 1.63km^2，他化 2.19km^2。新增草地主要来自耕地（1.57km^2）和林地（0.06km^2）；他化去向为耕地、林地、建设用地和水体，分别占他化草地的 81.3%、10.5%、5.0%和 3.2%。水体净增加 8.09km^2，其中新增 8.37km^2，他化 0.28km^2。新增水体主要来自耕地（4.83km^2）、建设用地（3.47km^2）和草地（0.07km^2）；他化去向为耕地、建设用地、林地和草地，分别占他化水体的 78.3%、10.7%、10.7%和 0.3%。建设用地净减少 1.92km^2，其中新增 1.55km^2，他化 3.47km^2。新增建设用地包括耕地（1.38km^2）、草地（0.11km^2）、水体（0.03km^2）和林地（0.03km^2），他化去向全为水体。

2005～2010 年库区 600m～4km 范围内土地利用变化表现为：耕地面积净减 2.71km^2，林地面积净增 1.56km^2，建设用地面积净增 0.89km^2，水体面积净增 0.36km^2，草地面积净减 0.10km^2。该区域内土地利用变化程度较小，主要变化体现在耕地面积的减少和林地、建设用地面积的增加。其中，耕地转化为林地和建设用地的面积多于这两种土地利用类型转化为耕地的面积，这是林地和建设用地面积净增加的主要原因。

2010～2015 年，库区中远距离缓冲区土地利用类型渐变过程如表 2-13 所示。由表 2-13 可知，中远距离缓冲区内耕地净减少 33.06km^2，其中新增 8.43km^2，他化耕地 41.49km^2。新增耕地来自林地（7.27km^2）、草地（1.05km^2）、水体（0.11km^2）；耕地向水体、林地、建设用地和草地转化，分别占他化耕地的 55.2%、29.8%、10.2%、4.8%。林地净增加 5.23km^2，其中新增 12.70km^2，他化 7.47km^2。新增林地来自耕地（12.36km^2）和草地（0.34km^2）；林地他化去向为耕地、建设用地、水体和草地，分别占他化林地的 97.3%、1.7%、0.7%和 0.3%。草地净增加 0.21km^2，其中新增 2.00km^2，他化 1.79km^2。

新增草地来自耕地（1.98km^2）和林地（0.02km^2）；他化去向为耕地、水体、林地和建设用地，分别占他化草地的58.7%、19.0%、19.0%和3.3%。水体净增加33.30km^2，其中新增33.42km^2，他化0.12km^2。新增水体来自耕地（22.92km^2）、建设用地（10.11km^2）、草地（0.34km^2）和林地（0.05km^2）；他化去向为耕地和建设用地，分别占他化水体的91.7%和8.3%。建设用地净减少5.68km^2，其中新增4.43km^2，他化10.11km^2。新增建设用地包括耕地（4.23km^2）、林地（0.13km^2）、草地（0.06km^2）和水体（0.01km^2），他化去向全为水体。

2010～2015年库区600m～4km范围内土地利用变化表现为：耕地面积净减10.99km^2，林地面积净增5.42km^2，水体面积净增3.05km^2，建设用地面积净增1.93km^2，草地面积净增0.59km^2。库区中远距缓冲区内主要的土地利用变化集中在近距离缓冲区，主要驱动因素为2014年12月南水北调中线工程通水，除水体外其他土地利用类型面积因被淹没而减少。库区600m～4km范围内，仅耕地面积减少，其他土地利用类型的面积均有所增加。耕地的去向主要为林地和建设用地，结合淅川县2006～2020年土地规划调整。其中耕地转向林地存在两方面原因：首先是退耕还林政策及植树造林建设生态屏障用地的生态用地规划；其次是淅川县农业经济转型，增加了果树等园林种植。而耕地向建设用地转化则是受到了城镇、旅游及交通水利的建设的影响。

2015～2020年，库区中远距离缓冲区土地利用类型渐变过程如表2-14所示。由表2-14可知，中远距离缓冲区内耕地净减少40.17km^2，其中新增10.09km^2，他化耕地50.26km^2。新增耕地来自林地（6.28km^2）、草地（3.71km^2）和水体（0.10km^2）；耕地向水体、林地和建设用地转化，分别占他化耕地的63.9%、32.7%和3.4%。林地净增加11.28km^2，其中新增17.60km^2，他化6.32km^2。新增林地来自耕地（16.44km^2）和草地（1.16km^2）；林地他化去向为耕地和建设用地，分别占他化林地的99.4%和0.6%。草地净减少5.02km^2，减少的草地全转化为其他类型，他化去向为耕地、林地、水体和建设用地，分别占他化草地的73.9%、23.1%、2.6%和0.4%。水体净增加38.36km^2，其中新增38.47km^2，他化0.11km^2。新增水体来自耕地（32.10km^2）、建设用地（6.24km^2）和草地（0.13km^2）；他化去向为耕地和建设用地，分别占他化水体的90.9%和9.1%。建设用地净减少4.45km^2，其中新增1.79km^2，他化6.24km^2。新增建设用地包括耕地（1.72km^2）、林地（0.04km^2）、草地（0.02km^2）和水体（0.01km^2），他化去向全为水体。

2015～2020年库区600m～4km范围内土地利用变化为，耕地面积净减7.97km^2，林地面积净增8.17km^2，草地面积净减4.65km^2，水体面积净增3.85km^2，建设用地面积净增0.60km^2。库区通水后，水体面积持续增加，对库区土地利用格局的变化集中在库区近距离缓冲区内，而600m～4km，淹没区主要影响的是耕地和少量的建设用地和草地。库区600m～4km范围内，耕地主要转变为林地，且转化面积大于上个5年，同时林地和草地转变为耕地的面积也远大于上个5年。根据《淅川县国土空间总体规划（2021—2035年）》公示结果，2020年土地利用变化格局符合淅川县国土空间格局描述。为构筑“一城一库、一脉三区”的生态空间，淅川县统筹划定了三条控制线，首先，优先划定永久基本农田；其次，科学划定生态保护红线；最后，合理划定城镇开发边界。并在此基础上构建了优化农业生产格局、严格落实耕地保护和有序推进国土综合整治的农业格局和“两区、三带”的生态保护格局。2016 年开始，国家林业局对丹江口水库及上游开始实施大范围的退耕还林还草重点工程。库区中远距离缓冲区内，均为丹江口水源地生态保护区。中国南水北调集团中线有限公司推进环库区生态隔离带建设，通过人工造林、封山育林以及森林抚育增加林地面积近 116km²，该时期林、草、水用地级的土地利用程度综合指数上升幅度较大（董国权，2022）。因此，当地政策推动是影响 2015 ~ 2020 年库区中远距离缓冲区内土地利用格局的主要驱动因素。

整体而言，2000 ~ 2005 年、2005 ~ 2010 年、2010 ~ 2015 年和 2015 ~ 2020 年，库区中远距离缓冲区 4 个 5 年间隔的土地利用变化面积占区域总面积的比例分别为 5.4%、4.3%、8.0%、8.9%。中远距离缓冲区内，2005 ~ 2010 年土地利用变化率最低，2010 ~ 2020 年变化较 2000 ~ 2010 年更大。根据 2000 ~ 2020 年区域整体土地利用转化关系（图 2-6），土地利用的转化主要为耕地、林地、水体、建设用地及草地的相互转换，其中以耕地向水体（耕地→水体 59.06km²）为主，其次耕地和林地（耕地↔林地）、建设用地向水体（建设用地→水体 23.45km²）、草地向耕地（草地→耕地 11.84km²）的转化，耕地向建设用地（耕地→建设用地 7.38km²）的转化也较多。

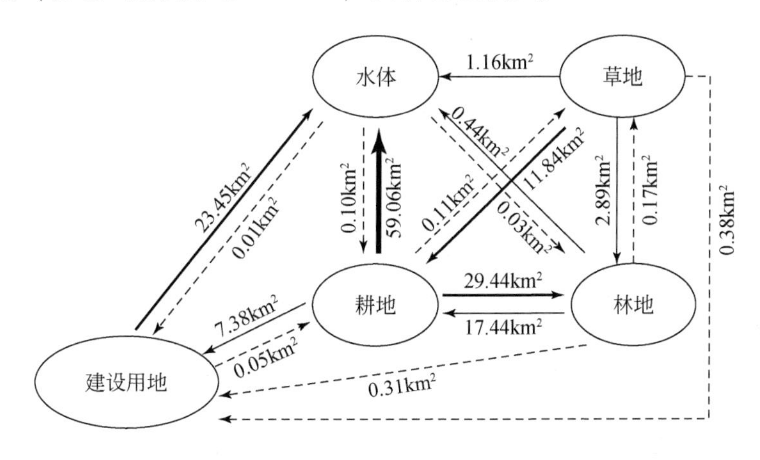

图 2-6　2000 ~ 2020 年中远距离缓冲区土地利用转化关系

2000 ~ 2020 年库区中远距离缓冲区内土地利用变化最多的是水体，其次分别为耕地、草地、建设用地和林地，无裸地类型。其中，水体面积净增 83.97km²，耕地面积净减 66.56km²，草地面积净减 15.99km²，建设用地面积净减少 15.42km²，林地面积净增 14.00km²。库区 600m ~ 4km 范围内，土地利用变化为，草地面积净减 13.05km²，林地面积净增 10.01km²，耕地面积净减 8.45km²，水体面积净增 7.81km²，建设用地面积净增 3.68km²。由此可见，2000 ~ 2020 年，库中远距离缓冲区内的土地利用变化主要发生在近距离缓冲区内，淹没区的扩大是主要驱动因素。而近距离缓冲区外，则主要受到淅川库区安全农田建设和生态保护政策的驱动，主要体现在水体周边耕地转变为林地，草地则主要转变为耕地。淅川县以水质保护、绿色发展为主，为保证一库清水永续北送，将植树造林和旅游开发相结合，构建环库旅游生态圈和旅游区（江书军和陈茜林，2020）。耕地向林地的转化也进一步说明水库周边区域封山育林、退耕还林、退地还湿的生态修复措施取得了一定成效，对丹江口水库土地利用变化产生的生态环境效益起到较大的提升的作用。

（3）远距离缓冲区土地利用变化

根据2000～2020年淅川库区小太平洋水域一级水质保护区远距离缓冲区（边缘向外50km范围）内4个时期（2000～2005年、2005～2010年、2010～2015年、2015～2020年）土地利用转移矩阵，探讨不同时期土地利用的演变过程。根据土地利用类型互相转化的原始转移矩阵，计算不同土地利用类型在两个时期相互转化的面积，分析探讨库区小太平洋水域一级水质保护区远距离缓冲区内2000～2020年土地利用类型的动态演化特征，其土地利用转移矩阵如表2-15～表2-18所示，不同时期土地利用类型转化比例存在差异。

表2-15　2000～2005年远距离缓冲区土地利用转移矩阵　（单位：km^2）

土地利用类型	耕地	林地	灌丛	草地	水体	裸地	建设用地
耕地	7347.58	266.64	0.01	7.5	28.03	0.00	38.21
林地	180.94	2861.18	0.33	0.03	0.00	0.00	0.16
灌丛	0.05	2.02	1.43	0.05	0.00	0.00	0.00
草地	142.92	16.99	0.12	191.55	0.22	0.00	0.85
水体	6.65	0.17	0.00	0.34	538.17	0.00	3.37
裸地	0.00	0.00	0.00	0.00	0.00	0.01	0.00
建设用地	0.10	0.00	0.00	0.00	17.70	0.00	680.18

表2-16　2005～2010年远距离缓冲区土地利用转移矩阵　（单位：km^2）

土地利用类型	耕地	林地	灌丛	草地	水体	裸地	建设用地
耕地	7428.92	148.02	0.02	19.02	25.85	0.00	56.41
林地	157.86	2986.11	0.5	2.04	0.00	0.00	0.49
灌丛	0.03	0.15	1.21	0.50	0.00	0.00	0.00
草地	53.66	14.38	0.16	130.11	0.39	0.00	0.77
水体	9.37	0.70	0.00	0.01	570.98	0.00	3.06
裸地	0.00	0.00	0.00	0.00	0.01	0.00	0.00
建设用地	0.06	0.00	0.00	0.00	13.57	0.00	709.14

表2-17　2010～2015年远距离缓冲区土地利用转移矩阵　（单位：km^2）

土地利用类型	耕地	林地	灌丛	草地	水体	裸地	建设用地
耕地	7122.63	291.15	0.19	33.38	93.47	0.00	109.08
林地	91.79	3053.52	1.49	0.88	0.70	0.00	0.98
灌丛	0.04	0.52	1.28	0.05	0.00	0.00	0.00
草地	27.21	18.70	0.92	102.90	1.65	0.03	0.27

续表

土地利用类型	耕地	林地	灌丛	草地	水体	裸地	建设用地
水体	19.9	0.42	0.00	0.01	587.75	0.00	2.72
裸地	0.00	0.00	0.00	0.00	0.00	0.00	0.00
建设用地	0.11	0.00	0.00	0.00	26.74	0.00	743.02

表 2-18　2015 ~ 2020 年远距离缓冲区土地利用转移矩阵　（单位：km^2）

土地利用类型	耕地	林地	灌丛	草地	水体	裸地	建设用地
耕地	6770.52	328.02	0.07	2.81	113.99	0.00	46.27
林地	115.88	3247.26	0.34	0.02	0.01	0.00	0.80
灌丛	0.35	1.32	2.16	0.05	0.00	0.00	0.00
草地	63.60	29.97	0.18	41.56	1.36	0.04	0.51
水体	8.82	0.15	0.00	0.01	700.29	0.00	1.04
裸地	0.00	0.00	0.00	0.02	0.00	0.01	0.00
建设用地	0.13	0.00	0.00	0.00	25.78	0.00	830.16

2000 ~ 2005 年，库区远距离缓冲区土地利用类型渐变过程如表 2-15 所示。由表 2-15 可知，远距离缓冲区内耕地净减少 9.73km^2，其中新增 330.66km^2，他化耕地 340.39km^2。新增耕地来自林地（180.94km^2）、草地（142.92km^2）、水体（6.65km^2）、建设用地（0.10km^2）和灌丛（0.05km^2）；耕地主要向林地、建设用地、水体和草地转化，分别占他化耕地的 78.3%、11.2%、8.3% 和 2.2%。林地净增加 104.36km^2，其中新增 285.82km^2，他化 181.46km^2。新增林地来自耕地（266.64km^2）、草地（16.99km^2）、灌丛（2.02km^2）和水体（0.17km^2）；林地他化去向主要为耕地、灌丛和建设用地，分别占他化林地的 99.7%、0.2% 和 0.1%。灌丛净减少 1.66km^2，其中新增 0.46km^2，他化 2.12km^2。新增灌丛来自林地（0.33km^2）、草地（0.12km^2）和耕地（0.01km^2）；他化去向为林地、耕地和草地，分别占他化灌丛的 95.2%、2.4% 和 2.4%。草地净减少 153.18km^2，其中新增 7.92km^2，他化 161.10km^2。新增草地来自耕地（7.50km^2）、水体（0.34km^2）、灌丛（0.05km^2）和林地（0.03km^2）；他化去向为耕地、林地、建设用地、水体和灌丛，分别占他化草地的 88.7%、10.6%、0.5%、0.1% 和 0.1%。水体净增加 35.42km^2，其中新增 45.95km^2，他化 10.53km^2。新增水体来自耕地（28.03km^2）、建设用地（17.7km^2）和草地（0.22km^2）；他化去向为耕地、建设用地、草地和林地，分别占他化水体的 63.2%、32.0%、3.2% 和 1.6%。建设用地净增加 24.79km^2，其中新增 42.59km^2，他化 17.80km^2。新增建设用地包括耕地（38.21km^2）、水体（3.37km^2）、草地（0.85km^2）和林地（0.16km^2），他化去向为水体和耕地，占他化建设用地的 99.4% 和 0.6%。

2000 ~ 2005 年库区 4 ~ 50km 范围内土地利用变化总体表现为：草地面积净减 142.56km^2，林地面积净增 110.51km^2，水体面积净增 31.20km^2，建设用地面积净增

28.17km²，耕地面积净减 25.65km²，灌丛面积净减 1.66km²。随着研究范围继续扩大，涉及的经济区也更加复杂，各种土地利用类型在空间上也存在较大的相互转化，受库区中远距离缓冲区内土地利用格局变化的影响较小。整体而言，库区 4 ~ 50km 范围内，主要存在以下特点，耕地主要转变为林地，其次为建设用地和水体，最后为草地、灌丛；林地变化面积的 99.7% 转变为耕地；草地也主要转变为耕地，其次为林地；水体面积的增加来源于耕地和建设用地以及少量的草地和裸地；建设用地多来源于耕地，其次为水体以及少量的其他类型。从净变化数值来看，整体呈现为耕地面积净减少、林地面积净增加的经济、生态发展趋势。

2005 ~ 2010 年，库区远距离缓冲区土地利用类型渐变过程如表 2-16 所示。由表 2-16 可知，远距离缓冲区内耕地净减少 28.34km²，其中新增 220.98km²，他化耕地 249.32km²。新增耕地来自林地（157.86km²）、草地（53.66km²）、水体（9.37km²）、建设用地（0.06km²）和灌丛（0.03km²）；耕地主要向林地、建设用地、水体、草地和灌丛转化，分别占他化耕地的 59.4%、22.6%、10.4% 和 7.6%。林地净增加 2.36km²，其中新增 163.25km²，他化 160.89km²。新增林地来自耕地（148.02km²）、草地（14.38km²）、水体（0.70km²）和灌丛（0.15km²）；林地他化去向为耕地、草地、灌丛和建设用地，分别占他化林地的 98.1%、1.3%、0.3% 和 0.3%。灌丛无变化，其中新增 0.68km²，他化 0.68km²。新增灌丛来自林地（0.5km²）、草地（0.16km²）和耕地（0.02km²）；他化去向为草地、林地和耕地，分别占他化灌地的 73.5%、22.1% 和 4.4%。草地净减少 47.79km²，其中新增 21.57km²，他化 69.36km²。新增草地来自耕地（19.02km²）、林地（2.04km²）、灌丛（0.50km²）和水体（0.01km²）；他化去向为耕地、林地、建设用地、水体和灌丛，分别占他化草地的 77.4%、20.7%、1.1%、0.6% 和 0.2%。水体净增加 26.68km²，其中新增 39.82km²，他化 13.14km²。新增水体来自耕地（25.85km²）、建设用地（13.57km²）、草地（0.39km²）和裸地（0.01km²）；他化去向主要为耕地、建设用地、林地和草地，分别占他化水体的 71.3%、23.3%、5.3% 和 0.1%。裸地净减少 0.01km²，他化去向全为水体。建设用地净增加 47.10km²，其中新增 60.73km²，他化 13.63km²。新增建设用地包括耕地（56.41km²）、水体（3.06km²）、草地（0.77km²）和林地（0.49km²），他化去向为水体和耕地，占他化建设用地的 99.6% 和 0.4%。

2005 ~ 2010 年库区 4 ~ 50km 范围内土地利用变化总体表现为：建设用地面积净增 49.02km²，草地面积净减 47.23km²，耕地面积净减 19.09km²，水体面积净增 18.59km²，林地面积净减 1.28km²，灌丛面积有微弱变化，裸地面积减少。2010 年各种土地利用类型面积与 2005 年在数量上差距较小，说明净增长和减少的速度没有 2000 ~ 2005 年快，但从新增和他化去向情况来看，2005 ~ 2010 年的土地利用变化在空间上存在较大变异。主要变化为，耕地向林地、建设用地、水体和草地的转化，而林地主要变化去向则仅为耕地，草地多数转化为耕地，其次为林地，水体面积的增加，淹没了少部分耕地和建设用地。总体上，2005 ~ 2010 年，库区 4 ~ 50km 范围内的土地利用类型净面积的变化为，建设用地和水体面积增加，草地和耕地面积减少显著，而林地和灌丛面积变化较少或无变化。林地和耕地在空间上的相互转化体现了生态保护屏障建设与经济发展的相互平衡，草地、水体、建设用地和耕地的相互转化则体现了区域土地资源的整合。其中，耕地单方向转变为建设用地，草地和耕地之间不等量转化，是出现建设用地面积增加和草地面积减少的主要原因。

2010～2015 年，库区远距离缓冲区土地利用类型渐变过程如表 2-17 所示。由表 2-17 可知，远距离缓冲区内耕地净减少 388.22km^2，其中新增 139.05km^2，他化耕地 527.27km^2。新增耕地来自林地（91.79km^2）、草地（27.21km^2）、水体（19.90km^2）、建设用地（0.11km^2）和灌丛（0.04km^2）；耕地主要向林地、建设用地、水体和草地转化，分别占他化耕地的 55.3%、20.7%、17.7% 和 6.3%。林地净增加 214.95km^2，其中新增 310.79km^2，他化 95.84km^2。新增林地来自耕地（291.15km^2）、草地（18.7km^2）、灌丛（0.52km^2）和水体（0.42km^2）；林地他化去向为耕地、灌丛、建设用地、草地和水体，分别占他化林地的 95.8%、1.6%、1.0%、0.9% 和 0.7%。灌丛净增加 1.99km^2，其中新增 2.60km^2，他化 0.61km^2。新增灌丛来自林地（1.49km^2）、草地（0.92km^2）和耕地（0.19km^2）；他化去向为林地、草地和耕地，分别占他化灌丛的 85.2%、8.2% 和 6.6%。草地净减少 14.46km^2，其中新增 34.32km^2，他化 48.78km^2。新增草地来自耕地（33.38km^2）、林地（0.88km^2）、灌丛（0.05km^2）和水体（0.01km^2）；他化去向为耕地、林地、水体、灌丛、建设用地和裸地，分别占他化草地的 55.8%、38.3%、3.4%、1.9%、0.5% 和 0.1%。水体净增加 99.51km^2，其中新增 122.56km^2，他化 23.05km^2。新增水体来自耕地（93.47km^2）、建设用地（26.74km^2）、草地（1.65km^2）和林地（0.70km^2）；他化去向为耕地、建设用地、林地和草地，分别占他化水体的 86.3%、11.8%、1.8% 和 0.1%。裸地净增加 0.03km^2。建设用地净增加 86.20km^2，其中新增 113.05km^2，他化 26.85km^2。新增建设用地包括耕地（109.08km^2）、水体（2.72km^2）、林地（0.98km^2）和草地（0.27km^2），他化去向主要为水体和耕地，分别占他化建设用地的 99.6% 和 0.4%。

2010～2015 年库区 4～50km 范围内土地利用总体变化为，耕地面积净减 355.16km^2，林地面积净增 209.72km^2，建设用地面积净增 91.88km^2，水体面积净增 66.21km^2，草地面积净减 14.67km^2，灌丛面积净增 1.99km^2，裸地面积增加 0.03km^2。各种土地利用类型面积的年均净变化速率都远高于上个 5 年，其中，耕地面积净减少最多，其次为草地，其余土地利用类型面积均有所增加，林地面积增加最多，其次为建设用地和水体，灌丛和裸地面积也有微量增加。首先，受南水北调中线工程 2014 年底的通水对库区中远距离缓冲区外依然存在影响。远距离缓冲区，水体面积净增加 66.21km^2，主要影响到区域内的耕地和建设用地。其次，耕地、林地、草地不等量相互转化，是造成耕地、草地面积减少及林地面积增加的重要原因。最后，耕地单方向转变为建设用地是建设用地面积增加的原因，也是耕地面积进一步减少的原因之一。

2015～2020 年，库区远距离缓冲区土地利用类型渐变过程如表 2-18 所示。由表 2-18 可知，远距离缓冲区内耕地净减少 302.38km^2，其中新增 188.78km^2，他化耕地 491.16km^2。新增耕地来自林地（115.88km^2）、草地（63.60km^2）、水体（8.82km^2）、灌丛（0.35km^2）和建设用地（0.13km^2）；耕地主要向林地、水体、建设用地和草地转化，分别占他化耕地的 66.8%、23.2%、9.4%、0.6%。林地净增加 242.41km^2，其中新增 359.46km^2，他化 117.05km^2。新增林地来自于耕地（328.02km^2）、草地（29.97km^2）、

灌丛（1.32km²）和水体（0.15km²）；林地他化去向主要为耕地、建设用地和灌丛，分别占他化林地的99.0%、0.7%和0.3%。灌丛净减少1.13km²，其中新增0.59km²，他化1.72km²。新增灌丛来自林地（0.34km²）、草地（0.18km²）和耕地（0.07km²）；他化去向为林地、耕地和草地，分别占他化灌丛的76.7%、20.4%和2.9%。草地净减少92.75km²，其中新增2.91km²，他化95.66km²。新增草地来自耕地（2.81km²）、灌丛（0.05km²）、林地（0.02km²）、裸地（0.02km²）和水体（0.01km²）；他化去向为耕地、林地、水体、建设用地、灌丛和裸地，分别占他化草地的66.5%、31.3%、1.4%、0.5%、0.2%和0.1%。水体净增加131.12km²，其中新增141.14km²，他化10.02km²。新增水体来自耕地（113.99km²）、建设用地（25.78km²）、草地（1.36km²）和林地（0.01km²）；他化去向为耕地、建设用地、林地和草地，分别占他化水体的88.0%、10.4%、1.5%和0.1%。裸地净增加0.02km²，其中新增0.04km²，他化0.02km²。新增的来源和减少的去向均为草地。建设用地净增加22.71km²，其中新增48.62km²，他化25.91km²。新增建设用地包括耕地（46.27km²）、水体（1.04km²）、林地（0.80km²）和草地（0.51km²），他化去向为水体和耕地，占他化建设用地的99.5%和0.5%。

2015～2020年库区4～50km范围内土地利用总体变化为，耕地面积净减262.21km²，林地面积净增231.13km²，建设用地面积净增27.16km²，水体面积净增92.76km²，草地面积净减87.73km²，灌丛面积净减1.13km²，裸地面积净增0.02km²。各种土地利用类型的面积的年均净变化状况与上个5年的变化趋势基本相似。区别体现在耕地、建设用地面积年净变化速率减少，水体面积进一步扩大，草地出现大面积缩减。通水后对库区中远距离缓冲区外的影响依旧体现在耕地和建设用地面积的减少。相比于上个5年，耕地和林地之间相互转化的面积都有所增加，而耕地向建设用地的转化面积显著减少，同时，草地向耕地和林地的转化面积显著增加，这些导致土地利用格局变化。水体面积的增加和人为是土地利用格局变化的主要驱动力。

整体而言，2000～2005年、2005～2010年、2010～2015年和2015～2020年，库区远距离缓冲区4个5年间隔的土地利用变化面积占区域总面积的比例分别为5.8%、4.1%、5.9%、6.0%。远距离缓冲区内，2005～2010年土地利用变化率最低，其他3个时期土地利用变化率差距较小。对比近距离缓冲区、中远距离缓冲区内的土地利用变化，远距离缓冲区由于范围更大，土地利用的相互转化也更加复杂。图2-7为2000～2020年区域内每种土地利用类型主要他化去向。如图2-7所示，区域内主要的土地利用转化有耕地和林地（耕地↔林地）的相互转化、耕地向建设用地（耕地→建设用地243.51km²）的转化、耕地和水体（耕地↔水体）的相互转化、草地向耕地（草地→耕地198.64km²）的转化、草地向林地（草地→林地109.92km²）的转化，另外还有水体和建设用地的相互转化及裸地向建设用地、水体的转化。

2000～2020年库区远距离缓冲区内土地利用变化最多的是耕地，其次分别为林地、草地、水体和建设用地，灌丛和裸地有微弱变化。其中，耕地面积净减728.67km²，林地面积净增564.08km²，草地面积净减少308.18km²，水体面积净增加292.73km²，建设用地面积净增加180.80km²，灌丛面积净减少0.8km²，裸地面积净增加0.04km²。库区4～50km范围内，土地利用变化为，耕地面积净减662.11km²，林地面积净增加550.08km²，草地面积净减少 292.19km²，水体面积净增加 208.76km²，建设用地面积净增加 196.22km²，灌丛面积净减少 0.8km²，裸地面积净增加 0.04km²。由此可见，2000～2020 年库区远距离缓冲区内的土地利用变化受库区中远距离缓冲区内的影响并不显著，淹没区的扩大对中远距离缓冲区外的影响依然存在，主要体现在 2014 年底南水北调中线工程通水后，淅川县的水体面积快速增加，占用了当地的生产和生活空间用地。水体面积增加及其引起的生态移民对淅川县的土地利用格局变化起了很大的加速作用（史志方等，2022）。连续 10 年水体面积持续增加，造成了耕地面积的减少。其次，林地、草地和耕地之间的转化体现了生态屏障建设和农田整改保育的土地资源综合利用。耕地向建设用地的单方向转变，则体现了库区远距离缓冲区内城市化建设的速率逐年增加。总体来说，耕地与其他土地利用类型之间的转换较为频繁，水库通水和库区周边的生态化发展是驱动淅川库区小太平洋水域一级水质保护区周边土地利用格局变化的主要原因。

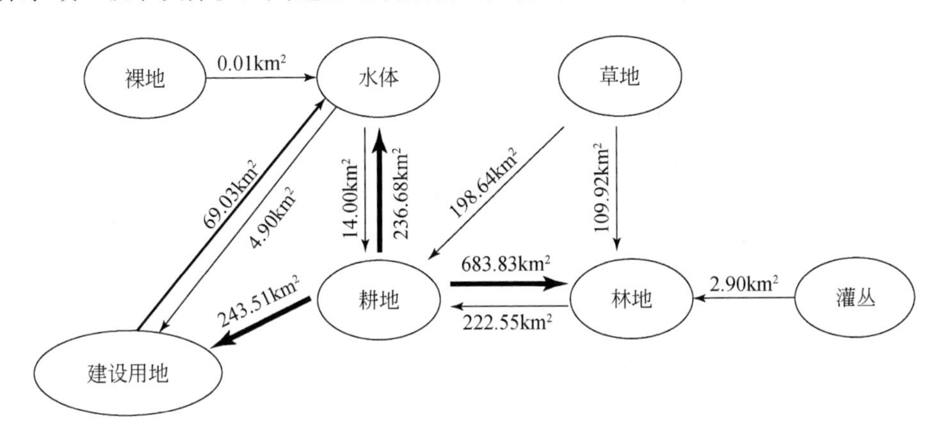

图 2-7　2000～2020 年远距离缓冲区主要的土地利用转化关系

2.3　水源地周边土地利用类型变化对库区氮输出的影响

2.3.1　不同土地利用类型氮输出特征

为了揭示丹江口水库淅川库区小太平洋水域一级水质保护区边缘向外 50km 距离内 2000 年、2005 年、2010 年、2015 年和 2020 年土地利用的时空分布及其转变对库区氮输出的影响，利用 InVEST 模型 NDR 模块量化研究区的氮输出特征，库区氮输出分布图如图 2-8 所示（见彩图）。从图 2-8 可知，2000～2020 年单位像元（900m²）的氮输出量在研究期的变化幅度较小，土地利用类型是影响区域氮输出量变化的重要因素。耕地中氮的来源多，包括肥料施用、大气沉降及畜禽排放等，但耕地植被及土壤对氮持留能力较林地弱，从而使得耕地每年的氮输出量相对较高，造成了耕地在区域面积中的比例越高对整体氮输出量的影响越大。从空间来看，研究区的氮输出量较高区域集中在研究区东侧，研究区南侧氮输出量偏低。由保护区边缘向外，随着与水域距离的增加，土地利用类型占整个区域面积的比例发生变化，不同土地利用类型的氮输出量也会随之改变。

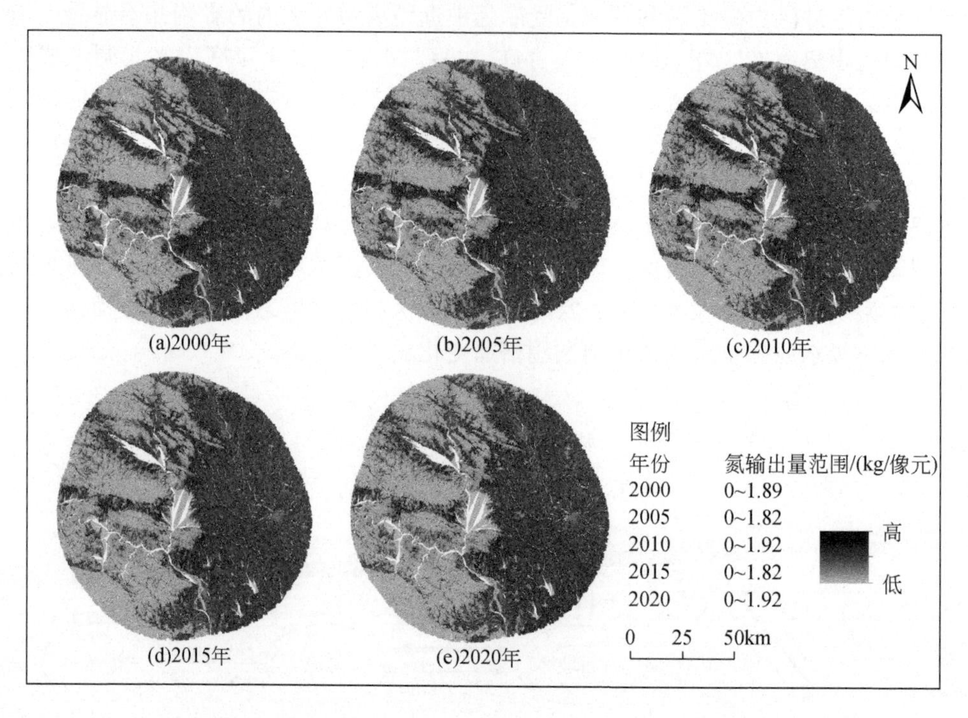

图 2-8　2000 ~ 2020 年氮输出分布图

（1）近距离缓冲区不同土地利用类型氮输出特征

淅川库区小太平洋水域一级水质保护区近距离缓冲区（边缘向外 600m 范围）内不同土地利用类型的氮输出量不同，且随着时间推移，氮输出量均呈现减少趋势（表 2-19）。2000 ~ 2020 年，近距离缓冲区氮输出量由 91. 26t 增加到 91. 74t，随后持续减少至 2020 年的 47. 09t，年均变化率为 2. 21t。其中，耕地是近距离缓冲区氮输出的主要贡献者（87% ~ 91%），其次为建设用地（5% ~ 10%），林地（2% ~ 4%）、水体（0% ~ 1%）次之，草地和裸地氮输出贡献极少。

表 2-19　2000 ~ 2020 年近距离缓冲区不同土地利用类型氮输出量　（单位：t）

年份	耕地	林地	草地	水体	裸地	建设用地	总和
2000	79. 06	1. 97	0. 49	0. 65	0	9. 09	91. 26
2005	81. 01	1. 89	0. 24	0. 57	0	8. 03	91. 74
2010	75. 88	2. 03	0. 15	0. 60	0	7. 02	85. 68
2015	63. 38	1. 63	0. 07	0. 16	0	4. 16	69. 40
2020	42. 75	1. 77	0. 02	0. 32	0	2. 23	47. 09

2000 ~ 2020 年，近距离缓冲区不同土地利用类型的氮输出量呈现先增加后快速减少的

趋势。2000～2005 年，氮输出量有所增加，主要与耕地氮输出量的增加有关。2005～2010 年，林地和水体氮输出量的增加造成了研究区总体氮输出量的增加，但可能与耕地氮输出量减少有关，林地和水体的氮输出量变化不足以改变整体氮输出量的变化。2010～2015 年，各种土地利用类型的氮输出量均呈现下降趋势，总体氮输出量大幅下降。2015～2020 年，林地和水体的氮输出量稍有增加，其余土地利用类型的氮输出量依然呈下降趋势，总体氮输出量在这 5 年下降最多。

耕地和建设用地是近距离缓冲区的主要氮素贡献来源。2000～2020 年，耕地和建设用地氮输出量的减少是近距离缓冲区总体氮输出量下降的重要原因。2000～2020 年，耕地氮输出量的变化趋势与总体氮输出量的变化趋势相同，均表现为 2000～2005 年有所增加，随后持续减少，年均变化率为 1. 82t；林地的氮输出量在 2000～2005 年、2010～2015 年有所减少，但 2005～2010 年、2015～2020 年呈现增加状态，水体氮输出量的变化趋势和林地相同；建设用地、草地的氮输出量均持续减少，建设用地和草地氮输出量的年均变化率分别为 0. 34t、0. 02t，裸地氮输出量变化微弱可以忽略。受人为源活性氮输入影响，耕地和建设用地成为人为氮源的主要承载区，是区域较大的两个氮投入和氮损失土地利用类型。相比于耕地和建设用地，林地和草地具有较好的养分保持和截留作用，其氮输出量变化相对稳定，对区域营养物质保持和水质净化都有积极作用。

（2）中远距离缓冲区不同土地利用类型氮输出特征

淅川库区小太平洋水域一级水质保护区中远距离缓冲区（边缘向外 4km 范围）内不同土地利用类型的氮输出特征与变化与库区近距离缓冲区一致，随着时间的推移，总体上氮输出量呈现减少趋势（表 2-20）。2000～2020 年，中远距离缓冲区氮输出量由 251. 30 t 增加到 259. 01 t，随后持续减少至 2020 年的 188. 71 t，年均变化率为 3. 13t。耕地依然是中远距离缓冲区氮输出的主要贡献者（89%～92%），其次为建设用地（5%～6%），林地（3%～4%）、草地（0%～1%）次之，水体和裸地氮输出贡献极少。

表 2-20　2000～2020 年中远距离缓冲区不同土地利用类型氮输出量　（单位：t）

年份	耕地	林地	草地	水体	裸地	建设用地	总和
2000	224. 56	8. 68	2. 41	0. 79	0	14. 85	251. 29
2005	235. 00	8. 24	1. 09	0. 71	0	13. 97	259. 01
2010	223. 79	8. 48	0. 89	0. 74	0	13. 08	246. 98
2015	202. 28	7. 05	0. 67	0. 19	0	10. 42	220. 61
2020	172. 15	7. 56	0. 11	0. 36	0	8. 53	188. 71

2000～2020 年，研究区不同土地利用类型氮输出量及总体氮输出量的变化规律与库区近距离缓冲区一致。不同的是，随着与水域距离的增加，所有土地利用类型和总体氮输出量均大于近距离缓冲区内的氮输出量。耕地、林地、草地、水体和建设用地的氮输出量分别是近距离缓冲区内对应氮输出量的 2. 8～4. 0 倍、4. 2～4. 4 倍、4. 5～9. 6 倍、1. 1～1. 2 倍、1. 6～3. 8 倍，总氮输出量也是近距离缓冲区总氮输出量的2. 8～4. 0 倍。

耕地和建设用地依旧是中远距离缓冲区的主要氮素贡献来源。2000～2020 年，耕地和建设用地氮输出量的减少仍是中远距离缓冲区总体氮输出量下降的重要原因。2000~2020年，耕地氮输出量的变化趋势与总体氮输出量的变化趋势相同，在2000~2005年有所增加，随后持续减少，年均变化率为2.6t；林地的氮输出量在2000~2005年、2010~2015年有所减少，但在2005~2010年、2015~2020年呈现增加状态，水体的氮输出量变化趋势和林地相同，林地和水体氮输出量的年均变化率分别为0.06t、0.02t；建设用地、草地的氮输出量均持续减少，建设用地和草地氮输出量的年均变化率分别为0.32t、0.12t，裸地氮输出量变化微弱，可以忽略。耕地和建设用地依旧是中远距离缓冲区的主要氮素来源，但随着与水域距离的增加，不同土地利用类型的氮输出量对区域总氮输出量的贡献率发生变化。林地和草地的氮输出贡献率相比于近距离缓冲区的总氮输出贡献率有所增加，说明随着研究范围的扩大，不同土地利用类型的组成结构对区域氮输出量产生了一定影响（王焕晓等，2019）。

（3）远距离缓冲区不同土地利用类型氮输出特征

淅川库区小太平洋水域一级水质保护区远距离缓冲区（边缘向外50km范围）内不同土地利用类型的氮输出特征和变化与库区近距离、中远距离缓冲区相比发生了改变，随着时间的推移，总体上氮输出量呈现持续减少趋势（表2-21）。2000~2020年，远距离缓冲区氮输出量由2000年的4744.44t持续减少至2020年的4251.66t，年均变化率为24.64t。耕地仍是远距离缓冲区氮输出的主要贡献者（89%~90%），其次为建设用地（5%~7%），林地（4%）、草地（0%~1%）次之，水体、灌丛和裸地氮输出贡献极少。

表2-21 2000~2020年远距离缓冲区不同土地利用类型氮输出量 （单位：t）

年份	耕地	林地	灌丛	草地	水体	裸地	建设用地	总和
2000	4260.84	196.42	0.17	40.33	5.69	0.00	240.99	4744.44
2005	4264.10	198.77	0.09	24.52	5.59	0.00	249.59	4742.66
2010	4168.16	206.65	0.10	19.57	5.59	0.00	260.42	4660.49
2015	3978.81	177.20	0.23	13.66	1.29	0.00	283.12	4454.31
2020	3766.31	186.97	0.16	3.99	1.65	0.00	292.58	4251.66

2000~2020年，远距离缓冲区不同土地利用类型氮输出量及总体氮输出量的变化规律较库区近距离、中远距离缓冲区有所变化。2000~2020年，远距离缓冲区总体氮输出量持续减少。且随着与水域距离的增加，所有土地利用类型氮输出量和总体氮输出量远大于近距离、中远距离缓冲区。耕地、林地、草地、水体和建设用地的氮输出量分别是中远距离缓冲区对应氮输出量的18.1~21.9倍、22.6~25.1倍、16.7~36.3倍、4.6~7.9倍、16.2~34.3倍，总氮输出量也是中远距离缓冲区总氮输出量的18.3~22.5倍。

耕地和建设用地依是远距离缓冲区的主要氮素贡献来源。2000~2020年，耕地和草地氮输出量的减少是远距离缓冲区总体氮输出量下降的重要原因。2000~2020年，耕地氮输出量在2000~2005年略有增加，随后持续减少，年均变化率为24.73t；林地的氮输出量仅在2010~2015年有所减少，在其他年间均呈现增加状态，年均变化率为0.47t；灌丛氮输出量呈现减少、增加的循环波动性变化；草地氮输出量持续减少，年均变化量为1.82t；

水体氮输出量在 2000 ~ 2015 年持续减少，在 2015 ~ 2000 年出现略微增加，年均变化率为 0. 20t；建设用地氮输出量呈现持续增加趋势，年均变化率为 2. 58t，裸地变化微弱，可以忽略。耕地和建设用地仍是远距离缓冲区的主要氮素来源，随着与水源区距离的增加，耕地和建设用地的氮输出量随面积增加显著，而林地、灌丛、草地等土地利用类型的氮输出量变化相对平稳。说明随着研究区域范围的进一步扩大，耕地和建设用地对区域氮输出的贡献更加突出，也进一步凸显了林地、灌丛、草地等土地利用类型的营养保持能力（李文超等，2018）。

2. 3. 2 氮输出对土地利用类型变化的响应

氮是生态系统净初级生产力的重要限制因子，土地利用类型的变化对生态系统氮循环过程有着重要的影响（黄亚玲和黄金良，2021）。土地利用变化伴随着土壤活性氮库、形态及循环过程的改变，直接影响其对氮素营养物质保存的质量（杨莉琳等，2020）。本节利用相关性分析，探讨不同土地利用类型面积之间的转化对区域氮输出的影响。

（1）近距离缓冲区氮输出对土地利用类型变化的响应

淅川库区小太平洋水域一级水质保护区近距离缓冲区（边缘向外 600m 范围）内不同土地利用类型的面积和氮输出量的相关性如表 2-22 所示。从表 2-22 可知，近距离缓冲区氮输出量与耕地、水体、建设用地和林地面积具有显著的相关性，且与耕地和建设用地面积呈正相关性，与林地和水体面积呈负相关性。2000 ~ 2020 年，近距离缓冲区土地利用类型的变化主要为耕地和建设用地面积的减少及水体和林地面积的增加。受南水北调中线工程通水影响，水体面积增加，水体周边的耕地和建设用地成为淹没区。与此同时，为了水质保护，部分耕地转变为林地。因而，耕地与林地、水体以及建设用地和水体都呈现出显著的负相关性。耕地和建设用地是近距离缓冲区受人为活性氮影响较大的两个土地利用类型。2000 ~ 2020 年，耕地和建设用地面积的减少虽然使近距离缓冲区的氮输出量下降显著，但对近距离缓冲区氮输出的贡献率却并未发生显著改变。林地、草地相比于耕地和建设用地，其氮素投入主要来源于大气沉降和地表径流，对流域水质净化有重要作用。林地是近距离缓冲区陆地生态系统中除耕地外最大的土地利用类型，对近距离缓冲区营养物质保持和水质净化有着重要的作用，因此随着林地在研究区面积比例的增加，对近距离缓冲区整体氮输出也产生了一定的抑制作用。

表 2-22　2000 ~ 2020 年近距离缓冲区不同土地利用类型面积与氮输出量的相关性

项目	耕地	林地	草地	水体	裸地	建设用地	氮输出量
耕地	1						
林地	−0. 93 *	1					
草地	0. 69	−0. 62	1				
水体	−0. 99 **	0. 90 *	−0. 76	1			
裸地	0. 66	−0. 73	0. 81	−0. 70	1		

续表

项目	耕地	林地	草地	水体	裸地	建设用地	氮输出量
建设用地	0.94*	-0.84	0.87	-0.97**	0.80	1	
氮输出量	1.00**	-0.93*	0.73	-1.00**	0.69	0.96**	1

* 在0.05水平（双侧）上显著相关。下同。

** 在0.01水平（双侧）上极显著相关。下同。

（2）中远距离缓冲区氮输出对土地利用类型变化的响应

淅川库区小太平洋水域一级水质保护区中远距离缓冲区（边缘向外4km范围）内不同土地利用类型的面积和氮输出量的相关性如表2-23所示。从表2-33可知，中远距离缓冲区氮输出量与耕地、水体、建设用地和林地面积有着显著的相关性，且与耕地和建设用地面积呈正相关性，与林地和水体面积呈负相关性。中远距离缓冲区土地利用格局与变化及氮输出特征都与近距离缓冲区呈现较好的一致性。中远距离缓冲区都属于淅川县境内，其土地利用类型变化的驱动因素相同，对氮输出影响的区别仅在于随着研究区范围的扩大，各种土地利用类型的面积有所增加，从而增加了中远距离缓冲区氮输出量的积累，使中远距离缓冲区氮输出量与近距离缓冲区相比显著增加。

表2-23　2000～2020年中远距离缓冲区不同土地利用类型面积与氮输出量的相关性

项目	耕地	林地	草地	水体	裸地	建设用地	氮输出量
耕地	1						
林地	-0.99**	1					
草地	0.54	-0.45	1				
水体	-0.97**	0.93*	-0.72	1			
裸地	0.6	-0.56	0.69	-0.7	1		
建设用地	0.89*	-0.82	0.83	-0.97**	0.79	1	
氮输出量	0.99**	-0.96**	0.63	-0.99**	0.69	0.94*	1

（3）远距离缓冲区氮输出对土地利用类型变化的响应

淅川库区小太平洋水域一级水质保护区远距离缓冲区（边缘向外50km范围）内不同土地利用类型的面积和氮输出量的相关性如表2-24所示。从表2-24可知，远距离缓冲区氮输出量与耕地、水体、林地、裸地和建设用地面积都有着显著的相关性，且与耕地面积呈正相关性，与其他土地利用类型面积呈负相关性。2000～2020年，远距离缓冲区土地利用类型的变化主要为耕地和草地面积的减少及水体、林地和建设用地面积的增加。不同于近距离和中远距离缓冲区，库区向外50km范围包含了更多结构的行政区域，土地利用的结构和动态驱动因素更为复杂。且随着研究范围的扩大，远距离缓冲区耕地、林地及建设用地在研究区的面积比例均显著增加。远距离缓冲区总氮输出量没有随着耕地氮输出量的变化而变化。随着建设用地面积的增加，其氮输出量增大，作为远距离缓冲区氮输出贡献的第二个重要来源，并没有使远距离缓冲区总体氮输出量增加。与之相反，远距离缓冲区总体氮输出量呈现持续下降的趋势。对比近距离和远距离缓冲区内不同土地利用类型格局、变化及氮输出量，林地在研究区面积比例的增加是远距离缓冲区总体氮输出量未随着耕地和建设用地氮输出量变化而变化的重要原因。林地在研究区的面积比例由中远距离缓冲区总面积的 15.3%~17.9% 增加到远距离缓冲区总面积的 24.7%~29.2%，对整个流域营养物质保持和水质净化都起到了积极作用。

表 2-24　2000~2020 年远距离缓冲区不同土地利用类型面积与氮输出量的相关性

项目	耕地	林地	灌丛	草地	水体	裸地	建设用地	氮输出量
耕地	1							
林地	-0.98**	1						
灌丛	-0.33	0.16	1					
草地	0.78	-0.86	0.24	1				
水体	-0.99**	1.00**	0.17	-0.86	1			
裸地	-0.99**	-0.96*	0.40	-0.68	0.96*	1		
建设用地	-0.93*	0.94*	0.26	-0.87	0.95*	0.88	1	
氮输出量	0.99**	-0.98**	-0.28	0.82	-0.99**	-0.97**	-0.96*	1

2.4 小　结

土地利用类型是人类活动和决策规划在空间上的体现，土地利用类型能间接反映人类活动，特别是农业、建设及交通用地等能够集中体现人类活动的空间分布。不同土地利用类型对氮素的接收和吸收能力有所差异。本章以丹江口水库淅川库区小太平洋水域一级水质保护区为研究区域，利用 2000 年、2005 年、2010 年、2015 年和 2020 年 5 个时期的卫星遥感影像数据，结合前期野外调查的实际情况及 InVEST 模型分析，选择距离水域 600m（近距离）、4km（中远距离）和 50km（远距离）辐射半径的区域作为水域缓冲区，分析研究区内的土地利用格局、动态变化及其氮输出特征，得出以下研究结果。

1）淅川库区小太平洋水域一级水质保护区周边以耕地和林地为主，随着距离的增加，耕地面积逐渐增加。近距离缓冲区土地利用类型从多到少依次为水体、耕地、林地、建设用地、草地和裸地，缺少灌丛类型；中远距离缓冲区土地利用类型从多到少依次为耕地、水体、林地、建设用地、草地和裸地；远距离缓冲区土地利用类型由多到少依次为耕地、林地、建设用地、水体、草地、灌丛、裸地。

2）2000~2020 年近距离缓冲区水体面积所占比例逐渐增加；耕地面积呈减少趋势；林地面积浮动，但总体有所增加；建设用地面积逐渐减少；草地面积逐渐减少，裸地仅在 2000~2005 年有极少量的面积。对于中远距离缓冲区，耕地在 2005 年有所增加之后逐渐减少，整体比例减少；水体面积逐渐增加；林地面积先减少后增加，总体呈增加趋势；建设用地面积逐渐减少；草地面积总体呈减少趋势，裸地面积与近距离缓冲区相同。对于远距离缓冲区，耕地面积逐渐减少；林地面积逐渐增加；建设用地面积逐渐增加；草地面积逐渐减少；灌丛和裸地面积所占比例均不足0.1%，灌丛面积先减少后增加，总体有所减少，裸地面积总体有所增加。

3）2000～2020年，不同缓冲区土地利用类型变化趋势存在差异。近距离缓冲区主要的土地利用类型转化为耕地→水体（53.82km^2）、建设用地→水体（21.10km^2）、耕地↔林地（耕地→林地7.87km^2，林地→耕地3.87km^2）；中远距离缓冲区主要的土地利用类型转化为耕地→水体（59.06km^2）、耕地↔林地（耕地→林地29.44km^2，林地→耕地17.44km^2）、建设用地→水体（23.45km^2）；远距离缓冲区土地利用类型转化区别于另外两个距离范围，其土地利用类型更多，总体面积更大，不同土地利用类型的相互转化也更复杂，其主要的转化去向为耕地↔林地（耕地→林地683.83km^2，林地→耕地222.55km^2）、耕地→建设用地（243.51km^2）、耕地→水体（236.68km^2）、草地→耕地（198.64km^2）、草地→林地（109.92km^2）以及建设用地→水体（69.03km^2）。

4）2000～2020年，不同缓冲区土地利用类型氮输出量存在差异。近距离缓冲区土地利用类型氮输出量范围是47.09～91.73t，年均变化率为2.21t；氮输出贡献率依次为耕地（87%～91%）、建设用地（5%～10%）、林地（2%～4%）、水体（0%～1%），草地和裸地氮输出贡献极少。中远距离缓冲区土地利用类型氮输出量范围是188.71～259.01t，年均变化率为3.13t；氮输出贡献率依次为耕地（89%～92%）、建设用地（5%～6%），林地（3%～4%）、草地（0%～1%），水体和裸地氮输出贡献极少。远距离缓冲区土地利用类型氮输出量范围是4251.67～4744.44t，年均变化率为24.64t；氮输出贡献率依次为耕地（89%～90%）、建设用地（5%～7%）、林地（4%）、草地（0%～1%），水体、灌丛和裸地氮输出贡献极少。

5）2000～2020年，不同缓冲区土地利用类型氮输出的相关性存在差异。近距离、中远距离缓冲区氮输出量与耕地、水体、建设用地和林地的面积有着显著的相关性，且与耕地和建设用地的面积呈正相关性，与林地和水体的面积呈负相关性；远距离缓冲区氮输出量与耕地、水体、林地、裸地和建设用地的面积均呈现显著的相关性，且与耕地的面积呈正相关性，与其他土地利用类型面积呈负相关性。

总体而言，淅川库区一级水质保护区小太平洋水域周边，以耕地为主，随着与水域距离的增加，耕地面积逐渐增加。随着时间的推移，水体和林地的面积逐渐增加，耕地面积显著减少。此外，在近距离缓冲区建设用地主要他化为水体，而在4～50km区域内，建设用地面积总体上呈增加趋势，这些变化都是人类活动的体现。库区氮输出量随着耕地和建设用地面积的增加而增加，其中，耕地是库区氮输出量最大的贡献者。林地对库区氮输出量存在控制作用，耕地、建设用地和林地的结构比例共同决定了库区的氮输出量。

参 考 文 献

邓欧平．2018. 川西平原城乡过渡带大气氮沉降特征及影响因素研究．雅安：四川农业大学．

董国权．2022. 大型水源地周边土地利用景观格局与水生态服务响应．北京：中国矿业大学（北京）．

段冰森．2023. 基于InVEST模型的南水北调中线工程受水区生态系统服务功能研究．郑州：华北水利水电大学．

段小芳．2023. 南水北调中线工程核心水源区土地利用/覆被变化时空特征及其驱动力分析．郑州：华北水利水电大学．

黄亚玲，黄金良．2021. 九龙江流域河流氮输出对土地利用模式和水文状况的响应．环境科学，42（7）：3156-3165.
江书军，陈茜林．2020. 生态文明建设视阈下绿色减贫模式研究：以河南省淅川县为例．生态经济，36（7）：204-209.
李飞．2019. 恢复生态学视角下土地利用优化研究．北京：科学出版社．
李明蔚．2021. 基于“三生空间”的丹江口库区土地利用功能转变及其生态环境响应研究．武汉：湖北大学．
李威，赵祖伦，吕思思，等．2022. 基于 InVEST 模型的水质净化功能时空分异研究．灌溉排水学报，（3）：105-113.
李文超，雷秋良，翟丽梅，等．2018. 流域氮素主要输出途径及变化特征．环境科学，39（12）：5375-5382.
刘纪远，张增祥，徐新良，等．2009. 21 世纪初中国土地利用变化的空间格局与驱动力分析．地理学报，（12）：1411-1420.
卢学鹤，江洪，张秀英，等．2016. 氮沉降与 LUCC 的关系及其对中国陆地生态系统碳收支的影响．中国科学：地球科学，46（11）：1482-1493.
马方正．2021. 基于 InVEST 模型的南水北调中线工程核心水源区生态系统服务功能研究．武汉：湖北大学．
欧阳琰，王体健，张艳，等．2003. 一种大气污染物干沉积速率的计算方法及其应用．南京气象学院学报，（2）：210-218.
史志方，熊广成，尹利娜，等．2022. 丹江口水库扩张对淅川县“三生空间”的影响研究．遥感技术与应用，37（6）：1525-1536.
苏涛．2022. 基于同位素的珠三角大气硝酸根溯源及其在 $PM_{2.5}$ 源解析中的应用．广州：中国科学院广州地球化学研究所．
王焕晓，王晓燕，杜伊，等．2019. 小流域不同土地利用类型氮素平衡特征．生态与农村环境学报，35（9）：1206-1213.
杨莉琳，姚琦馥，梁琍，等．2020. 土壤氮素内循环对生态覆被变化响应的研究进展．中国生态农业学报（中英文），28（10）：1543-1550.
战雯静．2012. 长三角精细下垫面对大气数值模拟的影响及各生态系统氮硫沉降估算．上海：复旦大学．
Aneja V P, Murthy A B, Battye W, et al. 1998. Analysis of ammonia and aerosol concentrations and deposition near the free troposphere at Mt. Mitchell, NC, U. S. A. Atmospheric Environment, 32 (3): 353-358.
Bonato M, Cian F, Giupponi C, et al. 2019. Combining LULC data and agricultural statistics for a better identification and mapping of high nature value farmland: a case study in the Veneto Plain, Italy. Land Use Policy, 83: 488-504.
Campbell P C, Tong D, Saylor R, et al. 2022. Pronounced increases in nitrogen emissions and deposition due to the historic 2020 wildfires in the western U. S. Science of the Total Environment, 839: 156130.
Chang D, Li S, Lai Z Q, et al. 2023. Integrated effects of co-evolutions among climate, land use and vegetation growing dynamics to changes of runoff quantity and quality. Journal of Environmental Management, 331: 117195.
Decina S M, Templer P H, Hutyra L R, et al. 2017. Variability, drivers, and effects of atmospheric nitrogen inputs across an urban area: emerging patterns among human activities, the atmosphere, and soils. Science of the Total Environment, 609: 1524-1534.
Fan D Y, Dang Q L, Yang X F, et al. 2022. Nitrogen deposition increases xylem hydraulic sensitivity but

decreases stomatal sensitivity to water potential in two temperate deciduous tree species. Science of the Total Environment, 848: 157840.

Faus-Kessler T, Kirchner M, Jakobi G. 2008. Modelling the decay of concentrations of nitrogenous compounds with distance from roads. Atmospheric Environment, 42 (19): 4589-4600.

Fu H, Luo Z B, Hu S Y. 2020. A temporal- spatial analysis and future trends of ammonia emissions in china. Science of the Total Environment, 731: 138897.

Han B S, Reidy A, Li A H. 2021. Modeling nutrient release with compiled data in a typical Midwest watershed. Ecological Indicators, 121: 107213.

Huang K, Su C X, Liu D W, et al. 2022. A strong temperature dependence of soil nitricoxide emission from a temperate forest in Northeast China. Agricultural and Forest Meteorology, 323: 109035.

Jiang M, Peng H, Liang S K, et al. 2023. Impact of extreme rainfall on non-point source nitrogen loss in coastal basins of Laizhou Bay, China. Science of the Total Environment, 881: 163427.

Kijowska-Strugała M, Bochenek W. 2023. Land use changes impact on selected chemical denudation element and components of water cycle in small mountain catchment using SWAT model. Geomorphology, 435: 108747.

Lambin E F, Rounsevell M D A, Geist H J. 2000. Are agricultural land-use models able to predict changes in land-use intensity? . Agriculture, Ecosystems & Environment, 82: 321-331.

Lambin E F, Turner B L, Geist H J, et al. 2001. The causes of land-use and land-cover change: moving beyond the myths. Global Environmental Change, 11 (4): 261-269.

Li M, Zhang Q, Kurokawa J, et al. 2017. MIX: a mosaic Asian anthropogenic emission inventory under the international collaboration framework of the MICS-Asia and HTAP. Atmospheric Chemistry and Physics, 17 (2): 935-963.

Li L, Zhu A S, Huang L, et al. 2022. Modeling the impacts of land use/land cover change on meteorology and air quality during 2000–2018 in the Yangtze River Delta Region, China. Science of the Total Environment, 829: 154669.

Li X, Xu Y J, Ni M F, et al. 2023. Riverine nitrate source and transformation as affected by land use and land cover. Environmental Research, 222: 115380.

Liu X J, Zhang Y, Han W X, et al. 2013. Enhanced nitrogen deposition over China. Nature, 494 (7438): 459-462.

Liu L, Xu W, Lu X K, et al. 2022. Exploring global changes in agricultural ammonia emissions and their contribution to nitrogen deposition since 1980. Proceedings of the National Academy of Sciences of the United States of America, 119 (14): e2121998119.

Mooney H A, Duraiappah A, Larigauderie A. 2013. Evolution of natural and social science interactions in global change research programs. Proceedings of the National Academy of Sciences of the United States of America, 110 (Suppl 1): 3665-3672.

Pan Y P, Tian S L, Liu D W, et al. 2016. Fossil fuel combustion-related emissions dominate atmospheric ammonia sources during severe haze episodes: evidence from ^{15}N-stable isotope in size-resolved aerosol ammonium. Environmental Science & Technology, 50 (15): 8049-8056.

Pan Y P, Tian S L, Liu D W, et al. 2018. Isotopic evidence for enhanced fossil fuel sources of aerosol ammonium in the urban atmosphere. Environmental Pollution, 238: 942-947.

Pitcairn C E R, Skiba U M, Sutton M A, et al. 2002. Defining the spatial impacts of poultry farm ammonia emissions on species composition of adjacent woodland groundflora using Ellenberg Nitrogen Index, nitrous oxide emissions and nitric oxide and foliar nitrogen as marker variables. Environmental Pollution, 119: 9-21.

Rajbongshi P, Das T, Adhikari D. 2018. Microenvironmental heterogeneity caused by anthropogenic LULC foster lower plant assemblages in the riparian habitats of lentic systems in tropical floodplains. Science of the Total Environment, 639: 1254-1260.

Singh S, Sharma A, Kumar B, et al. 2017. Wet deposition fluxes of atmospheric inorganic reactive nitrogen at an urban and rural site in the Indo-Gangetic Plain. Atmospheric Pollution Research, 8: 669-677.

Song L, Kuang F H, Skiba U, et al. 2017. Bulk deposition of organic and inorganic nitrogen in southwest China from 2008 to 2013. Environmental Pollution, 227: 157-166.

Song W, Wang Y L, Yang W, et al. 2019. Isotopic evaluation on relative contributions of major NO_x sources to nitrate of $PM_{2.5}$ in Beijing. Environmental Pollution, 248: 183-190.

Tanner E, Buchmann N, Eugster W. 2022. Agricultural ammonia dry deposition and total nitrogen deposition to a Swiss mire. Agriculture, Ecosystems & Environment, 336: 108009.

Tikuye B G, Gill L, Rusnak M, et al. 2023. Modelling the impacts of changing land use and climate on sediment and nutrient retention in Lake Tana Basin, Upper Blue Nile River Basin, Ethiopia. Ecological Modelling, 482: 110383.

Turner B, Skole D, Sanderson S, et al. 1995. Land-use and land-cover change, science/ research plan. Global Change Report (Sweden), 43 (1995): 669-679.

Vogt E, Braban C F, Dragosits U, et al. 2015. Catchment land use effects on fluxes and concentrations of organic and inorganic nitrogen in streams. Agriculture, Ecosystems & Environment, 199: 320-332.

Wiegand A N, Menzel S, King R, et al. 2011. Modelling the aeolian transport of ammonia emitted from poultry farms and its deposition to a coastal waterbody. Atmospheric Environment, 45: 5732-5741.

Yang J, Huang X. 2021. The 30m annual land cover dataset and its dynamics in China from 1990 to 2019. Earth System Science Data, 13: 3907-3925.

Yang X Y, Duan P P, Wang K L, et al. 2023. Topography modulates effects of nitrogen deposition on soil nitrogen transformations by impacting soil properties in a subtropical forest. Geoderma, 432: 116381.

Yao S Y, Chen C, He M N, et al. 2023. Land use as an important indicator for water quality prediction in a region under rapid urbanization. Ecological Indicators, 146: 109768.

Yu X, Yu Q Q, Zhu M, et al. 2017. Water soluble organic nitrogen (WSON) in ambient fine particles over a megacity in South China: spatiotemporal variations and source apportionment. Journal of Geophysical Research: Atmospheres, 122: 13045-13060.

Zhang L, Chen Y F, Zhao Y H, et al. 2018. Agricultural ammonia emissions in China: reconciling bottom-up and top-down estimates. Atmospheric Chemistry and Physics, 18 (1): 339-355.

Zhang S Q, Yang P, Xia J, et al. 2022. Land use/land cover prediction and analysis of the middle reaches of the Yangtze River under different scenarios. Science of the Total Environment, 833: 155238.

第 3 章　氮沉降时空变化

3.1　概　　述

3.1.1　氮沉降的时空特征

自工业革命以来，人类活动已成为地球系统变化的主要驱动力，导致对氮循环的干扰已经逾越了地球系统承载力的阈值（Rockström et al.，2009）。化石燃料燃烧、含氮化肥的过度施用和畜牧业的迅猛发展等人为活动向大气中排放了大量的含氮化合物，严重干扰了大气氮沉降过程（Vitousek et al.，1997）。从全球范围来看，人类活动产生的活性氮化合物数量已经由 1860 年的 15Tg/a 增加到了 2005 年的 187Tg/a，预计到 2050 年可增加至 200Tg/a（Galloway et al.，2008）。由于区域的土地利用类型、经济发展水平和政策管控措施等不同，氮沉降量在全球的空间格局上呈现出高度的异质性，其中高沉降区集中在欧洲、美国、印度和中国等地区（Vet et al.，2014）。自 20 世纪 90 年代初以来，欧洲由于 NO_x 和 NH_3 排放量的减少，氮沉降量水平已经趋于平稳；美国 NO_x 排放物的减少导致硝酸盐沉降量水平大幅降低，但是 NH_3 的沉降量并没有明显的下降趋势；印度由于氮肥和化石燃料消费量的增长，NO_x 和 NH_3 的沉降量均呈现出迅速增加的趋势（Tørseth et al.，2012；Li et al.，2016）。中国经济的快速发展以及能源和粮食消耗的持续增长，导致农业和工业污染源排放的活性氮物质迅速增加，从而使中国已成为继欧洲和美国之后的全球第三大氮沉降区（顾峰雪等，2016）。Liu 等（2013）研究指出，中国氮沉降量已由 1980 年的 13.2kg/(hm^2·a) 增加到 2010 年的 21.1kg/(hm^2·a)，并且氮肥施用量、畜禽养殖数量、煤炭消费量和机动车的保有量在时间上具有增加的趋势。不过，自 2010 年以来特别是“蓝天碧水”工程实施后，中国 NO_x 的排放量持续减少，导致硝酸盐的沉降量明显下降（Zheng et al.，2018），但是 NH_3 的沉降量仍然居高不下甚至有进一步增加的趋势，例如 Luo 等（2020）研究指出，在 2011～2018 年，河南郑州大气中 NH_3 的浓度增加了 110%，同时 NH_3 的干沉降速率具有逐渐增加的趋势。此外，Liu 等（2010）研究指出，中国无机氮（氨氮与硝氮之和）湿沉降量大体上可分为 3 个等级，即高沉降区 [>25kg/(hm^2·a)]、中沉降区 [15～25kg/(hm^2·a)] 和低沉降区 [<15kg/(hm^2·a)]，其中高沉降区包括河南、上海、北京、山东、四川、重庆、江苏、浙江和江西等地，中沉降区包括河北、湖南、山西、辽宁、福建和广东等地，低沉降区包括云南、贵州、西藏、内蒙古、新疆、甘肃、吉林和黑龙江等地。

3.1.2 氮沉降的影响因素

氮沉降的过程是极其复杂的，首先含氮化合物从各种人为和自然源排放至大气中，之后在大气中不断地进行迁移转化，最终沉降至陆地和海洋生态系统中。这个过程会受到多种因素的影响，例如气象条件、土地利用类型和地形等因素均会导致氮沉降量发生显著变化（邓欧平，2018）。

3.1.2.1 气象条件

气象条件是影响大气中含氮化合物浓度和沉降量的重要因素之一（刘文竹等，2014）。降水量、气温、气压、风速、风向和相对湿度等气象因素都会对大气中活性氮化合物的稀释扩散、迁移转化和积聚清除等过程造成显著影响。前人的研究成果都证实了这一结论，例如以新加坡为研究区，通过对氮沉降的研究发现，氮沉降量与气象因素之间存在显著的相关性（He et al.，2011）；通过对胶州湾大气沉降的研究，发现气象因素是影响胶州湾大气沉降的重要因素（邢建伟等，2017）。

（1）降水量

降水量是影响氮沉降时空特征最直接的气象因素。在降雨条件下，大气中悬浮的颗粒物或者气态污染物会从大气中去除，这个过程就是湿沉降。在不发生降雨的情况下，干沉降会持续发生，即在空气动力学作用下，气态和颗粒态等物质由于自身重力作用或者下垫面吸收迁移到地面。因此，降水量的高低直接影响干、湿沉降量的大小及其在总沉降量中的占比。在降水量较大的地区，活性氮化合物的沉降类型以湿沉降为主，例如在千岛湖地区的研究中发现总氮湿沉降量在总沉降量中的占比为 88%~92%，而该地区年降水量达到了 1486.0mm（朱梦圆等，2022）。但是，在一些干旱少雨地区，干沉降量往往大于湿沉降量，例如通过对中国西北内陆地区甘肃省武威市某农村地区的氮沉降研究，发现总氮干沉降量占总沉降量的比例达到了 76%（Fu et al.，2020）。

降水量不仅影响着干沉降与湿沉降两者之间的比例，而且影响着湿沉降中含氮化合物的浓度。已有研究表明，湿沉降中含氮化合物的浓度和降水量之间存在显著负相关性，这种现象通常称为降雨的稀释效应（Chen et al.，2019）。Xie 等（2022）研究发现降水量与湿沉降中各种营养物质浓度呈显著的负相关关系，与无机氮浓度之间的负相关性更为显著；Guo 等（2022）研究发现丹江口水库淅川库区大气氮湿沉降量与降水量之间表现出一致的年内变化特征，氨氮和硝氮浓度与降水量之间表现出显著的负相关性；Zhu 等（2015）研究发现氨氮、硝氮和总氮沉降量与降水量之间显著相关，并且氮沉降量随着降水量增加而增加。从上述研究结果可以发现，降水量的影响效应主要表现在对无机氮浓度的稀释。值得注意的是，降水量对有机氮浓度的影响效果可能相对较弱，例如 Matsumoto 等（2019）研究发现雨水中溶解性有机氮浓度与降水量、降雨时间、降雨强度之间无显著相关性；Yu 等（2020）研究发现当降水量增加时，雨水中溶解性有机氮浓度保持相对稳定，这是由湿沉降中无机氮与有机氮的清除机制不同所造成的，即湿沉降中无机氮通常在云下被清除，而有机氮则通常在云内被清除。

（2）气温

气温对氮沉降的影响主要体现在对氨氮组分的影响。氨氮主要由畜禽粪便和含氮化肥挥发产生，而气温的升高能够促进这一进程，从而增加氮沉降中氨氮的浓度和沉降量（Zhao et al.，2009）。这是因为，气温每升高 5℃，氨气挥发潜力增加一倍。此外，气温的升高可以加速空气中颗粒物和气溶胶等物质之间的碰撞，从而增加这些物质的对流和沉降（Huang et al.，2016），例如 Al-Momani（2008）的研究结果表明夏天土壤颗粒更容易被气化而进入大气环境中。而在气温较低的冬天，氨气容易与硫酸或硝酸反应生成硫酸氢氨和硫酸铵。因此，在气温较低的冬季，氨气会伴随着较高的颗粒态氨氮沉降（Song et al.，2017）。

（3）风速

风速对大气环境中含氮化合物的清除和累积均有显著影响，而且气溶胶的产生和排放通常依赖于风速（Meira et al.，2007）。已有研究表明，风速越小，气象扩散条件越不利，含氮化合物越易累积，氮沉降量也就越大。江琪等（2017）研究发现，当风速小于 3m/s 时，大气中氮氧化物的浓度随风速增加而显著降低，而当风速大于 3m/s 时，氮氧化物的浓度则不再发生变化。来自新加坡的研究结果也表明，风速与氮沉降量之间存在显著负相关性，这是因为风速有助于分散和稀释空气中的含氮化合物，从而减少陆地表面的氮沉降负荷（He et al.，2011）。然而，也有学者给出了不同的研究结果。来自太湖的一项长期研究结果发现，2010～2018 年，太湖流域的平均风速和最大风速下降了约 10%，监测点的氮沉降总量和氮湿沉降量呈减少趋势，从而得出风速的减小可能会降低太湖流域氮沉降量这一结论（Jiang et al.，2022）。虽然太湖与新加坡的研究结果是不一致的，但是上述结果都可以表明风速是影响氮沉降的重要因素，而风速与氮沉降之间的关系仍需要进一步研究。除此以外，风速也会影响下垫面含氮化合物的挥发等过程，例如卢俊平等（2021）研究表明大风天气下水库周边裸露的耕地、沙地、干盐湖底泥极易起尘，引起空气中颗粒物含量骤增，有助于含氮颗粒物的运移，增加大气氮沉降的输入。

（4）风向

已有研究表明，有机氮化合物中的有机硝酸盐如过氧乙酰硝酸酯可以通过大气发生远距离运移（Roberts et al.，1998）。此外，大气中氮氧化物的生命周期较长，其一般可以沉降在距离排放源较远的区域（Ma et al.，2020）。因此，这部分含氮化合物的沉降过程易受到风向的影响。Lee 等（2014）基于 FLEXPART 模型研究了东亚地区氮氧化物的区域输送，发现春季东亚下风向地区的高浓度氮氧化物与中国在春季发生的大气扰动快速东移现象有关。马志强等（2007）对北京市与香河县大气中臭氧和氮氧化物分析发现偏南风会使污染物大量积累。综上，风向对氮沉降过程具有显著影响，而且从干湿沉降过程来看，风速对干沉降的影响要强于湿沉降。这是因为干沉降是指大气中气态或颗粒态物质在空气动力学作用下通过自身重力和下垫面吸收迁移到地面，而湿沉降是指含氮化合物在降雨的清除作用下从大气环境中返回至地面。

（5）气压和相对湿度

气压和相对湿度会造成氮沉降量在不同地区存在着较大差异。当某地区气压较低时，周围地区的空气就会在水平方向上向该地区流入，迫使该地区的空气上升，上升的空气遇冷易凝结成雨，导致大气中含氮化合物通过降雨的冲刷沉降至地面。相对湿度增加易发生降雨，较大的相对湿度会导致降水量增加，而降水量是影响氮湿沉降量的关键因素。此外，有研究表明，相对湿度能改变氨化细菌或硝化细菌的分解能力，进而改变空气中活性氮的浓度（Hu et al.，2017）。Dey 等（2018）的研究结果表明，当湿度较高时，空气中的含氮颗粒物易沉降；当湿度较低时，空气中悬浮的含氮颗粒物浓度较高。

3.1.2.2 土地利用类型

土地利用类型是造成氮沉降量空间差异性的重要原因，例如 Li 等（2021a）通过对中亚干旱区生态系统大气氮沉降进行研究，发现氮沉降量在荒漠、草原、森林、农田、城市和郊区等不同生态系统中存在着较大差异；Luo 等（2003）通过对康涅狄格州的大气氮沉降研究，发现采样点周围的土地利用类型对大气氮浓度和干沉降量有深远影响；Deng 等（2019）研究发现，采样点 4km 范围内的土地利用类型与氮干沉降量密切相关。

耕地和果园的化肥施用、秸秆燃烧和地面扬尘等都会向大气环境中排放大量的活性氮化合物，例如我国太湖平原、华北平原等农业集中区均监测到了高氮沉降量（Yang et al.，2010；Pan et al.，2012），且以氨氮沉降为主。Deng 等（2023）于 2010 ~ 2021 年在太湖地区的长期监测研究结果表明，干、湿沉降的组分均以氨氮为主，分析这与太湖周边剧烈的农业活动有关，同时认为减少氮肥的施入会削减氨氮沉降量。Guo 等（2022）通过对丹江口水库淅川库区无机氮沉降的研究，发现氨氮是主要的沉降组分，并且农业排放源对干沉降中氨氮的贡献比例为 77.1%，对湿沉降中氨氮的贡献比例为 56.2%，同时还提出控制农业活动对降低活性氮沉降和水库氮污染的潜在风险具有重要的实践意义。此外，农业活动中的畜禽粪便会向大气中排放氨气，而距离畜禽养殖区的远近是影响氨氮沉降空间差异性的重要因素。例如，Fowler 等（1998）监测了集约化家禽养殖场周边的氨氮沉降，发现距离农场 15 ~ 270m 的监测点测得的沉降量从 42kg/(hm^2 · a）下降至 5kg/(hm^2 · a)；Walker 等（2008）研究发现，距离商品猪生产基地 10m 和 500m 的监测点测得的 NH_3 干沉降量分别为 145kg/(hm^2 · a）和 16kg/(hm^2 · a)。

由于城市（镇）地区人口稠密、机动车数量多和工业化发展水平高，化石燃料燃烧和交通工具等向大气环境中排放大量的活性氮化合物。因此，城市（镇）地区的氮排放特征以硝氮为主，例如 Song 等（2017）研究发现，城区的硝氮沉降量显著高于郊区和农业区；贺成武等（2014）通过对北京城区大气氮湿沉降研究，发现机动车尾气显著影响了周围环境的氮沉降，环路和火车站是北京氮沉降的主要区域；梁亚宇等（2019）对太原地区大气氮湿沉降研究发现，城区氮沉降以硝氮沉降为主，其主要来自工业和交通运输源，农村则以氨氮沉降为主，其主要来自农业源。此外，城市道路密度和车流量会影响城市生态系统的氮沉降，例如 Llop 等（2017）在里斯本 6 个城区的研究结果表明，中小城区氮沉降的主要来源为城市道路，城市道路密度与氮沉降呈显著正相关性；邓君俊等（2009）对南京市郊区的氮沉降研究发现，城区行人与车流量对路面降尘的扰动对大气干沉降有不可忽视的影响。

3.1.2.3 地形

地貌类型如峰丛、盆地、丘陵等通过对下垫面局部气候的影响，特别是对大气对流运动的影响，进而影响气态氨扩散，从而影响氮沉降过程（蒋宁洁等，2016）。海拔也是影响氮沉降的重要因素。一般而言，地球引力作用导致越靠近地表的大气密度越大，再加上低海拔地区人为活动较为强烈，因此海拔的降低会导致氮沉降量增加。Kirchner 等（2014）对德国巴伐利亚区域海拔 700 ~ 1600m 的森林样点监测表明，海拔与总沉降量（干沉降量和湿沉降量之和）之间呈负相关。罗笠和肖化云（2011）对庐山不同海拔处苔藓氮含量分析发现，苔藓氮含量随海拔的升高而下降，并且认为海拔是影响庐山氮沉降的重要因素。李仰征等（2020）通过对毕节市七星关区城郊纱帽山氮沉降研究发现总氮湿沉降量随海拔的升高而下降，海拔每升高 1km，湿沉降量递减梯度为 5. 43kg/(hm^2 · a)。

3.1.3 氮沉降对地表水体外源氮输入的贡献

由于分布广泛、持续性强和沉降过程复杂等特点，氮沉降已成为流域（Shen et al., 2014；Xu et al., 2018）、湖泊（余辉等，2011；Zhan et al., 2017）、水库（卢俊平等，2015；Luo et al., 2018）、海湾（Xing et al., 2017；Burns et al., 2021）等水体外源氮输入的重要来源之一。已有研究表明，1990 ~ 2010 年全国范围内的氮沉降量从 11. 1kg/(hm^2 · a) 增加至 15. 3kg/(hm^2 · a)，导致输入水体的活性氮化合物量达 2.0×10^8 ~ 2.5×10^8kg/a（Gao et al., 2019）。氮沉降对水体的氮浓度具有显著影响，例如全国范围内的氮沉降会导致水体中氮浓度增加 76. 6 ~ 93. 9mg/(L · a)（Gao et al., 2019）；太湖的氮浓度会随着氮沉降量的变化而变化（Jiang et al., 2022）。这种影响主要体现在以下三方面：第一，会直接增加水体的氮含量，使得水体氮负荷上升；第二，会改变水体中氮的形态和分布；第三，会刺激水体中的硝化作用和反硝化作用，改变水体中氮的转化速率和路径（Gao et al., 2014）。

大气沉降中氨氮和硝氮的生物可利用度较高，可以被微生物直接利用，例如，Bergström 和 Jansson（2006）通过对欧洲和北美洲 42 个不同地区湖泊的化学性质和浮游植物生物量与无机氮沉降特征分析，发现无机氮沉降量的增加导致了湖泊中无机氮浓度升高，从而引发了湖泊中浮游植物生物量的增加和水体富营养化。溶解性有机氮的生物可利用度取决于其化学构成，一些具有较高生物可利用度的组分如氨基酸、尿素等可以被生物直接利用（Peierls and Paerl，1997；Hessen，2013）。较高的氮沉降量会向水生生态系统中输入较多的氮素，会直接影响浮游植物的生长和代谢过程，改变浮游植物的群落组成，从而导致水体富营养化，引发水华和赤潮。因此，量化氮沉降对地表水体外源氮输入的贡献，阐明氮沉降对水体氮浓度的影响，可以为深刻理解氮沉降对水生生态系统的影响效应提供数据支撑。

本章以南水北调中线工程水源地丹江口水库淅川库区为研究区，在库区周围设置 6 个采样点，通过野外调查、原位试验和室内分析，研究 2017 年 10 月 ~ 2021 年 9 月大气氮干、湿沉降特征，阐明溶解性总氮、氨氮、硝氮和溶解性有机氮沉降的时空动态变化及其影响因素，揭示氮沉降对库区水体外源氮输入的贡献，为提出有针对性的库区水体氮污染控制途径提供了重要的理论基础。

3.2 材料与方法

3.2.1 采样点概况

丹江口水库是我国南水北调中线工程核心水源地，库区水域面积1050km^2，蓄水量达2.905×10^{10}m^3（郭晓明等，2021）。丹江口水库横跨河南和湖北两省，其中河南部分位于南阳市淅川县，其水源主要来自丹江，因此该部分常被称为丹江库区（丹库）；湖北部分位于丹江口市，其水源主要来自汉江，因此该部分常被称为汉江库区（汉库）（张清淼等，2022）。南水北调中线工程取水口位于丹江口水库淅川库区的陶岔。与其他水库相比，丹江口水库在地形地貌、气候水文、生物植被和供水安全等方面具有鲜明的特点：①它位于一个相对独立的自然地理单元，地形复杂，地貌多姿，是一个狭长形的水库；②库区流域水系发达，河流众多，气候属于季风型大陆性半湿润气候，适宜多种植物和动物生长；③它是亚洲第一大人工淡水湖，也是国家南水北调中线工程水源地、国家一级水源保护区、中国重要的湿地保护区和国家级生态文明示范区，承担着向京津冀豫供水的重要任务，库区水质安全至关重要，战略意义十分突出。

本研究以丹江口水库河南部分（淅川库区）为研究区。淅川库区位于河南省南阳市西南位置，汇水面积为7912.13km^2，水域面积为546km^2，占丹江口库区总面积的52%（罗玲，2019）。淅川库区地处北亚热带和暖温带附近，属于季风型大陆性半湿润气候，春、秋季温度适宜，冬季寒冷干燥，夏季高温多雨，受季风影响，降雨集中在夏、秋季。年平均温度为15.4℃，年平均降水量为800～1000mm，其中50%的降水量发生在7～9月，年主导风向为东南风，次主导风向为西北风（郭晓明等，2022）。库区当地工业欠发达，经济结构以农业为主（Wu et al.，2022）。

降水量、平均气温、平均风速和相对湿度气象数据月份变化特征分别如图3-1～图3-4所示。上述数据来自中国气象局气象数据中心地面气象站逐小时观测资料，气象站台站号为57261。

由图3-1可以看出，降水量在年度上表现为先降低后升高，在年内表现为各月份分配不均。从研究区2017年10月～2021年9月的均值来看，夏季降水量为438.83mm，占全年降水量的50.61%；秋季降水量为210.60mm，占全年降水量的24.29%；春季降水量为160.55mm，占全年降水量的18.52%；冬季降水量为57.10mm，占全年降水量的6.58%。降水量的变化范围为0.10（2018年10月）～267.10mm（2021年7月）。由图3-2可以看出，平均气温在年度上呈现出规律性变化，各年度之间变化差异较小。平均气温在年内表现为先升高后降低的趋势，夏季高温，冬季寒冷，春秋两季温度宜人。由图3-3可以看出，平均风速在各个年度的变化特征大致相同，春季的平均风速（1.63m/s）高于其他季节（1.18～1.41m/s）。月平均风速的变化范围为0.80（2018年12月）～1.90m/s（2019年4月）。由图3-4可以看出，相对湿度在整个研究时间内的起伏变化不大，但是在部分月份之间存在较大差异。相对湿度最小值为49.10%，出现在2017年12月，最大值为

87.80%，出现在 2017 年 10 月，变异系数为 12.71%。

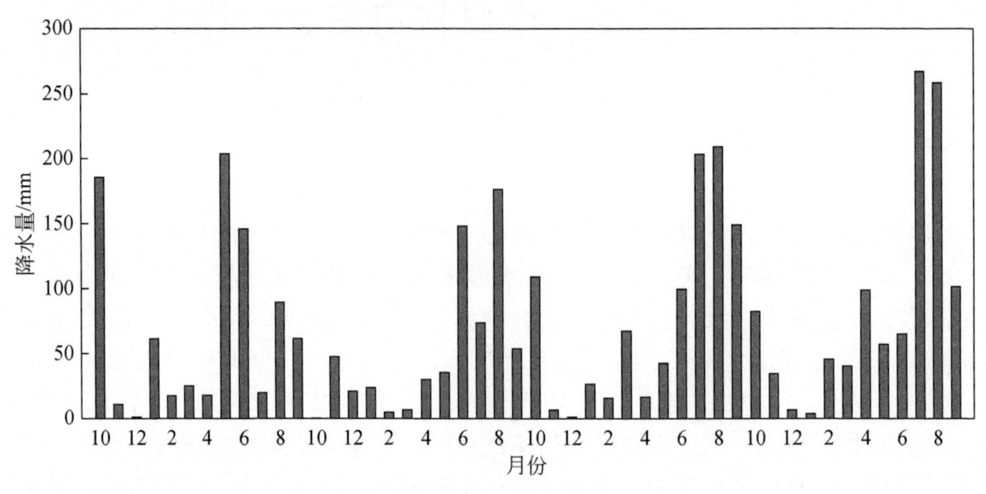

图 3-1　降水量月份特征

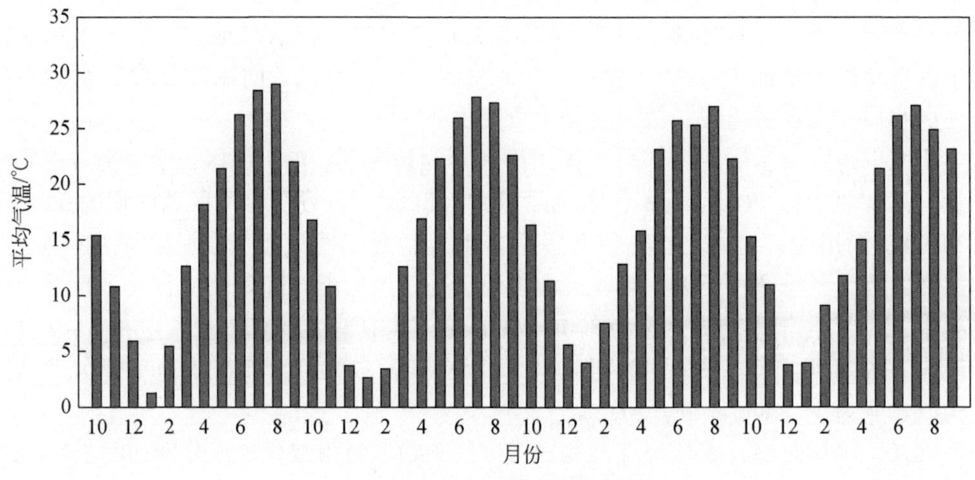

图 3-2　平均气温月份特征

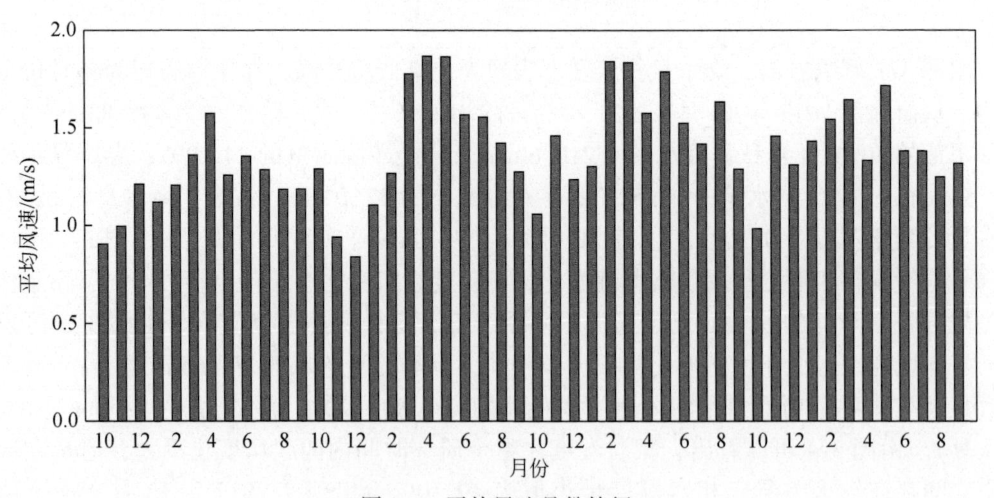

图 3-3　平均风速月份特征

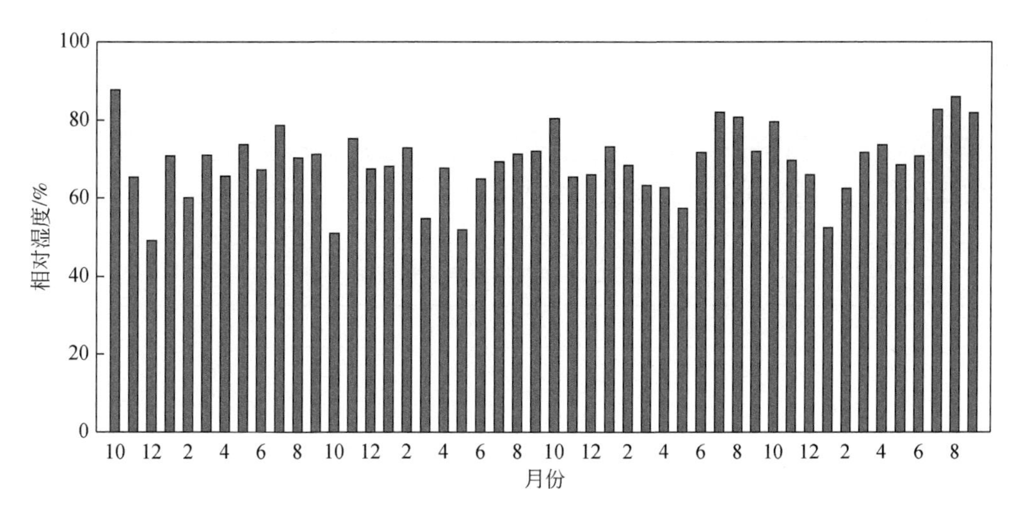

图 3-4　相对湿度月份特征

3.2.2　样品采集与分析

3.2.2.1　采样点的布设

根据采样点的代表性、采样器的安放标准以及丹江口水库淅川库区的水域面积和地形特征，同时结合库区周围已经由南水北调中线渠首生态环境监测中心布设的监测站点，本研究在丹江口水库淅川库区周围设置了 6 个采样点，编号分别为 TC、SG、TM、HJZ、DZK 和 WLQ，采样点位置如图 3-5 所示。采样点的布设严格按照《酸沉降监测技术规范》（HJ/T 165—2004）中的各项要求进行。采样点选址的代表性主要包括以下两方面：第一，

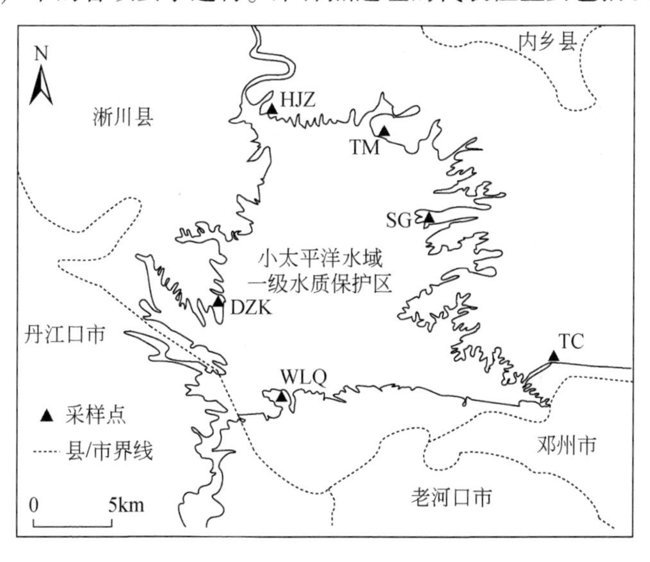

图 3-5　采样点地理分布图

各采样点所处位置的城镇人口规模存在显著差异，其中 DZK 位于丹江口水库周边人口最少的仓房镇，该镇 2020 年人口为 1.1 万人，TC 位于丹江口水库周边人口最多的丹阳镇，该镇 2020 年人口为 7.1 万人；第二，各采样点周边区域的土地利用类型也存在明显差异，其中 SG 位于码头，周边区域土地利用类型以建设用地为主，TM 和 DZK 周边区域的土地利用类型主要为农业用地。各个采样点的海拔、经纬度和土地利用类型等详细信息可见表 3-1。

表 3-1　丹江口水库淅川库区周边采样点情况

采样点	经度坐标	纬度坐标	周边环境	海拔/m
TC	111°42′43.88″E	32°40′51.86″N	城镇	173
SG	111°38′07.80″E	32°45′59.28″N	码头	172
TM	111°36′24.28″E	32°49′13.92″N	农业区	175
HJZ	111°32′18.01″E	32°49′37.80″N	景区	176
DZK	111°30′28.75″E	32°42′28.78″N	柑橘种植区	186
WLQ	111°32′23.75″E	32°39′27.36″N	林地	175

3.2.2.2　干湿沉降样品收集

本研究在丹江口水库淅川库区周围 6 个采样点处各放置一台降水降尘自动采样器收集大气干湿沉降样品（型号：SYC-2，青岛崂山电子仪器总厂有限公司），降水降尘自动采样器见图 3-6。本研究针对丹江口水库淅川库区氮沉降进行了长期原位观测，干湿沉降样品的收集时间为 2017 年 10 月 ~2021 年 9 月。降水降尘自动采样器内部配备了用于收集湿

图 3-6　降水降尘自动采样器

沉降样品的漏斗形收集器和用于收集干沉降样品的圆柱形收集器。降水降尘自动采样器上方设置有盖板，用以区分干湿沉降。同时，两个雨量传感器设置在降水降尘自动采样器的两侧。雨量传感器始终处于加热状态，其灵敏度大于或等于 0.03mm/min。

当有降水发生时，雨量传感器表面检测到雨水，自动采样器内部的电机收到来自雨量传感器的信号，翻转湿沉降收集器上方的盖板，遮盖干沉降收集器，避免降水混入干沉降收集器中，同时暴露湿沉降收集器，收集降水。降水通过橡胶管流入预先清洗过的采样桶中（材质：聚乙烯；容积：5000mL）。每天上午 9 点至次日上午 9 点视为一天。如果一天中有不止一次的降水发生，则一天内的所有降水就会流入同一个采样桶中，并将其混合为一个样品。如果降水时间超过 1 天，降水将流入另一个采样桶，自动更换为下一个湿沉降样品。湿沉降收集器采集样品后用去离子水多次清洗。当降水事件结束后，湿沉降收集器上方的盖板会在 5min 内自动盖住。

若无降水时，仪器上的盖板会始终盖住湿沉降收集器，暴露干沉降收集器收集大气干沉降样品。干沉降样品采用被动采样法收集，具体方法为替代面法。替代面法是直接测量氮干沉降最常用的方法之一，具有监测成本低、不受地形限制、可以长期观测等优点（陈晓舒等，2022）。替代面通常是经过处理的玻璃、陶瓷、乙二醇或水等（王姝等，2021）。本研究利用去离子水作为替代面，采集频率为每周一次。具体采样过程为：首先将 600mL 去离子水放入干沉降缸中，并滴加 2mol/L 硫酸铜溶液 1mL，以避免水中藻类的生长对样品中氮浓度的干扰。一周后将收集到的样品转移到预先清洗过的聚乙烯瓶中，同时用去离子水清洗三次干沉降收集器，并在其中加入 600mL 去离子水。

3.2.2.3　分析方法

收集到的样品应仔细检查是否存在污染（如树叶、昆虫和鸟类粪便等），之后使用孔径为 0.45μm 的微孔滤膜过滤样品，然后置于 4℃ 环境中冷藏保存以待分析测试。测试指标主要包括氨氮、硝氮、溶解性有机氮和溶解性总氮。溶解性总氮的测试方法为碱性过硫酸钾氧化紫外分光光度法，氨氮的测试方法为纳氏试剂光度法，硝氮的测试方法为酚二磺酸光度法。所有样品的吸光度通过紫外分光光度计测试［型号：UV-2600，岛津企业管理（中国）有限公司］。上述 3 种测试方法的具体操作步骤依据《水和废水监测分析方法》（第四版）进行。溶解性有机氮的浓度通过溶解性总氮浓度与无机氮浓度（氨氮和硝氮浓度之和）之间的差减法得到。

3.2.2.4　质量控制

在测试样品之前，使用由标准储备液稀释而成的标准溶液绘制的标准曲线以检验仪器状态，每种离子标准曲线至少包括 5 个点，吸光度与标准浓度拟合曲线的相关系数均应大于 0.999。在测试分析过程中，每批样品设置空白样，其中空白样品的吸光度应低于 0.01，以检查可能存在的干扰和污染。对所有样品均进行重复分析，以减少测量误差，标准偏差小于 5%。在每批样品中加入已知浓度的标准样品，加样回收率在 95.55%~106.57%。

3.2.2.5 沉降量计算

氮干沉降量的计算公式为

$$N_D = \frac{C \cdot V}{100S} \tag{3-1}$$

式中，N_D为不同形态氮干沉降量，kg/hm^2；C 为不同形态氮的浓度，mg/L；V 为每次收集样品时，干沉降收集器内剩余的液体体积，L；S 为干沉降收集器的截面面积，m^2。

氮湿沉降量的计算公式为

$$N_W = 0.01 \times \sum_{i=1}^{n} C_i H_i \tag{3-2}$$

式中，N_W为第 i 次降水中不同形态氮湿沉降量，kg/hm^2；C_i为第 i 次降水中不同形态氮的浓度，mg/L；H_i为第 i 次的降水量，mm；0.01 为单位之间的换算系数。

3.2.2.6 水库水体氮浓度对氮沉降量响应的净增量

通过计算水体承接的氮沉降量与湖库容量的比值（ΔN）来评估氮沉降对水体氮浓度的影响。ΔN 的计算公式如下：

$$\Delta N = \frac{N_{tyr}}{W_c} \tag{3-3}$$

式中，ΔN 为水库水体氮浓度对大气氮沉降响应的净增量，mg/(L·a)；N_{tyr}为研究区大气氮沉降量，t/a；W_c 为湖库的容量，m^3。

3.2.3 数据分析

描述性统计、相关性分析和方差分析均采用软件 SPSS 22 进行。描述性统计用来分析氮沉降量的平均值、标准偏差和变异系数等统计特征值；相关性分析用来探究气象因素与氮沉降量之间的关系；方差分析用来比较不同采样点氮沉降量的差异性。

3.3 氮沉降的时空特征

3.3.1 干沉降

氮干沉降是在空气动力学作用下，气态、颗粒态氮等通过自身重力和下垫面吸收迁移到地面。干沉降是一个连续的过程，在任何时间和任何表面都会发生。目前，针对大气氮干沉降的研究相对较少，长时间尺度的野外原位观测研究更是缺乏。因此，本研究在丹江口水库淅川库区周围设置了 6 个采样点，每周采集一次样品，在 2017 年 10 月 ~ 2021 年 9 月进行了为期四年的氮干沉降监测，研究了丹江口水库淅川库区大气氮干沉降的时空变化特征。

3.3.1.1 时间特征

(1) 年度特征

丹江口水库淅川库区干沉降中不同形态氮沉降量的年度特征如图 3-7 所示。由图 3-7 可见，溶解性总氮年均干沉降量为 34.72kg/hm²，其中氨氮年均干沉降量为 14.28kg/hm²，占比41.13%，硝氮年均干沉降量为5.91kg/hm²①，占比17.02%，溶解性有机氮年均干沉降量为14.53kg/hm²，占比41.85%。氨氮和溶解性有机氮在溶解性总氮中的占比接近，且均高于硝氮，表明氨氮和溶解性有机氮是库区氮干沉降中的主要组分。

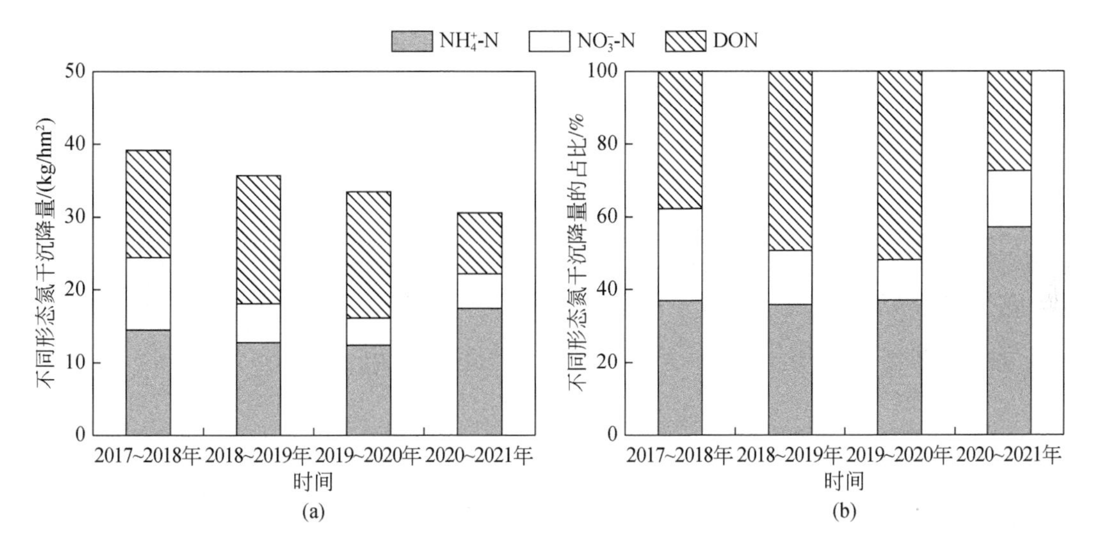

图 3-7 干沉降中不同形态氮沉降量的年度特征

溶解性总氮干沉降量的变化范围为 39.18(2017 年 10 月 ~ 2018 年 9 月) ~ 30.57kg/hm² (2020 年 10 月 ~ 2021 年 9 月)。监测期间，溶解性总氮干沉降量呈现逐年减少的趋势，第四年溶解性总氮干沉降量与第一年相比减少了 21.98%。氨氮干沉降量的变化范围为 17.44 (2020 年 10 月 ~ 2021 年 9 月) ~ 12.40kg/hm² (2019 年 10 月 ~ 2020 年 9 月)。与第一年相比，氨氮干沉降量在第四年增加了 20.38%。硝氮干沉降量的变化范围为 9.91 (2017 年 10 月 ~ 2018 年 9 月) ~ 3.71kg/hm² (2019 年 10 月 ~ 2020 年 9 月)。与第一年相比，第四年的硝氮干沉降量减少了 52.17%，但与第三年相比，第四年的硝氮干沉降量增加了 27.76%。溶解性有机氮干沉降量的变化范围为 17.59 (2018 年 10 月 ~ 2019 年 9 月) ~ 8.40kg/hm² (2020 年 10 月 ~ 2021 年 9 月)。与第一年相比，第四年的溶解性有机氮干沉降量减少了 43.20%，并且第四年溶解性有机氮干沉降量相较于第三年的降幅可达 51.56%。氨氮年干沉降量在溶解性总氮年干沉降量中的占比从 36.96% 增加至 57.05%，硝氮年干沉降量在溶解性总氮年干沉降量中的占比从 25.29% 减少至 15.47%，溶解性有机氮年干沉降量在溶解性总氮年干沉降量中的占比从 37.75% 减少至 27.48%。上述结果

① 因原始数据有效数字位数问题，本书涉及加和的数据略有不同。下同。

表明，氨氮在丹江口水库淅川库区大气氮干沉降中的重要性日益凸显。

丹江口水库淅川库区干沉降中不同形态氮浓度的年度特征如图 3-8 所示。由图 3-8 可见，库区溶解性总氮年均浓度为 1.96mg/L，其中氨氮年均浓度为 0.81mg/L，占比 41.21%，硝氮年均浓度为0.33mg/L，占比16.98%，溶解性有机氮年均浓度为0.82mg/L，占比41.81%。由此可见，库区氨氮和溶解性有机氮的浓度接近且均高于硝氮的浓度，这与干沉降中不同形态氮干沉降量的结果是相似的。溶解性总氮年浓度变化范围为 2.19（2017 年 10 月 ~2018 年 9 月）~1.73mg/L（2020 年 10 月 ~2021 年 9 月），呈现逐年降低的趋势。第四年溶解性总氮浓度与第一年相比减少了 21.00%。氨氮年浓度的变化范围为 0.98（2020 年 10 月 ~2021 年 9 月）~0.70mg/L（2019 年 10 月 ~2020 年 9 月），第四年氨氮浓度相比较第一年增加了 21.07%。硝氮年浓度的变化范围为 0.55（2017 年 10 月 ~2018 年 9 月）~0.21mg/L（2019 年 10 月 ~2020 年 9 月），第四年硝氮浓度与第一年相比减少了 50.91%。溶解性有机氮年浓度的变化范围为 1.00（2018 年 10 月 ~2019 年 9 月）~0.48mg/L（2020 年 10 月 ~2021 年 9 月），第四年溶解性有机氮浓度与第一年相比减少了 42.18%。监测期间，氨氮年浓度在溶解性总氮年浓度中的占比从 37.11% 增加至 56.65%，硝氮年浓度在溶解性总氮年浓度中的占比从 25.11% 减少至 15.61%，溶解性有机氮年浓度在溶解性总氮年浓度中的占比从 37.72% 减少至 27.74%。上述结果表明，氨氮在丹江口水库淅川库区大气氮干沉降中的重要性日益凸显。

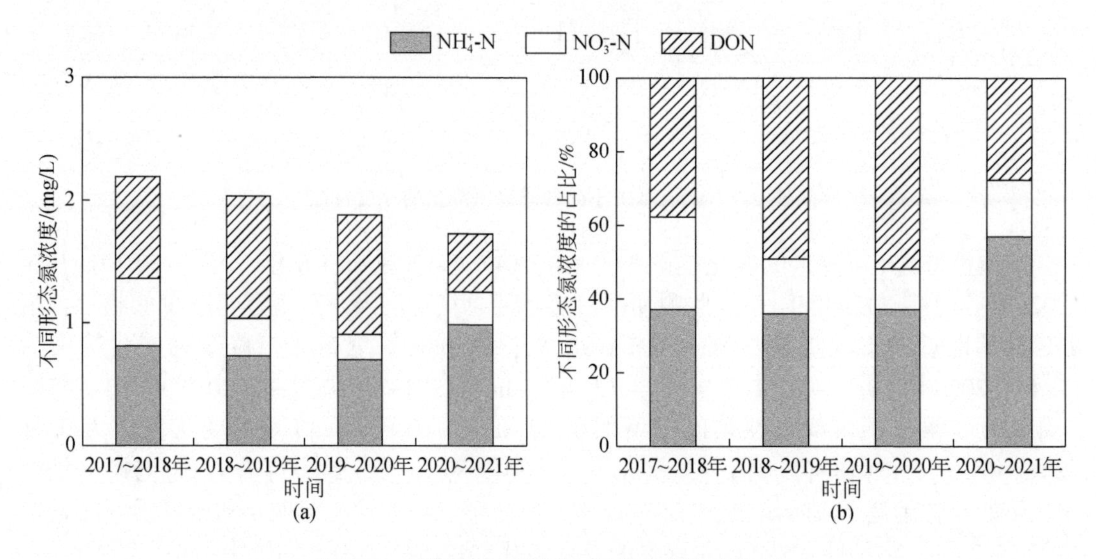

图 3-8　干沉降中不同形态氮浓度的年度特征

1）溶解性总氮。2017 年 10 月 ~2021 年 9 月，丹江口水库淅川库区溶解性总氮年沉降量分别为 39.18kg/hm²、35.68kg/hm²、33.45kg/hm² 和 30.57kg/hm²，总氮年浓度分别为 2.19mg/L、2.03mg/L、1.88mg/L 和 1.73mg/L，溶解性总氮干沉降量和浓度均表现为逐年显著下降的趋势（$P<0.05$）。

目前，有关氮湿沉降的研究相对较多，而氮干沉降的时空特征研究相对较少（Yu et al., 2019）。这是因为，干沉降的收集过程相比湿沉降更加复杂且成本较大。但是越来越多的研究表明，干沉降与湿沉降同等重要，例如 Xu 等（2015）研究发现，在区域和国家尺度上，大气氮干沉降与湿沉降同等重要，在考虑氮沉降对环境和生态系统健康的影响时，应同时考虑干、湿两种沉降类型。Yu 等（2019）研究发现，在中国范围内氮干沉降量占总沉降量的比例从 1980 ~ 1990 年的 33% 增加到 2011 ~ 2015 年的 50%，且干沉降量有继续增加的趋势。此外，在一些降水量较少的地区，氮干沉降在总沉降中的占比更高，例如卢俊平等（2021）研究发现京蒙沙源区水库氮干沉降在总沉降中的占比为 75.17%；Fu 等（2020）在中国西北内陆甘肃省武威市某农村地区研究发现氮干沉降量占总沉降量的 76%。由此可以看出，干沉降是大气氮沉降的重要组成部分，忽视干沉降可能会导致氮沉降水平被严重低估。

国内不同地表水体氮干沉降量的对比结果见表 3-2。由表 3-2 可见，不同地区的湖泊、流域和水库氮干沉降量范围为 1.32 ~ 33.72kg/(hm^2 · a)，这表明氮干沉降具有较大的时空异质性，其中洱海地区氮干沉降量为 33.44kg/(hm^2 · a)，与本研究的结果比较接近。值得注意的是，丹江口水库小茯苓流域的氮干沉降结果与本研究结果之间存在着较大差异。分析其原因与氮沉降的时空差异性有关。第一，两者研究的时间跨度不同；第二，两者采样点的位置不同，本研究区位于丹库，而文献中的研究区位于汉库。此外，虽然库区溶解性总氮干沉降量呈现逐年下降趋势，但是与其他水库相比，库区总氮干沉降量还是相对较高的，导致水库面临氮污染的潜在风险相对较大。因此，本研究认为，当地政府在未来制定生态环境保护政策时，应重点考虑针对大气氮污染物的管控措施。

表 3-2 国内不同地表水体氮干沉降量的对比结果[单位：kg/(hm^2 · a)]

水体名称	研究时间	干沉降量				文献来源
		DTN	NH_4^+-N	NO_3^--N	DON	
千岛湖（街口）	2020 年 11 月 ~ 2021 年 10 月	1.47	0.61			朱梦圆等，2022
千岛湖（淳安县）	2020 年 11 月 ~ 2021 年 10 月	2.24	0.87			朱梦圆等，2022
密云水库（土门西沟小流域）	2019 年 9 月 ~ 2020 年 8 月	18.29	7.85	7.34	2.85	陈海涛等，2022
密云水库（石匣小流域）	2014 年 5 月 ~ 2015 年 1 月	25.95	6.92	8.19	10.84	王焕晓等，2018
岗南水库	2015 年 7 月 ~ 2016 年 6 月	7.87	1.81	2.46	3.00	赵宪伟等，2018
大河口水库	2017 年 1 月 ~ 2017 年 12 月	24.10				卢俊平等，2021
大河口水库	2014 年 1 月 ~ 2014 年 12 月	21.30				卢俊平等，2015
九龙江流域	2004 年 1 月 ~ 2004 年 12 月	4.87	1.51	1.17	2.19	陈能汪等，2006

续表

水体名称	研究时间	干沉降量				文献来源
		DTN	NH_4^+-N	NO_3^--N	DON	
长乐江流域	2009 年 3 月 ~ 2011 年 2 月	26.90	14.30	1.90	10.40	张峰，2011
崇州西河流域	2017 年 5 月 ~ 2018 年 4 月	24.30	10.88	5.84	7.58	万柯均，2019
乌梁素海	2018 年 12 月 ~ 2019 年 11 月	1.32				杜丹丹，2020
洱海	2021 年 1 月 ~ 2021 年 12 月	33.44				黄明雨，2023
后寨河流域	2016 年 7 月 ~ 2017 年 6 月	3.19				曾杰，2018
天池	2021 年 1 月 ~ 2021 年 12 月	7.54	2.25	4.62	0.67	Han et al., 2023
太湖	2002 年 7 月 ~ 2003 年 6 月	11.34				杨龙元等，2007
太湖（梅梁湾）	2007 年 5 月 ~ 2007 年 11 月	9.91				翟水晶等，2009
太湖	2018 年 1 月 ~ 2018 年 12 月	12.43				许志波等，2019
太湖	2010 年 1 月 ~ 2021 年 12 月	17.7	2.7	1.9	13.1	Deng et al., 2023
太湖	2011 年 1 月 ~ 2018 年 10 月	12.67	2.92	6.37	3.38	Geng et al., 2021
青海湖	2017 年 10 月 ~ 2018 年 9 月	3.92	1.84	1.3	0.77	Zhang et al., 2022
丹江口水库（小茯苓流域）	2009 年 1 月 ~ 2011 年 12 月	5.94	1.72	1.31	2.90	刘冬碧等，2015
丹江口水库（淅川库区）	2017 年 10 月 ~ 2021 年 9 月	34.72	14.28	5.91	14.53	本研究

2）氨氮。丹江口水库淅川库区氮干沉降的主要组分是氨氮和溶解性有机氮。监测期间，库区氨氮年均干沉降量为 14.28kg/hm^2，占氮干沉降量的比例为 41.13%。由表 3-2 可知，其他研究区的氨氮干沉降量变化范围为 0.61 ~ 14.30kg/(hm^2·a)，可见本研究的氨氮年干沉降量处于较高水平。这一对比结果进一步凸显出了库区氨氮在干沉降中的重要性。值得注意的是，浙江省东部典型农业流域长乐江的氨氮年均干沉降量为 14.30kg/hm^2，

略高于本研究结果。丹江口水库淅川库区和浙江东部的长乐江流域都具有共同的特点，它们均具有典型的农业活动特征，这一特征也是这两个地区氨氮年均干沉降量处于较高水平的重要原因。丹江口水库淅川库区地处河南省南阳市。河南省是全国著名的农业大省，2017 年粮食种植面积为 16 372.7 万亩，排名全国第二（农业农村部，2019）。卫星观测数据显示河南省是全国氨气排放量较高的省（自治区、直辖市）之一（Liu et al.，2017）。同时，南阳市也是河南省内农作物种植面积最大、人口最多的地市。已有研究表明，南阳市大气环境中的氨气浓度在河南省 18 个地市中是最高的（Bai et al.，2020）。因此，减缓氨氮沉降量应该是解决丹江口水库淅川库区氮沉降问题的优先事项，库区大气氮干沉降的削减策略应以农业源减量排放为主，农业活动对库区水质的影响也应被重点考虑。

本研究中，氨氮年干沉降量的变化特征不同于溶解性有机氮、硝氮和溶解性总氮。与 2017 年 10 月 ~2018 年 9 月相比，库区 2020 年 10 月 ~2021 年 9 月的氨氮干沉降量增加了 20.38%，这一结果表明库区周边农业源的排放量有所增加。Fowler 等（2015）指出，随着粮食和动物产品需求量的增加，氨气排放量将从 2008 年的 65Tg 增加到 2100 年的 135Tg。Liu 等（2022）发现 1980 ~2018 年全球农业氨气排放量增加了 78%，其中农田氨气排放量增加了 128%，牲畜氨气排放量增加了 45%。作为人口大国，中国对粮食和肉类需求较高，导致农业活动中施用的氮肥量和畜禽养殖数量呈现出逐年增加的趋势（Liu et al.，2013）。Zhang 等（2017）依据卫星监测和陆地实测数据发现中国的氨气排放量被严重低估；Chen 等（2020）研究发现，2008 ~2016 年中国的氨气污染呈现加剧趋势；Wen 等（2020）研究发现，全国监测点都出现了氨气浓度升高，甚至在城市监测点也出现了上述现象；Luo 等（2020）研究发现，在 2011 ~2018 年河南省郑州市氨气年平均浓度显著增加，2018 年氨气年平均浓度是 2011 年的 2 倍。因此，本研究认为库区氨氮干沉降量的逐年增加与氨气浓度升高这一大背景密切相关。

3）硝氮。2017 年 10 月 ~2021 年 9 月，丹江口水库淅川库区硝氮年干沉降量分别为 9.91kg/hm^2、5.30kg/hm^2、3.71kg/hm^2 和 4.74kg/hm^2，年浓度分别为 0.55mg/L、0.30mg/L、0.21mg/L 和 0.27mg/L。硝氮年干沉降量在所有形态氮中的降幅最大，在 2017 ~2021 年降低了 52.17%。此外，硝氮年干沉降量在 2017 年 10 月 ~2020 年 9 月表现出持续下降的趋势，并且 2019 年 10 月 ~2020 年 9 月的硝氮年干沉降量是监测期间最低的。本研究分析认为，硝氮干沉降量在时间上的持续下降与中国的环境保护政策等影响有关。过去几十年，工业化、城市化和集约化农业生产等造成大气中颗粒物和许多气态污染物浓度升高，随着公众环保意识逐渐增强，中国政府也采取了一系列措施来改善空气质量，包括调整能源结构、烟气脱硫和推广新能源汽车，其中最重要的就是在 2013 年实行的《大气污染防治行动计划》。长期监测数据显示，中国氮沉降量在 2000 年左右达到峰值，到 2016 ~2018 年下降了 45%（Wen et al.，2020）。Zheng 等（2018）研究指出，在 2010 ~2017 年，在中国范围内来自人为源的大气污染物二氧化硫排放量减少了 59%，氮氧化物排放量减少了 21%。这些研究都证实了《大气污染防治行动计划》对污染物的减量排放产生了积极影响。除此之外，中国政府还在 2018 年实行了《打赢蓝天保卫战三年行动计划》以及到 2021 年将二氧化硫和氮氧化物的年排放量在 2016 年的基础上分别减少 15% 和 10% 等减排方案（Liu et al.，2016）。因此，库区硝氮干沉降量呈下降的趋势与中国政府在更有效地利用资源和大幅减少污染物排放等方面所做出的努力密不可分。此外，2020 年初新冠疫情在全国各地暴发，人为活动被极大限制，交通运输工具尾气排放和工业活动燃料燃烧释放的氮氧化物量相比往年大幅度减少。因此，新冠疫情也是造成 2019 年 10 月 ~2020 年 9 月的硝氮干沉降量显著低于其他年度的重要原因。

4）溶解性有机氮。国内不同地表水体溶解性有机氮干沉降量的对比结果见表 3-3。

表 3-3　国内不同地表水体溶解性有机氮干沉降量的对比结果

水体名称	研究时间	DTN/[kg/(hm² · a)]	DON/[kg/(hm² · a)]	占比/%	文献来源
密云水库（土门西沟小流域）	2019 年 9 月 ~ 2020 年 8 月	18.29	2.85	15.58	陈海涛等，2022
岗南水库	2015 年 7 月 ~ 2016 年 6 月	7.87	3.00	38.12	赵宪伟等，2018
密云水库（石匣小流域）	2014 年 5 月 ~ 2015 年 1 月	25.95	10.84	41.77	王焕晓等，2018
丹江口水库（小茯苓流域）	2009 年 1 月 ~ 2011 年 12 月	5.94	2.90	48.82	刘冬碧等，2015
九龙江流域	2004 年 1 月 ~ 2004 年 12 月	4.87	2.19	44.97	陈能汪等，2006
长乐江流域	2009 年 3 月 ~ 2011 年 2 月	26.90	10.40	38.66	张峰，2011
崇州西河流域	2017 年 5 月 ~ 2018 年 4 月	24.30	7.58	31.19	万柯均，2019
天池	2021 年 1 月 ~ 2021 年 12 月	7.54	0.67	8.89	Han et al.，2023
青海湖	2017 年 10 月 ~ 2018 年 9 月	3.92	0.77	19.64	Zhang et al.，2022
太湖	2010 年 1 月 ~ 2021 年 12 月	17.7	13.10	74.01	Deng et al.，2023
太湖	2011 年 1 月 ~ 2018 年 10 月	12.67	3.38	26.68	Geng et al.，2021
丹江口水库（淅川库区）	2017 年 10 月 ~ 2021 年 9 月	34.72	14.53	41.85	本研究

2017 年 10 月 ~2021 年 9 月，丹江口水库淅川库区大气溶解性有机氮年干沉降量分别为 14.79kg/hm²、17.59kg/hm²、17.34kg/hm² 和 8.40kg/hm²，年均干沉降量为14.53kg/hm²。由表3-3 可知，不同研究区溶解性有机氮干沉降量范围为 0.67 ~14.53kg/(hm² · a)，可见库区溶解性有机氮干沉降量是较高的。这一结果表明丹江口水库淅川库区溶解性有机氮干沉降量的负荷较高。本研究中，溶解性有机氮干沉降量与太湖地区［13.10kg/(hm² · a)］结果接近。太湖位于中国长江三角洲的南缘，地处中国东部沿海地区江苏省，湖区周围人

口密度高，经济水平发达。天池和青海湖的溶解性有机氮干沉降量分别为 0.67kg/(hm^2 · a) 和 0.77kg/(hm^2 · a)，远低于本研究结果。天池和青海湖分别位于中国新疆维吾尔自治区和青海省，这些地区地处我国西北部，人口密度较低，人类活动强度较弱。因此，通过上述不同研究区的对比结果可以发现，丹江口水库淅川库区有机氮沉降受到了人为活动的干扰，尤其是库周的农业活动对库区有机氮沉降的扰动更强（Zhang et al., 2024）。已有研究表明，中国大气有机氮沉降平均浓度为 117μmol/L，比全球平均值高一个数量级，主要原因是农业活动中含氮化肥的广泛施用（Zhang et al., 2012）。丹江口水库淅川库区的经济结构以农业为主，库区周围耕地较多，化肥施用量较大，因此农业活动对有机氮沉降量产生了深远影响。

以往有关氮素生物地球化学循环的研究集中在无机氮（氨氮和硝氮），而关于有机氮的信息相对较少，这主要归因于有机氮的成分比较复杂，大气中的溶解性有机氮由多种化合物组成，存在着近 400 种有机氮，如多肽和溶解的游离氨基酸、尿素、胺、脂肪族含氧氮化合物及一些芳香（环）化合物（Cornell, 2011）。众多研究表明有机氮是大气氮沉降的重要组成部分，占全球溶解性总氮沉降的比例为 11%～56%（Xi et al., 2023; Zhang et al., 2024）。此外，有机氮的生物可利用度几乎与无机氮一样重要，尤其在氮有限的系统中（Bronk et al., 2007; Näsholm et al., 2009）。因此，在评估氮沉降的生态效应时，忽略这一因素可能会导致对大气氮沉降水平的低估，从而导致严重的不确定性（Cornell, 2011）。

本研究中，溶解性有机氮干沉降量在总氮中的占比为 41.85%，表明溶解性有机氮是氮干沉降中的重要组分。由表 3-3 可以发现，不同湖泊、流域和水库的溶解性有机氮干沉降量在溶解性总氮中的占比为 8.89%～74.01%。这一结果既表明溶解性有机氮沉降是氮沉降中的重要组分，又表明溶解性有机氮在溶解性总氮中的占比具有较大的空间异质性。本研究中的丹库溶解性有机氮干沉降量在总氮中的占比与文献中的汉库小茯苓流域的研究结果比较接近，这表明溶解性有机氮均是丹库和汉库氮沉降中的重要组分，反映出汉库和丹库的库周氮污染物的排放均是以农业活动为主导的。

库区溶解性有机氮年干沉降量在 2020 年 10 月～2021 年 9 月是最低的，并且降幅也是最大的。从 2019 年 10 月～2020 年 9 月的 17.34kg/hm^2 降低至 2020 年 10 月～2021 年 9 月的 8.40kg/hm^2，降幅达 51.56%。分析其原因应主要有以下三点。第一，与丹江口水库周边持续的环境管理和保护有关。众所周知，丹江口水库是亚洲最大的人工淡水湖，从 2014 年 12 月起将为 8500 万人供水，其水质安全至关重要。因此，当地政府正在逐步采取更严格的措施，如优化施肥制度、关闭重污染企业、减少牲畜养殖活动和限制道路机动车数量来减少丹江口水库周围的大气污染物排放。但是，大气沉降量的减少与气体排放量的降低往往并不同步，沉降量的下降速度要滞后于空气污染物减量的排放速度（Zhao et al., 2022）。因此，氮沉降量的降低依赖于大气污染物排放的长期持续减少。本研究发现，库区周边在历时十年的环境保护后，溶解性有机氮沉降量出现了“断崖式”的下降现象。第二，与新冠疫情在中国的暴发有关。2020 年初，新冠疫情在中国大规模暴发，为了遏制新冠疫情的传播，中国政府出台了严格的交通管控措施，一定程度上限制了人类活动的强度，从而导致含氮污染物的排放量降低。第三，与气象因素有关。本研究发现 2020 年 10 月～2021 年 9 月溶解性有机氮干沉降量降低时段集中在 2021 年的春季和夏季，即 2021 年

3~8 月。《中国气候公报（2021）》报道称，2021 年中国的年降水量远高于正常水平，华北地区的年降水量更是打破了自 1961 年以来的历史纪录。已有研究表明，有机氮的沉降通常不局限于局部的氮排放特征，例如有机氮化合物中的有机硝酸盐（如过氧乙酰硝酸酯）可以在大气中长距离传输（Roberts et al.，1998）。因此，本研究认为，中国特别是华北地区降水量的急剧增加，可能会导致当地的大部分有机氮化合物随着降水在本地沉降，而不再远距离输送到淅川库区等地区。综上，未来仍需要针对库区溶解性有机氮沉降开展长期观测研究，以期揭示影响库区溶解性有机氮干沉降量下降的关键因素。

（2）季节特征

根据气象划分法，将一年分为 4 个季节，其中 3~5 月为春季，6~8 月为夏季，9~11 月为秋季，12 月~次年 2 月为冬季。丹江口水库淅川库区不同形态氮干沉降量和浓度的季节特征分别见图 3-9 和图 3-10。

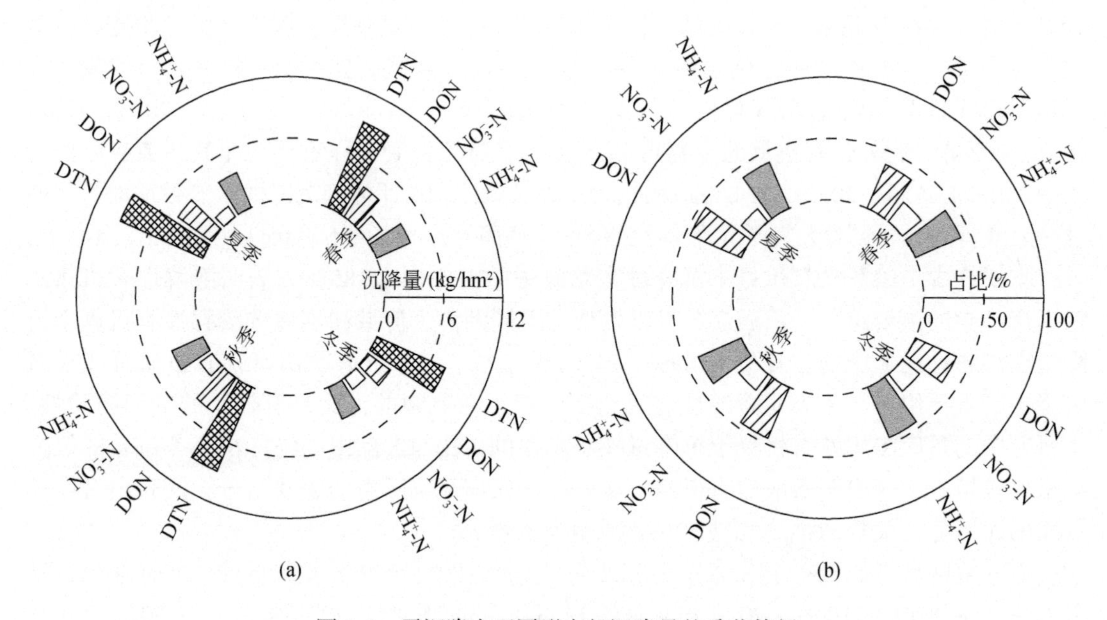

图 3-9　干沉降中不同形态氮沉降量的季节特征

由图 3-9（a）可见，溶解性总氮干沉降量在春季、夏季、秋季和冬季的均值分别为 9.13kg/hm^2、9.07kg/hm^2、8.95kg/hm^2 和 7.60kg/hm^2；氨氮干沉降量在春季、夏季、秋季和冬季的均值分别为 3.75kg/hm^2、3.70kg/hm^2、3.44kg/hm^2 和 3.40kg/hm^2；硝氮干沉降量在春季、夏季、秋季和冬季的均值分别为 1.85kg/hm^2、1.23kg/hm^2、1.47kg/hm^2 和 1.37kg/hm^2；溶解性有机氮干沉降量在春季、夏季、秋季和冬季的均值分别为 3.53kg/hm^2、4.14kg/hm^2、4.04kg/hm^2 和 2.83kg/hm^2。由图 3-9（b）可见，氨氮、硝氮和溶解性有机氮干沉降量占溶解性总氮干沉降量的比值在春季分别为 41.07%、20.26% 和 38.67%，在夏季分别为 40.79%、13.56% 和 45.65%，在秋季分别为 38.44%、16.42% 和 45.14%，在冬季分别为 44.74%、18.03% 和 37.23%。

由图 3-10（a）可见，溶解性总氮浓度在春季、夏季、秋季和冬季的均值分别为 2.04mg/L、2.06mg/L、2.02mg/L 和 1.73mg/L；氨氮浓度在春季、夏季、秋季和冬季的

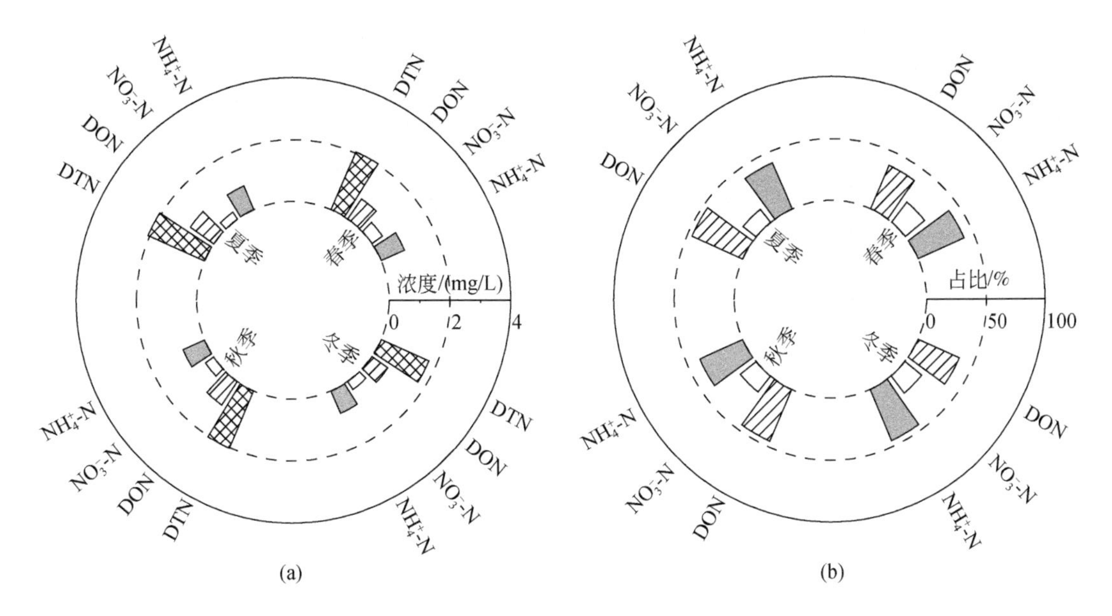

图 3-10 干沉降中不同形态氮浓度的季节特征

均值分别为 0.84mg/L、0.84mg/L、0.78mg/L 和 0.78mg/L；硝氮浓度在春季、夏季、秋季和冬季的均值分别为 0.42mg/L、0.28mg/L、0.33mg/L 和 0.31mg/L；溶解性有机氮浓度在春季、夏季、秋季和冬季的均值分别为 0.78mg/L、0.94mg/L、0.91mg/L 和 0.64mg/L。由图 3-10（b）可见，氨氮、硝氮和溶解性有机氮浓度占溶解性总氮浓度的比值在春季分别为 41.18%、20.59% 和 38.23%，在夏季分别为 40.78%、13.59% 和 45.63%，在秋季分别为 38.61%、16.34% 和 45.05%，在冬季分别为 45.09%、17.92% 和 36.99%。

1）溶解性总氮。丹江口水库淅川库区溶解性总氮干沉降量的季节特征表现为春季最高（9.13kg/hm^2）、夏季次之（9.07kg/hm^2）和冬季最低（7.60kg/hm^2）。分析其原因应为：第一，春季气温逐渐上升，土壤和植物中的有机氮开始矿化，增加了大气中氮的浓度。同时，春季风速较大，有利于大气中氮的扩散和输送，增加了干沉降量。此外，春季也是淅川库区周边农业活动频繁的季节，农田施肥等农业活动可能增加了氮的排放，进一步提高了干沉降量。第二，夏季虽然气温较高，加速了颗粒物与气溶胶之间的碰撞过程，增加了含氮物质的对流和沉降，有利于氮的挥发和扩散，但是夏季由于降水量的增加，雨水可以冲刷大气中的活性氮化合物，从而一定程度上降低了氮干沉降量。第三，冬季气温较低，土壤和植物中的有机氮矿化速率减慢，氮的浓度相对较低。同时，冬季风速较小，不利于大气中氮的扩散和输送，导致干沉降量较低。此外，冬季淅川库区周边的农业活动相对较少，也减少了氮的排放。

2）氨氮。丹江口水库淅川库区氨氮干沉降量与溶解性总氮干沉降量具有共同的季节特征，均表现为春季最高，夏季次之，冬季最低。干沉降中氨氮的主要来源是畜禽粪便中氨气的挥发和含氮化肥施用农田后的含氮污染物的释放。丹江口水库周围有大片的耕地，农业活动较频繁。已有研究表明，库区周围土地利用类型主要为耕地（45.0%）和林地

（33.7%），其次为草地（8.6%）和灌丛（6.5%）（刘成，2016）。库区当地工业欠发达，经济结构以农业为主（Wu et al.，2022）。在春季，作物萌芽并开始快速生长，施用化肥（如尿素、复合肥等）以促进作物增产，导致农业活动将大量的活性氮化合物释放到大气环境中，从而影响氮沉降量。除春季农业活动强度较高外，春季的扬尘增多也是该季节氨氮干沉降量较高的重要原因。在春季，随着气温的上升和风速的增大，土壤表面的水分逐渐蒸发，土壤变得干燥和松散。这种情况下，一旦有风吹过，土壤颗粒容易被扬起并形成土壤扬尘。土壤扬尘不仅包含土壤颗粒本身，还可能挟带土壤中的氨氮等污染物。当这些含有氨氮的土壤颗粒被扬起并进入大气时，它们会随风扩散并最终沉降到地面或其他物体上。这个过程可以增加大气中氨氮的浓度，并导致春季氨氮干沉降量的增加（Qi et al.，2018）。此外，夏季的氨氮干沉降量（3.70kg/hm^2）略低于春季（3.75kg/hm^2），本研究分析这主要与夏季平均气温较高有关。已有研究表明，氨气的挥发易受环境温度影响，较高的温度能够提高肥料和畜禽粪便中氨气的挥发性（Shen et al.，2016）。因此，夏季较高的气温也会促进环境中氨气的产生，从而影响大气中氨氮的干沉降过程。

3）硝氮。丹江口水库淅川库区硝氮的干沉降量在春季最高，秋季次之，夏季最低。已有研究表明，大气中硝氮的主要来源是工业活动中化石燃料燃烧和交通运输工具的尾气排放（Liu et al.，2013）。由于研究区工业活动较少，因此库区硝氮的主要来源应为交通运输工具排放的尾气。在春季，较多的游客人数导致交通运输工具尾气排放量骤然增加。丹江口水库以国家南水北调中线工程源头为核心景观资源，被誉为“中国水都、亚洲天池”，是亚洲第一大人工淡水湖，属于湖泊类特大型风景名胜区。据报道，丹江口水库淅川库区年接待旅游人数达800余万人次，春季的“五一”假期接待游客人数更是近百万人次。此外，春季农业活动比较频繁，农用机械在工作过程中也会释放大量的氮氧化物，从而增加库区硝氮干沉降量。夏季的硝氮干沉降量是全年中最低的，这可能与夏季的气候特点有关。夏季降水量大，频繁的降雨对大气有较强的清除洗刷作用；同时夏季的太阳辐射强度较高，近地面大气不稳定，大气对流活动旺盛，有利于污染物的扩散。值得注意的是，本研究发现冬季的硝氮干沉降量高于夏季，但低于春季和秋季。一般而言，北方居民在冬季为了抵御严寒会燃烧煤炭或者木材取暖，从而向环境中排放大量的氮氧化物。王焕晓等（2018）对密云水库石匣小流域大气氮干湿沉降特征研究发现，当地居民冬季以燃煤作为主要供暖方式，使得冬季的硝氮干沉降量明显高于春夏两季。因此，本研究中硝氮干沉降量的季节性分布也从侧面反映出当地政府为了保护库区水质的生态环境所做出的努力，包括限用散煤和推广清洁能源等。

4）溶解性有机氮。丹江口水库淅川库区溶解性有机氮干沉降量的季节特征不同于溶解性总氮、氨氮和硝氮，表现为夏季最高，秋季次之，冬季最低。分析其原因应与温度有关。有机氮的一个重要来源是大气中性质活跃的氮氧化物与碳氢化合物发生光化学反应的产物（郑利霞等，2007），而温度的升高可以促进大气环境中有机物与氨气、氮氧化物反应生成胺类和硝基酚类（Yang et al.，2010）。Shen 等（2013）报道了温度较高的月份（6～8月）溶解性有机氮沉降量较高，并指出该地区溶解性有机氮会受到温度的影响，如高温下光化学反应的加速、土壤和植物中含氮化合物的挥发。因此，夏季较高的温度对丹江口水库淅川库区溶解性有机氮的生成具有明显的促进作用。秋季溶解性有机氮干沉降量略低于夏季，这与秋季是生物质燃烧的高峰季节有关（Xiao et al.，2020），因为生物质燃烧也是大气中有机氮的重要来源（郑利霞等，2007）。Pavuluri 等（2015）在日本北部札幌采集了一年的总悬浮颗粒物样品，发现溶解性有机氮干沉降量在秋季是相对较高的，其主要来源为生物质燃烧。冬季的溶解性有机氮干沉降量是 4 个季节中最低的，这与夏季的溶解性有机氮干沉降量是 4 个季节中最高的结果形成对比，从侧面印证了溶解性有机氮会受到温度的影响。

(3) 月份特征

丹江口水库淅川库区不同形态氮干沉降量和浓度的月份特征分别见图 3-11 和图 3-12。由图 3-11（a）可知，库区逐月溶解性总氮干沉降量的最大值为 4.62kg/hm²，出现在 2018 年 7 月，最小值为 1.71kg/hm²，出现在 2020 年 3 月，变异系数为 24.96%。逐月氨氮干沉降量的最大值为 2.33kg/hm²，出现在 2021 年 4 月，最小值为 0.57kg/hm²，出现在 2018 年 10 月，变异系数为 29.08%。逐月硝氮干沉降量的最大值为 1.48kg/hm²，出现在 2018 年 5

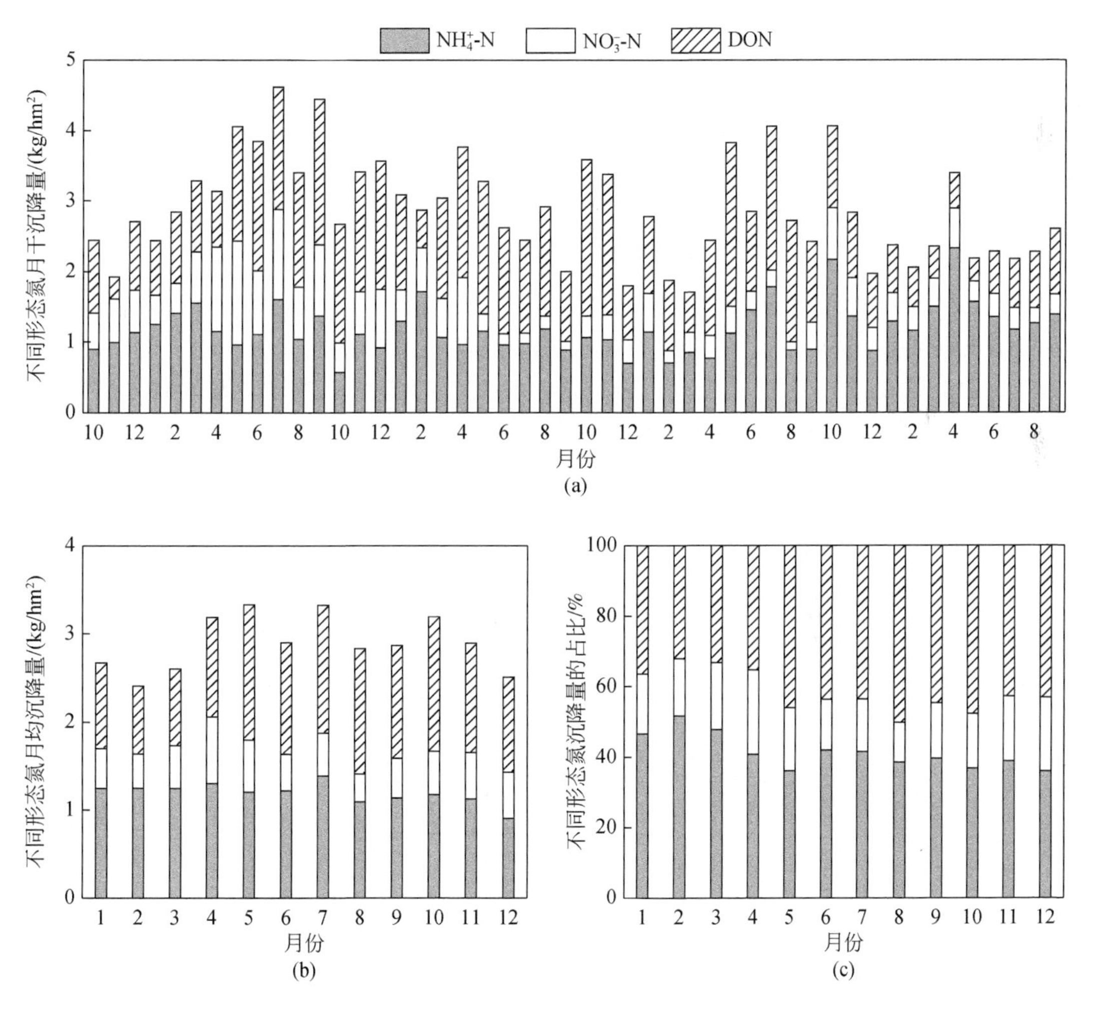

图 3-11　干沉降中不同形态氮沉降量的月份特征

月，最小值为0. 12kg/hm^2，出现在2020年8月，变异系数为61. 70%。逐月溶解性有机氮干沉降量的最大值为2. 32kg/hm^2，出现在2020年5月，最小值为0. 31kg/hm^2，出现在2017年11月，变异系数为44. 32%。由图3-11（b）可知，库区溶解性总氮干沉降量的月均值为2. 89kg/hm^2，变化范围为3. 34kg/hm^2（5月）~2. 41kg/hm^2（2月）。氨氮干沉降量的月均值为1. 19kg/hm^2，变化范围为1. 38（7月）~0. 90kg/hm^2（12月）。硝氮干沉降量的月均值为0. 49kg/hm^2，变化范围为0. 76（4月）~0. 32kg/hm^2（8月）。溶解性有机氮干沉降量的月均值为1. 21kg/hm^2，变化范围为1. 54(5月）~0. 77kg/hm^2(2月)。由图3-11(c)可知，库区氨氮干沉降量在溶解性总氮干沉降量中的占比变化为51. 74%(2月)~36. 04%(12月)，硝氮干沉降量在溶解性总氮干沉降量中的占比变化为23. 79%(4月)~11. 16%(8月)，溶解性有机氮干沉降量在溶解性总氮干沉降量中的占比变化为50. 25%(8月)~32. 11%(2月)。

由图3-12（a）可知，库区逐月溶解性总氮浓度的最大值为2. 99mg/L，出现在2018年5月，最小值为1. 26mg/L，出现在2020年3月，变异系数为22. 73%。逐月氨氮浓度的最大值为1. 37mg/L，出现在2021年4月，最小值为0. 42mg/L，出现在2018年10月，变异系数为27. 36%。逐月硝氮浓度的最大值为1. 09mg/L，出现在2018年5月，最小值为0. 09mg/L，出现在2020年8月，变异系数为60. 71%。逐月溶解性有机氮浓度的最大值为1. 63mg/L，出现在2019年10月，最小值为0. 23mg/L，出现在2017年11月，变异系数为43. 07%。由图3-12（b）可知，库区溶解性总氮浓度的月均值为1. 96mg/L，变化范围为2. 19（5月）~1. 62mg/L（12月）。氨氮浓度的月均值为0. 81kg/hm^2，变化范围为0. 92（2月）~0. 59mg/L（12月）。硝氮浓度的月均值为0. 33mg/L，变化范围为0. 49（4月）~0. 23mg/L（8月）。溶解性有机氮浓度的月均值为0. 82mg/L，变化范围为1. 04（10月）~0. 57mg/L（2月）。由图3-12（c）可知，库区氨氮浓度在溶解性总氮浓度中的占比变化为51. 74%（2月）~35. 66%（10月），硝氮浓度在溶解性总氮浓度中的占比变化为23. 44%（4月）~11. 43%（8月），溶解性有机氮浓度在溶解性总氮浓度中的占比变化为50. 09%（8月）~32. 11%（2月）。

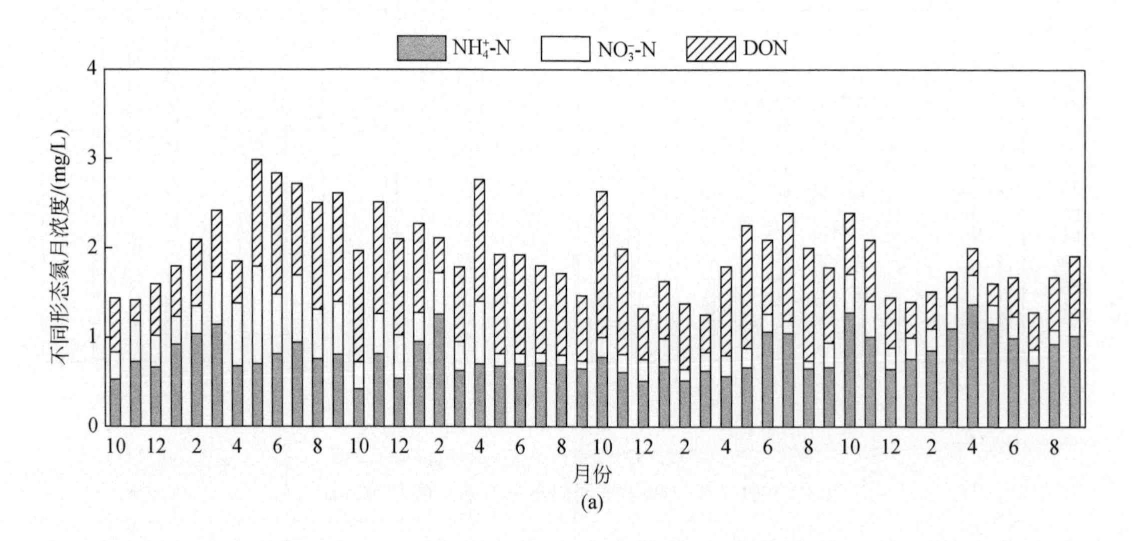

(a)

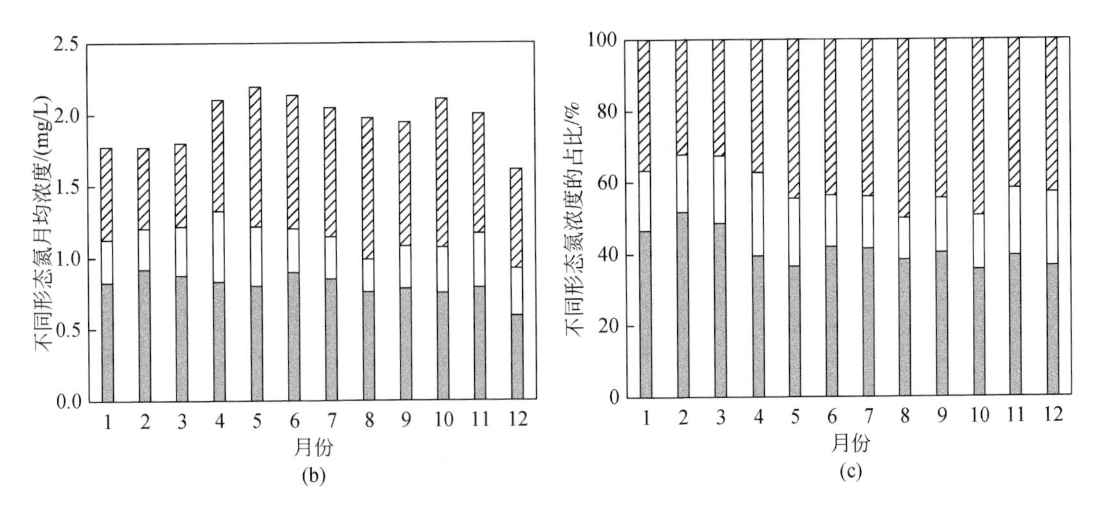

图 3-12 干沉降不同形态氮浓度的月份特征

1）溶解性总氮。丹江口水库淅川库区溶解性总氮月干沉降量在时间上呈现显著降低趋势（P<0.05）。本研究中，2020 年 3 月的溶解性总氮干沉降量（1.71kg/hm²）在所有月份中是最低的。其应与 2020 年初在全国大部分地区暴发的新冠疫情有关，主要表现在以下三方面：第一，新冠疫情暴发后，各地政府纷纷采取了严格的交通限制措施，导致车辆的行驶量锐减。由于机动车辆尾气排放是氮干沉降的主要来源之一，因此交通限制措施在一定程度上减少了氮干沉降量。第二，为了控制疫情，很多地区采取了停工、限产等措施，工业生产减少，导致氮活性物质排放的降低。第三，疫情期间，人们出行的减少，降低了尘土颗粒的扬尘。这一结果从侧面证实了人为活动对氮沉降过程具有强烈的干扰作用。同时，需要指出的是，干沉降过程与湿沉降相比具有明显区别。氮干沉降是指在没有水分参与的情况下，大气中的氮化合物颗粒直接落到地表或水体表面。因此，沉降过程决定了氮干沉降的持续时间会更长，受到交通排放、工业排放等人为因素影响的作用可能会更强。

2）氨氮。丹江口水库淅川库区氨氮月干沉降量的变化特征不同于溶解性总氮，其在时间上无显著变化的趋势（P>0.05），但值得注意的是，氨氮干沉降量在溶解性总氮干沉降量中的占比却呈显著增加趋势（P<0.01）。这一结果表明，氨氮在库区氮干沉降中的地位日益凸显。已有研究表明，氨氮主要受到农业活动的影响（Liu et al., 2011）。通过实地调查发现，淅川库区的经济结构以农业为主，库区周边农业活动比较频繁。因此，未来针对库区氨氮排放的控制措施值得引起更多的重视，如减少畜禽粪便的排放、优化施肥制度和施用高效复合肥等。

3）硝氮。丹江口水库淅川库区硝氮月干沉降量在时间上呈现出显著降低趋势（P<0.01），与总氮月干沉降量的时间变化特征是相似的。这与淅川库区当地政府执行的环境保护政策有关，例如先后关停、改造和搬迁冶金、化工、水泥、电石、造纸、钢铁、电解铝等重污染企业，推行沼气、太阳能等清洁能源，减少散煤和生物质燃烧，限制道路机动车数量等。另外，中国政府为了改善大气空气质量，出台了严格的管控措施，如在 2013

年实行的《大气污染防治行动计划》、在2015年实施《到2020年化肥使用量零增长行动方案》、在2018年实行的《打赢蓝天保卫战三年行动计划》等。本研究中，硝氮干沉降量从2020年1月的0.55kg/hm^{2}降低至2020年2月的0.17kg/hm^2，降幅达到该年度内最大值。此外，库区硝氮干沉降量在溶解性总氮干沉降量中的占比在时间上呈现显著减小趋势（$P<0.01$），表明硝氮对库区氮沉降的贡献日趋降低，这与实地调研的情况是较为符合的。库区周围无大型工业区，所以交通污染源是硝氮的主要来源，其对库区氮沉降的贡献相比于农业污染源较小。

4）溶解性有机氮。丹江口水库淅川库区溶解性有机氮月干沉降量在时间上呈现显著的降低趋势（$P<0.05$），但是其在溶解性总氮干沉降量中的占比未表现出随时间显著降低的趋势（$P>0.05$）。已有研究表明，大气有机氮的来源比较复杂，既有生物质的燃烧、工业活动、农业和畜牧业生产、废弃物处理、填土挥发、土壤灰尘（土壤腐殖质）等来源，又有动物和自然植被直接向大气中释放的有机氮，同时大气层中性质活跃的氮氧化物与碳氢化合物发生光化学反应也可以生成有机氮（郑利霞等，2007）。同时，有机氮的组成也十分复杂。例如，大气中的溶解性有机氮由多种化合物组成，存在着近400种有机氮，例如多肽和溶解的游离氨基酸、尿素、胺、脂肪族含氧氮化合物及一些芳香（环）化合物（Cornell，2011）。此外，也有研究表明，大气有机氮沉降不局限于当地的氮排放特征，远距离迁移的有机氮污染物可能会对库区溶解性有机氮沉降产生重要影响（郭晓明等，2021）。因此，有机氮时空变异性的成因值得在未来的研究中继续深入探索。

3.3.1.2 空间特征

（1）氨氮

丹江口水库淅川库区不同采样点氨氮干沉降量和浓度的统计特征如图3-13所示，不同采样点氨氮月干沉降量和月浓度的变化范围如表3-4所示。库区6个采样点的氨氮干沉降量的年均值从大到小依次为：WLQ（15.76kg/hm^2）、TM（15.70kg/hm^2）、DZK（14.74kg/hm^2）、TC（14.35kg/hm^2）、SG（13.66kg/hm^2）和HJZ（11.45kg/hm^2）。氨氮月干沉降量在TC的变化范围为0.49（2017年10月）~2.33kg/hm^2（2018年3月），变异系数为34.10%；在SG的变化范围为0.22（2018年12月）~3.15kg/hm^2（2018年11月），变异系数为52.13%；在TM的变化范围为0.44（2019年1月）~4.88kg/hm^2（2020年10月），变异系数为58.75%；在HJZ的变化范围为0.06（2021年8月）~2.49kg/hm^2（2019年11月），变异系数为57.03%；在DZK变化范围为0.29（2018年5月）~4.91kg/hm^2（2021年4月），变异系数为67.01%；在WLQ的变化范围为0.44（2019年9月）~3.59kg/hm^2（2018年7月），变异系数为50.72%。

库区6个采样点干沉降中氨氮浓度的年均值从大到小依次为：TM（0.89mg/L）、WLQ（0.88mg/L）、DZK（0.83mg/L）、TC（0.81mg/L）、SG（0.78mg/L）和HJZ（0.64mg/L）。氨氮月浓度在TC的变化范围为0.29（2017年10月）~1.71mg/L（2018年3月），变异系数为34.21%；在SG的变化范围为0.13（2018年12月）~2.32mg/L（2018年11月），变异系数为53.98%；在TM的变化范围为0.27（2018年12月）~2.87mg/L（2020年10月），变异系数为55.08%；在HJZ的变化范围为0.04（2021年8月）~1.52mg/L（2021

年 5 月)，变异系数为 55.89%；在 DZK 变化范围为 0.22（2018 年 5 月）~ 2.89mg/L（2021 年 4 月)，变异系数为 66.15%；在 WLQ 的变化范围为 0.32（2019 年 9 月）~ 2.11mg/L（2018 年 7 月)，变异系数为 46.46%。

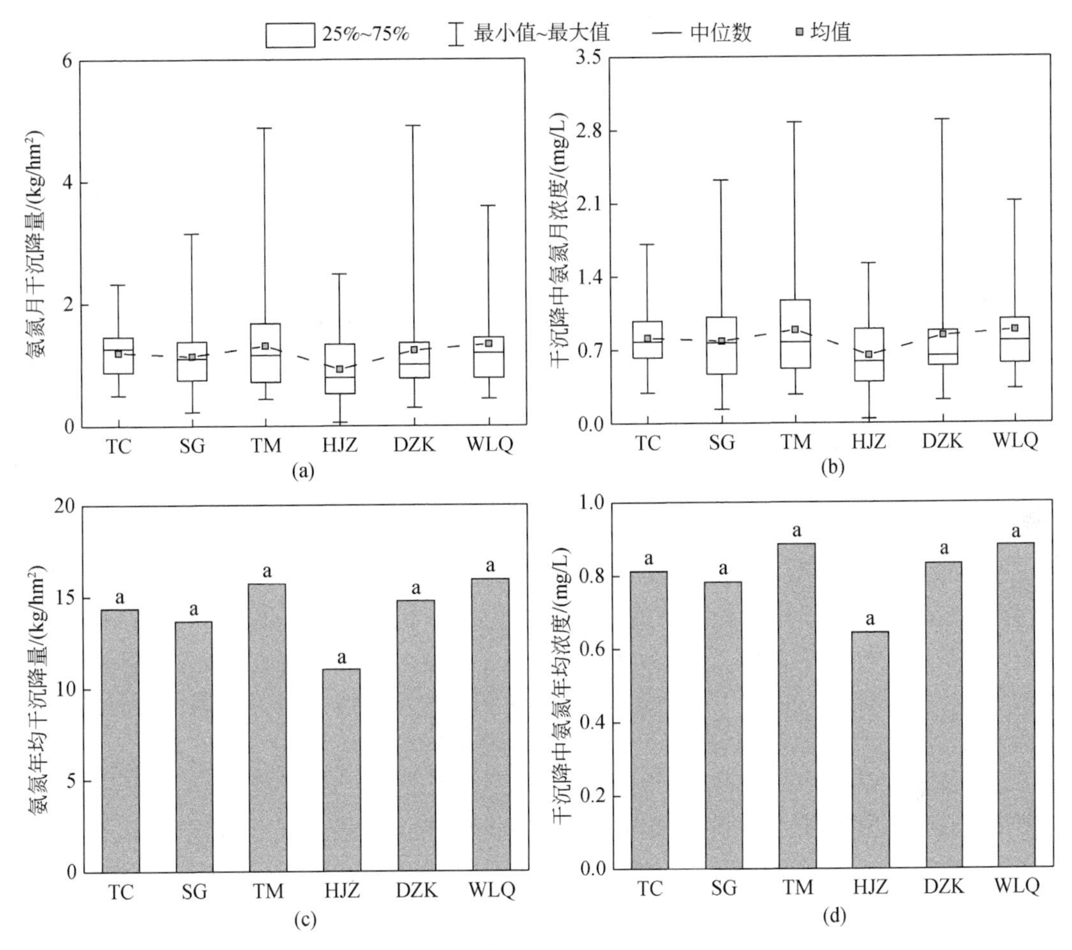

图 3-13 不同采样点干沉降中氨氮浓度和沉降量的统计特征

注：不同字母代表同一指标在不同采样点差异显著（$P<0.05$）。下同

表 3-4 不同采样点氨氮月干沉降量和月浓度

类别	采样点	TC	SG	TM	HJZ	DZK	WLQ
沉降量	最小值 /（kg/hm^2）	0.49	0.22	0.44	0.06	0.29	0.44
	月份	2017 年 10 月	2018 年 12 月	2019 年 1 月	2021 年 8 月	2018 年 5 月	2019 年 9 月
	最大值 /（kg/hm^2）	2.33	3.15	4.88	2.49	4.91	3.59
	月份	2018 年 3 月	2018 年 11 月	2020 年 10 月	2019 年 11 月	2021 年 4 月	2018 年 7 月
	变异系数/%	34.10	52.13	58.75	57.03	67.01	50.72

续表

类别	采样点	TC	SG	TM	HJZ	DZK	WLQ
浓度	最小值/（mg/L）	0.29	0.13	0.27	0.04	0.22	0.32
	月份	2017年10月	2018年12月	2018年12月	2021年8月	2018年5月	2019年9月
	最大值/（mg/L）	1.71	2.32	2.87	1.52	2.89	2.11
	月份	2018年3月	2018年11月	2020年10月	2021年5月	2021年4月	2018年7月
	变异系数/%	34.21	53.98	55.08	55.89	66.15	46.46

本研究中，氨氮的年均浓度和年均沉降量在6个采样点之间均无显著差异性，可能与淅川库区周边的土地利用类型有关。库区位于河南省西南部南阳市淅川县境内。南阳市是河南省面积最大、人口最多的农业大市，素有“中州粮仓”之称，是全国粮、棉、油、烟的集中产地。已有研究表明，南阳市大气环境中的氨气浓度在河南省18个地市中是最高的（Bai et al.，2020）。同时，库区周围的土地利用类型面积统计结果表明耕地面积占比达到了45.0%（刘成，2016）。虽然在空间上无显著差异性，但是氨氮沉降量和沉降浓度仍存在一定的区域差异性。库区西南部WLQ和北部TM的氨氮年均干沉降量和年均浓度相对较高，这是因为TM和WLQ位于农业区，周围农业种植活动比较频繁，同时TM采样点附近还存在一些畜禽养殖场，畜禽粪便挥发的氨气也会对该采样点的氨氮浓度和干沉降量造成影响。HJZ的氨氮年均干沉降量和年均浓度相对较低，这是因为HJZ位于国家4A级旅游景区，附近环境优美，景色宜人，农业活动相对较少。

（2）硝氮

丹江口水库淅川库区不同采样点硝氮干沉降量和浓度的统计特征如图3-14所示，不同采样点硝氮月干沉降量和月浓度的变化范围如表3-5所示。库区6个采样点的硝氮干沉降量年均值从大到小依次为：SG（12.55kg/hm^2）、HJZ（5.18kg/hm^2）、DZK（4.85kg/hm^2）、TC（4.54kg/hm^2）、TM（4.40kg/hm^2）和WLQ（3.97kg/hm^2）。硝氮月干沉降量在TC的

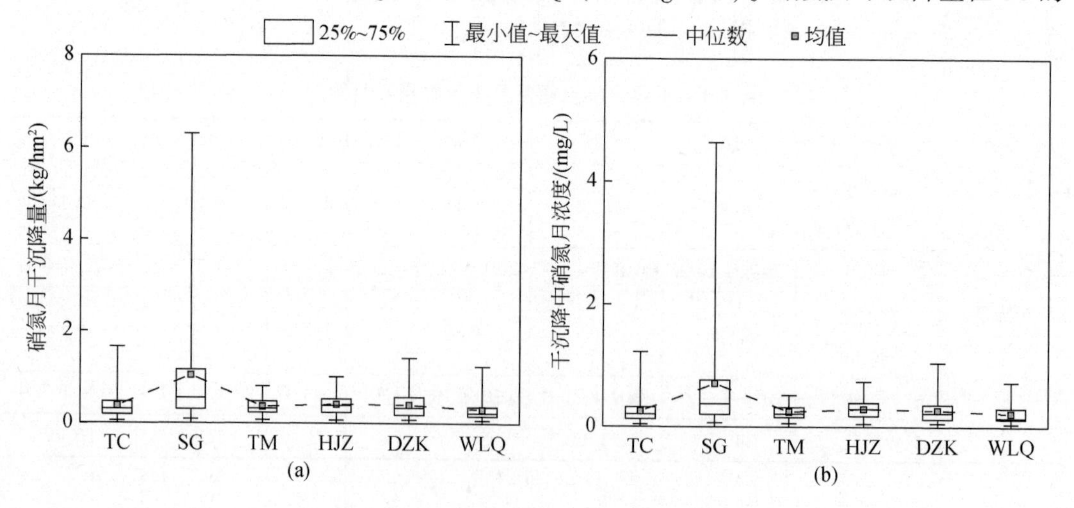

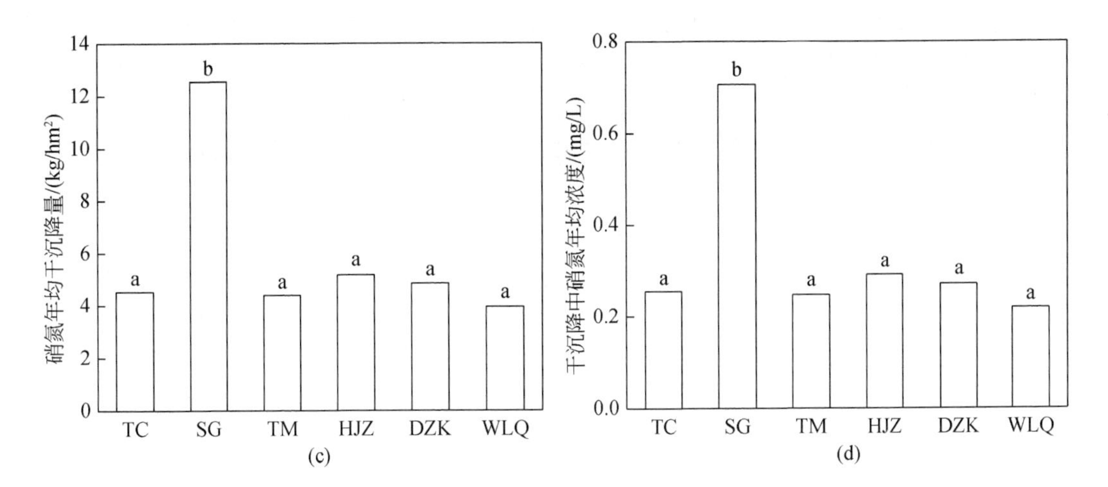

图 3-14　不同采样点干沉降中硝氮浓度和沉降量的统计特征

表 3-5　不同采样点硝氮月干沉降量和月浓度

类别	采样点	TC	SG	TM	HJZ	DZK	WLQ
沉降量	最小值 /（kg/hm^2）	0.06	0.09	0.08	0.07	0.08	0.07
	月份	2019 年 6 月	2020 年 8 月	2020 年 8 月	2019 年 6 月	2020 年 8 月	2019 年 6 月
	最大值 /（kg/hm^2）	1.66	6.31	0.81	1.01	1.42	1.24
	月份	2019 年 4 月	2018 年 5 月	2018 年 9 月	2019 年 4 月	2019 年 2 月	2018 年 12 月
	变异系数/%	78.20	117.39	47.42	50.77	69.55	70.52
浓度	最小值 /（mg/L）	0.04	0.07	0.06	0.05	0.06	0.05
	月份	2019 年 6 月	2020 年 8 月	2020 年 8 月	2019 年 6 月	2020 年 8 月	2019 年 6 月
	最大值 /（mg/L）	1.22	4.64	0.52	0.74	1.05	0.73
	月份	2019 年 4 月	2018 年 5 月	2019 年 4 月	2019 年 4 月	2019 年 2 月	2018 年 12 月
	变异系数/%	78.77	119.28	46.23	50.18	69.59	65.80

变化范围为 0.06（2019 年 6 月）~1.66kg/hm^2（2019 年 4 月），变异系数为 78.20%；在 SG 的变化范围为 0.09（2020 年 8 月）~6.31kg/hm^2（2018 年 5 月），变异系数为 117.39%；在 TM 的变化范围为 0.08（2020 年 8 月）~0.81kg/hm^2（2018 年 9 月），变异系数为 47.42%；在 HJZ 的变化范围为 0.07（2019 年 6 月）~1.01kg/hm^2（2019 年 4 月），变异系数为 50.77%；在 DZK 的变化范围为 0.08（2020 年 8 月）~1.42kg/hm^2（2019 年 2 月），变异系数为 69.55%；在 WLQ 的变化范围为 0.07（2019 年 6 月）~1.24kg/hm^2（2018 年 12 月），变异系数为 70.52%。

库区6个采样点干沉降中硝氮浓度的年均值从大到小依次为：SG（0.71mg/L）、HJZ（0.29mg/L）、DZK（0.27mg/L）、TC（0.26mg/L）、TM（0.25mg/L）和WLQ（0.22mg/L）。硝氮月浓度在TC的变化范围为0.04（2019年6月）~1.22mg/L（2019年4月），变异系数为78.77%；在SG的变化范围为0.07（2020年8月）~4.64mg/L（2018年5月），变异系数为119.28%；在TM的变化范围为0.06（2020年8月）~0.52mg/L（2019年4月），变异系数为46.23%；在HJZ的变化范围为0.05（2019年6月）~0.74mg/L（2019年4月），变异系数为50.18%；在DZK的变化范围为0.06（2020年8月）~1.05mg/L（2019年2月），变异系数为69.59%；在WLQ的变化范围为0.05（2019年6月）~0.73mg/L（2018年12月），变异系数为65.80%。

值得注意的是，SG的硝氮年均干沉降量为12.55kg/hm^2，而其他采样点硝氮年均干沉降量变化范围为3.97~5.18kg/hm^2；SG的硝氮年均浓度为0.71mg/L，而其他采样点硝氮年均浓度变化范围为0.22~0.29mg/L。与其他采样点相比，SG的硝氮年均干沉降量与年均浓度均显著较高。这应与交通污染源排放的氮氧化物相对较高有关，主要表现在以下三点：第一，SG位于6个采样点中唯一的宋岗码头，码头附近停靠有较多的船只，以供捕捞渔获和观光旅游。第二，SG地处淅川县香花镇，通过前期实地走访调查得出2017年香花镇常住人口为32 663人，人口相对稠密，人为活动相对剧烈，平时车流量相对较大。第三，SG附近还有一条县级公路文清线（X035）经过，附近居民可通过该公路到码头乘坐轮渡或者观光游玩。

（3）溶解性有机氮

丹江口水库淅川库区不同采样点溶解性有机氮干沉降量和浓度的统计特征如图3-15所示，不同采样点溶解性有机氮月干沉降量和月浓度的变化范围如表3-6所示。库区6个采样点的溶解性有机氮干沉降量的年均值从大到小依次为：DZK（26.44kg/hm^2）、WLQ（16.20kg/hm^2）、TC（13.70kg/hm^2）、SG（12.34kg/hm^2）、TM（9.40kg/hm^2）和HJZ（9.11kg/hm^2）。溶解性有机氮月干沉降量在TC的变化范围为0.09（2020年2月）~3.24kg/hm^2（2018年5月），变异系数为67.76%；在SG的变化范围为0.14（2021年6月）~5.70kg/hm^2（2019年10月），变异系数为97.32%；在TM的变化范围为0.14

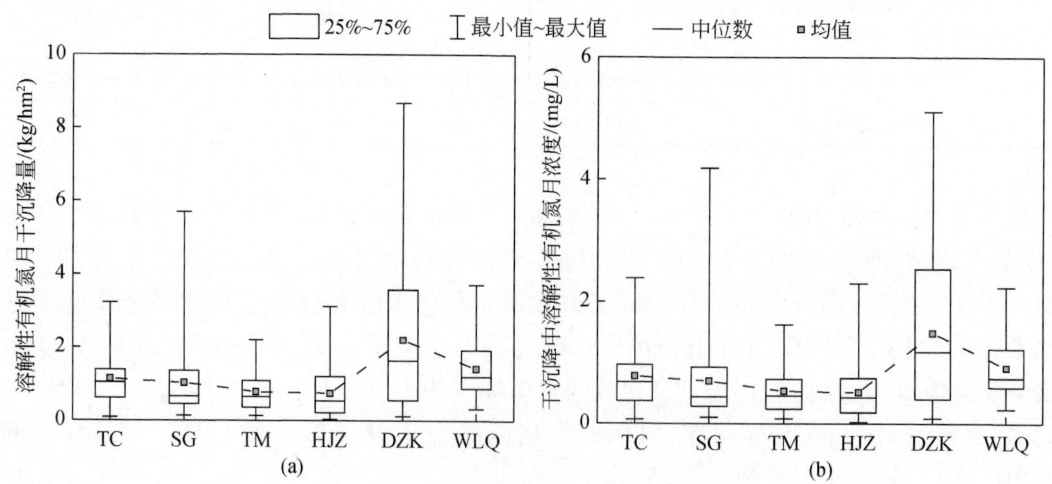

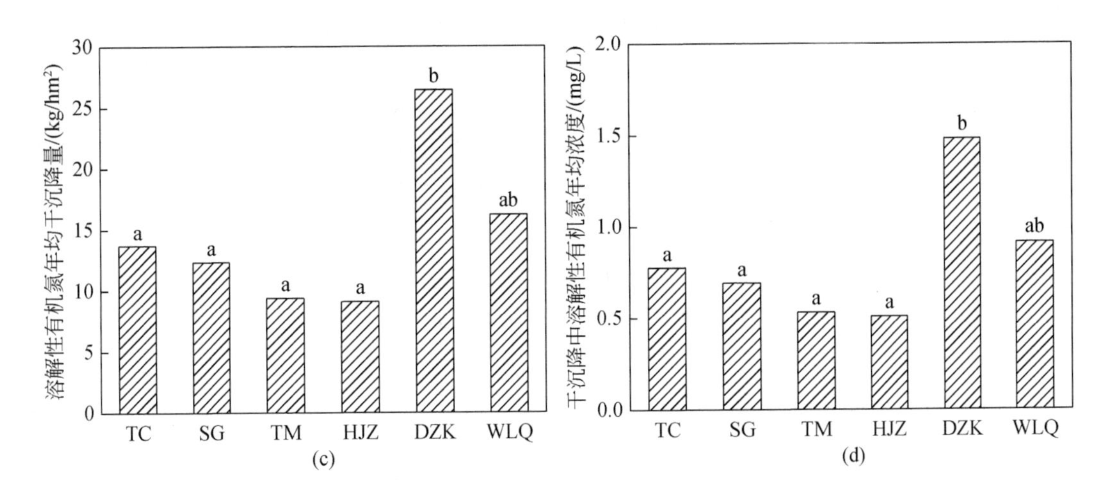

图 3-15 不同采样点干沉降中溶解性有机氮浓度和沉降量的统计特征

表 3-6 不同采样点溶解性有机氮月干沉降量和月浓度

类别	采样点	TC	SG	TM	HJZ	DZK	WLQ
沉降量	最小值/（kg/hm²）	0.09	0.14	0.14	0.03	0.12	0.31
	月份	2020 年 2 月	2021 年 6 月	2021 年 8 月	2021 年 8 月	2018 年 3 月	2017 年 11 月
	最大值/（kg/hm²）	3.24	5.70	2.20	3.12	8.68	3.71
	月份	2018 年 5 月	2019 年 10 月	2019 年 1 月	2018 年 8 月	2020 年 7 月	2018 年 7 月
	变异系数/%	67.76	97.32	68.32	80.65	83.05	53.38
浓度	最小值/（mg/L）	0.07	0.10	0.08	0.02	0.09	0.23
	月份	2020 年 2 月	2021 年 6 月	2021 年 7 月	2021 年 8 月	2018 年 3 月	2017 年 11 月
	最大值/（mg/L）	2.38	4.19	1.62	2.30	5.11	2.23
	月份	2018 年 5 月	2019 年 10 月	2019 年 1 月	2018 年 8 月	2020 年 7 月	2021 年 9 月
	变异系数/%	70.48	99.71	70.16	81.62	80.22	53.81

（2021 年 8 月）~2.20kg/hm²（2019 年 1 月），变异系数为 68.32%；在 HJZ 的变化范围为 0.03（2021 年 8 月）~3.12kg/hm²（2018 年 8 月），变异系数为 80.65%；在 DZK 的变化范围为 0.12（2018 年 3 月）~8.68kg/hm²（2020 年 7 月），变异系数为 83.05%；在 WLQ 的变化范围为 0.31（2017 年 11 月）~3.71kg/hm²（2018 年 7 月），变异系数为 53.38%。

库区 6 个采样点干沉降中溶解性有机氮浓度的年均值从大到小依次为：DZK（1.48mg/L）、WLQ（0.91mg/L）、TC（0.78mg/L）、SG（0.69mg/L）、TM（0.53mg/L）和 HJZ（0.51mg/L）。溶解性有机氮月浓度在 TC 的变化范围为 0.07（2020 年 2 月）~

2.38mg/L（2018 年 5 月），变异系数为 70.48%；在 SG 的变化范围为 0.10（2021 年 6 月）~4.19mg/L（2019 年 10 月），变异系数为 99.71%；在 TM 的变化范围为 0.08（2021 年 7 月）~1.62mg/L（2019 年 1 月），变异系数为 70.16%；在 HJZ 的变化范围为 0.02（2021 年 8 月）~2.30mg/L（2018 年 8 月），变异系数为 81.62%；在 DZK 的变化范围为 0.09（2018 年 3 月）~5.11mg/L（2020 年 7 月），变异系数为 80.22%；在 WLQ 的变化范围为 0.23（2017 年 11 月）~2.23mg/L（2021 年 9 月），变异系数为 53.81%。

DZK 的溶解性有机氮年均干沉降量和年均浓度分别为 26.44kg/hm^2 和 1.48mg/L，高于其他采样点，并且与 TC、SG、TM 和 HJZ 4 个采样点之间均存在显著差异性，这应与采样点周边的土地利用类型有关。DZK 位于河南省南阳市淅川县仓房镇，其经济主导产业是柑橘种植，是著名的中原柑橘之乡，有“北橘之乡，诗画仓房”之称，柑橘种植面积过万亩。通过实地调查发现，柑橘种植过程中使用了大量的复合肥和猪粪等肥料。Cui 等（2014）在中国东南部典型的红壤农田生态系统中研究发现猪粪是大气沉降中有机氮的主要来源。此外，柑橘在生长过程中也会释放出大量花粉。作物花粉也已被证实是大气沉降中有机氮的重要来源（Jiang et al., 2013）。因此，农业活动施用的肥料和柑橘生长过程中释放的花粉是该采样点溶解性有机氮干沉降量和浓度较高的重要原因。此外，HJZ 采样点的溶解性有机氮年均干沉降量和年均浓度是 6 个采样点中最小的，这可能与 HJZ 位于景区，周围缺乏有机氮的排放源有关。

（4）溶解性总氮

丹江口水库淅川库区不同采样点溶解性总氮干沉降量和浓度的统计特征如图 3-16 所示，不同采样点溶解性总氮月干沉降量和月浓度的变化范围如表 3-7 所示。库区 6 个采样点的溶解性总氮干沉降量的年均值从大到小依次为：DZK（46.03kg/hm^2）、SG（38.54kg/hm^2）、WLQ（35.93kg/hm^2）、TC（32.60kg/hm^2）、TM（29.50kg/hm^2）和 HJZ（25.74kg/hm^2）。溶解性总氮月干沉降量在 TC 的变化范围为 0.94（2020 年 2 月）~6.06kg/hm^2（2018 年 3 月），变异系数为 36.63%；在 SG 的变化范围为 0.87（2020 年 8 月）~8.12kg/hm^2（2018 年 5 月），变异系数为 49.85%；在 TM 的变化范围为 1.06（2019 年 6 月）~5.81kg/hm^2（2020 年 10 月），变异系数为 33.80%；在 HJZ 的变化范围为 0.32（2021 年 8 月）~4.47kg/hm^2（2018 年 8 月），变异系数为 48.31%；在 DZK 的变化范围为 1.00（2020 年 3 月）~9.91kg/hm^2（2020 年 7 月），变异系数为 49.42%；在 WLQ 的变化范围为 1.07（2019 年 9 月）~7.72kg/hm^2（2018 年 7 月），变异系数为 39.68%。

库区 6 个采样点干沉降中溶解性总氮浓度的年均值从大到小依次为：DZK（2.59mg/L）、SG（2.18mg/L）、WLQ（2.02mg/L）、TC（1.85mg/L）、TM（1.67mg/L）和 HJZ（1.45mg/L）。溶解性总氮月浓度在 TC 的变化范围为 0.69（2020 年 2 月）~4.46mg/L（2018 年 3 月），变异系数为 38.11%；在 SG 的变化范围为 0.64（2020 年 8 月）~5.97mg/L（2018 年 5 月），变异系数为 51.24%；在 TM 的变化范围为 0.73（2018 年 7 月）~3.42mg/L（2020 年 10 月），变异系数为 31.93%；在 HJZ 的变化范围为 0.24（2021 年 8 月）~3.29mg/L（2018 年 8 月），变异系数为 46.98%；在 DZK 的变化范围为 0.73（2020 年 3 月）~5.83mg/L（2020 年 7 月），变异系数为 46.99%；在 WLQ 的变化范围为 0.79（2019 年 9 月）~4.55mg/L（2018 年 7 月），变异系数为 36.49%。

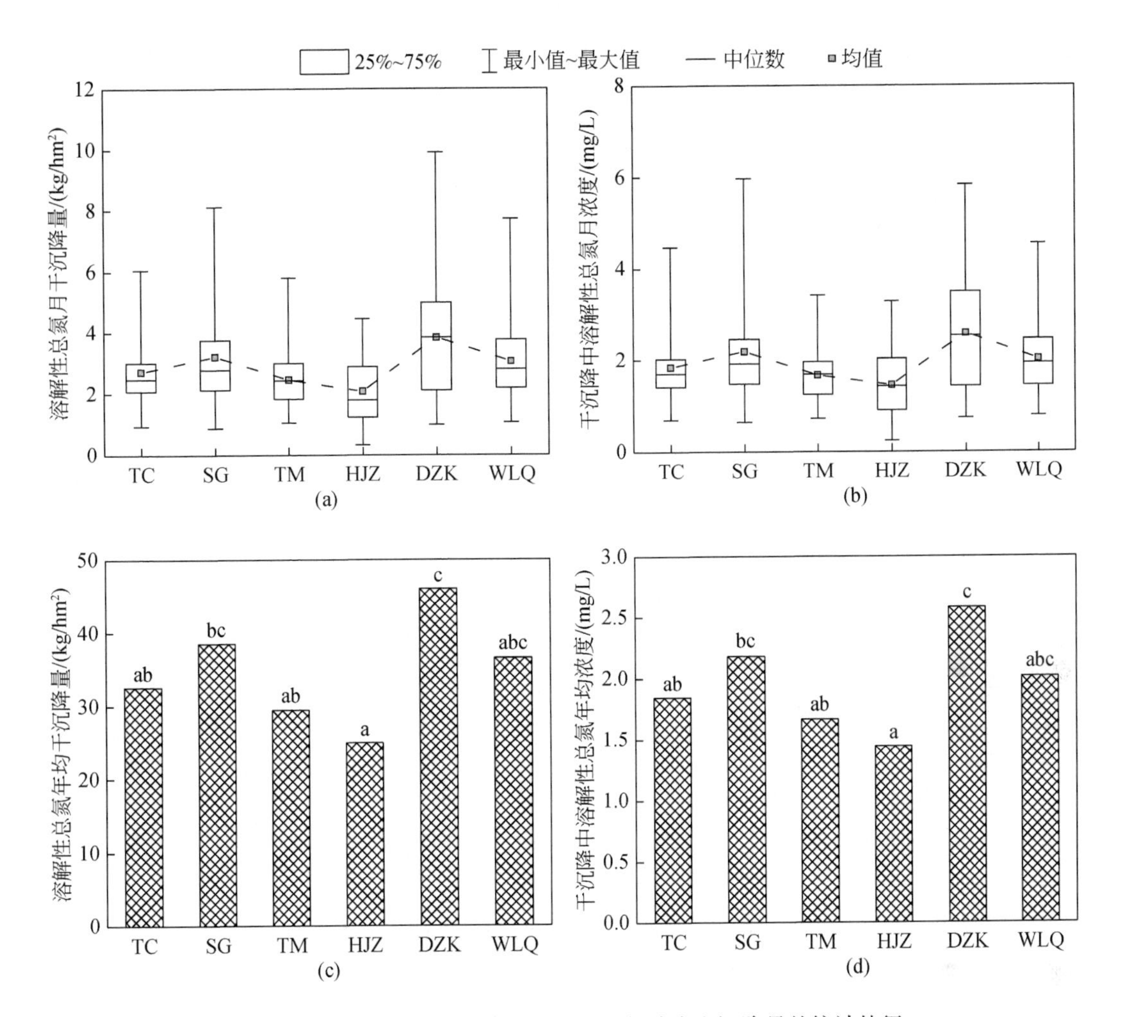

图 3-16 不同采样点干沉降中溶解性总氮浓度和沉降量的统计特征

表 3-7 不同采样点溶解性总氮月干沉降量和月浓度

类别	采样点	TC	SG	TM	HJZ	DZK	WLQ
沉降量	最小值/（kg/hm²）	0.94	0.87	1.06	0.32	1.00	1.07
	月份	2020 年 2 月	2020 年 8 月	2019 年 6 月	2021 年 8 月	2020 年 3 月	2019 年 9 月
	最大值/（kg/hm²）	6.06	8.12	5.81	4.47	9.91	7.72
	月份	2018 年 3 月	2018 年 5 月	2020 年 10 月	2018 年 8 月	2020 年 7 月	2018 年 7 月
	变异系数/%	36.63	49.85	33.80	48.31	49.42	39.68

续表

类别	采样点	TC	SG	TM	HJZ	DZK	WLQ
浓度	最小值/（mg/L）	0.69	0.64	0.73	0.24	0.73	0.79
	月份	2020年2月	2020年8月	2018年7月	2021年8月	2020年3月	2019年9月
	最大值/（mg/L）	4.46	5.97	3.42	3.29	5.83	4.55
	月份	2018年3月	2018年5月	2020年10月	2018年8月	2020年7月	2018年7月
	变异系数/%	38.11	51.24	31.93	46.98	46.99	36.49

溶解性总氮在空间分布上呈现出差异性，其中SG和DZK采样点的溶解性总氮年均干沉降量和年均浓度均高于其他采样点，这与硝氮和溶解性有机氮的年均干沉降量空间分布特征是相似的。HJZ采样点的溶解性总氮年均干沉降量和年均浓度则低于其他采样点，这与HJZ位于4A级旅游景区的地理位置和周边土地利用类型有关。值得注意的是，丹江口水库淅川库区6个采样点的溶解性总氮年均干沉降量的范围为25.74 ~ 46.03kg/hm^2，而叶雪梅等（2002）通过质量平衡法估算出中国湖泊氮沉降产生的营养盐临界负荷为10kg/(hm^2 · a)。因此，库区总氮干沉降量是相对较高的，其引起的富营养化潜在风险不容忽视。

3.3.2 湿沉降

氮湿沉降是指大气中的含氮化合物在与水蒸气结合后形成酸雨或颗粒物，通过降雨、降雪或雾露等形式沉降到陆地或水体表面。氮湿沉降通常具有较大的空间异质性，这是因为湿沉降只在有降水时发生，会受到降水量的显著影响，而降水量在空间区域上存在着显著差异。湿沉降是研究较多的氮沉降类型，这主要是因为湿沉降的收集过程相对于干沉降而言比较简单且成本较少。目前，国内外学者围绕氮湿沉降已经在森林、农田、草原和城市等生态系统开展了一系列研究（Zhu et al., 2015；Wen et al., 2022）。然而，有关超大型水库的氮湿沉降研究报道较少。因此，本研究在丹江口水库淅川库区周围设置6个采样点，监测2017年10月~2021年9月为期四年的氮湿沉降，阐明库区氮湿沉降的时空变化特征。

3.3.2.1 时间特征

（1）年度特征

丹江口水库淅川库区大气氮湿沉降量的年度特征如图3-17所示。由图3-17可见，库区溶解性总氮年均湿沉降量为22.27kg/hm^2，其中氨氮年均湿沉降量为11.14kg/hm^2，占比为50.02%；硝氮年均湿沉降量为3.89kg/hm^2，占比为17.47%；溶解性有机氮年均湿沉降量为7.24kg/hm^2，占比为32.51%。氨氮年均湿沉降量在溶解性总氮年均湿沉降量中的占比超过了50%，高于硝氮和溶解性有机氮，表明库区氮湿沉降的组分以氨氮为主。

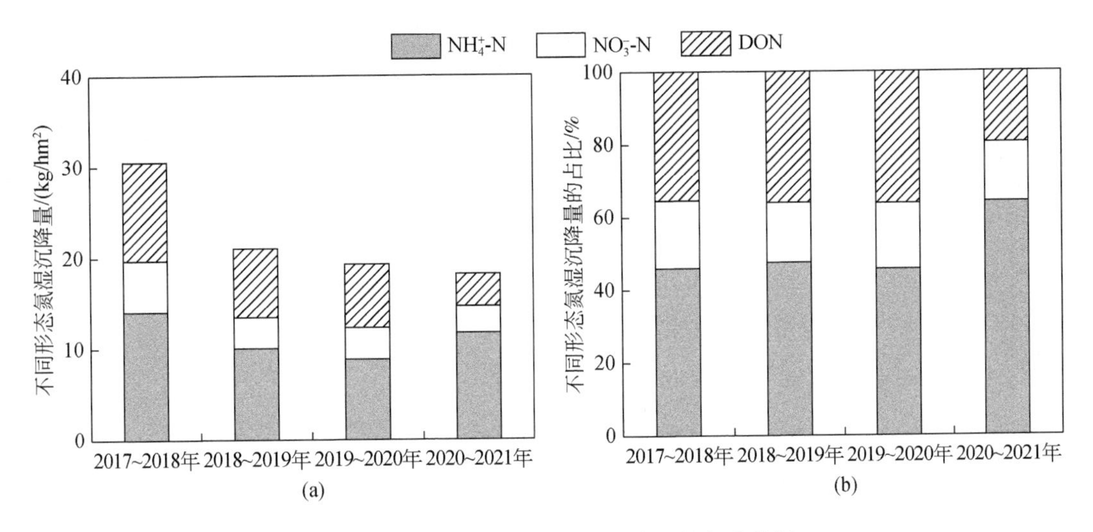

图 3-17　湿沉降中不同形态氮沉降量的年度特征

溶解性总氮年湿沉降量的变化范围为 30.55（2017 年 10 月～2018 年 9 月）～18.20kg/hm²（2020 年 10 月～2021 年 9 月）。监测期间，溶解性总氮湿沉降量呈现逐年减少的趋势，第四年溶解性总氮湿沉降量与第一年相比减少了 40.43%。氨氮年湿沉降量的变化范围为 14.04（2017 年 10 月～2018 年 9 月）～8.82kg/hm²（2019 年 10 月～2020 年 9 月）。监测期间，氨氮年湿沉降量呈现先降低后升高的特征，第四年氨氮湿沉降量与第三年相比增加了 32.45%，但是与第一年相比减少了 16.75%。硝氮年湿沉降量的变化范围为 5.68（2017 年 10 月～2018 年 9 月）～2.97kg/hm²（2020 年 10 月～2021 年 9 月）。监测期间，硝氮年湿沉降量的变化特征与溶解性总氮相似，也呈现逐年减少的趋势，第四年硝氮湿沉降量与第一年相比减少了 47.71%。溶解性有机氮年湿沉降量的变化范围为 10.84（2017 年 10 月～2018 年 9 月）～3.54kg/hm²（2020 年 10 月～2021 年 9 月）。监测期间，溶解性有机氮年湿沉降量的变化特征也呈现逐年减少的趋势，第四年溶解性有机氮湿沉降量与第一年相比减少了 67.34%，是湿沉降中氮沉降量降幅最大的组分。监测期间，氨氮年湿沉降量在溶解性总氮年湿沉降量中的占比从 45.95% 增加至 64.20%，硝氮年湿沉降量在溶解性总氮年湿沉降量中的占比从 18.58% 减少至 16.33%，溶解性有机氮年湿沉降量在溶解性总氮年湿沉降量中的占比从 35.47% 减少至 19.47%。

丹江口水库淅川库区湿沉降中不同形态氮浓度的年度特征如图 3-18 所示。由图 3-18 可见，库区溶解性总氮年均浓度为 4.05mg/L，其中氨氮年均浓度为 2.05mg/L，占比为 50.62%；硝氮年均浓度为 0.79mg/L，占比为 19.51%；溶解性有机氮年均浓度为 1.21mg/L，占比为 29.87%。不同形态氮浓度的占比与不同形态氮湿沉降量占比的结果相似，氨氮年均浓度在溶解性总氮年均浓度中的占比高于硝氮和溶解性有机氮。

溶解性总氮年浓度的变化范围为 5.13（2018 年 10 月～2019 年 9 月）～3.15mg/L（2020 年 10 月～2021 年 9 月），呈现先升高后降低的变化特征，第四年湿沉降中溶解性总氮浓度较第一年减少了 26.23%。氨氮年浓度的变化范围为 2.30（2017 年 10 月～2018 年 9 月）～1.69mg/L（2019 年 10 月～2020 年 9 月），呈现先降低后升高的变化特征，第四年

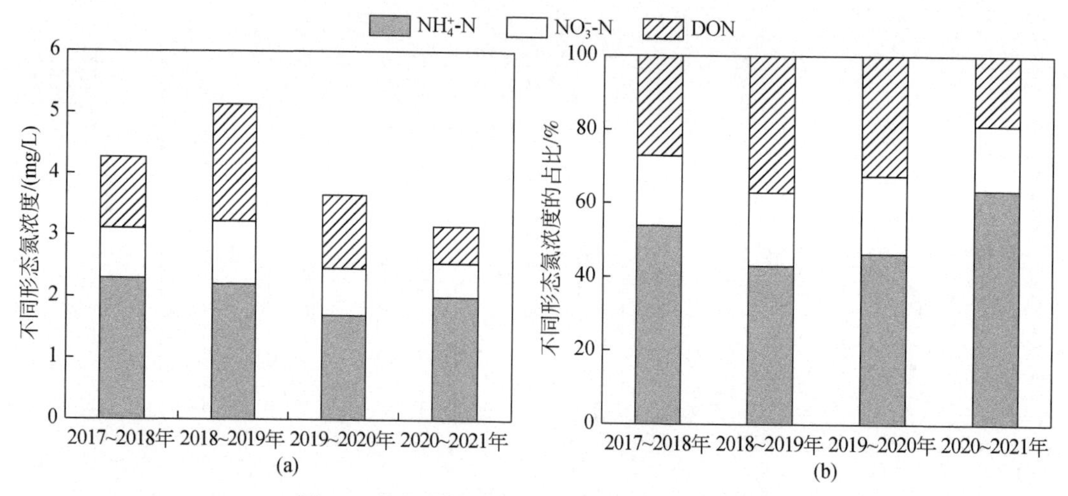

图 3-18 湿沉降中不同形态氮浓度的年度特征

湿沉降中氨氮浓度较第一年降低了 12.94%。硝氮年浓度的变化范围为 1.02（2018 年 10 月 ~2019 年 9 月）~0.56mg/L（2020 年 10 月 ~2021 年 9 月），呈现先升高后降低的变化特征，第四年湿沉降中硝氮浓度较第一年减少了 31.57%。溶解性有机氮年浓度的变化范围为 1.91（2018 年 10 月 ~2019 年 9 月）~0.60mg/L（2020 年 10 月 ~2021 年 9 月），呈现先升高后降低的变化特征，第四年湿沉降中溶解性有机氮浓度较第一年减少了 48.68%。监测期间，氨氮年浓度在溶解性总氮年浓度中的占比从 53.74% 增加至 63.40%，硝氮年浓度在溶解性总氮年浓度中的占比从 19.07% 减少至 17.68%，溶解性有机氮年浓度在溶解性总氮年浓度中的占比从 27.19% 减少至 18.91%。

1）溶解性总氮。2017 年 10 月 ~2021 年 9 月，丹江口水库淅川库区溶解性总氮年湿沉降量分别为 30.55kg/hm^2、21.03kg/hm^2、19.29kg/hm^2 和 18.20kg/hm^2，溶解性总氮湿沉降量表现出逐年下降的趋势（$P<0.05$）。其中，氨氮、硝氮和溶解性有机氮湿沉降量分别降低了 16.75%、47.71% 和 67.34%。虽然库区溶解性总氮湿沉降量呈降低趋势，但是年均溶解性总氮湿沉降量（22.27kg/hm^2）是欧洲（4.71kg/hm^2）（Cape et al.，2012）的 4 倍多，监测期的最后一年溶解性总氮湿沉降量（18.20kg/hm^2）也达到了欧洲溶解性总氮湿沉降量的 4 倍水平。因此，库区氮湿沉降量仍处于相对较高的水平，其未来下降的潜力巨大。

目前中国已经是全球的氮沉降热点地区之一，其湿沉降量已被多次报道，但是由于研究方法和研究周期的不同，结果存在着一定的差异。Xu 等（2015）报道 2010 ~2014 年中国氮湿沉降量的平均值为 19.15kg/(hm^2·a)，Wen 等（2020）报道 2011 ~2018 年中国氮湿沉降量的平均值为 19.40kg/(hm^2·a)，而 Zhu 等（2015）报道 2013 年中国氮湿沉降量的平均值为 13.69kg/(hm^2·a)，Xi 等（2023）报道 2013 ~2021 年中国氮湿沉降量的平均值为 13.05kg/(hm^2·a)。将本研究结果与上述结果对比可以发现，丹江口水库淅川库区氮湿沉降量与中国氮湿沉降量的平均水平是较为接近的。

国内不同水体大气氮湿沉降量对比结果如表 3-8 所示。

表 3-8　国内不同地表水体大气氮湿沉降量对比结果

[单位：kg/(hm² · a)]

水体名称	研究时间	湿沉降量				文献来源
		DTN	NH_4^+-N	NO_3^--N	DON	
千岛湖（街口）	2020 年 11 月 ~ 2021 年 10 月	16.28	6.18			朱梦圆等，2022
千岛湖（淳安县）	2020 年 11 月 ~ 2021 年 10 月	15.76	4.52			朱梦圆等，2022
密云水库（土门西沟小流域）	2019 年 9 月 ~ 2020 年 8 月	20.10				陈海涛等，2022
密云水库（石匣小流域）	2014 年 5 月 ~ 2015 年 1 月	17.19	8.44	1.40	7.35	王焕晓等，2018
大河口水库	2017 年 1 月 ~ 2017 年 12 月	7.96				卢俊平等，2021
大河口水库	2014 年 1 月 ~ 2014 年 12 月	7.46				卢俊平等，2015
岗南水库	2015 年 7 月 ~ 2016 年 6 月	15.24	8.58	5.57	0.91	赵宪伟等，2018
九龙江流域	2004 年 1 月 ~ 2005 年 12 月	9.90	3.89	2.47	3.54	陈能汪等，2008
长乐江流域	2009 年 3 月 ~ 2011 年 2 月	55.00	26.20	10.90	17.90	张峰，2011
崇州西河流域	2017 年 5 月 ~ 2018 年 4 月	36.44	16.97	11.54	7.93	万柯均，2019
乌梁素海	2018 年 12 月 ~ 2019 年 11 月	5.36				杜丹丹，2020
滇池	2014 年 1 月 ~ 2014 年 12 月	13.63				任加国等，2019
三峡库区（小江流域）	2016 年 1 月 ~ 2017 年 12 月	13.96				张六一，2020
三峡库区（澎溪河）	2016 年 1 月 ~ 2016 年 12 月	11.80	7.47	3.06	1.26	张六一等，2019
洱海	2020 年 1 月 ~ 2020 年 12 月	47.89				黄明雨等，2022
周村水库	2016 年 3 月 ~ 2017 年 2 月	26.85	14.12	7.72	5.01	周石磊等，2020

续表

水体名称	研究时间	湿沉降量				文献来源
		DTN	NH_4^+-N	NO_3^--N	DON	
后寨河流域	2016 年 7 月 ~ 2017 年 6 月	19. 1	11. 1	5. 7	2. 20	曾杰，2018
洞庭湖	2016 年 1 月 ~ 2016 年 12 月	59. 83	26. 33	18. 40	15. 13	刘超明等，2018
香溪河流域	2014 年 1 月 ~ 2014 年 12 月	23. 18	8. 18	9. 01	5. 98	郝卓，2017
太湖（常熟生态站）	2001 年 6 月 ~ 2003 年 5 月	27. 00	12. 80	9. 40	4. 70	王小治等，2004
太湖	2002 年 7 月 ~ 2003 年 6 月	34. 04				杨龙元等，2007
太湖	2002 年 7 月 ~ 2003 年 6 月	28. 07	14. 59	6. 32	7. 16	宋玉芝等，2005
太湖（常熟生态站）	2003 年 6 月 ~ 2004 年 5 月	30. 20				王小治等，2009
太湖（梅梁湾）	2007 年 5 月 ~ 2007 年 11 月	19. 85				翟水晶等，2009
太湖	2009 年 8 月 ~ 2010 年 7 月	46. 49	17. 58	10. 70	18. 21	余辉等，2011
太湖	2010 年 1 月 ~ 2021 年 12 月	15. 70	11. 70	2. 30	1. 70	Deng et al.，2023
太湖	2011 年 1 月 ~ 2018 年 10 月	15. 01	7. 44	5. 20	2. 37	Geng et al.，2021
太湖	2017 年 1 月 ~ 2017 年 12 月	24. 20	9. 23	9. 21	5. 77	张智渊，2019
太湖	2017 年 8 月 ~ 2018 年 7 月	32. 68				牛勇等，2020
太湖	2018 年 1 月 ~ 2018 年 12 月	19. 34				许志波等，2019
汤浦水库	2014 年 1 月 ~ 2015 年 12 月	18. 15	11. 01	6. 18	0. 96	余博识等，2020
青海湖	2017 年 10 月 ~ 2018 年 9 月	16. 82	9. 93	2. 76	3. 90	Zhang et al.，2019
天池	2021 年 1 月 ~ 2021 年 12 月	16. 57	5. 22	9. 37	1. 98	Han et al.，2023

续表

水体名称	研究时间	湿沉降量				文献来源
		DTN	NH_4^+-N	NO_3^--N	DON	
丹江口水库（马蹬镇）	2019年1月~2020年12月	12.22	5.82	3.96	2.44	张文浩，2022
丹江口水库（淅川县城）	2019年1月~2020年12月	17.21	6.84	7.45	2.92	张文浩，2022
丹江口水库（小茯苓流域）	2009年1月~2011年12月	15.71	6.86	6.44	2.42	刘冬碧等，2015
丹江口水库（淅川库区）	2017年10月~2021年9月	22.27	11.14	3.89	7.24	本研究

由表3-8可见，氮湿沉降量最高的地区是洞庭湖，年均湿沉降量为59.83kg/hm²；最低的地区是乌梁素海，年均湿沉降量为5.36kg/hm²。太湖由于水体富营养化形势比较严峻，氮湿沉降受到了众多学者的关注，且研究周期跨度较大，研究时间为2001~2021年。由于采样点位置和采样时间的不同，太湖氮湿沉降量的差异是较大的。与其他湖泊、流域和水库等相比，丹江口水库淅川库区氮湿沉降量处于中等水平。与距离丹江口水库较近的淅川县城（17.21kg/hm²）、马蹬镇（12.22kg/hm²）和小茯苓流域（15.71kg/hm²）相比，淅川库区氮湿沉降量（22.27kg/hm²）存在着一定的差距，这进一步表明氮湿沉降量具有高度的时空异质性。

2017年10月~2021年9月，丹江口水库淅川库区湿沉降中溶解性总氮逐年浓度分别为4.27mg/L、5.13mg/L、3.66mg/L和3.15mg/L，年均浓度为4.05mg/L。上述结果均高于《地表水环境质量标准》（GB 3838—2002）中的Ⅲ级标准（1.0mg/L）。因此，长期的氮湿沉降对库区水体水质的影响存在着“施肥效应”，从而导致库区水体中氮浓度的增加。Yu等（2019）研究指出，氮活性物质的排放和沉降会导致无孔不入的水污染。虽然库区氮湿沉降量和浓度呈逐年降低趋势，但是削减库区氮排放的措施仍然是十分必需的。

2）氨氮。本研究中，丹江口水库淅川库区氨氮年均湿沉降量为11.14kg/hm²。与距离丹江口水库较近的淅川县城（6.84kg/hm²）、马蹬镇（5.82kg/hm²）和小茯苓流域（6.86kg/hm²）相比，淅川库区氨氮湿沉降量是相对较高的，这与区域农业活动排放污染物的时空不均匀性有关。大气沉降中的氨氮主要由化肥和畜禽粪便排放的氨气转化而来，而氨气在大气中的寿命较短，能够短距离迁移，传输距离一般在几百米到几千米（Asman et al.，1998）。虽然也有研究指出，氨气易与酸性气体反应形成二次气溶胶颗粒物，这些颗粒物可以进行长距离迁移。但是由于库区周边的环境保护力度较大，工业活动极少，库区周边酸性气体的排放量较低，使得氨随气溶胶远距离传输的含量较低，进而导致农业活动排放的大部分氨还是以沉降的形式返回库区。因此，氨气排放的时空异质性造成了库区周边氨氮沉降量的差异性。本研究的氨氮湿沉降结果低于洞庭湖（26.33kg/hm²）和长乐江流域（26.20kg/hm²），这与区域农业活动的强度和气候因素有关。这是因为湿沉降不仅受到农业氨排放量的影响，还与区域的气候特征密切相关，会受到降水量的强烈影响

(Wang et al., 2021)。

丹江口水库淅川库区氨氮湿沉降量在溶解性总氮中的占比为50.02%，显著高于硝氮(17.47%)和溶解性有机氮(32.51%)，这与氨氮干沉降的结果是相似的。此外，虽然氨氮湿沉降量在研究期间降低了16.75%，但是第四年氨氮湿沉降量与第三年相比增加了32.45%。因此，氨氮在库区氮沉降中的地位十分突出。淅川库区地处河南省南阳市，河南省是全国著名的农业大省，2017年粮食种植面积为16 372.7万亩，排名全国第二(农业农村部，2019)，同时南阳市也是河南省内农作物种植面积最大、人口最多的地市。已有研究表明，南阳市大气环境中的氨气浓度在河南省18个地市中是最高的(Bai et al., 2020)。因此，降低氨氮沉降量是解决丹江口水库淅川库区氮沉降问题的优先事项。

3) 硝氮。2017年10月~2021年9月，丹江口水库淅川库区硝氮年湿沉降量分别为5.68kg/hm^2、3.45kg/hm^2、3.47kg/hm^{2}和2.97kg/hm^2。监测期间，硝氮年湿沉降量降低了47.71%，这与国家及当地的环境保护政策有关。随着公众环保意识的逐渐增强，中国政府采取了一系列措施来改善空气质量，如2013年实行的《大气污染防治行动计划》、2018年实行的《打赢蓝天保卫战三年行动计划》以及"到2021年将二氧化硫和氮氧化物的年排放量在2016年的基础上分别减少15%和10%"等措施(Liu et al., 2016)。这些国家层面的环保政策显著改善了中国的空气环境质量，有效降低了大气污染物的浓度。Zheng等(2018)研究指出，在2010~2017年，中国范围内来自人为源的氮氧化物排放量减少了21%。已有研究表明，中国无机氮湿沉降量(氨氮与硝氮湿沉降量之和)大体上可分为3个等级，即高沉降区[>25kg/(hm^2·a)]、中沉降区[15~25kg/(hm^2·a)]和低沉降区[<15kg/(hm^2·a)]；该研究同时指出，依据这个标准，河南、上海、北京、山东、四川、重庆、江苏、浙江和江西等地属于高沉降区，河北、湖南、山西、辽宁、福建和广东等地属于中沉降区，云南、贵州、西藏、内蒙古、新疆、甘肃、吉林和黑龙江等地属于低沉降区(Liu et al., 2010)。虽然丹江口水库淅川库区隶属高沉降区的河南，但是库区的无机氮湿沉降量[15.03kg/(hm^2·a)]却处于中低水平，属于中沉降区。这一结果与丹江口水库周边的生态环境保护措施是密不可分的。当地政府采取了严格的环境保护措施来减少丹江口水库周围的大气污染物排放，如优化肥料管理、关闭重污染企业、减少牲畜养殖活动、限制机动车上路数量和推行清洁能源等。总体而言，硝氮的湿沉降量在年度上的变化趋势进一步反映了国家层面和当地政府的大气污染控制措施对丹江口水库氮沉降的积极影响。

丹江口水库淅川库区硝氮年均湿沉降量为3.89kg/hm^2，在氮湿沉降量中占比为17.47%，是湿沉降中所有形态中占比最低的。同时，库区硝氮干沉降量在氮干沉降量中占比为17.02%，也是干沉降中所有形态中占比最低的。上述结果表明，无论是干沉降还是湿沉降，硝氮在库区氮沉降的重要性均不是十分突出，这一结论与库区周围工业不发达的实际情况相符合。氨氮沉降量与硝氮沉降量的比值在干沉降中为2.42，在湿沉降中为2.86，这一结果表明了库区周边农业污染较工业污染严重。由表3-8可知，丹江口水库较近的马蹬镇、淅川县城和小茯苓流域的硝氮年均湿沉降量分别为3.96kg/hm^2、7.45kg/hm^{2}和6.44kg/hm^2。本研究的结果与马蹬镇的结果较为接近，却明显低于淅川县城的结果。淅川县城人口密度高，人为活动强度大，工业生产活动和交通运输工具尾气等排放的氮氧化物浓度较库区高。这一结果也从侧面证实了硝氮主要来源于工业污染和化石燃料燃烧。

4）溶解性有机氮。2017年10月～2021年9月，丹江口水库淅川库区溶解性有机氮年均湿沉降量为7.24kg/hm^2。目前，中国农业大学的NNDMN和中国科学院地理科学与资源研究所的CERN均报道了全国尺度的溶解性有机氮湿沉降量。NNDMN报道中国溶解性有机氮湿沉降量的年均值为6.84kg/hm^2（Zhang et al., 2012）。CERN报道中国溶解性有机氮湿沉降量的年均值为4.32kg/hm^2，其中中部地区溶解性有机氮湿沉降量的年均值为8.06kg/hm^2（Xi et al., 2023）。淅川库区位于中国中部地区，其溶解性有机氮湿沉降量与CERN报道的结果是接近的。与国外相比，中国溶解性有机氮湿沉降量是相对较高的，例如Cornell（2011）对比了世界上主要地区降水中溶解性有机氮浓度，中国溶解性有机氮浓度为117μmol/L，而其他地区的溶解性有机氮浓度范围为5.5～32μmol/L。Cape等（2012）总结发现欧洲溶解性有机氮湿沉降量的中位数仅为0.6kg/(hm^2·a)。也有研究表明，中国溶解性有机氮湿沉降量的变化范围为1～27kg/(hm^2·a)（Zhang et al., 2008）；欧洲溶解性有机氮湿沉降量的变化范围为0.15～1.74kg/(hm^2·a)（Cape et al., 2012）。

国内不同水体溶解性有机氮湿沉降量对比结果见表3-9。由表3-9可知，与国内其他研究区溶解性有机氮湿沉降量［0.91～18.21kg/(hm^2·a)］相比，丹江口水库淅川库区溶解性有机氮年均湿沉降量为7.24kg/hm^2，处于中等水平。由此可见，溶解性有机氮湿沉降量在不同地区具有明显的差异性。

表3-9 国内不同地表水体溶解性有机氮湿沉降量对比结果

水体名称	研究时间	DTN/[kg/(hm^2·a)]	DON/[kg/(hm^2·a)]	占比/%	文献来源
岗南水库	2015年7月～2016年6月	15.24	0.91	5.97	赵宪伟等，2018
密云水库（石匣小流域）	2014年5月～2015年1月	17.19	7.35	42.76	王焕晓等，2018
九龙江流域	2004年1月～2005年12月	9.90	3.54	35.76	陈能汪等，2008
长乐江流域	2009年3月～2011年2月	55.00	17.90	32.55	张峰，2011
崇州西河流域	2017年5月～2018年4月	36.44	7.93	21.76	万柯均，2019
三峡库区（澎溪河）	2016年1月～2016年12月	11.80	1.26	10.68	张六一等，2019
周村水库	2016年3月～2017年2月	26.85	5.01	18.66	周石磊等，2020
后寨河流域	2016年7月～2017年6月	19.1	2.20	11.52	曾杰，2018

续表

水体名称	研究时间	DTN/[kg/(hm² · a)]	DON/[kg/(hm² · a)]	占比/%	文献来源
洞庭湖	2016年1月~2016年12月	59.83	15.13	25.29	刘超明等，2018
香溪河流域	2014年1月~2014年12月	23.18	5.98	25.80	郝卓，2017
太湖（常熟生态站）	2001年6月~2003年5月	27.00	4.70	17.41	王小治等，2004
太湖	2002年7月~2003年6月	28.07	7.16	25.51	宋玉芝等，2005
太湖	2009年8月~2010年7月	46.49	18.21	39.17	余辉等，2011
太湖	2010年1月~2021年12月	15.70	1.70	10.83	Deng et al.，2023
太湖	2011年1月~2018年10月	15.01	2.37	15.79	Geng et al.，2021
太湖	2017年1月~2017年12月	24.20	5.77	23.84	张智渊，2019
汤浦水库	2014年1月~2015年12月	18.15	0.96	5.29	余博识等，2020
青海湖	2017年10月~2018年9月	16.82	3.90	23.19	Zhang et al.，2019
天池	2021年1月~2021年12月	16.57	1.98	11.95	Han et al.，2023
丹江口水库（马蹬镇）	2019年1月~2020年12月	12.22	2.44	19.97	张文浩，2022
丹江口水库（淅川县城）	2019年1月~2020年12月	17.21	2.92	16.97	张文浩，2022
丹江口水库（小茯苓流域）	2009年1月~2011年12月	15.71	2.42	15.40	刘冬碧等，2015
丹江口水库（淅川库区）	2017年10月~2021年9月	22.27	7.24	32.51	本研究

丹江口水库淅川库区溶解性有机氮年均湿沉降量在溶解性总氮年均湿沉降量中的占比为32.51%，表明溶解性有机氮是库区氮湿沉降中的重要组成部分。降水中溶解性总氮包括溶解性无机氮（即氨氮和硝氮）和溶解性有机氮。氨氮和硝氮是最容易被生物吸收的氮的主要形式。因此，对氮素的生物地球化学循环的研究集中在无机氮上（Du et al.，2014；Wen et al.，2020）。此外，由于有机氮的成分复杂，其样品保存、运输和定量分析等方面均存在一定的困难（Bronk et al.，2000；Neff et al.，2002；Cornell et al.，2003），因此有关

溶解性有机氮沉降的信息相对较少。然而，溶解性有机氮沉降量占全球溶解性总氮沉降量的11%~56%，平均贡献为30%（Neff et al.，2002；Cape et al.，2011；Cornell，2011）。此外，溶解性有机氮的生物可利用度与溶解性无机氮一样重要，尤其在氮有限的生态系统中（Bronk et al.，2007；Näsholm et al.，2009）。溶解性有机氮是浮游植物可利用氮的来源之一，在一定程度上被作为氮源的储备物和缓释剂，其中10%~80%的水溶性有机氮可被生物利用（Watanabe et al.，2014），例如Seitzinger和Sanders（1999）认为雨水中45%~75%的有机氮可以被微生物利用，Bronk等（1994）认为浮游植物吸收的无机氮中有25%~41%来自溶解性有机氮。因此，忽略溶解性有机氮这一因素会低估活性氮物质的输入，从而低估氮沉降对水体的影响效应。

丹江口水库淅川库区溶解性有机氮湿沉降量在时间上表现出逐年降低趋势，且溶解性有机氮是湿沉降中降幅最大的组分，降幅可达67.34%。有机氮的来源是相当复杂的（Xi et al.，2023），既有人为来源，又有自然来源（Neff et al.，2002）。溶解性有机氮可分为3种，包括氧化有机氮、还原有机氮和生物/陆生有机氮。其中氧化有机氮和还原有机氮既有来自化石燃料燃烧和农业活动释放的含氮化合物，又有来自植物释放的挥发性有机化合物，如异戊二烯和萜烯（Guenther et al.，1995）。生物/陆生有机氮是指陆生来源（如土壤尘埃、细菌和花粉等）的含氮化合物。一般而言，在人为活动较少的地区，溶解性有机氮是氮沉降的主要组成部分，这是因为该地区缺少人为排放源，其主要来自自然源；而在人类活动相对较多的地区，有机氮更偏向于来自人为源。本研究中，无机氮与有机氮的湿沉降量在时间上均具有逐渐减小的趋势，表明溶解性有机氮与无机氮可能具有同源性，均会受到人类活动的深刻影响。

（2）季节特征

湿沉降的季节划分与干沉降一致，其中3~5月为春季，6~8月为夏季，9~11月为秋季，12月~次年2月为冬季。丹江口水库淅川库区氮湿沉降量的季节特征见图3-19。由图3-19可见，溶解性总氮湿沉降量在春季、夏季、秋季和冬季的均值分别为5.52kg/hm^2、8.80kg/hm^2、5.19kg/hm^2和2.73kg/hm^2。氨氮湿沉降量在春季、夏季、秋季和冬季的均值分别为2.74kg/hm^2、4.48kg/hm^2、2.40kg/hm^2和1.51kg/hm^2。硝氮湿沉降量在春季、夏季、秋季和冬季的均值分别为1.15kg/hm^2、1.30kg/hm^2、0.87kg/hm^2和0.56kg/hm^2。溶解性有机氮湿沉降量在春季、夏季、秋季和冬季的均值分别为1.63kg/hm^2、3.02kg/hm^2、1.92kg/hm^2和0.66kg/hm^2。氨氮、硝氮和溶解性有机氮湿沉降量占溶解性总氮的比值在春季分别为49.64%、20.83%和29.53%，在夏季分别为50.91%、14.77%和34.32%，在秋季分别为46.24%、16.76%和37.00%，在冬季分别为55.31%、20.51%和24.18%。

丹江口水库淅川库区湿沉降中不同形态氮浓度的季节特征如图3-20所示。由图3-20可见，溶解性总氮浓度在春季、夏季、秋季和冬季的均值分别为3.91mg/L、2.34mg/L、3.68mg/L和6.29mg/L。氨氮浓度在春季、夏季、秋季和冬季的均值分别为1.92mg/L、1.16mg/L、1.63mg/L和3.48mg/L。硝氮浓度在春季、夏季、秋季和冬季的均值分别为0.86mg/L、0.35mg/L、0.71mg/L和1.25mg/L。溶解性有机氮浓度在春季、夏季、秋季和冬季的均值分别为1.13mg/L、0.83mg/L、1.34mg/L和1.56mg/L。氨氮、硝氮和溶解

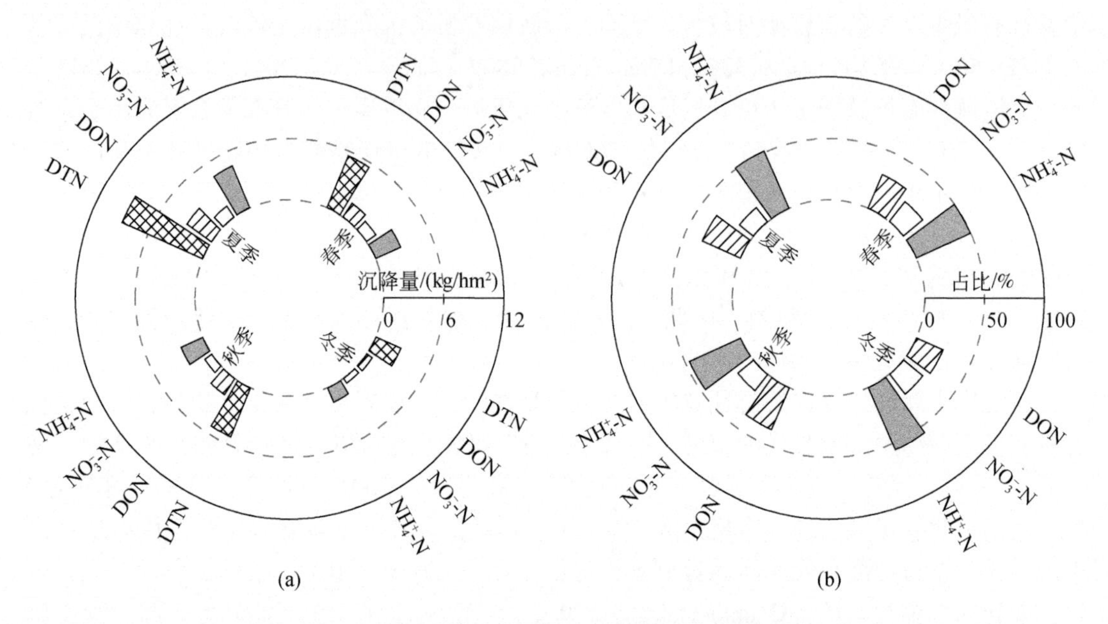

图 3-19　湿沉降中不同形态氮沉降量的季节特征

性有机氮浓度占溶解性总氮的比值在春季分别为 49. 11%、21. 99% 和 28. 90%，在夏季分别为 49. 57%、14. 96% 和 35. 47%，在秋季分别为 44. 29%、19. 29% 和 36. 42%，在冬季分别为 55. 33%、19. 87% 和 24. 80%。

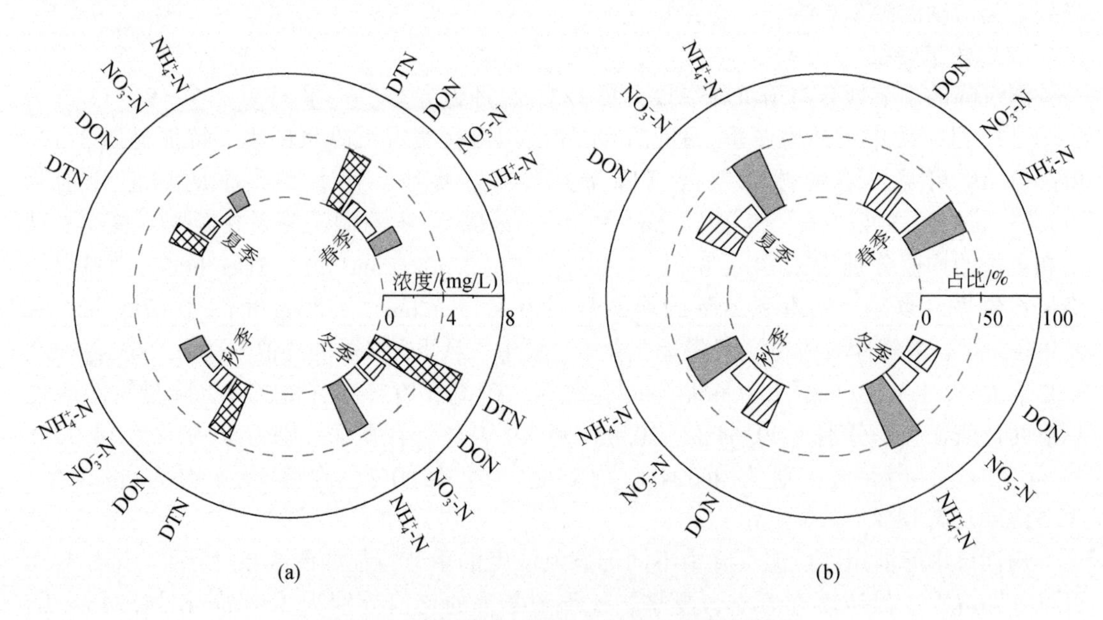

图 3-20　湿沉降中不同形态氮浓度的季节特征

1）溶解性总氮。库区溶解性总氮湿沉降量的季节特征表现为夏季最高（8. 80kg/hm^2），春季次之（5. 52kg/hm^2），冬季最低（2. 73kg/hm^2），这与降水量和活性氮排放的季节特征有关。由于湿沉降只有在降水时发生，因此湿沉降中不同形态氮的浓度和沉降量与降水量密切相关。一般认为，湿沉降量与降水量之间呈现显著的正相关关系。库区降水量的季节特征是夏季最高，冬季最低，这与湿沉降量的季节特征是一致的。但是，春季和秋季溶解性总氮湿沉降量并未与降水量保持一致。分析其原因应为春季氮沉降的浓度是高于秋季的，导致春季氮沉降量相对较高，这与干沉降的研究结果是相似的。

2）氨氮。库区氨氮湿沉降量与溶解性总氮湿沉降量具有相同的季节特征，均表现为夏季最高，春季次之，冬季最低，其中夏季的氨氮湿沉降量占到了全年 50.91%，表明氨氮湿沉降量与降水量密切相关，受到降水量的深远影响。另外，库区地处北亚热带和暖温带附近，属于季风型大陆性半湿润气候，夏季平均气温显著高于其他季节。已有研究表明，氨气的挥发易受环境温度影响，较高的温度能够提高肥料和畜禽粪便中氨气的挥发性（Shen et al.，2016）。因此，温度的升高促进了氨气的挥发，从而增加了氨氮湿沉降量。此外，春季湿沉降中氨氮的沉降量和浓度与秋季相比均相对较高，这是因为春季是农业施肥的最佳季节，通常在春天对农作物的施肥量相对较高，导致大量的活性氮化合物释放到大气环境中，导致春季活性氮物质的排放量要高于秋季。

3）硝氮。库区大气硝氮湿沉降量在夏季最高，春季次之，冬季最低，而硝氮浓度则表现出与湿沉降量相反的特征，在冬季最高，春季次之，夏季最低。上述结果反映出硝氮湿沉降中沉降量和浓度受降水量的影响，表现出冬季硝氮浓度高而湿沉降量低、夏季硝氮湿沉降量高而浓度低的变化特征。与秋季相比，春季库区硝氮湿沉降量相对较高，这可能是因为春季的农业活动，例如农用机械在工作过程中会释放大量的氮氧化物，从而增加库区硝氮湿沉降量。

4）溶解性有机氮。库区溶解性有机氮湿沉降量的季节特征表现为夏季最高和冬季最低，这与氨氮、硝氮湿沉降量的季节特征是相同的。但是，秋季溶解性有机氮湿沉降量是高于春季的，这与氨氮、硝氮湿沉降量的季节特征是不同的，其可能与秋季是生物质燃烧的高峰季节有关（Xiao et al.，2020）。已有研究表明，生物质燃烧是大气中有机氮的重要来源（郑利霞等，2007）。例如，Yu 等（2019）在中国南方珠江三角洲的一个森林采样点研究发现雨水中溶解性有机氮浓度在秋季显著升高，秋季的溶解性有机氮湿沉降量可占全年湿沉降总量的 50% 左右，作为生物质燃烧排放示踪剂的 K^+ 和左旋葡聚糖的湿沉降量和浓度在秋季也大幅增加。Zamora 等（2011）采集了位于北大西洋的巴巴多斯和迈阿密两个采样点的气溶胶和降雨样品，发现生物质燃烧和粉尘事件对大气中溶解性有机氮浓度的贡献是最高的。

（3）月份特征

丹江口水库淅川库区不同形态氮湿沉降量的月份特征如图 3-21 所示。

由图 3-21（a）可知，监测期间，逐月溶解性总氮湿沉降量的最大值为 6.77kg/hm^2，出现在 2018 年 5 月；最小值为 0.01kg/hm^2，出现在 2018 年 10 月；变异系数为 83.64%。逐月氨氮湿沉降量的最大值为 2.71kg/hm^2，出现在 2018 年 5 月；最小值为 0.003kg/hm^2，出现在 2018 年 10 月；变异系数为 77.82%。逐月硝氮湿沉降量的最大值为 1.48kg/hm^2，出现在 2018 年 5 月；最小值为 0.002kg/hm^2，出现在 2018 年 10 月；变异系数为 85.65%。逐月溶解性有机氮湿沉降量的最大值为 3.29kg/hm^2，出现在 2018 年 6 月；最小值为

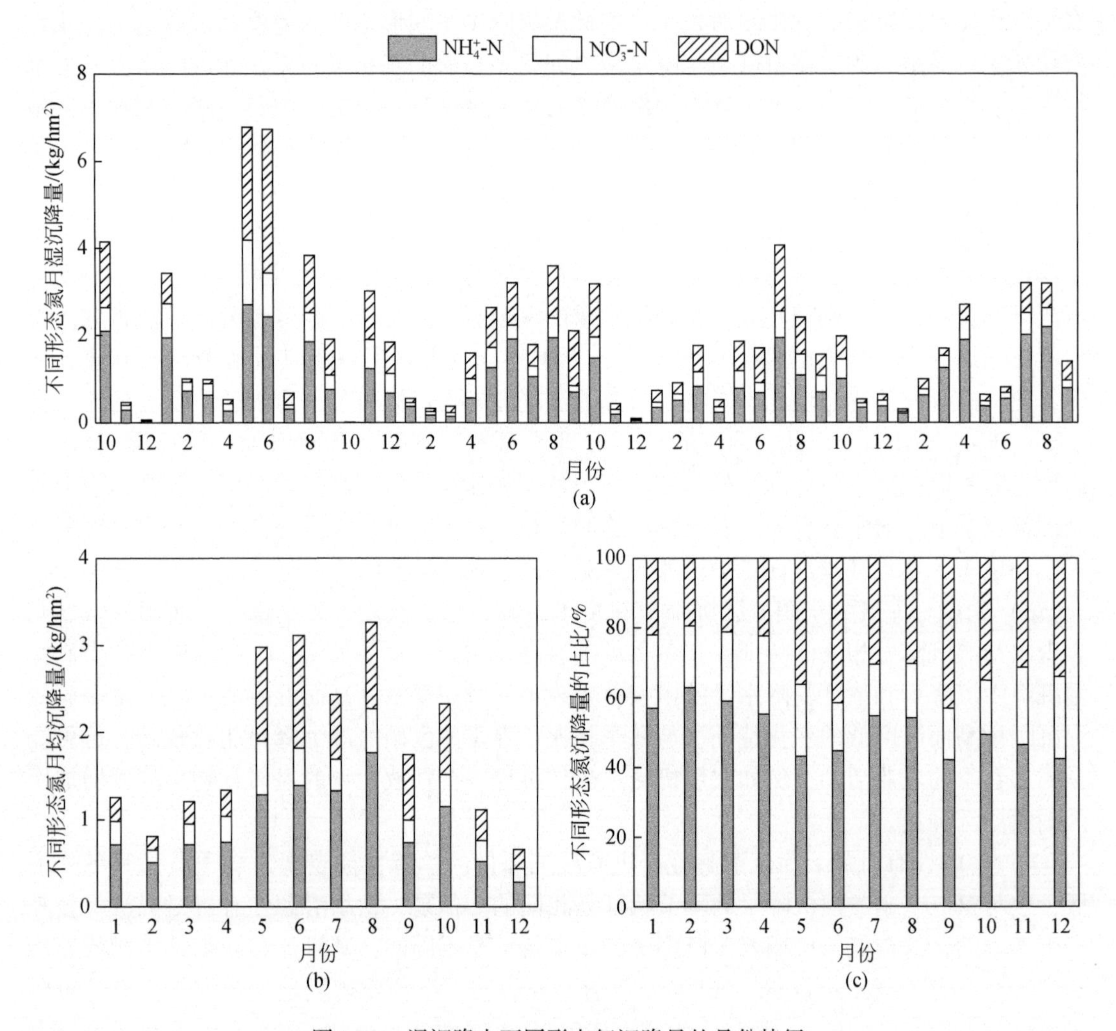

图 3-21　湿沉降中不同形态氮沉降量的月份特征

0.004kg/hm²，出现在 2018 年 10 月；变异系数为 108.31%。由图 3-21（b）可知，溶解性总氮湿沉降量的月均值为 1.85kg/hm²，变化范围为 3.26（8 月）~0.66kg/hm²（12 月）。氨氮湿沉降量的月均值为 0.93kg/hm²，变化范围为 1.76（8 月）~0.28kg/hm²（12 月）。硝氮湿沉降量的月均值为 0.32kg/hm²，变化范围为 0.62（5 月）~0.14kg/hm²（2 月）。溶解性有机氮湿沉降量的月均值为 0.60kg/hm²，变化范围为 1.29（6 月）~0.16kg/hm²（2 月）。由图 3-21（c）可知，氨氮湿沉降量在溶解性总氮湿沉降量中的占比范围为 62.94%（2 月）~42.09%（9 月），硝氮湿沉降量在溶解性总氮湿沉降量中的占比范围为 23.61%（12 月）~13.75%（6 月），溶解性有机氮湿沉降量在溶解性总氮湿沉降量中的占比范围为 43.12%（9 月）~19.48%（2 月）。

丹江口水库淅川库区湿沉降中不同形态氮浓度的月份特征如图 3-22 所示。

由图 3-22（a）可知，监测期间，逐月溶解性总氮浓度的最大值为 9.87mg/L，出现在 2020 年 12 月；最小值为 1.07mg/L，出现在 2020 年 9 月；变异系数为 60.14%。逐月氨氮

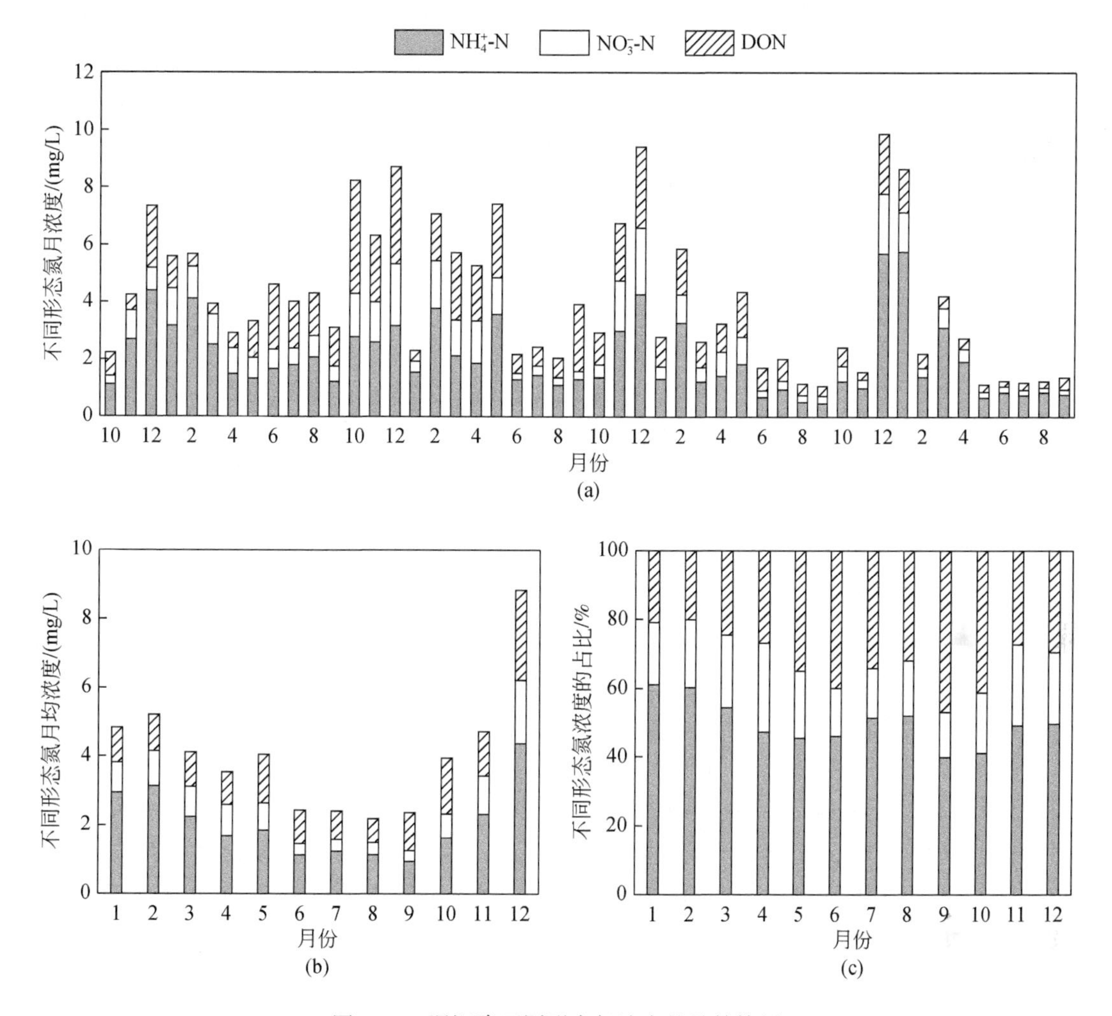

图 3-22 湿沉降不同形态氮浓度的月份特征

浓度的最大值为 5.76mg/L，出现在 2021 年 1 月；最小值为 0.48mg/L，出现在 2020 年 9 月；变异系数为 62.97%。逐月硝氮浓度的最大值为 2.33mg/L，出现在 2019 年 12 月；最小值为 0.17mg/L，出现在 2021 年 8 月；变异系数为 72.92%。逐月溶解性有机氮浓度的最大值为 3.95mg/L，出现在 2018 年 10 月；最小值为 0.19mg/L，出现在 2021 年 6 月；变异系数为 73.99%。由图 3-22（b）可知，溶解性总氮浓度的月均值为 4.05mg/L，变化范围为 8.83（12 月）~2.18mg/L（8 月）。氨氮浓度的月均值为 2.05kg/hm^2，变化范围为 4.37（12 月）~0.94mg/L（9 月）。硝氮浓度的月均值为 0.79mg/L，变化范围为 1.85（12 月）~0.31mg/L（9 月）。溶解性有机氮浓度的月均值为 1.21mg/L，变化范围为 2.62（12 月）~0.70mg/L（8 月）。由图 3-22（c）可知，氨氮浓度在溶解性总氮浓度中的占比变化为 61.06%（1 月）~39.91%（9 月），硝氮浓度在溶解性总氮浓度中的占比变化为 25.88%（4 月）~13.14%（9 月），溶解性有机氮浓度在溶解性总氮浓度中的占比变化为 46.95%（9 月）~20.09%（2 月）。

1）溶解性总氮。库区溶解性总氮月湿沉降量在年内波动较大，变异系数为 83.64%，主要体现在雨季的湿沉降量显著高于旱季，表明湿沉降量的月份变化特征显著受到降水量的影响。与干沉降相比，溶解性总氮月湿沉降量在时间上并无显著降低趋势（$P>0.05$）。与其他年度同期月份相比，2020 年 3 月的溶解性总氮浓度是最低的，这与 2020 年初在全国大部分地区暴发的新冠疫情有关。上述结果进一步证实了人类活动是影响氮沉降的重要因素。

2）氨氮。库区氨氮湿沉降量在月份上并无显著增加趋势（$P>0.05$），但是氨氮湿沉降量在溶解性总氮湿沉降量中的占比在月份上呈增加趋势（$P<0.05$）。此外，氨氮沉降量在氮沉降中的占比达到了 45%，表明氨氮在氮沉降中的重要性日益凸显。

3）硝氮。与干沉降相比，硝氮湿沉降量在月份上并无显著降低趋势（$P>0.05$）。但是，硝氮湿沉降浓度在月份上表现出降低趋势（$P<0.05$）。上述结果与库区当地政府先后关停、改造和搬迁冶金、化工、水泥、电石、造纸、钢铁、电解铝等重污染企业的环境保护措施有关，同时与中国政府执行的强有力环境保护政策相关。此外，2020 年 3 月的硝氮湿沉降浓度低于其他年度同期月份，表明受新冠疫情影响，人为活动受到严重限制，导致交通运输工具和工业生产排放的氮氧化物大幅度减少。

4）溶解性有机氮。与干沉降相比，库区溶解性有机氮湿沉降量在月份上无显著变化趋势（$P>0.05$），但是湿沉降浓度却在月份上表现出显著降低趋势（$P<0.05$）。5～8 月的溶解性有机氮湿沉降量明显高于其他月份，这可能与库区的温度特征有关。已有研究表明，在温度较高的月份（6～8 月），溶解性有机氮湿沉降量会受到温度的强烈影响，表现出相对较高的含量（Shen et al.，2013）。同时，气温升高也可以促进大气环境中有机物与氨、氮氧化物反应生成胺类和硝基酚类（Yang et al.，2010）。此外，溶解性有机氮湿沉降量在溶解性总氮中的占比为 7.59%～59.73%，这反映出有机氮沉降量在时间动态性的波动是非常大的，也反映出有机氮组分、来源及其影响因素的复杂性。

3.3.2.2 空间特征

（1）氨氮

丹江口水库淅川库区不同采样点氨氮湿沉降量和浓度的统计特征如图 3-23 所示，不同采样点氨氮月湿沉降量和月浓度的变化范围如表 3-10 所示。库区 6 个采样点的氨氮湿沉降量的年均值从大到小依次为：TM（13.55kg/hm^2）、DZK（12.39kg/hm^2）、WLQ（11.82kg/hm^2）、HJZ（10.04kg/hm^2）、TC（9.94kg/hm^2）和 SG（9.08kg/hm^2）。氨氮月湿沉降量在 TC 的变化范围为 0.003（2018 年 10 月）～2.79kg/hm^2（2018 年 6 月），变异系数为 92.20%；在 SG 的变化范围为 0.003（2018 年 10 月）～3.00kg/hm^2（2021 年 4 月），变异系数为 91.21%；在 TM 的变化范围为 0.003（2018 年 10 月）～3.70kg/hm^2（2021 年 8 月），变异系数为 83.83%；在 HJZ 的变化范围为 0.003（2018 年 10 月）～3.27kg/hm^2（2021 年 7 月），变异系数为 92.03%；在 DZK 变化范围为 0.003（2018 年 10 月）～3.81kg/hm^2（2018 年 6 月），变异系数为 84.27%；在 WLQ 的变化范围为 0.003（2018 年 10 月）～5.27kg/hm^2（2021 年 8 月），变异系数为 102.44%。

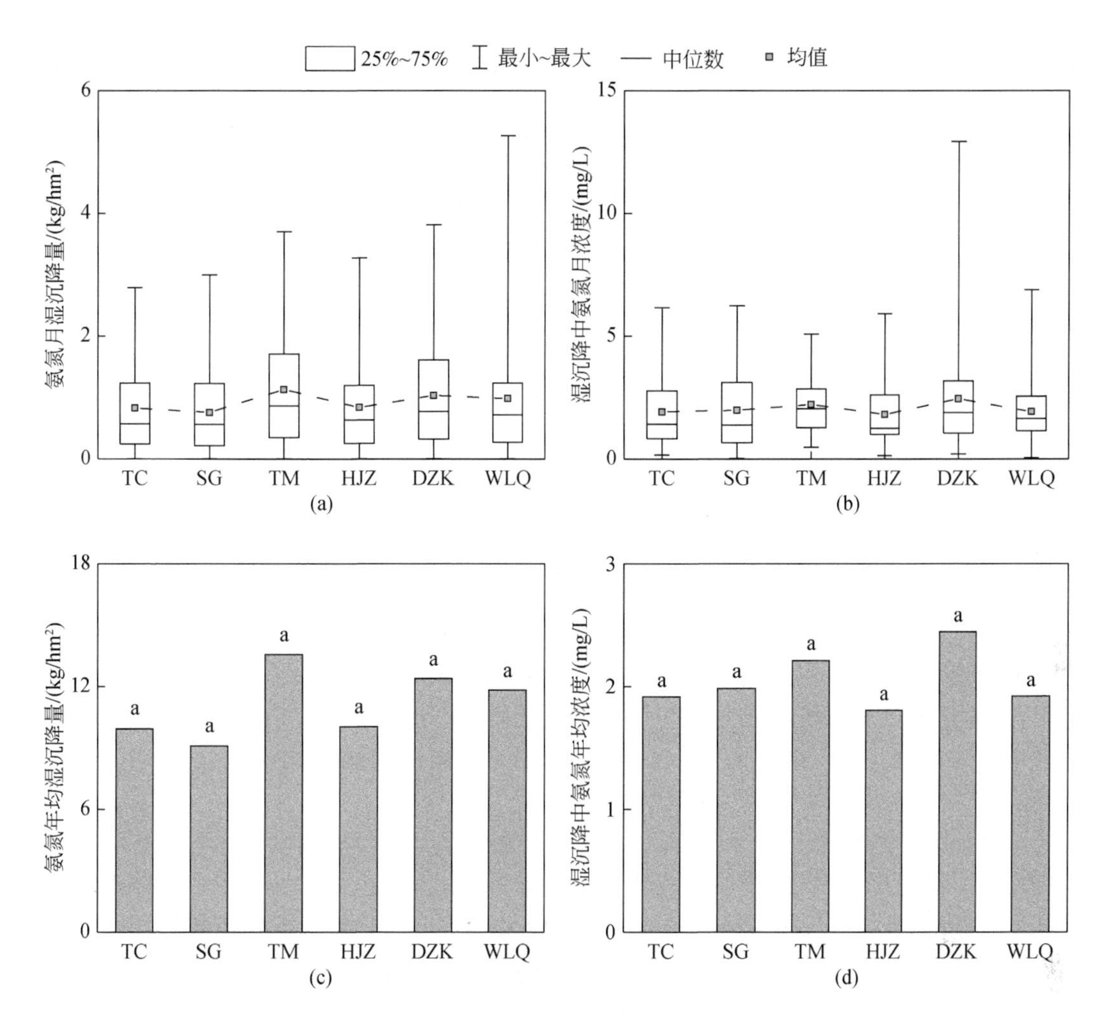

图 3-23　不同采样点湿沉降中氨氮浓度和沉降量的统计特征

表 3-10　不同采样点氨氮月湿沉降量和月浓度

类别	采样点	TC	SG	TM	HJZ	DZK	WLQ
沉降量	最小值/(kg/hm²)	0.003	0.003	0.003	0.003	0.003	0.003
	月份	2018 年 10 月	2018 年 10 月	2018 年 10 月	2018 年 10 月	2018 年 10 月	2018 年 10 月
	最大值/(kg/hm²)	2.79	3.00	3.70	3.27	3.81	5.27
	月份	2018 年 6 月	2021 年 4 月	2021 年 8 月	2021 年 7 月	2018 年 6 月	2021 年 8 月
	变异系数/%	92.20	91.21	83.83	92.03	84.27	102.44

续表

类别	采样点	TC	SG	TM	HJZ	DZK	WLQ
浓度	最小值/（mg/L）	0.17	0.02	0.48	0.14	0.20	0.04
	月份	2021年8月	2020年11月	2020年9月	2021年5月	2020年11月	2021年9月
	最大值/（mg/L）	6.17	6.25	5.07	5.92	12.94	6.89
	月份	2021年1月	2019年5月	2019年2月	2020年12月	2020年12月	2021年1月
	变异系数/%	74.14	82.91	50.03	76.02	87.66	63.55

库区6个采样点湿沉降中氨氮浓度的年均值从大到小依次为：DZK（2.44mg/L）、TM（2.21mg/L）、SG（1.98mg/L）、WLQ（1.92mg/L）、TC（1.92mg/L）和HJZ（1.81mg/L）。氨氮月浓度在TC的变化范围为0.17（2021年8月）~6.17mg/L（2021年1月），变异系数为74.14%；在SG的变化范围为0.02（2020年11月）~6.25mg/L（2019年5月），变异系数为82.91%；在TM的变化范围为0.48（2020年9月）~5.07mg/L（2019年2月），变异系数为50.03%；在HJZ的变化范围为0.14（2021年5月）~5.92mg/L（2020年12月），变异系数为76.02%；在DZK的变化范围为0.20（2020年11月）~12.94mg/L（2020年12月），变异系数为87.66%；在WLQ的变化范围为0.04（2021年9月）~6.89mg/L（2021年1月），变异系数为63.55%。

与其他采样点相比，TM和DZK的氨氮年均湿沉降量和年均浓度是相对较高的。已有研究表明，植物与大气之间存在氨交流，会受到环境状况、植物生长特性和发育阶段等多种因素的制约。一般来说，氨气的排放或沉降是由大气与植物叶片界面的氨气补偿点来决定的（马儒龙等，2021）。当大气中氨氮浓度高于补偿浓度时，氨气由大气向地表沉降；反之，氨气则由地表向大气排放。TM周边耕地较多且存在一定数量的养殖场，氮肥和畜禽粪便等挥发的氨气可以提高氨气补偿点，增加氨氮沉降量；DZK周边的农业活动同样比较强烈，该采样点地处淅川县仓房镇，仓房镇是淅川县著名的柑橘种植基地。柑橘种植过程中施用的肥料使得果木冠层具有相对较高的氨气补偿点，从而显著增加了氨氮的沉降量。与其他采样点相比，SG的氨氮湿沉降量是最低的。SG位于宋岗码头，采样点周边停靠着一定数量的渔船和游轮，同时毗邻文清线公路，所以该采样点周边的氮污染源以机动车和轮船等排放的尾气为主。已有研究表明，城市道路周边监测到的氨氮沉降量主要来源于机动车排放的尾气（Sun et al.，2017），这是因为配备三元催化转换器的轻型和中型机动车辆会在行驶过程中产生氨气（Fenn et al.，2018）。但是，也有研究表明，机动车辆排放的氨氮含量较低，甚至可以忽略不计（Teng et al.，2017）。综上，SG采样点周围存在来自汽车和轮船等机动车尾气排放的氨气，但这部分氨气与农业源相比是明显较低的。这一结果也从侧面说明库区氨氮湿沉降的时空特征主要是由农业源主导的，进一步体现出氮肥施用和畜禽粪便排放等农业活动对库区氨氮沉降量的重要影响。

（2）硝氮

丹江口水库淅川库区不同采样点硝氮湿沉降量和浓度的统计特征如图3-24所示，

不同采样点硝氮月湿沉降量和月浓度的变化范围如表 3-11 所示。库区 6 个采样点的硝氮湿沉降量的年均值从大到小依次为：SG（5.21kg/hm²）、DZK（4.98kg/hm²）、HJZ（3.65kg/hm²）、WLQ（3.37kg/hm²）、TM（3.32kg/hm²）和 TC（2.83kg/hm²）。硝氮月湿沉降量在 TC 的变化范围为 0.002（2018 年 10 月）~1.09kg/hm²（2018 年 5 月），变异系数为 103.02%；在 SG 的变化范围为 0.002（2018 年 10 月）~1.65kg/hm²（2018 年 5 月），变异系数为 99.46%；在 TM 的变化范围为 0.002（2018 年 10 月）~1.38kg/hm²（2018 年 5 月），变异系数为 89.72%；在 HJZ 的变化范围为 0.002（2018 年 10 月）~1.32kg/hm²（2018 年 5 月），变异系数为 95.29%；在 DZK 的变化范围为 0.002（2018 年 10 月）~1.60kg/hm²（2018 年 1 月），变异系数为 92.57%；在 WLQ 的变化范围为 0.002（2018 年 10 月）~2.20kg/hm²（2018 年 5 月），变异系数为 118.29%。

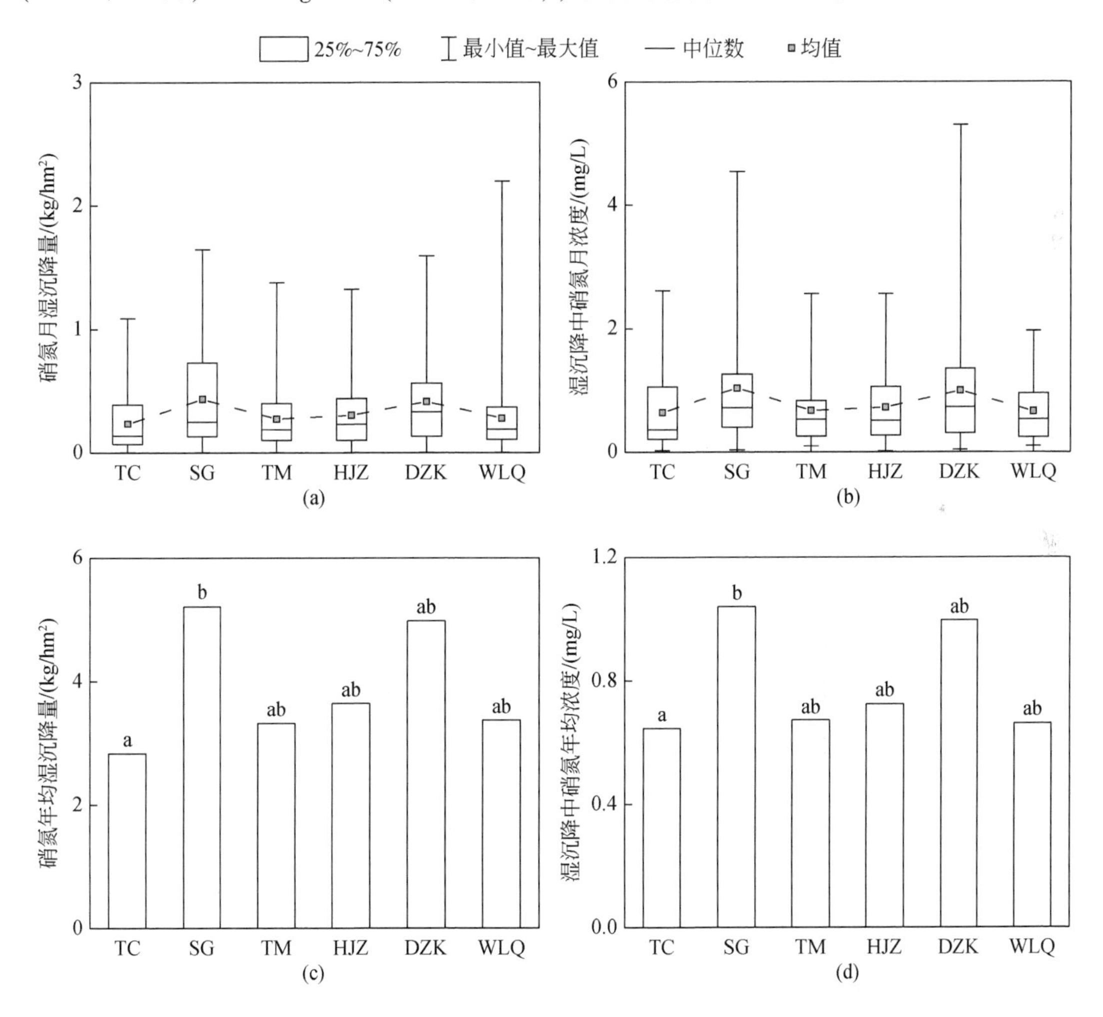

图 3-24 不同采样点湿沉降中硝氮浓度和沉降量的统计特征

库区 6 个采样点湿沉降中硝氮浓度的年均值从大到小依次为：SG（1.04mg/L）、DZK（1.00mg/L）、HJZ（0.72mg/L）、TM（0.67mg/L）、WLQ（0.66mg/L）和 TC（0.64mg/L）。

硝氮月浓度在TC的变化范围为0.03（2021年8月）~2.62mg/L（2019年11月），变异系数为99.41%；在SG的变化范围为0.03（2020年6月）~4.54mg/L（2019年5月），变异系数为93.79%；在TM的变化范围为0.10（2021年5月）~2.57mg/L（2019年12月），变异系数为81.53%；在HJZ的变化范围为0.02（2021年5月）~2.57mg/L（2019年12月），变异系数为83.88%；在DZK的变化范围为0.04（2020年11月）~5.30mg/L（2020年12月），变异系数为94.36%；在WLQ的变化范围为0.11（2021年9月）~1.96mg/L（2018年12月），变异系数为77.49%。

表3-11　不同采样点硝氮月湿沉降量和月浓度

类别	采样点	TC	SG	TM	HJZ	DZK	WLQ
沉降量	最小值/（kg/hm^2）	0.002	0.002	0.002	0.002	0.002	0.002
	月份	2018年10月	2018年10月	2018年10月	2018年10月	2018年10月	2018年10月
	最大值/（kg/hm^2）	1.09	1.65	1.38	1.32	1.60	2.20
	月份	2018年5月	2018年5月	2018年5月	2018年5月	2018年1月	2018年5月
	变异系数/%	103.02	99.46	89.72	95.29	92.57	118.29
浓度	最小值/（mg/L）	0.03	0.03	0.10	0.02	0.04	0.11
	月份	2021年8月	2020年6月	2021年5月	2021年5月	2020年11月	2021.9
	最大值/（mg/L）	2.62	4.54	2.57	2.57	5.30	1.96
	月份	2019年11月	2019年5月	2019年12月	2019年12月	2020年12月	2018年12月
	变异系数/%	99.41	93.79	81.53	83.88	94.36	77.49

本研究中，硝氮年均湿沉降量和年均浓度在TC、TM、HJZ、DZK和WLQ采样点之间均无显著差异性。这一方面与大气湿沉降的特点有关，湿沉降并不像干沉降那样随时随地都在产生，它只有在发生降雨时产生，这就造成硝氮湿沉降量和浓度的空间特征受控于降水量，而上述采样点之间的气候类型基本保持一致，差异并不显著；另一方面与上述采样点周边硝氮排放的来源较少有关。SG采样点的硝氮湿沉降量和浓度均明显高于其他采样点。SG位于宋岗码头，附近停靠有较多的船只，同时该采样点毗邻一条县级公路文清线（X035）。另外，SG地处人口分布较为稠密的香花镇，人为活动强度较高，机动车数量较多，导致该采样点大气中氮氧化物浓度显著增加。

（3）溶解性有机氮

丹江口水库淅川库区不同采样点溶解性有机氮湿沉降量和浓度的统计特征如图3-25所示，不同采样点溶解性有机氮月湿沉降量和月浓度的变化范围如表3-12所示。库区6个采样点的溶解性有机氮湿沉降量的年均值从大到小依次为：TC（9.49kg/hm^2）、WLQ（7.75kg/hm^2）、TM（7.41kg/hm^2）、DZK（7.19kg/hm^2）、SG（5.87kg/hm^2）和HJZ

(5.71kg/hm²)。溶解性有机氮月湿沉降量在 TC 的变化范围为 0.004（2018 年 10 月）~4.68kg/hm²（2018 年 8 月），变异系数为 142.85%；在 SG 的变化范围为 0.004（2018 年 10 月）~2.89kg/hm²（2018 年 5 月），变异系数为 118.57%；在 TM 的变化范围为 0.004（2018 年 10 月）~4.13kg/hm²（2018 年 6 月），变异系数为 131.32%；在 HJZ 的变化范围为 0.004（2018 年 10 月）~2.94kg/hm²（2018 年 5 月），变异系数为 137.68%；在 DZK 的变化范围为 0.004（2018 年 10 月）~4.56kg/hm²（2018 年 6 月），变异系数为 144.94%；在 WLQ 的变化范围为 0.004（2018 年 10 月）~2.44kg/hm²（2018 年 6 月），变异系数为 97.29%。

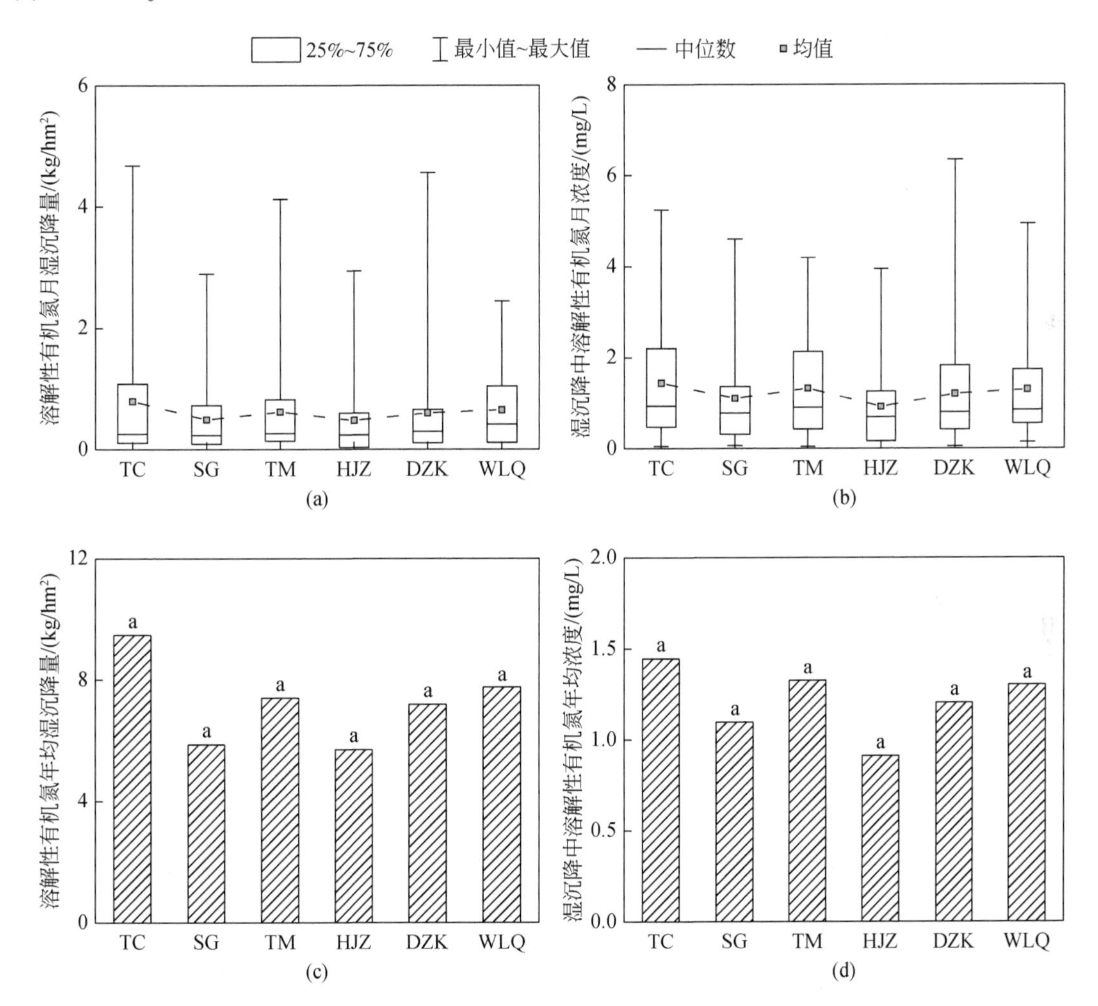

图 3-25 不同采样点湿沉降中溶解性有机氮浓度和沉降量的统计特征

库区 6 个采样点湿沉降中溶解性有机氮浓度的年均值从大到小依次为：TC（1.45mg/L）、TM（1.33mg/L）、WLQ（1.30mg/L）、DZK（1.20mg/L）、SG（1.10mg/L）和 HJZ（0.91mg/L）。溶解性有机氮月浓度在 TC 的变化范围为 0.05（2021 年 8 月）~5.24mg/L（2018 年 8 月），变异系数为 86.84%；在 SG 的变化范围为 0.06（2021 年 7 月）~4.61mg/L

(2019 年 5 月)，变异系数为 100.87%；在 TM 的变化范围为 0.05（2021 年 5 月）~4.19mg/L（2019 年 3 月)，变异系数为 81.24%；在 HJZ 的变化范围为 0.01（2021 年 5 月）~3.95mg/L（2018 年 10 月），变异系数为 96.37%；在 DZK 的变化范围为 0.05（2019 年 8 月）~6.35mg/L（2019 年 9 月），变异系数为 98.74%；在 WLQ 的变化范围为 0.14（2018 年 3 月）~4.94mg/L（2018 年 12 月），变异系数为 83.87%。

表 3-12　不同采样点溶解性有机氮月湿沉降量和月浓度

类别	采样点	TC	SG	TM	HJZ	DZK	WLQ
沉降量	最小值/（kg/hm²）	0.004	0.004	0.004	0.004	0.004	0.004
	月份	2018 年 10 月	2018 年 10 月	2018 年 10 月	2018 年 10 月	2018 年 10 月	2018 年 10 月
	最大值/（kg/hm²）	4.68	2.89	4.13	2.94	4.56	2.44
	月份	2018 年 8 月	2018 年 5 月	2018 年 6 月	2018 年 5 月	2018 年 6 月	2018 年 6 月
	变异系数/%	142.85	118.57	131.32	137.68	144.94	97.29
浓度	最小值/（mg/L）	0.05	0.06	0.05	0.01	0.05	0.14
	月份	2021 年 8 月	2021 年 7 月	2021 年 5 月	2021 年 5 月	2019 年 8 月	2018 年 3 月
	最大值/（mg/L）	5.24	4.61	4.19	3.95	6.35	4.94
	月份	2018 年 8 月	2019 年 5 月	2019 年 3 月	2018 年 10 月	2019 年 9 月	2018 年 12 月
	变异系数/%	86.84	100.87	81.24	96.37	98.74	83.87

本研究中，无论干沉降还是湿沉降，HJZ 的溶解性有机氮年均沉降量均是 6 个采样点中最低的，这是因为 HJZ 位于丹江大观苑景区怀旧林，周围环境清新宜人，风景秀丽，工业活动和农业活动的强度相对较低。这一点也充分证明了库区溶解性有机氮沉降显著受到人为活动的影响。TC 的溶解性有机氮湿沉降量是最高的，这一结果与干沉降中的结果明显是不同的。在干沉降中，溶解性有机氮沉降量在 DZK 是最高的，而 TC 的溶解性有机氮干沉降量低于 DZK 和 WLQ。造成干湿沉降差异的结果与干湿沉降的特点有关，湿沉降显著受控于降水量，而干沉降是一个持续的过程。

本研究中，TC、SG、TM、HJZ、DZK 和 WLQ 6 个采样点的溶解性有机氮湿沉降量对溶解性总氮湿沉降量的贡献率分别为 42.63%、29.12%、30.52%、29.43%、29.28% 和 33.78%，平均贡献率为 32.46%。在中国，溶解性有机氮湿沉降量占溶解性总氮湿沉降量的比例为 4%~79%（Zhang et al., 2008）；在欧洲，溶解性有机氮湿沉降量在溶解性总氮湿沉降量中的贡献率为 2%~38%（Cape et al., 2012）；在美洲，溶解性有机氮湿沉降量占溶解性总氮湿沉降量的 35%~40%（Cornell, 2011）。此外，在人类活动较少的偏远地区，湿沉降中溶解性有机氮在溶解性总氮中贡献相对较高（van Breemen, 2002）。例如，青藏高原东部贡嘎山和云贵高原西侧哀牢山的溶解性有机氮湿沉降量较高，贡献率分别为 43.96% 和 42.40%（Xi et al.，2023）。相比之下，在一些人为活动强烈的地区如大型城市湿沉降中溶解性有机氮在溶解性总氮中的贡献相对较小（Li et al.，2012；Song et al.，2017；Chen et al.，2022）。由此可见，溶解性有机氮是大气氮湿沉降中的重要组成部分，在空间上具有高度的变异性。

（4）溶解性总氮

丹江口水库淅川库区不同采样点溶解性总氮湿沉降量和浓度的统计特征如图 3-26 所示。不同采样点溶解性总氮月湿沉降量和月浓度的变化范围如表 3-13 所示。库区 6 个采样点的溶解性总氮湿沉降量的年均值从大到小依次为：DZK（24.56kg/hm^2）、TM（24.28kg/hm^2）、WLQ（22.94kg/hm^2）、TC（22.26kg/hm^2）、SG（20.16kg/hm^2）和 HJZ（19.40kg/hm^2）。溶解性总氮月湿沉降量在 TC 的变化范围为 0.01（2018 年 10 月）~8.24kg/hm^2（2018 年 6 月），变异系数为 109.58%；在 SG 的变化范围为 0.01（2018 年 10 月）~7.01kg/hm^2（2018 年 5 月），变异系数为 92.01%；在 TM 的变化范围为 0.01（2018

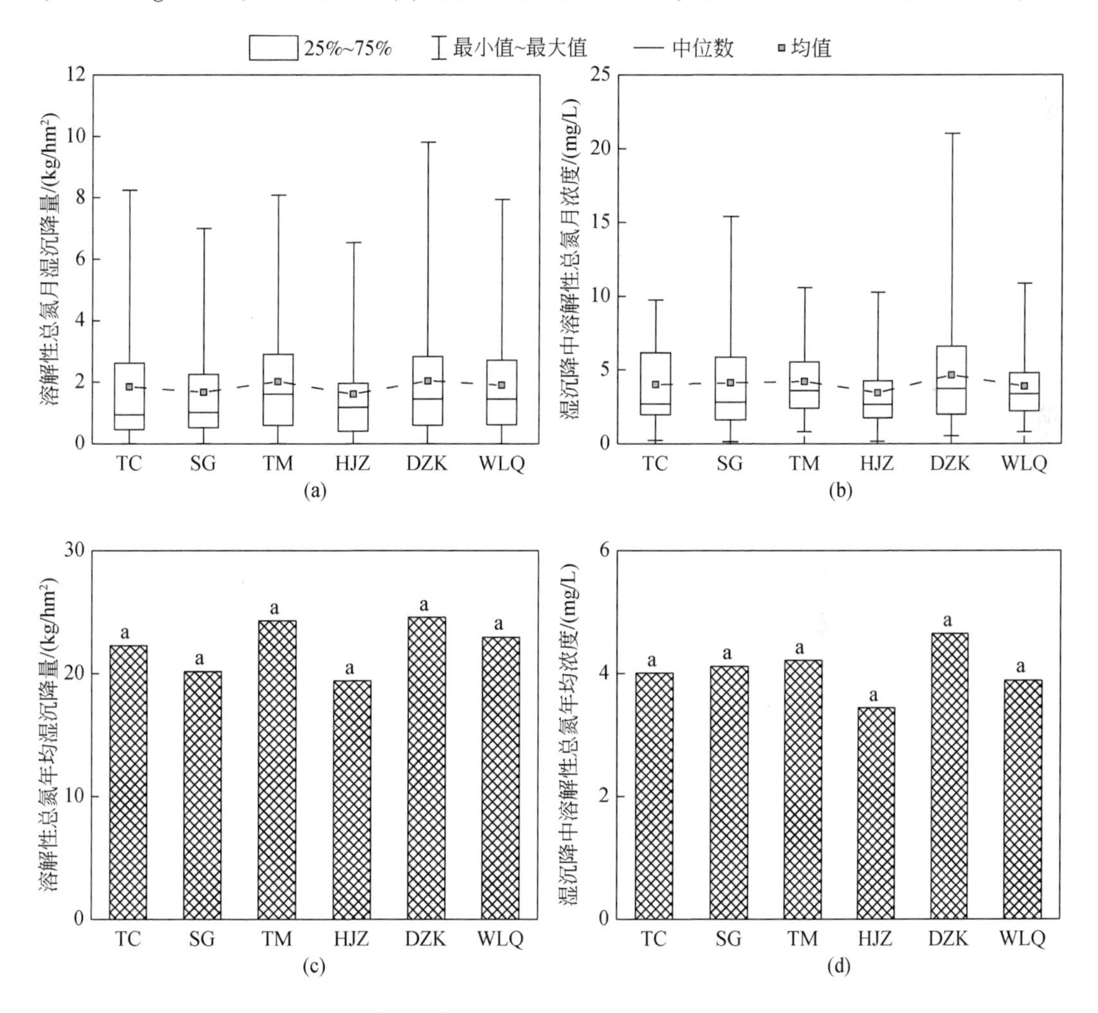

图 3-26　不同采样点湿沉降中溶解性总氮浓度和沉降量的统计特征

年10月）~8.09kg/hm^2（2018年6月），变异系数为86.80%；在HJZ的变化范围为0.01（2018年10月）~6.54kg/hm^2（2018年5月），变异系数为96.97%；在DZK的变化范围为0.01（2018年10月）~9.81kg/hm^2（2018年6月），变异系数为89.66%；在WLQ的变化范围为0.01（2018年10月）~7.94kg/hm^2（2021年8月），变异系数为88.77%。

表3-13　不同采样点溶解性总氮月湿沉降量和月浓度

类别	采样点	TC	SG	TM	HJZ	DZK	WLQ
沉降量	最小值/（kg/hm^2）	0.01	0.01	0.01	0.01	0.01	0.01
	月份	2018年10月	2018年10月	2018年10月	2018年10月	2018年10月	2018年10月
	最大值/（kg/hm^2）	8.24	7.01	8.09	6.54	9.81	7.94
	月份	2018年6月	2018年5月	2018年6月	2018年5月	2018年6月	2021年8月
	变异系数/%	109.58	92.01	86.80	96.97	89.66	88.77
浓度	最小值/（mg/L）	0.24	0.16	0.80	0.17	0.54	0.79
	月份	2021年8月	2021年7月	2021年5月	2021年5月	2020年11月	2020年11月
	最大值/（mg/L）	9.76	15.40	10.57	10.27	21.03	10.86
	月份	2019年12月	2019年5月	2019年2月	2020年12月	2020年12月	2021年1月
	变异系数/%	71.67	80.47	55.41	72.63	76.18	59.12

库区6个采样点湿沉降中溶解性总氮浓度的年均值从大到小依次为：DZK（4.64mg/L）、TM（4.21mg/L）、SG（4.12mg/L）、TC（4.01mg/L）、WLQ（3.89mg/L）和HJZ（3.45mg/L）。溶解性总氮月浓度在TC的变化范围为0.24（2021年8月）~9.76mg/L（2019年12月），变异系数为71.67%；在SG的变化范围为0.16（2021年7月）~15.40mg/L（2019年5月），变异系数为80.47%；在TM的变化范围为0.80（2021年5月）~10.57mg/L（2019年2月），变异系数为55.41%；在HJZ的变化范围为0.17（2021年5月）~10.27mg/L（2020年12月），变异系数为72.63%；在DZK的变化范围为0.54（2020年11月）~21.03mg/L（2020年12月），变异系数为76.18%；在WLQ的变化范围为0.79（2020年11月）~10.86mg/L（2021年1月），变异系数为59.12%。

本研究中，6个采样点的溶解性总氮湿沉降量之间不存在显著差异性，而总氮干沉降量的空间差异性则比较显著，这与干湿沉降的特点有关。湿沉降只有在降水或者降雪时发生，并且6个采样点之间的气候类型差异较小，从而造成不同采样点的溶解性总氮湿沉降量和浓度不具有显著的空间差异性。溶解性总氮的湿沉降量和浓度在DZK是最高的，在HJZ是最低的，这一结果与干沉降中的结果是一致的。DZK采样点位于典型的农业活动区，而HJZ采样点则位于景区。由此可见，农业活动显著影响了丹江口水库淅川库区的氮沉降空间特征。并且，农业活动较为密集的TM、DZK和WLQ采样点的溶解性总氮湿沉降量也明显较高。

库区6个采样点的溶解性总氮湿沉降量的年均值变化范围为19.40~24.56kg/hm^2。叶雪梅等（2002）通过质量平衡法估算出中国湖泊氮沉降产生的营养盐临界负荷为10kg/(hm^2·a)；Zhang等（2020）依据上述湖泊氮沉降临界负荷估算了氮湿沉降对三峡库区的潜在生态效应。由此可见，库区周边6个采样点的溶解性总氮年均湿沉降量均超过了中国湖泊氮沉降临界负荷。此外，6个采样点湿沉降中溶解性总氮年均浓度的变化范围为3.45~4.64mg/L，均高于《地表水环境质量标准》（GB 3838—2002）中的Ⅲ级标准(1.0mg/L)。上述结果表明，长期的氮湿沉降对库区水体中的氮浓度可能存在“施肥效应”，从而导致库区水体中氮浓度的不断增加。因此，氮湿沉降对丹江口水库淅川库区水质的潜在威胁不容忽视。

3.4 氮沉降时空分布的影响因素

影响氮沉降时空分布特征的因素主要有活性氮物质的排放（人为源和自然源）、气候变化、土地利用类型等（马明睿，2020）。通过研究大气氮沉降的影响因素，一方面可以深入了解氮循环过程，有针对性地制定氮沉降控制措施，从而降低氮沉降水平；另一方面可以更好地了解氮沉降对生态系统的影响机制，为生态环境保护和评估气候变化对生态系统的影响提供科学依据。因此，本节基于研究区气象数据和野外观测数据，分析了气象因素对氮沉降时空变化的影响，可以为库区水生态环境的保护提供理论基础。

3.4.1 干沉降

丹江口水库淅川库区不同形态氮干沉降量与气象因素之间的相关性分析结果见表3-14。由表3-14可知，不同形态氮干沉降量受气象因素的影响程度是不同的。氨氮干沉降量受气象因素影响的程度最大，它与平均气温之间存在极显著正相关性，相关系数为0.363；与平均风向之间存在极显著负相关性，相关系数为-0.423；与平均气压之间存在极显著负相关性，相关系数为-0.423；与相对湿度之间存在极显著正相关性，相关系数为0.438；与降水量和平均风速之间则没有相关性。溶解性有机氮干沉降量受气象因素影响的程度相对较小，它仅与平均气温之间存在显著正相关性，相关系数为0.336，与其他气象因素之间则没有相关性。硝氮干沉降量受气象因素影响的程度最小，它与6种气象因素之间均没有相关性。

表3-14 不同形态氮干沉降量与气象因素之间的相关性分析

项目	降水量	平均气温	平均风速	平均风向	平均气压	相对湿度
氨氮	0.212	0.363**	-0.211	-0.423**	-0.423**	0.438**
硝氮	0.265	-0.265	-0.199	-0.181	0.251	0.231
溶解性有机氮	-0.076	0.336*	-0.060	0.134	-0.198	0.054

3.4.1.1 氨氮

平均气温是影响库区氨氮干沉降量的重要因素，两者之间的相关系数为 0.363（$P<0.01$）。氨气是一种通过动物代谢、肥料施用和污水处理等方式排放到环境中的挥发性物质，其挥发的速率通常会受到气温的影响。例如，在较高的气温下，动物的新陈代谢会加快，土壤中的氨气也更容易挥发，从而增加了氨气的排放量。有研究表明，在氮肥施用后大气环境中氨氮浓度会出现峰值，这是因为施用的氮肥大多为尿素，尿素水解过程中会造成土壤 pH 上升，土壤 NH_4^+ 含量快速增加，从而产生大量的氨气挥发（田光明等，2001），而且随着温度的升高，氨气的挥发量越大（王杰飞等，2017）。另外，牲畜家禽的粪便也会向大气环境中排放氨气，这一过程同样受到温度的影响。有学者对养猪场粪便挥发的氨气进行了研究，发现最高日平均温度每升高 1℃，氨气年排放量增加 6.9%（Grant et al., 2016）。因此，平均气温的升高会显著促进土壤中氮肥和畜禽粪便中的氨气挥发，从而显著增加氨氮干沉降量。

平均风向对库区氨氮干沉降量具有显著的影响（$P<0.01$），这是因为风向影响了空气中悬浮颗粒物或气态污染物的传输路径和距离（Zhang et al., 2009）。如果风向长时间吹向一个区域，那么该区域受到污染物的影响可能会较大；反之，如果风向将污染物传输到较远的地方，那么该区域的污染程度可能较低（张宸赫等，2020）。风向也会影响颗粒物或气态污染物的沉降速率。当风向垂直于地面时，污染物的沉降速率通常会增加，因为风能带动颗粒物或气态污染物迅速沉降到地面；而当风向平行于地面时，污染物可能在空气中持续悬浮，导致沉降速率较低。风向会受到地形的影响，尤其在山区或城市建筑密集的区域。因为山脉或高楼大厦可能会改变风向，并产生局部的气流环境，从而影响大气污染物的迁移和沉降。除此之外，风向还可以影响大气中污染物的局部扩散情况。当风向吹向一个封闭的区域时，可能会导致该区域内污染物积聚；而当风向朝向开阔区域时，污染物可能更容易扩散和稀释。丹江口水库淅川库区三面环山，考虑到风向对大气干沉降过程的影响，库区周围独特的地形会加剧风向对氮干沉降过程的影响。

平均气压对库区氨氮干沉降量具有显著的影响（$P<0.01$），其主要通过影响大气的稳定性和对流情况来影响大气污染物的传输和沉降过程。高气压系统通常伴随着晴朗天气和较强的垂直气流。在这种气压系统下，大气比较稳定，空气下沉速度较快，有利于大气污染物的上升和分散。这会导致污染物向上输送，减少了污染物在地表的停留时间，导致干沉降量减少。与高气压相反，低气压系统通常会增强大气的稳定性，使得大气层更加稳定。在这种情况下，污染物更容易积聚在地表附近，并且大气对流活动减弱，导致污染物的扩散和输送能力减弱，进而增加了污染物的干沉降量。

相对湿度和库区氨氮干沉降量之间的相关系数为 0.438，表现出极显著正相关性（$P<0.01$）。相对湿度是空气中水汽含量与该温度下饱和水汽含量之比，其变化会对氮干沉降过程产生影响，主要表现在以下几方面。第一，当大气湿度较高时，大气中的颗粒物（特别是吸湿性颗粒）会吸收和凝结更多的水分。这种吸湿性增强可以促进颗粒物对氮的吸附能力。因此，当相对湿度增加时，颗粒物上的氮可能更容易通过干沉降过程到达地表。第二，相对湿度影响大气边界层的高度和湍流混合作用。高湿度可能导致边界层高度降低，

湍流混合作用减弱，这有利于氮的干沉降。相反，低湿度时，边界层高度较高，湍流混合作用增强，可能会减少氮的干沉降。第三，相对湿度对气溶胶的形成和转化也有影响。高湿度条件下，某些气溶胶可能更容易形成和增加，这可能会改变氮的干沉降过程。第四，相对湿度的增加可能会导致空气密度的增加，从而影响颗粒物质在大气中的扩散速率。第五，相对湿度的变化也可能影响氮物质与其他大气成分之间的化学反应。一些氮化合物在高湿度环境下更容易发生氧化还原反应或与其他大气成分发生反应，从而改变其沉降形式和速率。

值得注意的是，本研究中氨氮干沉降量与平均风速之间无显著相关性（$P>0.05$），这可能是因为风速对氨氮干沉降的影响具有双重性。一方面，较高的风速可能会增加氨氮分子与地面或植被的接触机会，从而增加干沉降量。另一方面，强风也可能导致氨氮在大气中的稀释和扩散，降低其浓度，从而减少干沉降量。这两种相反的作用可能导致平均风速与氨氮干沉降量之间的关系变得复杂和非线性。此外，其他研究结果也报道了干沉降中氨氮干沉降量与平均风速之间不具有显著相关性，例如 Huang 等（2016）对黄淮海平原典型农业生态系统大气氮沉降监测发现氨氮、硝氮干沉降量与风速之间均无显著相关性，这与本书的研究结果是一致的。

3.4.1.2 硝氮

丹江口水库淅川库区硝氮干沉降量与 6 种气象因素之间均无显著相关性（$P>0.05$），分析其原因可能有以下几点。第一，大气环境中硝氮干沉降过程涉及多种大气化学反应，包括硝化、反硝化、光化学转化等。这些反应受到多种气象因素如温度、光照、湿度和风速等的综合影响。然而，这些反应可能在不同的气象条件下有不同的反应速率和路径，导致硝氮干沉降与单一气象因素之间的相关性较弱。第二，硝氮来源的多样性，包括工业排放和交通排放等，具有不同的排放强度、排放高度和排放速率，导致硝氮干沉降与气象因素之间的关系变得复杂化。例如，某些排放源可能在高风速条件下排放更多的硝氮，而其他排放源则可能受温度或湿度的影响更大。第三，虽然气象因素对硝氮干沉降有直接影响，但它们也可能通过影响其他因素来间接影响硝氮干沉降。例如，湿度可以通过影响颗粒物吸湿性和植物叶片表面的水分状况来影响硝氮的干沉降，而风速可以通过影响大气湍流混合及扩散来影响硝氮的传输和分布。这种间接影响导致硝氮干沉降与气象因素之间的相关性变得复杂。第四，硝氮可以通过大气湍流混合和平流传输等过程在不同的高度和地区之间传输。这些过程会受到多种气象因素的影响，如风速、风向和大气稳定性等，导致硝氮干沉降与气象因素之间的关系变得难以预测。第五，硝氮主要以硝酸盐的形式存在，其在大气中的寿命相对较长，可以通过风力和大气湍流进行长距离传输，尤其在高空和平流层中。这种传输可以使硝氮沉降在远离排放源的地区（Sillman and Samson，1993）。

3.4.1.3 溶解性有机氮

丹江口水库淅川库区溶解性有机氮干沉降量与平均气温之间的相关系数为 0.336，表现出显著相关性（$P<0.01$）。分析其原因可能有以下几点。第一，大气环境中有机氮的重要来源之一是植物花粉或者碎屑（郑利霞等，2007）。平均气温的升高可以促进植物的生

长，从而增加植物释放的含氮化合物进入大气。此外，较高的平均气温会促进微生物的活动和代谢过程，从而增加有机氮的产生和分解速率。第二，平均气温可以影响有机氮的化学反应速率。一般来说，随着平均气温的升高，溶解性有机氮参与大气中化学反应如光化学反应和氧化还原反应等的速率会增加。第三，较高的平均气温会加快有机氮在气体-液体之间相互转化的速率，影响有机氮物质在大气和水体之间的分配平衡。第四，平均气温的升高可以改变大气的稳定性，影响气溶胶的形成和传输。气溶胶可以挟带溶解性有机氮在大气中长距离传输，从而影响其在不同地区的分布。例如，Huang 等（2016）发现溶解性有机氮干沉降量与平均气温显著相关（$P<0.01$），并指出随着平均气温的升高，空气中颗粒物、气溶胶和分子的运动和碰撞加速，从而增加了这些物质的对流和沉降。

除平均气温外，溶解性有机氮干沉降量与其他气象因素之间均无显著相关性（$P>0.05$）。本研究分析这一结果与硝氮干沉降量的结果是相似的。已有研究表明，有机含氮化合物中的有机硝酸盐作为氮氧化合物与碳氢化合物的产物，可以通过大气发生远距离运移（郑利霞等，2007）。因此，溶解性有机氮可以在大气环境中发生远距离传输，不再局限于受到当地气象因素的影响，从而表现为溶解性有机氮干沉降量与气象因素之间的相关性较弱。

3.4.2 湿沉降

丹江口水库淅川库区不同形态氮湿沉降量与气象因素之间的相关性分析结果见表 3-15。由表 3-15 可见，库区氨氮、硝氮和溶解性有机氮的湿沉降量与降水量之间的相关系数分别为 0.811、0.615 和 0.602，均表现出极显著正相关性（$P<0.01$）。除降水量外，氨氮湿沉降量与平均气温之间存在极显著正相关性（$P<0.01$），相关系数为 0.453；与平均气压之间存在极显著负相关性（$P<0.01$），相关系数为-0.447；与相对湿度之间存在极显著正相关性（$P<0.01$），相关系数为 0.504。硝氮湿沉降量与平均气温之间存在显著正相关性（$P<0.05$），相关系数为 0.321；与平均气压之间存在显著负相关性（$P<0.05$），相关系数为-0.307；与相对湿度之间存在显著正相关性（$P<0.05$），相关系数为 0.360。溶解性有机氮湿沉降量与平均气温之间存在极显著正相关性（$P<0.01$），相关系数为 0.466；与平均气压之间存在极显著负相关性（$P<0.01$），相关系数为-0.407；与相对湿度之间存在显著正相关性（$P<0.05$），相关系数为 0.319。综上，除平均风速和平均风向之外，其他气象因素与不同形态氮湿沉降量之间均存在显著相关性。

表 3-15　不同形态氮湿沉降量与气象因素之间的相关性分析

项目	降水量	平均气温	平均风速	平均风向	平均气压	相对湿度
氨氮	0.811 **	0.453 **	-0.160	0.153	-0.447 **	0.504 **
硝氮	0.615 **	0.321 *	-0.163	0.007	-0.307 *	0.360 *
溶解性有机氮	0.602 **	0.466 **	-0.121	-0.062	-0.407 **	0.319 *

降水量不仅与氨氮、硝氮和溶解性有机氮的湿沉降量之间存在显著正相关性，而且降

水量对氨氮、硝氮和溶解性有机氮的浓度也有显著影响。库区降水量与氨氮、硝氮和溶解性有机氮的浓度之间的关系如图 3-27 所示。本研究发现库区降水量与氨氮、硝氮和溶解性有机氮的浓度之间存在极显著的负相关性（$P<0.01$），相关系数分别为 0.598、0.599 和 0.426。

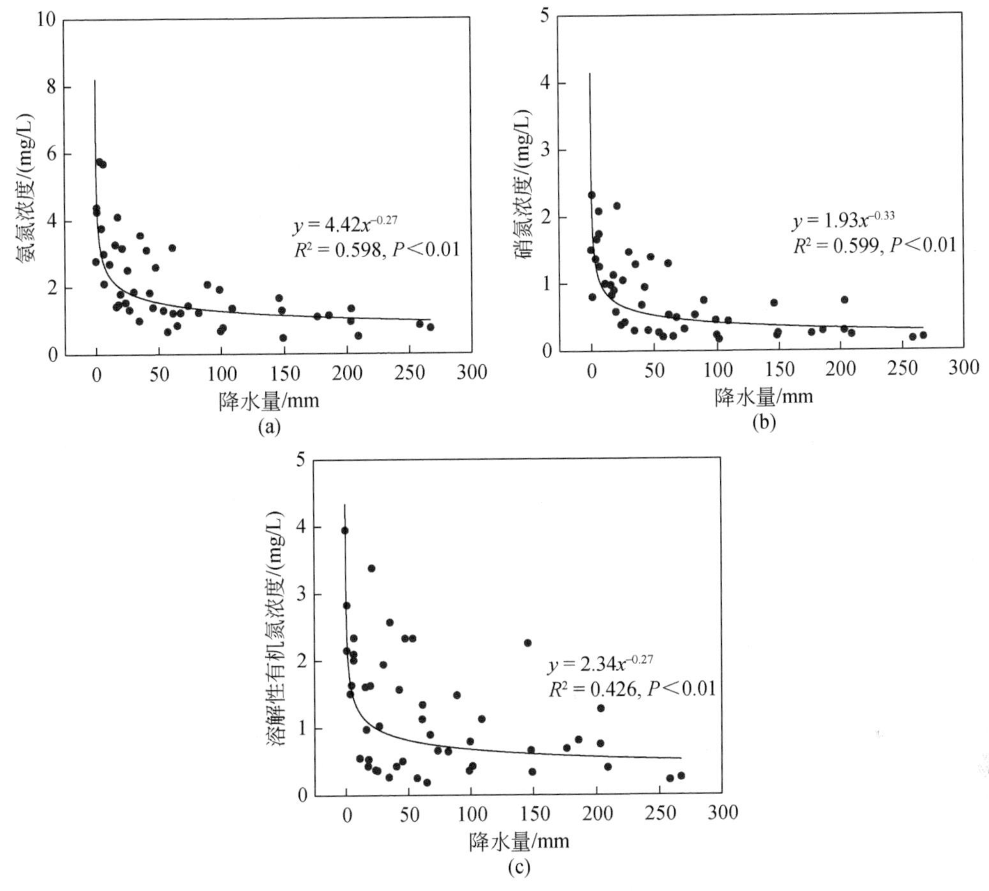

图 3-27　湿沉降中不同形态氮浓度与降水量的关系

3.4.2.1　氨氮

库区氨氮湿沉降量与降水量之间存在极显著正相关性（$P<0.01$）。降水可以对大气中的氨氮进行冲刷，从而增加氨氮的湿沉降量。当降水量增加时，雨水能够更有效地将大气中的氨氮颗粒或气态氨氮冲刷至地面，导致氨氮湿沉降量增加。此外，雨水能够溶解大气中的氨氮，形成氨氮的水溶液。随着降水量的增加，大气中的氨氮与更多的雨水接触并发生溶解，从而增加了氨氮湿沉降量。此外，湿沉降中氨氮浓度和降水量之间存在极显著负相关性，这一结果体现出了降水量对氮沉降的稀释作用，当降水量增加时，更多的雨水进入大气中与氮化合物接触，使得大气中氮化合物的浓度降低。

平均气温和氨氮湿沉降量之间存在极显著正相关性（$P<0.01$）。分析其原因主要有以下几点：第一，平均气温的升高可以加速土壤中的微生物活动，促进土壤释放和生物排

放，导致更多的氨氮释放到大气中。第二，平均气温的升高会影响大气中的化学反应速率，加快氮化合物的化学反应，导致更多的氨氮生成。第三，平均气温的升高可以改变雨水的化学性质，如 pH 和离子组成，会影响雨水与大气中氨氮的相互作用。第四，平均气温的升高可以增加大气中的水蒸气含量，进而增加降水量，有助于增加氨氮湿沉降量。

氨氮湿沉降量和平均气压之间存在极显著负相关性（$P<0.01$），这与氨氮干沉降量的研究结果是相似的。高压系统通常与晴朗、干燥的天气相关，而低压系统可能与多云、湿润的天气相关，湿润的天气条件有利于氨氮的湿沉降。氨氮湿沉降量与相对湿度之间存在极显著的正相关性（$P<0.01$），这与氨氮干沉降量的研究结果是相似的。相对湿度增加意味着大气中水分子的数量增多，会形成更多和更大尺寸的水滴或雾滴，从而增强对大气中氨氮化合物的吸附能力，导致较多的氨氮化合物被吸附到水滴上，并随着降水过程沉降到地面。另外，相对湿度通常与大气稳定性相关，较高的相对湿度会伴随着较强的垂直运动和对流活动，有利于氨氮等污染物向下输送到地表，从而增加湿沉降量。

3.4.2.2 硝氮

库区硝氮湿沉降量和降水量之间存在极显著相关性（$P<0.01$）。降水通过冲刷作用将大气中的氮氧化物从空气中移除。冲刷过程中大气中的氮氧化物与水分接触，并发生溶解作用，随着降水量的增加，更多的氮氧化物被溶解并随雨水沉降到地面。湿沉降中硝氮浓度和降水量之间存在极显著的负相关性，这一结果体现出了降水对湿沉降中硝氮的稀释效应。

库区硝氮湿沉降量和平均气温之间存在显著的正相关性（$P<0.05$），这可能与区域的气候特点有关。丹江口水库淅川库区地处北亚热带和暖温带附近，属于季风型大陆性半湿润气候，春秋季温度适宜，冬季寒冷干燥，夏季高温多雨，表现出雨热同期的气候特点。库区降水量和平均气温之间的相关系数为 0.620，具有极显著正相关性（$P<0.01$）。因此，平均气温通过影响降水量间接地影响了硝氮湿沉降量。

库区硝氮湿沉降量与平均气压之间存在显著的负相关性（$P<0.05$）。低气压区域往往伴随着辐散性气流，大气上升运动明显，容易形成云和降水，因此低气压区域通常对应着较高的降水量。相反，高气压区域通常对应着下沉气流和晴朗天气，降水量相对较少。由于库区降水量和平均气压之间存在极显著的负相关性（$P<0.01$），因此平均气压间接影响了硝氮湿沉降量。

库区硝氮湿沉降量与相对湿度之间存在显著的正相关性（$P<0.05$）。高的相对湿度意味着空气中的水汽含量接近饱和状态，而低的相对湿度则表示空气中的水汽含量较低。高的相对湿度通常是降水的先决条件之一，因为当空气中的水汽达到饱和状态时，就容易形成云和降水。因此，高的相对湿度通常与较高的降水量相关联。由于库区降水量和相对湿度之间存在极显著的正相关性（$P<0.01$），因此相对湿度间接影响了硝氮湿沉降量。

3.4.2.3 溶解性有机氮

丹江口水库淅川库区溶解性有机氮湿沉降量与降水量之间存在极显著的正相关性

($P<0.01$)，这一过程表明降雨的冲刷作用对大气溶解性有机氮化合物有重要影响。有研究表明，湿沉降过程通常包括云内清除（气溶胶或气体参与云滴的形成）和云下清除（云层以下的气溶胶或气体被雨滴冲刷）。不同的去除机制对湿沉降不同形态氮的浓度和沉降量有重要影响（Behera et al.，2013）。许多学者针对大气有机氮的去除机制开展了研究，例如 Matsumoto 等（2019）研究发现雨水中溶解性有机氮浓度与降水量、降雨时间、降雨强度、颗粒相和气相溶解性有机氮浓度之间无相关性，认为雨水对溶解性有机氮的吸收可能发生在高层大气中；Yu 等（2020）研究发现当降水量增加时，溶解性有机氮浓度保持相对稳定，云内清除可能对溶解性有机氮的湿沉降有显著贡献。本研究认为，丹江口水库淅川库区湿沉降中溶解性有机氮主要是在云下被清除，主要证据是溶解性有机氮湿沉降量和降水量之间存在极显著的正相关性，而湿沉降中溶解性有机氮的浓度和降水量之间则存在极显著的负相关性。这一证据可以进一步进行解释：第一，如果库区湿沉降中溶解性有机氮在云内被清除，则降水量和溶解性有机氮浓度之间不应存在极显著的负相关性。第二，湿沉降中溶解性有机氮沉降量与溶解性总氮沉降量的比值为 0.33，而干沉降中这一比值则为 0.42。如果湿沉降中溶解性有机氮通过云内清除到达地面，降水对颗粒物有机氮的冲刷作用以及与云内雨滴本身溶解性有机氮的叠加作用，将导致湿沉降中的溶解性有机氮沉降量与溶解性总氮沉降量的比值高于 0.42。因此湿沉降中的有机氮应是在云下被清除。

平均气温、平均气压、相对湿度和溶解性有机氮湿沉降量之间均存在显著相关性，这与硝氮湿沉降量的研究结果是相似的，这是由于平均气温、平均气压、相对湿度均与降水量之间均存在显著相关性，它们通过影响降水量间接影响溶解性有机氮湿沉降量。

3.5 氮沉降对水库水体外源氮输入的贡献

水库水体的氮输入主要包括两方面：一是通过大气沉降输入的氮，二是通过河流输入的氮（王诗绘等，2021）。大气沉降输入的氮对水库水体具有积累性和不可逆性的特点，其形态主要包括氨氮、硝氮和溶解性有机氮。本节依据丹江口水库淅川库区水域面积、氮沉降特征和丹江口水库主要入库河流的氮输入量，通过计算得出氮沉降对水库水体外源氮输入的贡献、对水体氮浓度的净增量和对水体总初级生产力的贡献，评估氮沉降对丹江口水库淅川库区水体的潜在影响。

3.5.1 氮沉降对水库水体外源氮输入的贡献

已有研究表明，丹江口水库淅川库区的主要入库河流（丹江、老鹳河、淇河）输入的总氮量为 12 223t/a（王书航等，2016）。本研究中，丹江口水库淅川库区水域面积为 546km^2，溶解性总氮干沉降量为 34.72kg/(hm^2 · a)，溶解性总氮湿沉降量为 22.27kg/(hm^2 · a)。因此，根据库区水域面积、主要入库河流的总氮量和溶解性总氮沉降量，可以计算得出氮沉降输入水库水体的总氮量为 3111.62t/a，占河流总氮入库量的 25.46%；干沉降量为 1895.86t/a，湿沉降量为 1215.77t/a，分别占河流总氮入库量的 15.51% 和

9.95%。上述结果表明，虽然河流输入是库区氮素的主要来源，但是氮沉降的输入贡献是不容忽视的。因此，在制定水质管理和控制策略时，需要综合考虑多种氮输入途径，不仅要加强河流输入氮量的监控和控制，还要减少库区大气中的氮氧化物等含氮化合物的排放（Li et al.，2021b）。

氮沉降对不同水体外源氮输入的贡献结果见表3-16。由表3-16可知，对于总沉降来说，除了密云水库的土门西沟小流域（28.57%）和太湖（48.80%）等地区，淅川库区氮沉降对水库水体外源氮输入的贡献比例（25.46%）是相对较高的。对于湿沉降来说，除了太湖地区（13.60%~33.00%），淅川库区氮沉降对水库水体外源氮输入的贡献比例（25.46%）是相对较高的。上述对比结果进一步表明氮沉降引发的入库贡献量是不容忽视的。

表3-16　大气氮沉降量占河流总氮入库量的贡献比例

水体名称	研究时间	溶解性总氮沉降量/[kg/(hm² · a)]		贡献比例/%	文献来源
		干沉降	湿沉降		
千岛湖（街口）	2020年11月~2021年10月	1.47	16.28	8.30	朱梦圆等，2022
千岛湖（淳安县）	2020年11月~2021年10月	2.24	15.76	8.30	朱梦圆等，2022
密云水库（土门西沟小流域）	2019年9月~2020年8月	18.29	20.10	28.57	陈海涛等，2022
密云水库（石匣小流域）	2014年5月~2015年1月	25.95	17.19	15.09	王焕晓等，2018
大河口水库	2014年1月~2014年12月	21.30	7.46	19.91	卢俊平等，2015
崇州西河流域	2017年5月~2018年4月	24.30	36.44	12.17	万柯均，2019
乌梁素海	2018年12月~2019年11月	1.32	5.36	1.33	杜丹丹，2020
滇池	2014年1月~2014年12月		13.63	6.14（湿沉降）	任加国等，2019
三峡库区（小江流域）	2016年1月~2017年12月		13.96	2.10（湿沉降）	张六一，2020
三峡库区（澎溪河）	2016年1月~2016年12月		11.80	1.80（湿沉降）	张六一等，2019
洱海	2020年1月~2020年12月		47.89	6.18（湿沉降）	黄明雨等，2022

续表

水体名称	研究时间	溶解性总氮沉降量 / [kg/(hm² · a)]		贡献比例/%	文献来源
		干沉降	湿沉降		
洱海	2021 年 1 月 ~ 2021 年 12 月	33.44		3.91（干沉降）	黄明雨，2023
武汉东湖	2017 年 7 月 ~ 2018 年 6 月			7.28	彭秋桐等，2019
太湖	2002 年 7 月 ~ 2003 年 6 月		28.07	13.60（湿沉降）	宋玉芝等，2005
太湖	2002 年 7 月 ~ 2003 年 6 月	11.34	34.04	48.80	杨龙元等，2007
太湖	2009 年 8 月 ~ 2010 年 7 月		46.49	18.60（湿沉降）	余辉等，2011
太湖	2017 年 1 月 ~ 2017 年 12 月		24.20	33.00（湿沉降）	张智渊，2019
丹江口水库淅川库区	2017 年 10 月 ~ 2021 年 9 月	37.72	22.27	25.46	本研究

3.5.2 氮沉降对水体氮浓度的净增量

丹江口水库总水域面积为 1050km²，蓄水量达 2.905×10¹⁰m³，其中淅川库区水域面积为 546km²，占比为 52%。淅川库区溶解性总氮沉降量为 56.99kg/(hm² · a)，其中干沉降量为 34.72kg/(hm² · a)，湿沉降量为 22.27kg/(hm² · a)。根据上述数据，本研究计算得出淅川库区溶解性总氮沉降对水体氮浓度的年净增量为 0.216mg/L，其中干沉降对水体氮浓度的年净增量为 0.136mg/L，湿沉降对水体氮浓度的年净增量为 0.080mg/L。根据《地表水环境质量标准》（GB 3838—2002），氮沉降对库区水体氮浓度的年净增量超过了 Ⅰ 类水标准（0.2mg/L）。

不同水体氮浓度对氮沉降响应的净增量见表 3-17。由表 3-17 可知，与太湖和东湖相比，淅川库区水体氮浓度对氮沉降响应的净增量相对较小，这是因为太湖流域高强度的人类社会经济活动导致大气污染物排放量相对较高；武汉东湖属于典型的城市湖泊，人为活动如工业排放、交通排放以及城市生活排放较为剧烈。另外，也与湖泊自身的特性如水体体积、换水周期和湖水的自净能力有关。淅川库区水体氮浓度对氮沉降响应的净增量高于千岛湖、青海湖和天池。这是由于千岛湖是环境保护相对较好和流域开发程度相对较低的区域（朱梦圆等，2022）；青海湖和新疆天池位于我国西部地区，西部地区的经济发展水平相对较低，人类活动强度也相对较低，导致大气污染物的排放量相对较低。上述结果再一次证实了人为活动的强度是影响氮沉降的关键因素。

表 3-17　不同水体氮浓度对氮沉降响应的净增量

水体名称	研究时间	溶解性总氮沉降量 /[(kg/(hm² · a)]			净增量 /[mg/(L · a)]			文献来源
		干	湿	总	干	湿	总	
千岛湖（街口）	2020 年 11 月～2021 年 10 月	1.47	16.28	17.75	0.005	0.052	0.057	朱梦圆等，2022
千岛湖（淳安县）	2020 年 11 月～2021 年 10 月	2.24	15.76	18.00	0.007	0.051	0.058	朱梦圆等，2022
密云水库（土门西沟小流域）	2019 年 9 月～2020 年 8 月	18.29	20.10	38.39	0.082	0.090	0.172	陈海涛等，2022
密云水库（石匣小流域）	2014 年 5 月～2015 年 1 月	25.95	17.19	43.14	0.117	0.077	0.194	王焕晓等，2018
太湖	2002 年 7 月～2003 年 6 月	11.34	34.04	45.38	0.603	1.809	2.412	杨龙元等，2007
乌梁素海	2018 年 12 月～2019 年 11 月	1.32	5.36	6.68	0.054	0.220	0.274	杜丹丹，2020
滇池	2014 年 1 月～2014 年 12 月		13.63			0.346		任加国等，2019
洱海	2020 年 1 月～2020 年 12 月		47.89			0.426		黄明雨等，2022
洱海	2021 年 1 月～2021 年 12 月	33.44			0.298			黄明雨，2023
武汉东湖	2017 年 7 月～2018 年 6 月			22.80			0.620	彭秋桐等，2019
太湖	2009 年 8 月～2010 年 7 月		46.49			2.470		余辉等，2011
太湖	2002 年 7 月～2003 年 6 月		28.07			1.491		宋玉芝等，2005
太湖	2017 年 1 月～2017 年 12 月		24.20			1.286		张智渊，2019
青海湖	2017 年 10 月～2018 年 9 月	3.92			0.023			Zhang et al.，2022
青海湖	2017 年 10 月～2018 年 9 月		16.82			0.099		Zhang et al.，2019
天池	2021 年 1 月～2021 年 12 月	7.54	16.57	24.11	0.012	0.026	0.038	Han et al.，2023
洞庭湖	2016 年 1 月～2016 年 12 月		59.83			0.732		刘超明等，2018
丹江口水库淅川库区	2017 年 10 月～2021 年 9 月	37.72	22.27	56.99	0.136	0.080	0.216	本研究

3.5.3 氮沉降对水体初级生产力的贡献

水体初级生产力是指水体中自养生物（大型水生植物、浮游植物和营光合作用的细菌等）在单位面积和单位时间内，通过光合作用或化学合成制造有机物的速率。研究水体中生产者的生产过程和初级生产力变化规律，以及评估水体初级生产力，对于维护水体生态系统平衡具有重要意义。已有研究表明，水体中的初级生产力由新生产力和再生生产力组成，其中新生产力由外来营养源驱动，而再生生产力由生态系统内的营养源驱动（Bendtsen and Richardson，2020）。大气沉降作为重要的外来营养源，支持了水体中的初级生产力。

溶解性总氮由溶解性无机氮（氨氮和硝氮）和溶解性有机氮组成。溶解性无机氮可以在水体生态系统中被生物完全利用（Camargo and Alonso，2006）。然而，溶解性有机氮的生物可利用度仍然不确定（Yan and Kim，2015；Chen and Huang，2021）。据报道，干沉降中溶解性有机氮的生物可利用度为20%~80%（Yan and Kim，2015）。有学者通过培养实验发现雨水中溶解性有机氮的生物利用度为20%~80%（Peierls and Paerl，1997；Seitzinger and Sanders，1999）。此外，有学者在研究氮沉降的生态效应时，假设干湿沉降中溶解性有机氮的生物可利用度为50%（Xie et al.，2021，2022）。根据上述学者的研究结果，本研究假设库区氮干湿沉降中溶解性有机氮的生物可利用度为50%。因此，根据Redfield 比值（C：N=106：16）（Redfield et al.，1963），丹江口水库淅川库区大气沉降中溶解性总氮支持的新生产力为305.4kg C/(hm^2·a)，对初级生产力的贡献量为32 071.96t C/a。

3.6 小结

大气氮沉降量始终是氮沉降研究者关注的首要内容，它对地表水体外源氮的输入具有重要贡献。丹江口水库水质总体良好，符合Ⅱ类标准，但若总氮参与评价，其水质符合Ⅲ类或Ⅳ类标准，潜在威胁不容忽视。因此，本章以南水北调中线工程水源地丹江口水库淅川库区为研究区，在库区周围设置了6个采样点，通过野外调查、原位试验和室内分析，研究2017年10月~2021年9月大气氮干、湿沉降特征，阐明溶解性总氮、氨氮、硝氮和溶解性有机氮沉降的时空动态变化及其影响因素，揭示氮沉降对库区水体外源氮输入的贡献，为提出有针对性的库区水体氮污染控制途径提供重要的理论基础。通过上述研究，获取的主要结果如下。

1）库区溶解性总氮沉降量为56.99kg/(hm^2·a)，其中干沉降占比为60.92%，湿沉降占比为39.08%。干沉降中，氨氮、硝氮和溶解性有机氮沉降量分别为14.28kg/(hm^2·a)、5.91kg/(hm^2·a）和14.53kg/(hm^2·a)；湿沉降中，氨氮、硝氮和溶解性有机氮沉降量分别为11.14kg/(hm^2·a)、3.89kg/(hm^2·a）和7.24kg/(hm^2·a)。

2）库区溶解性总氮干、湿沉降量在年度上均表现出逐年显著减小的趋势（$P<0.05$）。干沉降量在季节上表现为春季最高（9.13kg/hm^2）、夏季次之（9.07kg/hm^2）和冬季最低（7.60kg/hm^2）；湿沉降量在季节上表现为夏季最高（8.80kg/hm^2）、春季次之（5.52kg/

hm^2）和冬季最低（2.73kg/hm^2）。

3）库区氨氮干、湿沉降量在空间分布上无显著差异性，硝氮和溶解性有机氮的干、湿沉降量在空间分布上存在显著差异性（$P<0.05$）。库周的土地利用类型是驱动氮沉降量空间变化的重要因素。

4）平均气压、平均风向、平均气温和相对湿度是影响氨氮干沉降量的主要因素（$P<0.01$），平均气温是影响溶解性有机氮干沉降量的主要因素（$P<0.05$）；降水量、平均气压、平均气温和相对湿度是影响氨氮、硝氮和溶解性有机氮湿沉降量的主要因素。

5）库区氮沉降入库量为3111.62t/a，占河流外源氮输入的25.46%；库区溶解性总氮沉降对水体氮浓度的年净增量为0.216mg/L；氮沉降对初级生产力的贡献量为32 071.96t C/a。

参考文献

陈海涛，王晓燕，黄静宇，等.2022. 密云水库周边小流域大气氮磷沉降特征研究. 环境科学研究，35（6）：1419-1431.

陈能汪，洪华生，肖健，等.2006. 九龙江流域大气氮干沉降. 生态学报，（8）：2602-2607.

陈能汪，洪华生，张珞平.2008. 九龙江流域大气氮湿沉降研究. 环境科学，（1）：38-46.

陈晓舒，赵同谦，任玉芬，等.2022. 替代面法和推算法在淅川库区氨氮干沉降评估中的适用性分析. 环境科学学报，（12）：423-431.

邓君俊，王体健，李树，等.2009. 南京郊区大气氮化物浓度和氮沉降通量的研究. 气象科学，29（1）：25-30.

邓欧平.2018. 川西平原城乡过渡带大气氮沉降特征及影响因素研究. 雅安：四川农业大学.

杜丹丹.2020. 乌梁素海大气沉降规律及对水体营养状态的影响性分析. 呼和浩特：内蒙古农业大学.

顾峰雪，黄玫，张远东，等.2016. 1961—2010年中国区域氮沉降时空格局模拟研究. 生态学报，36（12）：3591-3600.

郭晓明，金超，孟红旗，等.2021. 丹江口水库淅川库区大气氮湿沉降特征. 生态学报，41（10）：3901-3909.

郭晓明，张清淼，金超，等.2022. 丹江口水库淅川库区大气无机氮干沉降特征. 地球与环境，50（6）：884-891.

郝卓.2016. 亚热带典型流域大气氮湿沉降特征与环境效应及其同位素源解析. 重庆：西南大学.

贺成武，任玉芬，王效科，等.2014. 北京城区大气氮湿沉降特征研究. 环境科学，35（2）：490-494.

黄明雨.2023. 洱海大气氮磷干沉降特征及其影响因素. 环境科学与技术，46（1）：33-38.

黄明雨，吕兴菊，卫志宏，等.2022. 洱海大气氮素湿沉降特征. 地球与环境，50（4）：448-457.

江琪，王飞，张恒德，等.2017. 北京市$PM_{2.5}$和反应性气体浓度的变化特征及其与气象条件的关系. 中国环境科学，37（3）：829-837.

蒋宁洁，王繁强，刘学春，等.2016. 武汉市下垫面变化对大气污染物扩散和气象因素影响的数值模拟. 安全与环境学报，16（6）：270-276.

李仰征，雷兴庆，薛晓辉，等.2020. 纱帽山不同海拔大气氮湿沉降通量差异及递变规律的数学模拟. 环境科学学报，40（9）：3180-3189.

梁亚宇，李丽君，宋志辉，等.2019. 太原地区大气氮湿沉降变化特征. 地球与环境，47（4）：405-411.

刘超明，万献军，曾伟坤，等.2018. 洞庭湖大气氮湿沉降的时空变异. 环境科学学报，38（3）：1137-1146.

刘成 . 2016. 基于土地利用结构的丹江口水库库湾富营养化风险评估 . 武汉：华中农业大学 .
刘冬碧，张小勇，巴瑞先，等 . 2015. 鄂西北丹江口库区大气氮沉降 . 生态学报，35（10）：3419-3427.
刘文竹，王晓燕，樊彦波 . 2014. 大气氮沉降及其对水体氮负荷估算的研究进展 . 环境污染与防治，36（5）：88-93，101.
卢俊平，马太玲，张晓晶，等 . 2015. 典型沙源区水库大气氮干、湿沉降污染特征研究 . 农业环境科学学报，34（12）：2357-2363.
卢俊平，张晓晶，刘廷玺，等 . 2021. 京蒙沙源区水库大气氮沉降变化特征及源解析 . 中国环境科学，41（3）：1034-1044.
罗笠，肖化云 . 2011. 用苔藓氮含量和氮同位素值指示庐山大气氮沉降 . 环境科学研究，24（5）：512-515.
罗玲 . 2019. 丹江口水库淅川库区氮沉降特征研究 . 焦作：河南理工大学 .
马明睿 . 2020. 排放、气象对中国区域氮沉降影响及大气氮传输过程研究 . 广州：暨南大学 .
马儒龙，王章玮，张晓山 . 2021. 城市绿化林中大气氨浓度垂直分布观测 . 环境化学，40（7）：2028-2034.
马志强，王跃思，孙扬，等 . 2007. 北京市与香河县大气臭氧及氮氧化合物的变化特征 . 环境化学，26（6）：832-837.
牛勇，牛远，王琳杰，等 . 2020. 2009—2018 年太湖大气湿沉降氮磷特征对比研究 . 环境科学研究，33（1）：122-129.
农业农村部 . 2019. 中国农业统计资料 . 北京：中国农业出版社 .
彭秋桐，李中强，邓绪伟，等 . 2019. 城市湖泊氮磷沉降输入量及影响因子：以武汉东湖为例 . 环境科学学报，39（8）：2635-2643.
任加国，贾海斌，焦立新，等 . 2019. 滇池大气沉降氮磷形态特征及其入湖负荷贡献 . 环境科学，40（2）：582-589.
宋玉芝，秦伯强，杨龙元，等 . 2005. 大气湿沉降向太湖水生生态系统输送氮的初步估算 . 湖泊科学，（3）：226-230.
田光明，蔡祖聪，曹金留，等 . 2001. 镇江丘陵区稻田化肥氮的氨挥发及其影响因素 . 土壤学报，（3）：324-332.
万柯均 . 2019. 川西小流域氮沉降时空变异特征及其对河流的贡献研究 . 雅安：四川农业大学 .
王焕晓，庞树江，王晓燕，等 . 2018. 小流域大气氮干湿沉降特征 . 环境科学，（12）：5365-5374.
王杰飞，朱潇，沈健林，等 . 2017. 亚热带稻区大气氨/铵态氮污染特征及干湿沉降 . 环境科学，38（6）：2264-2272.
王诗绘，马玉坤，沈珍瑶 . 2021. 氮氧稳定同位素技术用于水体中硝酸盐污染来源解析方面的研究进展 . 北京师范大学学报（自然科学版），57（1）：36-42.
王书航，王雯雯，姜霞，等 . 2016. 丹江口水库水体氮的时空分布及入库通量 . 环境科学研究，29（7）：995-1005.
王姝，冯徽徽，邹滨，等 . 2021. 大气污染沉降监测方法研究进展 . 中国环境科学，41（11）：4961-4972.
王小治，朱建国，高人，等 . 2004. 太湖地区氮素湿沉降动态及生态学意义：以常熟生态站为例 . 应用生态学报，（9）：1616-1620.
王小治，尹微琴，单玉华，等 . 2009. 太湖地区湿沉降中氮磷输入量：以常熟生态站为例 . 应用生态学报，20（10）：2487-2492.
邢建伟，宋金明，袁华茂，等 . 2017. 胶州湾生源要素的大气沉降及其生态效应研究进展 . 应用生态学报，28（1）：353-366.
许志波，杨仪，卞莉，等 . 2019. 太湖大气氮、磷干湿沉降特征 . 环境监控与预警，11（4）：37-42.
杨龙元，秦伯强，胡维平，等 . 2007. 太湖大气氮、磷营养元素干湿沉降率研究 . 海洋与湖沼，（2）：104-110.
叶雪梅，郝吉明，段雷，等 . 2002. 中国主要湖泊营养氮沉降临界负荷的研究 . 环境污染与防治，24（1）：54-58.
余博识，梁亮，郑丹萍，等 . 2020. 亚热带地区典型水库流域氮、磷湿沉降及入湖贡献率估算 . 湖泊科学，32（5）：1463-1472.
余辉，张璐璐，燕姝雯，等 . 2011. 太湖氮磷营养盐大气湿沉降特征及入湖贡献率 . 环境科学研究，24（11）：1210-1219.
曾杰 . 2018. 喀斯特小流域降水化学特征及氮沉降时空差异 . 贵阳：贵州大学 .
翟水晶，杨龙元，胡维平 . 2009. 太湖北部藻类生长旺盛期大气氮、磷沉降特征 . 环境污染与防治，31（4）：5-10.
张宸赫，赵天良，陆忠艳，等 . 2020. 沈阳大气污染物浓度变化及气象因素影响分析 . 环境科学与技术，43（S2）：39-46.
张峰 . 2011. 长乐江流域大气氮、磷沉降及其在区域营养物质循环中的贡献 . 杭州：浙江大学 .
张六一 . 2020. 三峡库区大气氮沉降特征、通量及其对水体氮素的贡献 . 重庆：中国科学院大学（中国科学院重庆绿色智能技术研究院）.
张六一，刘妍霁，符坤，等 . 2019. 三峡库区澎溪河流域氮湿沉特征及其来源 . 中国环境科学，39（12）：4999-5008.
张清淼，郭晓明，赵同谦，等 . 2022. 丹江口水库淅川库区大气磷沉降特征 . 环境科学学报，42（9）：245-252.
张文浩 . 2021. 丹江口库区大气碳氮湿沉降特征研究 . 杨凌：西北农林科技大学 .
张智渊 . 2019. 太湖大气湿沉降氮、磷营养盐特征及其对浮游植物的影响 . 北京：中国环境科学研究院 .
赵宪伟，李橙，杨晶，等 . 2018. 岗南水库上游流域大气氮干湿沉降研究 . 南水北调与水利科技，16（5）：115-121.
郑利霞，刘学军，张福锁 . 2007. 大气有机氮沉降研究进展 . 生态学报，（9）：3828-3834.
周石磊，孙悦，黄廷林，等 . 2020. 周村水库大气湿沉降氮磷及溶解性有机物特征 . 水资源保护，36（3）：52-59.
朱梦圆，程新良，朱可嘉，等 . 2022. 千岛湖大气氮磷干湿沉降特征及周年入库负荷 . 环境科学研究，35（4）：877-886.
Al-Momani I F. 2008. Wet and dry deposition fluxes of inorganic chemical species at a rural site in northern Jordan. Archives of Environmental Contamination and Toxicology, 55: 558-565.
Asman W A H, Sutton M A, Schjørring J K. 1998. Ammonia: emission, atmospheric transport and deposition. The New Phytologist, 139 (1): 27-48.
Bai L, Lu X, Yin S S, et al. 2020. A recent emission inventory of multiple air pollutant, $PM_{2.5}$ chemical species and its spatial-temporal characteristics in central China. Journal of Cleaner Production, 269: 122114.
Behera S N, Sharma M, Aneja V P, et al. 2013. Ammonia in the atmosphere: a review on emission sources, atmospheric chemistry and deposition on terrestrial bodies. Environmental Science and Pollution Research International, 20 (11): 8092-8131.
Bendtsen J, Richardson K. 2020. New production across the shelf-edge in the northeastern North Sea during the stratified summer period. Journal of Marine Systems, 211: 103414.

Bergström A K, Jansson M. 2006. Atmospheric nitrogen deposition has caused nitrogen enrichment and eutrophication of lakes in the northern hemisphere. Global Change Biology, 12 (4): 635-643.

Bronk D A, Glibert P M, Ward B B. 1994. Nitrogen uptake, dissolved organic nitrogen release, and new production. Science, 265 (5180): 1843-1846.

Bronk D A, Lomas M W, Glibert P M, et al. 2000. Total dissolved nitrogen analysis: comparisons between the persulfate, UV and high temperature oxidation methods. Marine Chemistry, 69: 163-178.

Bronk D A, See J H, Bradley P, et al. 2007. DON as a source of bioavailable nitrogen for phytoplankton. Biogeosciences, 4 (3): 283-296.

Burns D A, Bhatt G, Linker L C, et al. 2021. Atmospheric nitrogen deposition in the Chesapeake Bay watershed: a history of change. Atmospheric Environment, 251: 118277.

Camargo J A, Alonso Á. 2006. Ecological and toxicological effects of inorganic nitrogen pollution in aquatic ecosystems: a global assessment. Environment International, 32 (6): 831-849.

Cape J N, Cornell S E, Jickells T D, et al. 2011. Organic nitrogen in the atmosphere—Where does it come from? A review of sources and methods. Atmospheric Research, 102 (1-2): 30-48.

Cape J N, Tang Y S, Gonzúlez-Beníez J M, et al. 2012. Organic nitrogen in precipitation across Europe. Biogeosciences, 9 (11): 4401-4409.

Chen H Y, Huang S Z. 2021. Composition and supply of inorganic and organic nitrogen species in dry and wet atmospheric deposition: use of organic nitrogen composition to calculate the Ocean's external nitrogen flux from the atmosphere. Continental Shelf Research, 213: 104316.

Chen Z L, Huang T, Huang X H, et al. 2019. Characteristics, sources and environmental implications of atmospheric wet nitrogen and sulfur deposition in Yangtze River Delta. Atmospheric Environment, 219: 116904.

Chen S H, Cheng M M, Guo Z, et al. 2020. Enhanced atmospheric ammonia (NH_3) pollution in China from 2008 to 2016: evidence from a combination of observations and emissions. Environmental Pollution, 263: 114421.

Chen Z L, Huang X H, Huang C C, et al. 2022. High atmospheric wet nitrogen deposition and major sources in two cities of Yangtze River Delta: combustion-related NH_3 and non-fossil fuel NO_x. Science of the Total Environment, 806: 150502.

Cornell S E. 2011. Atmospheric nitrogen deposition: revisiting the question of the importance of the organic component. Environmental Pollution, 159 (10): 2214-2222.

Cornell S E, Jickells T D, Cape J N, et al. 2003. Organic nitrogen deposition on land and coastal environments: a review of methods and data. Atmospheric Environment, 37 (16): 2173-2191.

Cui J, Zhou J, Peng Y, et al. 2014. Long-term atmospheric wet deposition of dissolved organic nitrogen in a typical red-soil agro-ecosystem, Southeastern China. Environmental Science: Processes & Impacts, 16 (5): 1050-1058.

Deng O P, Zhang S R, Deng L J, et al. 2019. Atmospheric dry nitrogen deposition and its relationship with local land use in a high nitrogen deposition region. Atmospheric Environment, 203: 114-120.

Deng J M, Nie W, Huang X, et al. 2023. Atmospheric reactive nitrogen deposition from 2010 to 2021 in Lake Taihu and the effects on phytoplankton. Environmental Science & Technology, 57 (21): 8075-8084.

Dey S, Gupta S, Chakraborty A, et al. 2018. Influences of boundary layer phenomena and meteorology on ambient air quality status of an urban area in eastern India. Atmósfera, 31 (1): 69-86.

Du E Z, de Vries W, Galloway J N, et al. 2014. Changes in wet nitrogen deposition in the United States between 1985 and 2012. Environmental Research Letters, 9 (9): 095004.

Fenn M E, Bytnerowicz A, Schilling S L, et al. 2018. On-road emissions of ammonia: an underappreciated source of atmospheric nitrogen deposition. Science of the Total Environment, 625: 909-919.

Fowler D, Pitcairn C, Sutton M A, et al. 1998. The mass budget of atmospheric ammonia in woodland within 1km of livestock buildings. Environmental Pollution, 102 (1): 343-348.

Fowler D, Steadman C E, Stevenson D, et al. 2015. Effects of global change during the 21st century onthe nitrogen cycle. Atmospheric Chemistry and Physics, 15 (24): 13849-13893.

Fu Y D, Xu W, Wen Z, et al. 2020. Enhanced atmospheric nitrogen deposition at a rural site in Northwest China from 2011 to 2018. Atmospheric Research, 245: 105071.

Galloway J N, Townsend A R, Erisman J W, et al. 2008. Transformation of the nitrogen cycle: recent trends, questions, and potential solutions. Science, 320 (5878): 889-892.

Gao Y, He N P, Zhang X Y. 2014. Effects of reactive nitrogen deposition on terrestrial and aquatic ecosystems. Ecological Engineering, 70: 312-318.

Gao Y, Jia Y L, Yu G R, et al. 2019. Anthropogenic reactive nitrogen deposition and associated nutrient limitation effect on gross primary productivity in inland water of China. Journal of Cleaner Production, 208: 530-540.

Geng J W, Li H P, Chen D Q, et al. 2021. Atmospheric nitrogen deposition and its environmental implications at a headwater catchment of Taihu Lake Basin, China. Atmospheric Research, 256: 105566.

Grant R H, Boehm M T, Heber A J. 2016. Ammonia emissions from anaerobic waste lagoons at pork production operations: influence of climate. Agricultural and Forest Meteorology, 228: 73-84.

Guenther A, Hewitt C N, Erickson D, et al. 1995. A global model of natural volatile organic compound emissions. Journal of Geophysical Research: Atmospheres, 100 (D5): 8873-8892.

Guo X M, Zhang Q M, Zhao T Q, et al. 2022. Fluxes, characteristics and influence on the aquatic environment of inorganic nitrogen deposition in the Danjiangkou Reservoir. Ecotoxicology and Environmental Safety, 241: 113814.

Han F, Liu T, Huang Y, et al. 2023. Response of water quality to climate warming and atmospheric deposition in an alpine lake of Tianshan Mountains, Central Asia. Ecological Indicators, 147: 109949.

He J, Balasubramanian R, Burger D F, et al. 2011. Dry and wet atmospheric deposition of nitrogen and phosphorus in Singapore. Atmospheric Environment, 45 (16): 2760-2768.

Hessen D. 2013. Inorganic nitrogen deposition and its impacts on N : P-ratios and lake productivity. Water, 5 (2): 327-341.

Hu Z Y, Wang G X, Sun X Y. 2017. Precipitation and air temperature control the variations of dissolved organic matter along an altitudinal forest gradient, Gongga Mountains, China. Environmental Science and Pollution Research, 24: 10391-10400.

Huang P, Zhang J B, Ma D H, et al. 2016. Atmospheric deposition as an important nitrogen load to a typical agro-ecosystem in the Huang-Huai-Hai Plain. 2. Seasonal and inter-annual variations and their implications (2008–2012). Atmospheric Environment, 129: 1-8.

Jiang C M, Yu W T, Ma Q, et al. 2013. Atmospheric organic nitrogen deposition: analysis of nationwide data and a case study in Northeast China. Environmental Pollution, 182: 430-436.

Jiang X Y, Gao G, Deng J M, et al. 2022. Nitrogen concentration response to the decline in atmospheric nitrogen deposition in a hypereutrophic lake. Environmental Pollution, 300: 118952.

Kirchner M, Fegg W, Römmelt H, et al. 2014. Nitrogen deposition along differently exposed slopes in the Bavarian Alps. Science of the Total Environment, 470: 895-906.

Lee H J, Kim S W, Brioude J, et al. 2014. Transport of NO_x in East Asia identified by satellite and in situ measurements and Lagrangian particle dispersion model simulations. Journal of Geophysical Research: Atmospheres, 119 (5): 2574-2596.

Li J, Fang Y T, Yoh M, et al. 2012. Organic nitrogen deposition in precipitation in metropolitan Guangzhou city of Southern China. Atmospheric Research, 113: 57-67.

Li Y, Schichtel B A, Walker J T, et al. 2016. Increasing importance of deposition of reduced nitrogen in the United States. Proceedings of the National Academy of Sciences of the United States of America, 113 (21): 5874-5879.

Li K H, Liu X J, Geng F Z, et al. 2021a. Inorganic nitrogen deposition in arid land ecosystems of Central Asia. Environmental Science and Pollution Research, 28 (24): 31861-31871.

Li J J, Dong F, Huang A P, et al. 2021b. The migration and transformation of nitrogen in the Danjiangkou Reservoir and upper stream: a review. Water, 13 (19): 2749.

Liu X J, Song L, He C N, et al. 2010. Nitrogen deposition as an important nutrient from the environment and its impact on ecosystems in China. Journal of Arid Land, 2 (2): 137-143.

Liu X J, Duan L, Mo J M, et al. 2011. Nitrogen deposition and its ecological impact in China: an overview. Environmental Pollution, 159 (10): 2251-2264.

Liu X J, Zhang Y, Han W X, et al. 2013. Enhanced nitrogen deposition over China. Nature, 494 (7438): 459-462.

Liu X J, Vitousek P, Chang Y H, et al. 2016. Evidence for a historic change occurring in China. Environmental Science & Technology, 50 (2): 505-506.

Liu L, Zhang X Y, Xu W, et al. 2017. Ground ammonia concentrations over China derived from satellite and atmospheric transport modeling. Remote Sensing, 9 (5): 467.

Liu L, Xu W, Lu X K, et al. 2022. Exploring global changes in agricultural ammonia emissions and their contribution to nitrogen deposition since 1980. Proceedings of the National Academy of Sciences of the United States of America, 119 (14): e2121998119.

Llop E, Pinho P, Ribeiro M C, et al. 2017. Traffic represents the main source of pollution in small Mediterranean urban areas as seen by lichen functional groups. Environmental Science and Pollution Research, 24 (13): 12016-12025.

Luo Y Z, Yang X S, Carley R J, et al. 2003. Effects of geographical location and land use on atmospheric deposition of nitrogen in the State of Connecticut. Environmental Pollution, 124 (3): 437-448.

Luo L, Zhao T Q, Guo X M, et al. 2018. Dry deposition of atmospheric nitrogen in large reservoirs as drinking water sources: a case study from the Danjiangkou Reservoir, China. Environmental Engineering and Management Journal, 17 (9): 2211-2219.

Luo X S, Liu X J, Pan Y P, et al. 2020. Atmospheric reactive nitrogen concentration and deposition trends from 2011 to 2018 at an urban site in North China. Atmospheric Environment, 224: 117298.

Ma M R, Chen W H, Jia S G, et al. 2020. A new method for quantification of regional nitrogen emission-deposition transmission in China. Atmospheric Environment, 227: 117401.

Matsumoto K, Sakata K, Watanabe Y. 2019. Water-soluble and water-insoluble organic nitrogen in the dry and wet deposition. Atmospheric Environment, 218: 117022.

Meira G R, Andrade C, Alonso C, et al. 2007. Salinity of marine aerosols in a Brazilian coastal area–Influence of wind regime. Atmospheric Environment, 41 (38): 8431-8441.

Neff J C, Holland E A, Dentener F J, et al. 2002. The origin, composition and rates of organic nitrogen deposition: a missing piece of the nitrogen cycle? //Boyer E W, Howarth R W. The Nitrogen Cycle at Regional to Global Scales. Dordrecht: Springer Netherlands: 99-136.

Näsholm T, Kielland K, Ganeteg U. 2009. Uptake of organic nitrogen by plants. The New Phytologist, 182 (1): 31-48.

Pan Y P, Wang Y S, Tang G Q, et al. 2012. Wet and dry deposition of atmospheric nitrogen at ten sites in Northern China. Atmospheric Chemistry and Physics, 12 (14): 6515-6535.

Pavuluri C M, Kawamura K, Fu P Q. 2015. Atmospheric chemistry of nitrogenous aerosols in northeastern Asia: biological sources and secondary formation. Atmospheric Chemistry and Physics, 15 (17): 9883-9896.

Peierls B L, Paerl H W. 1997. Bioavailability of atmospheric organic nitrogen deposition to coastal phytoplankton. Limnology and Oceanography, 42 (8): 1819-1823.

Qi J H, Liu X H, Yao X H, et al. 2018. The concentration, source and deposition flux of ammonium and nitrate in atmospheric particles during dust events at a coastal site in Northern China. Atmospheric Chemistry and Physics, 18 (2): 571-586.

Redfield A C, Ketchum B H, Richards F A. 1963. The influence of organisms on the composition of seawater. The Sea, 2: 26-77.

Roberts J M, Williams J, Baumann K, et al. 1998. Measurements of PAN, PPN, and MPAN made during the 1994 and 1995 Nashville Intensives of the Southern Oxidant Study: implications for regional ozone production from biogenic hydrocarbons. Journal of Geophysical Research: Atmospheres, 103 (D17): 22473-22490.

Rockström J, Steffen W, Noone K, et al. 2009. A safe operating space for humanity. Nature, 461 (7263): 472-475.

Seitzinger S P, Sanders R W. 1999. Atmospheric inputs of dissolved organic nitrogen stimulate estuarine bacteria and phytoplankton. Limnology and Oceanography, 44 (3): 721-730.

Shen J L, Li Y, Liu X J, et al. 2013. Atmospheric dry and wet nitrogen deposition on three contrasting land use types of an agricultural catchment in subtropical central China. Atmospheric Environment, 67: 415-424.

Shen J L, Liu J Y, Li Y, et al. 2014. Contribution of atmospheric nitrogen deposition to diffuse pollution in a typical hilly red soil catchment in Southern China. Journal of Environmental Sciences, 26 (9): 1797-1805.

Shen J L, Chen D L, Bai M, et al. 2016. Ammonia deposition in the neighbourhood of an intensive cattle feedlot in Victoria, Australia. Scientific Reports, 6: 32793.

Sillman S, Samson P J. 1993. Nitrogen oxides, regional transport, and ozone air quality: results of a regional-scale model for the Midwestern United States. Water, Air, and Soil Pollution, 67: 117-132.

Song L, Kuang F H, Skiba U, et al. 2017. Bulk deposition of organic and inorganic nitrogen in southwest China from 2008 to 2013. Environmental Pollution, 227: 157-166.

Sun K, Tao L, Miller D J, et al. 2017. Vehicle emissions as an important urban ammonia source in the United States and China. Environmental Science & Technology, 51 (4): 2472-2481.

Teng X L, Hu Q J, Zhang L M, et al. 2017. Identification of major sources of atmospheric NH_3 in an urban environment in Northern China during wintertime. Environmental Science & Technology, 51 (12): 6839-6848.

Tørseth K, Aas W, Breivik K, et al. 2012. Introduction to the European Monitoring and Evaluation Programme (EMEP) and observed atmospheric composition change during 1972—2009. Atmospheric Chemistry and Physics, 12 (12): 5447-5481.

van Breemen N. 2002. Natural organic tendency. Nature, 415 (6870): 381-382.

Vet R, Artz R S, Carou S, et al. 2014. A global assessment of precipitation chemistry and deposition of sulfur, nitrogen, sea salt, base cations, organic acids, acidity and pH, and phosphorus. Atmospheric Environment, 93: 3-100.

Vitousek P M, Aber J D, Howarth R W, et al. 1997. Technical report: human alteration of the global nitrogen cycle: sources and consequences. Ecological Applications, 7 (3): 737-750.

Walker J, Spence P, Kimbrough S, et al. 2008. Inferential model estimates of ammonia dry deposition in the vicinity of a swine production facility. Atmospheric Environment, 42 (14): 3407-3418.

Wang Y, Xia W W, Zhang G J. 2021. What rainfall rates are most important to wet removal of different aerosol types? . Atmospheric Chemistry and Physics, 21 (22): 16797-16816.

Watanabe A, Tsutsuki K, Inoue Y, et al. 2014. Composition of dissolved organic nitrogen in rivers associated with wetlands. Science of the Total Environment, 493: 220-228.

Wen Z, Xu W, Li Q, et al. 2020. Changes of nitrogen deposition in China from 1980 to 2018. Environment International, 144: 106022.

Wen Z, Wang R Y, Li Q, et al. 2022. Spatiotemporal variations of nitrogen and phosphorus deposition across China. Science of the Total Environment, 830: 154740.

Wu L, Wang Z H, Chang T J, et al. 2022. Morphological characteristics of amino acids in wet deposition of Danjiangkou Reservoir in China's South-to-North Water Diversion Project. Environmental Science and Pollution Research International, 29 (48): 73100-73114.

Xi Y, Wang Q F, Zhu J X, et al. 2023. Atmospheric wet organic nitrogen deposition in China: insights from the national observation network. Science of the Total Environment, 898: 165629.

Xiao H W, Wu J F, Luo L, et al. 2020. Enhanced biomass burning as a source of aerosol ammonium over cities in central China in autumn. Environmental Pollution, 266 (P3): 115278.

Xie L, Gao X L, Liu Y L, et al. 2021. Perpetual atmospheric dry deposition exacerbates the unbalance of dissolved inorganic nitrogen and phosphorus in coastal waters: a case study on a mariculture site in North China. Marine Pollution Bulletin, 172: 112866.

Xie L, Gao X L, Liu Y L, et al. 2022. Atmospheric wet deposition serves as an important nutrient supply for coastal ecosystems and fishery resources: insights from a mariculture area in North China. Marine Pollution Bulletin, 182: 114036.

Xing J W, Song J M, Yuan H M, et al. 2017. Fluxes, seasonal patterns and sources of various nutrient species (nitrogen, phosphorus and silicon) in atmospheric wet deposition and their ecological effects on Jiaozhou Bay, North China. Science of the Total Environment, 576: 617-627.

Xu W, Luo X S, Pan Y P, et al. 2015. Quantifying atmospheric nitrogen deposition through a nationwide monitoring network across China. Atmospheric Chemistry and Physics, 15 (21): 12345-12360.

Xu W, Zhao Y H, Liu X J, et al. 2018. Atmospheric nitrogen deposition in the Yangtze River Basin: spatial pattern and source attribution. Environmental Pollution, 232: 546-555.

Yan G, Kim G. 2015. Sources and fluxes of organic nitrogen in precipitation over the southern East Sea/Sea of Japan. Atmospheric Chemistry and Physics, 15 (5): 2761-2774.

Yang R, Hayashi K, Zhu B, et al. 2010. Atmospheric NH_3 and NO_2 concentration and nitrogen deposition in an agricultural catchment of Eastern China. Science of the Total Environment, 408 (20): 4624-4632.

Yu C Q, Huang X, Chen H, et al. 2019. Managing nitrogen to restore water quality in China. Nature, 567 (7749): 516-520.

Yu G R, Jia Y L, He N P, et al. 2019. Stabilization of atmospheric nitrogen deposition in China over the past decade. Nature Geoscience, 12: 424-429.

Yu X, Li D J, Li D, et al. 2020. Enhanced wet deposition of water-soluble organic nitrogen during the harvest season: influence of biomass burning and in-cloud scavenging. Journal of Geophysical Research: Atmospheres,

125 (18): e2020JD032699-1-e2020JD032699-13.

Zamora L M, Prospero J M, Hansell D A. 2011. Organic nitrogen in aerosols and precipitation at Barbados and Miami: implications regarding sources, transport and deposition to the western subtropical North Atlantic. Journal of Geophysical Research: Atmospheres, 116: D20309.

Zhan X Y, Bo Y, Zhou F, et al. 2017. Evidence for the importance of atmospheric nitrogen deposition to eutrophic Lake Dianchi, China. Environmental Science & Technology, 51 (12): 6699-6708.

Zhang Y, Zheng L X, Liu X J, et al. 2008. Evidence for organic N deposition and its anthropogenic sources in China. Atmospheric Environment, 42 (5): 1035-1041.

Zhang L, Vet R, O'Brien J M, et al. 2009. Dry deposition of individual nitrogen species at eight Canadian rural sites. Journal of Geophysical Research: Atmospheres, 114: D02301.

Zhang Y, Song L, Liu X J, et al. 2012. Atmospheric organic nitrogen deposition in China. Atmospheric Environment, 46: 195-204.

Zhang X M, Wu Y Y, Liu X J, et al. 2017. Ammonia emissions may be substantially underestimated in China. Environmental Science & Technology, 51 (21): 12089-12096.

Zhang X, Lin C Y, Zhou X L, et al. 2019. Concentrations, fluxes, and potential sources of nitrogen and phosphorus species in atmospheric wet deposition of the Lake Qinghai Watershed, China. Science of the Total Environment, 682: 523-531.

Zhang L Y, Tian M, Peng C, et al. 2020. Nitrogen wet deposition in the Three Gorges Reservoir Area: characteristics, fluxes, and contributions to the aquatic environment. Science of the Total Environment, 738: 140309.

Zhang X, Lin C Y, Chongyi E, et al. 2022. Atmospheric dry deposition of nitrogen and phosphorus in Lake Qinghai, Tibet Plateau. Atmospheric Pollution Research, 13 (7): 101481.

Zhang Q M, Guo X M, Zhao T Q, et al. 2024. Atmospheric organic nitrogen deposition around the Danjiangkou Reservoir: fluxes, characteristics and evidence of agricultural source. Environmental Pollution, 341: 122906.

Zhao X, Yan X Y, Xiong Z Q, et al. 2009. Spatial and temporal variation of inorganic nitrogen wet deposition to the Yangtze River Delta Region, China. Water, Air, and Soil Pollution, 203: 277-289.

Zhao Y, Xi M X, Zhang Q, et al. 2022. Decline in bulk deposition of air pollutants in China lags behind reductions in emissions. Nature Geoscience, 15 (3): 190-195.

Zheng B, Tong D, Li M, et al. 2018. Trends in China's anthropogenic emissions since 2010 as the consequence of clean air actions. Atmospheric Chemistry and Physics, 18 (19): 14095-14111.

Zhu J X, He N P, Wang Q F, et al. 2015. The composition, spatial patterns, and influencing factors of atmospheric wet nitrogen deposition in Chinese terrestrial ecosystems. Science of the Total Environment, 511: 777-785.

Zhu H Z, Chen Y F, Zhao Y H, et al. 2022. The response of nitrogen deposition in China to recent and future changes in anthropogenic emissions. Journal of Geophysical Research: Atmospheres, 127 (23): e2022JD037437.

第4章 氮沉降化合物的形态特征

4.1 概 述

4.1.1 氮沉降化合物形态的分类

大气氮沉降中氮素形态分为无机态和有机态两种。无机态氮主要包括氨氮和硝氮，其中氨氮沉降主要来自大气中的 NH_3（大气中最丰富的含氮气体和碱性痕量气体）和颗粒态的氨氮。氨氮沉降来源包括农业土壤、氮肥施用、畜禽养殖、化学工业、交通、生物质燃烧等，其中农业排放（施肥、堆肥和畜禽养殖）占比最高（邓欧平，2018）。研究发现，亚洲地区的氨氮排放量呈增加趋势，例如中国氨氮排放量呈指数型上升（Liu et al., 2013），印度近30年来湿沉降中氨氮沉降量从2.7kg/(hm^2·a) 增加到10.45kg/(hm^2·a)（Singh et al., 2017），与农业释放关系密切。

大气中溶解性无机氮可以被初级生产者直接利用，而对溶解性有机氮及其组分，被生物可利用的比例仍有较大的不确定性。有机氮的组成较为复杂。一般地，人们将有机氮分为三类：氧化态有机氮、还原态有机氮和生物/颗粒型有机氮（Neff et al., 2002）。氧化态有机氮主要为有机硝酸盐，它是排放到大气中的碳氢化合物和氧化态无机氮在大气层发生光化学反应的产物（郑利霞等，2007）。还原态有机氮主要包括氨基酸、尿素、甲基化胺等，来源于农业生产活动、海洋以及生物质燃烧的挥发物等。有研究表明，还原态有机氮不易发生远距离运移，主要是近距离沉降（Lin et al., 2010; Miyazaki et al., 2010; Jickells et al., 2013）。生物/颗粒型有机氮包括粉尘、花粉、细菌和生物碎屑等，这些物质均来源于陆地生态系统（许稳，2016）。受人类活动干扰，全球降尘量在逐渐增加，降尘中含有大量的有机氮，增加了有机氮的沉降量（郑利霞等，2007）。

4.1.2 氮沉降化合物的典型组分特征

大气氮沉降中关于有机态氮的研究最早可追溯到20世纪初，英国洛桑实验站对雨水中总溶解有机氮进行了为期几年的研究，结果发现雨水中有机氮浓度最大为2.50μmol/L，平均值为1.4μmol/L，对总氮浓度的贡献约为25%（Cornell, 2011）。氮沉降中有机氮沉降量占总氮沉降量的比例范围有较大跨度，不同区域差异显著，例如de Souza等（2015）研究巴西里约热内卢的大气氮沉降发现，土地利用类型对有机氮沉降量的占比有影响，沉降有机氮的浓度在城市地区为15.7～50.6μmol/L，占溶解性总氮浓度的比例为32%～

56%，在森林地区为10.1～10.9μmol/L，占溶解性总氮浓度的比例为26%～32%；而沿海地区有机氮浓度对溶解性总氮浓度的贡献甚至达到84%（Violaki et al.，2015）。此外，环境污染也会造成有机氮浓度比例发生变化，空气中有机氮浓度占总氮浓度的比例在扬尘事件出现前后从30%上升到80%，扬尘对有机氮的影响不可忽略。

国内对大气有机氮沉降的研究始于20世纪末，有机氮沉降量占总氮沉降量的比例约为35%。例如，我国四川盐亭县的有机氮沉降量占总氮沉降量的32.8%，与农业活动有关（Song L et al.，2017），贵阳地区大气有机氮沉降量对总氮沉降量的贡献为44.8%（Xu et al.，2019），而辽东胶州湾氮湿沉降中有机氮的年均浓度较高，仅次于氨氮浓度（Xing et al.，2017）。依据有机氮沉降量在总氮沉降量中的占比情况，初步估计全球大气有机氮沉降量为10～50Tg/a（Neff et al.，2002）。

有机氮沉降到陆地和水生生态系统后，可以通过多种途径进入生态系统的氮循环中，作为外来能量源和营养源，会产生积极或消极作用。在氮缺乏的生态系统中，有机氮沉降会增加该生态系统中的初级生产力、生物量或有机物质；在氮饱和的生态系统中，有机氮沉降会加速该生态系统的氮流失或水体富营养化（郑利霞等，2007）。此外，有机氮沉降会导致生态系统的群落结构发生变化，如造成水体中有害藻类大量繁殖（Antia et al.，1991）。

为进一步探究有机氮沉降对生态系统的影响，需要对其组成进行分析，明确有机氮沉降中能被生物利用的化合物种类。有研究发现，尿素、氨基化合物和有机胺是有机氮沉降中常被检出的化合物，且这些化合物易被浮游植物吸收利用，会提高生态系统的初级生产力，影响生态系统的稳定性（Sattler et al.，2001）。因此，研究有机氮沉降中尿素、氨基化合物和有机胺组分的变化特征，是进一步研究其对生态系统潜在影响的关键。

(1) 尿素

尿素是大气氮沉降中已被检测出的一类含氮有机化合物，由两个—NH_2与—CO—相连。大气中尿素氮来源广泛，如农业施肥中尿素氮的挥发、蛋白类物质、其他有机氮化合物的分解、动物新陈代谢最终氮产物的排泄、土壤颗粒等（Shi et al.，2010；Violaki and Mihalopoulos，2011；Ho et al.，2016），均会影响大气中尿素含量。大气中的尿素可以通过干、湿沉降方式重新沉降到地面或水体，并影响着氮循环过程。有研究发现，尿素作为一种易被生物吸收利用的氮形态，是造成水体富营养化的主要因素之一（张云，2013）。环境中过量的尿素会增加氨气的释放（Apak，2007），影响生态系统的物质循环（Bogard et al.，2012）。因此，认识大气氮沉降中尿素氮的沉降量、来源和对有机氮的贡献具有重要意义。

尿素在大气有机氮中所占比例因地区和环境介质的差异而不同。通常地，尿素是气溶胶中有机氮的次要成分，在雨水中却是主要成分（Booyens et al.，2019）。例如，Cornell等（2003）研究发现，气溶胶中尿素浓度为18nmol/m^3，而雨水中尿素浓度范围为0.4～10μmol/L；巴西里约热内卢雨水中尿素占总有机氮的27%（de Souza et al.，2015）；希腊克里特岛大气中尿素对有机氮的贡献为20%，在雨水和气溶胶中的浓度分别为2.5μmol/L和2.2nmol/m^3（Violaki and Mihalopoulos，2011）；日本气溶胶中尿素浓度较低（1.7ng/m^3），主要附着于细颗粒物上（Matsumoto et al.，2014），南非草原的气溶胶中尿素含量也较低

(Booyens et al., 2019)。

目前，对尿素沉降的研究集中于欧美国家和地区。有研究表明，我国大气中尿素浓度已远高于其他国家，其原因是我国作为农业大国，对化肥的使用量平均以每年21%的速度递增，势必会造成农业地区尿素的沉降量增加。Ho等（2016）对我国城市大气中$PM_{2.5}$的尿素浓度进行研究，发现北方城市（北京和西安）的尿素浓度明显高于南方城市（厦门和香港），这与农业肥料的施用有关。青岛扬尘期和非扬尘期大气总悬浮颗粒物中尿素的浓度分别为1188ng/m^{3}和636ng/m^3，扬尘中含有大量的尿素（Shi et al., 2010），气溶胶中尿素浓度在沙尘天气也明显升高（韩静，2011）。因此，大气中尿素浓度受农业活动和气象因素影响显著。

（2）氨基化合物

氨基化合物是大气氮沉降中一类重要的含氮有机物，能够对环境和人体健康产生直接影响。大气中氨基化合物的来源比较复杂，普遍认为其来源为生物源和非生物源，其中生物源主要为植物花粉、农业生产活动释放和畜牧业养殖过程的释放等（Scheller, 2001; Miyazaki et al., 2010）。非生物源主要受人为活动的影响，如生物质、化石燃料燃烧等（Yu X et al., 2017）。另外，大气中的氨基化合物可由多肽和蛋白质酶解或光解产生（Sattler et al., 2001）。

氨基酸是氮沉降中重要的有机氮组分，大气中氨基化合物来源复杂，受气候条件影响较大（Yu H L et al., 2017）。例如，Mandalakis等（2011）在东地中海进行了为期6周的气溶胶采样，发现结合态氨基酸（DCAA）浓度［（719±326）pmol/m^3］是游离态氨基酸（DFAA）浓度［（172±147）pmol/m^3］的4倍，其中甘氨酸（Gly）是DFAA和DCAA中检出最多的单个氨基酸，且发现风速与氨基酸浓度呈负相关。Samy等（2013）在美国东南部采集的$PM_{2.5}$样品中发现，DFAA浓度为（11±6）ng/m^3，而DCAA浓度是DFAA的4倍多，为（46±21）ng/m^3，其中Gly和谷氨酸（Glu）是最丰富的氨基酸组分，气候（强降雨）和空气质量条件显著影响了氨基酸的浓度分布。此外，大气中氨基化合物浓度还与当地源和动物饲料释放有关。Barbaro等（2011）在意大利威尼斯市的气溶胶中发现，丙氨酸（Ala）、天冬氨酸（Asp）、Glu和Gly是DFAA中主要的氨基酸组分，主要受陆地来源影响；Booyens等（2019）在南非草原的气溶胶中发现，动物饲料是Gly的主要来源。

国内对氨基化合物的沉降研究集中在城市地区，如青岛（石金辉等，2011；2012）和南昌（程丽琴等，2022；朱慧晓等，2022）。大气中氨基化合物具有明显的季节特征，例如青岛气溶胶中溶解态氨基酸的浓度为2.4～40.9nmol/m^3，春季浓度最高，夏季次之；颗粒态氨基酸的浓度为0.7～76.1nmol/m^3，季节差异表现为春季>冬季>秋季>夏季（石金辉等，2010）。不同地区大气中氨基化合物的浓度差异明显，受陆源影响显著，例如香港地区气溶胶中DFAA浓度为（1264.5±393.0）pmol/m^3，低于我国内陆城市，与珠江附近的农村地区相接近（Ho et al., 2019）；南昌森林地区气溶胶中DFAA的形成与大气光化学过程和热反应有关，受人为活动影响较弱，但土壤源对其贡献较大（朱玉雯等，2021）。

由于氨基酸来源不同，不同地区氨基化合物中主要的氨基酸组分也存在差异。Gly化学结构稳定，是DFAA中最丰富的氨基酸组分（McGregor and Anastasio, 2001；朱济奇等，2020；朱玉雯等，2021；Matsumoto et al., 2021），但也有研究发现，Glu是DFAA中最丰富的氨基酸组分（Barbaro et al.，2011），加利福尼亚州戴维斯检测到鸟氨酸（Orn）是$PM_{2.5}$和雾水中 DFAA 的主要组分（约为 DFAA 的 20%），而丝氨酸（Ser）是$PM_{2.5}$和雾水中结合态氨基酸的主要成分（Zhang and Anastasio，2003）。氨基酸的组分具有季节特征，例如青岛气溶胶中主要的氨基酸为精氨酸（Arg）和丙氨酸（Ara），在不同季节差异显著（石金辉等，2012），西安大气氮沉降中主要的氨基酸为 Gly（Ho et al.，2015）。大气中氨基酸浓度的季节差异与单个优势氨基酸种类、来源和大气条件密切相关。

（3）有机胺

作为含氮有机化合物中最重要的一类（Benner and Kaiser，2011），有机胺对大气化学、全球氮循环和气候变化均有潜在的影响。有机胺的来源包括自然源和人为源，如畜牧业、海洋来源、生物质燃烧、工业加工和汽车尾气（Rappert and Müller，2005；Facchini et al.，2008；de Abrantes et al.，2009；胡佳，2016）。在全球范围内，气态胺的浓度比氨气的浓度低一两个数量级，与采样位置的周边环境有关（Youn et al.，2015）。有研究发现，与氨气相比，胺在中和酸性气溶胶方面具有优势，且在新粒子的形成中发挥着关键作用（Bzdek et al.，2010；Ge et al.，2011a）。有研究发现，夏季与硫酸盐混合的胺类颗粒较多，冬季与硝酸盐混合的胺类颗粒较多，但在春秋季含有胺的颗粒也会与硝酸盐和硫酸盐混合，造成颗粒相中形成胺盐的酸碱反应过程的研究还不深入（Almeida et al.，2013）。

近年来，气溶胶中胺的氧化研究已成热点之一。气象条件、颗粒物性质和大气氧化能力等因素均会影响胺在颗粒物中的分配。有研究发现，较高的相对湿度显著增强了气态胺向颗粒相的分配（Price et al.，2014；Chen et al.，2019）。Zhang G H 等（2012）在上海冬季观察到含胺颗粒的质量分数较高，而 Huang 等（2012）研究发现夏季的含胺颗粒物多于冬季，其差异主要是因为夏季颗粒物酸度和相对湿度大。因此，进一步探索大气中颗粒相胺的组成、形成和演化机制是十分必要的。

大气中最丰富的胺是低分子量的脂肪胺，如甲胺、二甲胺、三甲胺、乙胺、二乙胺、1-丙胺和 1-丁胺（Cheng et al.，2018），海洋、城市以及乡村等大气细粒子中均检出脂肪胺（Smith et al.，2010；Liu et al.，2017）。大气中脂肪胺的浓度受畜牧业影响较大，Lin 等（2010）研究发现，畜禽养殖场周围的大气中甲胺、二甲胺和三甲胺浓度较高，特殊时间甚至高于大气中的氨气浓度，全球由畜牧业生产活动挥发的甲胺约为 0.15Tg N/a。大气中脂肪胺的浓度还与其他因素有关，例如首尔气溶胶中三甲胺、二甲胺和甲胺的浓度分别为 5.35ng/m^3、2.91ng/m^3 和 3.50ng/m^3，对有机氮的贡献为 53.7%，主要受生物质燃烧和空气湿度的影响（Baek et al.，2022）。但有研究发现，大气中脂肪胺虽具有一定浓度，但对总溶解有机氮的贡献不超过 10%，例如地中海海洋气溶胶中三甲胺浓度低于检出限，二甲胺浓度为（0.2 ± 0.8）nmol/m^3，对总溶解有机氮的贡献低于 1%（Violaki et al.，2010）。因此，需根据研究区具体情况开展有机胺的研究工作。

4.1.3 不同形态氮沉降的生态影响

随着社会的发展，工业化和农业现代化技术不断提高，大量化石燃料和化肥的使用使排放进入大气的氮素不断增加，造成大气氮干、湿沉降量增加（Wang et al.，2014）。有研究发现，河流、湖泊、海湾中大量的氮营养元素通过沉降的形式进入水体，输入河口及沿海海域的氮有 20%~40% 来源于大气沉降（Driscoll et al.，2001）。氮沉降会造成藻类和其他浮游生物大量繁殖，使水质发生恶化（Paerl et al.，2011），例如大气氮沉降是切萨皮克湾发生水体富营养化的主要因素（Sheeder et al.，2002）。目前，大气氮沉降已成为水体重要的污染源之一（王焕晓等，2018）。

国内关于大气氮沉降的研究集中在河流、湖泊以及近海海域等，氮沉降对陆地生态系统中氮总量有一定的贡献。研究发现，太湖大气氮湿沉降中总氮的年沉降量为 10 868kg/hm^2，对水体氮负荷的贡献为 18.6%（余辉等，2011）；渤海、黄海和东海 NH_4^+ 和 NO_3^- 的沉降总量分别占河流排放、工业废水和生活污水总量的 39%、87% 和 47%（Xu et al.，2018b），黄海大气氮沉降中，NH_4^+ 和 NO_3^- 沉降量分别占到陆源总输入的 87% 和 47%（韩丽君等，2013）；邹伟等（2011）研究了大亚湾的大气氮沉降特征，发现氮沉降量占河流氮输入的 53%，说明大气氮沉降对水体氮贡献影响明显。不断增加的氮沉降量会破坏水生生态系统，对生态环境造成不可预估的影响。

据估算，人为源的活性氮通量已接近 140Tg/a（Duce et al.，2008），其中 55% ~60% 的人为源活性氮会以 NH_y 或 NO_x 的形式返回大气中，而 70% ~80% 返回大气中的活性氮又通过沉降方式进入陆地或水体（谢迎新等，2010）。若这些活性氮全部被海洋生物利用，对海洋新生产力的贡献约为 3%，若仅考虑外源性氮产生的新生产力，则贡献率可高达 32%（Duce et al.，2008）。有研究表明，大气氮沉降对水体新生产力的贡献在 0.35%~30%（Chen and Huang，2021），例如东海南部大气沉降所产生的新生产力为 17.5g C/(m^2·a)，对海洋外源氮的贡献率为 26.6%（Chen and Huang，2021），阿拉伯海域大气氮沉降为水体提供了 5.3% 的初级生产力，且氮沉降促进了表层水域新氮库（循环氮+上升流氮+气溶胶）的生成（Bikkina et al.，2021）。

有学者估算了全球降水中氮素的占比情况，发现降水中无机氮含量占可溶性氮含量的 64.3%，有机氮含量占 35.7%（Meybeck，1982）。氮沉降是我国重要流域中氮素输入的主要来源，例如降水输入长江流域的总氮为 160.2 万 t，其中无机氮占 67.9%，有机氮占 32.1%（Shen et al.，2003）。氮沉降中有机氮组分被生物利用的比例较高，生物可利用 20%~75% 的有机氮（Seitzinger and Sanders，1999），其中尿素和氨基酸可被浮游植物直接利用（张桂成，2015）。也有研究发现，湿沉降中有机氮占总氮的比例为 30%，且 20%~30% 的有机氮能被初级生产者迅速利用，周转时间为几小时到几天（Peierls and Paerl，1997）。大气有机氮是生物可利用氮的重要源之一，特别是对寡营养水域的影响更为突出（Violaki et al.，2010），应关注氮沉降对水体氮的贡献。

基于以上研究成果可知，厘清氮沉降化合物的形态及典型组分特征是进一步研究氮沉降对生态系统影响的关键。本章通过采集丹江口水库干、湿沉降样品，系统分析氮沉降组分特征，阐明有机氮沉降化合物中典型组分（尿素、氨基酸和有机胺）时空特征，结合库区周边季节与农业活动等因素的变化情况，揭示氮沉降化合物各形态的变化规律及其对水生生态系统的潜在影响，为丹江口水库氮素控制和水生生态系统保护提供理论和数据支撑。

4.2 材料与方法

4.2.1 样品采集

无机氮和有机氮样品采样方法见第3章。尿素和氨基酸沉降样品的采集方法同无机氮和有机氮；利用TSP综合采样器（2021型，青岛崂应）采集库区大气中有机胺样品，流量为100L/min，Whatman石英滤膜（500℃焙烧4 h），冷却并平衡24 h后称重，样品采集后低温保存。有机氮组分的样品采集时间为2019年1月~2021年11月，其中尿素沉降样品采集时间为2019年1月~2020年9月，氨基酸干、湿沉降样品采集时间分别为2019年1月~2021年8月和2019年1月~2020年8月，大气有机胺样品采集时间为2020年12月~2021年11月。

为进一步了解农业活动对氮沉降的影响，选择当地主要农作物（小麦和玉米）种植期间进行了加密采样，每次加密采样周期为15天，每3天收集一次干沉降样品。具体时间为2019年3月3~15日、5月28日~6月9日和9月20日~10月2日。

4.2.2 测定方法

（1）尿素

采用二乙酰一肟-氨基硫脲分光光度法（刘思言等，2014）测定样品中尿素含量。在5mL尿素标准溶液（或0.45μm滤膜过滤后的样品）中加入5mL显色剂，混匀后置于90℃水浴反应30min，冷却至室温后，利用紫外分光光度计（岛津UV-2600，日本）测定525nm波长下样品的吸光度。显色剂由二乙酰一肟溶液与酸性试剂按1∶2的体积比混合，酸性试剂由浓硫酸（98%）和浓磷酸（85%）按3∶1的体积比混合。

（2）氨基酸

采用邻苯二甲醛柱前衍生-高效液相色谱-荧光检测器（OPA-HPLC-FLD）联用技术，通过OPA和*N*-乙酰半胱氨酸（NAC）柱前衍生，在C_{18}柱上分离后，测定样品中氨基化合物浓度（Zhang and Anastasio，2003；Matsumoto and Uematsu，2005）。衍生化过程：取500μL样品于样品瓶中，依次加入100μL抗坏血酸钠、300μL NAC和50μL OPA溶液，避光，在40℃水浴下反应5min后，进行分析测定。

岛津LC-20AT液相色谱仪，流动相A为0.05mol/L乙酸钠溶液（乙酸调节pH为6.5±0.05）；流动相B为乙腈∶甲醇（*V*∶*V*）为3∶7；荧光检测器激发波长Ex=330nm，发射波长Em=440nm；采用二元梯度洗脱方法进行分离，流动相洗脱梯度程序如表4-1所示。

1）溶解性总氨基酸（DTAA）的测定：采用液相酸水解法（Gorzelska and Galloway，1990），取500μL过滤后样品于棕色安培瓶中，依次加入50μL抗坏血酸（20mg/mL）和200μL HCL（6mol/L含有0.1%的苯酚），混匀后充入高纯氮气并封口，在110℃下水解22 h。水解结束后，用氮吹法去除样品中多余的酸，调节溶液pH为8.0左右，样品经

0.22μm 滤膜过滤后分析测定。

2）DFAA 的测定：样品经0.22μm 滤膜过滤后，进行分析测定；DCAA 的浓度利用差减法获得（DTAA 与 DFAA 之差）。

表4-1　流动相洗脱梯度

时间/min	流动相 A/%	流动相 B/%	流速/(mL/min)
0	90	10	1.0
35	60	40	1.0
45	10	90	1.0
52	90	10	1.0
60	90	10	1.0

(3) 有机胺

有机胺样品的预处理方法见 Gorzelska 和 Galloway（1990）的研究，取1/4 或者1/2 样品滤膜剪碎并置于棕色瓶内，加入20mL Milli-Q 超纯水超声15~20min，重复3~4 次。将超声后的溶液合并，加入4mL NaOH 溶液（10mol/L）和1mL 苯磺酰氯（BSC）并密封，常温下搅拌30min；再加入5mL NaOH 溶液（10mol/L）并密封，80℃条件下搅拌30min；将烧瓶置于冰水中冷却至室温，用36.5% HCl 调节样品 pH（约5.5），用10mL 二氯甲烷提取溶液中的有机相，用0.05mol/L 碳酸钠溶液洗涤，溶液旋转蒸发至1mL，氮吹后用正己烷定容，样品经气相色谱-质谱法（GC-MS）分析测定。

色谱柱升温程序：初始温度80℃，保留1min，以5℃/min 升至180℃，10℃/min 升至240℃，最后以25℃/min 升至290℃，保留10min。进样口温度：290℃；GC-MS 传输线温度：290℃；载气：高纯氦气；载气流量：1.56mL/min；进样方式：不分流进样；质谱离子源：电子轰击源（EI，70eV）；质谱扫描质量范围：50~450m/z。

4.2.3　数据分析

干湿沉降量和沉降对水体氮浓度净增量的计算公式均见第3 章。

采用 ArcGIS 平台反距离加权插值法对氮沉降量进行插值计算。根据已知点与预测点间距离的远近判断其相似性，对已知点和预测点间的距离进行加权平均，距离近则权重大（张海平等，2017）。

4.3　氮沉降的组分特征

氮沉降主要由无机氮和有机氮组成。无机氮的组成物种主要包括氨氮、硝氮和亚硝氮，由于亚硝氮在总氮中占比较小，因此，在无机氮沉降研究中以氨氮和硝氮为主（An et al.，2022）。有机氮由多种化合物组成，如肽和溶解的游离氨基酸、尿素、胺类、脂肪族含氧含氮化合物和一些芳香（环）化合物（Cape et al.，2011；Cornell，2011；Ge et al.，

2011a)。已有研究表明，大气环境中有机含氮化合物达到了将近 400 种，主要包括有机硝酸盐（氧化态有机氮）、还原态有机氮和生物有机氮。从来源看，氨氮主要来自农业活动、化石燃料燃烧和 NH_3 释放，其中，畜牧业中动物排放的粪便和农业种植过程中施用的含氮化肥是空气中 NH_3 的主要来源（Olivier et al.，1998），车辆排放的 NH_3 对城市地区空气中氨氮有较大贡献（Sun et al.，2017）。硝氮主要来源于化石燃料和生物质燃烧（Liu et al.，2016；Fang et al.，2017）；另外，土壤 NO_x 排放也是大气中氮氧化物的重要来源（Li et al.，2008）。有机氮的来源非常复杂，化石燃料燃烧和农业活动均可能是大气中有机氮的排放源（Zhang Y et al.，2012）。受有机氮化合物种类影响，目前，分析量化氮沉降中有机氮的来源仍然面临巨大挑战。

丹江口水库是南水北调中线工程核心水源地，也是国家一级水源保护区。当地政府在执行严格的环境保护措施之后，库区周边的工业污染较少，但库区周边的耕地面积较广，且丹江口水库淅川库区位于我国农业大省河南省南阳市，该市的农作物种植面积在省内最大。有研究发现，河南省无机氮的沉降水平处于较高水平（Liu et al.，2010），南阳市大气中 NH_3 浓度在省内最高（Bai et al.，2020）。因此，氨氮相较于硝氮而言，可能是丹江口水库淅川库区无机氮沉降中的优势污染物。本节通过对丹江口水库淅川库区氮沉降特征开展系统研究，分析无机氮沉降的组成以及对总氮的贡献，进而对库区氮沉降水平有全面的了解。

4.3.1 干沉降中无机氮的组成

干沉降中无机氮的组成如图 4-1 所示。2017 年 10 月～2018 年 9 月，无机氮中氨氮沉降量占比为 59.4%，硝氮沉降量占比为 40.6%；2018 年 10 月～2019 年 9 月，无机氮中氨氮沉降量占比为 70.7%，硝氮沉降量占比为 29.3%；2019 年 10 月～2020 年 9 月，无机氮中氨氮沉降量占比为 77.0%，硝氮沉降量占比为 23.0%；2020 年 10 月～2021 年 9 月，无机氮中氨氮沉降量占比为 78.6%，硝氮沉降量占比为 21.4%。研究期内，氨氮与硝氮干沉降量的比值呈逐年上升趋势，由 1.46（2017 年 10 月～2018 年 9 月）增加至 3.67（2020 年 10 月～2021 年 9 月），增加了 151.4%，这一结果表明氨氮在无机氮干沉降中的占比逐渐增加。

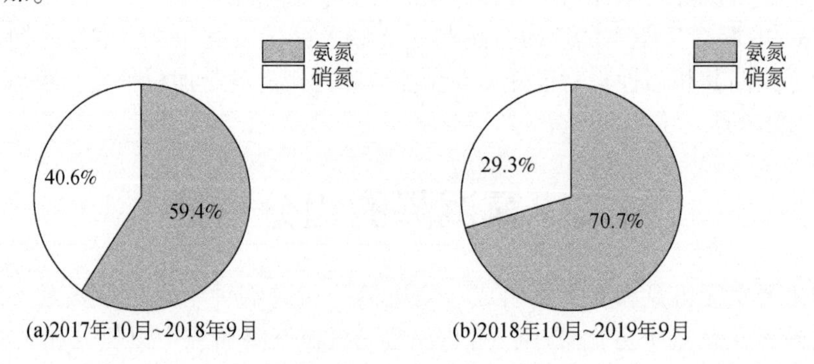

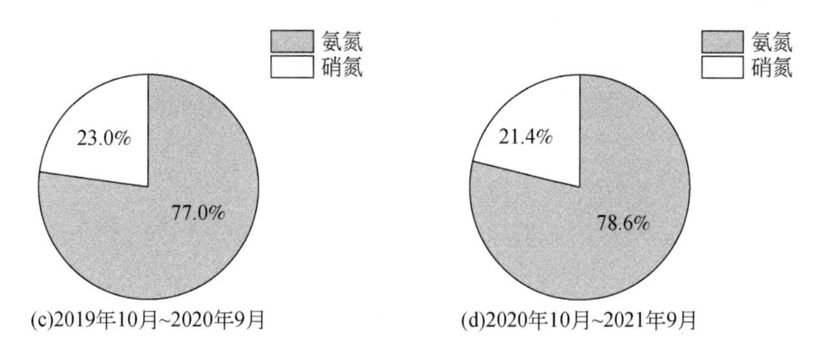

图 4-1 丹江口水库淅川库区干沉降中无机氮的组成

4. 3. 2 湿沉降中无机氮的组成

湿沉降中无机氮的组成如图 4-2 所示，2017 年 10 月 ~ 2018 年 9 月，无机氮中氨氮沉降量占比为 71. 2%，硝氮沉降量占比为 28. 8%；2018 年 10 月 ~ 2019 年 9 月，无机氮中氨氮沉降量占比为 74. 4%，硝氮沉降量占比为 25. 6%；2019 年 10 月 ~ 2020 年 9 月，无机氮中氨氮沉降量占比为 71. 7%，硝氮沉降量占比为 28. 3%；2020 年 10 月 ~ 2021 年 9 月，无机氮中氨氮沉降量占比为 79. 7%，硝氮沉降量占比为 20. 3%。研究期内，氨氮与硝氮湿沉降量比值的变化范围为 2. 47（2017 年 10 月 ~ 2018 年 9 月）~ 3. 93（2020 年 10 月 ~ 2021 年 9 月），增加了 59. 1%。

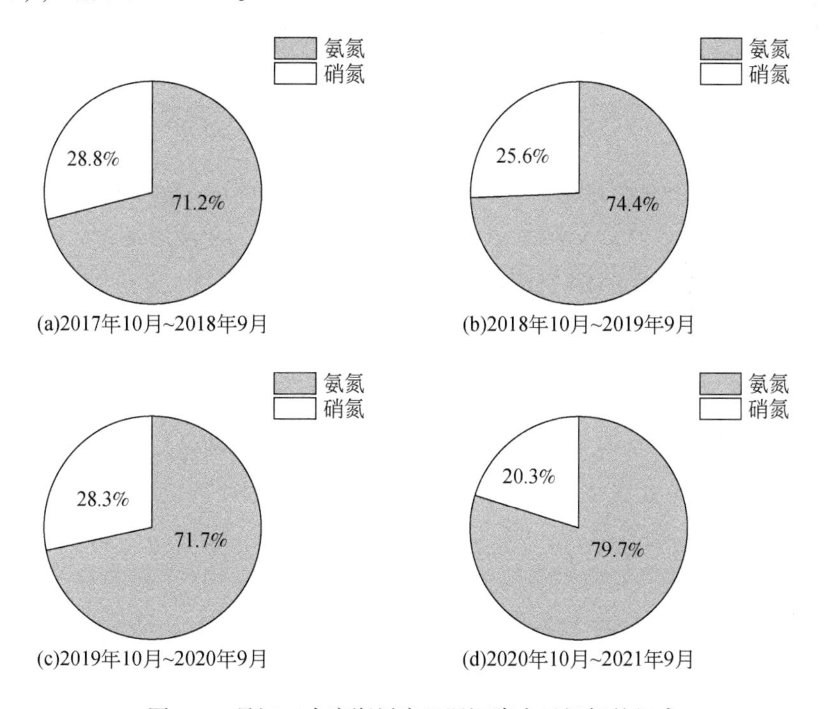

图 4-2 丹江口水库淅川库区湿沉降中无机氮的组成

上述结果表明，无论是干沉降还是湿沉降，氨氮均是无机氮沉降中的优势组分，说明库区农业源排放的含氮化合物对库区无机氮沉降具有重要贡献，这一结果也与库区周边经济以农业为主，工业相对不发达的实际情况相吻合。卫星观测数据研究发现，河南省是全国 NH_3 排放量较高的省（自治区、直辖市）之一（Liu et al.，2017）。因此减缓氨氮沉降量应该是解决丹江口水库淅川库区氮沉降问题的优先事项。

氨氮与硝氮沉降量比值在研究期内均表现出大幅度增加，在干沉降中增加了 151.4%，在湿沉降中增加了 59.1%，表明氨氮在无机氮沉降中的重要性逐年增加。美国作为全球氮沉降热点区之一，活性氮的沉降已经从以硝氮为主转变为以氨氮为主，氨氮在美国氮沉降的重要性日益增加（Li et al.，2016）。有研究发现，同样作为氮沉降热点区之一的中国，氨氮主导了中国的无机氮沉降（Xu et al.，2018a）。全国范围内，氨氮与硝氮沉降量比值从 1.30（2008 年）下降到 1.08（2011 年），随后又上升到 1.56（2017 年），这一变化归因于 2011 年以后硝氮沉降量的下降和氨氮沉降量的持续增加（Liu et al.，2020）。此外，研究期内库区干沉降中氨氮与硝氮沉降量比值的增加量远高于湿沉降。有研究预测，2015 ~ 2030 年，我国 NO_x 和 SO_2 排放的减少将增加氨氮的干沉降。因此，在无机氮干沉降的研究中应更多地关注氨氮。

4.3.3 无机氮沉降对总氮沉降的贡献

干沉降中无机氮沉降在总氮沉降中的占比为 48.2%~72.5%，2017 年 10 月 ~2018 年 9 月、2018 年 10 月 ~2019 年 9 月、2019 年 10 月 ~2020 年 9 月、2020 年 10 月 ~2021 年 9 月，无机氮沉降在总氮沉降中的占比分别为 62.3%、50.7%、48.2% 和 72.5%。其中，研究期的第一年和最后一年，无机氮在总氮沉降中的占比较高，而在第二年和第三年，无机氮在总氮沉降中的占比略等于有机氮。研究期内，无机氮在总氮沉降中的占比从 62.3% 增加至 72.5%。

湿沉降中无机氮沉降在总氮沉降中的占比范围为 63.7%~80.5%，2017 年 10 月 ~ 2018 年 9 月、2018 年 10 月 ~2019 年 9 月、2019 年 10 月 ~2020 年 9 月、2020 年 10 月 ~ 2021 年 9 月，无机氮沉降在总氮沉降中的占比分别为 64.5%、64.0%、63.7% 和 80.5%。研究期的前三年，无机氮沉降在总氮沉降中的占比相差较小，无机氮沉降在总氮沉降中的占比在第四年达到最大。研究期内，无机氮沉降在总氮沉降中的占比从 64.5% 增加至 80.5%。

上述结果表明，研究期内无机氮沉降在总氮干湿沉降中的占比呈现出了增长的趋势，其中，干沉降中增加了 10.2 个百分点，湿沉降中增加了 16 个百分点。从全球尺度氮沉降模拟研究结果来看，无机氮沉降从 88.6Tg/a 增加到了 93.6Tg/a，增加了 6%（Ackerman et al.，2019）。我国氮沉降监测网络研究结果表明，1980 ~ 2010 年我国的无机氮湿沉降量从 13.2kg/(hm^2·a) 增加至 21.1kg/(hm^2·a)（Liu et al.，2013）。此外，无机氮沉降具有较高的生物利用性，可以被生态系统中的动植物直接吸收（Camargo and Alonso，2006），氮沉降中有机氮的生物利用率为 20%~80%（Seitzinger and Sanders，1999；Yan and Kim，2015）。因此，考虑到丹江口水库淅川库区的水源地属性，无机氮沉降的量特征和来源解析是未来研究中需要重点关注的内容之一。

4.3.4 有机氮沉降对总氮沉降的贡献

有机氮是氮沉降中重要的组成部分，其生物利用率与无机氮同等重要，尤其在氮有限的生态系统中显得尤为重要（Bronk et al., 2007；Näsholm et al., 2009）。有研究发现，有机氮沉降量在总氮沉降量中的比例为 11%~56%，均值为 30%（Neff et al., 2002；Cape et al., 2011；Cornell, 2011）。我国有机氮沉降量对总氮沉降量的贡献率为 7%~67%，均值为 28%（Reay et al., 2008；Zhang Y et al., 2012）。随着有机氮对大气氮沉降的贡献越来越高，学者开始关注有机氮沉降特征、来源及其对水生生态系统的影响效应。

4.3.4.1 干沉降中有机氮对总氮的贡献

丹江口水库干沉降中有机氮对总氮的贡献情况见图 4-3。研究期内，有机氮对总氮的贡献率为 27.5%~51.8%，均值为 41.58%，整体处于较高水平。有研究发现，氮干沉降中有机氮占比在秋季较高（王焕晓等，2018），其原因是大气中生物质和颗粒态有机氮是有机氮的重要来源（郑利霞等，2007），秋季多风少雨的气候环境造成扬尘中土壤颗粒物增加，导致干沉降中有机氮占比较高。例如，广东韶关地区干沉降中有机氮占总氮的比例偏高，在 18.5%~52.7%，其中有 9 个月高于 35%，与当地湿度、气温、风速、风压等气象因素有关（刘思言等，2014）；西藏东南部氮沉降中，有机氮占总氮沉降量的 36.5%，夏季有机氮的沉降量较高，主要受花粉粒影响显著（Wang et al., 2018）。丹江口水库干沉降中有机氮占总氮的比例与韶关和西藏东南部地区相似。

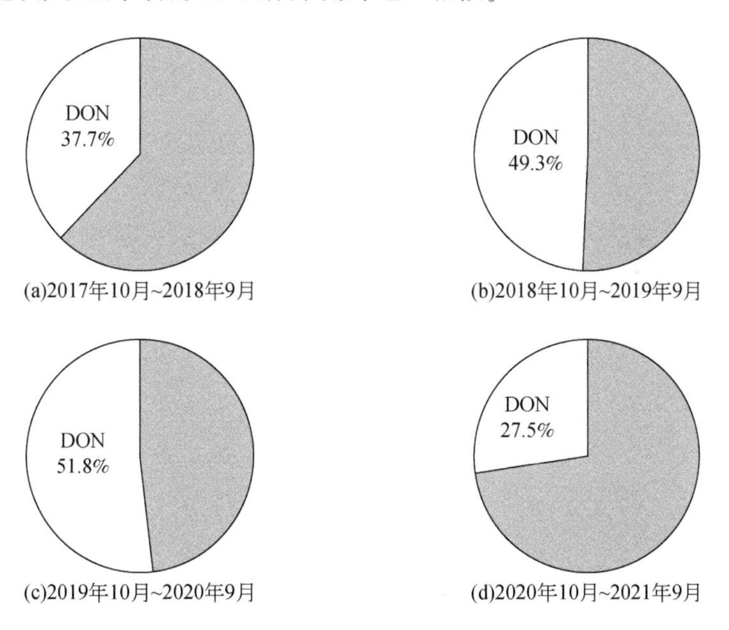

图 4-3 干沉降中有机氮对总氮的贡献

大气中有机氮的来源包括氮氧化物和碳氢化合物反应的副产物、降水中的有机氮（Neff et al.，2002），还可能与无机氮的来源相似（Zhang et al.，2008）；海洋和陆地来源的还原氮（氨基酸）、有机物（如灰尘、花粉）和细菌的长距离运移（Neff et al.，2002）等，也会增加大气中有机氮的含量。此外，燃料燃烧、农业活动等也会影响大气中有机氮的含量，例如 Yu X 等（2017）研究发现，机动车排放（29.3%）、生物质燃烧（22.8%）和二次生成源（20.2%）是广东城市中大气有机氮的主要来源，而生物质燃烧和次生源是广州农村地区大气有机氮的主要来源；川西平原城乡过渡带中，农业区面积与有机氮沉降量呈显著正相关（邓欧平，2018）。追肥、翻耕土地、施用农药等农业生产活动以及林地土壤有机质的溶解与解吸、微生物细胞代谢酶的间接作用等，均会增加有机氮的沉降（韩琳和王鸽，2021；宋伟娜等，2021）。有研究表明，有机氮沉降量较高时会加速陆地生态系统氮流失和水体富营养化（郑利霞等，2007）。

4.3.4.2 湿沉降中有机氮对总氮的贡献

丹江口水库湿沉降中有机氮对总氮的贡献情况见图 4-4。研究期内，有机氮对总氮的贡献率为 19.5%~36.3%，均值为 31.83%，2021 年较低，与其他年份之间存在差异。有研究表明，城市或偏远地区的有机氮在总氮沉降中占有一定的比例（Neff et al.，2002），通常地，森林地区和农业区有机氮对总氮沉降的贡献较高，而城市有机氮对总氮沉降的贡献较低。例如，张佳颖等（2022）研究发现，南京北郊湿沉降中有机氮占总氮的比例为 47.87%，夏季对全年有机氮湿沉降量的贡献较高，与研究区的地理位置和降水量有关。密云水库上游的有机氮湿沉降量占总氮湿沉降量的比例为 42.76%，8 月有机氮浓度最高，受农业活动影响显著（王焕晓等，2018）。研究发现，不同区域有机氮在湿沉降中的占比

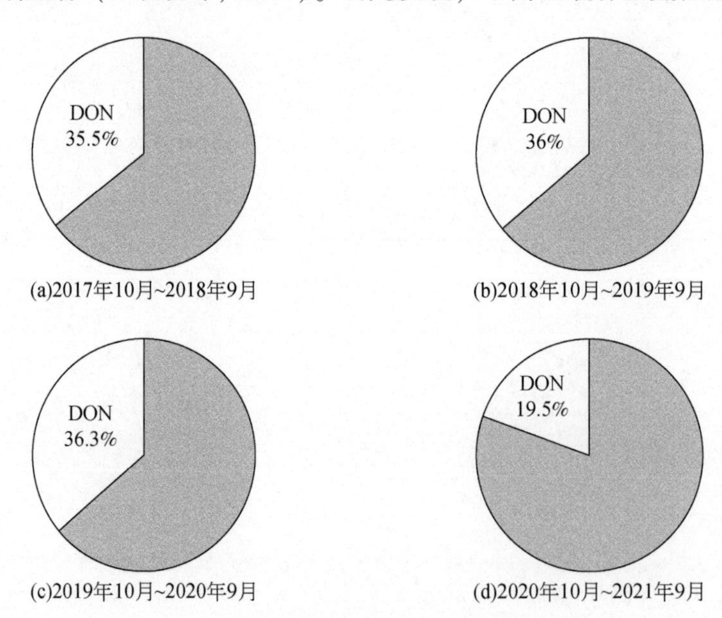

图 4-4　湿沉降中有机氮对总氮的贡献

存在差异，日本降水中有机氮占比约为 10%，主要受降水量的影响（Matsumoto et al.，2018），广东韶关地区湿沉降中有机氮占比为 12.49%（刘思言等，2014），日本和广东湿沉降中有机氮占总氮的比例明显低于本研究，说明研究区湿沉降中有机氮所占比例较高。

人为活动、气象因素、地理位置等因素是影响大气有机氮沉降季节和空间差异的重要因素。首先，大气中 NO_x 与碳氢化合物的光化学反应、有机物和还原氮（氨、胺化合物或 HNCO 以及相关气体）的相互作用过程以及自然源的释放等均是有机氮的重要来源（Fowler et al.，2015）。其次，农业活动对大气中有机氮的影响较大，农耕期间的化肥施用量大，而大气氮湿沉降量与化肥施用量存在一定的相关性，有机氮湿沉降量在此期间较高（贺成武等，2014）。最后，气象条件也是影响有机氮湿沉降的因素，有研究发现，降水量和雨强与氮湿沉降浓度呈显著负相关，有机氮在小雨中的浓度相对较高（王焕晓等，2018），可能是因为小雨滴与大气接触的表面积较大，能黏附或溶解更多的氮素（王江飞等，2015）；钱塘江源头地区大气氮湿沉降受气团和降雨作用的共同影响，呈现出春夏季高于秋冬季的趋势（周世水等，2022）。综上，丹江口库区大气氮沉降中有机氮所占比例较高，其对库区水体的生态影响不可忽视。

4.4 尿素沉降的时空变化

尿素是大气氮沉降中已被检测出的一类重要的含氮有机化合物。我国作为农业大国，化肥的使用量平均每年以 21% 的速度递增，但尿素的利用率仅为 30%~35%，远低于欧洲和北美等国家（70%~80%）（陈园，2011）。尿素易被浮游植物吸收利用（马晓林等，2014），可随土壤颗粒等进入大气（Lu et al.，2019），是造成水体富营养化的重要因素之一（张云，2013）。在磷丰富的湖泊中，尿素能促进一些有害藻类生长并产生毒素，对生态系统和人类健康造成威胁（Bogard et al.，2012）。此外，环境中过量的尿素会增加氨的释放（Apak，2007），影响生态系统氮循环过程（Bogard et al.，2012）。因此，研究大气氮沉降中尿素的沉降量及其对水体的生态影响具有重要意义。

4.4.1 尿素沉降特征的时间变化

4.4.1.1 干沉降

库区尿素干沉降量的月变化如图 4-5 所示。尿素干沉降量月变化范围为 0.08 ~ 0.54kg/hm^2，均值为 0.25kg/hm^2。从图 4-5 可以看出，2019 年，尿素干沉降量的月份变化除 3 月和 9 月外，其他月份差异较小，这可能与农业活动有关。3 月随着光照强度的增加，小麦进入返青期，施用化肥可促进其生长（常菲等，2018），施肥等农业活动增加了氮沉降量。9 月是收割玉米并种植小麦期，通过深耕施肥和熟化土壤等农业生产活动可调节土壤肥力（方成等，2021），农耕活动和地表扬尘均会影响氮沉降（Ho et al.，2016；王焕晓等，2018）。但值得注意的是，虽然 6 月也属于典型农业活动期，但降水量大，降水对大气中尿素有较强的清除作用（Souza et al.，2015），造成该月尿素干沉降量较低。

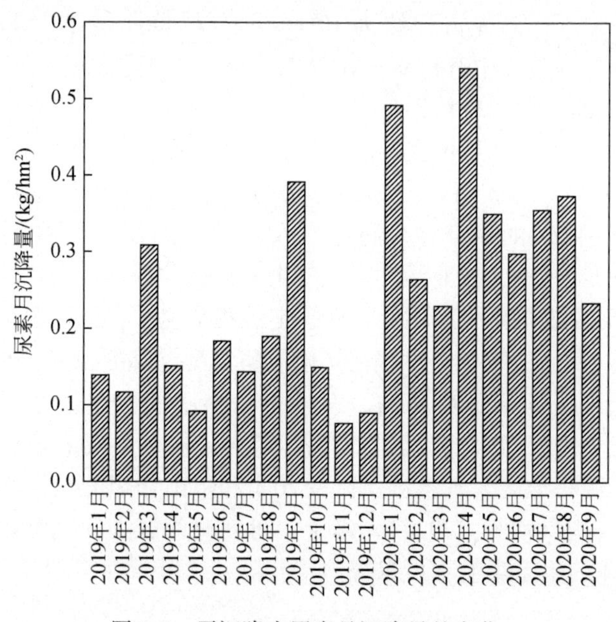

图 4-5　干沉降中尿素月沉降量的变化

2020 年，尿素干沉降量变化范围为 0.23 ~ 0.54kg/hm²，最大值出现在 4 月。有研究表明，春秋季丹江口水库尿素沉降量约占全年沉降量的 56.37%，受农业施肥氮素挥发影响显著（武俐等，2023），农业活动过程中未被作物利用的尿素会随扬尘进入大气（Antia et al.，1991），增加了大气尿素浓度。4 月是当年研究区农业活动期，土地翻耕和施肥等活动频繁，实地调查发现，农作物主要施用的肥料为尿素和一些动物粪便，易挥发进入大气，因此尿素沉降量较高。

4.4.1.2　湿沉降

尿素湿沉降量的月变化如图 4-6 所示。尿素湿沉降量月变化范围为 0.01 ~ 0.21kg/hm²，均值为 0.09kg/hm²。2019 年，尿素湿沉降量最大值出现在 6 月，最低值在 12 月。2020 年，尿素湿沉降量最大值出现在 8 月，其他月份湿沉降量差异不明显。湿沉降量的月份差异与降水强度有关。研究发现，尿素易溶于水（Cornell et al.，2003），降水过程将大气中的尿素冲刷下来，使当月尿素湿沉降量远高于其他月份。对比分析发现，2019 年尿素月均湿沉降量为 0.10kg/hm²，2020 年尿素月均湿沉降量为 0.08kg/hm²，2020 年相比 2019 年减少了 20.0%，除受降水量影响外，可能还与人类活动的减弱有关。

4.4.2　尿素沉降特征的空间变化

4.4.2.1　干沉降

库区干沉降中尿素沉降量的空间变化如图 4-7 所示。可以看出，2019 年，库区尿素沉降量的空间差异性显著，其大小依次为 SG>TM>DZK>TC>HJZ>WLQ。SG 位于游轮码头，

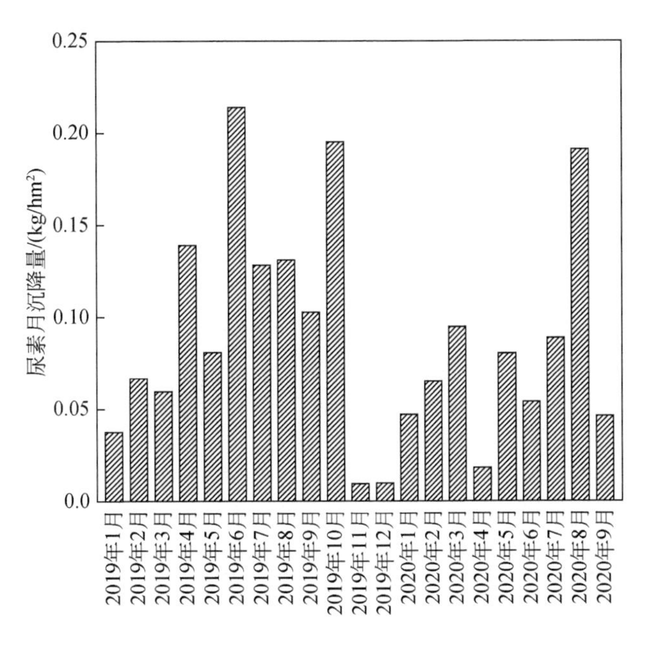

图 4-6　湿沉降中尿素月沉降量的变化

周围的住宿和餐饮相对集中，人口密度较大，人为活动影响比其他采样点更明显，且周边分布有农业区。有研究发现，大气中尿素主要来源于农业活动、土壤扬尘、动物新陈代谢和海洋释放（Ho et al.，2016；Violaki and Mihalopoulos，2011）。因此，人为影响与农业活动共同造成 SG 采样点的尿素沉降量较高。

2020 年，库区尿素沉降量大小依次为 TC>WLQ>SG>HJZ>DZK>TM。TC 靠近南水北调源头渠首，人口密度大，交通便利，人为活动明显。人为活动程度对大气中尿素浓度有促进作用（Ho et al.，2019）。对比分析发现，2019 年，尿素沉降量集中在码头和农业区；

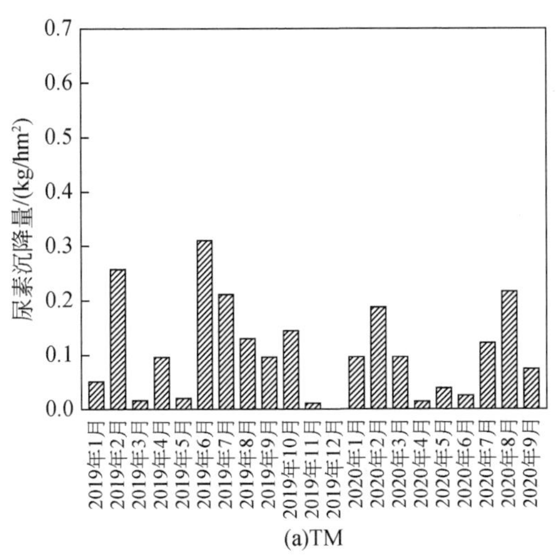

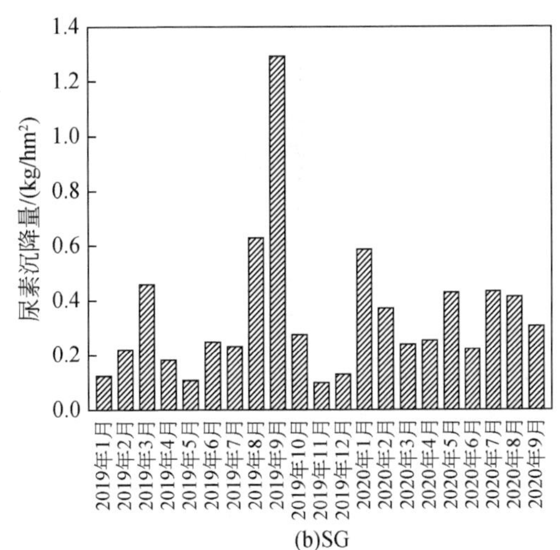

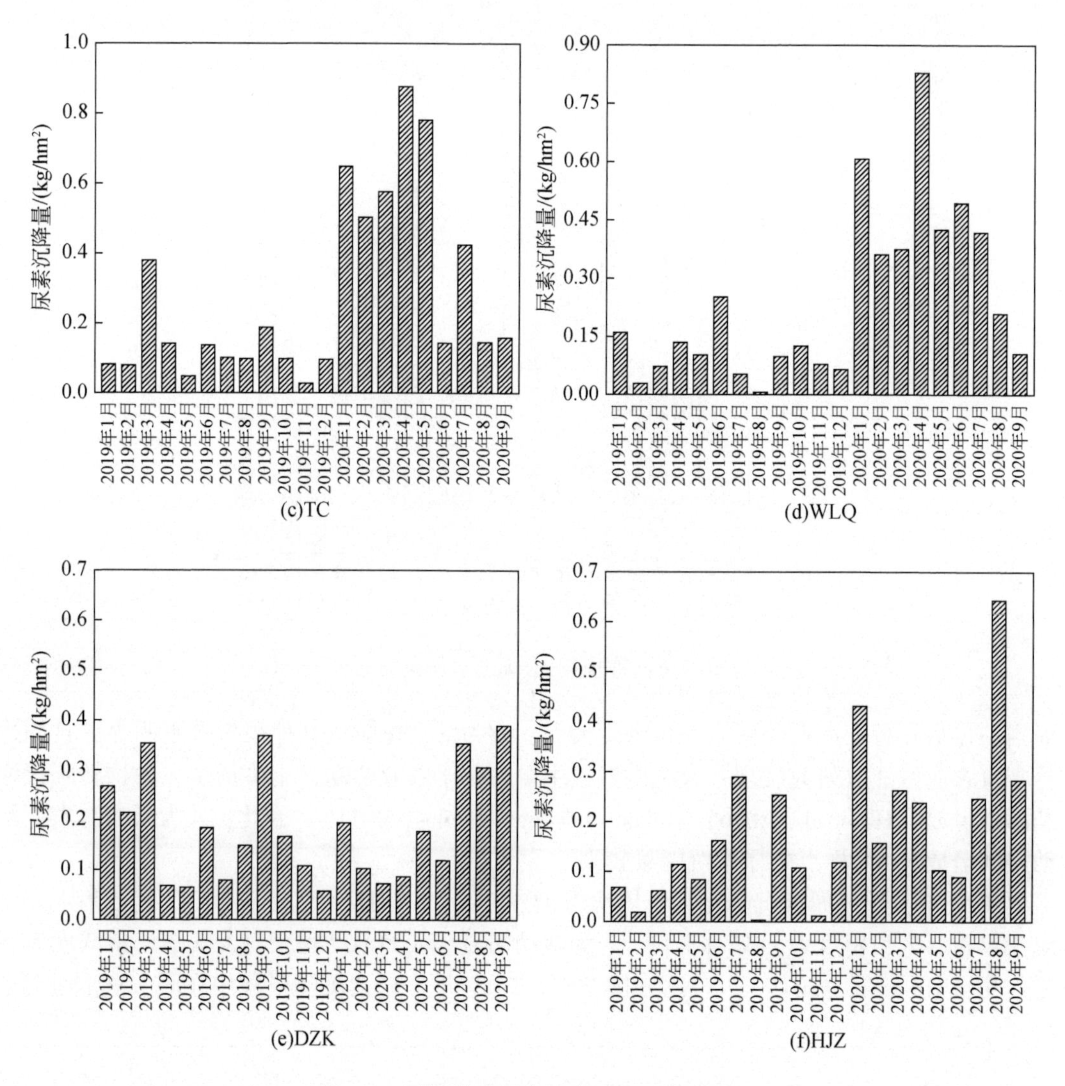

图 4-7　干沉降中尿素沉降量的空间变化

2020 年，尿素沉降量的峰值在居民区较为突出。其原因可能是大量务工人员返乡，人员在城镇的聚集导致生产生活中尿素排放增加，说明人为源是尿素干沉降的重要来源。

4.4.2.2　湿沉降

湿沉降中尿素沉降量的空间变化如图 4-8 所示。可以看出，2019 年，库区尿素沉降量的空间差异性显著，其大小依次为 DZK>HJZ>TM>TC>SG>WLQ。2020 年，尿素沉降量大小依次为 DZK>HJZ>TM>SG>TC>WLQ。对比分析 2019 年和 2020 年的尿素沉降量发现，尿素沉降量较高的地区集中在农业区、林地等，与当地的降水量和源强有关（Shi et al., 2010）。在柑橘种植基地 DZK 和农业面积较大的 TM，尿素湿沉降来源于追肥、翻耕土地以及施用农药等农业生产活动。在风景旅游区 HJZ，尿素沉降量也较高，可能与景区森林面积较大有关。有研究发现，森林落叶阔叶林区域的活性氮释放主要来自土壤有机质、动

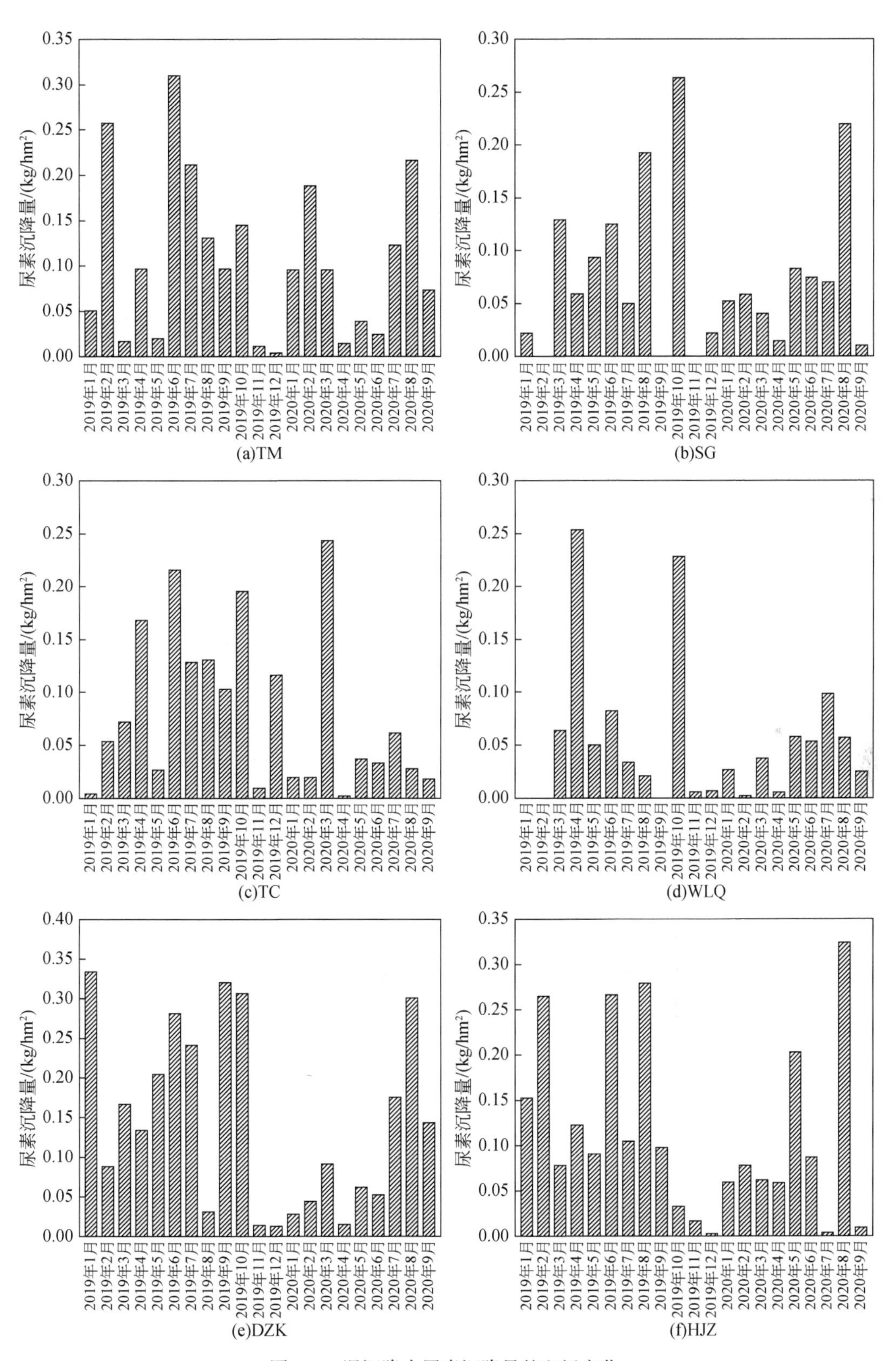

图 4-8 湿沉降中尿素沉降量的空间变化

植物腐化、植物化感物质和花粉颗粒等（万柯均，2019）。另外，土壤有机质的溶解与解吸、微生物细胞代谢酶的间接作用、生物的调节等，均会造成尿素沉降量增加（Yu et al.，2019）。SG、TC 和 WLQ 湿沉降中尿素沉降量的月变化不明显，可能受局部排放源的影响。

4.5 氨基酸沉降特征

氨基化合物作为能被量化的有机氮种类（肖春艳等，2023），可直接作为植物和微生物的氮源（Mopper and Zika，1987；Scalabrin et al.，2012），影响着有机氮的生物可利用性（Zhu et al.，2020b）。由于氨基酸在生态系统和全球氮循环中发挥着重要作用（Triesch et al.，2021），因此受到了学者的广泛关注（Zhang and Anastasio，2003；Samy et al.，2013；Gao et al.，2021）。目前，对大气氨基酸沉降的研究集中在海洋（Matsumoto and Uematsu，2005；Wedyan and Preston，2008；Mandalakis et al.，2011）和城市地区（Kang et al.，2012；Samy et al.，2013；Di Filippo et al.，2014；Ho et al.，2015；Wang et al.，2019），体现在氨基酸的浓度水平、组成特征、来源解析等方面，有关内陆水库氨基酸沉降的研究较少。

4.5.1 游离态氨基酸沉降的时空变化

4.5.1.1 干沉降量的时间变化

库区 DFAA 干沉降量的时间变化见图 4-9。2019 年，DFAA 的沉降量月均值为 0.059kg/hm^2，6 月份最高（0.256kg/hm^2）。有研究表明，DFAA 浓度增加与农业活动和肥料施用有关（Song T L et al.，2017）。6 月初，库区周围进行小麦的收割和玉米的种植，农业源导致 DFAA 沉降量增加。此外，随着气温的升高，来自陆地源和其他生物源的 DFAA 挥发进入大气的量增加（Xu et al.，2019），造成干沉降中 DFAA 沉降量在 6 月远高于其他月份。8～11 月，TM 和 HJZ 站点的 DFAA 沉降量较高，其原因是 TM 附近开展有小麦种

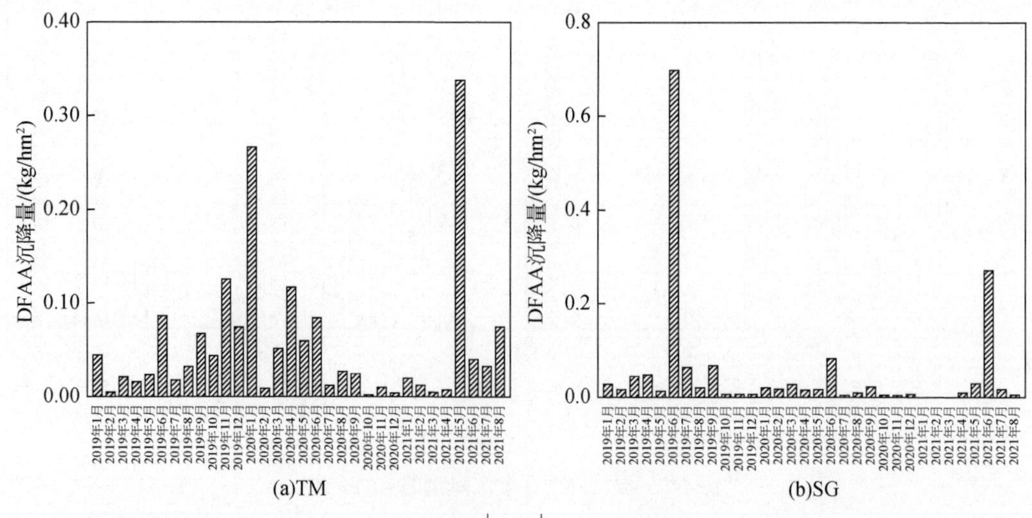

(a)TM (b)SG

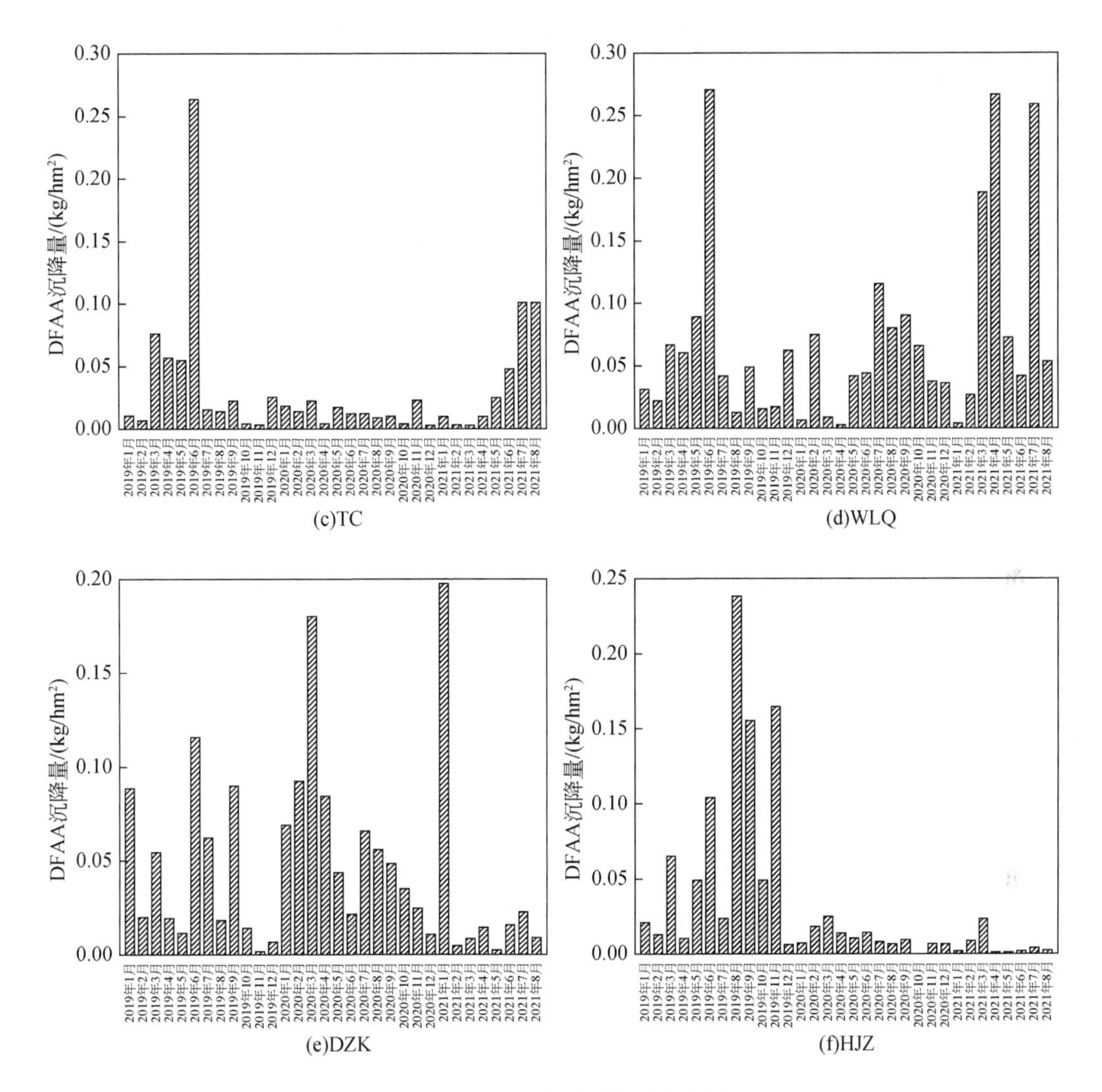

图 4-9 DFAA 干沉降量的月份变化

植、玉米收割以及石榴采摘等活动，而 HJZ 位于风景区，旅游旺季人流量大，车流量多，主要受农业源（Kang et al.，2012）和人为源（Matos et al.，2016）影响，造成该期间的沉降量高于其他时段。

2020 年，DFAA 沉降量的月均值为 0.035kg/hm^2，其中，1 月沉降量最高（0.064kg/hm^2）。DFAA 沉降量在 1 月高的原因可能与源释放有关，有研究发现，生物质燃烧或二次反应会造成冬季大气中 DFAA 的沉降量增加（Ho et al.，2019；Song T L et al.，2017）；此外，地表扬尘挟带的腐殖酸水解或光解时也会增加大气中 DFAA 的浓度（Tarr et al.，2001）。

2021 年，DFAA 沉降量月均值为 0.049kg/hm^2，5 月最高（0.078kg/hm^2）。5 月植物生长和花粉释放量大，DFAA 可能受初级生物源（如病毒、真菌、细菌、花粉、孢子等）影响较大（程丽琴等，2022）。韩国首尔大气中 DFAA 浓度也有类似特征（Baek et al.，

2022），与释放源关系密切，孢子和花粉中蛋白质的释放增加了 DFAA 浓度（Xu et al., 2019；Matsumoto et al., 2021）。

对比不同年际库区 DFAA 干沉降量发现，2019 年最高，2021 年次之，2020 年最低。整体上，2019 年 DFAA 的沉降量在夏季最高，冬季最低，其季节差异可能与排放源和气象条件有关。冬季，光照强度减弱使得生物活性降低，造成 DFAA 的沉降量远低于其他季节（Samy et al., 2013）；夏季温度升高，有研究发现，温度与 DFAA 浓度呈正相关（Deng et al., 2019）。此外，在光催化作用下，蛋白质等大分子物质可分解为氨基酸（Wang et al., 2019；朱玉雯等，2021）。6 月属于典型农业活动期，丹江口水库周边进行农作物收割与土地翻耕等农业活动，增加了大气中蛋白质含量，也促进了土壤中氨基化合物进入大气，通过再沉降增加了氨基酸沉降量。因此，6 月的 DFAA 沉降量高于其他季节。2020 年，受新冠疫情影响，人为活动受限，位于居民区附近的 SG、TC 和风景区的 HJZ 月均沉降量明显偏低，这一现象与亚太经合组织北京峰会期间氨基酸浓度变化情况类似，人为活动减弱导致 DFAA 沉降量降低（Wang et al., 2019）。值得注意的是，2021 年同样受新冠疫情影响，但 DFAA 月沉降量高于 2020 年，与 WLQ 的贡献有关。WLQ 的土地利用类型以农田和村庄为主（武俐等，2023），受农业活动影响显著。农业活动是大气中蛋白质的重要来源（Song T L et al., 2017），因此，需关注农业活动对库区 DFAA 的影响。总体上，丹江口水库 DFAA 干沉降量（0.029kg/hm^2）与我国其他水库相比处于较低水平，低于密云水库石匣小流域的沉降量（0.07kg/hm^2）（王焕晓等，2018），但个别月份偏高的现象不容忽视。

4.5.1.2 干沉降量的空间变化

库区 DFAA 干沉降量的空间变化见图 4-10 和表 4-2。2019 年，库区不同采样点 DFAA 干沉降量大小依次为 SG>HJZ>WLQ>TM=TC>DZK，SG 在夏季的沉降量（0.781kg/hm^2）远高于其他采样点。SG 靠近游轮码头，旅游和餐饮等商业活动较发达，其沉降量高可能与人类活动和交通源有关。有研究发现，氨基酸与 NO_2 存在一定的相关性，而人类活动（Matsumoto et al., 2014）和交通源（Kang et al., 2012）作为大气中 NO_2 的重要排放源，对大气氨基酸浓度有一定的影响。大气中 NO_2 相关的蛋白质物质在降解过程中会释放 DFAA（Zhu et al., 2020a）。2020 年，DFAA 干沉降量大小依次为 DZK>TM>WLQ>SG>TC>HJZ，DZK 在春夏季的沉降量较高。DZK 周边有柑橘种植基地且种植有大面积的油菜，植物花粉、孢子等会向大气释放 DFAA（朱玉雯等，2021；朱济奇等，2020），造成沉降量增加。2021 年，DFAA 干沉降量大小依次为 WLQ>TM>SG>TC>DZK>HJZ，WLQ 在春夏季的沉降量较高，分别为 0.176kg/hm^2 和 0.118kg/hm^2。WLQ 的土地利用类型以农田、村庄为主，农业活动会增加大气中 DFAA 的浓度（Song T L et al., 2017）。整体来看，DFAA 沉降量在人类活动密集地区和农业区较高，受人为源和农业源影响显著。

DFAA 主要来源于近距离传输（Jickells et al., 2013），不同采样点间土地利用类型的差异性对 DFAA 干沉降量影响较大。有研究发现，森林地区大气气溶胶中 DFAA 浓度明显低于城市地区（程丽琴等，2022）。对比分析发现，研究期内 SG、WLQ 和 TM 采样点的 DFAA 干沉降量较高，其周边土地利用类型主要是农业用地和码头，说明丹江口水库

DFAA 干沉降量除受农业活动和人类活动影响外，还与土地利用类型有关。

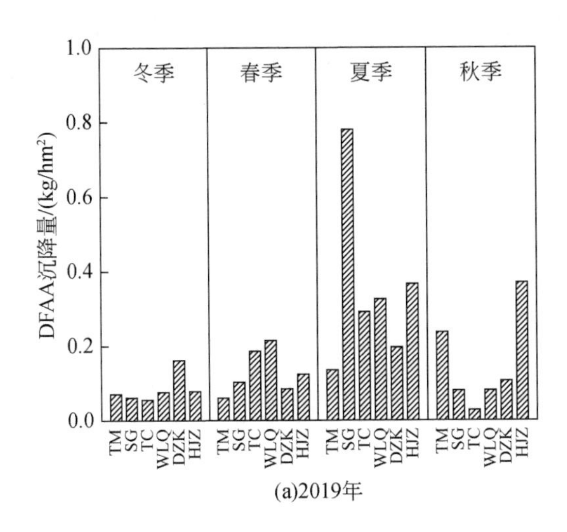

(a)2019年

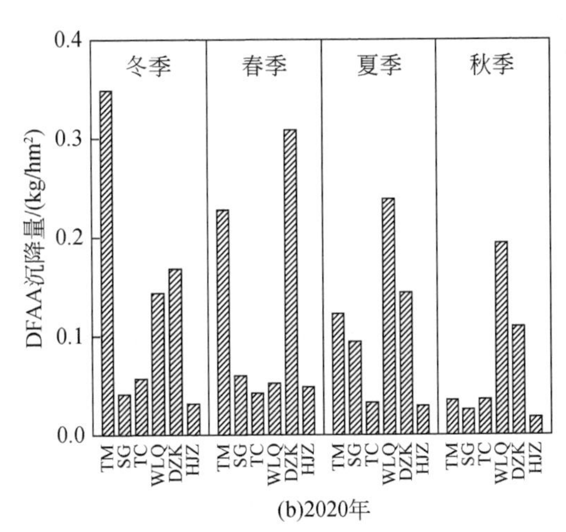

(b)2020年

图 4-10　干沉降 DFAA 沉降量空间变化特征

表 4-2　DFAA 干沉降量月均值

化合物种类	年份	沉降量/（kg/hm²）					
		TM	SG	TC	WLQ	DZK	HJZ
DFAA	2019	0.046	0.084	0.046	0.061	0.042	0.075
	2020	0.055	0.019	0.012	0.050	0.061	0.010
	2021	0.066	0.041	0.037	0.114	0.035	0.005

4.5.1.3　湿沉降量的时空变化

2019 年，库区 DFAA 湿沉降量的时空变化见图 4-11。湿沉降中 DFAA 月沉降量差异明显，变化范围为 0.001 ~ 0.11kg/hm²，均值为 0.042kg/hm²。其中，8 月和 9 月沉降量较高，分别为 0.11kg/hm² 和 0.106kg/hm²，12 月沉降量最低（0.001kg/hm²）。从空间上看，HJZ 在 8 月的沉降量为 0.425kg/hm²，是全年月沉降量的 10.12 倍，对库区沉降量贡献较大。HJZ 位于丹江大观苑风景区内，植被覆盖率高，高温天气（Deng et al.，2019）和自然源的释放（Samy et al.，2013）是 DFAA 湿沉降量在 HJZ 较高的主要原因。库区 DFAA 湿沉降量不同采样点的月均值存在差异，沉降量大小依次为 HJZ>SG>WLQ>DZK>TC>TM。其中，HJZ 和 SG 采样点 DFAA 湿沉降量月均值分别为 0.081kg/hm² 和 0.04kg/hm²，其他采样点湿沉降量较低。HJZ 在春夏季最高，主要与气温升高和自然源释放有关（Deng et al.，2019）。SG 在春季最高，主要与交通源（Wen et al.，2022）和人类活动（Wang et al.，2019）有关。

2020 年，库区 DFAA 湿沉降量的时空变化见图 4-12。湿沉降中 DFAA 月沉降量变化范围为 0.012 ~ 0.126kg/hm²，均值为 0.038kg/hm²，月份间差异显著。其中，7 月 DFAA 湿沉降量最高（0.126kg/hm²），2 月和 4 月的 DFAA 湿沉降量较低，分别为 0.016kg/hm² 和

0.012kg/hm²。TC 采样点在 7 月 DFAA 湿沉降量为 0.433kg/hm²，是全年月均 DFAA 湿沉降量的 11 倍，主要与人类活动和交通源（Wen et al.，2022）释放有关。库区不同采样点 DFAA 湿沉降量月均值大小依次为 TC>SG>HJZ>WLQ>TM>DZK。其中，TC 采样点 DFAA 的湿沉降量最高（0.088kg/hm²），其他采样点 DFAA 湿沉降量之间无明显差异。TC 采样点 DFAA 湿沉降量高主要受人类活动（Wang et al.，2019）影响。

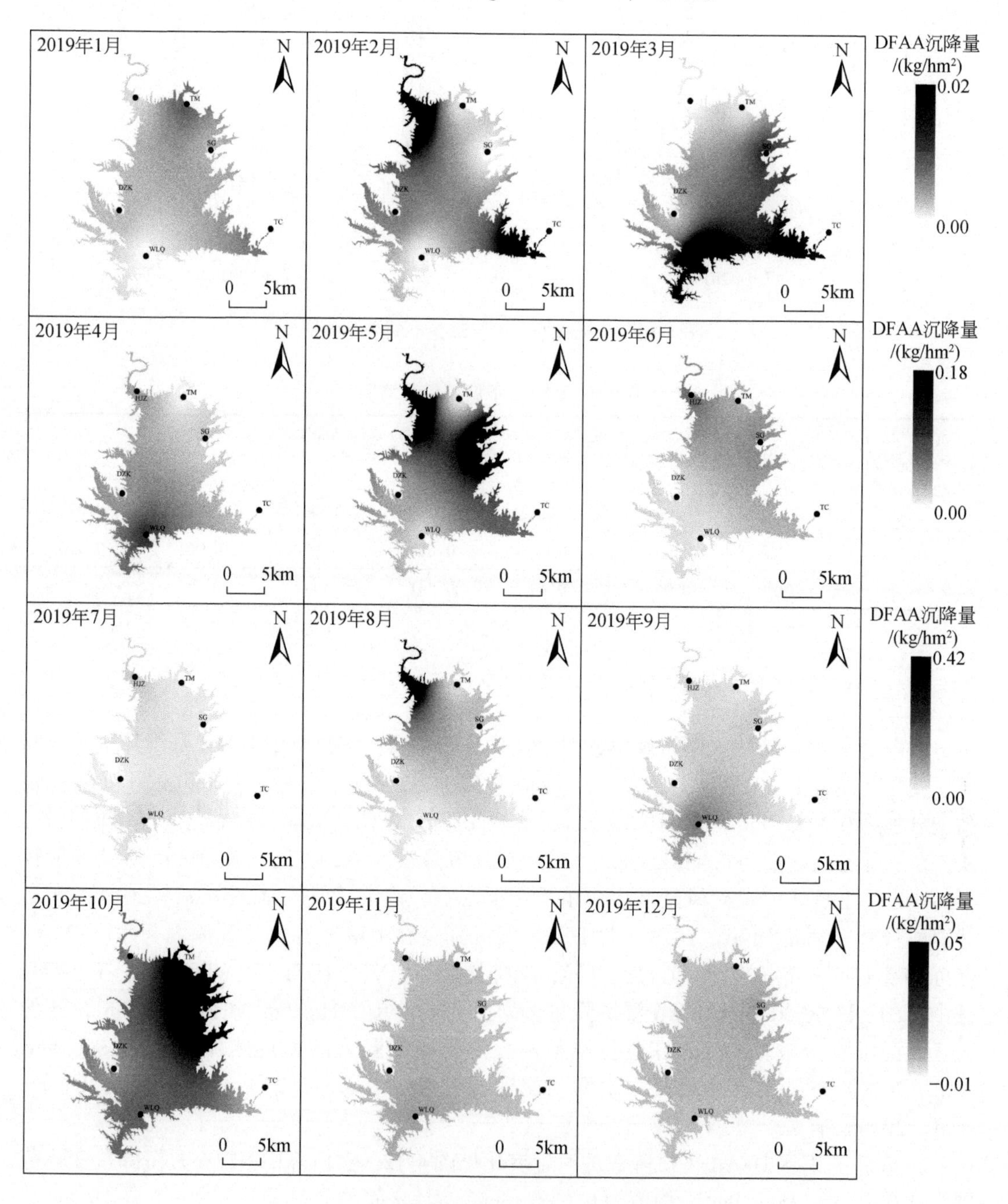

图 4-11 2019 年湿沉降中 DFAA 沉降量空间变化

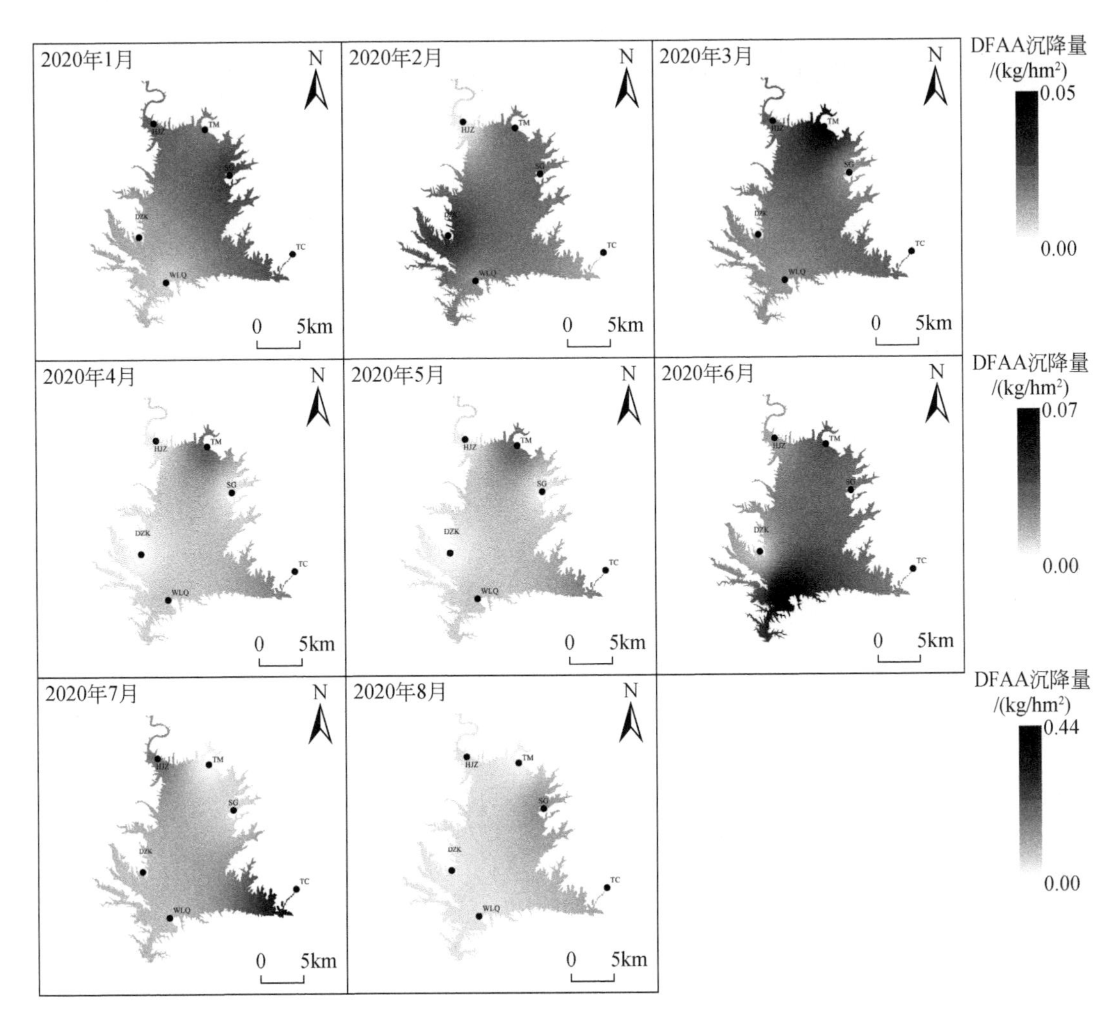

图 4-12　2020 年湿沉降中 DFAA 沉降量空间变化

研究期内，丹江口水库湿沉降中 DFAA 沉降量整体表现出暖季高于冷季的特点。有研究发现，DFAA 湿沉降量的季节特征存在区域差异，一些地区出现暖季（春夏季）高于冷季（秋冬季）的现象（Scheller，2001；Matos et al.，2016；Helin et al.，2017），例如贵阳春季雨水中氨基酸浓度高于其他季节，其与春季中植物释放有关（Xu et al.，2019），但也有一些地区与此相反，例如西安和广州地区的冷季 DFAA 湿沉降量高于暖季（Ho et al.，2015；Song T L et al.，2017）。DFAA 湿沉降量的季节特征的区域差异与氨基酸输入源以及降水强度有关（Yan et al.，2015）。对比研究期内库区 DFAA 湿沉降量的空间差异性发现，HJZ 和 SG 采样点 DFAA 湿沉降量较高，与采样点所处的位置有关，受当地源释放影响显著。

4.5.2　结合态氨基酸沉降的时空变化

4.5.2.1　干沉降量的时间变化

库区 DCAA 干沉降量的时间变化见图 4-13。2019 年，DCAA 干沉降量月均值为 0.225kg/hm²，在6月、9月和10月较高，在其他月份相对较低。9月，DCAA 干沉降量最大（0.839kg/hm²），是全年月均值的3.73倍。该月主要进行小麦种植，土地翻耕、农田有机肥的施用等农业活动，造成了 DCAA 挥发量增大（Deng et al.，2019），干沉降量也增加的现象。此外，9月降雨较少，挥发进入大气中的 DCAA 主要通过干沉降的方式返回地面。6月也属于典型农业活动期，农业活动明显增强。单因素方差分析表明，农业活动期与非农业活动期 DCAA 干沉降量差异显著（$P<0.05$），说明农业活动对 DCAA 干沉降量有重要影响。

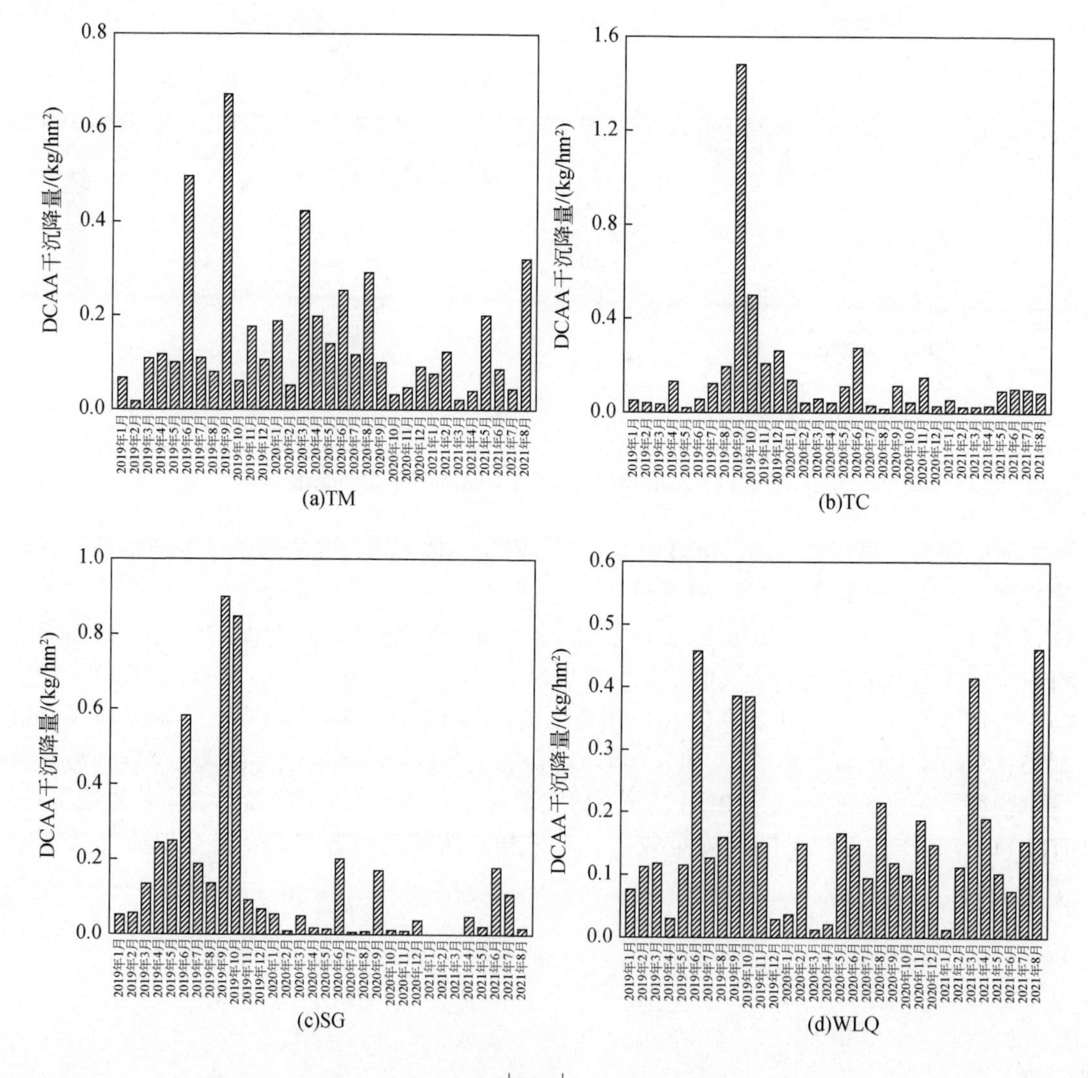

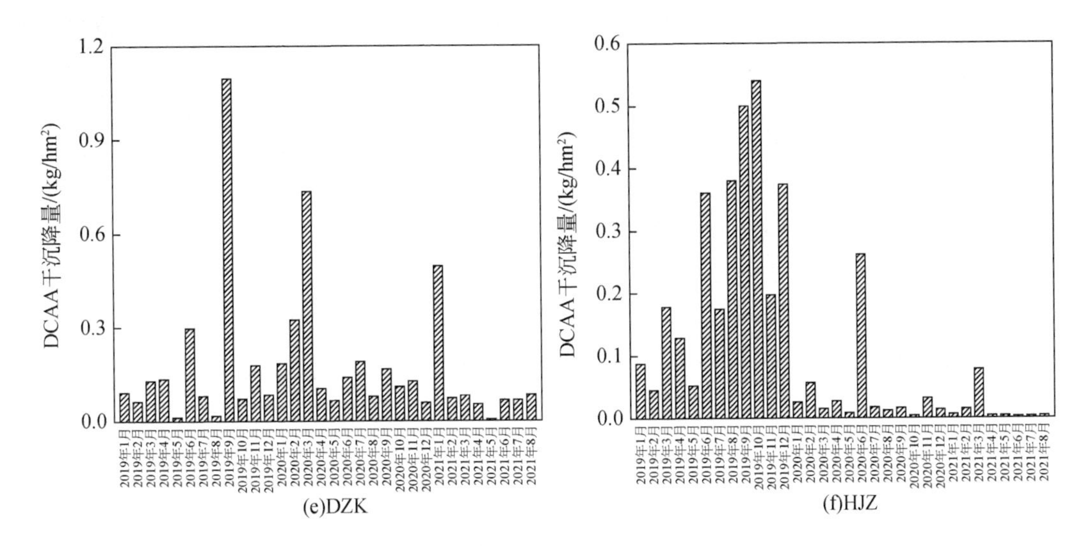

图4-13 DCAA干沉降量的月份变化

2020年，DCAA干沉降量月均值为0.107kg/hm^2，6月DCAA干沉降量最高(0.213kg/hm^2)。有研究表明，蛋白类物质主要包括以结合态形式存在的氨基酸（Pöschl，2005），农业活动会增加大气中蛋白类物质含量（Wang et al.，2019），造成DCAA干沉降量增加（Deng et al.，2019）。6月属于当地典型的农业活动期，该月DCAA干沉降量已达到我国DCAA干沉降量的均值0.21kg/hm^2（Xu et al.，2015），因此，对库区典型月份DCAA的沉降情况应引起重视。

2021年，DCAA干沉降量月均值为0.091kg/hm^2，8月DCAA干沉降量最高(0.162kg/hm^2)，其次为1月、3月和6月，2月DCAA干沉降量（0.057kg/hm^2）最低，DCAA干沉降量月均值间差异不显著。有研究发现，温度对大气中氨基酸的浓度造成直接影响（Xu et al.，2019），DCAA浓度与温度存在一定的正相关性（朱济奇等，2020）。8月气温较高，温度的增加有利于蛋白质等DCAA向大气中释放，造成该月DCAA干沉降量较高。

研究期内，库区DCAA干沉降量在2019年最高，2020年次之，2021年最低。2019年，DCAA干沉降量在秋季最高，冬季最低，其原因是因为秋季农业活动增强，造成DCAA干沉降量在秋季高于其他季节，而冬季DCAA干沉降量较低与植物释放和微生物活动受到抑制有关（朱济奇等，2020）。2020年，库区DCAA干沉降量的季节差异明显，夏季最高，主要是大气悬浮物增加导致夏季DCAA干沉降量增加（Matsumoto et al.，2021）。2021年，在典型农业活动期内，DCAA干沉降量明显增加，而其他月份间差异不明显。总体上，库区DCAA干沉降量主要受农业活动的影响，还与气象因素有关。大气中氨基酸与其他含氮化合物一起沉降，可能导致陆地和生态系统酸化（Gao et al.，2021），造成的潜在生态影响不可忽略。

4.5.2.2 干沉降量的空间变化

库区DCAA干沉降量的空间变化见图4-14。2019年DCAA干沉降量表现为SG>TC>HJZ>DZK>WLQ>TM（表4-3）。其中，SG和WLQ的DCAA干沉降量在6月、9月和10月显著增加，TM 和 DZK 的 DCAA 干沉降量在 6 月和 9 月明显增大，TC 的 DCAA 干沉降量在 9 月较高。6 月和 9 月是当地典型的农业活动期（武俐等，2023），而农业施肥、农田释放等（伯绍毅，2008）是大气中 DCAA 的主要来源之一，因此，需关注农业活动对 DCAA 干沉降量的影响。2020 年 DCAA 干沉降量表现为 DZK>TM>WLQ>TC>SG>HJZ（表 4-3），其中，DZK 的 DCAA 干沉降量在春季最高，与植物、花粉和孢子等的释放有关（Ren et al.，2018），TM 的 DCAA 干沉降量在春夏季较高，与农业活动有关。2021 年 DCAA 干沉降量表现为 WLQ>DZK>TM>TC>SG>HJZ（表 4-3），WLQ 的 DCAA 干沉降量在春季（0.236kg/hm^2）最高，与土地利用类型有关；Xu 等（2019）研究发现，植物和花粉会增加大气中 DCAA 含量；春季，WLQ 周边的柑橘和油菜的花粉会向大气中释放 DCAA，造成 DCAA 干沉降量增加。

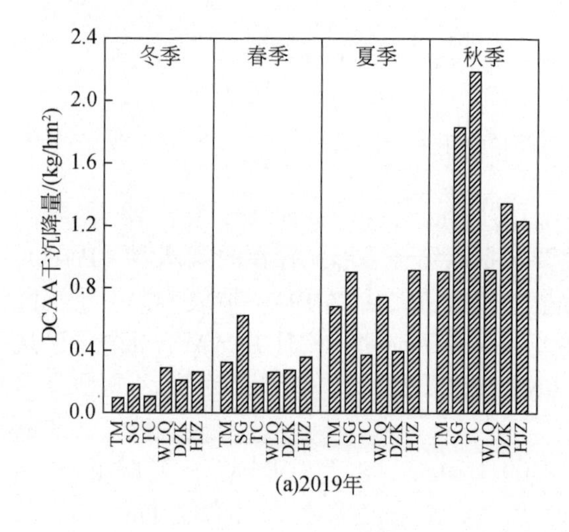

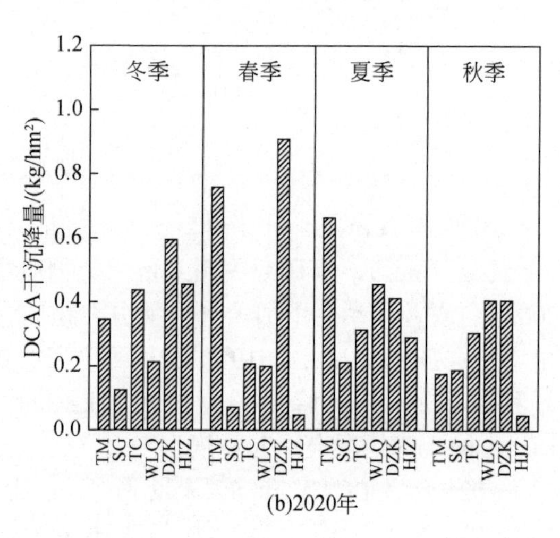

图 4-14　DCAA 干沉降量的空间变化

表 4-3　DCAA 干沉降量月均值

化合物种类	年份	沉降量/（kg/hm^2）					
		TM	SG	TC	WLQ	DZK	HJZ
DCAA	2019	0.176	0.294	0.258	0.179	0.189	0.251
	2020	0.161	0.048	0.086	0.117	0.191	0.041
	2021	0.114	0.046	0.063	0.191	0.116	0.014

大气中 DCAA 的来源较为复杂，主要包括自然源（朱慧晓等，2022）、生物质燃烧（Zhu et al.，2020b）、农业活动（Song T L et al.，2017）、道路扬尘（Matsumoto et al.，2021）等。研究期内，通过对比分析发现 DZK、TM 和 TC 采样点的 DCAA 干沉降量较高，与其来源有关。DZK 受周边的花粉等自然源释放影响；TM 丘陵山地较多，主要种植小麦和玉米等，DCAA 干沉降量受农业活动影响显著；TC 人口密度大，交通便利，人为活动直接影响氮沉降量（Matsumoto et al.，2021），TC 的 DCAA 干沉降量主要受人类活动和道路扬尘影响。通过研究发现，库区 DCAA 干沉降量的空间差异受源释放影响明显。

4.5.2.3 湿沉降量的时空变化

2019 年，库区 DCAA 湿沉降量的时空变化见图 4-15。从图 4-15 可以看出，湿沉降中 DCAA 月沉降量差异明显，变化范围为 0.003 ~ 0.341kg/hm^2，均值为 0.151kg/hm^2。其中，5 月、6 月和 9 月沉降量较高，占全年沉降量的 55.83%。库区不同采样点的 DCAA 湿沉降量大小依次为 SG>WLQ>DZK>HJZ>TM>TC。其中，SG 和 WLQ 采样点 DCAA 湿沉降量分

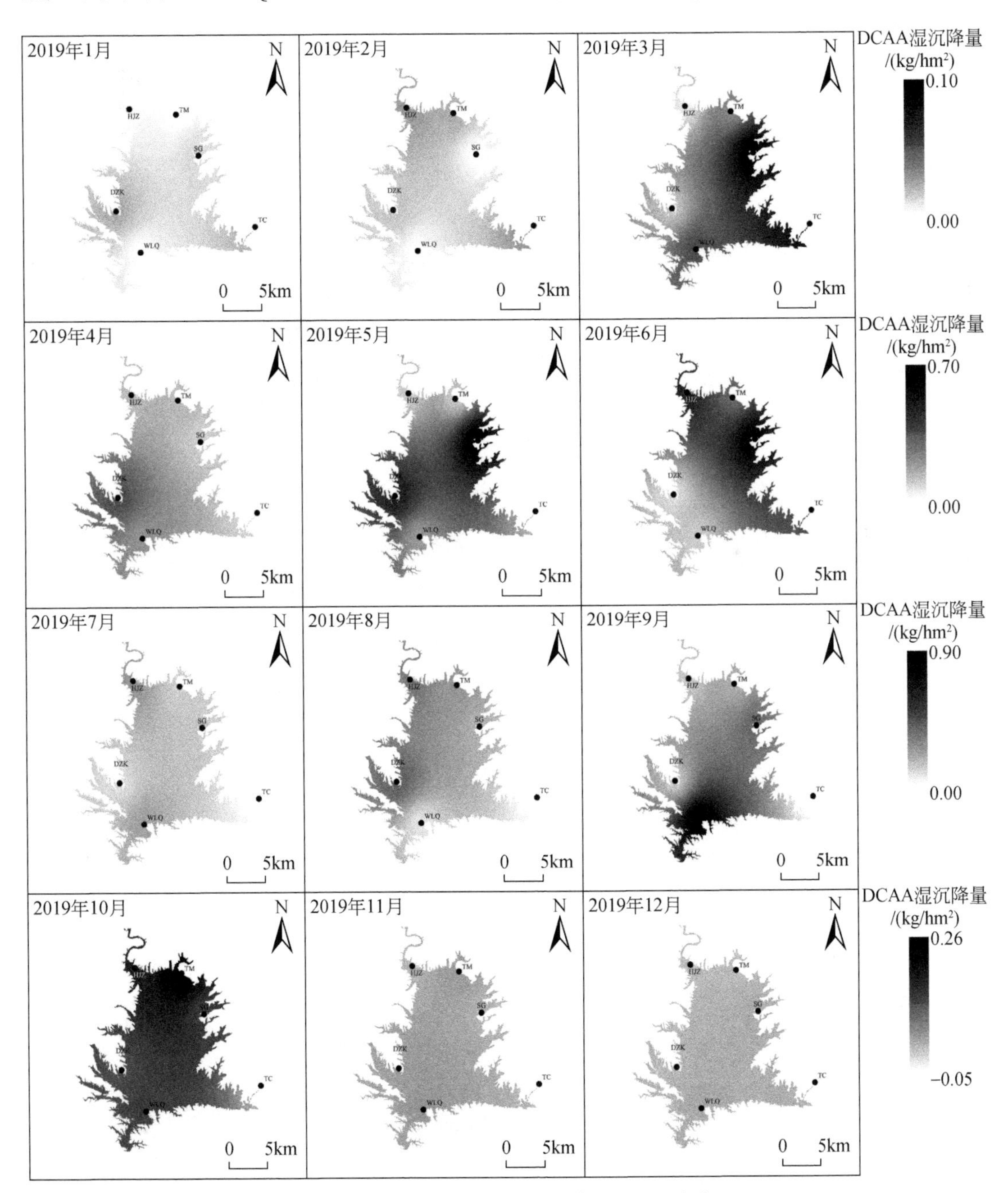

图 4-15　2019 年 DCAA 湿沉降量的时空变化

别为0.193kg/hm² 和0.148kg/hm²，其他采样点DCAA湿沉降量较低。SG采样点DCAA湿沉降量在春夏季最高，主要与交通源和人类活动（Zhu et al.，2020a）有关；WLQ采样点DCAA湿沉降量在春秋季高是因为气温升高和自然源释放（Deng et al.，2019）。

2020年，DCAA湿沉降量的变化范围在0.040～0.434kg/hm²，均值为0.170kg/hm²（图4-16）。6～8月DCAA湿沉降量较高，占全年DCAA湿沉降量的66.62%。大气中的氨基酸主要以凝结态形式存在于雨水、雾和露水中（Booyens et al.，2019），其中DCAA受农业活动影响较大（Kang et al.，2012；Wang et al.，2019）。典型农业活动期内，库区的农业活动增强，造成该期间的DCAA湿沉降量明显高于其他时段。不同采样点DCAA湿沉降量大小依次为TM>HJZ>DZK>WLQ>SG>TC。其中，TM采样点的DCAA湿沉降量最高（0.259kg/hm²），其他采样点DCAA湿沉降量之间无明显差异，TM采样点DCAA湿沉降量高主要受农业活动（Song T L et al.，2017）影响。

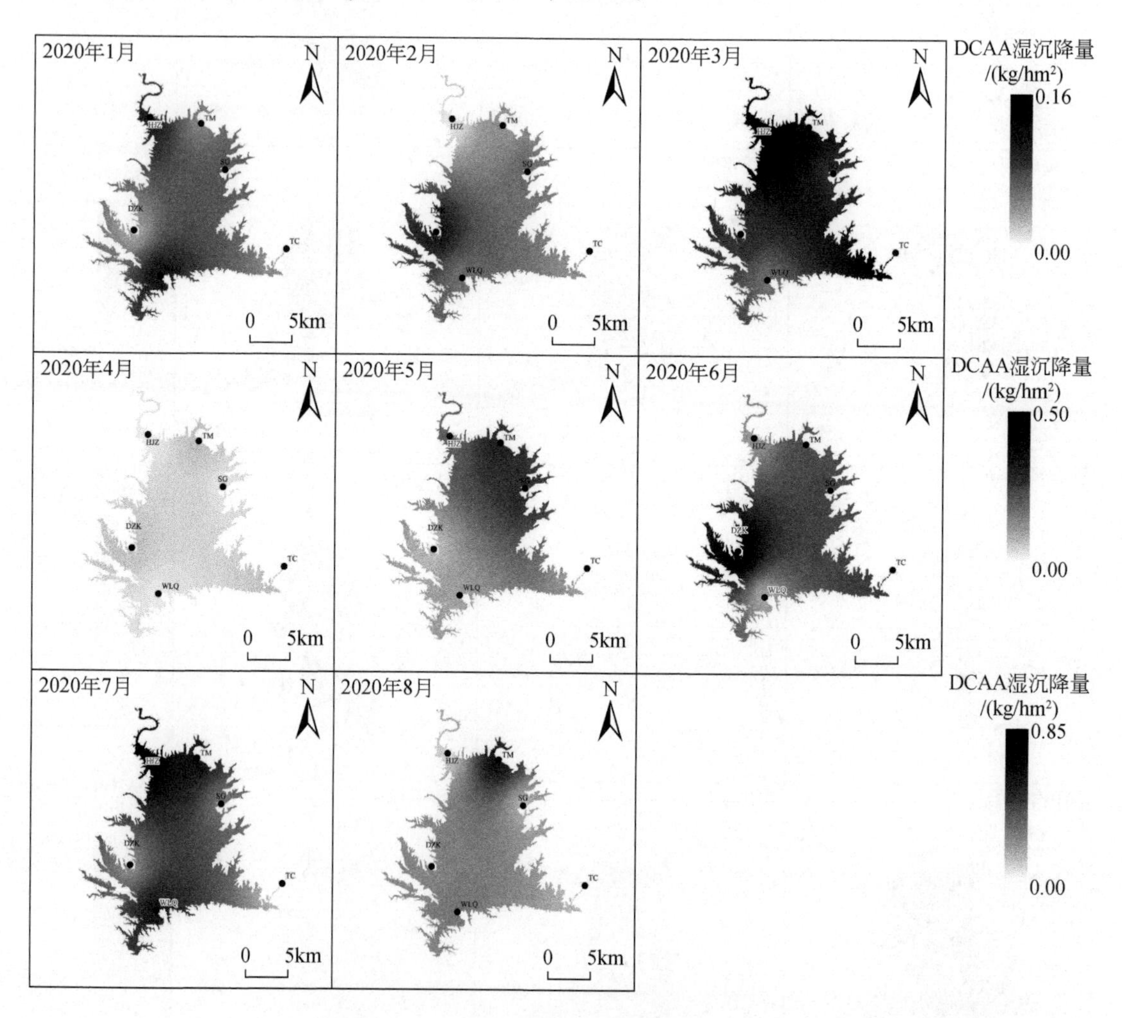

图4-16 2020年DCAA湿沉降量的时空变化

对比分析年际的变化发现，2019 年和 2020 年 DCAA 湿沉降量的变化相似，均在典型农业活动期内出现峰值，在其他月份处于较低的水平。库区 DCAA 湿沉降量的空间差异与采样点所处的位置、降雨强度有关，受当地源释放影响显著。

4.5.3 氨基酸的组分特征

4.5.3.1 干沉降

2019 年，库区干沉降中氨基酸组分的季节特征见图 4-17，可以看出，不同季节氨基酸的优势组分存在差异。冬季单个优势氨基酸为 Glu、Arg、Ser、Asp 和缬氨酸（Val），占 DFAA 的 69%；春季单个优势氨基酸为 Arg、Asp、赖氨酸（Lys）和 Glu，占 DFAA 的 66%；夏季单个优势氨基酸为 Lys、苏氨酸（Thr）、Glu 和 Arg，占 DFAA 的 57%；秋季单个优势氨基酸为 Glu、Thr 和 Gly，占 DFAA 的 50%。整体上，Glu 是全年单个优势氨基酸，农业活动与 Glu 沉降量呈正相关，主要与麦子、谷物和豆类作物等来源有关（Di Filippo et al.，2014）。

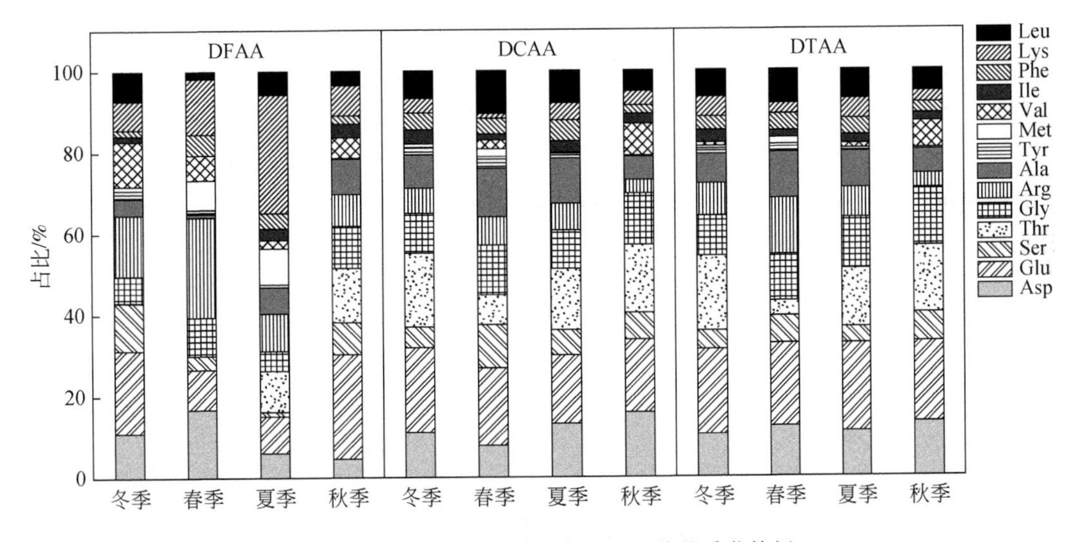

图 4-17　2019 年干沉降中氨基酸组分的季节特征

在 DCAA 干沉降中，Glu、Thr、Asp 和 Gly 是冬季的单个优势氨基酸，占 DCAA 的 59%；春季单个优势氨基酸为 Glu、Gly、Ala、Ser 和亮氨酸（Leu），占 DCAA 的 65%；Glu、Thr、Asp 和 Ala 是夏季单个优势氨基酸，占 DCAA 的 56%；而秋季单个优势氨基酸为 Glu、Thr、Asp 和 Gly，占 DCAA 的 64%。整体上，Glu 和 Gly 是优势氨基酸。Glu 与农业活动有关（Di Filippo et al.，2014），Gly 的化学结构稳定（McGregor and Anastasio，2001），是大气中常见的氨基酸组分（朱玉雯等，2021；Matsumoto et al.，2021）。因此，库区 DCAA 主要来源于农业源释放。

在 DTAA 干沉降中，冬季单个优势氨基酸为 Glu、Thr、Asp 和 Gly，占 DTAA 的 59%；Glu、Arg、Gly、Asp 和 Ala 和 Ser 是春季单个优势氨基酸，占 DTAA 的 74%；夏季单个优势氨基酸为 Glu、Thr、Gly、Asp 和 Ala，占 DTAA 的 64%；Glu、Thr、Asp 和 Gly 是秋季单个优势氨基酸，占 DTAA 的 65%。研究发现，Glu、Gly、Asp 和 Thr 是 DTAA 干沉降中单个优势氨基酸。Glu 和 Thr 广泛存在于谷物和豆类等农作物中（Di Filippo et al.，2014），农业活动促进土壤中的腐殖质进入大气，可增加其沉降量，说明库区氨基酸沉降可能更多来源于当地农作物的新鲜释放源。Asp 是大气中活性基团（·OH 和$_1O^2$）和酶光解的产物，也是组成细胞壁肽聚糖的主要成分（Paerl et al.，2011），说明植物和土壤释放的真菌、细菌和孢子等会增加 Asp 在大气中的含量。对比分析 DFAA、DCAA 和 DTAA 干沉降中优势氨基酸组分发现，DCAA 和 DTAA 的优势氨基酸组分基本相同，说明干沉降中 DCAA 的优势氨基酸种类可代表 DTAA 优势氨基酸的种类。

2020 年，库区干沉降中氨基酸组分的季节特征见图 4-18。冬季单个优势氨基酸为 Ala、Lys、丙氨酸（Phe）、Glu 和 Val，春季单个优势氨基酸为 Glu、Ala 和 Asp，夏季单个优势氨基酸为 Glu 和 Ser，秋季单个优势氨基酸为 Ala、Lys、Phe、Glu 和 Val，各季节单个优势氨基酸分别占 DFAA 的 53%、38%、24% 和 46%。其中，Glu 和 Ala 对 DFAA 的贡献率较高。Ala 是自然源中氨基酸的主要成分（Di Filippo et al.，2014），主要来自土壤和植物的释放（Zhu et al.，2020b）。库区干沉降中 DFAA 主要来自农业源和自然源。在 DCAA 干沉降中，Glu、Asp 和酪氨酸（Tyr）是冬季的单个优势氨基酸，占 DCAA 的 56%；Glu 和 Asp 是春季和夏季的单个优势氨基酸，分别占 DCAA 的 46% 和 43%；Glu、Asp 和 Tyr 是秋季的单个优势氨基酸，占 DCAA 的 47%；其中，Glu 和 Asp 在 DCAA 干沉降中的比例较高。不同地区大气中 DCAA 的单个优势氨基酸不同，例如日本郊区大气中 Glu 和 Gly 是 DCAA 的单个优势氨基酸，主要来自燃料燃烧和生物质燃烧（Matsumoto et al.，2021）；上海大气 $PM_{2.5}$ 中 DCAA 以 Gly 为主，Gly 占 DCAA 的 29.3%（朱济奇等，2020）；Pro、Gly、Ala、Leu 和组氨酸（His）是南昌城市大气中 DCAA 的主要氨基酸（朱慧晓等，2022）。丹江口水库干沉降中 DCAA 与农业活动、土壤和植物释放有关。在 DTAA 干沉降中，Glu 和 Asp 是全年的单个优势氨基酸，约占 DTAA 的 38%，与 DCAA 的单个优势氨基酸相同。

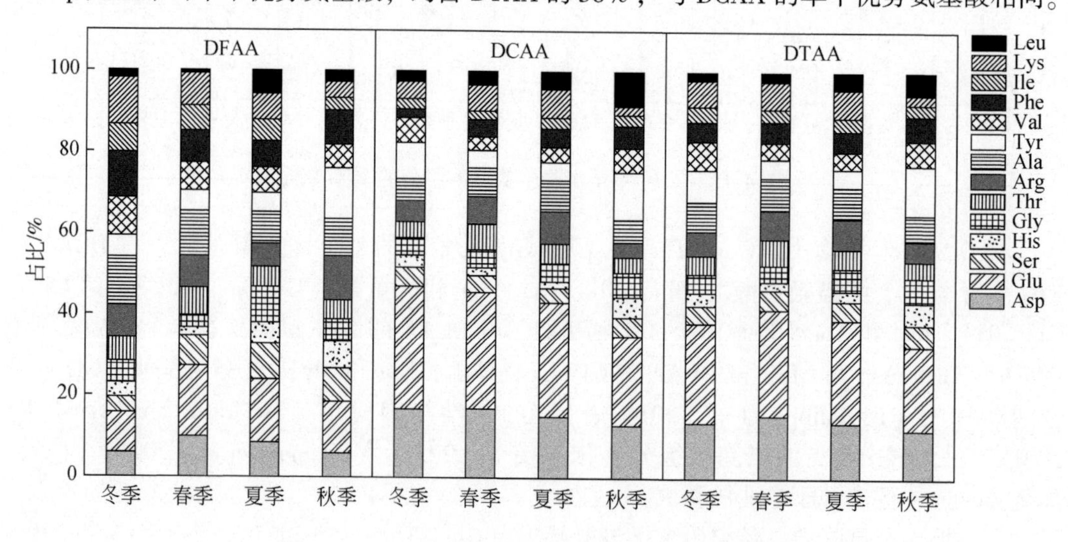

图 4-18　2020 年干沉降中氨基酸组分的季节特征

2021 年，库区干沉降中氨基酸组分的季节特征见图 4-19。冬季单个优势氨基酸 Tyr、Glu、Ala、Asp 和 Phe 占 DFAA 的 66%，春季单个优势氨基酸 Ala、Tyr、Glu 和 Asp 占 DFAA 的 42%，夏季单个优势氨基酸 Asp、Glu 和 Ala 占 DFAA 的 38%，总体上，Glu、Asp、Ala 和 Tyr 对 DFAA 干沉降量的贡献率较高。在 DCAA 干沉降中，冬季单个优势氨基酸是 Tyr、Glu、His、Ser 和 Asp，占 DCAA 的 70%；春季单个优势氨基酸是 Glu、Asp 和 Ala，占 DCAA 的 39%；夏季单个优势氨基酸是 Glu、Gly、His、Ser 和 Asp，占 DCAA 的 58%。总体上，Glu、Asp 和 Ser 对 DCAA 干沉降量的贡献率较高。DTAA 与 DCAA 的单个优势氨基酸种类相同，单个优势氨基酸约占 DTAA 的 38%。

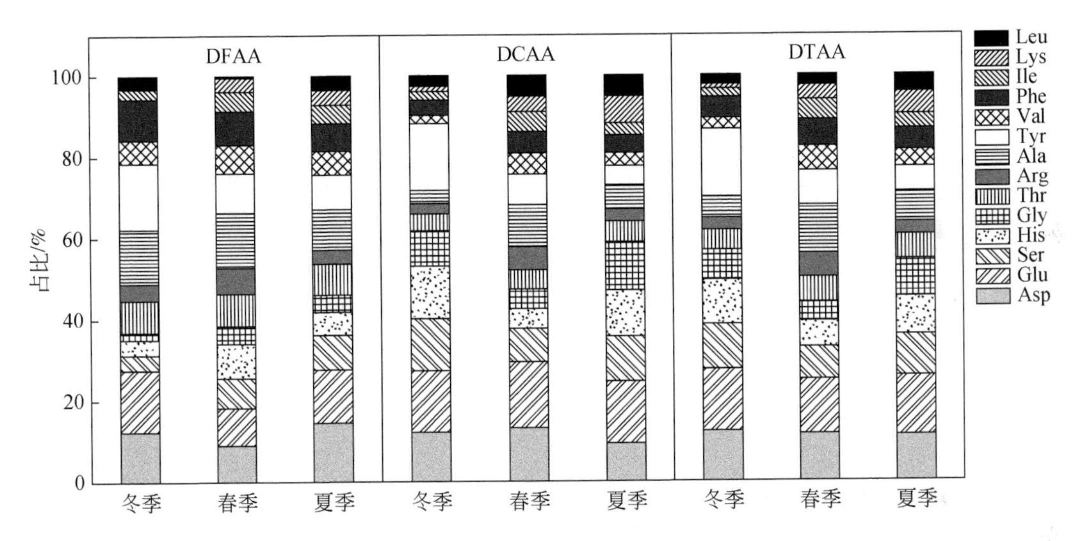

图 4-19　2021 年干沉降中氨基酸组分的季节特征

DFAA、DCAA 和 DTAA 干沉降中单个氨基酸占比存在差异，对比分析库区干沉降中氨基酸组分季节特征的年际差异发现，2020 年 Glu 对氨基酸干沉降量的贡献率比 2019 年高，其原因是 Glu 与农业源有关（Di Filippo et al.，2014），新冠疫情期间，机动车排放和工业排放等人为活动减弱，农业源相对增加。单个优势氨基酸在 2020 年和 2021 年的占比情况相对均匀，单个优势氨基酸种类无明显差异，说明氨基酸干沉降量在新冠疫情中后期有所降低，虽来源贡献有所改变，但组分种类无明显变化，农业活动仍是氨基酸干沉降的主要来源。

4.5.3.2　湿沉降

2019 年，库区湿沉降中氨基酸组分的季节特征见图 4-20。可以看出，冬季单个优势氨基酸 Arg、Asp、Glu 和 Lys 占 DFAA 的 85%，春季单个优势氨基酸蛋氨酸（Met）、Arg、Lys 和 Asp 占 DFAA 的 79%，夏季单个优势氨基酸 Glu、Met、Val 和 Asp 占 DFAA 的 69%，秋季单个优势氨基酸 Glu、Thr 和 Gly 占 DFAA 的 63%。单个优势氨基酸占比的季节差异与氨基酸的性质有关，有研究发现，降水期间 Met 光敏反应减弱，导致 Met 在 DFAA 中含量增加。本研究中，在雨水丰沛的夏季和秋季，Met 是主要的 DFAA，说明湿沉降中 DFAA 以当地新鲜源为主（Matsumoto et al.，2021）。Lys 属于亲水性氨基酸（Pommié et al.，

2004），易随降水进入生态系统。整体上，Glu、Asp、Gly 和 Lys 对 DFAA 沉降量的贡献率较高。

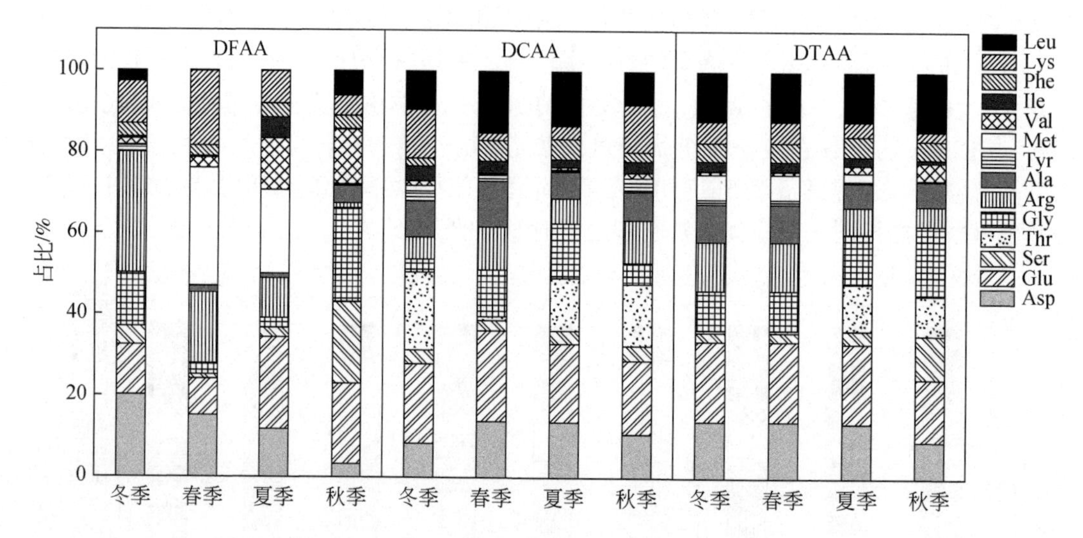

图 4-20　2019 年湿沉降中氨基酸组成的季节特征

在 DCAA 湿沉降中，冬季单个优势氨基酸是 Glu、Thr 和 Asp，占 DCAA 的 51%；春季单个优势氨基酸是 Glu、Leu、Asp、Ala 和 Arg，占 DCAA 的 39%；夏季单个优势氨基酸为 Glu、Thr、Asp、Gly 和 Leu，占 DCAA 的 72%；秋季单个优势氨基酸是 Glu、Leu、Thr 和 Gly，占 DCAA 的 64%。其中，Glu、Asp 和 Gly 对 DCAA 湿沉降的贡献率较高。有研究表明，大气中 DCAA 以 Gly 和 Glu 为主（Barbaro et al.，2011；Samy et al.，2011，2013）。Gly 半衰周期长（Barbaro et al.，2019），是动物中最丰富的纤维蛋白的基本组成部分，自然界中普遍存在富含 Gly 的蛋白质（Samy et al.，2013）。降雨期间，土壤、植被和真菌孢子释放了更多的 DCAA，如谷氨酰胺和天冬酰胺，这些氨基酸可以进一步水解成 Asp 和 Glu（Yue et al.，2016；Ren et al.，2018），因此，在降水过程中 Glu、Gly 和 Asp 在 DCAA 中占比较高。

在 DTAA 湿沉降中，冬季单个优势氨基酸为 Glu、Thr、Lys 和 Asp，占 DTAA 的 56%；春季单个优势氨基酸为 Glu、Leu、Asp、Arg 和 Gly，占 DTAA 的 68%；夏季单个优势氨基酸为 Glu、Thr、Gly、Asp 和 Leu，占 DTAA 的 69%；秋季单个优势氨基酸为 Glu、Gly、Ser 和 Leu，占 DTAA 的 57%。本研究发现，DTAA 的组成与 DCAA 的组成相似，Glu、Asp 和 Gly 对 DTAA 湿沉降的贡献率较高。韩国农村和城市地区降水中同样检测出高浓度的 Glu 和 Gly（Yan et al.，2015），环境中普遍存在 Gly 可能是降水中 Gly 含量较高的原因（Xu et al.，2019）。

2020 年，库区湿沉降中氨基酸组分的季节特征见图 4-21。冬季单个优势氨基酸为 His、Glu、Asp 和 Arg，春季单个优势氨基酸为 Glu、Arg 和 His，夏季单个优势氨基酸为 Glu、Lys 和 His，对 DFAA 的贡献率分别为 58%、38% 和 47%。Arg 是细菌细胞壁肽聚糖的主要成分（Paerl et al.，2011），冬春季空气中细菌的浓度较高（Helin et al.，2017；Ren et al.，2018），造成 Arg 占 DFAA 的比例增加。整体上，库区湿沉降中 Glu 和 Lys 对 DFAA

的贡献率最高。Glu 主要与农业活动（Di Filippo et al.，2014）、真菌和孢子的释放（Helin et al.，2017；Barbaro et al.，2020）有关。在 DCAA 湿沉降中，Glu、Asp 和 His 是冬季单个优势氨基酸，占 DCAA 的 43%；Glu、His、Gly 和 Asp 是春季单个优势氨基酸，占 DCAA 的 52%；Glu 和 Lys 是夏季单个优势氨基酸，占 DCAA 的 39%；Glu 和 Lys 在 DCAA 湿沉降中占比最高。在 DTAA 湿沉降中，Glu、Asp 和 His 是冬季单个优势氨基酸，占 DTAA 的 42%；Glu、His、Gly 和 Asp 是春季单个优势氨基酸，占 DTAA 的 51%；Glu 和 Lys 是夏季单个主要氨基酸，占 DTAA 的 38%。其中，Glu 和 Lys 在 DTAA 湿沉降中占比最高，与 DCAA 的结果相似。

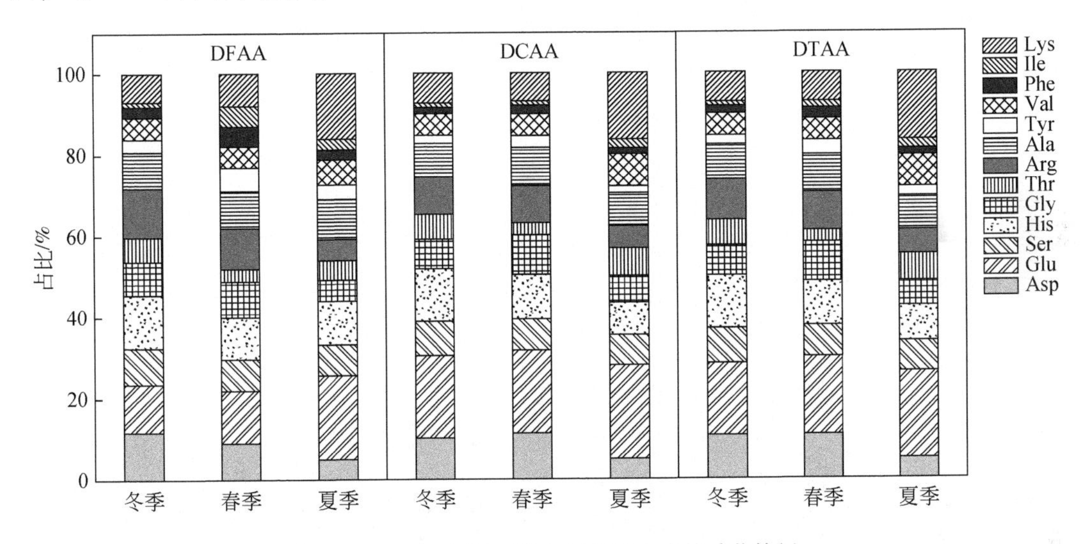

图 4-21　2020 年湿沉降中氨基酸组成的季节特征

对比 2019 年和 2020 年湿沉降中 DFAA、DCAA 和 DTAA 的单个优势氨基酸组分发现，DCAA 与 DTAA 高度一致，说明可用 DCAA 代表 DTAA 中的单个优势氨基酸组分。降水过程对大气中氨基酸有清除作用（Gorzelska and Galloway，1990），研究期间 Glu 是主要的单个优势氨基酸，有研究发现，大气中 Glu 受谷物释放影响显著（Di Filippo et al.，2014），说明丹江口水库湿沉降中氨基酸主要与本地新鲜的农作物释放源有关（Li et al.，2022）。

4.6　有机胺浓度分析

为进一步了解可溶性有机氮的其他成分特征，本节采用野外观测、野外调查和室内分析相结合的方法，采用 GC-MS 分析大气样品中 5 种脂肪胺、4 种芳香胺和一种杂环胺的浓度与含量，解析有机胺的主要来源，为进一步开展大气中有机胺类物质的环境行为研究提供基础数据，为水库水质保护提供理论支撑。

4.6.1　有机胺浓度的时空变化特征

库区有机胺浓度的时空变化特征如图 4-22 所示，二甲胺、二乙胺、丙胺、正丁胺、四氢吡咯、二正丁胺、*N*-甲基苯胺、2-乙基苯胺、苯甲胺和4-乙基苯胺的年均浓度分别为7.64ng/m^3、26.35ng/m^3、14.51ng/m^3、14.10ng/m^3、18.55ng/m^3、7.92ng/m^3、10.56ng/m^3、12.84ng/m^3、13.46ng/m^{3}和21.00ng/m^3，其中，二乙胺的浓度较高。刘智艺等（2023）测得青岛冬季大气细颗粒物样品中二乙胺浓度范围为6.2～8.1ng/m^3，广州$PM_{2.5}$中二乙胺浓度为9.17ng/m^3（Liu et al., 2018），均远低于丹江口水库研究期内大气中二乙胺浓度，应重点关注研究区二乙胺浓度较高的月份。

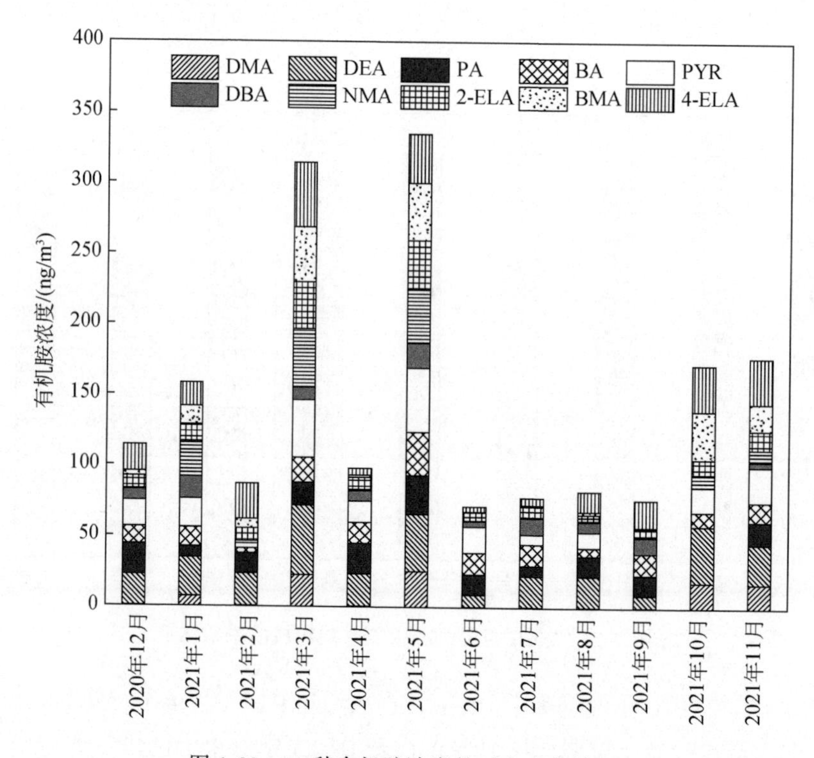

图4-22　10种有机胺浓度的时空变化特征

DMA表示二甲胺、DEA表示二乙胺、PA表示丙胺、BA表示正丁胺、PYR表示四氢吡咯、DBA表示二正丁胺、NMA表示*N*-甲基苯胺、2-ELA表示2-乙基苯胺、BMA表示苯甲胺和4-ELA表示4-乙基苯胺

10种有机胺浓度的最高值出现在2021年5月，最低值出现在6月。库区周边有机胺的浓度分布具有明显的季节差异，春季最高（24.89ng/m^3），夏季最低（7.73ng/m^3）。春季气温升高，土壤等环境中微生物繁殖快，产生更多的有机胺并挥发至大气中（Ge et al., 2011b）。有研究发现，陆地大气中有机胺的来源包括农业施肥、植物和土壤释放、畜牧业排放、污水处理过程等（Schade and Crutzen, 1995; Ge et al., 2011b; Hu et al., 2014; Yao et al., 2016）。库区有机胺浓度在春季较高可能与农业活动、植物和土壤的释放有关。

库区总有机胺浓度的时间变化见图4-23，有机胺浓度范围为142.71～161.14ng/m^3，空间差异不显著，变异系数约为0.05。TC的有机胺浓度最高，HJZ的有机胺浓度最低。有研究表明，道路扬尘、机动车尾气排放、生物质燃烧（李栩婕等，2020）均会增加大气中有机胺浓度。TC采样点位于城镇，车流量较大，机动车尾气的排放和道路扬尘可能是造成该点有机胺浓度高于其他采样点的原因。

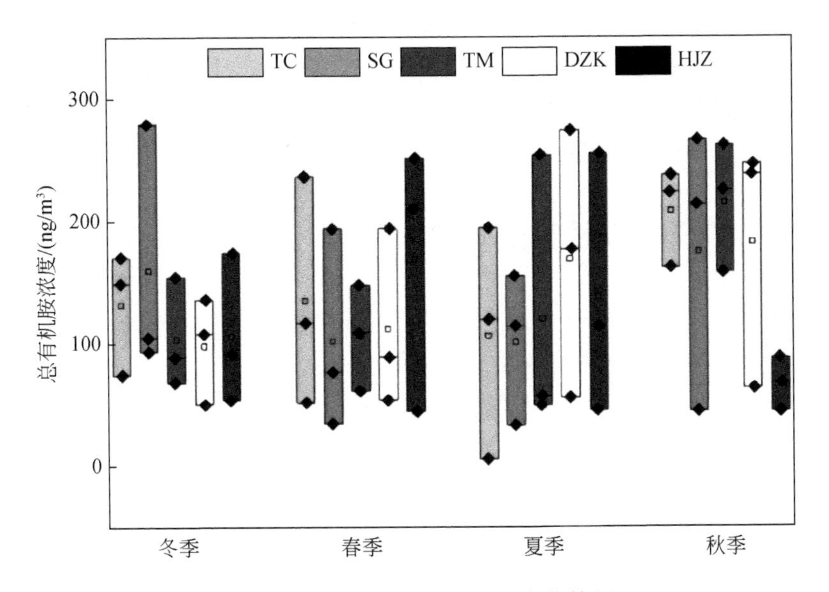

图 4-23　总有机胺浓度的时空变化特征

4.6.2　脂肪胺浓度的时空变化特征

库区脂肪胺的时空变化特征如图 4-24 所示，不同采样点脂肪胺浓度的月均值范围为 40.72～141.71ng/m^3，均值为 70.53ng/m^3。季节上，春季脂肪胺的浓度明显高于其他季节；空间上，脂肪胺的空间差异较小，变异系数约为 0.3，其中，TC 采样点的脂肪胺浓度最高。脂肪胺浓度的时空特征与总有机胺相同。脂肪胺是大气中有机胺的重要组成部分，

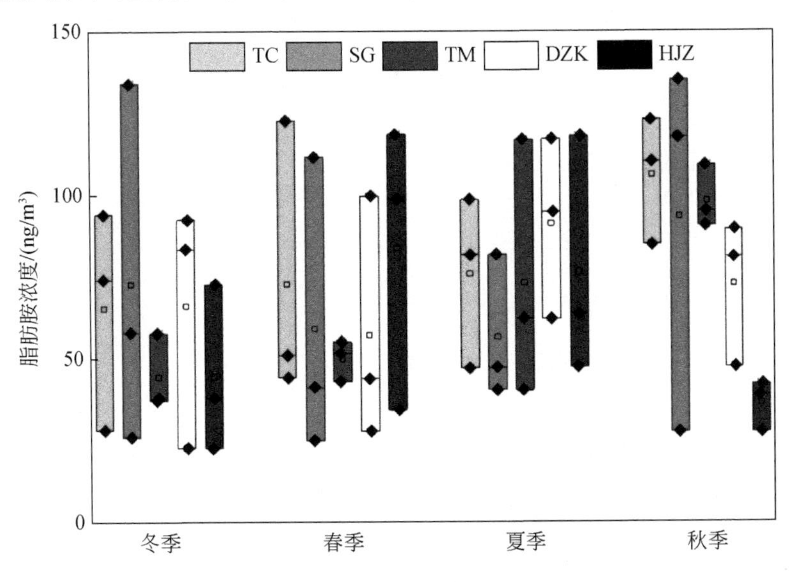

图 4-24　脂肪胺浓度的时空变化特征

研究发现，有机胺具有毒性和过敏性，可与亚硝酸盐反应，形成强致癌性的亚硝胺类物质，影响人体健康（Greim et al.，1998；Ge et al.，2011a）。丹江口水库有机胺浓度较高，高浓度的有机胺除受胺排放源影响外，可能还与分析方法不同有关，采用 GC-MS 方法测得的胺浓度高于离子色谱法（Huang et al.，2014），应进一步关注其来源。

4.6.3 芳香胺浓度的时空变化特征

库区芳香胺浓度的时空变化特征见图 4-25，不同采样点的浓度范围为 55.19 ~ 61.2ng/m³，均值为 57.86ng/m³。时间上，3 月和 5 月的芳香胺浓度较高，分别为 159.05ng/m³ 和 147.68ng/m³，春季大气中芳香胺浓度高于其他季节。空间上，TC 采样点芳香胺的浓度最高。大气中芳香胺的浓度与人为源释放关系密切，例如烹饪排放、汽车尾气和生物质燃烧等人为因素可能导致芳香胺的排放（Manabe et al.，1991；Thiébaud et al.，1995；Ma and Hays，2008），TC 采样点芳香胺浓度较高可能与汽车尾气排放有关。库区芳香胺的浓度整体上处于较高水平，需进一步解析区域的污染来源。

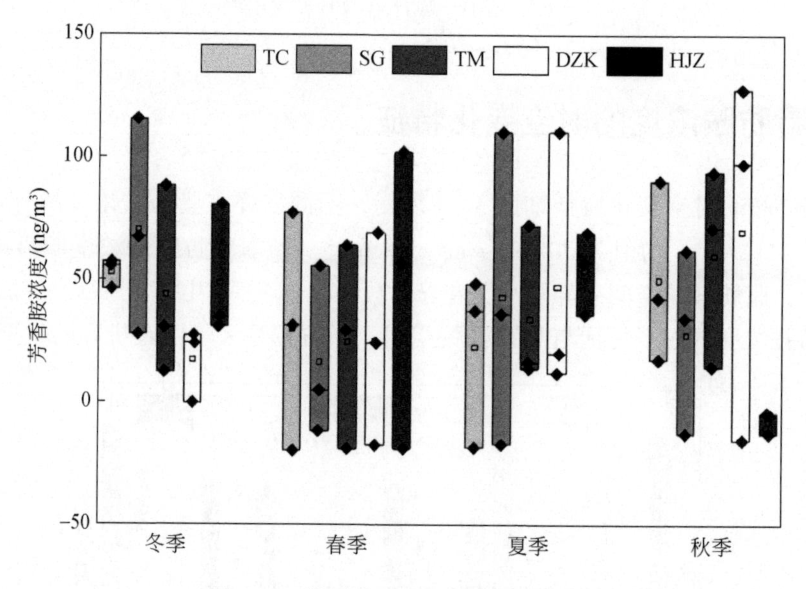

图 4-25　芳香胺浓度的时空变化特征

4.6.4 杂环胺四氢吡咯浓度的时空变化特征

杂环胺四氢吡咯浓度的时空变化特征见图 4-26，浓度均值为 18.55ng/m³，其中，3 月和 5 月的四氢吡咯浓度较高，分别为 40.77ng/m³ 和 45.55ng/m³。青岛冬季大气细颗粒物中四氢吡咯浓度仅为 0.2ng/m³（刘智艺等，2023），广州秋季大气细颗粒物中四氢吡咯浓度为 2.22ng/m³（刘凤娴等，2017），不同区域间的差异除与释放源有关外，还可能与不同测定方法的差异性有关。

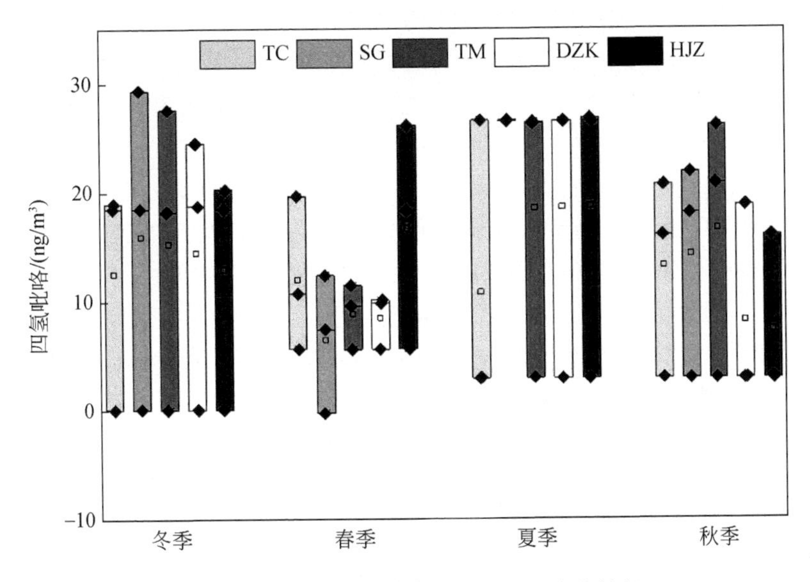

图 4-26　杂环胺四氢吡咯浓度的时空变化特征

研究区春季四氢吡咯浓度最高，HJZ 采样点贡献较大；冬夏季四氢吡咯浓度在 SG 采样点较高；秋季四氢吡咯浓度在 TM 采样点最高。四氢吡咯浓度季节的差异性可能与不同来源有关，有研究发现，农业和海洋源、生物质燃烧源以及机动车尾气对大气细颗粒物中四氢吡咯浓度的贡献率分别为 20%、15% 以上和 20%，二次生成过程对其贡献率超过 10%（刘智艺，2022）。空间上，不同采样点大气中四氢吡咯浓度范围为 15.58 ~21.26ng/m^3，空间差异不显著，变异系数约为 0.3。

4.7　小　　结

氮沉降会增加湖库水体中氮含量，为浮游植物的生长和繁殖提供营养物质，对提高水体初级生产力有明显作用。氮沉降中无机氮可以被初级生产者直接利用，而有机氮作为潜在营养物质会加速水体富营养化，对生态系统造成的潜在影响不容忽视。本章通过系统分析丹江口水库氮沉降化合物的形态特征，明确了无机氮和有机氮组分对总氮沉降的贡献，厘清了尿素、氨基酸和有机胺的时空变化规律，确定了氨基酸沉降的优势组分，初步解析了氮沉降化合物的来源，得出以下研究结果。

1）研究期内，丹江口水库干沉降中氨氮和硝氮对总氮的贡献分别为 41.13% 和 17.02%，湿沉降中氨氮和硝氮对总氮的贡献分别为 50.02% 和 17.47%，无机氮沉降以氨氮为主，与农业源释放有关。干湿沉降中有机氮对总氮的贡献分别为 41.85% 和 32.51%，均处于较高水平，受农业活动和降水量影响显著。

2）尿素干沉降量月均值为 0.25kg/hm^2，典型农业活动期的沉降量高于非农业期，受农业施肥氮素挥发影响显著；尿素湿沉降量月均值为 0.09kg/hm^2，除受降水量影响外，可能还与人类活动有关。空间上，尿素干湿沉降量除受局部排放源和降雨强度影响外，在人为影响、农业活动明显的区域较高。

3）DFAA 和 DCAA 干沉降量月均值分别为 0.047kg/hm^2 和 0.141kg/hm^2，氨基酸以 DCAA 干沉降为主，DFAA 和 DCAA 干沉降量月份间差异显著；空间上，氨基酸沉降量在农业密集区较高。DFAA 和 DCAA 干沉降量与排放源、气象条件和农业活动有关，尤其需要关注农业活动对 DFAA 和 DCAA 干沉降量的影响。Glu 和 Ala 是 DFAA 中单个优势氨基酸，Glu、Gly 和 Asp 是 DCAA 中单个优势氨基酸，以农业释放源为主。

4）DFAA 和 DCAA 湿沉降量月均值分别为 0.04kg/hm^2 和 0.161kg/hm^2，在农业活动期和降水丰沛的月份较高；DFAA 和 DCAA 湿沉降量的空间差异性与采样点所处的位置、降雨强度有关，受当地源释放影响显著。Glu 是 DFAA 和 DCAA 湿沉降中单个优势氨基酸。

5）大气细颗粒物中 5 种脂肪胺浓度为 70.53ng/m^3，春季较高，与植物和土壤的释放、交通源有关；脂肪胺浓度在空间上差异显著，受胺排放源、机动车尾气、土壤和生物固氮作用和道路扬尘影响。4 种芳香胺浓度为 57.86ng/m^3，存在季节变化和空间差异。杂环胺浓度为 18.55ng/m^3，空间差异不显著。整体上，研究区大气有机胺浓度处于较高水平，除受源释放影响外，分析测定方法的不同也是影响浓度的一个重要因素。

参考文献

伯绍毅．2008. 东、黄海气溶胶和雨水中氨基化合物的研究．青岛：中国海洋大学．

常菲，郜翻身，红梅，等．2018. 施肥措施对河套灌区氮素淋溶和玉米产量的影响．生态学杂志，37（10）：2951-2958.

陈园．2011. 尿素对球形棕囊藻生长和产毒的影响．广州：暨南大学．

程丽琴，朱仁果，朱慧晓，等．2022. 南昌市 $PM_{2.5}$ 中游离氨基酸的浓度、来源与分布特征．环境科学学报，42（11）：308-317.

邓欧平．2018. 川西平原城乡过渡带大气氮沉降特征及影响因素研究．雅安：四川农业大学．

方成，代子雯，李伟明，等．2021. 化肥减施配施不同有机肥对甜糯玉米产量和品质的影响．生态学杂志，40（5）：1347-1355.

顾峰雪，黄玫，张远东，等．2016. 1961—2010 年中国区域氮沉降时空格局模拟研究．生态学报，36（12）：3591-3600.

郭萍萍，郑丽丽，黄幸然，等．2015. 模拟大气氮沉降对不同树种土壤微生物生物量的影响．生态环境学报，5：772-777.

韩静．2011. 不同天气条件对青岛大气气溶胶中有机氮和尿素浓度分布的影响．青岛：中国海洋大学．

韩丽君，朱玉梅，刘素美，等．2013. 黄海千里岩岛大气湿沉降营养盐的研究．中国环境科学，33（7）：1174-1184.

韩琳，王鸽．2021. 氮沉降增加对青藏高原林地氮淋溶通量的影响．环境科学与技术，44（3）：86-93.

贺成武，任玉芬，王效科，等．2014. 北京城区大气氮湿沉降特征研究．环境科学，35（2）：490-494.

胡佳．2016. 崇州市不同功能区大气氮沉降特征研究．雅安：四川农业大学．

李栩婕，施晓雯，马嫣，等．2020. 南京北郊四季 $PM_{2.5}$ 中有机胺的污染特征及来源解析．环境科学，41（2）：537-553.

刘凤娴，毕新慧，任照芳，等．2017. 气相色谱-质谱法测定大气颗粒物中的有机胺类物质．分析化学，45（4）：477-482.

刘思言，陈瑾，卢平，等．2014. 广东韶关地区大气氮干湿沉降特征研究．生态环境学报，9：1445-1450.

刘智艺．2022. 青岛沿海冬季大气细颗粒物有机胺的污染特征与来源分析．青岛：山东大学．

刘智艺，王新锋，李敏，等．2023. HILIC/LC-MS 直接分离测定大气颗粒物中的 15 种有机胺．地球环境学报，14（2）：229-241.
马晓林，康清，王榛，等．2014. 植物对有机氮源的利用及其在生态系统中的意义．青海草业，23（4）：28-35.
石金辉，范得国，韩静，等．2010. 青岛大气气溶胶中氨基化合物的分布特征．环境科学，31（11）：2547-2554.
石金辉，韩静，范得国，等．2011. 青岛大气气溶胶中水溶性有机氮对总氮的贡献．环境科学，32（1）：1-8.
石金辉，李瑞芃，祁建华，等．2012. 青岛大气气溶胶中游离氨基化合物的浓度、组成和来源．环境科学学报，32（2）：377-385.
宋伟娜，张海波，石晓勇，等．2021. 2018 年春夏季苏北浅滩生物可利用氮分析．中国环境科学，41（7）：3316-3323.
万柯均．2019. 川西小流域氮沉降时空变异特征及其对河流的贡献研究．雅安：四川农业大学．
王斌，王汝振，李甜，等．2023. 大气沉降氮在土壤–植物系统中的留存机制．生态学杂志，42（2）：463-470.
王焕晓，庞树江，王晓燕，等．2018. 小流域大气氮干湿沉降特征．环境科学，39（12）：5365-5374.
王江飞，周柯锦，汪小泉，等．2015. 杭嘉湖地区大气氮、磷沉降特征研究．中国环境科学，35（9）：2754-2763.
武俐，宋百惠，李啸林，等．2023. 丹江口水库氮干沉降的时空特征及生态影响．生态学杂志，42（1）：190-197.
肖春艳，陈飞宏，陈晓舒，等．2023. 丹江口水库淅川库区大气氨氮干沉降特征及源解析．环境化学，42（6）：1856-1866.
谢迎新，张淑利，冯伟，等．2010. 大气氮素沉降研究进展．中国生态农业学报，18（4）：897-904.
许稳．2016. 中国大气活性氮干湿沉降与大气污染减排效应研究．北京：中国农业大学．
杨龙元，秦伯强，胡维平，等．2007. 太湖大气氮、磷营养元素干湿沉降率研究．海洋与湖沼，2：104-110.
余辉，张璐璐，燕姝雯，等．2011. 太湖氮磷营养盐大气湿沉降特征及入湖贡献率．环境科学研究，24（11）：1210-1219.
张桂成．2015. 长江口及其邻近海域溶解有机氮的生物可利用性及其在赤潮暴发过程中的作用研究．青岛：中国海洋大学．
张海平，周星星，代文．2017. 空间插值方法的适用性分析初探．地理与地理信息科学，33（6）：14-18，105.
张佳颖，于兴娜，张毓秀，等．2022. 南京北郊大气降水中水溶性无机氮和有机氮沉降特征．环境科学，43（7）：3416-3422.
张云．2013. 不同类群代表性浮游植物对尿素的生理生态响应．广州：暨南大学．
郑利霞，刘学军，张福锁．2007. 大气有机氮沉降研究进展．生态学报，(9)：3828-3834.
周世水，党宁，张涵丹，等．2022. 开化县林区氮磷沉降特征．环境生态学，4（4）：72-80.
朱慧晓，朱仁果，程丽琴，等．2022. 南昌市 $PM_{2.5}$ 中结合氨基酸的浓度组成及来源．中国环境科学，42（10）：4509-4516.
朱济奇，孙文文，冯加良．2020. 上海大气 $PM_{2.5}$ 中水溶性氨基酸的浓度及组成特征．生态环境学报，29（6）：1173-1180.
朱玉雯，朱仁果，方小珍，等．2021. 森林地区 $PM_{2.5}$ 中氨基酸的水平、来源及转化．中国环境科学，41

(1): 81-90.

邹伟，王珩瑜，高建玲．2011. N、P 通过大气干湿沉降方式向大亚湾输入量研究．海洋环境科学，30 (6): 843-846.

Ackerman D, Millet D B, Chen X. 2019. Global estimates of inorganic nitrogen deposition across four decades. Global Biogeochemical Cycles, 33 (1): 100-107.

Akyüz M. 2008. Simultaneous determination of aliphatic and aromatic amines in ambient air and airborne particulate matters by gas chromatography-mass spectrometry. Atmospheric Environment, 42 (16): 3809-3819.

Almeida J, Schobesberger S, Kürten A, et al. 2013. Molecular understanding of sulphuric acid- amine particle nucleation in the atmosphere. Nature, 502 (7471): 359-363.

An Y Q, Xu J Z, Liu Y M, et al. 2022. Concentrations, compositions, and deposition rates of dissolved nitrogen in Western China: insights from snow records. Frontiers in Environmental Science, 9: 827456.

Antia N J, Harrison P J, Oliveira L. 1991. The role of dissolved organic nitrogen in phytoplankton nutrition, cell biology and ecology. Phycologia, 30 (1): 1-89.

Apak R. 2007. Alternative solution to global warming arising from CO_2 emissions—Partial neutralization of tropospheric H_2CO_3 with NH_3. Environmental Progress, 26 (4): 355-359.

Baek K M, Park E H, Kang H, et al. 2022. Seasonal characteristics of atmospheric water-soluble organic nitrogen in $PM_{2.5}$ in Seoul, Korea: source and atmospheric processes of free amino acids and aliphatic amines. Science of the Total Environment, 811: 152335.

Bai L, Lu X, Yin S S, et al. 2020. A recent emission inventory of multiple air pollutant, $PM_{2.5}$ chemical species and its spatial-temporal characteristics in central China. Journal of Cleaner Production, 269: 122114.

Barbaro E, Zangrando R, Moret I, et al. 2011. Free amino acids in atmospheric particulate matter of Venice, Italy. Atmospheric Environment, 45 (28): 5050-5057.

Barbaro E, Feltracco M, Cesari D, et al. 2019. Characterization of the water soluble fraction in ultrafine, fine, and coarse atmospheric aerosol. Science of the Total Environment, 658: 1423-1439.

Barbaro E, Morabito E, Gregoris E, et al. 2020. Col Margherita Observatory: a background site in the Eastern Italian Alps for investigating the chemical composition of atmospheric aerosols. Atmospheric Environment, 221: 117071.

Benner R, Kaiser K. 2011. Biological and photochemical transformations of amino acids and lignin phenols in riverine dissolved organic matter. Biogeochemistry, 102: 209-222.

Bikkina P, Sarma V V S S, Kawamura K, et al. 2021. Dry-deposition of inorganic and organic nitrogen aerosols to the Arabian Sea: sources, transport and biogeochemical significance in surface waters. Marine Chemistry, 231: 103938.

Bogard M J, Donald D B, Finlay K, et al. 2012. Distribution and regulation of urea in lakes of central North America. Freshwater Biology, 57 (6): 1277-1292.

Booyens W, van Zyl P G, Beukes J P, et al. 2019. Characterising particulate organic nitrogen at a savannah-grassland region in South Africa. Atmosphere, 10 (9): 492.

Bronk D A, See J H, Bradley P, et al. 2007. DON as a source of bioavailable nitrogen for phytoplankton. Biogeosciences, 4 (3): 283-296.

Bzdek B R, Ridge D P, Johnston M V. 2010. Amine exchange into ammonium bisulfate and ammonium nitrate nuclei. Atmospheric Chemistry and Physics, 10 (8): 3495-3503.

Camargo J A, Alonso A. 2006. Ecological and toxicological effects of inorganic nitrogen pollution in aquatic ecosystems: a global assessment. Environment International, 32 (6): 831-849.

Cape J N, Cornell S E, Jickells T D, et al. 2011. Organic nitrogen in the atmosphere—Where does it come from? A review of sources and methods. Atmospheric Research, 102: 30-48.

Chen H Y, Huang S Z. 2021. Composition and supply of inorganic and organic nitrogen species in dry and wet atmospheric deposition: use of organic nitrogen composition to calculate the Ocean's external nitrogen flux from the atmosphere. Continental Shelf Research, 213: 104316.

Chen Y, Tian M, Huang R J, et al. 2019. Characterization of urban amine-containing particles in southwestern China: seasonal variation, source, and processing. Atmospheric Chemistry and Physics, 19 (5): 3245-3255.

Cheng C L, Huang Z Z, Chan C K, et al. 2018. Characteristics and mixing state of amine-containing particles at a rural site in the Pearl River Delta, China. Atmospheric Chemistry and Physics, 18 (12): 9147-9159.

Cornell S E. 2011. Atmospheric nitrogen deposition: revisiting the question of the importance of the organic component. Environmental Pollution, 159 (10): 2214-2222.

Cornell S E, Jickells T D, Cape J N, et al. 2003. Organic nitrogen deposition on land and coastal environments: a review of methods and data. Atmospheric Environment, 37 (16): 2173-2191.

de Abrantes R, de Assunção J V, Pesquero C R, et al. 2009. Emission of polycyclic aromatic hydrocarbons from gasohol and ethanol vehicles. Atmospheric Environment, 43 (3): 648-654.

de Souza P A, Ponette-González A G, de Mello W Z, et al. 2015. Atmospheric organic and inorganic nitrogen inputs to coastal urban and montane Atlantic Forest sites in southeastern Brazil. Atmospheric Research, 160: 126-137.

Deng O P, Zhang S R, Deng L J, et al. 2019. Atmospheric dry nitrogen deposition and its relationship with local land use in a high nitrogen deposition region. Atmospheric Environment, 203: 114-120.

Di Filippo P, Pomata D, Riccardi C, et al. 2014. Free and combined amino acids in size-segregated atmospheric aerosol samples. Atmospheric Environment, 98: 179-189.

Driscoll C T, Lawrence G B, Bulger A J, et al. 2001. Acidic deposition in the Northeastern United States: sources and inputs, ecosystem effects, and management strategies. Bioscience, 51 (3): 180-198.

Duce R A, Laroche J, Altieri K, et al. 2008. Impacts of atmospheric anthropogenic nitrogen on the open ocean. Science, 320 (5878): 893-897.

Facchini M C, Decesari S, Rinaldi M, et al. 2008. Important source of marine secondary organic aerosol from biogenic amines. Environmental Science & Technology, 42 (24): 9116-9121.

Fang Z, Deng W, Zhang Y L, et al. 2017. Open burning of rice, corn and wheat straws: primary emissions, photochemical aging, and secondary organic aerosol formation. Atmospheric Chemistry and Physics, 17 (24): 14821-14839.

Feng Z Z, Hu E Z, Wang X K, et al. 2015. Ground-level O_3 pollution and its impacts on food crops in China: a review. Environmental Pollution, 199: 42-48.

Fowler D, Steadman C E, Stevenson D, et al. 2015. Effects of global change during the 21st century on the nitrogen cycle. Atmospheric Chemistry and Physics, 15: 13849-13893.

Galloway J N, Dentener F J, Capone D G, et al. 2004. Nitrogen cycles: past, present, and future. Biogeochemistry, 70 (2): 153-226.

Gao Y, Zhou F, Ciais P, et al. 2020. Human activities aggravate nitrogen-deposition pollution to inland water over China. National Science Review, 7 (2): 430-440.

Gao S P, Xu B Q, Zheng X Y, et al. 2021. Developing an analytical method for free amino acids in atmospheric precipitation using gas chromatography coupled with mass spectrometry. Atmospheric Research, 256: 105579.

Ge X L, Wexler A S, Clegg S L. 2011a. Atmospheric amines—Part Ⅰ. A review. Atmospheric Environment, 45

(3): 524-546.

Ge X L, Wexler A S, Clegg S L. 2011b. Atmospheric amines—Part Ⅱ. Thermodynamic properties and gas/particle partitioning. Atmospheric Environment, 45 (3): 561-577.

Gorzelska K, Galloway J N. 1990. Amine nitrogen in the atmospheric environment over the North Atlantic Ocean. Global Biogeochemical Cycles, 4 (3): 309-333.

Greim H, Bury D, Klimisch H J, et al. 1998. Toxicity of aliphatic amines: structure- activity relationship. Chemosphere, 36 (2): 271-295.

Helin A K, Sietiö O M, Heinonsalo J, et al. 2017. Characterization of free amino acids, bacteria and fungi in size-segregated atmospheric aerosols in boreal forest: seasonal patterns, abundances and size distributions. Atmospheric Chemistry and Physics, 17 (21): 13089-13101.

Ho K F, Ho S S H, Huang R J, et al. 2015. Characteristics of water-soluble organic nitrogen in fine particulate matter in the continental area of China. Atmospheric Environment, 106: 252-261.

Ho K F, Ho S S H, Huang R J, et al. 2016. Chemical composition and bioreactivity of $PM_{2.5}$ during 2013 haze events in China. Atmospheric Environment, 126: 162-170.

Ho S S H, Li L J, Qu L L, et al. 2019. Seasonal behavior of water-soluble organic nitrogen in fine particulate matter ($PM_{2.5}$) at urban coastal environments in Hong Kong. Air Quality, Atmosphere & Health, 12: 389-399.

Hu Q J, Zhang L M, Evans G J, et al. 2014. Variability of atmospheric ammonia related to potential emission sources in downtown Toronto, Canada. Atmospheric Environment, 99: 365-373.

Huang Y L, Chen H, Wang L, et al. 2012. Single particle analysis of amines in ambient aerosol in Shanghai. Environmental Chemistry, 9 (3): 202.

Huang R J, Li W B, Wang Y R, et al. 2014. Determination of alkylamines in atmospheric aerosol particles: a comparison of gas chromatography-mass spectrometry and ion chromatography approaches. Atmospheric Measurement Techniques, 7 (7): 2027-2035.

Jiang C M, Yu W T, Ma Q, et al. 2013. Atmospheric organic nitrogen deposition: analysis of nationwide data and a case study in Northeast China. Environmental Pollution, 182: 430-436.

Jickells T, Baker A R, Cape J N, et al. 2013. The cycling of organic nitrogen through the atmosphere. Philosophical Transactions of the Royal Society of London Series B, Biological Sciences, 368 (1621): 20130115.

Kang H, Xie Z Q, Hu Q H. 2012. Ambient protein concentration in PM_{10} in Hefei, central China. Atmospheric Environment, 54: 73-79.

Kumar M, Trabelsi T, Francisco J S. 2018. Can urea be a seed for aerosol particle formation in air? . The Journal of Physical Chemistry A, 122 (12): 3261-3269.

Li D J, Wang X M, Sheng G Y, et al. 2008. Soil nitric oxide emissions after nitrogen and phosphorus additions in two subtropical humid forests. Journal of Geophysical Research Atmospheres, 113 (D16): 1-8.

Li Y, Schichtel B A, Walker J T, et al. 2016. Increasing importance of deposition of reduced nitrogen in the United States. Proceedings of the National Academy of Sciences of the United States of America, 113 (21): 5874-5879.

Li W Z, Yang M L, Wang B L, et al. 2022. Regulation strategy for nutrient-dependent carbon and nitrogen stoichiometric homeostasis in freshwater phytoplankton. Science of Total Environment, 823: 153797.

Lin M, Walker J, Geron C, et al. 2010. Organic nitrogen in $PM_{2.5}$ aerosol at a forest site in the Southeast US. Atmospheric Chemistry and Physics, 10 (5): 2145-2157.

Liu X J, Song L, He C N, et al. 2010. Nitrogen deposition as an important nutrient from the environment and its impact on ecosystems in China. Journal of Arid Land, 2 (2): 137-143.

Liu X J, Zhang Y, Han W X, et al. 2013. Enhanced nitrogen deposition over China. Nature, 494 (7438): 459-462.

Liu X J, Xu W, Pan Y P, et al. 2015. Liu et al. suspect that Zhu et al. (2015) may have underestimated dissolved organic nitrogen (N) but overestimated total particulate N in wet deposition in China. Science of the Total Environment, 520: 300-301.

Liu L, Zhang X Y, Wang S Q, et al. 2016. A review of spatial variation of inorganic nitrogen (N) wet deposition in China. PLoS One, 11 (1): e0146051.

Liu L, Zhang X Y, Xu W, et al. 2017. Ground ammonia concentrations over china derived from satellite and atmospheric transport modeling. Remote Sensing, 9 (5): 467.

Liu F X, Bi X H, Zhang G H, et al. 2018. Gas-to-particle partitioning of atmospheric amines observed at a mountain site in Southern China. Atmospheric Environment, 195: 1-11.

Liu L, Zhang X Y, Xu W, et al. 2020. Fall of oxidized while rise of reduced reactive nitrogen deposition in China. Journal of Cleaner Production, 272: 122875.

Liu Q, Lu Y, Xu J, et al. 2022. Dissolved free amino acids and polyamines are two major dissolved organic nitrogen sources for marine bacterioplankton in the northern slope of the South China Sea. Biogeochemistry, 157 (1): 109-126.

Lu K J, Liu Z F, Dai R H, et al. 2019. Urea dynamics during Lake Taihu cyanobacterial blooms in China. Harmful Algae, 84: 233-243.

Ma Y L, Hays M D. 2008. Thermal extraction-two–dimensional gas chromatography-mass spectrometry with heart-cutting for nitrogen heterocyclics in biomass burning aerosols. Journal of Chromatography A, 1200: 228-234.

Magill A H, Aber J D, Berntson G M, et al. 2000. Long-term nitrogen additions and nitrogen saturation in two temperate forests. Ecosystems, 3 (3): 238-253.

Manabe S, Izumikawa S, Asakuno K, et al. 1991. Detection of carcinogenic amino-α-carbolines and amino-γ-carbolines in dieselexhaust particles. Environmental Pollution, 70: 255-265.

Mandalakis M, Apostolaki M, Tziaras T, et al. 2011. Free and combined amino acids in marine background atmospheric aerosols over the Eastern Mediterranean. Atmospheric Environment, 45 (4): 1003-1009.

Matos J T V, Duarte R M B O, Duarte A C. 2016. Challenges in the identification and characterization of free amino acids and proteinaceous compounds in atmospheric aerosols: a critical review. TrAC Trends in Analytical Chemistry, 75: 97-107.

Matsumoto K, Uematsu M. 2005. Free amino acids in marine aerosols over the western North Pacific Ocean. Atmospheric Environment, 39 (11): 2163-2170.

Matsumoto K, Yamamoto Y, Kobayashi H, et al. 2014. Water-soluble organic nitrogen in the ambient aerosols and its contribution to the dry deposition of fixed nitrogen species in Japan. Atmospheric Environment, 95: 334-343.

Matsumoto K, Takusagawa F, Suzuki H, et al. 2018. Water-soluble organic nitrogen in the aerosols and rainwater at an urban site in Japan: implications for the nitrogen composition in the atmospheric deposition. Atmospheric Environment, 191: 267-272.

Matsumoto K, Kim S, Hirai A. 2021. Origins of free and combined amino acids in the aerosols at an inland urban site in Japan. Atmospheric Environment, 259: 118543.

McGregor K G, Anastasio C. 2001. Chemistry of fog waters in California's Central Valley: 2. Photochemical transformations of amino acids and alkyl amines. Atmospheric Environment, 35 (6): 1091-1104.

Meybeck M. 1982. Carbon, nitrogen, and phosphorus transport by world rivers. American Journal of Science, 282

(4): 401-450.

Miyazaki Y, Kawamura K, Sawano M. 2010. Size distributions of organic nitrogen and carbon in remote marine aerosols: evidence of marine biological origin based on their isotopic ratios. Geophysical Research Letters, 37 (6): 110-117.

Mopper K, Zika R G. 1987. Free amino acids in marine rains: evidence for oxidation and potential role in nitrogen cycling. Nature, 325 (6101): 246-249.

Neff J C, Holland E A, Dentener F J, et al. 2002. The origin, composition and rates of organic nitrogen deposition: a missing piece of the nitrogen cycle? . Biogeochemistry, 57: 99-136.

Näsholm T, Kielland K, Ganeteg U. 2009. Uptake of organic nitrogen by plants. New Phytologist, 182 (1): 31-48.

Olivier J G J, Bouwman A F, van der Hoek K W, et al. 1998. Global air emission inventories for anthropogenic sources of NO_x, NH_3 and N_2O in 1990. Environmental Pollution, 102 (1): 135-148.

Paerl H W, Xu H, McCarthy M J, et al. 2011. Controlling harmful cyanobacterial blooms in a hyper-eutrophic lake (Lake Taihu, China): the need for a dual nutrient (N & P) management strategy. Water Research, 45 (5): 1973-1983.

Peierls B L, Paerl H W. 1997. Bioavailability of atmospheric organic nitrogen deposition to coastal phytoplankton. Limnology and Oceanography, 42 (8): 1819-1823.

Pommié C, Levadoux S, Sabatier R, et al. 2004. IMGT standardized criteria for statistical analysis of immunoglobulin V-REGION amino acid properties. Journal of Molecular Recognition, 17 (1): 17-32.

Price D J, Clark C H, Tang X C, et al. 2014. Proposed chemical mechanisms leading to secondary organic aerosol in the reactions of aliphatic amines with hydroxyl and nitrate radicals. Atmospheric Environment, 96: 135-144.

Pöschl U. 2005. Atmospheric aerosols: composition, transformation, climate and health effects. Angewandte Chemie (International ed. in English), 44 (46): 7520-7540.

Rappert S, Müller R. 2005. Odor compounds in waste gas emissions from agricultural operations and food industries. Waste Management, 25 (9): 887-907.

Reay D S, Dentener F, Smith P, et al. 2008. Global nitrogen deposition and carbon sinks. Nature Geoscience, 1 (7): 430-437.

Ren L J, Bai H H, Yu X, et al. 2018. Molecular composition and seasonal variation of amino acids in urban aerosols from Beijing, China. Atmospheric Research, 203: 28-35.

Samy S, Robinson J, Hays M D. 2011. An advanced LC-MS (Q-TOF) technique for the detection of amino acids in atmospheric aerosols. Analytical and Bioanalytical Chemistry, 401 (10): 3103-3113.

Samy S, Robinson J, Rumsey I C, et al. 2013. Speciation and trends of organic nitrogen in southeastern U. S. fine particulate matter ($PM_{2.5}$) . Journal of Geophysical Research: Atmospheres, 118 (4): 1996-2006.

Sattler B, Puxbaum H, Psenner R. 2001. Bacterial growth in supercooled cloud droplets. Geophysical Research Letters, 28 (2): 239-242.

Scalabrin E, Zangrando R, Barbaro E, et al. 2012. Amino acids in Arctic aerosols. Atmospheric Chemistry and Physics, 12 (21): 10453-10463.

Schade G W, Crutzen P J. 1995. Emission of aliphatic amines from animal husbandry and their reactions : potential source of N_2O and HCN. Journal of Atmospheric Chemistry, 22 (3): 319-346.

Scheller E. 2001. Amino acids in dew—origin and seasonal variation. Atmospheric Environment, 35 (12): 2179-2192.

Seitzinger S P, Sanders R W. 1999. Atmospheric inputs of dissolved organic nitrogen stimulate estuarine bacteria and phytoplankton. Limnology and Oceanography, 44 (3): 721-730.

Sheeder S A, Lynch J A, Grimm J. 2002. Modeling atmospheric nitrogen deposition and transport in the Chesapeake Bay watershed. Journal of Environmental Quality, 31 (4): 1194-1206.

Shen Z L, Liu Q, Zhang S M, et al. 2003. A nitrogen budget of the Changjiang River catchment. AMBIO: A Journal of the Human Environment, 32 (1): 65-69.

Shi J H, Gao H W, Qi J H, et al. 2010. Sources, compositions, and distributions of water-soluble organic nitrogen in aerosols over the China Sea. Journal of Geophysical Research: Atmospheres, 115 (D17): 17303.

Singh S, Sharma A, Kumar B, et al. 2017. Wet deposition fluxes of atmospheric inorganic reactive nitrogen at an urban and rural site in the Indo-Gangetic Plain. Atmospheric Pollution Research, 8 (4): 669-677.

Smith J N, Barsanti K C, Friedli H R, et al. 2010. Observations of aminium salts in atmospheric nanoparticles and possible climatic implications. Proceedings of the National Academy of Sciences of the United States of America, 107 (15): 6634-6639.

Song L, Kuang F H, Skiba U, et al. 2017. Bulk deposition of organic and inorganic nitrogen in southwest China from 2008 to 2013. Environmental Pollution, 227: 157-166.

Song T L, Wang S, Zhang Y Y, et al. 2017. Proteins and amino acids in fine particulate matter in rural Guangzhou, Southern China: seasonal cycles, sources, and atmospheric processes. Environmental Science & Technology, 51 (12): 6773-6781.

Souza P D, Ponette-Gonzalez A G, Mello W D, et al. 2015. Atmospheric organic and inorganic nitrogen inputs to coastal urban and montane Atlantic forest sites in southeastern Brazil. Atmospheric Research, 160: 126-137.

Sun K, Tao L, Miller D J, et al. 2017. Vehicle emissions as an important urban ammonia source in the United States and China. Environmental Science & Technology, 51 (4): 2472-2481.

Tarr M A, Wang W W, Bianchi T S, et al. 2001. Mechanisms of ammonia and amino acid photoproduction from aquatic humic and colloidal matter. Water Research, 35 (15): 3688-3696.

Thiébaud H P, Knize M G, Kuzmicky P A, et al. 1995. Airborne mutagens produced by frying beef, pork and a soy-based food. Food and Chemical Toxicology, 10: 821-828.

Triesch N, van Pinxteren M, Engel A, et al. 2021. Concerted measurements of free amino acids at the Cabo Verde Islands: high enrichments in submicron sea spray aerosol particles and cloud droplets. Atmospheric Chemistry and Physics, 21 (1): 163-181.

Violaki K, Mihalopoulos N. 2010. Water-soluble organic nitrogen (WSON) in size-segregated atmospheric particles over the Eastern Mediterranean. Atmospheric Environment, 44 (35): 4339-4345.

Violaki K, Mihalopoulos N. 2011. Urea: an important piece of water soluble organic nitrogen (WSON) over the Eastern Mediterranean. Science of the Total Environment, 409 (22): 4796-4801.

Violaki K, Zarbas P, Mihalopoulos N. 2010. Long-term measurements of dissolved organic nitrogen (DON) in atmospheric deposition in the Eastern Mediterranean: fluxes, origin and biogeochemical implications. Marine Chemistry, 120: 179-186.

Violaki K, Sciare J, Williams J, et al. 2015. Atmospheric water-soluble organic nitrogen (WSON) over marine environments: a global perspective. Biogeosciences, 12 (10): 3131-3140.

Wang G H, Zhou B H, Cheng C L, et al. 2013. Impact of Gobi Desert dust on aerosol chemistry of Xi'an, inland China during spring 2009: differences in composition and size distribution between the urban ground surface and the mountain atmosphere. Atmospheric Chemistry and Physics, 13 (2): 819-835.

Wang G L, Chen X P, Cui Z L, et al. 2014. Estimated reactive nitrogen losses for intensive maize production in

China. Agriculture, Ecosystems & Environment, 197: 293-300.

Wang W, Liu X J, Xu J, et al. 2018. Imbalanced nitrogen and phosphorus deposition in the urban and forest environments in southeast Tibet. Atmospheric Pollution Research, 9: 774-782.

Wang S, Song T L, Shiraiwa M, et al. 2019. Occurrence of aerosol proteinaceous matter in urban Beijing: an investigation on composition, sources, and atmospheric processes during the "APEC Blue" Period. Environmental Science & Technology, 53 (13): 7380-7390.

Wedyan M A, Preston M R. 2008. The coupling of surface seawater organic nitrogen and the marine aerosol as inferred from enantiomer-specific amino acid analysis. Atmospheric Environment, 42 (37): 8698-8705.

Wen Z Q, Li B, Xiao H Y, et al. 2022. Combined positive matrix factorization (PMF) and nitrogen isotope signature analysis to provide insights into the source contribution to aerosol free amino acids. Atmospheric Environment, 268: 118799.

Wu L, Wang Z H, Chang T J, et al. 2022. Morphological characteristics of amino acids in wet deposition of Danjiangkou Reservoir in China's South-to-North Water Diversion Project. Environmental Science and Pollution Research International, 29 (48): 73100-73114.

Xing J W, Song J M, Yuan H M, et al. 2017. Fluxes, seasonal patterns and sources of various nutrient species (nitrogen, phosphorus and silicon) in atmospheric wet deposition and their ecological effects on Jiaozhou Bay, North China. Science of the Total Environment, 576: 617-627.

Xu W, Luo X S, Pan Y P, et al. 2015. Quantifying atmospheric nitrogen deposition through a nationwide monitoring network across China. Atmospheric Chemistry and Physics, 15 (13): 18365-18405.

Xu W, Liu L, Cheng M M, et al. 2018a. Spatial-temporal patterns of inorganic nitrogen air concentrations and deposition in Eastern China. Atmospheric Chemistry and Physics, 18 (15): 10931-10954.

Xu W, Zhao Y H, Liu X J, et al. 2018b. Atmospheric nitrogen deposition in the Yangtze River basin: spatial pattern and source attribution. Environmental Pollution, 232: 546-555.

Xu Y, Wu D S, Xiao H Y, et al. 2019. Dissolved hydrolyzed amino acids in precipitation in suburban Guiyang, southwestern China: seasonal variations and potential atmospheric processes. Atmospheric Environment, 211: 247-255.

Yan G, Kim G. 2015. Sources and fluxes of organic nitrogen in precipitation over the southern East Sea/Sea of Japan. Atmospheric Chemistry and Physics, 15 (5): 2761-2774.

Yan G, Kim G, Kim J, et al. 2015. Dissolved total hydrolyzable enantiomeric amino acids in precipitation: implications on bacterial contributions to atmospheric organic matter. Geochimica et Cosmochimica Acta, 153: 1-14.

Yao L, Wang M Y, Wang X K, et al. 2016. Detection of atmospheric gaseous amines and amides by a high-resolution time-of-flight chemical ionization mass spectrometer with protonated ethanol reagent ions. Atmospheric Chemistry and Physics, 16 (22): 14527-14543.

Youn J S, Crosbie E, Maudlin L C, et al. 2015. Dimethylamine as a major alkyl amine species in particles and cloud water: observations in semi-arid and coastal regions. Atmospheric Environment, 122: 250-258.

Yu H L, He N P, Wang Q F, et al. 2017. Development of atmospheric acid deposition in China from the 1990s to the 2010s. Environmental Pollution, 231: 182-190.

Yu X, Yu Q Q, Zhu M, et al. 2017. Water soluble organic nitrogen (WSON) in ambient fine particles over a megacity in South China: spatiotemporal variations and source apportionment. Journal of Geophysical Research: Atmospheres, 122 (23): 13045-13060.

Yu G R, Jia Y L, He N P, et al. 2019. Stabilization of atmospheric nitrogen deposition in China over the past decade. Nature Geoscience, 12: 424-429.

Yue S Y, Ren H, Fan S Y, et al. 2016. Springtime precipitation effects on the abundance of fluorescent biological aerosol particles and HULIS in Beijing. Scientific Reports, 6: 29618.

Zhang Q, Anastasio C. 2003. Free and combined amino compounds in atmospheric fine particles ($PM_{2.5}$) and fog waters from Northern California. Atmospheric Environment, 37 (16): 2247-2258.

Zhang Y, Zheng L X, Liu X J, et al. 2008. Evidence for organic N deposition and its anthropogenic sources in China. Atmospheric Environment, 42 (5): 1035-1041.

Zhang G H, Bi X H, Chan L Y, et al. 2012. Enhanced trimethylamine-containing particles during fog events detected by single particle aerosol mass spectrometry in urban Guangzhou, China. Atmospheric Environment, 55: 121-126.

Zhang Y, Song L, Liu X J, et al. 2012. Atmospheric organic nitrogen deposition in China. Atmospheric Environment, 46: 195-204.

Zhang Q, Li Y N, Wang M R, et al. 2021. Atmospheric nitrogen deposition: a review of quantification methods and its spatial pattern derived from the global monitoring networks. Ecotoxicology and Environmental Safety, 216: 112180.

Zhu R G, Xiao H Y, Zhu Y W, et al. 2020a. Sources and transformation processes of proteinaceous matter and free amino acids in $PM_{2.5}$. Journal of Geophysical Research: Atmospheres, 125: e2020JD032375.

Zhu R G, Xiao H Y, Lv Z, et al. 2020b. Nitrogen isotopic composition of free Gly in aerosols at a forest site. Atmospheric Environment, 222: 117179.

第 5 章 氮沉降来源解析

5.1 概 述

活性氮（Nr）是生态系统氮循环的重要组成部分，主要包括还原性无机氮（NH_4^+）、氧化性无机氮（NO_x）和有机氮化合物（Galloway et al.，2004）。大气中的含氮化合物参与大气物理和化学反应过程，大约60%的活性氮以干湿沉降的形式返回陆地和水生生态系统，导致全球氮沉降量增加了2.5倍（Galloway et al.，2008）。氮沉降量的增加提高了生态系统生产力，促进生物量的积累，但是过量的氮素输入引发了土壤营养元素淋失、水体富营养化、生物多样性丧失和氮饱和等负面效应，进而影响了陆地和水生生态系统的健康和服务功能（Niu et al.，2018；Pan et al.，2020；Ehrnsperger and Klemm，2021）。全球大气化学模型模拟表明，我国已成为世界氮沉降的三大热点区之一（Galloway et al.，2004）。自21世纪以来，大气氮沉降受到了我国研究人员越来越多的关注。早期的研究集中在华北平原农业生态系统，随着NNDMN和CERN两个全国性氮沉降监测网络的运行，采样点覆盖了森林、草原、沙漠、湖泊和城市生态系统（Ehrnsperger and Klemm，2021）。然而，大多数研究主要关注无机氮沉降及其生物地球化学循环，关于不同形态氮沉降化合物特征及其来源研究相对较少，导致了对生态系统氮沉降风险估计不足（郭晓明等，2021）。有研究认为，估算氮干沉降时未考虑NH_3、HNO_3以及颗粒态NH_4^+和NO_3^-，导致干沉降量存在严重低估，上述成分占总干沉降量的57%（Shen et al.，2009）。因此，确定和量化大气中不同形态含氮化合物的主要来源，对于氮污染防控具有重要的科学意义和迫切的现实需求。

5.1.1 大气中氨氮来源

NH_3是大气中含量最丰富的碱性气体，可与酸性气体快速反应形成铵盐气溶胶，对空气质量和人体健康产生危害（Shen et al.，2011）。大气中的氨氮由气态NH_3和大气颗粒物中NH_4^+两部分组成，二者通常处于动态平衡状态（Behera et al.，2013）。存在于大气中的NH_3和NH_4^+以干湿沉降的形式重新进入陆地或水生生态系统，是大气氮沉降的重要Nr组分（许稳等，2017）。已有研究表明，美国的氮沉降已经由NO_y沉降转变为以NH_x沉降为主，而NH_x在中国的氮沉降中也发挥着关键作用，例如作为全球NH_3浓度较高的热点区之一的华北平原，NH_x沉降量占总氮沉降量的71%～88%（Xu et al.，2015；Yu et al.，2019）。虽然欧盟已针对畜禽养殖和化肥施用实施NH_3减排，但全球大部分地区仍未对NH_3排放进行有效管控。在2002～2013年，卫星观测到美国、欧盟和中国的农业区每年大

气 NH_3的浓度分别以 2.61%、1.83%和 2.27%的速率显著上升（Warner et al., 2017；Liu et al., 2018）。因此，确定和量化 NH_3的主要来源，从而制定有针对性的减排措施，对于氮污染防控具有重要的科学意义和迫切的现实需求。

大气中 NH_3的来源复杂多变，已有研究认为，氮肥挥发、牲畜排放、化石燃料燃烧和交通运输排放是大气中 NH_3的主要来源（Wen et al., 2020；Song et al., 2021）。卫星和地面观测资料显示，中国 NH_3的高值区华北平原，除了农业区外，城市大气 NH_3浓度也相对较高，因而大气中的 NH_3特别是城市大气中的 NH_3主要来源是农牧业等农业源还是工业和机动车排放等非农业源存在争议。不同 NH_3源带有不同的同位素信息，例如动物粪便的 $\delta^{15}N-NH_3$范围在−56.1‰～−4.4‰，化肥释放的 $\delta^{15}N-NH_3$范围为−48.0‰～19.6‰，燃煤释放的 $\delta^{15}N-NH_3$范围在−14.6‰～−11.3‰，车辆尾气的 $\delta^{15}N-NH_3$范围在−4.6‰～−2.2‰等（Freyer, 1978；Felix et al., 2013, 2014）。稳定氮同位素技术为解析痕量气体和颗粒物来源提供了有效工具，不同 NH_3源排放的 NH_3具有不同的氮同位素特征（Bhattarai et al., 2021）。Feng 等（2022）基于氮稳定同位素方法比较了华北平原典型农业县农村和城市中冬季大气 NH_3的主要来源，发现农村地区大气中 NH_3的排放源以施肥和畜牧业等农业源为主（56%±3%），而城市地区则主要来自化石燃料、废弃物和生物质燃烧等非农业源（56%±2%）。Pan 等（2016）通过对大气气溶胶中氨氮的 $\delta^{15}N$值研究发现，北京冬季雾霾污染期间气溶胶中 NH_3有 90%来自化石燃料燃烧排放，首次揭示了城市区域灰霾期间大气中铵盐主要来自机动车尾气和发电厂的 NH_3逃逸等非农业源。通过对北京初冬（农业活动减弱）和盛夏（农业排放增强）大气霾污染过程不同粒径段样品的氮稳定同位素的研究，发现非农业源影响了城市气溶胶铵盐，其同位素源解析结果进一步印证了中国城市观测到的高浓度 NH_3与局地排放有关，而与区域农业源的关系不大（Pan et al., 2018）。Wu 等（2019）利用贝叶斯同位素混合（MixSIAR）模型解析了夏季北京城区 3 个不同高度边界层气溶胶中 NH_4^+的来源，认为农业源对城市气溶胶中 NH_4^+的贡献率随着距离地面高度的增加而增加，距离地面 8m 处农业源的贡献率为 47%，而高海拔区域（距离地面 120m 和 260m）农业源的贡献率达到 51%～56%。由于大气 NH_3源受季节变化和同位素平衡分馏的共同影响，因此在利用氮同位素来量化氨源时，必须考虑大气铵形成过程的同位素分馏效应（Huang et al., 2019）。由于 NH_3形成气溶胶态 NH_4^+的过程中，$NH_3 \leftrightarrow NH_4^+$之间的平衡反应导致$^{15}N$在气溶胶态 NH_4^+中优先富集，而^{14}N在 NH_3中优先富集，从而使得气溶胶态 NH_4^+的 $\delta^{15}N-NH_4^+$值普遍高于前体气 NH_3的 $\delta^{15}N-NH_3$值（Pan et al., 2018）。因此，为确保 NH_3溯源准确，在分析过程中应充分考虑 NH_3从源到汇的氮同位素分馏（顾梦娜等，2020）。

5.1.2 大气中硝酸盐来源

硝酸盐（NO_3^-）是大气 Nr 中最稳定的化合物，由 NO_x经过复杂的物理化学反应生成，形成机制复杂，并随着季节和昼夜的变化而变化（Galloway et al., 2008）。白天，大气中的 NO 被 O_3迅速氧化成 NO_2，NO_2与 OH 自由基反应生成 HNO_3，而 HNO_3进一步与 NH_3反应生成 NH_4NO_3，然后通过气粒分配进入颗粒物中；夜间，大气中的 NO_2被 O_3氧化成 NO_3

自由基，之后进一步被氧化成 N_2O_5，然后 N_2O_5 颗粒物表面发生非均相水解形成颗粒态硝酸盐。此外，NO_3 与挥发性有机物（VOCs）反应以及 NO_2 的非均相水解也会产生 HNO_3（Luo et al.，2020a，2021；Wang et al.，2023；杨舒迪等，2023）。Wang 等（2017）研究发现，北京秋季污染期间 ·OH+NO_2 和 N_2O_5 非均相反应共同主导了大气 NO_3^- 的生成，两者对 NO_3^- 生成的贡献相当。但 Chen 等（2020）结合外场观测和模型分析发现，·OH+NO_2 占据北京冬季污染期间颗粒物中 NO_3^- 的主导地位，在城市和郊区占比分别达到 74% 和 76%。而 Zang 等（2022）的研究则认为，长江三角洲地区冬季重污染期间，N_2O_5 非均相反应主导 NO_3^- 生成，并体现出了和大气氧化性密切的相关关系。

大气中 NO_x 来源众多，以燃煤和机动车尾气为主的化石源 NO_x 排放被认为是大气 NO_3^- 污染的主要原因。此外，地表微生物氮循环和生物质燃烧等产生的非化石源的排放也是大气 NO_3^- 的重要来源（Song et al.，2021）。NO_x 转化为 NO_3^- 的过程中氮原子会发生分馏，且这种气固之间的分馏系数存在较大的不确定性，使得量化 NO_3^- 的生成途径和来源存在一定的困难（Fan et al.，2020）。不同 NO_x 排放源的 $\delta^{15}N$ 特征值存在较大差异，可以根据 NO_3^- 中氮氧同位素组成的差异性区分其不同来源，并示踪氮的循环过程。不同 NO_x 排放源的 $\delta^{15}N$ 特征值存在较大差异，研究表明，煤炭燃烧的 $\delta^{15}N$-NO_3^- 介于 5.1‰～25.6‰，远高于生物质燃烧（−7.2‰～12‰）、机动车尾气（−19.8‰～9.8‰）和土壤微生物氮循环（−48.9‰～−8.5‰）的 $\delta^{15}N$-NO_3^- 值（Guo et al.，2021）。虽然 NO_x 转化为 NO_3^- 的过程中存在 $\delta^{15}N$ 的动力学和平衡同位素分馏，但已有研究认为，$\delta^{15}N$-NO_3^- 很大程度上与 NO_x 排放源有关，利用 $\delta^{15}N$-NO_3^- 可以有效地进行氮污染排放源的识别（Hastings et al.，2009；Song et al.，2019）。Li 等（2019）通过对东北区域典型氮污染城市沈阳的研究发现，大气 NO_3^- 形成过程中 NO_x 循环导致的分馏作用对 $\delta^{15}N$-NO_3^- 的影响可以忽略，煤燃烧和土壤排放的季节性差异是导致 $\delta^{15}N$-NO_3^- 冬季高夏季低的主要原因，煤燃烧和汽车尾气对大气 NO_x 的贡献率为 54%～67%。Huang 等（2021）对清原森林生态系统观测研究站 2014～2017 年氮湿沉降的研究发现，不同年份之间大气硝氮的 ^{15}N 自然丰度差异性较小，其源解析结果表明清原站大气硝氮的来源仍以人为源为主导（57%），人为源贡献未随时间出现下降的趋势。Song 等（2020）运用 SIAR 模型分析了北京地区 $PM_{2.5}$ 中 NO_3^- 的形成途径及其来源，发现燃煤燃烧、汽车尾气排放、生物质燃烧、微生物氮循环的贡献率分别为 28%±2%、29%±17%、27%±15% 和 16%±7%，其中非化石源和化石源的贡献率分别为 43%±16% 和 57%±21%。Li 等（2022）运用贝叶斯同位素混合模型对京津冀大气污染传输通道城市焦作地区的研究发现，大气 NO_3^- 来源存在季节差异，煤炭燃烧（冬季和夏季贡献率分别为 31%±9% 和 25%±9%）和生物质燃烧（冬季和夏季贡献率分别为30%±12% 和 36%±12%）是大气颗粒物中 NO_3^- 的主要来源，其次是土壤微生物排放（冬季和夏季贡献率分别为 21%±4% 和 22%±4%）和车辆排放（冬季和夏季贡献率分别为 18%±9% 和 17%±8%）。早期研究多利用 $\delta^{15}N$-NO_3^- 定性识别大气干湿沉降中 NO_3^- 的可能排放源（Luo et al.，2023）。然而，全球范围内不同来源的 $\delta^{15}N$-NO_3^- 范围过大，存在相互重叠的现象，导致单一利用 $\delta^{15}N$-NO_3^- 识别污染源存在局限性（Guo et al.，2021）。相关研究发现，利用 $\delta^{18}O$-NO_3^- 可揭示 NO_x 生成 NO_3^- 的氧化途径，较好地解决了利用 $\delta^{15}N$-NO_3^- 进行源解析的不确定性（Elliott et al., 2009)。不同途径参与的氧化剂的 $\delta^{18}O$ 差异性显著，导致不同反应过程中生成的 NO_3^- 的 $\delta^{18}O$-NO_3^- 存在差异（Liu et al., 2020）。研究发现，亚洲地区的 $\delta^{18}O$-OH 介于 −15‰~0‰，而 $\delta^{18}O$-O_3 范围则为 90‰~122‰。杨舒迪等（2023）基于贝叶斯同位素混合模型解析了春季南海东沙岛 NO_3^- 形成机制及其来源，认为 N_2O_5 参与的路径在 3 月和 4 月分别生成了 37.2% 和 43.3% 的 NO_3^-，5 月 NO_2+·OH 路径是 NO_3^- 的主要形成路径，形成了 80.2% 的 NO_3^-；东沙岛春季不同月份总悬浮颗粒物（TSP）中 NO_3^- 来源不同，3 月和 4 月以陆地源为主，5 月则主要受海洋源影响。关于污染源排放的 NO_x 的 $\delta^{18}O$-NO_3^- 的研究相对较少。Kou 等（2021）认为铵态氮肥硝化作用产生的 NO_3^- 的 $\delta^{18}O$ 较低，通常在 −5‰~15‰；来源于土壤氮的 NO_3^- 的 $\delta^{18}O$ 则介于 −15‰~+18‰；粪便和废弃物产生的 NO_x 的 $\delta^{18}O$ 值为 −15‰~+18‰。Zong 等（2017）研究发现，$\delta^{18}O$-H_2O 的范围可以近似使用对流层水蒸气的 $\delta^{18}O$ 范围（−25‰~0‰），NO_2 和 N_2O_5 的 $\delta^{18}O$ 范围为 +90‰~+122‰。NO_3^- 中的氧是由 NO_x 中的氧原子与一系列光化学氧反应生成的，NO_3^- 在不同环境下的生成的路径不同，$\delta^{18}O$-NO_3^- 由 NO_3^- 的形成机制决定，与 NO_x 的排放源无关。因此，利用 $\delta^{18}O$-NO_3^- 可以揭示大气的形成机制（Thiemens and Jackson, 1990；Luo et al., 2020b）。对流层中 H_2O 的 $\delta^{18}O$-H_2O 在 −20‰~0‰（Dubey et al., 1997），而 $\delta^{18}O$-O_3 为 90‰~120‰（Johnston and Thiemens, 1997），因此通过比较大气沉降样品中 NO_3^- 的 $\delta^{18}O$-NO_3^- 与 $\delta^{18}O$-H_2O 和 $\delta^{18}O$-O_3 之间的差异，可以解释 NO_3^- 的生成途径。H_2O 和 O_3 的 $\delta^{18}O$ 存在一个明显的变化范围，使得 NO_3^- 的形成过程具有一定的不确定性（范美益，2021）。随着同位素技术的发展，越来越多的研究将同位素方法与贝叶斯模型相结合，定量估算了不同 NO_x 排放源对大气 NO_3^- 的贡献（Zong et al., 2017）。NO_x 转化为 NO_3^- 的过程中存在强烈的同位素分馏作用，掩盖了排放的原始信息，因此在分析的过程中应定量描述 NO_x 从源到汇的氮同位素分馏，以确保 NO_x 溯源准确（Song et al., 2020）。

5.1.3 大气中有机氮来源

有机氮是大气氮的重要组成部分，可以通过改变降水、颗粒物的缓冲能力和酸碱度影响降水和气溶胶的理化特性（张佳颖等。2022）。研究表明，水溶性有机氮（WSON）是大气有机氮的重要存在形式，占水溶性总氮总量的 20%~65%（Weathers et al., 2000；Zhang and Anastasio, 2001；Cornell et al., 2003）。WSON 具有生物可利用性，如氨基酸、尿素和腐殖质类物质也为浮游植物提供营养来源，促进水生生态系统初级生产力的增长（Cornell, 2011；程玉婷等，2014；Hegde et al., 2020）。WSON 是某些致癌副产物（如卤代乙腈和 *N*-亚硝基二甲胺）的前体物，对人体健康造成危害（Ambonguilat et al., 2006）。同时，WSON 中的 L-亮氨酸能够促进云滴成核，从而影响全球气候变化（Szyrmer and Zawadzki, 1997；Mochizuki et al., 2016）。尽管 WSON 在全球生物地球化学循环、气候变化和生态系统中发挥着重要作用（Cornell, 2011；Nehir and Koçak, 2018），但目前关于大气氮沉降的研究聚焦在无机氮而忽略了有机氮，导致氮素沉降量的普遍低估，使得有机氮的沉降特征、输运机制以及来源仍存在不确定性，进而造成对生态系统氮沉降风险估计不足（Jiang et al.，2013；Yan and Kim，2015）。研究表明，不同地区气溶胶中WSON占水溶性总氮的比例存在明显差异，农村地区如巴西亚马孙地区PM_{10}中WSON与水溶性总氮的比例为43%～45%（Mace et al.，2003），森林区域如美国东南部森林中$PM_{2.5}$中WSON占水溶性总氮的比例为33%（Lin et al.，2010），南京城区$PM_{2.5}$中WSON对水溶性总氮的比例为20%～25%（Liu et al.，2021a；关璐等，2022），东海大气气溶胶中WSON占水溶性总氮的比例约为10%（Luo et al.，2016），这些结果表明颗粒物中WSON具有很强的空间异质性。

大气中WSON来源较为复杂，包括自然源（如土壤灰尘、陆地生物排放和海洋排放等）（Shi et al.，2010；Miyazaki et al.，2014）和人为源（如农业活动、化石燃料燃烧和生物质燃烧等）（Zamora et al.，2011；Yu et al.，2017）的一次排放以及大气光化学反应的二次生成（如羰基和氨、碳氢化合物和氮氧化物反应等）（Galloway et al.，2009；Perring et al.，2013）。由于难以通过化学方法对有机氮进行种类分类，因此到目前为止还没有成熟的直接测定大气沉降中有机氮的方法，现有的研究主要是通过间接的方法来测定有机氮的含量，即总氮（TN）含量减去无机氮（WSIN）。目前关于大气中有机氮来源解析的研究比较有限，相关研究多运用相关性分析、主成分分析、后向轨迹分析、受体模型［正定矩阵因子分解（PMF）模型］来解析大气沉降中有机氮的污染特征及来源。李清等（2019）对常州春季大气气溶胶中WSON的研究发现，WSON与二次离子（NH_4^+、SO_4^{2-}和NO_3^-）相关性强，说明其主要来自二次转化，风速是影响WSON浓度水平的主要因素，WSON主要来自二次形成、扬尘和燃煤、生物质燃烧、海洋，长距离传输方向上的气团中WSON总浓度高于短距离传输方向。关璐等（2022）对南京江北新区大气$PM_{2.5}$中WSON的研究表明，WSON与NO_2^--N相关性最高，与NO_3^--N的相关性最低，可能与夏季高温导致NO_3^--N的挥发有关，大气细粒子中WSON主要来源于二次转化、海盐、扬尘和生物质燃烧。鲁慧莹等（2019）研究发现，广州大气颗粒物中有机氮集中在细颗粒物上，各个粒径段有机氮的来源不同，光化学氧化二次生成过程是0.95～1.5μm颗粒物上有机氮的主要来源，建筑扬尘和光化学氧化二次生成过程是0.49～0.95μm颗粒物上有机氮的主要来源，本地化石燃料的燃烧排放是<0.49μm颗粒物上有机氮的主要来源。Yu等（2017）利用PMF模型解析了中国南方沿海大城市广州城市、城市路边和农村地区大气$PM_{2.5}$中WSON的来源，认为机动车排放（29.3%）、生物质燃烧（22.8%）和二次形成（20.2%）是城市站点中WSON的主要来源，机动车排放（45.4%）和扬尘（28.6%）是城市路边站点中WSON的主要来源，生物质燃烧（34.1%～51.1%）和二次转化（17.8%～30.5%）则是农村地区WSON的主要来源；船舶排放贡献次之（8%～12%）；自然植被对WSON的贡献很小。Neff等（2002）对美国亚特兰大（城市）和约克维尔（农村）地区的研究表明，WSON平均浓度占WSTN的10%，煤燃烧、车辆排放、土壤粉尘和生物质燃烧作为WSON的主要来源。Tsagkaraki等（2021）利用PMF模型解析了地中海东部气溶胶中WSON来源，他们认为二次转化（38%～59%）、车辆排放（35%）、生物质燃烧（16%）、矿物粉尘（4%～8%）、化石燃料燃烧（6%）、海洋气溶胶（2%～3%）等是气溶胶中WSON的主要来源。有机氮复杂的来源和大气过程使得其沉降模式在时间和空间上存在较大的非均质性，进而对陆地和水生生态系统产生影响。因此，确定和

量化大气沉降中 WSON 的主要来源，对于氮污染防控具有重要的科学意义和迫切的现实需求。

本章以南水北调中线工程水源地淅川库区小太平洋水域为研究对象，利用氮、氧稳定同位素技术，结合库区干湿沉降量、氮沉降化合物形态特征等实测结果，综合库区周边背景数据和基础资料，分别研究大气干湿沉降中氨氮、硝氮和有机氮的主要污染来源。本章利用 $\delta^{15}N\text{-}NH_4^+$ 和 $\delta^{15}N\text{-}NO_3^-$，运用稳定同位素模型分别估算不同污染排放源对干湿沉降中氨氮、硝氮的贡献率；利用有机氮、无机离子浓度值，运用 PMF 模型解析不同污染排放源对干湿沉降中有机氮的贡献率，研究结果以期为丹江口库区生态环境和水质改善提供科学依据。

5.2 研究方法

5.2.1 野外观测点布设与样品采集

丹江口水库（32°36′N ~ 33°48′N，110°59′E ~ 111°49′E）位于豫、鄂、陕三省交界处，是南水北调中线工程水源地。库区由汉江库区和丹江库区组成，其中丹江口水库淅川库区（丹江库区）地处河南省西南部，水域面积 546km^2，占水库总面积的 52%。库区工业活动少，城镇密集，农村人口比例偏高，属于典型的农业流域。

在丹江口水库淅川库区周边设置了 5 个采样点，采样点布设与库区现有的河南省水库水质自动监测站一致，分别是渠首所在地陶岔（TC）、支流老鹳河和丹江交汇处的黑鸡嘴（HJZ）、渔船和游船停靠的宋岗（SG）港口、紧邻耕地的土门（TM）以及紧邻园地和耕地的党子口（DZK），采样点分布在城镇、风景名胜区、港口码头、农业区和园林区，可以较为全面地反映淅川库区周边氮污染源的空间分布情况。具体采样点位置及情况介绍如图 5-1 和表 5-1 所示。

表 5-1 采样点情况

采样点	经纬度坐标	土地利用类型	主要氮污染源
陶岔（TC）	32°40′51. 86″N，111°42′43. 88″E	建设用地、耕地、交通用地	采样点位于渠首取水口，其主要污染源为道路交通污染，存在氮肥污染源
宋岗（SG）	32°45′59. 28″N，111°38′07. 80″E	湿地、交通用地、耕地、建设用地	采样点位于码头，其主要污染源为交通污染
土门（TM）	32°49′13. 92″N，111°36′24. 28″E	耕地、湿地、林地	采样点紧邻耕地，其主要污染源为氮肥污染，存在畜禽粪便污染源
黑鸡嘴（HJZ）	32°49′37. 80″N，111°32′18. 01″E	耕地、林地、湿地	采样点位于景区，其主要污染源为交通污染，存在氮肥污染源
党子口（DZK）	32°42′28. 78″N，111°30′28. 75″E	耕地、湿地	采样点紧邻园地和耕地，其主要污染源为氮肥污染

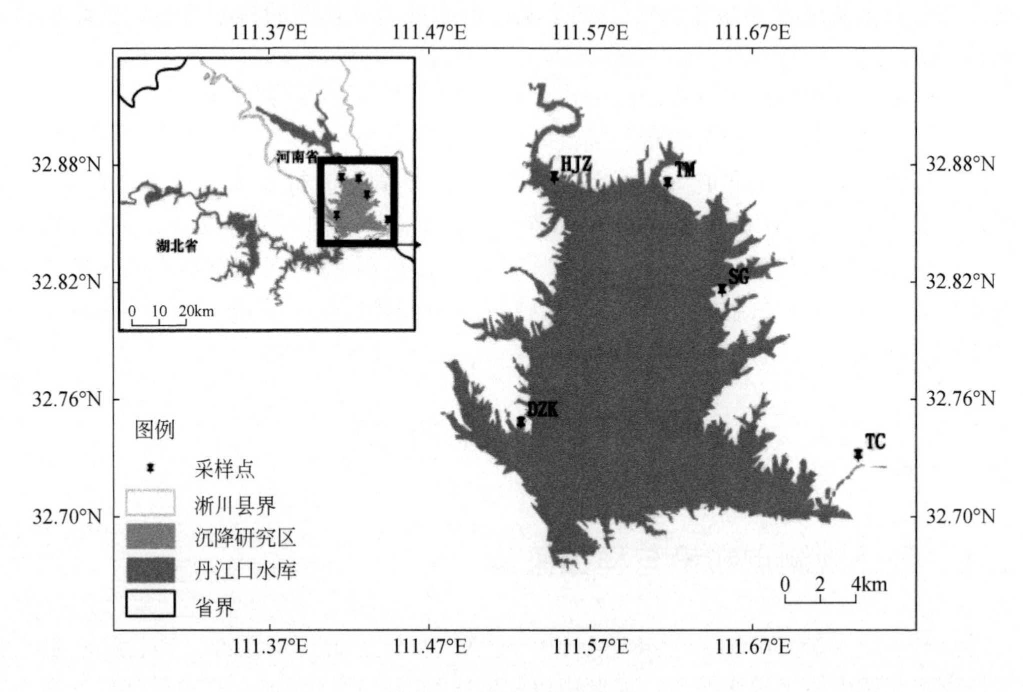

图 5-1　采样点位置示意

为了估算大气中氨氮和硝氮在气粒转化过程中从源到汇的氮同位素分馏，本章中氨氮和硝氮的大气样品分别采集颗粒态 NH_4^+ 和 NO_3^-，以及 NH_3、HNO_3 的气体吸收液样品。

氨氮大气样品采集：于 2019 年 9 月～2020 年 8 月，分别在 3 个农业特征最显著的月份（春季 3 月、夏季 6 月和秋季 9 月）以及具有氨释放特征的高释放月（夏季 8 月）和低释放月（冬季 12 月）采集气态 NH_3 和颗粒态 NH_4^+ 样品。采用青岛崂应 2051 型 TSP 综合采样器进行样品采集，每次连续采集 48h。气态 NH_3 采集的吸收液为 0.005mol/L H_2SO_4，利用 50mL 的两个吸收瓶平行恒温采集，气体平均采集速率为 0.5L/min。为了避免采集过程中高温和光照等因素对吸收液的影响，用锡箔纸将吸收瓶包裹。采集的吸收液过滤后置于棕色聚乙烯瓶，于-20℃冷冻保存，运回实验室测定。颗粒物分别采集两种粒径的样品，即空气学当量直径 $D \leqslant 2.5\mu m$ 和 $D>2.5\mu m$ 的颗粒物，平均流量为 100L/min。颗粒物采样膜为石英纤维滤膜（孔径 0.22μm，Whatman，UK），采样前首先置于马弗炉中在 600℃下焙烧 6h，再在 25℃、40% 相对湿度下恒温恒湿平衡 24h 后称重，用锡箔纸包裹后低温保存。样品采集后将滤膜用锡箔纸包好置于滤膜夹中运回实验室分析，采样过程中使用无粉一次性手套，并用洁净的聚乙烯镊子夹取滤膜，防止样品污染。

硝氮大气样品采集：于 2021 年 3 月（春季）、6 月（夏季）、9 月（秋季）和 12 月（冬季），采用青岛崂应 2051 型 TSP 综合采样器采集气态 HNO_3 和颗粒态 NO_3^- 样品，每月中旬采集 1 次样品，每次连续采集 48h。气态 HNO_3 吸收液为 NaOH 溶液（0.05g NaOH 溶于 50mL 甲醇，pH>12），气体平均采集速率为 0.2L/min，采样后使用去离子水定容到 50mL 测定。采集过程中为了消除光照等因素对吸收液的影响，用锡箔纸将吸收瓶包裹。采集的吸收液过滤后置于棕色聚乙烯瓶中，于-20℃冷冻保存，运回实验室测定。颗粒物采集的平均流量为 100L/min，颗粒物采样膜及前处理过程同上。

有机氮干沉降样品采集：于 2021 年 1 ~ 12 月，采用青岛崂山电子仪器总厂生产的 SY-2 型降水降尘自动采样器采集有机氮干沉降样品。干沉降缸每月月初处于敞开状态，降雨发生时，仪器感应装置自动用盖将干沉降缸密封，降雨结束后自动打开。大气干沉降样品每周采集 1 次。夏季预先在干沉降缸内装入 5cm 高度蒸馏水和 2mol/L 的硫酸铜溶液 1mL，防止细菌和藻类生长，冬季在干沉降缸中添加 10mL 乙二醇，防止溶液结冰。采集样品用孔径为 0. 45μm 微孔滤膜过滤后置于棕色聚乙烯瓶中，于冰箱-20℃保存，一周内完成分析工作。

湿沉降样品采集（氨氮、硝氮和有机氮）：采用青岛崂山电子仪器总厂生产的 SY-2 型降水降尘自动采样器采集湿沉降样品。采样器侧面装有感应装置，在降雨发生时，湿沉降缸上方盖板被自动抬起，湿沉积样品通过一个直径为 200mm 的特氟龙涂层的漏斗收集，该漏斗与冰箱中的 3L 聚丙烯瓶相连，雨水样品被排入其中，每个降雨事件有一个降雨样品，若一天有多次降雨则合并为一个样品。雨水样品收集后带回实验室，用孔径为 0. 45μm 的滤膜过滤杂质，滤液在-20℃冷藏保存，一周内完成分析工作。氨氮湿沉降样品于 2019 年 9 月 ~2020 年 8 月采集，硝氮、有机氮湿沉降样品于 2021 年 1 ~ 12 月采集。

5. 2. 2 样品分析与测试

采样膜带回实验室后，首先进行称重，通过采样前后的质量差得到采样期间采集的颗粒物的总质量。用切割器取孔径为 30mm 的滤膜于离心管中，加 50mL 去离子水振荡 12h，再进行 30min 超声萃取，最后用孔径为 0. 22μm 的有机微孔滤膜过滤后待测。

（1）氨氮样品分析与测试

NH_3吸收液、滤膜过滤液和湿沉降样品中的 NH_4^+采用纳氏试剂分光光度法（UV-2600 紫外分光光度计，日本岛津）测定，检出限为 0. 025 ~2. 00mg/L，具体测试方法参考《水和废水监测分析方法》（第四版）。为保证数据的有效性和精密度，NH_4^+-N 浓度测定采用平行双样，取 2 组测试结果的平均值作为检测值，相对偏差小于 5%；每测定 10 个样品加入 1 个标准样品分析，加标回收率为 95% ~105%。采用稳定同位素比质谱仪（RT-IRMS，IsoPrime 100，IsoPrime Ltd.，UK）测定氨氮同位素（$\delta^{15}N$-NH_4^+），分析方法参考 Liu 等（2014）的研究。首先加入 BrO^-将样品中的 NH_4^+氧化为 NO_2^-，然后在强酸性条件下加入盐酸羟胺将 NO_2^-还原为 N_2O，最后将所产生的 N_2O 气体通入同位素比质谱仪中进行稳定氮同位素比值测定。采用 IAEA N1（$\delta^{15}N=+0.4‰$）、USGS25（$\delta^{15}N=-30.4‰$）和 USGS26（$\delta^{15}N=+53.7‰$）的 3 种国际标准样的同位素测定结果，对样品中 $\delta^{15}N$-NH_4^+结果进行校准。3 次平行测试的 $\delta^{15}N$ 标准偏差小于 0. 3‰。$\delta^{15}N$-NH_4^+测试在中国科学院沈阳应用生态研究所完成。

（2）硝氮样品分析与测试

HNO_3吸收液、滤膜过滤液和湿沉降样品中的 NO_3^-采用酚二磺酸分光光度法（UV-2600 紫外分光光度计，日本岛津）进行测定，检出限为 0. 02 ~2. 00mg/L，具体测试方法参考

《水和废水监测分析方法》(第四版)。为保证数据的有效性和精密度，NO_3^-浓度测定采用平行双样，取2组测试结果的平均值作为检测值，相对偏差小于5%；每测定10个样品加入1个标准样品分析，加标回收率为95%~105%。采用稳定同位素比质谱仪［MAT-253，赛默飞世尔科技（中国）有限公司］测定NO_3^-的氮氧同位素（$\delta^{15}N$-NO_3^-和$\delta^{18}O$-NO_3^-）。同位素样品预处理首先加入镉粉将样品中的NO_3^-氧化为NO_2^-，然后加入乙酸和叠氮化钠将NO_2^-还原为N_2O，最后将所产生的N_2O气体通入同位素比质谱仪中进行稳定氮氧同位素比值测定。使用国际标准物质USGS34（$\delta^{15}N=-1.8‰$，$\delta^{18}O=-27.9‰$）和USGS32（$\delta^{15}N=180‰$，$\delta^{18}O=25.7‰$），以及IAEA-NO_3国际标准（$\delta^{15}N=4.7‰$，$\delta^{18}O=25.6‰$）的混合溶液，同时采用实验室的$NaNO_3$标准作为内插标准，对样品中$\delta^{15}N$-NO_3^-、$\delta^{18}O$-NO_3^-结果进行校准。3次平行测试的$\delta^{15}N$标准偏差小于0.3‰，$\delta^{18}O$标准偏差小于0.5‰。$\delta^{15}N$-NO_3^-和$\delta^{18}O$-NO_3^-测试在河南理工大学分析测试中心完成。

(3) 有机氮样品分析与测试

因有机氮成分复杂，难以通过化学方法对其进行种类分类，故目前尚没有成熟的方法对有机氮浓度进行直接测试。干湿沉降样品中有机氮（ON）浓度通过总氮（TN）与无机氮（IN）的浓度差值获得（Matsumoto et al., 2019），即$C_{ON}=C_{TN}-C_{IN}$，其中IN浓度使用离子色谱仪测定的NO_2^-、NO_3^-和NH_4^+浓度计算（Bronk et al., 2000），计算公式见式（5-1）。

$$C_{IN}=\left(\frac{C_{NO_2^-}}{46}+\frac{C_{NO_3^-}}{62}+\frac{C_{NH_4^+}}{18}\right)\times 14 \tag{5-1}$$

沉降样品中的总氮浓度采用碱性过硫酸钾消解紫外分光光度法（UV-2600紫外分光光度计，日本岛津）进行测定，检出限为0.2~7mg/L，具体测试方法参考《水和废水监测分析方法》（第四版）。10种无机离子（F^-、Cl^-、NO_2^-、NO_3^-、SO_4^{2-}、Na^+、NH_4^+、K^+、Mg^{2+}及Ca^{2+}）采用离子色谱法（IC6600离子色谱仪，安徽皖仪）进行测定，F^-、Cl^-、NO_3^-、SO_4^{2-}、Na^+、NH_4^+、K^+、Mg^{2+}及Ca^{2+}的检出限分别为0.3μg/L、0.4μg/L、0.8μg/L、0.4μg/L、0.3μg/L、0.1μg/L、0.6μg/L、0.5μg/L和0.9μg/L。

5.2.3 源解析方法

(1) 气团后向轨迹分析

为研究大气气团运移轨迹和解析污染物的输送过程及来源，采用TrajStat软件中美国海洋与大气管理局空气资源实验室（Air Resources Laboratory，ARL）开发的混合型单粒子拉格朗日综合轨迹（hybrid single particle Lagrangian integrated trajectory，HYSPLIT）模型计算大气气团的运动轨迹（Wang et al., 2009）。NH_3的大气寿命短（从几小时到5天）且传输距离短（50%的NH_3在50km内沉降或转化），故使用气团后向轨迹仅分析硝氮和有机氮长距离传输来源对本地氮沉降的影响。本章以丹江口水库淅川库区为研究区域，于2021年1月~12月进行每日大气气团24h后推模拟分析，设定每日0:00为起始时间，每过1h开始一条新的轨迹，模拟500m高度污染物的长距离传输。

(2) 初始NH_3源的$\delta^{15}N$计算

吸收液样品中H_2SO_4能够完全吸收NH_3，测定结果$\delta^{15}N$-NH_4^+能够表征采集NH_3的$\delta^{15}N$。

NH_3在大气中存在动力学和平衡分馏。动力学反应为单向反应且发生时间短，生成的NH_4^+的$\delta^{15}N$接近NH_3的$\delta^{15}N$。平衡反应生成的NH_4^+随着在空气中转化或滞留时间而增加，所测颗粒物的$\delta^{15}N$-NH_4^+不能完全表征初始NH_3源的同位素信息（Pan et al.，2018；Huang et al.，2019）。因此使用同位素质量平衡模型计算初始NH_3源的$\delta^{15}N$值，计算公式见式（5-2）~式（5-5）（Pan et al.，2018）：

$$\delta^{15}\text{N-NH}_3=\delta^{15}\text{N-NH}_4^+(\text{p})-\varepsilon_{\text{NH}_4^+\text{-NH}_3}(1-f) \tag{5-2}$$

$$\varepsilon_{\text{NH}_4^+\text{-NH}_3}=12.4678\times\frac{1000}{T+273.15}-7.6694 \tag{5-3}$$

$$f=\frac{C_{\text{NH}_4^+}}{(C_{\text{NH}_3}+C_{\text{NH}_4^+})} \tag{5-4}$$

$$C=\frac{C_x\times V_x}{V_y} \tag{5-5}$$

式中，$\delta^{15}N$-NH_3为颗粒态NH_4^+的初始源释放NH_3（g）的同位素值；$\delta^{15}N$-NH_4^+（p）为样品中测试的NH_4^+同位素值；$\varepsilon_{NH_4^+\text{-}NH_3}$为$NH_3$和$NH_4^+$之间的平衡同位素分馏系数，已有研究发现$\varepsilon_{NH_4^+\text{-}NH_3}$与温度之间存在线性拟合关系（Urey，1947），由式（5-3）计算；f值为初始NH_3转化为NH_4^+的比例，$f=NH_4^+/(NH_3+NH_4^+)$，具体数值由式（5-4）计算；T为大气平均温度，℃；C为NH_3或NH_4^+的大气浓度，μg/m^3；C_x为NH_3或NH_4^+样品浓度，μg/mL；V_x为样品溶液体积，mL；V_y为标准状况下采集的空气总体积，m^3。

（3）NO_3^-形成途径及同位素分馏

大气中硝酸盐的$\delta^{15}N$的变化取决于前体物NO_x的$\delta^{15}N$特征、NO和NO_2平衡交换的同位素效应、NO_2转化为NO_3^-的同位素分馏以及NO_3^-在大气传输过程中发生的同位素分馏效应（周涛等，2019）。NO经过光化学过程转化为NO_2后，大气中的硝酸盐形成的主要路径有：·OH自由基氧化途径（NO_2+·OH→HNO_3，P1）、N_2O_5水解途径（$N_2O_5+H_2O\rightarrow 2HNO_3$，P2）、$NO_3$与VOCs反应生成$HNO_3$（$NO_3$+VOCs→$HNO_3$，P3）和卤素参与的二次硝酸盐形成（$N_2O_5+Cl^-\rightarrow NO_3^-+ClNO_3$，P4）（Luo et al.，2020a；杨舒迪等，2023）。本研究区远离海洋，故不考虑卤素参与的硝酸盐形成路径。此外，因$\varepsilon^{18}O$（$NO_2\rightarrow NO_3^-$）×0.52与$\varepsilon^{17}O$（$NO_2\rightarrow NO_3^-$）评估的源贡献非常接近（Song et al.，2019），故采用$0.52\times\delta^{18}O$的ε值来评价同位素分馏效应。源排放值$\delta^{15}N$-NO_x值与样品中$\delta^{15}N$-NO_3^-和同位素分馏系数ε之间的关系具体可表示为

$$\delta^{15}\text{N-NO}_x=\delta^{15}\text{N-NO}_3^- -\varepsilon_{(\text{NO}_2\leftrightarrow\text{NO}_3^-)} \tag{5-6}$$

式中，$\delta^{15}N$-NO_x为干沉降中NO_3^-初始源的同位素值；$\delta^{15}N$-NO_3^-为样品中测试的NO_3^-同位素值。

$$\varepsilon_{(\text{NO}_2\leftrightarrow\text{NO}_3^-)}=(f_{\text{P1}}\times\varepsilon_{\text{P1}(\text{NO}_2\leftrightarrow\text{NO}_3^-)}+f_{\text{P2}}\times\varepsilon_{\text{P2}(\text{NO}_2\leftrightarrow\text{NO}_3^-)}+f_{\text{P3}}\times\varepsilon_{\text{P3}(\text{NO}_2\leftrightarrow\text{NO}_3^-)})\times 0.52 \tag{5-7}$$

式中，f_{P1}、f_{P2}、f_{P3}为P1、P2、P3途径对硝酸盐生成的贡献比例，$f_{P1}+f_{P2}+f_{P3}=1$，通过SIAR模型计算。

$$[\delta^{18}\text{O-HNO}_3]_{\text{P1}}=\frac{2}{3}\times(\delta^{18}\text{O-NO}_2)+\frac{1}{3}\times(\delta^{18}\text{O-OH}) \tag{5-8}$$

$$\delta^{18}\text{O-NO}_2=\frac{1000\times(^{18}\alpha_{\text{NO}_2/\text{NO}}-1)(1-f_{\text{NO}_2})}{(1-f_{\text{NO}_2})+(^{18}\alpha_{\text{NO}_2/\text{NO}}\times f_{\text{NO}_2})}+\delta^{18}\text{O-NO}_x \tag{5-9}$$

$$\delta^{18}\text{O-OH}=(\delta^{18}\text{O-H}_2\text{O})_{(g)}+1000\times(^{18}\alpha_{X/Y}-1) \tag{5-10}$$

$$\begin{aligned}[\delta^{18}\text{O-HNO}_3]_{\text{P2}}&=\frac{5}{6}\times(\delta^{18}\text{O-N}_2\text{O}_5)+\frac{1}{6}(\delta^{18}\text{O-H}_2\text{O})\\&=\frac{5}{6}\times(\delta^{18}\text{O-NO}_2+1000(^{18}\alpha_{X/Y}-1))+\frac{1}{6}(\delta^{18}\text{O-H}_2\text{O})_{(1)}\end{aligned} \tag{5-11}$$

$$[\delta^{18}\text{O-HNO}_3]_{\text{P3}}=\delta^{18}\text{O-NO}_2+1000(^{18}\alpha_{X/Y}-1) \tag{5-12}$$

$$1000(^{18}\alpha_{X/Y}-1)=\frac{A}{T^4}\times10^{10}+\frac{B}{T^3}\times10^8+\frac{C}{T^2}\times10^6+\frac{D}{T}\times10^4 \tag{5-13}$$

式中，$[\delta^{18}\text{O-HNO}_3]_{\text{P1}}$、$[\delta^{18}\text{O-HNO}_3]_{\text{P2}}$和$[\delta^{18}\text{O-HNO}_3]_{\text{P3}}$分别为$NO_2+\cdot OH$、$N_2O_5+H_2O$和$NO_3$+VOCs途径的$\delta^{18}\text{O-HNO}_3$，由式（5-8）~式（5-12）计算；$f_{NO_2}$为大气中$NO_2$和$NO_x$的比值，取值范围为0.55~1（Walters and Michalski，2016）；$\delta^{18}\text{O-NO}_x$的值为117‰±5‰（Michalski et al.，2014）；$(\delta^{18}\text{O-H}_2\text{O})_{(g)}$的值为-20.7‰；$(\delta^{18}\text{O-H}_2\text{O})_{(1)}$的值为-16‰~0‰（Wen et al.，2010）；$^{18}\alpha_{X/Y}$为X和Y之间的δ^{18}O平衡同位素分馏因子。若X和Y分别为NO和NO_2，对应的$A=-0.04129$，$B=1.1605$，$C=-1.8829$，$D=0.74723$；若X和Y分别为N_2O_5和NO_2，对应的$A=-0.54136$，$B=0.13073$，$C=1.2477$，$D=-0.1272$；若X和Y分别为NO_2和NO_3，对应的$A=1.03163$，$B=-1.38703$，$C=0.24875$，$D=0.3082$；若X和Y分别为H_2O和OH，对应的$A=2.1137$，$B=-3.8026$，$C=2.5653$，$D=0.5941$（Walters and Michalski，2016）。

$$\varepsilon_{\text{P1}(\text{NO}_2\leftrightarrow\text{NO}_3^-)}=\frac{1000\times(^{15}\alpha_{\text{NO}_2/\text{NO}}-1)(1-f_{\text{NO}_2})}{(1-f_{\text{NO}_2})+(^{15}\alpha_{\text{NO}_2/\text{NO}}\times f_{\text{NO}_2})} \tag{5-14}$$

$$\varepsilon_{\text{P2}(\text{NO}_2\leftrightarrow\text{NO}_3^-)}=1000\times(^{15}\alpha_{\text{N}_2\text{O}_5/\text{NO}_2}-1) \tag{5-15}$$

$$\varepsilon_{\text{P3}(\text{NO}_2\leftrightarrow\text{NO}_3^-)}=1000\times(^{15}\alpha_{\text{NO}_3/\text{NO}_2}-1) \tag{5-16}$$

$$1000(^{15}\alpha_{X/Y}-1)=\frac{A}{T^4}\times10^{10}+\frac{B}{T^3}\times10^8+\frac{C}{T^2}\times10^6+\frac{D}{T}\times10^4 \tag{5-17}$$

式中，$^{15}\alpha_{X/Y}$为X和Y之间的δ^{15}N平衡同位素分馏因子。若X和Y分别为NO_2和NO，对应的$A=3.847$，$B=-7.680$，$C=6.003$，$D=-0.118$；若X和Y分别为N_2O_5和NO_2，对应的$A=1.004$，$B=-2.525$，$C=2.718$，$D=0.135$（Walters and Michalski，2015）；若X和Y分别为NO_3和NO_2，对应的$A=-2.7193$，$B=3.6759$，$C=-0.92418$，$D=-0.54189$（Wang et al.，2020）。

（4）SIAR 模型

SIAR 模型可以用于定量计算不同氮污染源的贡献率，模型可表征由同位素分馏引起的变异所产生的误差，且可解析3个以上的污染源（Parnell et al.，2010）。SIAR 模型表达如下：

$$X_{ij}=\sum_{k=1}^{k}P_k(s_{jk}+c_{jk})+\varepsilon_{ij}$$

$$s_{jk} \sim N(\mu_{jk}, \omega_{jk}^2)$$
$$c_{jk} \sim N(\lambda_{jk}, \tau_{jk}^2)$$
$$\varepsilon_{jk} \sim N(0, \sigma_j^2) \tag{5-18}$$

式中，X_{ij}为不同来源的第 i 种混合物的第 j 个同位素的值；s_{jk}为第 k 种污染源的第 j 个同位素的值，其均值为μ_{jk}，标准方差为 ω_{jk}；P_k为污染源中第 k 个来源的贡献比例；c_{jk}为第 k 种污染源的第 j 个同位素所占的分馏系数，服从均值为 λ_{jk}、方差为 τ_{jk}的正态分布；ε_{jk}为混合物 k 同位素 j 的残余误差，其均值为 0，标准差为 σ_j。

基于 SIAR 模型，可以通过不同 NH_3 排放源的 $\delta^{15}N-NH_3$ 以及不同 NO_x 排放源的 $\delta^{15}N-NO_x$分别估算其各自对大气沉降中氨氮、硝酸盐的贡献。SIAR 模型计算不同污染源贡献率需要 3 组同位素数据，依次为样品的 $\delta^{15}N$、$\delta^{18}O$ 和源谱的 $\delta^{15}N$。根据研究区地理环境，结合 NH_3和 NO_x的可能来源，认为库区大气中 NH_3主要来源于化肥释放、畜禽排放、交通排放和燃料燃烧（陈晓舒，2022），大气硝酸盐的潜在污染源为土壤排放源、生物质燃烧源、交通排放源和煤燃烧源。本研究分别在 Rstudio 软件中运行 SIAR 程序包，样品 $\delta^{15}N-NH_4^+$、$\delta^{15}N-NO_3^-$和 $\delta^{18}O-NO_3^-$为实验室的实测值。

（5）PMF 模型

PMF 模型由 Paatero 和 Tapper 于 1993 年提出，该模型基于最小二乘法对受体数据进行分解，得到源成分矩阵和源贡献矩阵，可对污染物进行定量化的源解析（Paatero and Tapper，1993）。本研究使用美国环境保护局（EPA）推出的 PMF 5.0 模型进行干沉降样品中 WSON 来源解析。PMF 模型将样品浓度数据集看作 i 行 j 列的矩阵（X_{ij}），i 为样品数，j 为化学组分，则样本矩阵可以分解为式（5-19）：

$$\boldsymbol{X}=\boldsymbol{G}\cdot\boldsymbol{F}+\boldsymbol{E} \tag{5-19}$$

式中，$\boldsymbol{G}$ 为 $i \times p$ 矩阵，代表源的贡献矩阵；$\boldsymbol{F}$ 为 $p \times j$ 矩阵，代表成分谱矩阵；$\boldsymbol{E}$ 为 $i \times j$ 矩阵，代表各样本质量浓度与其解析值的残余。

PMF 模型的目标是寻求最小化目标函数 Q 的解，从而确定污染源成分谱 F 和污染源贡献谱 G。Q 为 PMF 模型定义的目标函数，见式（5-20）：

$$Q = \sum_{n=1}^{i}\sum_{m=1}^{j}\frac{e_{nm}}{u_{nm}} \tag{5-20}$$

式中，e_{nm}为残差矩阵 $\boldsymbol{E}$ 中第 n 行第 m 列中的残差数值；u_{nm}为与浓度数据矩阵 $\boldsymbol{X}$ 相对应的不确定度矩阵 $\boldsymbol{U}$ 中第 n 行第 m 列中的不确定度数值。不确定度是 PMF 模型所要求的输入数据集之一，代表原始观测数据集 X_{ij} 由采样和分析测试等误差所带来的不确定度，可由测试实验室提供或用户根据检出限估算，不确定度由式（5-21）和式（5-22）确定。

$$U=\sqrt{(\mathrm{EF}\times x)^2+(0.5\times \mathrm{MDL})^2}\,(x>\mathrm{MDL}) \tag{5-21}$$

$$U=\frac{5}{6}\times \mathrm{MDL}\,(x\leqslant \mathrm{MDL}) \tag{5-22}$$

式中，EF 为误差分数（error fraction），根据大气实际检出限、信噪比（S/N）等，通常设置为 5% ~20%；MDL 为方法检出限（method detection limit）。

5.3 氨氮同位素特征及其来源

5.3.1 氨氮浓度特征

(1)大气氨氮浓度特征

库区 2019 年 9 月 ~2020 年 8 月平均温度和降水量月变化特征如图 5-2 所示。由图 5-2 可知，全年库区温度变化明显，夏季（6 月 ~8 月）炎热，月平均温度变化范围为 25.6 ~ 28.2℃；春季（3 月 ~5 月）和秋季（9 月 ~11 月）次之，月平均温度变化范围介于 12.3 ~ 23.9℃；冬季（12 月 ~次年 2 月）月平均温度最低，月平均温度变化范围为 4.3 ~8.0℃。全年库区降水量集中在夏季，累计降水量为 694.6mm，占总降水量的 63.4%。

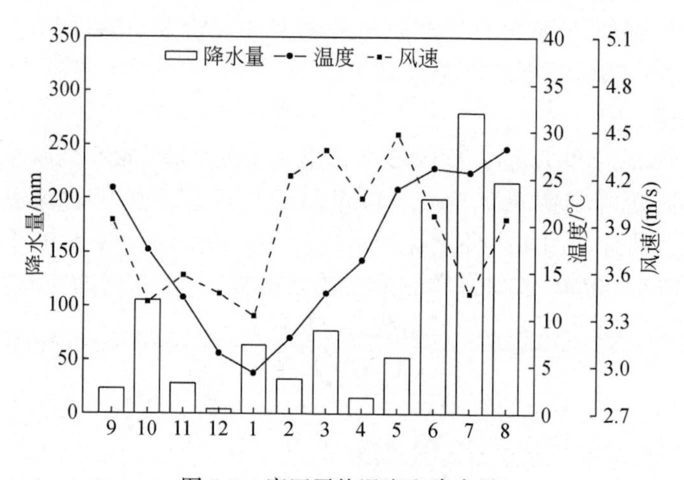

图 5-2 库区平均温度和降水量

库区气态 NH_3 和颗粒物中 NH_4^+ 浓度时空分布特征如图 5-3 所示。由图 5-3 可知，库区气态 NH_3 的浓度范围在 20.56 ~ 110.44μg/m^3 [平均值为（45.01±20.92）μg/m^3]，粒径 $D\leqslant2.5$μm 和 $D>2.5$μm 的大气颗粒物中水溶性 NH_4^+ 浓度范围分别为 0.54 ~ 8.00μg/m^3 [平均值为（3.01±2.45）μg/m^3]、0.04 ~ 0.095μg/m^3 [平均值为（0.46±0.29）μg/m^3]。气态 NH_3 浓度最高，$D\leqslant2.5$μm 的大气颗粒物中 NH_4^+ 浓度次之，$D>2.5$μm 的大气颗粒物中 NH_4^+ 浓度最低。从空间上来看，气态 NH_3 浓度分布高低依次为 TM（56.69μg/m^3）> TC（53.07μg/m^3）>HJZ（42.28μg/m^3）>SG（41.44μg/m^3）>DZK（31.57μg/m^3）；粒径 $D\leqslant2.5$μm 的大气颗粒物中 NH_4^+ 的浓度大小依次为 TC（3.44μg/m^3）>SG（3.10μg/m^3）>TM（3.00μg/m^3）>DZK（2.81μg/m^3）>HJZ（2.71μg/m^3）；粒径 $D>2.5$μm 的大气颗粒物中 NH_4^+ 的浓度大小依次为 TC（0.55μg/m^3）> HJZ（0.50μg/m^3）> DZK（0.46μg/m^3）>SG（0.42μg/m^3）>TM（0.37μg/m^3）。从时间上来看，气态 NH_3 浓度在不同采样时间表现为夏季 [6 月（71.08μg/m^3）> 8 月（49.99μg/m^3）] > 春季（39.69μg/m^3）>秋季（38.67μg/m^3）>冬季（25.62μg/m^3），粒径 $D\leqslant2.5$μm 的大气颗

粒物中 NH_4^+ 的浓度大小依次为冬季（7.62μg/m³）>秋季（2.34μg/m³）>春季（1.79μg/m³）>夏季［6 月（2.70μg/m³）>8 月（0.60μg/m³）］，粒径 $D>2.5\mu m$ 的大气颗粒物中 NH_4^+ 的浓度大小依次为冬季（0.81μg/m³）>春季（0.70μg/m³）>秋季（0.36μg/m³）>夏季［6 月（0.34μg/m³）>8 月（0.08μg/m³）］。

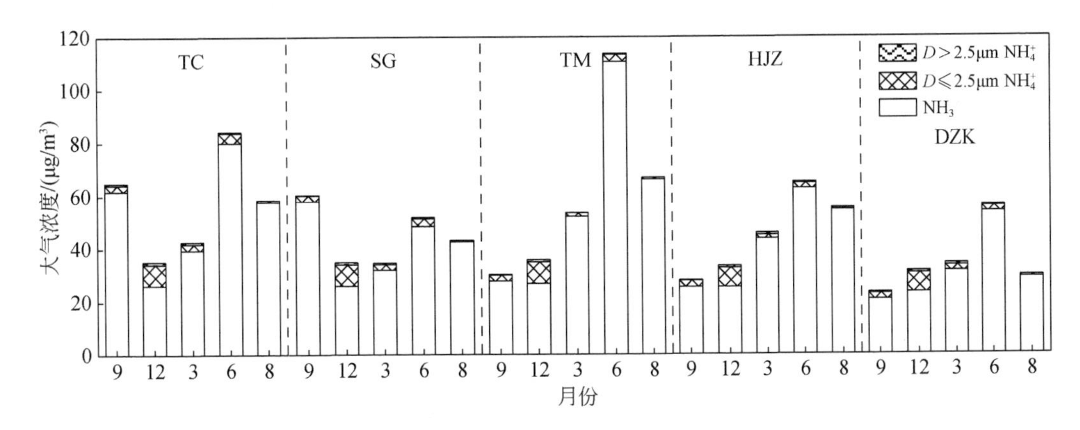

图 5-3　气态 NH_3 和颗粒物中 NH_4^+ 浓度时空分布特征

方差分析结果表明，库区气态 NH_3 和颗粒物中 NH_4^+ 浓度在时间上存在显著差异（$P<0.01$），空间上差异性不显著（$P>0.05$）（表 5-2）。研究区夏季（6 月）农业活动频繁，收割小麦之前施加了一次化肥。小麦收割后种植玉米，在种植的过程中又施加了一次化肥。频繁的化肥施加使得耕地土壤氮素含量较高，导致土壤中释放 NH_3 的浓度也较高。颗粒物中的 NH_4^+ 浓度最大值出现在冬季，可能与冬季取暖有关。在冬季和深秋季节，随着供暖的增加，煤燃烧导致更多的气态氮化合物积聚在大气中，使得颗粒物中 NH_4^+ 浓度升高。库区大气中颗粒物的水溶性 NH_4^+ 浓度显著低于气态 NH_3，气态 NH_3 最大值出现在典型农业区域土门（TM，110.44μg/m³），粒径 $D\leq2.5\mu m$ 的大气颗粒物和粒径 $D>2.5\mu m$ 的大气颗粒物中 NH_4^+ 浓度最大值也出现在 TC，可能与观测点附近土地利用类型为耕地有关，频繁的农业活动导致大气中氨的浓度较高。

表 5-2　大气氨氮方差分析

因素	F			P		
	NH_3	$D\leq2.5\mu m$ NH_4^+	$D>2.5\mu m$ NH_4^+	NH_3	$D\leq2.5\mu m$ NH_4^+	$D>2.5\mu m$ NH_4^+
时间	7.22	225.28	23.69	<0.01	<0.01	<0.01
空间	2.53	2.48	1.27	0.08	0.09	0.32

对研究区气态 NH_3、颗粒物中 NH_4^+ 浓度及气象因子进行相关性分析（表 5-3），结果表明，气态 NH_3 浓度与粒径 $D\leq2.5\mu m$ 的大气颗粒物中 NH_4^+ 浓度无相关性，与 $D>2.5\mu m$ 的大气颗粒物中 NH_4^+ 呈显著负相关关系（$R=-0.42$；$P<0.05$），说明大气中气态 NH_3 浓度与颗粒物中 NH_4^+ 浓度无显著的相关性，可能存在着一定的相互影响。气态 NH_3 浓度与平均气

温呈极显著正相关关系（R=0.56；P<0.01），与降水量呈显著正相关关系（R=0.40；P<0.05）；D≤2.5μm 和 D>2.5μm 颗粒物中 NH_4^+浓度与相对湿度、平均气温和降水量呈极显著负相关关系（R=-0.72、-0.90、-0.82 和-0.85、-0.86、-0.77；P<0.01），且不同颗粒物粒径中的 NH_4^+之间呈极显著正相关性。气象条件对大气中气态 NH_3、颗粒物中 NH_4^+浓度影响较大，平均气温升高，气态 NH_3浓度较高，颗粒物中氮素浓度相对较低，说明降水量和相对湿度对颗粒物有冲刷作用，从而减少其在大气中的含量。平均气温升高能促进 NH_4^+向 NH_3的转化，从而使得颗粒物中的 NH_4^+浓度降低，气态 NH_3浓度增加。

表 5-3　大气氨氮与气象因素相关性分析

项目	NH_3	D≤2.5μm NH_4^+	D>2.5μm NH_4^+	δ^{15}N-NH_4^+ (NH_3)	δ^{15}N-NH_4^+ (D≤2.5μm, NH_4^+)	δ^{15}N-NH_4^+ (D>2.5μm, NH_4^+)	相对湿度	平均气温	降水量
NH_3	1								
D≤2.5μm NH_4^+	-0.37	1							
D>2.5μm NH_4^+	-0.42*	0.69**	1						
δ^{15}N-NH_4^+ (NH_3)	-0.21	0.55**	0.60**	1					
δ^{15}N-NH_4^+ (D≤2.5μmNH_4^+)	0.31	-0.86**	-0.78**	-0.53**	1				
δ^{15}N-NH_4^+ (D>2.5μmNH_4^+)	0.27	-0.78**	-0.43**	-0.44**	-0.23	1			
相对湿度	0.32	-0.72**	-0.85**	-0.56**	0.75**	0.24	1		
平均气温	0.56**	-0.90**	-0.86**	-0.53**	0.79**	0.59**	0.82**	1	
降水量	0.40*	-0.82**	-0.77**	-0.52**	0.83**	0.61**	0.84**	0.78**	1

（2）气态 NH_3与颗粒物中 NH_4^+的转化关系

环境中气态 NH_3和颗粒物中 NH_4^+的同位素丰度值（δ^{15}N-NH_3和 δ^{15}N-NH_4^+）能准确地提供大气氨来源和形成过程有价值的信息，但受到同位素分馏的影响，其同位素值可能无法准确代表源的信息（Felix et al.，2014，2017）。Pan 等（2018）研究发现，在贫氨环境下，NH_3向 NH_4^+转化的过程保留了初始源的同位素信息，可以通过直接测定 NH_4^+的同位素值来判断初始来源；但在富氨环境下，NH_3与 NH_4^+之间的同位素分馏会掩盖 NH_3携带的初始源信息，无法通过直接测定 NH_4^+来判断其初始来源，因此需要通过初始气态 NH_3转化为气溶胶 NH_4^+的分数 f 值（气粒比）来进行修正［$f=NH_4^+/(NH_3+NH_4^+)$］。

淅川库区气态 NH_3向颗粒物中 NH_4^+转化的气粒比如表 5-4 所示。由表 5-4 可知，粒径 D≤2.5μm 的颗粒物中 $NH_{3(g)}\rightarrow NH_{4(p)}^+$的气粒比最大值出现在冬季的 TC（$f$=22.8%），最小值出现在夏季（8 月）的取水口（TC，f=0.9%）。粒径 D>2.5μm 的颗粒物中 $NH_{3(g)}$→$NH_{4(p)}^{+}$的气粒比最大值出现在春季果园（DZK，f=2.6%），最小值出现在夏季（8 月）（TC、SG、TM，f=0.1%）。总体颗粒中 $NH_{3(g)}$→$NH_{4(p)}^{+}$的气粒比最大值出现在冬季的取水口（TC，f=25.2%），最小值出现在夏季（8 月）的取水口和农业区（TC、TM，f=1.0%）。从时间上来看，粒径 D≤2.5μm 颗粒物中 $NH_{3(g)}$→$NH_{4(p)}^{+}$的气粒比均值大小依次为冬季（22.4%）>秋季（6.4%）>春季（4.5%）>夏季［6 月（3.8%）>8 月（1.3%）］，粒径 D>2.5μm 颗粒物中 $NH_{3(g)}$→$NH_{4(p)}^{+}$的气粒比平均值大小依次为冬季（2.4%）>春季（1.7%）>秋季（1.0%）>夏季［6 月（0.5%）>8 月（0.2%）］，库区总体颗粒物中 $NH_{3(g)}$→$NH_{4(p)}^{+}$的气粒比均值大小依次为冬季（24.8%）>秋季（7.7%）>春季（6.2%）>夏季［6 月（4.3%）>8 月（1.4%）］。总体而言，淅川库区大气氨氮以气态 NH_3为主，NH_3-N/NH_x-N 大于 0.7，因此 NH_3是产生于本地的，f 的变化受到本地源氨释放的时空变化影响。淅川库区 NH_3的季节性变化与温度呈显著正相关，温度升高能加速氨源的释放。NH_4^+则恰好相反，与气象因素呈显著负相关，温度的升高会促进 NH_4^+向 NH_3的转化，同时降水的冲刷作用也会减少颗粒物中水溶性 NH_4^+，因而库区 f 在冬季的值最大，在夏季高温高雨的月份最小。不同时间和不同空间上大气氨氮的气粒比都存在差异，因此在估算测定 δ^{15}N-NH_4^+的初始 NH_3信息时，根据不同的需要使用不同气粒比。

表 5-4　气态 NH_3向颗粒物中 NH_4^+转化的气粒比　（单位:%）

项目	时间	TC	SG	TM	HJZ	DZK
D≤2.5μm NH_4^+	2019 年 9 月	4.0	3.5	5.2	8.8	10.3
	2019 年 12 月	22.8	22.7	22.0	21.8	22.6
	2020 年 3 月	5.2	5.9	2.5	2.9	5.9
	2020 年 6 月	4.6	5.6	2.6	2.9	3.5
	2020 年 8 月	0.9	1.3	1.0	1.1	2.2
D>2.5μm NH_4^+	2019 年 9 月	0.8	0.5	1.0	1.2	1.4
	2019 年 12 月	2.4	2.3	2.5	2.2	2.5
	2020 年 3 月	2.2	1.7	0.5	1.6	2.6
	2020 年 6 月	0.4	0.6	0.3	0.7	0.4
	2020 年 8 月	0.1	0.1	0.1	0.4	0.2
总 NH_4^+	2019 年 9 月	4.8	3.9	8.2	10.0	11.7
	2019 年 12 月	25.2	25.0	24.5	24.0	25.1
	2020 年 3 月	7.5	7.6	3.1	4.5	8.5
	2020 年 6 月	5.0	6.3	2.9	3.6	3.9
	2020 年 8 月	1.0	1.4	1.0	1.4	2.4

(3) 湿沉降中氨氮浓度特征

库区湿沉降中 NH_4^+浓度时空分布特征如图 5-4 所示。由图 5-4 可知，湿沉降中 NH_4^+的浓度范围在 0.16～5.26mg/L［平均值为（1.81±1.41）mg/L］。其中 NH_4^+浓度的最小值在夏季 SG（6 月，0. 16mg/L）、最大值在冬季 DZK（5. 26mg/L）。从季节分布来看，湿沉降中 NH_4^+-N 浓度大小依次为冬季（3. 14mg/L）>秋季（1. 96mg/L）>春季（1. 45mg/L）>夏季（0. 71mg/L）。从空间分布来看，湿沉降中 NH_4^+-N 月均浓度大小依次为 DZK（2. 20mg/L）>TM（2. 03mg/L）>TC（1. 86mg/L）>SG（1. 74mg/L）>HJZ（1. 23mg/L）。

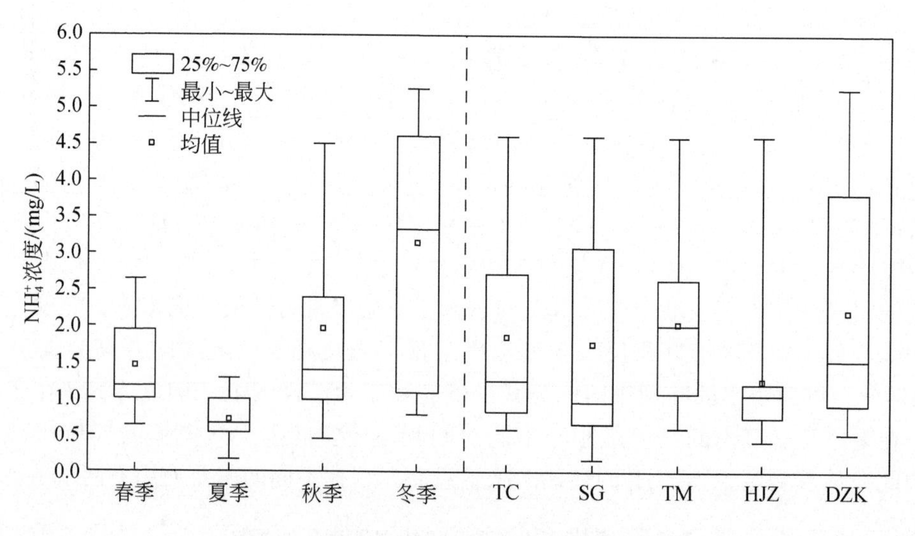

图 5-4　湿沉降中 NH_4^+浓度时空分布特征

湿沉降中 NH_4^+浓度在时间上呈现明显的季节性变化，差异性极其显著（$P<0.01$），且均表现为冬季和秋季高于春季和夏季，但在空间上未体现出显著的差异性（$P>0.05$）（表 5-5）。在冬季和深秋季节，随着供暖的增加，煤燃烧导致更多的气态氮化合物积聚在大气中，使得颗粒物中 NH_3 或 NH_4^+浓度升高。而冬季的降水量以及降雨强度明显低于夏季，不能将颗粒物中的氮素完全溶解，但是在降水过程中捕获了一部分氮，从而导致降水中氮素浓度较高（Xiao et al.，2012）。在夏季，降水量的增加引起的稀释效应是导致氮素浓度最低的关键因素。

表 5-5　湿沉降中氨氮方差分析

因素	*F*		*P*	
	NH_4^+	$\delta^{15}N$-NH_4^+	NH_4^+	$\delta^{15}N$-NH_4^+
时间	11. 19	3. 07	<0. 01	0. 04
空间	1. 15	0. 31	0. 35	0. 87
时间×空间	0. 47	0. 83	0. 92	0. 62

相关性分析表明（表 5-6），降水中 NH_4^+浓度与降水量和平均气温存在极显著负相关关系（$R=-0.54$、-0.59，$P<0.01$），表明气候条件能够影响降水中 NH_4^+组成。库区平均气温和降水量越大，湿沉降中 NH_4^+浓度越小，反之越大。前人的研究表明，随着降水量的增加，会出现降水中氮素特别是 NH_4^+浓度的降低，由于大气中 NH_3 始终与降水量的减少处于

准平衡状态，其浓度随降水量的变化呈现降低的趋势。

表 5-6　湿沉降中氨氮与气象因素相关性分析

项目	NH_4^+	$\delta^{15}N\text{-}NH_4^+$	降水量	平均气温	相对湿度
NH_4^+	1				
$\delta^{15}N\text{-}NH_4^+$	-0.31**	1			
降水量	-0.54**	0.30*	1		
平均气温	-0.59**	0.47**	0.65**	1	
相对湿度	-0.24	0.05	0.64**	0.12	1

5.3.2　氨氮同位素特征

（1）大气氨氮同位素特征

淅川库区气态 NH_3 和颗粒物中 NH_4^+ 的 $\delta^{15}N\text{-}NH_4^+$ 时空变化特征如图 5-5 所示。由图 5-5 可知，气态 NH_3 的 $\delta^{15}N$ 值介于-30.0‰ ~ -7.2‰，最大值出现在冬季的取水口（TC，-7.2‰），最小值在夏季（8 月）的取水口（TC，-30.0‰）。粒径 $D \leqslant 2.5\mu m$ 颗粒物中 NH_4^+ 的 $\delta^{15}N\text{-}NH_4^+$ 范围是+2.3‰ ~ +29.9‰，最大值在夏季（8 月）的取水口（TC，+29.9‰），最小值出现在冬季的码头（SG，+2.3‰）；粒径 $D>2.5\mu m$ 颗粒物中 NH_4^+ 的 $\delta^{15}N\text{-}NH_4^+$ 范围为+3.3‰ ~ +38.4‰，最大值出现在夏季（6 月）的果园（SG，+38.4‰），最小值出现在冬季果园（DZK，+3.3‰）。库区气态 NH_3 的 $\delta^{15}N\text{-}NH_4^+$ 偏负，颗粒物中 NH_4^+ 的 $\delta^{15}N\text{-}NH_4^+$ 偏正，两者均在已有研究的波动范围（-42.4‰ ~ +38.5‰）（Bhattarai et al., 2021）。从空间上来看，库区大气氨氮的 $\delta^{15}N\text{-}NH_4^+$ 在空间上差异性不大。气态 NH_3 的 $\delta^{15}N\text{-}NH_4^+$ 表现出 TM（-15.1‰）>SG（-15.8‰）>DZK（-18.2‰）>TC（-20.4‰）>HJZ（-21‰）；粒径 $D \leqslant 2.5\mu m$ 的大气颗粒物中 NH_4^+ 的 $\delta^{15}N\text{-}NH_4^+$ 大小依次为 DZK（+14.2‰）>TC（+12.9‰）>TM（+11.8‰）>HJZ（+11.3‰）>SG（+10.4‰）；粒径 $D>2.5\mu m$ 的大气颗粒物中 NH_4^+ 的 $\delta^{15}N\text{-}NH_4^+$ 大小依次为 TC（+31.7‰）>SG（+28.0‰）>TM（+21.4‰）>HJZ（+20.3‰）>DZK（+19.5‰）。从季节来看，气态 NH_3 的 $\delta^{15}N\text{-}NH_4^+$ 表现为冬季（-12.8‰）>春季（-16.0‰）>夏季（6 月，-16.8‰）>秋季（-20.9‰）>夏季（8 月，-23.8‰）；粒径 $D \leqslant 2.5\mu m$ 的大气颗粒物中 NH_4^+ 的 $\delta^{15}N\text{-}NH_4^+$ 大小依次为夏季（8 月，+24.6‰）>秋季（+17.6‰）>夏季（6 月）（+15.8‰）>春季（+14.6‰）>冬季（+7.0‰）；粒径 $D>2.5\mu m$ 的大气颗粒物中 NH_4^+ 的 $\delta^{15}N\text{-}NH_4^+$ 大小依次为夏季（8 月，+28.9‰，$n=2$）>春季（+28.1‰）>夏季（6 月，+25.5‰）>秋季（+21.1‰）>冬季（+7.8‰）。

对库区气态 NH_3、粒径 $D \leqslant 2.5\mu m$、$D>2.5\mu m$ 的大气颗粒物中 NH_4^+ 的 $\delta^{15}N\text{-}NH_4^+$ 与其各自大气浓度及气象因子进行相关性分析（表 5-3），结果表明，气态 NH_3 的 $\delta^{15}N\text{-}NH_4^+$ 与 NH_3 浓度呈负相关性，但未达到显著水平（$R=-0.21$）；粒径 $D \leqslant 2.5\mu m$ 大气颗粒物中

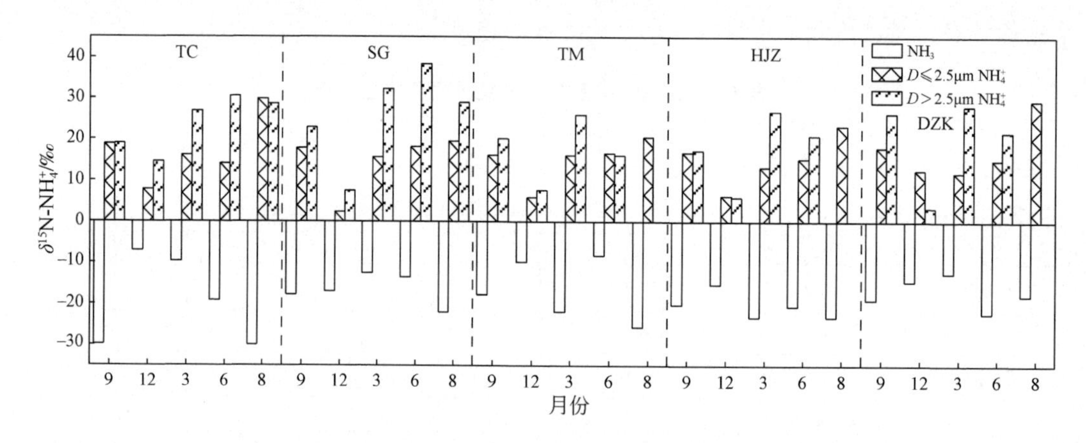

图 5-5　气态 NH_3 和颗粒物中 NH_4^+ 的 $\delta^{15}N-NH_4^+$时空变化特征

NH_4^+的 $\delta^{15}N-NH_4^+$与其浓度呈极显著负相关关系（$R=-0.86$；$P<0.01$）；粒径 $D>2.5\mu m$ 大气颗粒物中 NH_4^+的 $\delta^{15}N-NH_4^+$与其浓度也呈极显著负相关关系（$R=-0.43$；$P<0.01$），说明大气中气态 NH_3的同位素丰度值不受 NH_3浓度的影响，而颗粒物中 NH_4^+的同位素丰度值受到 NH_4^+聚集和形成的影响。气态 NH_3的 $\delta^{15}N-NH_4^+$ 与相对湿度、平均气温、降水量呈极显著负相关性关系（$R=-0.56$、-0.53、-0.52；$P<0.01$）；粒径 $D\leqslant2.5\mu m$ 大气颗粒物中 NH_4^+的 $\delta^{15}N-NH_4^+$与相对湿度、平均气温和降水量呈现极显著的正相关关系（$R=0.75$、0.79、0.83；$P<0.01$）；粒径 $D>2.5\mu m$ 大气颗粒物中 NH_4^+的 $\delta^{15}N-NH_4^+$与平均气温和降水量呈极显著正相关关系（$R=0.59$、0.61；$P<0.01$），与相对湿度相关性不显著。NH_3的释放通常被认为与农业释放有关，而温度的升高可以促进 NH_3的释放（王朝辉等，2002）。大量较轻的农业 NH_3进入大气，使得农业活动期间大气中 NH_3的 $\delta^{15}N$ 为负值（Pan et al.，2018；Huang et al.，2019）。在颗粒物中，NH_4^+主要存在于粒径 $D\leqslant2.5\mu m$ 的颗粒物中。大气中的 NH_3是颗粒物中 NH_4^+的前体物，两者相互转化。同时，颗粒物中的 NH_4^+的浓度受平均气温、降水量和相对湿度的影响（$R>0.5$，$P<0.01$），所以颗粒物中 NH_4^+的氨源波动较大。在细颗粒中，农业活动期间（春季、夏季、秋季）释放的农业肥料对 NH_4^+的贡献显著。

（2）湿沉降中氨氮同位素特征

库区湿沉降中 $\delta^{15}N-NH_4^+$时空变化特征如图 5-6 所示。由图 5-6 可知，湿沉降中 $\delta^{15}N-NH_4^+$范围为$-14.7‰\sim+6.3‰$，存在较大波动，平均值为$-4.0‰\pm4.8‰$。湿沉降中 $\delta^{15}N-NH_4^+$总体上随着气温和降水量的变化呈波动性变化。从季节分布来看，夏季的 $\delta^{15}N-NH_4^+$均值明显高于其他季节，夏季、春季、秋季和冬季 $\delta^{15}N-NH_4^+$的均值分别为$-2.0‰$、$-3.0‰$、$-4.1‰$和$-7.1‰$。通过四分位法分析，春季和秋季的结果较为分散，夏季相对集中，但最大值（6.3‰）和最小值（$-14.6‰$）存在异常状况。从空间分布来看，$\delta^{15}N-NH_4^+$均值分别为$-4.9‰$（DZK）、$-4.7‰$（SG）、$-4.1‰$（TC）、$-3.6‰$（HJZ）和$-3.0‰$（TM）。空间上，各采样点的 $\delta^{15}N-NH_4^+$的波动较季节更加明显，其中 DZK 和 SG 较为突出。

研究期内，湿沉降中 $\delta^{15}N-NH_4^+$在时间上呈现季节性变化，差异性显著（$P<0.01$），表

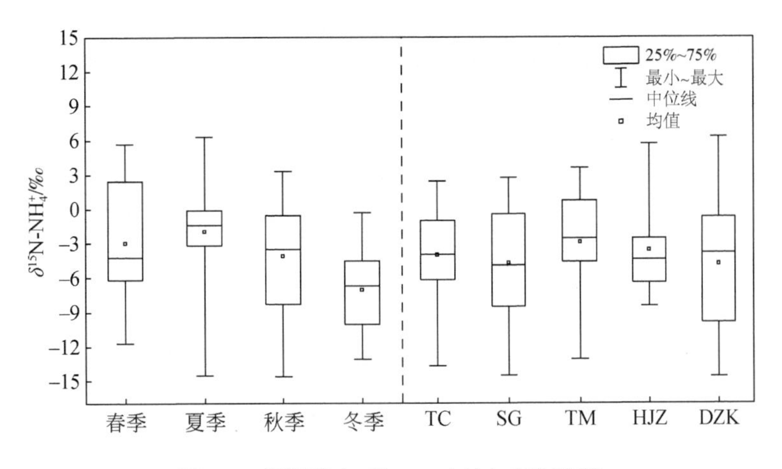

图 5-6　湿沉降中 δ^{15}N-NH_4^+时空变化特征

现为夏季最高，冬季最低；空间上差异性不显著（$P>0.05$）（表 5-5）。相关性分析表明（表 5-6），降水中 δ^{15}N-NH_4^+与平均气温有较强的正相关关系（$R=0.51$，$P>0.01$），表明淅川库区平均气温对降水中 δ^{15}N-NH_4^+ 的变化影响相对较大。我们观察到的降水中 δ^{15}N-NH_4^+的季节性变化特征与中国东北部、太湖以及波兰西南部和南非等地区一致（Heaton，1987；Xie et al.，2008；Cieżka et al.，2016；Huang et al.，2019），但与德国于利希、中国贵阳和广州地区观察到的夏季高于冬季的结果相反（Freyer，1978；Jia and Chen，2010；Xiao et al.，2012）。Cieżka 等（2016）提出，降水中 δ^{15}N-NH_4^+夏季高于冬季是由于平衡反应的同位素效应所致。根据对淅川库区大气氨氮的报道，研究区湿沉降中 δ^{15}N-NH_4^+的值介于颗粒物中 NH_4^+的 δ^{15}N 值（+2.3‰～+38.4‰）和大气 NH_3 的 δ^{15}N-NH_4^+（−30.0‰～−7.2‰）之间（Chen et al.，2024）。季节特征与颗粒物中 NH_4^+相似，与 NH_3相反，说明降水过程中，气态 NH_3溶解并转化为液态 NH_4^+时发生了显著的同位素分馏，使得降水中 NH_4^+的同位素值较高。同时，降水对大气颗粒物的冲刷也是湿沉降 NH_4^+ 的重要来源，尤其在农业活动期间，扬尘频繁发生（陈卫卫，2015），农田扬尘中的 NH_4^+因轻同位素的逸出而富集^{15}N，进一步提高了湿沉降中 NH_4^+ 的同位素值。此外，区域内 NH_4^+/（$1/2SO_4^{2-}+NO_3^-$）的当量比大于 1（张六一等，2022），表明该区域为富氨区，降水中未完全中和的 NH_3 与固态和溶解态 NH_4^+之间存在交换平衡（Heaton et al.，1997；Xiao et al.，2012）。这种平衡导致湿沉降中 δ^{15}N-NH_4^+介于颗粒物和气态 NH_3之间。同时 NH_4NO_3是研究区湿沉降中重要的组成部分（张六一等，2022）。温度变化显著影响 NH_4NO_3的形成与分解，低温促进 NH_4NO_3颗粒的形成，使 NH_4^+同位素值较高，而高温则增加了 NH_4NO_3的分解，导致 NH_4^+同位素值降低（Ianniello et al.，2011；Pavuluri et al.，2010；Agarwal et al.，2020）。这些结果表明，农业源和气候条件在控制和调节区域内氮循环中发挥了关键作用，理解这些机制对于制定有效的氮污染控制策略至关重要。

5.3.3 不同排放源对氨氮的贡献

（1）不同排放源对大气氨氮的贡献

综合采样点地理位置以及 NH_3 的可能来源，研究期间大气 NH_3 主要来源于肥料释放、畜禽排放、交通排放和煤燃烧。肥料释放源、畜禽排放源、交通排放源和煤燃烧源源谱的 $\delta^{15}N\text{-}NH_3$ 特征值采用文献报道的结果，分别为−28.3‰±5.8‰、−11.7‰±2.4‰、+4.2‰±1.8‰和−8.2‰±5.5‰（Bhattarai et al.，2021）。H_2SO_4 吸收液能够将大气中 NH_3 中的 $\delta^{15}N$ 信息定向保存，但颗粒溶解态 NH_4^+ 在大气颗粒形成吸附的过程中会发生分馏。利用同位素质量平衡方程［$\delta^{15}N\text{-}NH_3$（初始）$=\delta^{15}N\text{-}NH_4^+$（实测）$-\varepsilon_{NH_4^+\text{-}NH_3}$（$1-f$），其中 ε 为同位素富集因子，f 为气粒比］，来预测实测的气态吸收液和颗粒中的溶解态 NH_4^+ 的初始 $\delta^{15}N\text{-}NH_3$。将计算所得的大气初始的 $\delta^{15}N\text{-}NH_3$ 和文献报道的 4 种源源谱的 $\delta^{15}N\text{-}NH_3$ 特征值用于 SIAR 模型进行源解析分析，计算得到丹江口水库淅川库区不同 NH_3 排放源对大气中氨氮的贡献率。根据气粒比计算，4 种氨源对大气氨氮的时空贡献率如图 5-7 所示。由图 5-7 可知，在时间上，各氨源对气态 NH_3 的贡献率大小依次为肥料释放（贡献率范围为 35%～52%，平均贡献率为 43%）、畜禽排放（贡献率范围为 20%～26%，平均贡献率为 23%）、煤燃烧（贡献率范围为 17%～24%，平均贡献率为 21%）和交通排放（贡献率范围为 11%～16%，平均贡献率为 13%），其中肥料释放在不同季节的波动较其他 3 种氨源大，农业活动期间肥料释放对气态 NH_3 的贡献率逐渐增加，在夏季（8 月）达到最大值，冬季最低；肥料释放对颗粒物中 NH_4^+ 的影响同样最大，对细颗粒的贡献率在春季、夏初及冬季较高，对粗颗粒的贡献率则在冬季和秋季较高，而在高温多雨的季节，肥料释放对颗粒物中 NH_4^+ 的贡献率明显降低。空间上，肥料释放 NH_3 对大气氨氮的影响也是最大的（贡献率范围为 34%～56%，平均贡献率为 44%），且在不同相中的贡献率有所差异。对气态 NH_3 的贡献率最大的在受到其他 3 种氨源影响较小的 HJZ，而对 NH_4^+ 贡献率最大的为典型农业区 TM。

通过气态 NH_3 吸收液、$D\leq2.5\mu m$ 和 $D>2.5\mu m$ 颗粒物溶解液中 NH_4^+ 的浓度分别占总量的比例对 4 种氨源进行加权平均，不同排放源对库区大气氨氮的贡献率如图 5-8 所示。由图 5-8 可知，4 种氨源对库区大气氨氮的贡献率由大到小依次为肥料释放、畜禽排放、煤燃烧和交通排放，其中变化最显著的是肥料释放，其余 3 种氨源贡献在时空上变化较小。肥料释放在春季到秋季的 3 次农业活动期间对库区大气氨氮的影响逐渐增加，在夏季高温月份影响最大，之后开始下降，且在空间上对其他 3 种氨源分布较少的区域有更大影响。总体而言，农业源（肥料释放和畜禽排放）对库区大气氨氮的贡献率范围为 63%～72%（时间分布）和 59%～74%（空间分布），非农业源（交通排放和煤燃烧）对大气氨氮的贡献率范围为 28%～37%（时间分布）和 26%～41%（空间分布），由此认为库区大气氨氮主要来源于农业氨源释放。

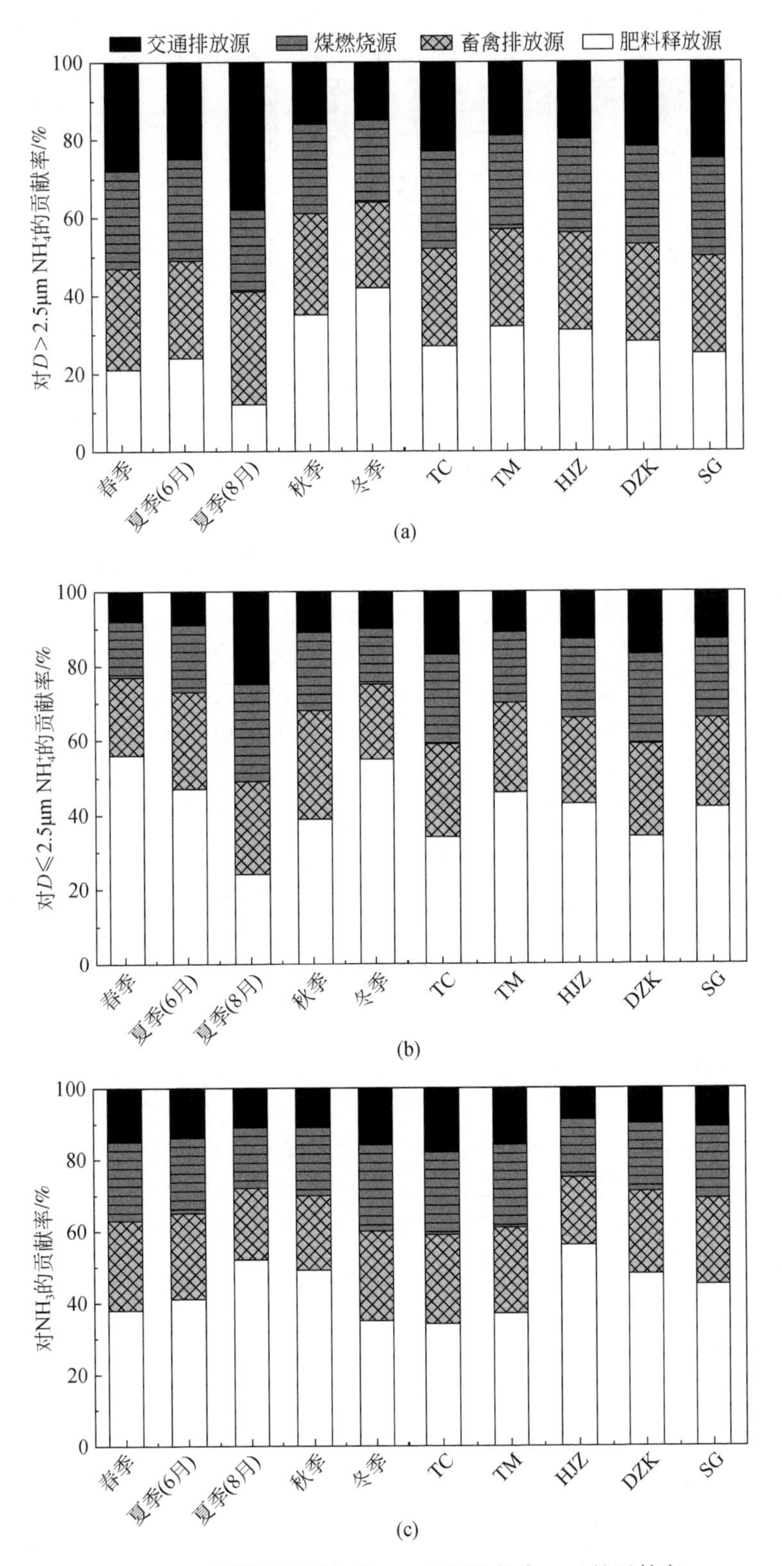

图 5-7　不同排放源对气态 NH_3 和颗粒物中 NH_4^+ 的贡献率

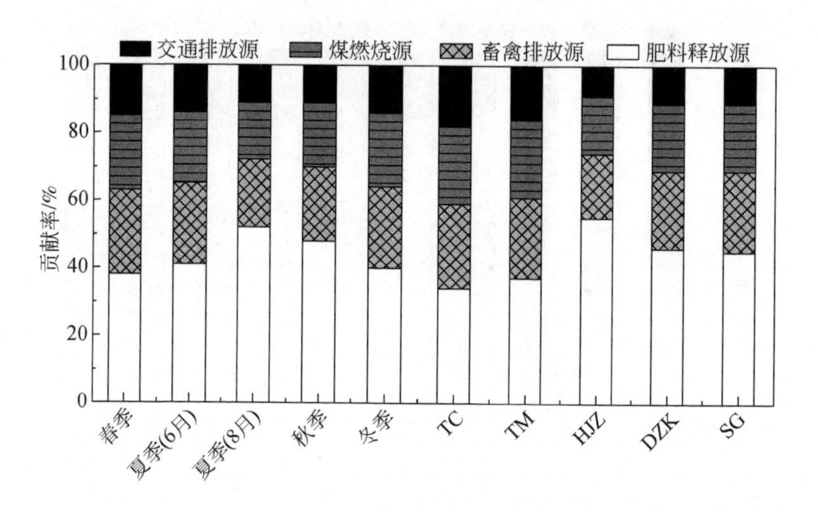

图 5-8 不同排放源对大气氨氮的贡献率

农业氨源是全球最大的 NH_3 来源（Bouwman et al., 1997），占全球氨排放的 80.6%，EDGAR 数据库显示全球 NH_3 排放量从 1970 年的 27 000Gg 增加到 2005 年的 48 400Gg，其中农业肥料施用贡献更是从 8570Gg 上升到 22 500Gg（Behera et al., 2013）。气态 NH_3 是淅川库区大气氨氮的重要存在形态，作为大气氨氮的前体物和重要组成部分，其排放源的排放程度对库区大气环境有着重要的影响。研究结果表明，库区农业源对库区氨氮时空贡献率大于 59%，最高时达到 79%（其中以肥料释放贡献率最大），库区氨源为本地源，且 $\delta^{15}N\text{-}NH_3$ 时空变化不显著，说明库区氨源较固定。淅川库区的玉米-小麦轮作集中在 3 个季节，3 次农业活动所产生的 NH_3 对大气氨氮的贡献率逐渐增加，在夏季特别是高温多雨月份（夏季 8 月），NH_3 在高温作用下释放更多，同时雨水冲刷作用使不断更新补充的肥料释放 NH_3，其在大气中的作用更加凸显。库区大气氨氮浓度和 $\delta^{15}N\text{-}NH_x$ 空间差异性均不显著，气态 NH_3 由氨源释放后进入大气作用于整个库区，肥料释放 NH_3 在其他氨源分布和释放程度较少的区域呈现出较大的贡献率。HJZ 是淅川丹江大观苑景点，受到人为活动影响相对较小，该点畜禽排放、交通排放源及煤燃烧释放 NH_3 对大气氨氮的贡献均小于其他 4 个采样点，但肥料释放的贡献率最大。DZK 和 SG 船只停靠较多，SG 周边为农田，DZK 周边为果园，农户居住区相对多于 HJZ，因而与 HJZ 相比大气氨氮受到交通排放源和煤燃烧源的影响要稍大，肥料释放的影响相对减少。TM 和 TC 的氨源分布及释放相对较多，特别是 TC 作为南水北调调控中心，交通便利、人口众多，交通排放贡献率和煤燃烧贡献率较大。TM 的交通排放、煤燃烧和畜禽排放 3 种源贡献率与 TC 相似，而因为丰富的农业资源，其肥料释放的贡献率更大。

总体而言，淅川库区氨源相对固定，氨释放及同位素信息在空间上均无显著差异，而在时间上的差异体现在对农业活动及温度、湿度和降水等气象因子的响应。受夏季高温作用的影响，农业肥料释放对库区大气氨氮的影响最为突出。肥料释放是淅川库区主要的氨来源，且在交通和人口相对较少的区域，由于其他氨源的影响程度较少而更加凸显。

(2) 不同排放源对湿沉降中氨氮的贡献

湿沉降中的 NH_4^+ 是云内气溶胶 NH_4^+ 清除和大气 NH_3 溶解的结果（Huang et al., 2019）。

降水中的 NH_4^+是大气中溶解的气态 NH_3 和气溶胶态 NH_4^+的混合物，其 $\delta^{15}N-NH_4^+$值是气溶胶态 NH_4^+产生的氮同位素分馏和 $\delta^{15}N-NH_3$ 值的综合反映（Russell et al.，1998）。在 NH_3 转化为 NH_4^+的过程中，同位素分馏过程可以分为平衡（交换）反应和动力学（单向）反应两大类（Yeatman et al.，2001）。根据 Reyleigh 模型，降水中 NH_4^+的同位素分馏值范围为 3.4～20.3，平均值为 10.4±4.3（Xiao et al.，2015）。在 SIAR 模型中，利用降水中 NH_4^+的同位素分馏系数对库区 12 个月湿沉降中的 $\delta^{15}N-NH_4^+$进行校正后，得到湿沉降中氨氮的来源。将结果进行平均后得到不同 NH_3 污染源排放对库区湿沉降中 NH_4^+-N 的季节贡献率和空间贡献率如图 5-9 所示。从图 5-9 可知，肥料释放、畜禽排放、交通排放和煤燃烧对湿沉降中 NH_4^+ 的贡献率分别为 32.1% ～46.6%、25.1% ～30.0%、5.3% ～16.3%、18.1% ～25.7%。由此可知，库区湿沉降中的 NH_4^+主要来源于农业源（肥料释放和畜禽排放），其贡献率为 58.0% ～76.6%。其中，冬季农业源贡献率最高（76.6%），其次为秋季（65.1%）、春季（61.8%），夏季（58%）最低。TC、SG、TM、HJZ、DZK 5 个采样点农业源贡献分别为 65.1%、66.3%、60.8%、63.9%、66.1%。

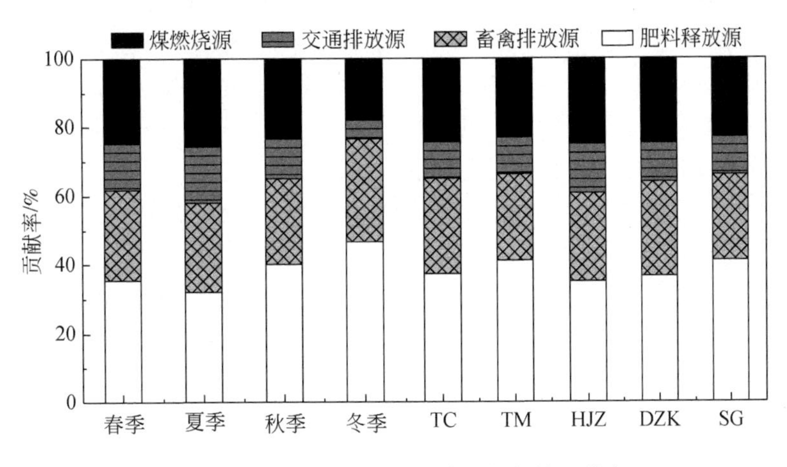

图 5-9　不同排放源对湿沉降中氨氮的贡献率

总体而言，淅川库区湿沉降中 NH_4^+来自农业源，其中又以肥料释放源为主，非农业源占比极少，这一结果与该区域其他研究的结论一致（Luo et al.，2018；郭晓明等，2021）。库区的主要耕作方式包括小麦和玉米/花生的轮作，使用的肥料主要以复合肥、有机肥和尿素为主。其中尿素是 3 种肥料中氨挥发最大的肥料，其氨释放速率和周期受温度变化影响显著，高温条件下氨释放速率增加，而释放周期缩短。由此可见，季节性气候条件对氨的释放和沉降具有重要影响。冬季和秋季的农业活动频繁，特别是小麦和玉米的种植和施肥，导致农业源氨排放在这些季节占据主导地位。春季和夏季由于作物生长期的不同，氨排放相对较低，但依然变化显著。畜禽养殖的排放也在冬季达到高峰，这与低温和降水少的气候条件下氨沉降的积累有关。因此，农业活动的季节性特征直接影响了氮沉降的时空分布。

空间上，5 个采样点湿沉降中的 NH_4^+的来源以农业源为主，且农业源贡献率差距较小（极差值仅为 5.5%），其中农业源贡献率最大的在 SG，最小值在 TM。5 个采样点农业氨源贡献率以肥料释放源占绝对主导。库区内各监测点的农业源氨排放相对均衡，但由于土地利用和人类活动的差异，某些监测点如 TM 和 SG 的氨排放源较为复杂。TM 区域由于畜禽养殖较多且氨源多样，而 SG 区域则因其邻近码头和农用地，农业源排放变化显著。其他监测点如 HJZ 和 DZK 也表现出农业源为主要氨排放源的特点，这表明农业活动对整个库区大气氮积累具有广泛的影响。

5.4 硝氮同位素特征及其来源

5.4.1 硝氮浓度特征

（1）大气硝氮浓度特征

2021 年丹江口水库全年库区温度变化明显，夏季炎热，平均气温为 26.3℃（19.6 ~ 31.5℃），远高于冬季（平均气温 6.3℃），秋季（平均气温 16.1℃）和春季（平均气温 16.9℃）平均气温相当。全年风速介于 0.7 ~ 5.0m/s，平均风速为 2.2m/s，四季平均风速变化较小。降雨集中在夏季，其次为春季，秋季次之，冬季降水量最少；年降水量在 7.3 ~ 259.3mm。夏季相对湿度较大，其平均值为 81.6%，明显高于冬季（63.2%），春季（74.5%）和秋季（73.8%）相对湿度变化幅度较小。

库区大气 HNO_3浓度季节和空间变化如图 5-10 所示。由图 5-10 可知，大气 HNO_3浓度月均变化范围为 15.13 ~ 59.99μg/m^3，均值为（37.02±11.77）μg/m^3，从季节来看，大气 HNO_3 浓度从大到小依次为：冬季（47.4μg/m^3）>春季（43.51μg/m^3）>秋季（31.58μg/m^3）>夏季（25.6μg/m^3）。从空间上看，各采样点大气 HNO_3浓度从大到小依次为：HJZ（46.3μg/m^3）>SG（38.82μg/m^3）>DZK（37.97μg/m^3）>TC（32.02μg/m^3）> TM（30μg/m^3），各站点之间差异性不显著。其中，HNO_3月均浓度最大值出现在党子口（DZK）的冬季，最小值出现在党子口（DZK）的夏季。

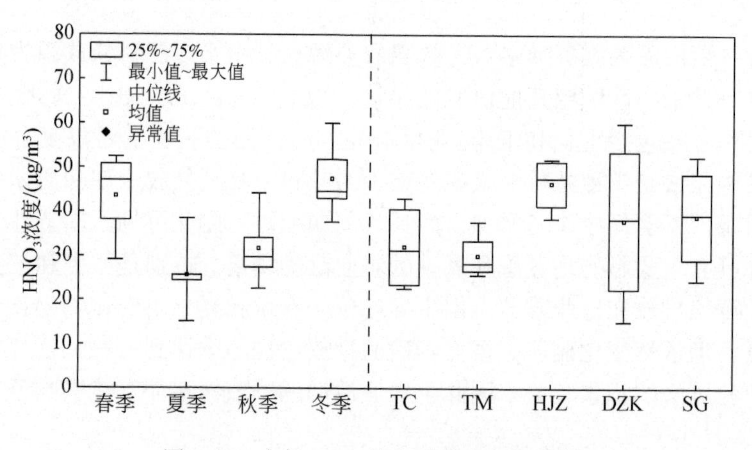

图 5-10 大气 HNO_3浓度季节和空间变化

库区不同采样点颗粒物中 NO_3^-浓度时空变化如图 5-11 所示。由图 5-11 可知，颗粒物中 NO_3^-浓度月均变化范围为 0.52 ~ 2.39μg/m³，均值为（1.16±0.47）μg/m³。从季节来看，颗粒物中 NO_3^-浓度从大到小依次为春季（1.69μg/m³）>冬季（1.24μg/m³）>夏季（1.04μg/m³）>秋季（0.69μg/m³）。从空间上来看，颗粒物中 NO_3^-月均浓度从大到小依次为 TC（1.36μg/m³）>SG（1.23μg/m³）>TM（1.22μg/m³）>DZK（1.02μg/m³）>HJZ（0.98μg/m³），各采样点浓度差异性较小。其中，颗粒物中 NO_3^-月均浓度最大值出现在 TC 的春季，最小值出现在 DZK 的秋季。

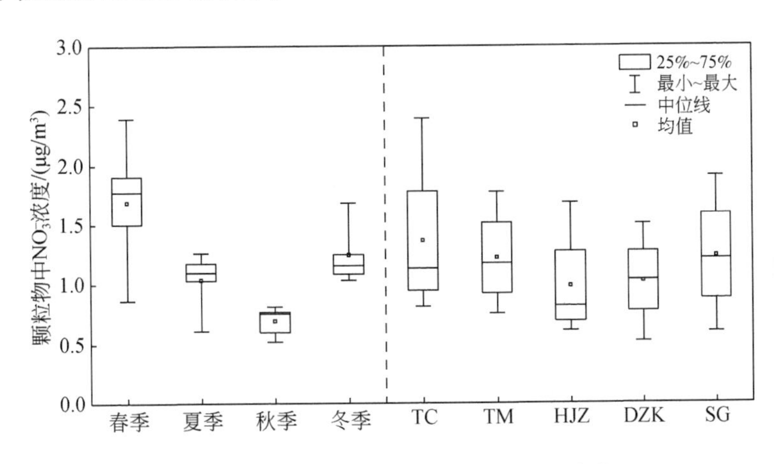

图 5-11　颗粒物中 NO_3^-浓度季节和空间变化

方差分析结果显示，大气 HNO_3和颗粒物中 NO_3^-浓度在时间上均有显著差异性，在空间上均没有显著差异性（表 5-7）。相关性分析显示，大气 HNO_3浓度与降水量呈极显著负相关（$R=-0.693$，$P<0.01$）（表 5-8）。前人研究认为，大气中 HNO_3主要来源于 NO_x［NO_x══NO（g）+NO_2（g）］的光化学反应。大气颗粒物中 NO_3^-浓度的季节性变化主要由污染物排放浓度的季节性变化、大气边界层高度、气象条件、外源污染地区气团输送以及大气氧化性等共同控制（Zong et al.，2020b；Guo et al.，2021；Tan et al.，2021；Zang et al.，2022）。此外，HNO_3具有挥发性，可在气相和颗粒相之间分配［NH_3（g）+HNO_3（g）↔NH_4NO_3（s，aq）］，低温和高湿条件下 HNO_3 有利于分配到颗粒相中（Li et al.，2018；Womack et al.，2019）。冬季淅川库区大气中颗粒物中 NO_3^-与 HNO_3浓度相对较高，可能与低温干燥有关。本研究中春冬季采样时间分别为 3 月和 12 月，气温相对较低，较低的温度抑制了 NH_4NO_3的分解，有利于 NH_4NO_3的富集，从而使得春冬季库区 TSP 中 NO_3^-浓度相对较高。且研究区地处丘陵盆地，春冬季边界层低，空气冷却收缩，气压相对升高，容易形成下沉逆温，阻碍空气对流运动，妨碍污染物和水汽凝结物的扩散，有利于雾的形成并使得前体污染物吸湿增长，使得大气液态水含量（ALWC）增加，加剧液相反应，导致 HNO_3留存时间增长，有利于颗粒态 NO_3^-生成（Zang et al.，2022），这也是库区春冬季大气 HNO_3和颗粒物中 NO_3^-浓度相对较高的影响因素。前人研究认为，生物质燃烧是春季大气颗粒物中 NO_3^-浓度升高的重要原因（Zhao et al.，2015），库区春季 TSP 中 NO_3^-浓度较高可能与该因素有关，具体原因有待进一步研究。而冬季燃煤锅炉使用量的增加也

可能是库区冬季颗粒物中 NO_3^- 浓度较高的原因之一。夏季大气 HNO_3 和颗粒物中 NO_3^- 浓度均较低，这可能是由于研究区位于库区周边，空气湿度较大，HNO_3 分子会在湿表面沉积（Wu et al.，2009），进而使得颗粒物中 NO_3^- 的浓度较低。此外，夏秋季降水量较多，降雨冲刷空气中的颗粒物和气溶胶，使得颗粒物中 NO_3^- 在大气中的浓度降低。在空间上，HJZ、SG 和 TC 的 HNO_3 和 NO_3^- 浓度均高于其他采样点，可能与其地理位置有关。HJZ 采样点位于景区，来往车辆较多；SG 采样点位于码头，过往车辆的交通排放和码头渔船捕捞作业的燃油燃烧释放的 NO_x 导致大气中 HNO_3 和 NO_3^- 浓度升高。TC 为居民混合区，交通排放较多。因此，库区大气中 HNO_3 和颗粒物中 NO_3^- 污染可能主要来源于燃煤和交通排放等化石源，详细信息将在下面讨论。

表 5-7　大气硝氮方差分析

因素	*F*		*P*	
	HNO_3 浓度	颗粒物中 NO_3^- 浓度	HNO_3 浓度	颗粒物中 NO_3^- 浓度
时间	6.76	7.529	0.004	0.002
空间	1.168	0.374	0.364	0.824

表 5-8　大气硝氮与气象因素相关性分析

项目	HNO_3	颗粒物中 NO_3^-	降水量	气温	湿度	风速
HNO_3	1					
颗粒物中 NO_3^-	0.231	1				
降水量	-0.693**	-0.295	1			
气温	-0.063	-0.382	-0.218	1		
湿度	-0.046	-0.171	-0.126	0.604**	1	
风速	-0.094	-0.004	-0.01	0.36	0.035	1

（2）湿沉降中硝氮浓度特征

库区湿沉降中 NO_3^- 浓度时空变化特征如图 5-12 所示。由图 5-12 可知，库区全年大气湿沉降中 NO_3^- 月均浓度变化范围为 0.08 ~ 1.14mg/L，均值为（0.4±0.28）mg/L。从季节来看，湿沉降中 NO_3^- 月均浓度从大到小依次为冬季（0.62mg/L）>夏季（0.41mg/L）>秋季（0.35mg/L）>春季（0.21mg/L）。其中，湿沉降中 NO_3^- 月均浓度最大值出现在 DZK 的冬季，最小值出现在 HJZ 的春季。从空间来看，各采样点湿沉降中 NO_3^- 浓度从大到小依次为 SG（0.67mg/L）> DZK（0.58mg/L）> TM（0.27mg/L）> HJZ（0.24mg/L）> TC（0.23mg/L）。DZK 和 SG 湿沉降中 NO_3^- 浓度显著高于其他采样点。

方差分析结果显示，湿沉降中 NO_3^- 浓度在空间上表现出极显著性差异（$P<0.01$），在时间上差异性不显著（$P>0.05$）（表 5-9）。相关性分析结果表明，湿沉降中 NO_3^- 浓度与降水量、气温和风速等气象数据呈负相关，但不显著（表 5-10）。从 NO_3^- 月均浓度和降水量可以看出，SG 采样点全年氮沉降量呈现最大，这与 SG 采样点周围地区的土地利用类型复

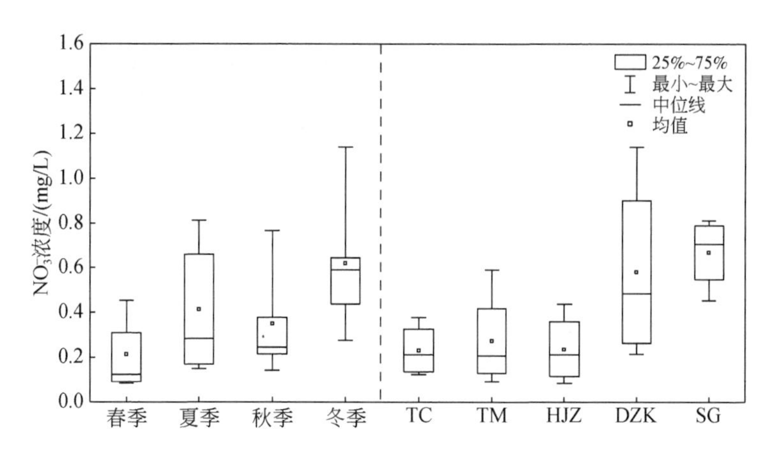

图 5-12　湿沉降中 NO_3^-浓度时空变化特征

杂有关。SG 采样点位于码头，以人类活动较多的城市用地以及交通和建设用地为主，有较多汽车尾气以及船舶运行产生的含氮化合物气体输出，释放较多的 NO、NO_2 等气态污染物，因此全年呈现氮湿沉降量最高。反之，HJZ 采样点的 NO_3^- 月均浓度最小，与周围主要为林地、湿地有关。以景区为主的 HJZ 采样点，其污染源大部分来自交通运输产生的氮素，但新冠疫情导致人流量较少，因此因人类自身排放和汽车尾气排放等减少。研究区降雨集中在 6 ~ 8 月，降水量为 673.48mm，占全年降水量的 58.79%。降雨偏多会冲刷和稀释大气中的颗粒态和气态硝酸，使其迁移至地面，所以雨水和湿度较大的春夏季 NO_3^-浓度较低；相对而言，秋冬季干燥少雨，气温较低，从而使空气收缩下沉，近地面的空气密度增加导致气压增高，形成逆温，使得空气中污染物的扩散性变差，从而大气中的 NO_3^- 不易扩散，使得湿沉降中 NO_3^-浓度较大。而 8 月氮沉降量较大可能是由于气温升高后土壤微生物活性增强，使土壤输出到大气中的气态氮素有所增加（韩雪和陈宝明，2020）。

表 5-9　湿沉降中硝氮方差分析

因素	*F*			*P*		
	NO_3^-	$\delta^{15}N$-NO_3^-	$\delta^{18}O$-NO_3^-	NO_3^-	$\delta^{15}N$-NO_3^-	$\delta^{18}O$-NO_3^-
时间	1.201	1.226	2.477	0.327	0.333	0.099
空间	4.269	0.359	2.783	0.006	0.834	0.065

表 5-10　湿沉降中硝氮与气象因素相关性分析

项目	湿沉降 NO_3^-	湿沉降 $\delta^{15}N$-NO_3^-	湿沉降 $\delta^{18}O$-NO_3^-	降水量	气温	湿度	风速
湿沉降 NO_3^-	1						
湿沉降 $\delta^{15}N$-NO_3^-	−0.097	1					
湿沉降 $\delta^{18}O$-NO_3^-	−0.452*	0.836**	1				
降水量	−0.109	−0.584*	−0.601*	1			

续表

项目	湿沉降 NO_3^-	湿沉降 $\delta^{15}N-NO_3^-$	湿沉降 $\delta^{18}O-NO_3^-$	降水量	气温	湿度	风速
气温	-0.098	-0.708 **	-0.823 **	0.866 **	1		
湿度	0.139	-0.544	-0.673 *	0.829 **	0.815 **	1	
风速	-0.144	0.323	0.367	-0.668 *	-0.427	-0.616 *	1

5.4.2 硝氮同位素特征

(1) 大气硝氮同位素特征

库区大气 HNO_3 的 $\delta^{15}N-NO_3^-$ 与 $\delta^{18}O-NO_3^-$ 季节和空间变化特征如图 5-13 所示。由图 5-13 可知，HNO_3 的 $\delta^{15}N-NO_3^-$ 变化范围为-2.9‰~+15.56‰，平均值为 4.99‰±5.13‰。从季节来看，HNO_3 的 $\delta^{15}N-NO_3^-$ 均值从大到小依次为冬季（9.32‰±1.05‰）>秋季（8.06‰±6.07‰）>春季（1.98‰±1.86‰）>夏季（0.62‰±2.74‰）；从空间上来看，5 个采样点 HNO_3 的 $\delta^{15}N-NO_3^-$ 均值从大到小依次为 HJZ（8‰±4.93‰）>DZK（6.8‰±6.83‰）>TM（5.02‰±2.6‰）>SG（3.96‰±3.12‰）>TC（1.19‰±4.03‰）。HNO_3 的 $\delta^{18}O-NO_3^-$ 变化范围为+12.03‰~+52.06‰，平均值为 30.2‰±11.49‰。从季节来看，HNO_3 的 $\delta^{18}O-NO_3^-$ 均值从大到小依次为冬季（47.66‰±2.94‰）>夏季（28.54‰±3.12‰）>春季（24.66‰±1.95‰）>秋季（19.95‰±7.92‰）；从空间来看，5 个采样点 HNO_3 中 $\delta^{18}O-NO_3^-$ 均值从大到小依次为 DZK（32.27‰±8.7‰）>HJZ（31.11‰±9.09‰）>TM（31.06‰±13.72‰）>TC（29.65‰±13.02‰）>SG（26.92±11.3‰）。

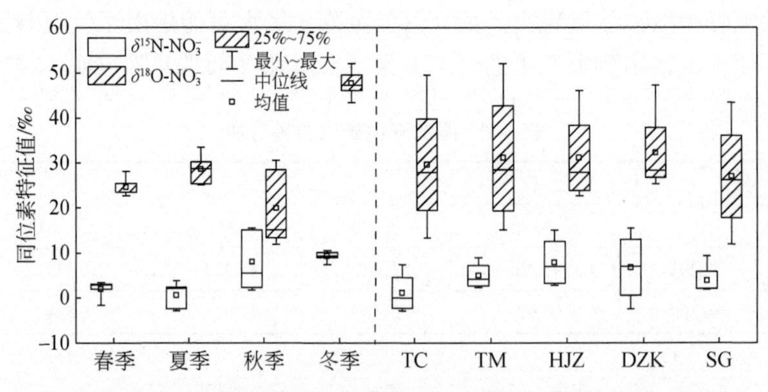

图 5-13　大气 HNO_3 的 $\delta^{15}N-NO_3^-$ 与 $\delta^{18}O-NO_3^-$ 季节和空间变化特征

库区颗粒物中 NO_3^- 的 $\delta^{15}N-NO_3^-$ 与 $\delta^{18}O-NO_3^-$ 季节和空间变化特征如图 5-14 所示。由图 5-15 可知，颗粒物中 NO_3^- 的 $\delta^{15}N-NO_3^-$ 范围为-2.3‰~+4.2‰，均值为 2.09‰±1.57‰。从季节来看，颗粒物中 $\delta^{15}N-NO_3^-$ 均值从大到小依次为冬季（3.38‰±1.08‰）>秋季（2.59‰±0.56‰）>春季（1.83‰±1.27‰）>夏季（0.58‰±1.58‰）；从空间上来看，5 个采样点颗粒物中 $\delta^{15}N-NO_3^-$ 均值从大到小依次为 TC（3.54‰±0.64‰）>SG（2.54‰±

0.92‰）>TM（2.27‰±1.22‰）>HJZ（1.75‰±1.29‰）>DZK（0.38‰±1.59‰）。颗粒物中 NO_3^-的 $\delta^{18}O-NO_3^-$范围为+64.2‰ ~ +96.58‰，均值为 77.6‰±10.41‰。从季节来看，颗粒物中 $\delta^{18}O-NO_3^-$均值从大到小依次为冬季（94.06‰±1.98‰）>春季（75.56‰±0.54‰）>秋季（74.85‰±3.08‰）>夏季（65.92‰±1.01‰）；从空间上来看，5 个采样点颗粒物中 $\delta^{15}N-NO_3^-$ 均值从大到小依次为 SG（78.68‰±9.56‰）>DZK（78.31‰±11.3‰）>HJZ（77.39‰±11.45‰）>TM（77.23‰±8.89‰）>TC（76.37‰±10.47‰）。

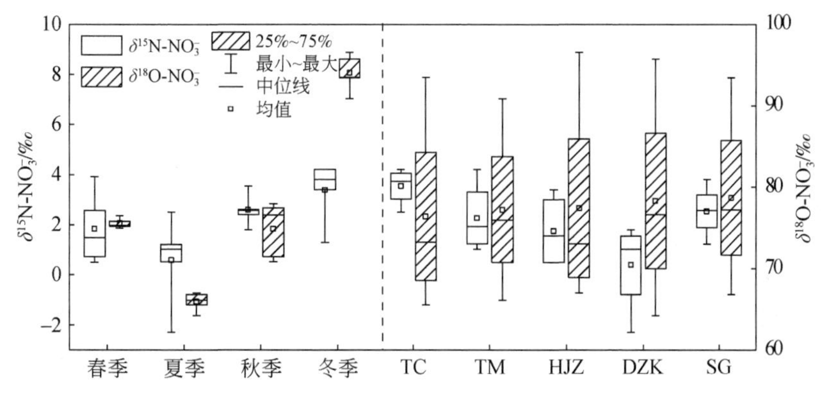

图 5-14 颗粒物中 NO_3^-的 $\delta^{15}N-NO_3^-$与 $\delta^{18}O-NO_3^-$季节和空间变化特征

在硝酸盐的形成过程中，温度、湿度和风速等自然因素对其形成路径有着重要的影响，导致不同条件下形成的不同状态的硝酸盐同位素值不同。库区大气 HNO_3和颗粒态 NO_3^-的 $\delta^{15}N-NO_3^-$和 $\delta^{18}O-NO_3^-$在季节上均存在显著差异性（表 5-11）。相关性分析表明，大气中 HNO_3的 $\delta^{15}N-HNO_3$与 $\delta^{18}O-HNO_3$（$R=0.486$，$P<0.05$）、降水量（$R=-0.484$，$P<0.05$）和气温（$R=0.449$，$P<0.05$）呈显著相关，而 $\delta^{18}O-HNO_3$与气象因素无显著相关性（表 5-12）。颗粒物中 $\delta^{15}N-NO_3^-$和 $\delta^{18}O-NO_3^-$与降水量分别呈显著相关性（$R=-0.445$，$P<0.05$）和极显著相关性（$R=-0.797$，$P<0.01$）（表 5-12）。

表 5-11 大气硝氮同位素方差分析

因素	*F*				*P*			
	$\delta^{15}N-HNO_3$	$\delta^{15}N-NO_3^-$	$\delta^{18}O-HNO_3$	$\delta^{18}O-NO_3^-$	$\delta^{15}N-HNO_3$	$\delta^{15}N-NO_3^-$	$\delta^{18}O-HNO_3$	$\delta^{18}O-NO_3^-$
时间	6.146	4.043	27.879	151.406	0.006	0.026	<0.001	<0.001
空间	1.007	2.904	0.098	0.023	0.435	0.058	0.981	0.999

表 5-12 大气硝氮同位素与气象因素相关性分析

项目	$\delta^{15}N-HNO_3$	$\delta^{18}O-HNO_3$	$\delta^{15}N-NO_3^-$	$\delta^{18}O-NO_3^-$	降水量	气温	湿度	风速
$\delta^{15}N-HNO_3$	1							
$\delta^{18}O-HNO_3$	0.486*	1						
$\delta^{15}N-NO_3^-$	-0.21	-0.203	1					

续表

项目	$\delta^{15}N\text{-}HNO_3$	$\delta^{18}O\text{-}HNO_3$	$\delta^{15}N\text{-}NO_3^-$	$\delta^{18}O\text{-}NO_3^-$	降水量	气温	湿度	风速
$\delta^{18}O\text{-}NO_3^-$	0.573**	0.704**	0.123	1				
降水量	−0.484*	−0.394	−0.445*	−0.797**	1			
气温	0.449*	−0.201	−0.126	0.065	−0.218	1		
湿度	0.108	−0.406	−0.153	−0.082	−0.126	0.604**	1	
风速	0.167	−0.258	−0.087	−0.148	−0.01	0.36	0.035	1

在 NO_x生成 NO_3^-的过程中，氧同位素的分馏直接影响大气 HNO_3^- 的 $\delta^{15}N\text{-}NO_3^-$，可以用来评价氮同位素分馏效应（Walters and Michalski，2015，2016）。$\delta^{18}O\text{-}NO_3^-$季节变化与大气 NO_x形成 NO_3^-的氧化途径有关。一般而言，较高的$\delta^{18}O\text{-}NO_3^-$（+90‰～+122‰）与 O_3氧化途径有关，较低的$\delta^{18}O\text{-}NO_3^-$（−25‰～0‰）与·OH 氧化途径有关（Wu et al.，2021）。在 NO_x的光化学循环过程中，NO 被 O_3或者过氧自由基（HO_2·、RO_2·）氧化为 NO_2，白天 NO_x-O_3之间快速的光化学循环，可使得 NO_x的氧原子与 O_3或 HO_2·/RO_2·的氧原子之间形成同位素平衡（Walters and Michalski，2016；张雯淇和章炎麟，2019）。NO_x-O_3间的氧同位素平衡分馏，可能引起$\delta^{18}O\text{-}NO_3^-$的显著变化。库区大气 HNO_3和颗粒物中 NO_3^-的$\delta^{18}O\text{-}NO_3^-$均在冬季最高，也表明$\delta^{18}O\text{-}NO_3^-$与 NO_x的光化学循环有关。库区颗粒物中 NO_3^- 的$\delta^{18}O\text{-}NO_3^-$（77.6‰±10.41‰）与·OH 途径产生的 NO_3^- 的$\delta^{18}O\text{-}NO_3^-$（58.4‰±0.38‰）更为接近，表明$\delta^{18}O\text{-}NO_3^-$主要受·OH 氧化途径（P1）的影响。基于估算的 3 种 NO_3^-形成途径（P1～P3）的$\delta^{18}O$ 和观测的大气 NO_3^- 的$\delta^{18}O\text{-}NO_3^-$，采用了贝叶斯模型估算了不同 NO_3^-形成途径对库区大气中 NO_3^-的贡献率，结果（图 5-15）显示，库区大气中 NO_3^-的形成过程中，NO_2+·OH 途径、$N_2O_5+H_2O$ 和 NO_3+VOCs 途径形成路径的贡献率平均值分别为 59%、41%，其中，NO_2+·OH 途径在夏季贡献率最高（84%），秋季和春季（64%）次之，冬季最低（25%）。$N_2O_5+H_2O$ 和 NO_3+VOCs 途径在冬季最高（75%），秋季（37%）和春季（36%）次之，夏季最低（16%），这可能与气相·OH 氧化途径对形成 NO_3^-的贡献率受到日照时数和太阳辐射强度的影响有关（杨舒迪等，2023）。库区夏季光照强度更大，日照时间长，大气中的氧化剂（·OH 和 O_3）浓度较高，有利于 NO_2+·OH 途径生成 HNO_3，从而导致夏季库区颗粒物中 NO_3^- 的$\delta^{18}O\text{-}NO_3^-$低于其他季节。$N_2O_5+H_2O$ 途径和 NO_3+VOCs 途径在冬季占主导，而 NO_2+·OH 途径的贡献率则降低，这与 Zong 等（2020b）得出的·OH 氧化途径在夏季较高（58.0‰±9.82%），冬季较低（11.1‰±3.99%）结果相似。冬季太阳辐射强度相对较弱，光化学反应强度降低，·OH 生成能力下降，导致大气中·OH 浓度降低，有利于 $N_2O_5+H_2O$ 途径和 NO_3+VOCs 途径形成 NO_3^-。此外，冬季气溶胶液态水和表面积较高，促进了 N_2O_5水解过程的进行，可能也是库区冬季大气中$\delta^{18}O\text{-}NO_3^-$高于夏季的原因。

大气硝酸盐由其前体物 NO_x二次转化生成，不同排放源具有不同的$\delta^{15}N\text{-}NO_x$。煤燃烧的$\delta^{15}N\text{-}NO_x$（17.9‰±3.1‰）显著高于交通排放（−7.25‰±7.8‰）、生物质燃烧（−1.3‰±4.3‰）和土壤排放（−33.8‰±12.2‰）。有研究发现，$\delta^{15}N\text{-}NO_3^-$的季节性变化

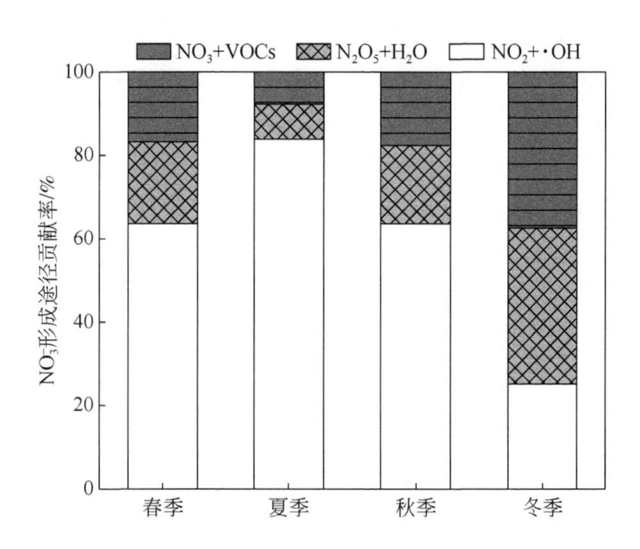

图 5-15　NO_2+·OH、NO_3+VOCs 和 N_2O_5+H_2O 途径对形成颗粒物中 NO_3^-贡献率的季节性变化

与 NO_x来源以及氮同位素分馏效应的季节性差异密切相关（Fang et al.，2011；Zong et al.，2017）。根据 NO_x转化为 NO_3^-的分馏理论，冷季低温可能会导致比暖季更明显的氮同位素分馏（Walters and Michalski，2015），从而使得冷季具有较高的 $\delta^{15}N$-NO_3^-（Freyer，1991）。库区冬季供暖期间大量煤燃烧，其排放的 NO_x具有较高的 $\delta^{15}N$ 也是库区冬季大气硝酸盐的 $\delta^{15}N$-NO_3^-高于夏季的原因之一。因此，同位素平衡分馏效应与高污染物排放的共同作用影响，提高了库区冬季大气硝酸盐的 $\delta^{15}N$-NO_3^-。Walters 和 Michalsik（2016）研究表明，在 300K 温度条件下，N_2O_5+H_2O 途径形成 NO_3^-的 $\delta^{15}N$-NO_3^-比 $\delta^{15}N$-NO_2高 25.5‰，NO_2+·OH 途径形成 NO_3^- 的 $\delta^{15}N$-NO_3^-则稍低于 $\delta^{15}N$-NO_2（−3‰～0‰），NO_3+VOCs 途径形成 NO_3^- 的 $\delta^{15}N$-NO_3^-比 $\delta^{15}N$-NO_2低 18.0‰，说明在夏季占主导的 NO_2+·OH 氧化途径会导致 $\delta^{15}N$-NO_3^-降低，这也解释了大气中气态的硝酸和颗粒物中 NO_3^-的 $\delta^{15}N$-NO_3^-在夏季均为最低。因此，N_2O_5+H_2O 和 NO_3+VOCs 途径的较低贡献率可能是夏季 $\delta^{15}N$-NO_3^-较低的原因，也说明 $\delta^{15}N$-NO_3^-也与 NO_x氧化途径紧密相关。此外，施肥和氮沉降向土壤输入大量氮，环境温度高会增加农田土壤微生物活性，从而加快土壤 NO_x释放（Fan et al.，2022）。库区春夏季大气中气态的硝酸和颗粒态的硝酸盐的 $\delta^{15}N$-NO_3^-明显低于秋冬季，可能是因为秋冬季微生物活动较弱，春夏季农耕活动密集导致土壤微生物活动较强，这可以通过随后稳定同位素模型的结果得到进一步验证。

（2）湿沉降中硝氮同位素特征

库区湿沉降中 $\delta^{15}N$-NO_3^-和 $\delta^{18}O$-NO_3^-季节和空间变化特征如图 5-16 所示。由图 5-16 可知，湿沉降中 $\delta^{15}N$-NO_3^-变化范围为−20.06‰～+1.7‰，均值为−5.44‰±5.18‰。从季节来看，湿沉降中 $\delta^{15}N$-NO_3^-均值从大到小依次为春季（−1.6‰±1.79‰）、冬季（−6.18‰±4.24‰）、秋季（−6.84‰±4.29‰）、夏季（−7.11‰±6.9‰）。从空间上来看，5 个采样点湿沉降中 $\delta^{15}N$-NO_3^-均值从大到小依次为 TC（−2.67‰±2.94‰）、DZK（−4.99‰±3.16‰）、SG（−6.13‰±2.16‰）、TM（−6.37‰±8.26‰）、HJZ（−7.02‰±5.55‰）。

湿沉降中 $\delta^{18}O-NO_3^-$ 变化范围为+15.93‰～+83.03‰，均值为59.29‰±16.85‰。从季节来看，湿沉降中 $\delta^{18}O-NO_3^-$ 均值从大到小依次为春季（72.25‰±7.91‰）、冬季（62.72‰±13.86‰）、秋季（55.93‰±14.36‰）、夏季（46.27‰±17.76‰）。从空间上来看，5个采样点湿沉降中 $\delta^{18}O-NO_3^-$ 均值从大到小依次为TC（77.34‰±7.14‰）、TM（61.94‰±14.83‰）、DZK（57.08‰±8.75‰）、HJZ（57.04‰±13.77‰）、SG（43.08‰±16.68‰）。

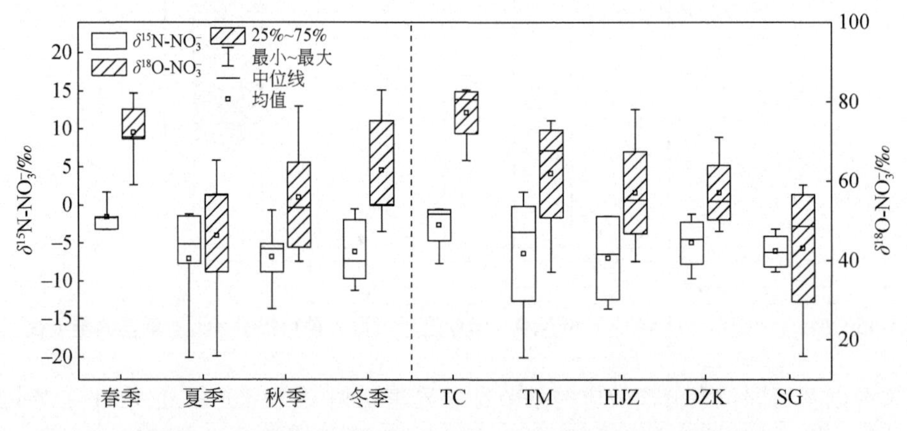

图5-16　湿沉降中 $\delta^{15}N-NO_3^-$ 和 $\delta^{18}O-NO_3^-$ 季节和空间变化特征

湿沉降中的 $\delta^{15}N-NO_3^-$ 和 $\delta^{18}O-NO_3^-$ 在季节和空间上差异性均不显著（$P>0.05$）（表5-9）。相关性分析结果（表5-10）表明，湿沉降中 NO_3^- 稳定同位素特征值与气象因素有一定的相关性，其中 $\delta^{15}N-NO_3^-$ 与气温（$R=-0.708$，$P<0.01$）呈极显著负相关，与降水量（$R=-0.584$，$P<0.05$）呈显著负相关；$\delta^{18}O-NO_3^-$ 与降水量（$R=-0.601$，$P<0.05$）和湿度（$R=-0.673$，$P<0.05$）呈显著负相关，与气温（$R=-0.823$，$P<0.01$）呈极显著负相关。库区湿沉降 NO_3^- 的 $\delta^{15}N$ 与 $\delta^{18}O$ 均表现为冬季高于夏季，这与前人的研究结果一致（Dahal and Hastings，2016；李亲凯等，2017）。冬季来自煤燃烧的富含 ^{15}N 的 NO_x 增加，导致较高的 $\delta^{15}N-NO_3^-$，夏季来自土壤微生物等 NO_x 排放增加导致较低的 $\delta^{15}N-NO_3^-$（Elliott et al.，2009）。这与Kendall等（2007）在污染地区经常观察到的季节性 $\delta^{15}N-NO_3^-$ 在冬季显示出高值，在夏季显示出低值的结论基本一致。此外，库区全年降水 $\delta^{15}N-NO_3^-$ 变化范围为-20.06‰～+1.70‰，主要分布在交通排放和生物质燃烧的源谱范围内，且库区周边以耕地、交通用地和湿地为主，交通排放和生物质燃烧可能是湿沉降中硝酸盐的主要来源，具体原因有待进一步研究。NO_x 在大气中被不同的路径氧化成硝酸盐。不同氧化路径所参与的氧化剂不同，导致不同路径生成的氧同位素组成存在差异，NO_2+·OH路径生成 NO_3^- 的 $\delta^{18}O-HNO_3$（+52.8‰～+67.8‰）明显低于 O_3 的 $\delta^{18}O-O_3$ 值（+90‰～+122‰）（Walters and Michalski，2016）。前期研究表明，库区大气中 NO_3^- 的形成过程中，冬季以 $N_2O_5+H_2O$ 和 NO_3+VOCs途径（贡献率为75%）为主，夏季则以 NO_2+·OH途径（贡献率为84%）为主，这可能是库区湿沉降中冬季 $\delta^{18}O-NO_3^-$ 明显高于夏季的原因之一。

5.4.3 不同排放源对硝氮的贡献

(1) 气团后向轨迹模拟分析

为了明确丹江口水库淅川库区主要气团的输送特征，进一步确定大气中硝酸盐跨区域传输的潜在来源，使用 HYSPLIT 软件模拟高空 500m 处的气团后向轨迹。对所获轨迹中具有相似方向和速率的气团轨迹进行聚类，每条聚类代表一条气团输送途径（刘娜等，2021）。

2021 年淅川库区不同季节高空 500m 处气团后向轨迹分布如图 5-17 所示。由图 5-17 可知，库区在不同季节接收到的气团具有不同的来源和输送路径。春季的气团后向轨迹聚类分析为 5 类主要轨迹，其中来自南部湖北方向的气团占比达到了 37.28%，来自陕西的气团占比为 22.98%，来自河南东部的气团占比为 15.10%。库区夏季有 5 个主要集群，与春季相比主要方向没有明显改变，其中来自河南东部方向的集群占比（27.09%）增大，气团轨迹缩短至河南南阳市范围附近。来自西北方向的气团占比减少（5.84%）。来自湖北西部（26.99%）和南部（25.77%）方向的气团占比（52.76%）增加。秋季有 6 个典型集群，与春季和夏季相比，西北方向的气团向内蒙古西部延伸，但占比（1.96%）减小，河南东部（27.12%）和南部（31.72%）的气团占比（58.84%）逐渐增加。与秋季

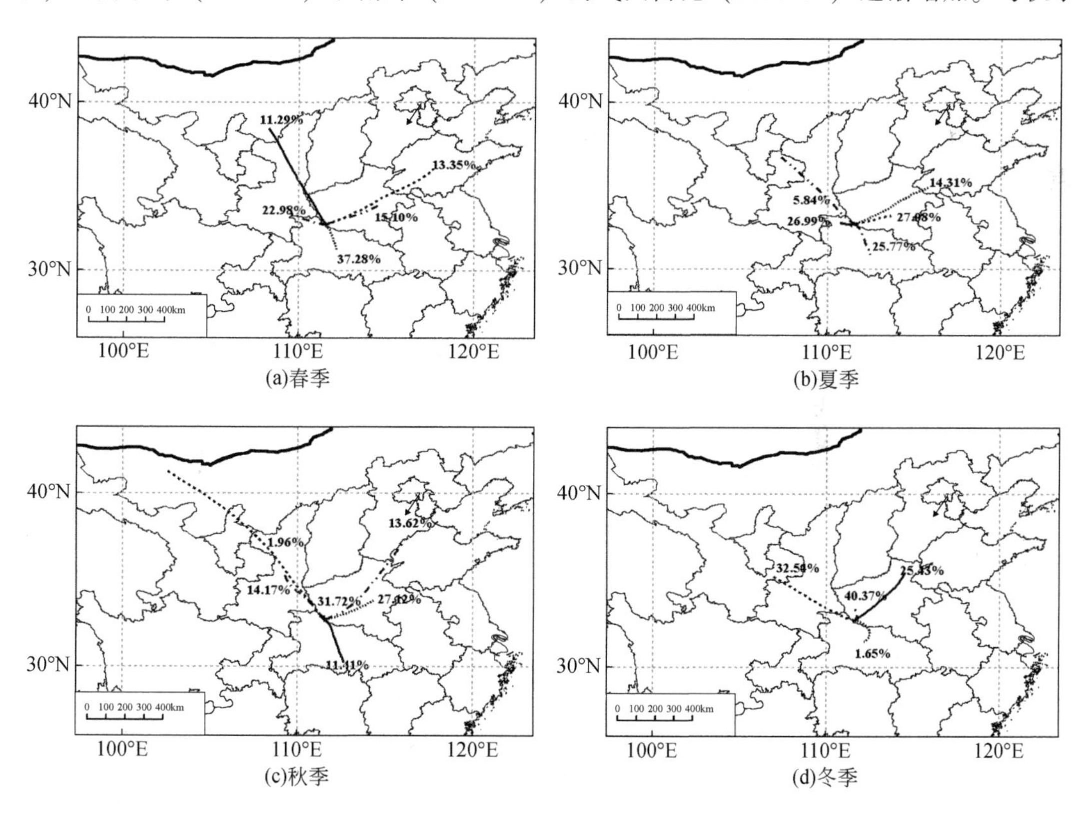

图 5-17　丹江口水库淅川库区不同季节气团后向轨迹分布（高空 500m 处）

相比，冬季主要集群仍为来自河南北部（25.43%）和南部（40.37%）的气团组成，来自南部湖北方向的气团占比（1.65%）减少，西北部气团逐渐向甘肃方向偏移且占比（32.55%）增加。

大气污染物输送受到季节变化和地理环境的影响，而风向、风速和降水量也是影响大气污染物扩散和净化的重要因素。风向决定着污染物输送的方向，风速决定着对污染物输送的能力，风速越小越不利于大气污染物的输送，特别是静风时非常不利于大气污染物的扩散（朱韶峰和黄吉，1990）。淅川库区近地面春季、夏季、秋季和冬季的主导风向分别为NW、NE、ENE和WNW。丹江口水库地处北亚热带向暖温带的过渡地带，属北亚热带大陆性季风气候。受东南季风影响强烈，在夏季暑伏天经常刮东南风。7～9月降水量大，在24h内降水量越大，对大气中污染物的净化作用越强，大气中污染物的浓度降低越多。当降水量在5mm以下时，污染物的浓度不但不下降，反而上升，弱降水会使空气质量变得更糟（张夏琨等，2011）。因此使得污染物容易在库区范围内堆积，导致库区大气环境质量恶化。因此，冬季本地煤等化石燃料的燃烧和远距离气团输送的协同作用可能是库区冬季大气污染较重的主要原因。冬季少雨且后向轨迹气团集群主要由来自河南北部和南部的本地气团组成（65.80%），权重轨迹集中。

（2）不同排放源对大气硝氮的贡献率

SIAR模型可以定量评估NO_3^-各污染源的贡献率（Zong et al.，2017）。在应用SIAR模型确定颗粒物中NO_3^-来源时，通常将煤燃烧、交通排放、生物质燃烧和土壤排放认为是主要的NO_x来源（Wang et al.，2020）。根据NO_2转化为NO_3^-产生的同位素分馏系数（$\varepsilon_{NO_2 \rightarrow NO_3^-}$），计算得出大气中$NO_x$初始源的$\delta^{15}N\text{-}NO_x$范围为−3.53‰～+2.22‰。将计算得到的淅川库区大气中NO_x初始源的$\delta^{15}N\text{-}NO_x$和文献报道的煤燃烧源（17.9‰±3.1‰）（Zong et al.，2022a）、交通排放源（−7.25‰±7.8‰）（Zong et al.，2020a）、生物质燃烧源（−1.3‰±4.3‰）（Zong et al.，2022a）和土壤排放源（−33.8‰±12.2‰）（Li and Wang，2008；Felix and Elliott，2014）的$\delta^{15}N\text{-}NO_x$源谱值输入SIAR模型，结果表明，淅川库区大气HNO_3主要来自煤燃烧源（45%）、生物质燃烧源（26%）、交通排放源（20%）和土壤排放源（9%）；颗粒物中NO_3^-则主要来源于煤燃烧源（34%）、生物质燃烧源（30%）、交通排放源（24%）和土壤排放源（12%）。由此可知，化石源（58%～65%）是库区大气NO_3^-的主要污染来源。

通过气态HNO_3、颗粒物中NO_3^-的浓度分别占总量的比例对4种硝酸盐来源进行加权平均，不同排放源对库区大气硝氮的贡献率如图5-18所示。从图5-18可知，4种排放源对库区大气硝氮的贡献率由大到小依次为煤燃烧源、生物质燃烧源、交通排放源和土壤排放源，其中变化最显著的是煤燃烧源，其余3种排放源的贡献率在时空上变化相对较小。化石源（煤燃烧源和交通排放源）的贡献率为59%～74%，平均贡献率为65%。其中冬季化石源的贡献率最高（74%），夏季（59%）最低。煤燃烧源的贡献率在冬季达到最高（62%）。冬季供暖提高了库区燃煤对大气硝氮的贡献率。生物质燃烧源在春夏季贡献率较高，可能来源于气团外部输入。也有研究认为，生物质燃烧的$\delta^{15}N\text{-}NO_x$介于煤燃烧和交通排放的$\delta^{15}N\text{-}NO_x$之间，SIAR模型可能高估了生物质燃烧的贡献率（Zhu et al.，2021）。此外，随着汽车普及率的增加，机动车尾气排放对大气硝酸盐的贡献呈上升趋势（Zong et al.，2020a）。车辆能排放出催化·OH 自由基产生的颗粒物质，这使得 NO_2+·OH 途径产生的硝酸盐在交通密集的地区的贡献率增加（Zong et al.，2020a）。库区大气硝氮中夏季交通排放源的贡献率高于其他季节，也进一步证实了得 NO_2+·OH 途径对大气硝氮的贡献。交通排放源的贡献率较高可能与当地汽车保有量增长有关。《中国移动源环境管理年报》统计结果显示，燃气车对机动车尾气中 NO_x 的贡献率由 2018 年的 2.1% 增加到 2021 年的 6.7%。逐年增加的燃气车尾气排放是库区大气硝氮的重要污染源。土壤排放源对大气硝氮的贡献率较低，表现为夏季最高（12%）、冬季最低的特点（5%），可能与高温环境会增加库区土壤排放的 NO_x 释放有关。从空间来看，人为活动频繁的 SG（码头，67%）、TC（居民混合区，65%）、HJZ（景区，64%）的化石源贡献率明显高于以农业区为主的 DZK（林区，60%）和 TM（农田，59%），而 TM 的土壤排放源的贡献率（14%）相对较高，也证实了农作物的生长和收获降低了化石源对库区大气硝氮的贡献率。研究区是南水北调中线工程核心水源区，化石源排放的硝氮通过大气途径对水体水质的影响不容忽视，这表明库区交通排放源中的汽油车、重型柴油货车和船舶是研究区域今后移动源污染防治的重点关注领域。

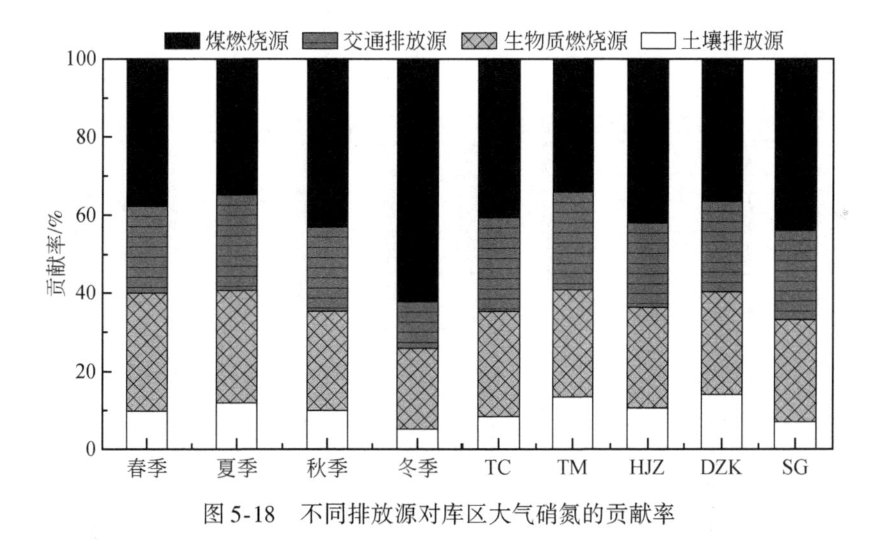

图 5-18　不同排放源对库区大气硝氮的贡献率

（3）不同排放源对湿沉降中硝氮的贡献率

不同排放源对库区湿沉降中硝氮的贡献率如图 5-19 所示。由图 5-19 可知，煤燃烧源（34%）和生物质燃烧源（31%）是淅川库区湿沉降中硝氮主要来源，交通排放源的贡献为 23%，土壤排放源贡献较小（12%）。由此可知，库区湿沉降中硝氮主要来源于化石源（煤燃烧源和交通排放源），其贡献率为 57%。其中，冬季化石源的贡献率最高（59%），秋季（58%）次之，春季和夏季最低（56%）。当中国北方居民供暖消耗大量煤炭时，煤燃烧源具有明显的季节性波动，冬季对库区湿沉降中硝氮的贡献率最高（37%）。这一结果也符合前面讨论的 $\delta^{15}N\text{-}NO_3^-$ 的变化。库区湿沉降中生物质燃烧源的贡献率相对较高，但没有显著的季节性变化特征。之前的研究也认为，近年来，大规模生物质燃烧和没有任何污染控制机制的家庭排放的盛行，导致该源头的硝氮排放量明显增加（Zong et al.，

2018）。因研究区位于南水北调中线工程水源地，秸秆等农业废弃物的焚烧受到当地政府的明令禁止，因此生物质燃烧可能来自外源输入和家庭烹饪与取暖。从气团后向轨迹聚类结果（图 5-17）来看，春夏季本地源占比减少，气团外部输入占比较高，这与生物质燃烧源在春夏季污染贡献率较高一致，说明湖北、陕西和山东等外源输入可能是生物质燃烧源的重要来源。汽车保有量的快速增长使得汽车尾气成为 NO_x 污染的重要来源（Li et al., 2020）。此外，水库渔业捕捞以及游船带来的船舶尾气排放也是库区交通排放的污染源之一。全年交通排放源对库区湿沉降中硝氮的贡献率没有显著变化，这与车辆或船舶常年运行的排放强度一致。作为南水北调中线工程水源地，淅川县为了确保一库清水永续北送，库区周边以农业开发为主，库周 50km 范围内，耕地和林地占总面积的 82% 以上（其中耕地占 51.92%，林地占 30.43%）（Chen et al., 2024；Zhang et al., 2024）。库区土壤排放源对库区湿沉降中硝氮的贡献率最小。但表现出在春夏季高于秋冬季的变化趋势，这也表明频繁的农业活动以及高温环境会增加库区土壤排放的 NO_x 的释放。土壤中丰富的微生物细菌消耗积累的氮素，同时释放出大量 NO_x，尤其在施肥之后（Zong et al., 2022b）。从空间来看，人为活动频繁的 TC（居民混合区）的化石源贡献率（54%）高于以农业区为主的 TM（农田，50%），而 TM（25%）和 DZK（22%）的土壤排放源则整体较高，也证实了农作物的生长和收获降低了化石源对库区湿沉降中硝氮的贡献率，因此，要关注化石源排放通过大气途径对水体水质的影响。

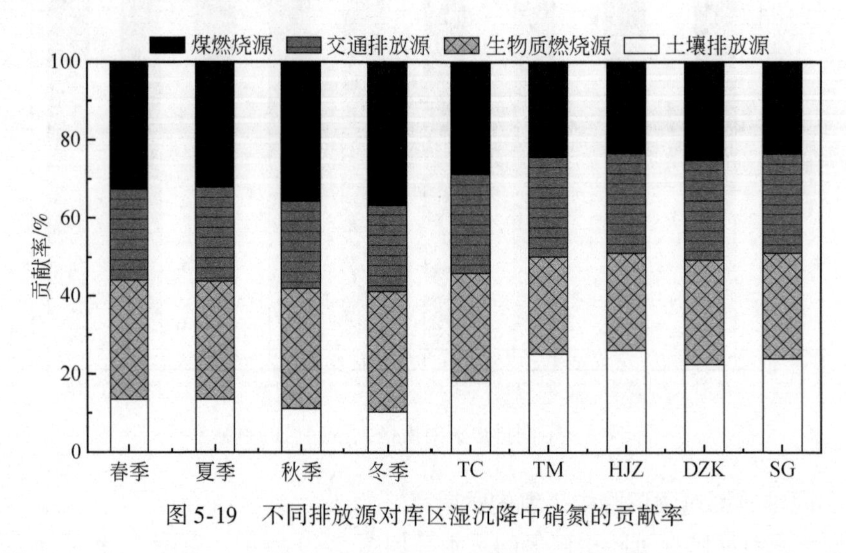

图 5-19 不同排放源对库区湿沉降中硝氮的贡献率

5.5 有机氮浓度特征及其来源

5.5.1 有机氮浓度特征

(1) 干沉降中 WSON 浓度特征

丹江口水库淅川库区不同采样点干沉降中 WSON、WSTN 浓度及 WSON/WSTN 的变化特征如图5-20所示。由图5-20可知，干沉降中WSON和WSTN月均浓度变化范围分别是0.15～1.14mg/L和1.03～2.61mg/L，浓度平均值分别为0.52mg/L和1.64mg/L，变异系数分别为56%和26%。与2009～2011年鄂西北丹江口库区干沉降中WSTN浓度（2.82mg/L）和WSON浓度（1.38mg/L）相比（刘冬碧等，2015），二者浓度均有所下降。从时间来看，干沉降中WSON的月均浓度从大到小依次为冬季（1月、2月和12月，0.65mg/L）、春季（3～5月，0.55mg/L）、夏季（6～8月，0.50mg/L）和秋季（9～11月，0.38mg/L），其中WSON的月均浓度最大值与最小值均出现在土门（TM），最大值出现在5月，最小值出现在11月；干沉降中WSTN的月均浓度从大到小依次为春季（1.87mg/L）、夏季（1.76mg/L）、秋季（1.61mg/L）和冬季（1.31mg/L）。从空间来看，干沉降中WSON的月均浓度从大到小依次为SG（0.63mg/L）、TM（0.57mg/L）、DZK（0.51mg/L）、TC（0.47mg/L）和HJZ（0.45mg/L）；WSTN的月均浓度从大到小依次为SG（2.52mg/L）、TM（2.20mg/L）、TC（1.49mg/L）、DZK（1.41mg/L）和HJZ（0.99mg/L）其中，干沉降中WSON和WSTN浓度最高的采样点均出现在土门（TM）的5月。淅川库区干沉降中WSON对WSTN的贡献率范围是11%～59%，年均值为31%，与前人提出全球范围内WSON对WSTN的贡献率介于10%～39%的结论基本一致（Cape et al.，2011）。

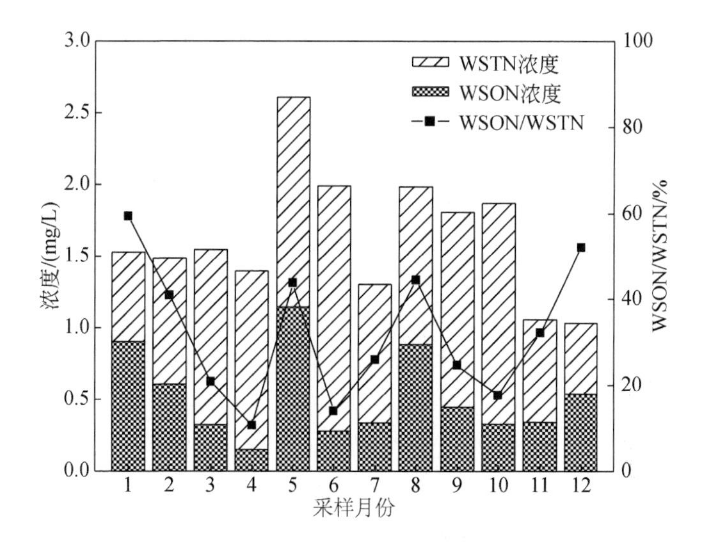

图5-20　干沉降中WSON、WSTN浓度及WSON/WSTN的变化特征

丹江口水库淅川库区干沉降中WSON和WSTN浓度以及WSON对WSTN贡献率（WSON/WSTN）在时间上均表现出显著差异性（$P<0.05$）；在空间上，WSTN浓度差异性极显著（$P<0.01$），而WSON浓度与WSON/WSTN的差异均未表现出显著性（表5-13）。WSON浓度及WSON/WSTN的季节性变化特征如图5-21所示。可以看出，WSON浓度及WSON/WSTN在季节上均呈冬季最高、秋季最低的变化规律。干沉降中含氮化合物季节性变化趋势可能与边界层高度、排放源强度、温度、相对湿度和大气化学过程有关（Hegde et al.，2020）。冬季大气稳定度高、扩散性差，灰霾天气增多，污染物易累积。库区冬季

周边较高的湿度以及采暖带来的化石燃料燃烧引起了颗粒物浓度增加，导致 WSON 前体物的吸附表面积增大，促进 WSON 的生成量增加，加之冬季农业活动减弱，总氮浓度减少，从而导致冬季 WSON 浓度及其对 WSTN 的贡献率增加（Biswas et al.，2008；彭晨晨，2021）。秋季 WSON 浓度显著降低，与气温降低，大气中的化学反应减弱，生成的有机氮减少密切相关，且受秋收、作物播种与施肥等影响，无机氮、总氮仍有较高的浓度，导致秋季 WSON/WSTN 最小，与前人的研究结果相似（Li et al.，2009；梁婷等，2014）。春季 WSON 浓度较高但其对 WSTN 的贡献率最小，主要是由于春季微生物活跃、植物生长旺盛以及农业施肥的增加影响 WSON 浓度增加，同时微生物活跃加快了有机氮向无机氮（主要为 NH_4^+）的转化，导致无机氮浓度增量大于有机氮（Ross and Jarvis，2001）。与春季相反，夏季 WSON 浓度相对较小却在 WSTN 中占据较高的比例，可能与雨量充沛，较大的降水量导致湿清除作用显著有关，且库区周边主要为农业用地（耕地、林地等），农业施肥量较多，夏季高温、高湿及强烈光照的环境使得空气中含氮气体增多并促进这些物质二次转化生成有机氮（Galloway et al.，2008），也进一步说明夏季二次反应是干沉降中 WSON 的重要来源之一。

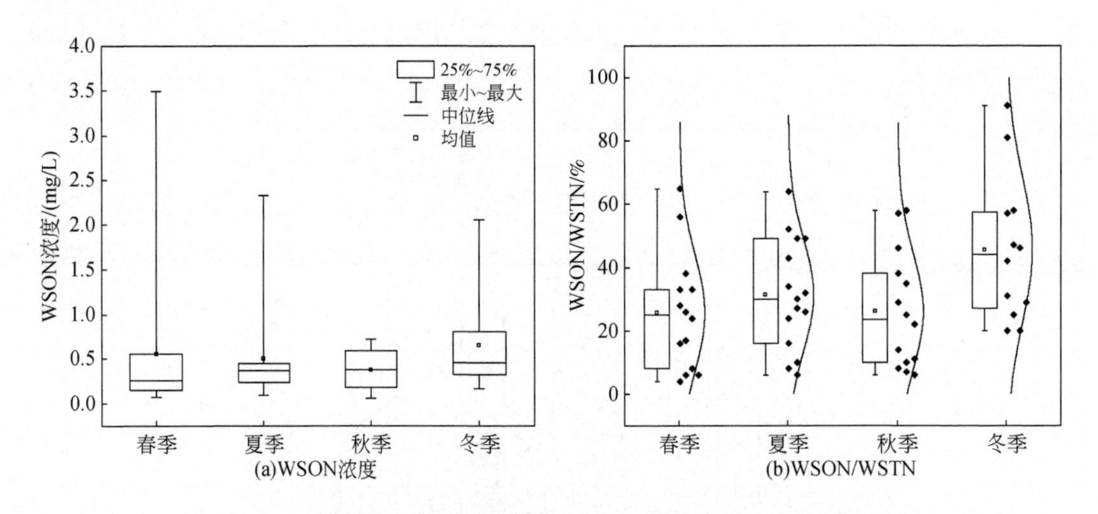

图 5-21　干沉降中 WSON 浓度及 WSON/WSTN 的季节性变化特征

表 5-13　干沉降中 WSON 方差分析

因素	*F*			*P*		
	WSON 浓度	WSTN 浓度	WSON/WSTN	WSON 浓度	WSTN 浓度	WSON/WSTN
时间	2. 130	2. 034	2. 925	0. 038	0. 048	0. 043
空间	0. 780	8. 023	2. 029	0. 543	<0. 01	0. 104

库区干沉降中 WSON 浓度的空间变化特征如图 5-22 所示。从图 5-22 可知，WSON 浓度最大均值位于 SG 采样点，最小均值位于 HJZ 采样点；WSON 对 WSTN 的贡献率正好与之相反，SG 采样点干沉降中 WSON/WSTN 最小，HJZ 采样点干沉降中 WSON/WSTN 最大。已有研究表明，大气沉降中 NH_4^+-N 主要来自农业活动、微生物分解及化石燃料的燃烧等

（刘冬碧等，2015；王恬爽等，2022），受本地排放影响较大；NO_3^--N 主要来自闪电、土壤微生物的反硝化作用及化石燃料燃烧等；大气中有机氮大部分为尿素，直接来自土壤、水面、肥料和人畜排泄物的挥发作用，生物本身也可通过直接或间接的方式向大气排放有机氮（Cornell et al.，2003；郑利霞等，2007）。SG 采样点 WSON 浓度最大但 WSON/WSTN 最小，可能与该采样点位于码头且紧邻居民生活区有关，受多种污染因素的影响，有机氮肥（尿素）、人畜粪便、生物活动及 NO_x 与碳氢化合物的光化学反应（Perring et al.，2013）增强向大气中排放了更多的有机氮；同时农业活动与化石燃料燃烧等因素使大气中无机氮浓度增加且其浓度增量大于有机氮，从而降低 WSON/WSTN。HJZ 采样点位于景区，农业活动相对较少，且新冠疫情影响下景区旅客人数减少，大气中无机氮（主要为 NH_4^+-N 和 NO_3^--N）浓度显著降低，从而造成该采样点干沉降中 WSON 浓度对 WSTN 贡献率较大。

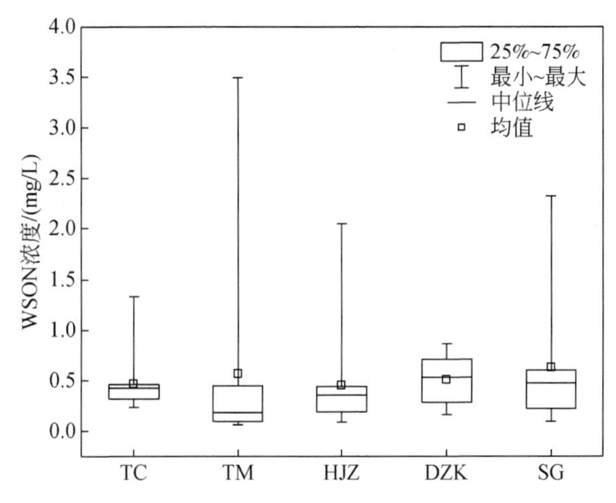

图 5-22　干沉降中 WSON 浓度的空间变化特征

（2）湿沉降中 DON 浓度特征

丹江口水库淅川库区湿沉降中 DON、DTN 浓度及 DON/DTN 的变化特征如图 5-23 所示。从图 5-23 可知，全年库区大气湿沉降中 DON 和 DTN 浓度变化范围分别为 0. 14 ~ 2. 10mg/L［平均值为（0. 71±0. 65）mg/L］和 1. 27 ~ 7. 46mg/L［平均值为（2. 95±1. 78）mg/L］。从季节来看，库区大气湿沉降中 DON 浓度从大到小依次为冬季［（1. 18±0. 53）mg/L］、秋季［（0. 84±1. 16）mg/L］、夏季［（0. 33±0. 26）mg/L］和春季［（0. 25±0. 18）mg/L］；DTN 浓度季节变化较 DON 稍有差异，从大到小依次为冬季［（5. 15±2. 37）mg/L］、春季［（2. 45 ± 1. 34）mg/L］、秋季［（2. 13 ± 1. 05）mg/L］和夏季［（2. 00±0. 81）mg/L］。从空间来看，库区大气湿沉降中 DON 浓度从大到小依次为 TC［（0. 85±1. 06）mg/L］、SG［（0. 49 ± 0. 40）mg/L］、DZK［（0. 45 ± 0. 54）mg/L］、TM［（0. 45 ± 0. 54）mg/L］和 HJZ［（0. 38 ± 0. 31）mg/L］；DTN 浓度从大到小依次为 DZK［（3. 16±2. 33）mg/L］、TC［（2. 85±1. 77）mg/L］、TM［（2. 56±1. 78）mg/L］，SG［（2. 69±1. 29）mg/L］和 HJZ［（2. 05±1. 05）mg/L］。淅川库区大气湿沉降中 DON/DTN 变化范围为 3. 92% ~72. 54%（平均值为 23. 53%），与中国森林系统（戴云山国家级自然

保护区和涼水国家级自然保护区）大气湿沉降中 DON/DTN 相差不大，DON 对 DTN 的贡献率与 DON 浓度相一致（袁磊等，2016；宋蕾等，2018）。

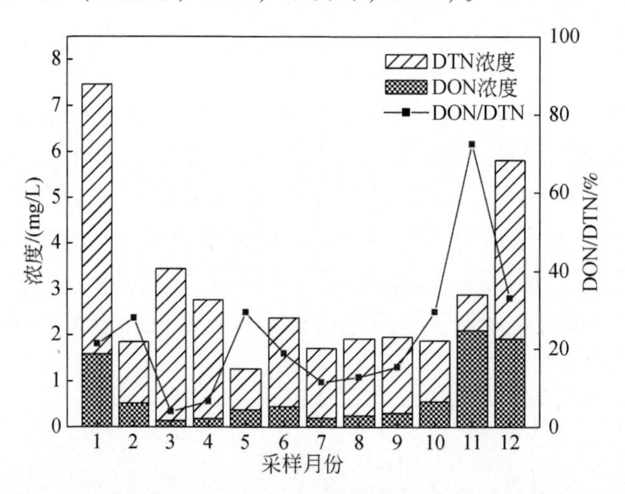

图 5-23　湿沉降中 DON、DTN 浓度及 DON/DTN 的变化特征

淅川库区湿沉降中 DON 和 DTN 浓度在时间上均表现出显著差异性，在空间上的差异性不显著（$P>0.05$）（表 5-14）。湿沉降中 DON 浓度及 DON/DTN 的季节性变化特征如图 5-24 所示。冬季库区湿沉降中 DON 浓度远高于其他季节，分别为秋季、春季和夏季的 1.4 倍、3.6 倍和 4.7 倍。一般而言，湿沉降中氮素组分浓度的季节性差异可能与气象条件（风速和降水量等）和排放源强有关。此外，湿沉降分为云下清除和云内清除两种模式，较高的气温与相对湿度也会影响大气中污染物的形成和传输。库区冬季气温较低、降水量少，使得大气中污染物更加快速地积累、转化，同时冬季燃煤过程向大气中释放了大量的含氮污染物，显著增加了大气以及云层气溶胶中含氮污染物组分的浓度，燃烧产生的 NO_x 与大气中 VOCs 二次转化生成的有机氮也随之增多；且冬季风速较小，环境容量变小，扩散条件较差，污染物易在大气中累积，导致湿沉降样品中 DON 和 DTN 浓度增加。秋季是农作物收获和播种的季节，农业施肥量较多。春季微生物和植物等的生长繁殖活动较为活跃，且春耕增加了农业施肥量，从而增加了有机氮向大气中排放。库区夏季湿沉降中 DON 浓度不高（0.33mg/L），一方面可能与污染源排放源减少有关；另一方面可能与库区夏季较大的降水量导致样品中污染物浓度被稀释有关，同时较高的风速使得大气中污染物易扩散，高温使得大气中含氮化合物快速挥发，从而减少了夏季湿沉降中 DON 的浓度（Yu et al.，2020）。

表 5-14　湿沉降中 DON 方差分析

因素	*F*			*P*		
	DON 浓度	DTN 浓度	DON/DTN	DON 浓度	DTN 浓度	DON/DTN
时间	4.85	8.65	3.35	0.01	0.00	0.03
空间	0.74	0.44	1.07	0.57	0.78	0.38

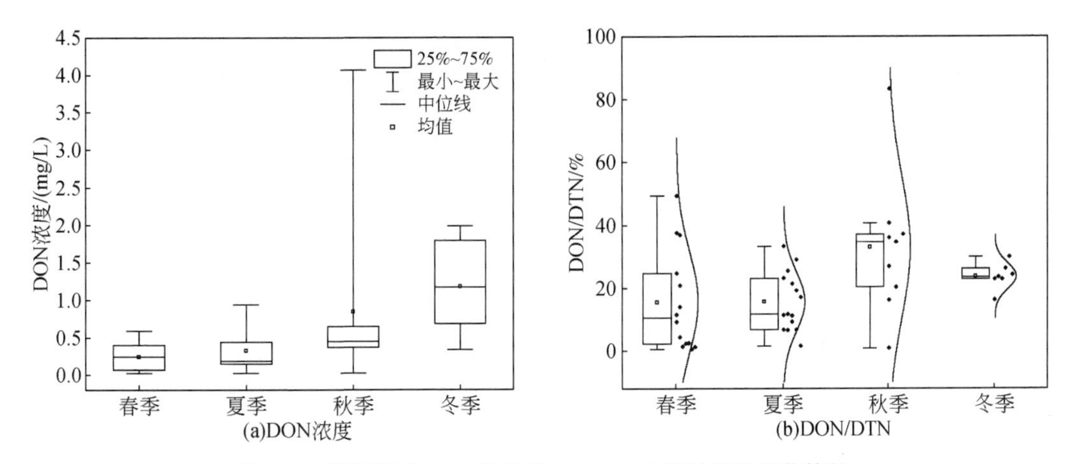

图 5-24　湿沉降中 DON 浓度及 DON/DTN 的季节性变化特征

淅川库区湿沉降中 DON 浓度的空间分布特征如图 5-25 所示。从图 5-25 可知，TC 采样点湿沉降中 DON 浓度（0.85mg/L）远高于其他采样点。从各采样点土地利用类型来看，TC 采样点位于南水北调渠首，主要为生活区，周围地势开阔有利于污染物的传输。SG 采样点位于水库码头，停泊许多游船。此外，节假日前来观光旅游的游客较多，交通排放造成该区域湿沉降中 DON 浓度较高。DZK 和 TM 采样点分别为果林和农作物种植区，作物生长期间的肥料（如尿素）施用增加了其湿沉降中 DON 浓度。HJZ 采样点位于丹江大观苑风景区，人类活动影响相对较小，从而使得该地区湿沉降中 DON 浓度相对较低。

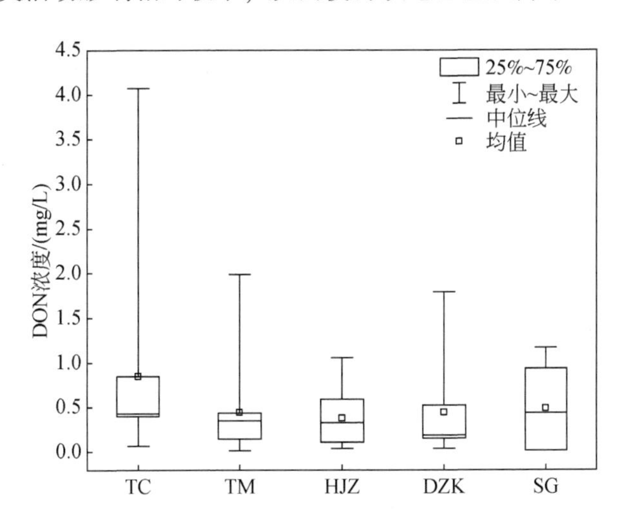

图 5-25　湿沉降中 DON 浓度的空间分布特征

5.5.2　无机离子浓度特征

（1）干沉降中水溶性无机离子浓度特征

库区大气干沉降中水溶性无机离子浓度季节性分布统计结果如表 5-15 所示。从表 5-

15 可知，丹江口水库淅川库区大气干沉降中水溶性阳离子的全年平均浓度大小依次为 Ca^{2+} (3.76mg/L)、Mg^{2+} (1.20mg/L)、NH_4^+ (0.88mg/L)、Na^+ (0.83mg/L) 和 K^+ (0.51mg/L)；干沉降中水溶性阴离子的全年平均浓度大小依次为 SO_4^{2-} (11.08mg/L)、NO_3^- (1.87mg/L)、Cl^- (0.67mg/L)、F^- (0.30mg/L) 和 NO_2^- (0.06mg/L)。NH_4^+、SO_4^{2-} 和 NO_3^- 3 种二次离子占大气干沉降中 10 种无机离子总浓度的 65%，可见二次离子是大气干沉降中水溶性无机离子的主要成分。Ca^{2+}、Mg^{2+} 和 NH_4^+ 浓度相对较高，可能与库区周边频繁的农业活动有关。NO_3^-/SO_4^{2-} 浓度比值可以反映移动源和固定源对大气中无机离子的贡献，其比值>1，说明其主要来自移动源；比值<1，则说明其主要来自固定源（Hegde et al., 2020）。本研究中 NO_3^-/SO_4^{2-} 浓度比值介于 0.13 ~ 0.20，表明库区大气干沉降主要受工业活动等固定源排放的影响。此外，SO_4^{2-} 不易挥发，能随气团进行远距离输送（张胜华等，2019），也说明库区大气干沉降可能受到本地源与远距离传输的共同影响。

表 5-15　干沉降中水溶性无机离子浓度季节性分布统计结果　（单位：mg/L）

季节	F^-	Cl^-	NO_2^-	NO_3^-	SO_4^{2-}	Na^+	NH_4^+	K^+	Mg^{2+}	Ca^{2+}
春季	0.76	0.59	0.04	2.30	12.76	0.92	1.01	0.38	1.11	4.76
夏季	0.04	0.83	0.05	1.78	13.67	1.06	1.09	0.36	1.22	3.44
秋季	0.08	0.39	0.07	2.01	11.01	0.67	0.98	0.20	0.63	2.70
冬季	0.33	0.87	0.06	1.37	6.89	0.68	0.42	1.10	1.82	4.15
年均	0.30	0.67	0.06	1.87	11.08	0.83	0.88	0.51	1.20	3.76

阴阳离子平衡不仅可以用来判断水溶性离子的酸碱平衡，还是判断数据是否可靠的有效方法（Zhou et al., 2016；黄炯丽等，2019）。通过阴、阳离子的电荷当量进行阴阳离子平衡判断，阴离子电荷当量（anion equivalent，AE）及阳离子电荷当量（cation equivalent，CE）的计算公式（Xu et al., 2012）分别见式（5-23）和式（5-24）。

$$AE=\frac{[F^-]}{19}+\frac{[Cl^-]}{35.5}+\frac{[NO_2^-]}{46}+\frac{[NO_3^-]}{62}+\frac{[SO_4^{2-}]}{48} \tag{5-23}$$

$$CE=\frac{[Na^+]}{23}+\frac{[NH_4^+]}{18}+\frac{[K^+]}{39}+\frac{[Mg^{2+}]}{12}+\frac{[Ca^{2+}]}{20} \tag{5-24}$$

库区干沉降中，阴离子电荷当量与阳离子电荷当量比值（AE/CE）的平均值在季节上的大小分别为秋季（1.01）、夏季（0.87）、春季（0.83）和冬季（0.47），表明秋季干沉降中阴、阳离子得到了较好的中和，大气干沉降化合物呈现中性；其他季节阳离子相对剩余，大气干沉降化合物表现为碱性。全年 AE/CE 的均值为 0.80，大气干沉降中阴离子不能完全中和阳离子，可能与受部分阴离子（碳酸根和碳酸氢根等）未检出以及冬季大气受风沙影响不易扩散，Ca^{2+}、Mg^{2+} 浓度偏高有关（程渊等，2019）。

（2）湿沉降中水溶性无机离子浓度特征

库区全年大气湿沉降中水溶性无机离子浓度季节性分布统计结果如表 5-16 所示。从表 5-16 可知，库区大气湿沉降中水溶性无机阳离子浓度大小依次为 $Ca^{2+}>NH_4^+>Mg^{2+}>Na^+>K^+$，其浓度平均值分别为 2.17mg/L、1.56mg/L、1.28mg/L、0.29mg/L 和 0.17mg/L；大气湿沉降中水溶性无机阴离子浓度大小依次为 $SO_4^{2-}>NO_3^->Cl^->F^->NO_2^-$，其浓度平均值分别为 8.41mg/L、4.43mg/L、0.37mg/L、0.08mg/L 和 0.07mg/L。NH_4^+、SO_4^{2-}、NO_3^-3 种二次离子占大气湿沉降中水溶性无机离子总浓度的77%，可见二次离子是大气湿沉降中水溶性无机离子的主要成分。

表 5-16　湿沉降中水溶性无机离子浓度季节性分布统计结果　（单位：mg/L）

季节	F^-	Cl^-	NO_2^-	NO_3^-	SO_4^{2-}	Na^+	NH_4^+	K^+	Mg^{2+}	Ca^{2+}
春	0.07	0.32	0.12	4.22	6.51	0.30	1.55	0.23	1.57	3.22
夏	0.04	0.36	0.02	3.29	8.52	0.25	1.22	0.13	1.09	1.41
秋	0.09	0.18	0.04	2.62	7.39	0.22	0.92	0.08	0.75	0.96
冬	0.13	0.60	0.09	7.57	11.23	0.38	2.56	0.24	1.71	3.08
年均	0.08	0.37	0.07	4.43	8.41	0.29	1.56	0.17	1.28	2.17

库区湿沉降中，阴离子电荷当量与阳离子电荷当量比值（AE/CE）的平均值在季节上的大小分别为秋季（1.19）、夏季（1.00）、冬季（0.83）和春季（0.55），全年 AE/CE 的均值为 0.89，表明库区湿沉降中春季和冬季阴阳离子没有得到中和，阳离子相对剩余，湿沉降化合物呈碱性。春冬寒冷季节湿沉降化合物呈碱性，可能是因为寒冷季节降水量较少、气温较低，污染物易积累和转化，使得降水中污染物浓度较高。同时，冬季土壤干燥，风沙扬尘较大，导致大气颗粒物中 Ca^{2+}、Mg^{2+}浓度偏高。秋季和夏季阴阳离子当量基本相同，表明阴离子与阳离子基本能够中和，可能与夏秋季温度较高、降水量较多，污染物易扩散、清除，大气清除效果明显有关；也可能与夏秋季土壤湿度较高，大气中 Ca^{2+}、Mg^{2+}浓度较低有关。

5.5.3　有机氮与无机离子的相关关系

（1）干沉降中 WSON 与水溶性无机离子浓度的相关关系

离子的相关性分析可以表明不同离子的共同来源以及同一离子的多种来源（肖以华等，2013）。丹江口水库淅川库区不同季节大气干沉降中 WSON 与水溶性无机离子（F^-、Cl^-、NO_2^-、NO_3^-、SO_4^{2-}、Na^+、NH_4^+、K^+、Mg^{2+}及 Ca^{2+}）浓度的相关关系如表 5-17 所示。从表 5-17 可知，总体而言，WSON 浓度与上述水溶性无机离子浓度呈正相关，WSON 浓度与 NH_4^+浓度、SO_4^{2-}浓度和 NO_3^-浓度的相关性显著（$P<0.01$），相关系数 R 分别为 0.782、0.745、0.722。NH_4^+、SO_4^{2-}和 NO_3^-是水溶性无机离子的主要组成部分，三者之间相关性均显著，主要通过 NH_3、SO_2、NO_x等气态前体物在大气中的反应生成，是典型的二次离子。WSON 浓度与 3 种二次离子浓度呈显著正相关，说明二次污染源是 WSON 的主要来源。本研究中，WSON 浓度与 NH_4^+浓度呈显著正相关，表明农业施肥、畜禽排放等农业活动释放的 NH_3与 H_2SO_4和 HNO_3反应是生成 WSON 的重要来源。WSON 与 Cl^-、K^+呈显著相关（$P<0.01$），相关系数分别为 0.719、0.749，Cl^-和 K^+呈显著相关（$R=0.918$，$P<0.01$），说明生物质燃烧对 WSON 的来源存在一定的贡献。此外，WSON 浓度与 Mg^{2+}、Ca^{2+}浓度的

相关性显著（$P<0.05$），相关系数分别为0.694、0.587，Mg^{2+}与Ca^{2+}是代表土壤及建筑扬尘的典型离子，表明扬尘源对WSON的形成也具有一定的影响。

表5-17　干沉降中WSON与水溶性无机离子浓度的相关关系

组分	F^-	Cl^-	NO_2^-	NO_3^-	SO_4^{2-}	Na^+	NH_4^+	K^+	Mg^{2+}	Ca^{2+}	WSON
F^-	1										
Cl^-	0.072	1									
NO_2^-	-0.156	-0.443	1								
NO_3^-	-0.364	0.731**	-0.170	1							
SO_4^{2-}	0.080	0.728**	-0.262	0.627*	1						
Na^+	-0.119	0.428	-0.560	0.090	0.278	1					
NH_4^+	-0.012	0.773**	-0.480	0.765**	0.580*	0.076	1				
K^+	0.076	0.918**	-0.271	0.851**	0.688*	0.159	0.775**	1			
Mg^{2+}	0.119	0.944**	-0.444	0.805**	0.698*	0.300	0.769**	0.979**	1		
Ca^{2+}	0.024	0.594*	-0.106	0.548	0.621*	0.371	0.598*	0.523	0.500	1	
WSON	0.005	0.719**	-0.149	0.722**	0.745**	-0.087	0.782**	0.749**	0.694*	0.587*	1

(2) 湿沉降中DON与水溶性无机离子浓度的相关关系

利用相关性分析，分析丹江口水库淅川库区湿沉降中DON与10种示踪离子（水溶性无机离子）浓度的相关关系（表5-18）。从表5-18可知，库区湿沉降中DON与F^-、Cl^-、NO_3^-、SO_4^{2-}、Na^+、NH_4^+具有极显著相关性（$R=0.51$、0.46、0.43、0.79、0.41、0.78，$P<0.01$），与K^+、Ca^{2+}具有显着相关性（$R=0.36$、0.31，$P<0.05$），表明库区湿沉降中DON与上述离子具有相同的来源。降水中的F^-主要是工业生产释放，表明工业活动可能是DON的重要来源（Feng et al.，2003）。NH_4^+、NO_3^-、SO_4^{2-}被称为二次离子，通过二次反应形成大气中气体的前体物（Ahmad et al.，2021）。这些离子与DON直接存在极显著相关性，表明DON是通过NH_3与酸性气体反应形成的。K^+主要来源于生物质燃烧和粉尘（Yun et al.，2024），Ca^{2+}是典型的地壳元素（Li et al.，2010），说明土壤扬尘也是DON的重要来源。Cl^-主要来源于化石燃料燃烧、工业排放、海洋源、粉尘和生物质燃烧（Wang et al.，2006），Na^+的来源包括煤炭燃烧、海洋源和扬尘（王相浩，2019）。因此，煤炭燃烧、海洋源和扬尘可能是库区湿沉降中DON的重要来源。

表5-18　湿沉降中DON与水溶性无机离子浓度相关关系

组分	DON	F^-	Cl^-	NO_2^-	NO_3^-	SO_4^{2-}	Na^+	NH_4^+	K^+	Mg^{2+}	Ca^{2+}
DON	1										
F^-	0.51**	1									
Cl^-	0.46**	0.65**	1								

续表

组分	DON	F^-	Cl^-	NO_2^-	NO_3^-	SO_4^{2-}	Na^+	NH_4^+	K^+	Mg^{2+}	Ca^{2+}
NO_2^-	0.07	0.57**	0.51**	1							
NO_3^-	0.43**	0.65**	0.61**	0.77**	1						
SO_4^{2-}	0.79**	0.47**	0.40**	−0.04	0.31*	1					
Na^+	0.41**	0.52**	0.87**	0.39**	0.49**	0.31*	1				
NH_4^+	0.78**	0.69**	0.63**	0.48**	0.76**	0.64**	0.48**	1			
K^+	0.36*	0.73**	0.60**	0.76**	0.76**	0.30*	0.50**	0.68**	1		
Mg^{2+}	0.23	0.32*	0.49**	0.58**	0.51**	−0.01	0.49**	0.42**	0.50**	1	
Ca^{2+}	0.31*	0.30*	0.61**	0.53**	0.55**	0.05	0.69**	0.44**	0.51**	0.89**	1

5.5.4 不同排放源对有机氮的贡献

（1）不同排放源对干沉降中 WSON 的贡献

为了明确不同排放源对库区干沉降中 WSON 的贡献，本书采用 EPA PMF 5.0 对库区 WSON 进行来源解析，输入 10 种水溶性无机离子和 WSON 浓度及其不确定度，保证信噪比为强，迭代运行 30 次，通过反复尝试因子数为 4 ~7 并比对运行结果，结果显示当模型运行因子数为 5 时，Q_{Robust}与 Q_{True}的差值最小，其排放源成分谱图如图 5-26 所示。可以看出，因子 1 中 Cl^-与 K^+的贡献率较高，贡献率分别为 74% 和 32% 。Cl^-主要与生物质燃烧及燃煤有关，K^+主要存在于生物质和垃圾焚烧的细颗粒中，Cl^-、K^+与燃烧密切相关（Koçak et al.，2004；折远洋等，2022），因此将因子 1 定义为燃烧源。因子 2 中以 F^-为主，贡献率为 86% ，F^-可能与工业生产活动的影响有关（Pernigotti et al.，2016），故将因子 2 定义为工业源。因子 3 中 SO_4^{2-}的浓度与贡献率最高，且 NO_3^-和 NH_4^+也有较高的贡献率，贡献率分别为 78% 、31% 和 27% ，SO_4^{2-}、NO_3^-和 NH_4^+主要由空气中前体物 SO_2、NO_x 和 NH_3转化而来，是典型的人为源排放的二次污染物转化产物（Galloway et al.，2009；Perring et al.，2013），因此将因子 3 定义为二次源。因子 4 中 Ca^{2+}的浓度和贡献率最为显著，Mg^{2+}也有较高的贡献率，贡献率分别为 80% 和 24% ，Mg^{2+}和 Ca^{2+}主要与土壤及建筑扬尘有关（程渊等，2019），因此因子 4 代表扬尘源。因子 5 中 NH_4^+、NO_2^-、NO_3^-和 K^+具有较高的贡献率，分别为 73% 、62% 、52% 和 47% 。NH_4^+与农业施肥和畜禽排放相关（Zhao and Wang，1994；Chen et al.，2024），库区周边多为农田，作物收获季节的机械化收割对大气中的 NO_2^-、NO_3^-有一定贡献，此外，K^+的贡献率较高，可以归因于受强烈农业活动影响导致的土壤再悬浮（Nehir and Koçak，2018）或生物质燃烧（Koçak et al.，2004），而二次离子 SO_4^{2-}作为无机离子的重要组分（Liu et al.，2021b），贡献率仅为 7% ，因此认为因子 5 可能来自农牧源和生物质燃烧等农业活动的排放，故将因子 5 定义为农业源。有研究发现，大气中 WSON 的源解析特征与大气中 $PM_{2.5}$具有一致性（Liu et al.，

2021a)。Zhang 等（2023）研究表明，南阳市大气中 TSP、$PM_{2.5}$和 PM_{10}主要来源于化石燃料燃烧、机动车尾气、工农业粉尘等，且冬季较高的相对湿度增加了大气颗粒物的形成。Su 等（2021）研究认为，南水北调中线工程上游南阳段大气中 $PM_{2.5}$和 PM_{10}主要来自本地源排放。本研究通过 PMF 模型共解析出燃烧源、工业源、二次源、扬尘源与农业源 5 个 WSON 来源，与前人在该地区解析的大气颗粒物来源相似。

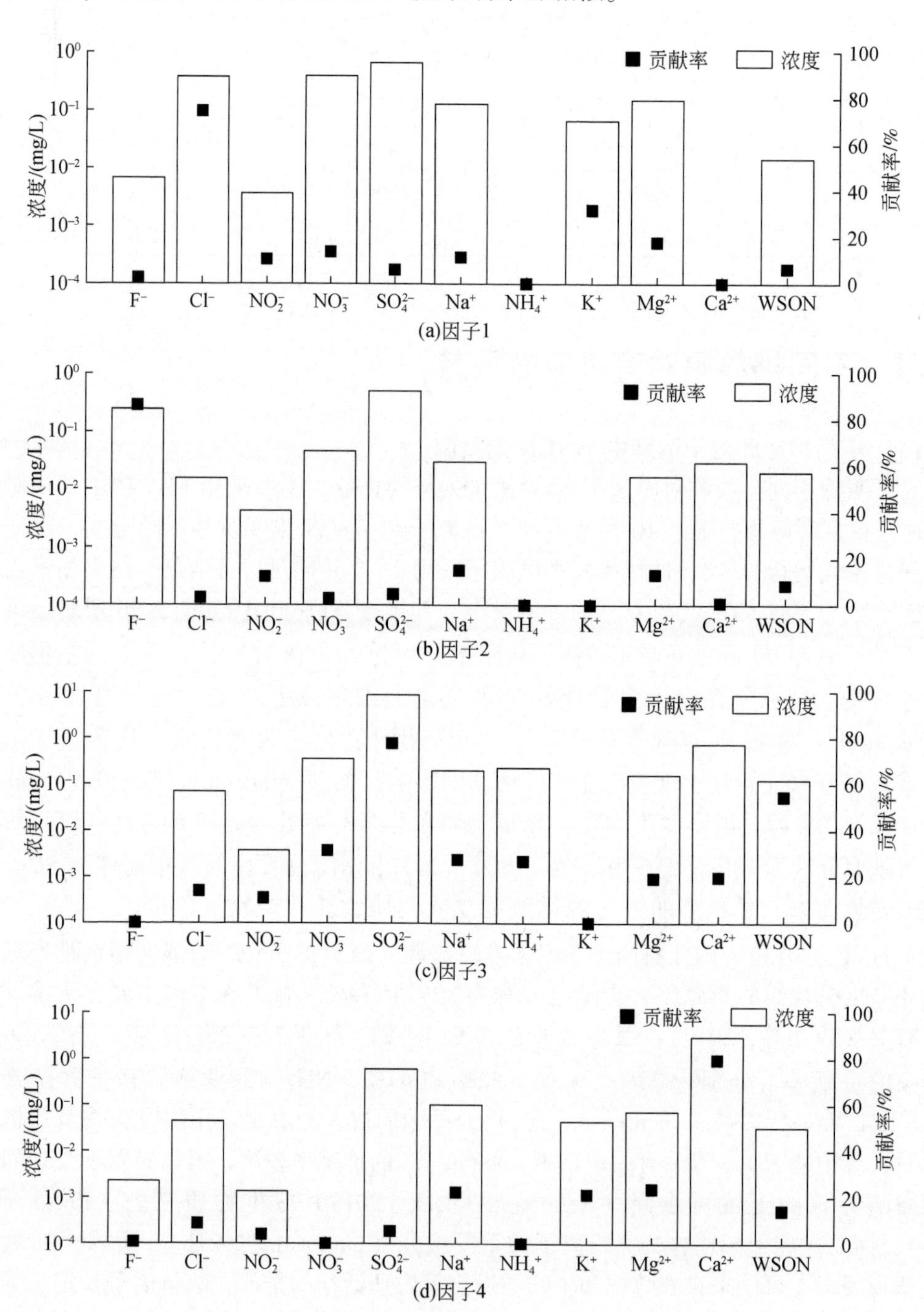

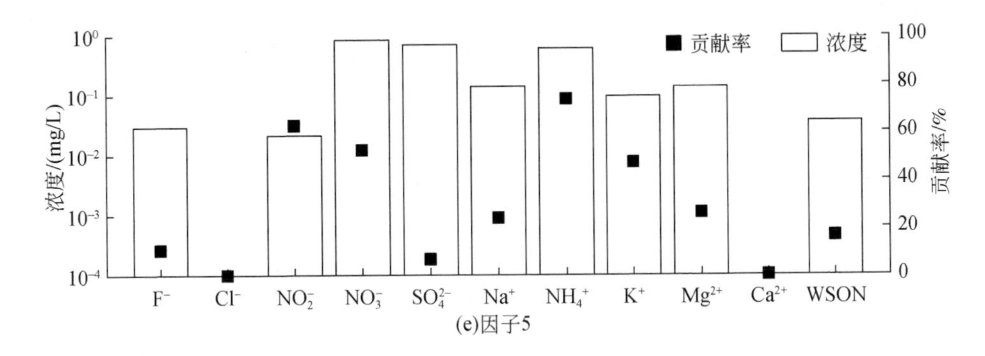

图 5-26　干沉降中 PMF 源解析成分谱图

基于排放源成分谱图，可计算各污染源对库区干沉降中 WSON 来源的贡献。不同排放源对库区干沉降中 WSON 的贡献率如图 5-27 所示。由图 5-27 可知，干沉降中 WSON 主要来自二次源的贡献，其贡献率为 55%；其次是农业源和扬尘源，其贡献率分别为 16% 和 14%；工业源和燃烧源的贡献率较低，分别为 9% 和 6%。综上可知，二次源对 WSON 浓度的贡献极其显著，在 WSON 的形成中具有重要作用。SO_4^{2-} 作为典型的二次离子，在水溶性无机离子中浓度最高，其气体前体物 SO_2 的二次转化对 WSON 的形成起到了重要作用。二次离子气体前体物的反应复杂、合成途径众多，不易消除，因此控制二次源反应的前体物是降低 WSON 浓度的重要途径。此外，鉴于干沉降中 WSON 来源与大气中 $PM_{2.5}$ 的来源具有较好的一致性，在下一步研究中应重点关注淅川库区大气颗粒物污染特征及其来源，以明晰不同污染源排放对干沉降中 WSON 的影响。

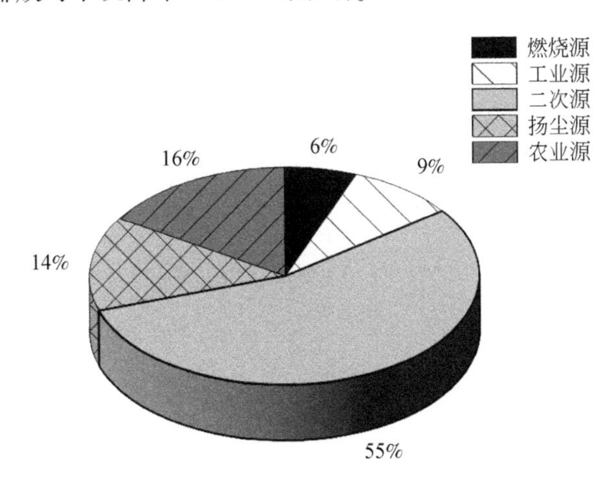

图 5-27　不同排放源对干沉降中 WSON 的贡献率

(2) 不同排放源对湿沉降中 DON 的贡献

使用 EPA-PMF-5.0 模型对丹江口水库淅川库区大气湿沉降中 10 种示踪离子和 DON 进行了解析，讨论库区湿沉降中 DON 的可能来源以及来源贡献率。将丹江口水库湿沉降样品中 10 种示踪离子的浓度和不确定度输入 PMF 5.0 模型，在 PMF 模型中尝试将 3 ~ 6 个因子作为输出结果，结果显示当输出因子数为 5 时，得出具有显著的源指示性因子特征值和源谱（图 5-28），以此确定库区湿沉降中 DON 来源。可以看出，第一个来源，扬尘源，因子 1 中贡献率较高的为 Ca^{2+}、Mg^{2+}、NO_3^-、F^-、Cl^-、NO_2^-、NH_4^+和 K^+，贡献率分别为 41.6%、61.7%、68.6%、28.8%、35.3%、37.4%、20.4% 和 20.4%。降水中 Ca^{2+} 和 Mg^{2+}主要来自地表风化产生的土壤扬尘，随着降雨事件的发生被降水冲刷又返回地表；NO_3^-和 NO_2^-主要来自交通排放的 NO_x与大气中水分或其他物质反应生成，NO_3^-与 Mg^{2+}具有良好的相关性；F^-和 Cl^-主要来自燃烧过程释放的污染物；NH_4^+和 K^+主要来自农业活动，NH_4^+ 与 Ca^{2+}、Mg^{2+}有较强的相关性表明农业扬尘也是大气扬尘的主要贡献源。因子 1 来源较为复杂，表明多种污染物易附着在颗粒物中移动，因此认为因子 1 为扬尘源。第二个来源，农业源，因子 2 中贡献率最高的为 NH_4^+和 K^+，贡献率分别为 46.6% 和 53.9%。NH_4^+主要来源化肥施用、畜禽粪便、土壤释放和燃烧产生的 NH_3由大气中闪电过程或者与大气中的一些物质发生反应所产生，同时相关性分析表明 DON 与 NH_4^+有较强的相关性，因此 NH_4^+主要被认为来源于农业活动。K^+是生物质燃烧的示踪剂，同时 K 普遍存在生物碎片和

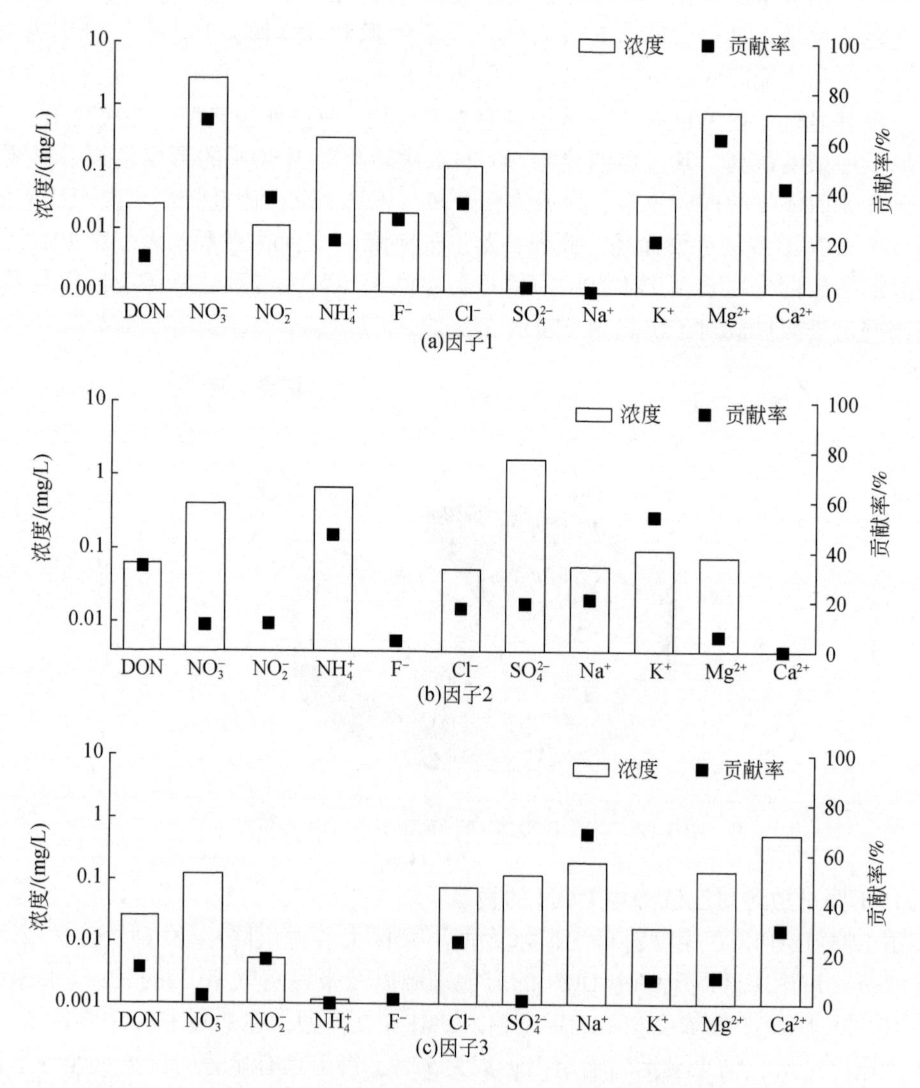

(a)因子1

(b)因子2

(c)因子3

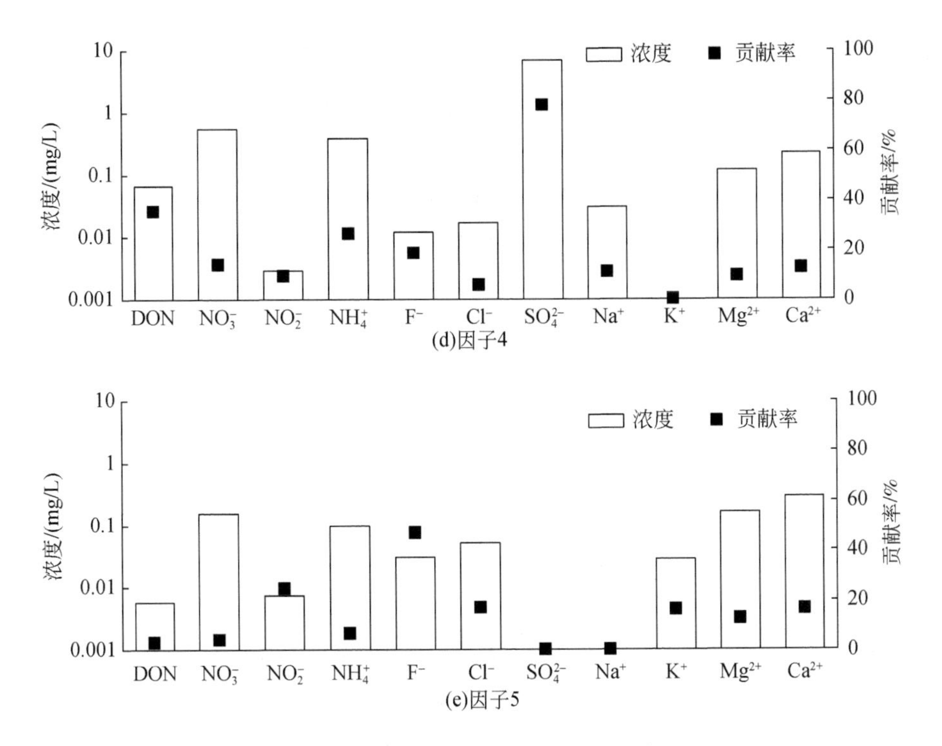

图 5-28　湿沉降中 PMF 源解析成分谱图

化肥施用中，因此认为因子 2 为农业源。第三个来源，燃烧源，因子 3 中贡献率较高的为 Na^+、Cl^-和 Ca^{2+}，贡献率分别为 68.4%、24.9%和 29.6%。内陆地区降水中 Na^+和 Cl^-主要由燃烧产生，Na^+与 Cl^-、Ca^{2+}有较强的相关性表明其具有一致来源，Ca^{2+}为地壳元素的示踪剂，也会随着燃烧过程释放到大气中，因此认为因子 3 为燃烧源。第四个来源，二次源，因子 4 中贡献率较高的为 SO_4^{2-}、NH_4^+、NO_3^-、NO_2^-和 F^-，贡献率分别为 77.8%、26.4%、13.9%、9.4%和 18.5%。降水中的 SO_4^{2-}主要由燃烧产生的 SO_2与大气中水分子或其他物质反应而生成，高温高湿环境更有利于大气中 SO_2向 SO_4^{2-}转化。NH_4^+、NO_3^-、NO_2^-主要由前体物在大气中经过一系列反应产生，相互之间具有很强的相关性，表明它们在大气中发生一系列反应，因此认为因子 4 为二次源。第五个来源，工业源，因子 5 中贡献率较高的为 F^-、NO_2^-和 Cl^-，贡献率分别为 47%、24.4%和 17%，F^-主要来自工业生产过程中某些工艺加工过程释放的污染物。F^-与 Na^+具有较强的相关性，表明 F^-与燃烧有关。此外，降水中 NO_2^-、Cl^-主要由燃烧产生，工业生产过程中锅炉燃烧也会产生 NO_2^-、Cl^-，因此认为因子 5 为工业源。

基于排放源成分谱图，可计算各排放源对库区湿沉降中 DON 来源的贡献。不同排放源对库区湿沉降中 DON 的贡献率如图 5-29 所示。由图 5-29 可知，湿沉降中 DON 主要来自二次源和农业源的贡献，其贡献率分别为 35%和 34%；其次是燃烧源和扬尘源，其贡献率均为 14%；工业源的贡献率（3%）较低。综上可知，二次源和农业源对库区湿沉降中 DON 浓度的贡献极其显著，在 DON 的形成中具有重要作用。

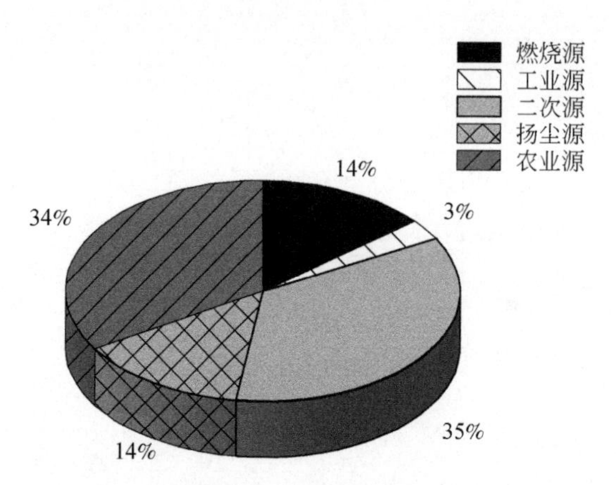

图 5-29　不同排放源对湿沉降中 DON 的贡献率

5.6　小　　结

氮沉降化合物的来源辨识一直是氮沉降领域研究的热点问题。化石燃料燃烧、过量施肥和牲畜排放造成了大气活性氮含量增加，从而使得氮沉降量增加。与传统方法相比，氮沉降化合物中的稳定同位素为解析不同的含氮化合物排放来源提供了指纹信息，基于同位素质量平衡的 SIAR 等源解析模型，成功区分了不同的氮污染来源并量化了其各自的贡献率，SIAR 模型常应用于氨氮和硝氮来源解析。而 PMF 模型基于最小二乘法对受体数据进行分解，得到源成分矩阵和源贡献矩阵，可对污染物进行定量化的源解析，在有机氮等无法直接进行测试的化合物来源解析中应用广泛。本章以南水北调中线工程水源地淅川库区一级水质保护区小太平洋水域为研究区域，厘清库区氮沉降化合物的来源，分别运用 SIAR 模型和 PMF 模型估算不同排放源对库区大气沉降中氨氮、硝氮和有机氮的贡献率。得到以下研究结果。

1）库区气态 NH_3 的浓度范围介于 20.56 ~ 110.44μg/m³，$\delta^{15}N$-NH_4^+ 范围在 −30.0‰ ~ −7.2‰；颗粒物中 NH_4^+ 的浓度范围为 0.04 ~ 8μg/m³，$\delta^{15}N$-NH_4^+ 范围为 +2.3‰ ~ +38.4‰。湿沉降中 NH_4^+ 的浓度范围为 0.16 ~ 5.26mg/L，$\delta^{15}N$-NH_4^+ 范围为 −14.6‰ ~ +6.3‰。大气及湿沉降中氨氮浓度和 $\delta^{15}N$-NH_4^+ 在时间上存在极显著差异（$P<0.01$），在空间上差异性不显著（$P>0.05$）。

2）库区不同粒径颗粒物中 NH_3 和 NH_4^+ 的气粒比（f）存在差异，细颗粒（粒径 $D\leqslant$ 2.5μm）中 f 值范围是 0.9% ~ 22.8%，高于粗颗粒（粒径 $D>2.5$μm）中 f 值（0.1% ~ 2.5%）。f 值在时间上具有极显著差异（$P<0.01$），在空间上差异性不显著（$P>0.05$），f 值整体表现为冬季最高、夏季最低。

3）库区大气氨氮和湿沉降中氨氮来源具有一致性，其来源均以农业源（肥料释放和畜禽排放）释放为主，在夏季农业源的贡献率最高，其中肥料释放的贡献率最大。农业源对大气氨氮和湿沉降中氨氮的贡献率分别为 59% ~ 74% 和 58% ~ 77%，其平均贡献率分别为 66% 和 65%。其中，大气氨氮夏季农业源贡献率最高（74%），湿沉降中则为冬季农业源贡献率最高（77%）。

4）库区大气 HNO_3 的浓度范围为 15.13 ~ 59.99μg/m³，$\delta^{15}N\text{-}NO_3^-$ 变化范围为 -2.9‰ ~ +15.56‰，$\delta^{18}O\text{-}NO_3^-$ 变化范围为 +12.03‰ ~ +52.06‰；颗粒物中 NO_3^- 的浓度范围为 0.52 ~ 2.39μg/m³，$\delta^{15}N\text{-}NO_3^-$ 变化范围为 -2.3‰ ~ +4.2‰，$\delta^{18}O\text{-}NO_3^-$ 变化范围为 +64.2‰ ~ +96.58‰；湿沉降中 NO_3^- 的浓度范围为 0.01 ~ 1.36mg/L，$\delta^{15}N\text{-}NO_3^-$ 变化范围为 -20.0‰ ~ +1.70‰，$\delta^{18}O\text{-}NO_3^-$ 变化范围为 +15.93‰ ~ +83.03‰。颗粒物中 NO_3^- 和大气 HNO_3 的月均浓度、$\delta^{15}N\text{-}NO_3^-$ 与 $\delta^{18}O\text{-}NO_3^-$ 在时间上均表现为极显著差异性（$P<0.01$），在空间上差异性不显著（$P>0.05$）；湿沉降中 NO_3^- 浓度、$\delta^{15}N\text{-}NO_3^-$ 与 $\delta^{18}O\text{-}NO_3^-$ 在时间和空间上差异性均不显著（$P>0.05$）。

5）采样期间库区大气硝酸盐的 $NO_2+\cdot OH$ 途径、$N_2O_5+H_2O$ 和 NO_3+VOCs 途径形成路径的贡献平均值分别为 59%、41%，其中，$NO_2+\cdot OH$ 途径夏季最高（84%），秋季和春季（64%）次之，冬季最低（25%）。$N_2O_5+H_2O$ 和 NO_3+VOCs 途径则表现为冬季最高（75%），秋季（37%）和春季（36%）次之，夏季最低（16%）。

6）库区大气和湿沉降中硝氮的主要来源也具有一致性，主要来源于交通排放和燃煤燃烧等化石源的排放，在冬季化石源的贡献率最高，其中煤燃烧排放源的贡献率最大。化石源对大气硝氮和湿沉降硝氮的贡献率分别为 59% ~74% 和 56% ~59%，其平均贡献率分别为 65% 和 57%。其中，大气和湿沉降中硝氮化石源的贡献率均在冬季最高，其贡献率分别为 74%、59%。生物质燃烧源在库区硝氮沉降中贡献率比较高（大气和湿沉降中贡献率分别为 26% 和 31%）。

7）库区全年大气干沉降中 WSON 的月均浓度变化为 0.15 ~ 1.14mg/L，年平均值为 0.52mg/L，约占 WSTN 的 31%；湿沉降中 DON 月均浓度变化范围为 0.14 ~ 2.10mg/L，年平均值为 0.71mg/L，约占 WSTN 的 23.53%。库区干沉降中 WSON 浓度以及湿沉降中 DON 浓度在季节上均表现出显著差异性（$P<0.05$），在空间上差异性不显著（$P>0.05$）。

8）相关性分析结果表明，库区干沉降中 WSON 浓度与 NH_4^+、SO_4^{2-} 和 NO_3^- 3 种二次离子浓度极显著正相关，表明二次转化是库区 WSON 的重要来源；WSON 浓度与 Cl^- 浓度、K^+ 浓度极显著正相关，表明生物质燃烧对 WSON 的来源有一定的贡献；WSON 浓度与 Mg^{2+} 浓度、Ca^{2+} 浓度显著正相关，表明扬尘对 WSON 的来源也有一定的影响。湿沉降中 DON 浓度与 NO_3^- 浓度显著正相关，同时与 NH_4^+ 浓度和 F^- 浓度显著正相关，表明农业活动、化石燃料燃烧和工业生产可能是湿沉降中 DON 的主要来源。

9）PMF 分析结果表明，库区大气干、湿沉降中有机氮具有相同来源，分别为二次源、农业源、扬尘源、工业源、燃烧源，其中 5 种来源对库区干沉降中 WSON 的贡献率分别为 55%、16%、14%、9% 和 6%；而对库区湿沉降中 DON 的贡献率分别为 35%、34%、14%、14% 和 3%。大气干、湿沉降中二次源和农业源的贡献率均相对较高。

参考文献

陈卫卫. 2015. 农业土壤耕作大气颗粒物排放研究进展. 农业环境科学学报，34（7）：1225-1232.

陈晓舒. 2022. 淅川库区农业氨氮释放及其对氮沉降贡献研究. 焦作：河南理工大学.

程玉婷，王格慧，孙涛，等. 2014. 西安冬季非灰霾天与灰霾天 $PM_{2.5}$ 中水溶性有机氮污染特征比较. 环境科学，35（7）：2468-2476.
程渊，吴建会，毕晓辉，等.2019. 武汉市大气 $PM_{2.5}$ 中水溶性离子污染特征及来源．环境科学学报，39（1）：189-196.
范美益.2021. 典型城市二次无机气溶胶的多元稳定同位素示踪研究．南京：南京信息工程大学.
顾梦娜，潘月鹏，何月欣，等.2020. 稳定同位素模型解析大气氨来源的参数敏感性．环境科学，41（7）：3095-3101.
关璐，丁铖，张毓秀，等.2022. 南京江北新区 $PM_{2.5}$ 中水溶性有机氮的污染特征及其来源．环境科学，43（6）：2888-2894.
郭晓明，金超，孟红旗，等.2021. 丹江口水库淅川库区大气氮湿沉降特征．生态学报，41（10）：3901-3909.
韩雪，陈宝明.2020. 增温对土壤 N_2O 和 CH_4 排放的影响与微生物机制研究进展．应用生态学报，31（11）：3906-3914.
黄炯丽，陈志明，莫招育，等.2019. 基于高分辨率 MARGA 分析桂林市 $PM_{2.5}$ 水溶性离子特征．中国环境科学，39（4）：1390-1404.
李亲凯，李晓东，杨周，等.2017. 贵阳市大气颗粒物 $PM_{2.5}$ 中硝酸盐来源的氮氧同位素示踪研究．西安：中国矿物岩石地球化学学会第九次全国会员代表大会暨第16届学术年会.
李清，黄雯倩，马帅帅，等.2019. 常州春季 $PM_{2.5}$ 中 WSOC 和 WSON 的污染特征与来源解析．环境科学，40（1）：94-103.
梁婷，同延安，林文，等.2014. 陕西省不同生态区大气氮素干湿沉降的时空变异．生态学报，34（3）：738-745.
刘冬碧，张小勇，巴瑞先，等.2015. 鄂西北丹江口库区大气氮沉降．生态学报，35（10）：3419-3427.
刘娜，余晔，张莉燕，等.2021. 2016—2018 年西宁市颗粒物来源及输送差异分析．环境科学学报，41（10）：4212-4227.
鲁慧莹，彭龙，张国华，等.2019. 广州大气颗粒物水溶性有机氮的粒径分布特征和来源分析．地球化学，48（1）：57-66.
彭晨晨.2021. 乌海市 $PM_{2.5}$ 中水溶性有机氮的特征及来源．呼和浩特：内蒙古大学.
宋蕾，田鹏，张金波，等.2018. 黑龙江凉水国家级自然保护区大气氮沉降特征．环境科学，39（10）：4490-4496.
王朝辉，刘学军，巨晓棠，等.2002. 北方冬小麦/夏玉米轮作体系土壤氨挥发的原位测定．生态学报，22（3）：359-365.
王琛，尹沙沙，于世杰，等.2018. 河南省 2013 年大气氨排放清单建立及分布特征．环境科学，39（3）：1023-1030.
王恬爽，牛笑应，文惠，等.2022. 兰州地区大气污染的化学组成及来源解析．环境科学学报，42（11）：351-360.
王相浩.2019. 乌海市大气颗粒物污染特征及扩散模拟研究．呼和浩特：内蒙古大学.
肖以华，李炯，旷远文，等.2013. 广州大夫山雨季林内外空气 TSP 和 $PM_{2.5}$ 浓度及水溶性离子特征．生态学报，33（19）：6209-6217.
许稳，金鑫，罗少辉，等.2017. 西宁近郊大气氮干湿沉降研究．环境科学，38（4）：1279-1288.
杨舒迪，罗笠，李宇笑，等.2023. 春季南海东沙岛硝酸盐干沉降通量、形成机制及其来源．地球环境学报，14（2）：193-206.
袁磊，李文周，陈文伟，等.2016. 戴云山国家级自然保护区大气氮沉降特点．环境科学，37（11）：4142-4146.

张佳颖，于兴娜，张毓秀，等. 2022. 南京北郊大气降水中水溶性无机氮和有机氮沉降特征. 环境科学，(7)：3416-3422.

张六一，王佳，叶何聪，等. 2022. 三峡库区腹地大气氮磷营养盐湿沉降特征. 环境化学，(3)：850-861.

张胜华，黄伊宁，毛文文，等. 2019. 上海大气颗粒物中无机离子的粒径分布及其季节变化. 环境科学学报，39 (1)：72-79.

张雯淇，章炎麟. 2019. 大气硝酸盐中氧同位素异常研究进展. 科学通报，64 (7)：649-662.

张夏琨，王春玲，王宝鉴. 2011. 气象条件对石家庄市空气质量的影响. 干旱气象，29 (1)：42-47.

折远洋，高鹏飞，陈青雁，等. 2022. 甘肃南部典型城镇 $PM_{2.5}$浓度及水溶性离子特征分析. 环境科学学报，(7)：53-62.

郑利霞，刘学军，张福锁. 2007. 大气有机氮沉降研究进展. 生态学报，(9)：3828-3834.

周涛，蒋壮，耿雷. 2019. 大气氧化态活性氮循环与稳定同位素过程：问题与展望. 地球科学进展，34 (9)：922-935.

朱韶峰，黄吉. 1990. 静风条件下的大气污染探讨. 浙江气象，4：37-41.

Agarwal A, Satsangi A, Lakhani A, et al. 2020. Seasonal and spatial variability of secondary inorganic aerosols in $PM_{2.5}$ at Agra: source apportionment through receptor models. Chemosphere, 242: 125132.

Ahmad M, Yu Q, Chen J, et al. 2021. Chemical characteristics, oxidative potential, and sources of $PM_{2.5}$ in wintertime in Lahore and Peshawar, Pakistan. Journal Environmental Sciences, 102: 148-158.

Ambonguilat S, Gallard H, Garron A, et al. 2006. Evaluation of the catalytic reduction of nitrate for the determination of dissolved organic nitrogen in natural waters. Water Research, 40 (4): 675-682.

Behera S N, Sharma M, Aneja V P, et al. 2013. Ammonia in the atmosphere: a review on emission sources, atmospheric chemistry and deposition on terrestrial bodies. Environmental Science and Pollution Research International, 20: 8092-8131.

Bhattarai N, Wang S X, Pan Y P, et al. 2021. δ^{15}N-stable isotope analysis of NH_x: an overview on analytical measurements, source sampling and its source apportionment. Frontiers of Environmental Science & Engineering, 15: 126.

Biswas K F, Ghauri B M, Husain L. 2008. Gaseous and aerosol pollutants during fog and clear episodes in South Asian urban atmosphere. Atmospheric Environment, 42 (33): 7775-7785.

Bouwman A F, Lee D S, Asman W A H, et al. 1997. A global high-resolution emission inventory for ammonia. Global Biogeochemical Cycles, 11 (4): 561-587.

Bronk D A, Lomas M W, Glibert P M, et al. 2000. Total dissolved nitrogen analysis: comparisons between the persulfate, UV and high temperature oxidation methods. Marine Chemistry, 69: 163-178.

Cape J N, Tang Y S, van Dijk N, et al. 2004. Concentrations of ammonia and nitrogen dioxide at roadside verges, and their contribution to nitrogen deposition. Environmental Pollution, 132 (3): 469-478.

Cape J N, Cornell S E, Jickells T D, et al. 2011. Organic nitrogen in the atmosphere—Where does it come from? A review of sources and methods. Atmospheric Research, 102: 30-48.

Chen X R, Wang H C, Lu K D, et al. 2020. Field determination of nitrate formation pathway in winter Beijing. Environmental Science & Technology, 54 (15): 9243-9253.

Chen X S, Zhao T Q, Xiao C Y, et al. 2024. Isotopic characteristics and source analysis of atmospheric ammonia during agricultural periods in the Xichuan area of the Danjiangkou Reservoir. Journal of Environmental Sciences, 136: 460-469.

Cieżka M, Modelska M, Górka M, et al. 2016. Chemical and isotopic interpretation of major ion compositions from precipitation: a one- year temporal monitoring study in Wrocaw, SW Poland. Journal of Atmospheric Chemistry, 73 (1): 61-80.

Cornell S E. 2011. Atmospheric nitrogen deposition: revisiting the question of the importance of the organic component. Environmental Pollution, 159 (10): 2214-2222.

Cornell S E, Jickells T D, Cape J N, et al. 2003. Organic nitrogen deposition on land and coastal environments: a review of methods and data. Atmospheric Environment, 37 (16): 2173-2191.

Dahal B, Hastings M G. 2016. Technical considerations for the use of passive samplers to quantify the isotopic composition of NO_x and NO_2 using the denitrifier method. Atmospheric Environment, 143: 60-66.

Dubey M K, Mohrschladt R, Donahue N M, et al. 1997. Isotope specific kinetics of hydroxyl radical (OH) with water (H_2O): testing models of reactivity and atmospheric fractionation. The Journal of Physical Chemistry A, 101 (8): 1494-1500.

Ehrnsperger L, Klemm O. 2021. Source apportionment of urban ammonia and its contribution to secondary particle formation in a mid-size European city. Aerosol and Air Quality Research, 21 (5): 200404.

Elliott E M, Kendall C, Boyer E W, et al. 2009. Dual nitrate isotopes in dry deposition: utility for partitioning NO_x source contributions to landscape nitrogen deposition. Journal of Geophysical Research: Biogeosciences, 114 (G4): G04020.

Fan M Y, Zhang Y L, Lin Y C, et al. 2020. Changes of emission sources to nitrate aerosols in Beijing after the clean air actions: evidence from dual isotope compositions. Journal of Geophysical Research: Atmospheres, 125 (12): e2019JD031998.

Fan M Y, Zhang Y L, Hong Y H, et al. 2022. Vertical differences of nitrate sources in urban boundary layer based on tower measurements. Environmental Science & Technology Letters, 9 (11): 906-912.

Fang Y T, Koba K, Wang X M, et al. 2011. Anthropogenic imprints on nitrogen and oxygen isotopic composition of precipitation nitrate in a nitrogen- polluted city in Southern China. Atmospheric Chemistry and Physics, 11 (3): 1313-1325.

Felix J D, Elliott E M. 2014. Isotopic composition of passively collected nitrogen dioxide emissions: vehicle, soil and livestock source signatures. Atmospheric Environment, 92: 359-366.

Felix J D, Elliott E M, Gish T J, et al. 2013. Characterizing the isotopic composition of atmospheric ammonia emission sources using passive samplers and a combined oxidation- bacterial denitrifier approach. Rapid Communications in Mass Spectrometry, 27 (20): 2239-2246.

Felix J D, Elliott E M, Gish T, et al. 2014. Examining the transport of ammonia emissions across landscapes using nitrogen isotope ratios. Atmospheric Environment, 95: 563-570.

Felix J D, Elliott E M, Gay D A. 2017. Spatial and temporal patterns of nitrogen isotopic composition of ammonia at US ammonia monitoring network sites. Atmospheric Environment, 150: 434-442.

Feng Y W, Ogura N, Feng Z W, et al. 2003. The concentrations and sources of fluoride in atmospheric depositions in Beijing, China. Water Air Soil Pollution, 145 (1-4): 95-107.

Feng S J, Xu W, Cheng M M, et al. 2022. Overlooked nonagricultural and wintertime agricultural NH_3 emissions in Quzhou county, North China Plain: evidence from ^{15}N-stable isotopes. Environmental Science & Technology Letters, 9 (2): 127-133.

Freyer H D. 1978. Seasonal trends of NH_4^+ and NO_3^- nitrogen isotope composition in rain collected at Jülich, Germany. Tellus, 30 (1): 83-92.

Freyer H D. 1991. Seasonal variation of $^{15}N/^{14}N$ ratios in atmospheric nitrate species. Tellus B, 43 (1): 30-44.

Galloway J N, Dentener F J, Capone D G, et al. 2004. Nitrogen cycles: past, present, and future.

Biogeochemistry, 70: 153-226.

Galloway J N, Townsend A R, Erisman J W, et al. 2008. Transformation of the nitrogen cycle: recent trends, questions, and potential solutions. Science, 320 (5878): 889-892.

Galloway M M, Chhabra P S, Chan A W H, et al. 2009. Glyoxal uptake on ammonium sulphate seed aerosol: reaction products and reversibility of uptake under dark and irradiated conditions. Atmospheric Chemistry and Physics, 9 (10): 3331-3345.

Guo W, Luo L, Zhang Z Y, et al. 2021. The use of stable oxygen and nitrogen isotopic signatures to reveal variations in the nitrate formation pathways and sources in different seasons and regions in China. Environmental Research, 201: 111537.

Hastings M G, Jarvis J C, Steig E J. 2009. Anthropogenic impacts on nitrogen isotopes of ice-core nitrate. Science, 324 (5932): 1288.

Heaton T H E. 1986. Isotopic studies of nitrogen pollution in the hydrosphere and atmosphere: a review. Chemical Geology: Isotope Geoscience Section, 59: 87-102.

Heaton T H E. 1987. ^{15}N ^{14}N ratios of nitrate and ammonium in rain at Pretoria, South Africa. Atmospheric Environment (1967), 21 (4): 843-852.

Heaton T H, Spiro B, Robertson S M C. 1997. Potential canopy influences on the isotopic composition of nitrogen andsulphur in atmospheric deposition. Oecologia, 109: 600-607.

Hegde P, Vyas B M, Aswini A R, et al. 2020. Carbonaceous and water-soluble inorganic aerosols over a semi-arid location in North West India: seasonal variations and source characteristics. Journal of Arid Environments, 172: 104018.

Huang S N, Elliott E M, Felix J D, et al. 2019. Seasonal pattern of ammonium ^{15}N natural abundance in precipitation at a rural forested site and implications for NH_3 source partitioning. Environmental Pollution, 247: 541-549.

Huang S N, Fang Y T, Zhu F F, et al. 2021. Multiyear measurements on ^{15}N natural abundance of precipitation nitrate at a rural forested site. Atmospheric Environment, 253: 118353.

Ianniello A, Spataro F, Esposito G, et al. 2011. Chemical characteristics of inorganic ammonium salts in $PM_{2.5}$ in the atmosphere of Beijing (China). Atmospheric Chemistry and Physics, 11 (21): 10803-10822.

Jia G D, Chen F J. 2010. Monthly variations in nitrogen isotopes of ammonium and nitrate in wet deposition at Guangzhou, South China. Atmospheric Environment, 44 (19): 2309-2315.

Johnston J C, Thiemens M H. 1997. The isotopic composition of tropospheric ozone in three environments. Journal of Geophysical Research: Atmospheres, 102 (D21): 25395-25404.

Jiang C M, Yu W T, Ma Q, et al. 2013. Atmospheric organic nitrogen deposition: analysis of nationwide data and a case study in Northeast China. Environmental Pollution, 182: 430-436.

Kendall C, Elliott E M, Wankel S D. 2007. Tracing anthropogenic inputs of nitrogen to ecosystems//Michener R, Lajtha K. Stable Isotopes in Ecology and Environmental Science. 2nd ed. Oxford: Blackwell Publishing.

Koçak M, Kubilay N, Mihalopoulos N. 2004. Ionic composition of lower tropospheric aerosols at a Northeastern Mediterranean site: implications regarding sources and long-range transport. Atmospheric Environment, 38 (14): 2067-2077.

Kou X Y, Ding J J, Li Y Z, et al. 2021. Tracing nitrate sources in the groundwater of an intensive agricultural region. Agricultural Water Management, 250: 106826.

Li D J, Wang X M. 2008. Nitrogen isotopic signature of soil-released nitric oxide (NO) after fertilizer application. Atmospheric Environment, 42 (19): 4747-4754.

Li S Y, Cheng X L, Xu Z F, et al. 2009. Spatial and temporal patterns of the water quality in the Danjiangkou Reservoir, China. Hydrological Sciences Journal, 54 (1): 124-134.

Li L, Wang W, Feng J L, et al. 2010. Composition, source, mass closure of $PM_{2.5}$ aerosols for four forests in eastern China. Journal Environental Sciences, 22 (3): 405-412.

Li H Y, Zhang Q, Zheng B, et al. 2018. Nitrate-driven urban haze pollution during summertime over the North China Plain. Atmospheric Chemistry and Physics, 18 (8): 5293-5306.

Li Z J, Walters W W, Hastings M G, et al. 2019. Nitrate isotopic composition in precipitation at a Chinese megacity: seasonal variations, atmospheric processes, and implications for sources. Earth and Space Science, 6 (11): 2200-2213.

Li C, Li S L, Yue F J, et al. 2020. Nitrate sources and formation of rainwater constrained by dual isotopes in Southeast Asia: example from Singapore. Chemosphere, 241: 125024.

Li Y L, Geng Y P, Hu X M, et al. 2022. Seasonal differences in sources and formation processes of $PM_{2.5}$ nitrate in an urban environment of North China. Journal of Environmental Sciences, 120: 94-104.

Lin M, Walker J, Geron C, et al. 2010. Organic nitrogen in $PM_{2.5}$ aerosol at a forest site in the Southeast US. Atmospheric Chemistry and Physics, 10 (5): 2145-2157.

Liu D W, Fang Y T, Tu Y, et al. 2014. Chemical method for nitrogen isotopic analysis of ammonium at natural abundance. Analytical Chemistry, 86 (8): 3787-3792.

Liu M X, Huang X, Song Y, et al. 2018. Rapid SO_2 emission reductions significantly increase tropospheric ammonia concentrations over the North China Plain. Atmospheric Chemistry & Physics, 18 (24): 17933-17943.

Liu X Y, Yin Y M, Song W. 2020. Nitrogen isotope differences between major atmospheric NO_y species: implications for transformation and deposition processes. Environmental Science and Technology Letters, 7 (4): 227-233.

Liu Y, Li H W, Cui S J, et al. 2021a. Chemical characteristics and sources of water-soluble organic nitrogen species in $PM_{2.5}$ in Nanjing, China. Atmosphere, 12 (5): 574.

Liu Q Y, Liu Y J, Zhao Q, et al. 2021b. Increases in the formation of water soluble organic nitrogen during Asian dust storm episodes. Atmospheric Research, 253: 105486.

Luo L, Yao X H, Gao H W, et al. 2016. Nitrogen speciation in various types of aerosols in spring over the northwestern Pacific Ocean. Atmospheric Chemistry and Physics, 16 (1): 325-341.

Luo L, Zhao T Q, Guo X M, et al. 2018. Dry deposition of atmospheric nitrogen in large reservoirs as drinking water sources: a case study from the Danjiangkou Reservoir, China. Environmental Engineering and Management Journal, 17 (9): 2211-2219.

Luo L, Kao S, Wu Y F, et al. 2020a. Stable oxygen isotope constraints on nitrate formation in Beijing in spring-time. Environmental Pollution, 263: 114515.

Luo L, Pan Y Y, Zhu R G, et al. 2020b. Assessment of the seasonal cycle of nitrate in $PM_{2.5}$ using chemical compositions and stable nitrogen and oxygen isotopes at Nanchang, China. Atmospheric Environment, 225: 117371.

Luo L, Zhu R G, Song C B, et al. 2021. Changes in nitrate accumulation mechanisms as $PM_{2.5}$ levels increase on the North China Plain: a perspective from the dual isotopic compositions of nitrate. Chemosphere, 263: 127915.

Luo L, Wu S Q, Zhang R J, et al. 2023. What controls aerosol $\delta^{15}N-NO_3^-$? NO_x emission sources vs. nitrogen isotope fractionation. Science of the Total Environment, 871: 162185.

Mace K A, Artaxo P, Duce R A. 2003. Water-soluble organic nitrogen in Amazon Basin aerosols during the dry (biomass burning) and wet seasons. Journal of Geophysical Research: Atmospheres, 108 (D16): e2003JD003557.

Matsumoto K, Sakata K, Watanabe Y. 2019. Water-soluble and water-insoluble organic nitrogen in the dry and wet deposition. Atmospheric Environment, 218: 117022.

Michalski G, Bhattacharya S K, Girsch G. 2014. NO_x cycle and the tropospheric ozone isotope anomaly: an experimental investigation. Atmospheric Chemistry and Physics, 14 (10): 4935-4953.

Miyazaki Y, Fu P Q, Ono K, et al. 2014. Seasonal cycles of water-soluble organic nitrogen aerosols in a deciduous broadleaf forest in northern Japan. Journal of Geophysical Research: Atmospheres, 119 (3): 1440-1454.

Mochizuki T, Kawamura K, Aoki K. 2016. Water-soluble organic nitrogen in high mountain snow samples from central Japan. Aerosol and Air Quality Research, 16 (3): 632-639.

Moore H. 1977. The isotopic composition of ammonia, nitrogen dioxide and nitrate in the atmosphere. Atmospheric Environment (1967), 11 (12): 1239-1243.

Neff J C, Holland E A, Dentener F J, et al. 2002. The origin, composition and rates of organic nitrogen deposition: a missing piece of the nitrogen cycle? . Biogeochemistry, 57: 99-136.

Nehir M, Koçak M. 2018. Atmospheric water-soluble organic nitrogen (WSON) in the eastern Mediterranean: origin and ramifications regarding marine productivity. Atmospheric Chemistry and Physics, 18 (5): 3603-3618.

Niu D C, Yuan X B, Cease A J, et al. 2018. The impact of nitrogen enrichment on grassland ecosystem stability depends on nitrogen addition level. Science of the Total Environment, 618: 1529-1538.

Paatero P, Tapper U. 1993. Analysis of different modes of factor analysis as least squares fit problems. Chemometrics and Intelligent Laboratory Systems, 18 (2): 183-194.

Pan Y P, Tian S L, Liu D W, et al. 2016. Fossil fuel combustion-related emissions dominate atmospheric ammonia sources during severe haze episodes: evidence from ^{15}N-stable isotope in size-resolved aerosol ammonium. Environmental Science & Technology, 50 (15): 8049-8056.

Pan Y P, Tian S L, Liu D W, et al. 2018. Isotopic evidence for enhanced fossil fuel sources of aerosol ammonium in the urban atmosphere. Environmental Pollution, 238: 942-947.

Pan Y P, Tian S L, Wu D M, et al. 2020. Ammonia should be considered in field experiments mimicking nitrogen deposition. Atmospheric and Oceanic Science Letters, 13 (3): 248-251.

Parnell A C, Inger R, Bearhop S, et al. 2010. Source partitioning using stable isotopes: coping with too much variation. PLoS One, 5 (3): e9672.

Pavuluri C M, Kawamura K, Tachibana E, et al. 2010. Elevated nitrogen isotope ratios of tropical Indian aerosols from Chennai: implication for the origins of aerosol nitrogen in South and Southeast Asia. Atmospheric Environment, 44 (29): 3597-3604.

Pernigotti D, Belis C A, Spanò L. 2016. SPECIEUROPE: the European data base for PM source profiles. Atmospheric Pollution Research, 7 (2): 307-314.

Perring A E, Pusede S E, Cohen R C. 2013. An observational perspective on the atmospheric impacts of alkyl and multifunctional nitrates on ozone and secondary organic aerosol. Chemical Reviews, 113 (8): 5848-5870.

Price C, Penner J, Prather M. 1997. NO_x from lightning: 1. Global distribution based on lightning physics. Journal of Geophysical Research: Atmospheres, 102 (D5): 5929-5941.

Ross C A, Jarvis S C. 2001. Measurement of emission and deposition patterns of ammonia from urine in grass swards. Atmospheric Environment, 35 (5): 867-875.

Russell K M, Galloway J N, Macko S A, et al. 1998. Sources of nitrogen in wet deposition to the Chesapeake Bay region. Atmospheric Environment, 32: 2453-2465.

Shen J L, Tang A H, Liu X J, et al. 2009. High concentrations and dry deposition of reactive nitrogen species at two sites in the North China Plain. Environmental Pollution, 157 (11): 3106-3113.

Shen J L, Liu X J, Zhang Y, et al. 2011. Atmospheric ammonia and particulate ammonium from agricultural sources in the North China Plain. Atmospheric Environment, 45 (28): 5033-5041.

Shi J H, Gao H W, Qi J H, et al. 2010. Sources, compositions, and distributions of water- soluble organic nitrogen in aerosols over the China Sea. Journal of Geophysical Research: Atmospheres, 115: e2009JD013238.

Song W, Wang Y L, Yang W, et al. 2019. Isotopic evaluation on relative contributions of major NO_x sources to nitrate of $PM_{2.5}$ in Beijing. Environmental Pollution, 248: 183-190.

Song W, Liu X Y, Wang Y L, et al. 2020. Nitrogen isotope differences between atmospheric nitrate and corresponding nitrogen oxides: a new constraint using oxygen isotopes. Science of the Total Environment, 701: 134515.

Song W, Liu X Y, Hu C C, et al. 2021. Important contributions of non- fossil fuel nitrogen oxides emissions. Nature Communications, 12 (1): 243.

Su B, Wu D Y, Zhang M, et al. 2021. Spatio- temporal characteristics of $PM_{2.5}$, PM_{10}, and AOD over the Central Line Project of China's South- North Water Diversion in Henan Province (China). Atmosphere, 12 (2): 225.

Szyrmer W, Zawadzki I. 1997. Biogenic and anthropogenic sources of ice-forming nuclei: a review. Bulletin of the American Meteorological Society, 78 (2): 209-228.

Tan Z F, Wang H C, Lu K D, et al. 2021. An observational based modeling of the surface layer particulate nitrate in the North China Plain during summertime. Journal of Geophysical Research: Atmospheres, 126 (18): e2021JD035623.

Thiemens M H, Jackson T. 1990. Pressure dependency for heavy isotope enhancement in ozone formation. Geophysical Research Letters, 17 (6): 717-719.

Tsagkaraki M, Theodosi C, Grivas G, et al. 2021. Spatiotemporal variability and sources of aerosol water- soluble organic nitrogen (WSON), in the Eastern Mediterranean. Atmospheric Environment, 246: 118144.

Urey H C. 1947. The thermodynamic properties of isotopic substances. Journal of the Chemical Society (Resumed), (0): 562-581.

Walters W W, Michalski G. 2015. Theoretical calculation of nitrogen isotope equilibrium exchange fractionation factors for various NO_y molecules. Geochimica et Cosmochimica Acta, 164: 284-297.

Walters W W, Michalski G. 2016. Theoretical calculation of oxygen equilibrium isotope fractionation factors involving various NO_y molecules, OH, and H_2O and its implications for isotope variations in atmospheric nitrate. Geochimica et Cosmochimica Acta, 191: 89-101.

Wang Y, Zhuang G S, Zhang X Y. 2006. The ion chemistry, seasonal cycle, and sources of $PM_{2.5}$ and TSP aerosol in Shanghai. Atmospheric Environment, 40 (16): 2935-2952.

Wang Y Q, Zhang X Y, Draxler R R. 2009. TrajStat: GIS- based software that uses various trajectory statistical analysis methods to identify potential sources from long- term air pollution measurement data. Environmental Modelling & Software, 24 (8): 938-939.

Wang H C, Lu K D, Chen X R, et al. 2017. High N_2O_5 concentrations observed in urban Beijing: implications of a large nitrate formation pathway. Environmental Science & Technology Letters, 4 (10): 416-420.

Wang K, Hattori S, Kang S C, et al. 2020. Isotopic constraints on the formation pathways and sources of atmospheric nitrate in the Mt. Everest region. Environmental Pollution, 267: 115274.

Wang H C, Lu K D, Tan Z F, et al. 2023. Formation mechanism and control strategy for particulate nitrate in China. Journal of Environmental Sciences, 123: 476-486.

Warner J X, Dickerson R R, Wei Z, et al. 2017. Increased atmospheric ammonia over the world's major agricultural areas detected from space. Geophysical Research Letters, 44 (6): 2875-2884.

Weathers K C, Lovett G M, Likens G E, et al. 2000. Cloudwater inputs of nitrogen to forest ecosystems in southern Chile: forms, fluxes, and sources. Ecosystems, 3: 590-595.

Wen X F, Zhang S C, Sun X M, et al. 2010. Water vapor and precipitation isotope ratios in Beijing, China. Journal of Geophysical Research: Atmospheres, 115: e2009JD12408.

Wen Z, Xu W, Li Q, et al. 2020. Changes of nitrogen deposition in China from 1980 to 2018. Environment International, 144: 106022.

Womack C C, McDuffie E E, Edwards P M, et al. 2019. An odd oxygen framework for wintertime ammonium nitrate aerosol pollution in urban areas: NO_x and VOC control as mitigation strategies. Geophysical Research Letters, 46 (9): 4971-4979.

Wu Z J, Hu M, Shao K S, et al. 2009. Acidic gases, NH_3 and secondary inorganic ions in PM_{10} during summertime in Beijing, China and their relation to air mass history. Chemosphere, 76 (8): 1028-1035.

Wu L B, Ren H, Wang P, et al. 2019. Aerosol ammonium in the urban boundary layer in Beijing: insights from nitrogen isotope ratios and simulations in summer 2015. Environmental Science & Technology Letters, 6 (7): 389-395.

Wu C, Liu L, Wang G H, et al. 2021. Important contribution of N_2O_5 hydrolysis to the daytime nitrate in Xi' an, China during haze periods: isotopic analysis and WRF-Chem model simulation. Environmental Pollution, 288: 117712.

Xiao H W, Xiao H Y, Long A M, et al. 2012. Who controls the monthly variations of NH_4^+ nitrogen isotope composition in precipitation? . Atmospheric Environment, 54: 201-206.

Xiao H W, Xiao H Y, Long A M, et al. 2015. $\delta^{15}N$-NH_4^+ variations of rainwater: application of the Rayleigh model. Atmospheric Research, 157: 49-55.

Xie Y X, Xiong Z Q, Xing G X, et al. 2008. Source of nitrogen in wet deposition to a rice agroecosystem at Tai Lake Region. Atmospheric Environment, 42 (21): 5182-5192.

Xu L L, Chen X Q, Chen J S, et al. 2012. Seasonal variations and chemical compositions of $PM_{2.5}$ aerosol in the urban area of Fuzhou, China. Atmospheric Research, 104: 264-272.

Xu W, Luo X S, Pan Y P, et al. 2015. Quantifying atmospheric nitrogen deposition through a nationwide monitoring network across China. Atmospheric Chemistry and Physics, 15 (21): 12345-12360.

Yan G, Kim G. 2015. Sources and fluxes of organic nitrogen in precipitation over the southern East Sea/Sea of Japan. Atmospheric Chemistry and Physics, 15 (5): 2761-2774.

Yeatman S G, Spokes L J, Dennis P F, et al. 2001. Comparisons of aerosol nitrogen isotopic composition at two polluted coastalsites. Atmosperic Environment, 35 (7): 1307-1320.

Yu X, Yu Q Q, Zhu M, et al. 2017. Water soluble organic nitrogen (WSON) in ambient fine particles over a megacity in South China: spatiotemporal variations and source apportionment. Journal of Geophysical Research: Atmospheres, 122 (23): 13-45.

Yu G R, Jia Y L, He N P, et al. 2019. Stabilization of atmospheric nitrogen deposition in China over the past decade. Nature Geoscience, 12 (6): 424-429.

Yu X, Li D J, Li D, et al. 2020. Enhanced wet deposition of water-soluble organic nitrogen during the harvest season: influence of biomass burning and in-cloud scavenging. Journal of Geophysical Research: Atmospheres, 125 (18): e2020JD032699.

Yun L J, Cheng C L, Yang S X, et al. 2024. Mixing states and secondary formation processes of organic nitrogen-containing single particles in Guangzhou, China. Journal Environmental Sciences, 138: 62-73.

Zamora L M, Prospero J M, Hansell D A. 2011. Organic nitrogen in aerosols and precipitation at Barbados and Miami: implications regarding sources, transport and deposition to the western subtropical North Atlantic. Journal of Geophysical Research: Atmospheres, 116: D20309.

Zang H, Zhao Y, Huo J T, et al. 2022. High atmospheric oxidation capacity drives wintertime nitrate pollution in the eastern Yangtze River Delta of China. Atmospheric Chemistry and Physics, 22 (7): 4355-4374.

Zhang Q, Anastasio C. 2001. Chemistry of fog waters in California's Central Valley—Part 3: concentrations and speciation of organic and inorganic nitrogen. Atmospheric Environment, 35 (32): 5629-5643.

Zhang M, Chen S Y, Zhang X G, et al. 2023. Characters of particulate matter and their relationship with meteorological factors during winter Nanyang 2021—2022. Atmosphere, 14 (1): 137.

Zhang Q M, Guo X M, Zhao T Q, et al. 2024. Atmospheric organic nitrogen deposition around the Danjiangkou Reservoir: fluxes, characteristics and evidence of agricultural source. Environmental Pollution, 341: 122906.

Zhao D W, Wang A P. 1994. Estimation of anthropogenic ammonia emissions in Asia. Atmospheric Environment, 28 (4): 689-694.

Zhao Z Z, Cao J J, Shen Z X, et al. 2015. Chemical composition of $PM_{2.5}$ at a high-altitude regional background site over Northeast of Tibet Plateau. Atmospheric Pollution Research, 6 (5): 815-823.

Zhou J B, Xing Z Y, Deng J J, et al. 2016. Characterizing and sourcing ambient $PM_{2.5}$ over key emission regions in China. Ⅰ: water-soluble ions and carbonaceous fractions. Atmospheric Environment, 135: 20-30.

Zhu Y C, Zhou S Q, Li H W, et al. 2021. Formation pathways and sources of size-segregated nitrate aerosols in a megacity identified by dual isotopes. Atmospheric Environment, 264: 118708.

Zong Z, Wang X P, Tian C G, et al. 2017. First assessment of NO_x sources at a regional background site in North China using isotopic analysis linked with modeling. Environmental Science & Technology, 51 (11): 5923-5931.

Zong Z, Tan Y, Wang X P, et al. 2018. Assessment and quantification of NO_x sources at a regional background site in North China: comparative results from a Bayesian isotopic mixing model and a positive matrix factorization model. Environmental Pollution, 242: 1379-1386.

Zong Z, Sun Z Y, Xiao L L, et al. 2020a. Insight into the variability of the nitrogen isotope composition of vehicular NO_x in China. Environmental Science & Technology, 54 (22): 14246-14253.

Zong Z, Tan Y, Wang X, et al. 2020b. Dual-modelling-based source apportionment of NO_x in five Chinese megacities: providing the isotopic footprint from 2013 to 2014. Environment International, 137: 105592.

Zong Z, Shi X L, Sun Z Y, et al. 2022a. Nitrogen isotopic composition of NO_x from residential biomass burning and coal combustion in North China. Environmental Pollution, 304: 119238.

Zong Z, Tian C G, Sun Z Y, et al. 2022b. Long-term evolution of particulate nitrate pollution in North China: isotopic evidence from 10 offshore cruises in the Bohai Sea from 2014 to 2019. Journal of Geophysical Research: Atmospheres, 127 (11): e2022JD036561.

第6章 库区浮游植物群落的群落特征

6.1 概　　述

浮游植物是水生生态系统中的初级生产者，浮游植物生长速度快、生命周期短、对环境变化敏感，其在生命周期中易受所在水体环境中各种因素的影响而能在较短周期内反映其变化特征，且其在试验条件下易观察和培养，因此通常被作为水环境变化的指示物种，目前被广泛应用于水体水质监测及水生生态系统健康评价中。而且由于不同藻类的耐污程度和对营养物质的需求不同，例如多数硅藻是轻污染的指示种，大多数蓝藻、裸藻是比较耐污的种类，绿藻的耐污程度介于上述二者之间（冯佳，2016），因此，藻类在一定程度上可以反映水污染的程度，是水生生态系统中水环境变化的一面“镜子”。在水质评价方面，我们常用藻类的群落组成、藻类细胞密度、优势种、藻类的多样性指数等对水质进行综合分析。

根据丹江口库区监测站提供的水质监测数据，库区多年来一直保持良好的水质，除总氮外，丹江口水库水环境质量已连续30年保持稳定，各项水体环境指标均达到Ⅰ～Ⅱ类水标准。总氮是评价水体营养状况的重要指标，其含量过高或过低都会影响浮游植物的生长繁殖和群落结构的分布和演替，而这些变化同时会对水质产生影响，增加水库富营养化及水华的风险。而作为评价水体营养状况的重要指示物种之一，浮游植物比其他物种对水环境的变化更为敏感，其群落结构、多样性和物种相对丰度的变化可以直接反映水环境的现状和变化规律。因此，近年来很多学者开展了许多关于丹江口水库库区浮游植物群落结构及其水体理化因子的研究，但是丹江口水库具有水位波动大且更新较快的特点，使得浮游植物群落结构能够快速发生演替，并且以往的研究集中于0.5m处浅层水体浮游植物群落组成结构，对库区深水水体浮游植物群落垂向结构分布等研究较少，浮游植物群落的垂向时空变化特征尚不明确。因此，为了准确、全面地掌握库区浮游植物群落信息，本章内容在分析库区不同季节和空间浮游植物群落结构的动态变化及季节演替规律的基础上，进一步分析浮游植物群落在垂向上的分布特征，并探讨影响库区浮游植物群落结构的主要理化因子，以期为丹江口水库水质保护工作积累基础数据，为水环境进一步提升提供科技支撑，并为库区水体水质的评价、水生生态系统建设以及水环境监测提供基础资料。

6.1.1 浮游植物与水质的关系

水质的变化与浮游植物密切相关，浮游植物是水生生态系统最重要的初级生产者，承担着水生生态系统的物质循环、氮循环和能量流动等任务，它们通过光合作用把无机物转化为有机物，为其他浮游生物提供营养物质（巫华梅，1986）。此外，浮游植物相对其他物种面对水环境的变化时反应更为灵敏，群落结构和物种丰度及多样性的变化能直接反映水环境的状况及变化规律，是评价水体营养状况的重要指示物种之一（Naselli-Flores and Barone，2007，2011），在水库水体监测中有着极为重要的作用和十分重要的实际意义（杨广等，1996）。

浮游植物作为水生生态系统中的初级生产者，是生态系统的重要组成部分。它们承担着水生生态系统物质循环、能量流动和营养物质循环等重要任务（张国维，2014）。浮游植物对水环境中营养盐浓度的变化极其敏感，营养盐浓度变化会导致藻细胞渗透压改变，易造成细胞破裂（黄凯旋，2007）。此外，理化因子的变化也可能影响浮游植物群落结构的演替，导致种间竞争关系及其生态系统服务功能的改变（刘炜等，2020），因此，浮游植物的群落结构特征逐渐开始被人们用来评价水环境状况（贾海燕等，2019）。前人通过对潟湖浮游植物进行调查研究发现连续两年出现金藻，水域生态环境逐步好转；另有研究表明贫营养水体中一般以金藻和黄藻为优势种，中营养水体中一般以硅藻、甲藻和隐藻为优势种，富营养化水体中一般以蓝绿藻为优势种（宋勇军等，2019）。

近些年来，人们逐渐开始重视对微藻的研究和培养，一方面是因为微藻生长速度较快，易培养且资源丰富；另一方面因为其可以生产高价值的代谢产物（王青岩和陈书秀，2018），在水体食物链中硅藻扮演着十分重要的作用，尤其在湖泊和水库中其饵料意义更显重要（苏建国等，2002）。另外，还可以利用浮游植物的水生态功能达到改善水环境质量的目的（Nurdogan and Oswald，1995），例如王英华（2016）等研究发现浮游植物可以通过吸收水体中的二氧化碳改变水体的酸碱度；孙勉英（1985）等研究发现在氨氮浓度过高的水体中接种扁藻能够有效地降低氨氮浓度。目前，越来越多的人开始利用功能群分类法对浮游植物进行分类和生态学研究，该方法可以反映浮游植物的生理特征及其对环境的耐受性等方面（Huang et al.，2015），例如安瑞志等（2021）利用浮游植物功能群分类法将巴松措湖划分为 25 个功能群，浮游植物功能群在枯水期至丰水期的空间更替明显，优势功能群从枯水期的 MP（代表生境为经常被搅动的浑浊浅水水体）、D（含有营养盐的浑浊水体）、L_0（贫或富营养水体）、P（中富营养水体、浅水或温跃层）转变为丰水期的 D、F（中富营养或清水水体）、L_0、MP、N（中富营养水体或温跃层）和 P，水质处于极好状态。

6.1.2 浮游植物生长的驱动因子

浮游植物的生长受多方面的因素如营养盐、光照、温度、pH 及其他浮游生物影响，此外不同分层的水体有其独特的水体流速、水温、渗透压及溶解氧含量，这些因素可能导致浮游植物群落结构呈现不连续的垂直分布，其中氮营养盐是浮游植物生长繁殖所必需的重要营养物质，对其群落结构的演替有决定性的影响。

（1）光照对浮游植物的影响

光照是水生生态系统最重要的自然资源之一，浮游植物需要通过光合作用将光能转换为化学能，然后吸收营养盐来提供自身生长所需要的能量。研究发现，浮游植物一天中接受的光照时间若小于 1%，则导致浮游植物的损失量大于生长量（Lewis，1988；Cole et al.，1992）。许志等（2020）研究发现，夏季的光照强度较高，致使水体中实际光层深度大于其他季节，可能促进浮游植物的光合作用。另外，光在水中的光谱梯度变化也可以影响浮游植物群落演替，不同类型的浮游植物除了均含有叶绿素外还可能分别含有其他不同的色素。不同色素吸收光谱的范围不一样，可能导致不同的浮游植物有着不同的适宜光照条件（Huisman and Weissing，1999）。

（2）温度对浮游植物的影响

温度会对浮游植物的生长代谢产生影响，导致浮游植物群落结构的演替。有研究表明水华之所以会在富营养化水体中定期发生（Gamier et al.，1995；Ha et al.，1998），并且在不同季节优势种会发生演替，究其原因，一是营养盐比例等发生了改变，二是温度的改变，因为不同类型的浮游植物适宜生长的温度不同（曾艳艺和黄翔鹄，2007；Elliott and Defew，2012）。一般情况下，硅藻和甲藻适宜生长于春冬季等温度较低的季节，而蓝绿藻更适宜生长于夏秋季（Fan et al.，2003）。蓝藻适宜生长的温度范围为 25 ~ 35℃，属于耐高温藻类，与蓝藻相反，硅藻适宜生长在低温环境，其相对丰度与温度呈负相关（张雅洁等，2017）。此外，温度的变化也会对浮游植物的生物量产生影响，有研究发现由于海水温度的升高，印度洋海区 2005 年浮游植物生物量相比 1950 年有所下降，降幅约为 20%。

（3）氮营养盐对浮游植物的影响

氮是蛋白质的主要组成成分，也是浮游植物细胞质和细胞核的重要组成成分（李俭平，2011）。不同浓度和形态的氮素都会对浮游植物的生长起到决定性作用。水体中氮主要分为可溶性无机氮（硝氮、亚硝氮和氨氮）、可溶性有机氮（尿素、氨基酸和维生素）和颗粒氮，其中能通 0.45μm 微孔滤膜的氮为溶解态氮（张国维，2014），总氮指的是上述各种含氮化合物的总和，是评估水体富营养化水平的重要指标，也是浮游植物生长必不可少的营养物质之一，当水体中总氮含量过高或过低时，均会影响浮游植物群落结构的演替（Paparazzo et al.，2017）。水体中的氮一方面通过固氮作用固定大气中的氮，以及降水、河流、人类工农业和生活排放等外源途径进入水体；另一方面通过沉积物的悬浮作用与水体进行氮素交换（韩菲尔，2019）。相比可溶性有机氮，可溶性无机氮对浮游植物生长的影响更为显著，其中氨氮和硝氮是可溶性无机氮最主要的两种形态。各种形态的氮可通过物理、化学和生物等过程实现相互转化（吕华庆等，2009）。水生生态系统中只有部分蓝藻具有自身固氮能力，其他藻类的生长则必须从水环境中吸收营养物质（石峰等，2018）。另有研究表明，培养液中如果氮营养盐供应不足，就会引起藻细胞内氨基酸供给下降，进而影响 mRNA 转录合成蛋白质（Granum et al.，2002），但如果氮营养盐的浓度过高，可能会抑制藻细胞的生长（杨坤等，2014）。

造成赤潮的首要物质基础就是营养盐，目前通常采用物理打捞和化学灭菌等方法去除藻类，这些方法并不能从根源上解决湖泊富营养化问题，在一定程度上还会破坏水体的生态环境，而通过调节水体氮磷营养盐的输入，结合营养盐化学计量学研究基础，切断或减少营养物质的来源，可以从根源上控制浮游藻类的生长。因此，确定营养盐化学计量特征对水华优势种形成的影响效应，是了解水生生态系统富营养化发生机制和开展水体污染防治的重要理论基础（韩菲尔，2019）。

6.1.3 浮游植物的分类鉴定

浮游植物作为湖泊、河流、湿地等水生生态系统中最重要的初级生产者，其种群结构和生物量能及时地反映水域生态环境的变化，而浮游植物物种分类鉴定是理解浮游植物多样性的重要工具。随着分析仪器的革新以及研究的深入，鉴定分类方法也由传统的形态鉴定法逐渐向化学分类法、流式细胞术分类法、DNA 宏条形码技术等方向发展。

（1）传统的形态鉴定法

传统的藻类鉴定是以形态特征为依据的显微镜检测技术，也是目前将浮游植物鉴定到物种的既直观又可靠的途径。这种分类方法是通过单一藻种培养、组织切片染色以及显微镜观察技术等方法对采集的藻类样品进行观察，根据藻细胞大小、鞭毛色素体有无、表面平整情况、有无分支等形态上的差异，从而达到分类的目的。特别是对于体积较大的藻类（直径大于 10μm）和便于显微镜观察的藻类，形态学镜检已成为首选方法。同时，辅以细胞计数板进行密度计数，在藻类的鉴定和定量方面一直发挥着重要的作用。然而，传统的形态鉴定法往往耗时较长，加之环境对藻类的形态有很大的影响，鉴定出具体的种存在的困难较大，很难精确鉴定到物种。

（2）化学分类法

化学分类法即使用藻类特异性化学成分如脂肪类、碳水化合物、糖蛋白、光合色素和氨基酸等对藻类进行分类识别，其中光合色素因其特异性和检测的便利性而最为理想，可以进行具有分类学意义的区分和识别。随着高效液相色谱法（HPLC）技术特别是反相高效液相色谱法（RP-HPLC）的发展，通过 HPLC，利用不同类群浮游植物色素组成和含量的特异性差异，结合计算色素比值矩阵的浮游植物特征光合色素的化学分类法（CHEMTAX），可以得到研究浮游植物的类群组成特征。基于 HPLC 色素分析的化学分类法因其操作简便、自动化程度高、效率高和可进行大规模分析的优点而受到广大研究者的青睐。但是应用光合色素对浮游植物进行分类，最大的缺点是分辨率较低，结果易受环境和细胞生长状态的影响，因此它能在纲一级的分类水平进行分类，尚不能完全实现属和种之间的准确分类，需要进行较多的校正工作才能确保分类结果的准确性和可靠性。

（3）流式细胞术分类法

流式细胞术分类法是基于藻类的光学特征进行环境藻类样品的分析和鉴定的方法，是指对处在快速直线流动状态中的细胞或生物颗粒进行多参数的、快速定量分析和分选的技术。相比其他分析方法，流式细胞术分类法分析速度快、精确度高、样品预处理更简单。它可以同时对多种不同大小、不同荧光特性的细胞进行计数，相对于显微计数，不仅准确性高，而且能测得更多的参数，是超微藻分类鉴定以及计数比较理想的方法。但流式细胞仪由于体积较大、价格昂贵，且仪器精密，很难实现对浮游植物的原位测定。

（4）DNA 宏条形码技术

DNA 宏条形码技术是 DNA 条形码技术与高通量测序技术相结合的一种新的鉴定方法，依赖于特定 DNA 片段的序列特征，可分析环境样品中全部生物的种类组成及其群落功能。DNA 宏条形码技术实用高效、操作简单，能更全面地展现生物群落的组成结构，在研究海洋、湖泊、湿地等生态系统浮游植物群落结构方面取得了广泛应用。Stoeck 等（2010）采用高通量测序方法分析了挪威西南部的弗拉姆（Framvaren）峡湾的海水中真核生物群落，并比较了 18S rDNA 基因的 V9 区和 V4 区对群落多样性研究的差异，发现 V4 区在生物多样性研究的准确性中更有优势。王靖淇等（2017）运用 18S rRNA 基因的 V4 区高通量测序研究了辽河真核浮游植物群落结构，发现较传统分类方法高通量测序技术对辽河真核浮游藻类的多样性检测具有很高的精准性。Zimmermann 等（2015）通过 18S rRNA 基因的 V4 区对硅藻的物种多样性和丰度进行了研究，证明了高通量测序技术可以更加全面地分析硅藻的物种多样性。由此可见，与传统形态学监测方法相比，DNA 宏条形码技术具有经济高效、流程标准化、重复性好，同时具有揭示遗传多样性和物种多样性等优势，是一种潜在补充甚至替代传统形态学的生物监测方法。

6.1.4 库区浮游植物群落结构

浮游植物群落结构的变化会引起食物网结构的改变，从而影响淡水生态系统的能量流动、物质循环和信息传递（张国庆等，2020），而库区浮游植物群落结构变化受到多方面因素的共同影响，曾有研究指出，水库入流量大小、水位高低和水温的季节性变化等气象水文因素是水库浮游植物结构演替的关键（吴卫菊等，2012）。目前已有不少学者对丹江口水库浅层水体的群落结构及其影响因子进行了调查研究，例如 1958 年波鲁茨基对库区浮游生物进行了一次系统的调查，结果表明丹江和汉江的浮游植物以硅藻类、甲藻类和隐藻类为主（E. B. 波鲁茨基等，1959）；1986 ~ 1987 年杨广等（1996）对丹江口水库浮游生物进行了调查，结果表明主要优势种类以蓝藻门、硅藻门和绿藻门为主；1992 ~ 1993 年邬红娟等（1996）研究发现浮游植物种类组成由硅藻占优势逐步演化为硅藻-甲藻-蓝藻型结构；2003 ~ 2006 年李运贤等（2005）、李玉英等（2008）和张乃群等（2006）研究发现库区浮游植物群落具有明显的时空变异性，优势门类为硅藻；2007 ~ 2008 年申恒伦等（2011）研究发现库区浮游植物种类组成由适应河流的固着型硅藻，经过硅藻-绿藻-蓝藻型逐渐发展为硅藻-甲藻-隐藻-蓝藻型；2009 ~ 2010 年谭香等（2011）研究发现丹库优势种类为硅藻门，主要影响因子是电导率和碳酸氢根等；2014 ~ 2015 年王英华等（2016）在库区研究发现硅藻为春季、秋季和冬季优势门类，溶解氧浓度、pH、总磷浓度和水温是影响浮游植物组成的主要理化因子；2017 年贾海燕等（2019）研究发现丹江口水库库湾浮游植物群落结构特征，硅藻和蓝藻为春季的优势种，硅藻、隐藻和蓝藻为冬季的优势种；2018 ~ 2019 年闫雪燕等（2021）对丹江口水库库湾的浮游植物群落结构进行了研究，发现硅藻为春季、夏季和冬季的优势种，总氮是影响浮游植物群落结构最主要的理化因子。张春霞等（2022）采用高通量测序技术，对丹江口水库 2019 年 7 月和 2020 年 1 月真核浮游植物群落组成及主要理化因子进行了研究，发现夏季和冬季均以绿藻门和硅藻门为主，但冬季平均多样性、丰富度和均匀度均高于夏季，温度、总氮、pH、硝氮是丹江口水库真核浮游植物群落结构的主要理化因子。

浮游植物作为物质循环和能量流动的主要参与者，是水生生物群落中重要的分类群，在水环境生态系统中发挥着至关重要的作用，具有重要的生态功能。浮游植物由于生长速度快、生命周期短以及对环境变化敏感等特性，通常被作为水环境变化的指示物种，目前被广泛应用于水体水质监测及水生生态系统健康评价中。以往研究内容集中于浅层水体浮游植物群落组成，库区深水水体浮游植物群落结构和分布尚未明确。本章内容在前期相关研究基础上，以南水北调中线工程水源地小太平洋水域一级水质保护区为研究对象，以18S rRNA基因的V4区为扩增片段，运用高通量测序技术进行检测，在分析库区不同季节浮游植物群落结构的分布特征及演替规律的基础上，进一步分析浮游植物群落组成结构在垂向上的动态变化，系统地研究库区浮游植物群落结构组成。并采用冗余分析判断浮游植物主要类群与理化因子的关系，探讨影响库区浮游植物群落结构的主要理化因子，为南水北调中线工程丹江口水库淅川库区的环境保护与管理提供决策依据和参考。

6.2 材料与方法

6.2.1 采样点布设

根据丹江口水库淅川库区的库型及周围环境特征，在氮沉降监测点附近水域及库心设置7个浮游植物采样点，分别是陶岔（TC）、宋岗（SG）、土门（TM）、黑鸡嘴（HJZ）、库心（KX）、党子口（DZK）和五龙泉（WLQ）（图6-1）。

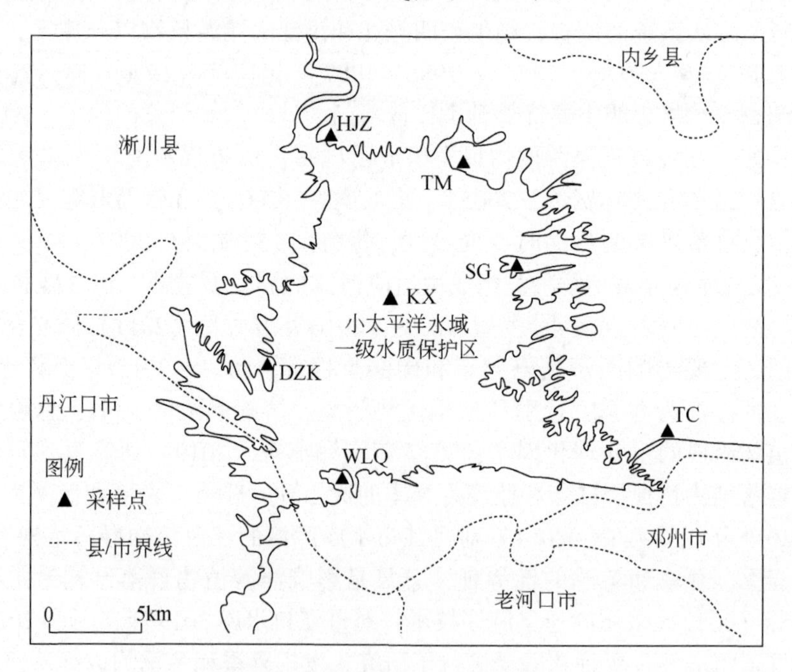

图6-1 库区四季浮游植物采样点

6.2.2 采样与分析

(1) 实验仪器

25#浮游生物网、1L 有机玻璃采水器、孔径为 0.22μm 的玻璃纤维滤膜和滤盒、塞氏盘、紫外分光光度仪（UV-2600，上海大普仪器有限公司）、YSI 水质分析检测仪（HQd Field Case）、一次性无菌手套、液氮罐、50mL 无菌平底离心管、20mL 一次性针管、浮游生物杆、10mL 无菌离心管、E200MV 生物显微镜。

(2) 浮游植物样本采集

2019 年 4 月、2019 年 7 月、2019 年 10 月、2020 年 1 月对 7 个采样点分季节进行浮游植物样本采集。每个点设 3 个平行采样点，共计 84 个浮游植物样本。垂直方向分别采集表层、5m、10m 的浮游植物，表层通过网孔直径为 64μm 的 25#浮游生物网采集，5m 和 10m 处浮游植物样本用 1L 柱状采水器采集，用 25#浮游生物网预过滤后，将不同深度浓缩液混合后通过孔径为 0.22μm 的玻璃纤维滤膜过滤，剪碎后放入 10mL 无菌离心管中，于 -80℃液氮罐中保存。

2021 年 6 月对 7 个采样点分层进行浮游植物样本采集。浮游植物样品采集于库区，每个采样点在 0.5m、5m、10m 和 20m 处（对应标记为 1、2、3 和 4）分别采样。每层取 3 组 6L 水样混合后经浮游植物网浓缩，再过孔径为 0.22μm 的玻璃纤维滤膜，最后将玻璃纤维滤膜转移到 1.5mL 无菌离心管中置于液氮中保存，用于分析各采样点在 0.5m、5m、10m 和 20m 处的浮游植物群落组成结构及多样性。

(3) 水体理化指标测定

用多参数水质分析仪（HQd Field Case）现场同步记录样品的物理特性，即水温（WT）、电导率（Cond，mS/cm）、pH，用赛氏盘测透明度（SD，m）。水样的化学分析包括总氮（TN，mg/L）、氨氮（NH_4^+-N，mg/L）、硝氮（NO_3^--N，mg/L）、亚硝氮（NO_2^--N，mg/L）、总磷（TP，mg/L）和叶绿素 a（Chl-a，mg/L）均按照标准方法测定。其中，TN 和 TP 浓度在消解后根据标准的紫外分光光度法（GB 11894—89 和 GB 11893—89）进行测定，氨氮和硝氮采用纳氏试剂法和紫外分光光度法（GB 7479—1987 和 GB 7480—87）测定，亚硝氮采用重氮耦合分光光度法（GBT 7493—87）测定，叶绿素 a 采用 90% 丙酮萃取的分光光度法（HJ 897—2017）测定。

(4) DNA 条形码分析

根据 MP 试剂盒（FastDNATM SPIN Kit for soil）说明书对四季样品进行总 DNA 的抽提。利用 NanoDrop2000DNA 的浓度和纯度进行检测，采用 1% 琼脂糖凝胶电泳检测 DNA 的完整性。以浮游植物 DNA 为模板，对 18S rRNA 基因的 V4 区进行 PCR 扩增，采用的引物为 DIV4F（GCGGTAATTCCAGCTCCAATAG）和 DIV4R（CTCTGACAATGGAATACGAATA）（Mora et al.，2019）。扩增程序是：94℃变性 2min，27 个循环数，94℃变性 45s，55℃退火 45s，72℃延伸 60s，最后 72℃延伸 10min。PCR 产物用 2% 琼脂糖浆凝胶回收，使用 AxyPrepDNA 凝胶回收试剂盒（AXYGEN 公司）纯化回收 PCR 产物。根据 Illumina Miseq 平台（Illumina，San Diego，USA）标准操作规程对纯化后的 PCR 扩增片段进行 PE2*300

文库的构建，测序由上海美吉生物医药科技有限公司完成。

垂向样品中总 DNA 先用 Mo Bio/QIAGEN 公司的 DNeasy PowerWater Kit 试剂盒进行抽提，提取的 DNA 采用荧光分光光度计（Quantifluor-ST fluorometer，Promega，E6090）和 1% 琼脂糖凝胶电泳分析，确定提取的 DNA 浓度和纯度。选取真核浮游植物 18S rDNA 基因的 V4 区通用引物 547F（CCAGCASCYGCGGTAATT）和 V4R（ACTTTCGTTCTTGATY）（Salmaso et al.，2020）作为真核浮游植物 PCR 扩增的引物。扩增体系为 Q5© High-Fidelity DNA Polymerase 聚合酶和 20μL 反应系统。扩增程序为：98℃ 预变性 2min，30 个循环（98℃变性 15s，55℃退火 30s，72℃延伸 30s），最后 72℃延伸 10min（PCR 仪：ABI 2720 型）。PCR 产物经 AxyPrep DNA Gel Extraction Kit 试剂盒分离纯化后采用 Illumina NovaSeq-PE250 进行高通量测序，通过与 Silva 132 rRNA 数据库比对获得浮游植物多样性及相对丰度。将原始测序数据上传至 NCBI，序列号为 PRJNA（NO. 782248）。

6.2.3 数据统计与分析

（1）生物多样性指数

按照公式分别计算香农-维纳（Shannon-Winner）指数（H'）、Chao 丰富度指数（S_{Chao}）和 Pielou 均匀度指数（J）（谭香等，2011）：

$$H' = -\sum_{i=1} \frac{n_i}{N}\ln\frac{n_i}{N} \tag{6-1}$$

$$S_{\text{Chao}} = S_{\text{obs}} + \frac{n_1(n_1-1)}{2(n_2+1)} \tag{6-2}$$

$$J = H'/\ln S \tag{6-3}$$

式中，n_i 为第 i 个运算分类单元（OTU）所含的序列数；N 为所有的序列数；S 为样品中藻类种类数；S_{obs} 为实际观测到的 OTU 数；n_1 为只含有一条序列的 OTU 数目；n_2 为只含有两条序列的 OTU 数目。

（2）统计分析

采用 Kruskal-Wallis 对理化因子季节性差异进行显著检验，单因素方差分析（ANOVA）对浮游植物群落、优势种、多样性和丰富度进行季节和空间分析，基于 ANOSIM 非参数检验浮游植物季节间差异是否大于组内差异。聚类分析通过热图软件包 TBtools 进行。通过 Canoco 5.0 对影响浮游植物群落结构的理化因子进行冗余分析（RDA）或典型对应分析（CCA）。采用 R 4.1.0 软件计算每对 OTU 的皮尔逊（Pearson）相关系数，确定物种间是否存在相互作用关系的阈值，将相关性矩阵内<0.6 的值转化为 0，通过软件 Gephi 0.9.2 构建季节性节点和边，并对季节性共线网络的拓扑性质包括边、节点、度、中间中心线、聚类系数、短路径长度、模块性和网络直径等随机网络进行分析和比较。

6.3 库区的水质特征

6.3.1 库区水质的季节性变化

参照《地表水环境质量标准》(GB 3838—2002),对库区水体理化指标进行分析(表6-1)。表6-1显示了研究期间水体理化指标的平均值和标准误差(SE)。pH在各季节均为碱性,在8.76(10月)~9.15(7月)波动。TP和NO_2^--N浓度平均值分别为0.04mg/L和0.003mg/L,季节性变化不显著($P>0.05$);Chl-a在夏季最高(0.005mg/L),春季和冬季较低(均为0.002mg/L);TN和NH_4^+-N浓度有规律地在夏季分布最高,NO_3^--N浓度最高值分布在秋季,且NO_3^--N浓度平均值是NH_4^+-N的4.71倍。对独立样本采用Kruskal-Wallis非参数检验表明,WT、pH、SD、NH_4^+-N、NO_3^--N浓度、TN浓度、Chl-a的季节性变化显著($P<0.05$),而TP浓度、Cond和NO_2^--N浓度的季节性变化没有显著性差异($P>0.05$)。

表6-1 库区水体理化指标分析

理化指标	春季	夏季	秋季	冬季
pH	8.80±0.05	9.15±0.04	8.76±0.05	8.86±0.07
Cond/(mS/m)	27.39±0.37	28.21±0.69	27.87±0.41	27.39±0.40
WT/℃	23.07±0.78	32.02±0.90	21.66±0.64	12.14±0.57
SD/m	5.37±1.03	3.94±0.40	3.32±0.32	3.41±0.16
TP/(mg/L)	0.03±0.00	0.04±0.01	0.04±0.01	0.04±0.02
Chl-a/(mg/L)	0.002±0.00	0.005±0.00	0.003±0.00	0.002±0.00
NH_4^+-N/(mg/L)	0.13±0.03	0.17±0.03	0.16±0.03	0.13±0.02
NO_3^--N/(mg/L)	0.68±0.09	0.47±0.07	0.95±0.04	0.68±0.10
TN/(mg/L)	1.06±0.07	1.26±0.24	1.06±0.07	1.19±0.10
NO_2^--N/(mg/L)	0.003±0.00	0.003±0.00	0.004±0.00	0.002±0.00

6.3.2 库区水质的空间变化

2019年4月~2020年1月库区水体理化指标空间分布见表6-2。各采样点理化因子的空间分布没有显著的差异,TN浓度在1.1~1.29mg/L,属Ⅳ类水质,其中TN浓度在空间分布呈四周向水库中心(KX)降低的趋势,库区东部的TC和SG的TN浓度较高;NO_3^--N浓度与TN浓度在空间分布上具有相似的特征,NH_4^+-N浓度介于0.12~0.16mg/L,在SG分布最低,TC、WLQ和TM的NH_4^+-N浓度相对较高,NH_4^+-N浓度均在Ⅰ~Ⅱ水质标准，符合《地表水环境质量标准》（GB 3838—2002）；pH 偏碱性，在 8.83 ~ 8.92 波动；SD 在水库中心（KX）高于其他采样点。

表 6-2　库区水体理化指标空间分布

理化指标	SG	TM	HJZ	KX	DZK	WLQ	TC
TN/(mg/L)	1.29±0.16	1.25±0.17	1.22±0.05	1.1±0.09	1.26±0.21	1.17±0.15	1.28±0.14
NO_3^--N/(mg/L)	0.66±0.15	0.69±0.17	0.74±0.2	0.6±0.19	0.66±0.18	0.69±0.19	0.84±0.13
NH_4^+-N/(mg/L)	0.12±0.02	0.16±0.02	0.14±0.02	0.15±0.03	0.13±0.03	0.16±0	0.16±0.06
NO_2^--N/(mg/L)	0.003±0	0.004±0	0.003±0	0.003±0	0.003±0	0.003±0	0.005±0
TP/(mg/L)	0.03±0.01	0.03±0.01	0.03±0.01	0.03±0.01	0.04±0.02	0.04±0.01	0.03±0.01
pH	8.83±0.18	8.85±0.15	8.92±0.16	8.91±0.14	8.91±0.14	8.92±0.16	8.92±0.14
WT/℃	22.06±7.67	21.34±6.89	21.47±6.5	22.27±7.06	22.9±7.15	22.92±6.94	22.59±7.16
Cond/(mS/m)	28.04±0.23	27.98±0.52	28.13±0.23	27.46±0.1	26.98±0.32	27.31±0.21	27.63±0.26
SD/m	3.87±0.59	3.24±0.13	3.68±0.64	4.21±1.23	4.11±1.09	3.84±1.45	3.89±1.33
Chl-a/(mg/L)	0.003±0	0.002±0	0.003±0	0.002±0	0.002±0	0.003±0	0.003±0

（1）库区水质垂直方向变化特征

通过对库区水样的检测分析得到不同区域水化学参数结果（表 6-3）。参考《地表水环境质量标准》（GB 3838—2002）对库区垂直方向上水体理化指标的质量标准进行评价。DO 值虽随水深的增加而降低，但至 20m 处仍符合Ⅰ类水标准（>7.5mg/L）；NH_4^+-N 与水深无明显关系，0.5 ~ 20m 处均符合Ⅰ类水标准（<0.15mg/L）；TN 浓度与水深无明显关系，变化范围为 0.68 ~ 1.15mg/L，符合Ⅲ ~ Ⅳ类水标准。此外，水温随水深增加而降低，NO_3^--N 浓度随水深增加而升高。例如，SG1 的 NO_3^--N 浓度为 0.53mg/L，SG2 的 NO_3^--N 浓度为 0.79mg/L，SG3 的 NO_3^--N 浓度为 0.93mg/L，SG4 的 NO_3^--N 浓度为 0.98mg/L；TM1 ~ TM4 的 NO_3^--N 浓度从 0.41mg/L 增加到 0.95mg/L。

表 6-3　库区垂直方向主要水化学参数

采样点	WT/℃	DO 值/(mg/L)	pH	Cond/(mS/m)	ρ (TN)/(mg/L)	ρ (NH_4^+-N)/(mg/L)	ρ (NO_3^--N)/(mg/L)
SG1	24.1	8.57	8.89	29.0	0.93	0.10	0.53
SG2	24.0	8.49	8.90	28.5	0.93	0.09	0.79
SG3	21.1	8.41	8.80	28.7	0.97	0.13	0.93
SG4	20.0	7.89	8.66	28.6	0.96	0.11	0.98
TM1	24.2	8.28	8.93	28.8	1.06	0.13	0.41
TM2	24.1	8.11	8.94	28.7	1.09	0.14	0.57
TM3	24.0	7.99	8.90	28.9	1.08	0.09	0.73

续表

采样点	WT/℃	DO 值 /(mg/L)	pH	Cond /(mS/m)	ρ (TN) /(mg/L)	ρ (NH_4^+-N) /(mg/L)	ρ (NO_3^--N) /(mg/L)
TM4	22.9	7.25	8.83	29.4	1.06	0.14	0.95
HJZ1	24.3	7.99	8.81	28.4	1.09	0.08	0.44
HJZ2	24.1	7.77	8.92	28.9	1.08	0.09	0.54
HJZ3	23.0	7.67	8.87	30.8	1.15	0.15	0.73
HJZ4	22.1	7.36	8.76	29.4	1.06	0.11	0.98
KX1	24.7	8.11	8.91	27.4	0.71	0.13	0.40
KX2	24.5	8.03	8.90	27.4	0.68	0.09	0.49
KX3	24.1	7.74	8.91	27.5	0.81	0.09	0.59
KX4	22.3	7.54	8.74	28.0	0.71	0.14	0.61
DZK1	24.8	7.69	8.90	27.8	0.90	0.11	0.54
DZK2	24.7	7.57	8.94	28.2	0.93	0.08	0.55
DZK3	23.5	7.51	8.89	28.2	0.91	0.09	0.59
DZK4	23.0	7.34	8.88	28.0	0.94	0.10	0.82
WLQ1	25.1	7.74	9.02	28.0	0.99	0.09	0.46
WLQ2	24.9	7.51	8.94	28.8	0.96	0.11	0.63
WLQ3	23.4	7.45	8.85	29.5	0.94	0.08	0.95
WLQ4	22.1	7.25	8.78	28.8	0.99	0.08	1.00
QS1	25.6	7.7	8.93	28.3	1.01	0.12	0.49
QS2	25.0	7.52	8.97	28.9	1.04	0.12	0.58
QS3	24.4	7.27	8.89	29.1	1.06	0.11	0.88
QS4	23.0	7.19	8.87	28.9	1.01	0.11	0.94

(2) 库区水质水平方向变化特征

由表 6-3 可知，2021 年 6 月库区 7 个采样点中，NO_3^--N 浓度为 0.40 ~ 1.00mg/L，其中 NO_3^--N 浓度最高为 WLQ4 采样点；水温变化范围为 22.3 ~ 24.5℃，其中 QS 采样点水温（均值为 24.5℃）比其余 6 个采样点（均值为 22.3 ~ 24℃）高，可能是由于 QS 采样点采样时间较晚，受到了光照的影响。参考《地表水环境质量标准》（GB 3838—2002）对库区理化指标的质量标准进行评价。TN 浓度为 0.68 ~ 1.15mg/L，SG、KX、DZK 和 WLQ 采样点 TN 浓度符合Ⅲ类水标准，TM、HJZ 和 QS 采样点 TN 浓度为Ⅳ类水标准；NH_4^+-N 浓度为 0.08 ~ 0.15mg/L，各采样点均优于Ⅰ类水标准；各采样点 DO 值（7.19 ~ 8.57mg/L）、pH（8.66 ~ 9.02）和电导率（27.4 ~ 30.8mS/m）符合《地表水环境质量标准》范围。

6.4 浮游植物的群落结构特征

6.4.1 浮游植物群落结构季节特征

通过对库区四季浮游真核生物进行高通量测序，并按照97%的相似性对非重复序列进行OTUs聚类，在聚类过程中去除嵌合体，将序列进行随机抽样，构建稀释性曲线，结果如图6-2所示，各个样本的稀释性曲线趋于平缓，表明测序数据趋于饱和，测序深度足以反映样品中的所有OTUs信息。84个样本去除嵌合体后，共从Illumina Miseq测序中获得了1 801 535个序列，所有样本的覆盖度均在99.9%以上，样本中去掉与藻类无关的OTUs后，共得到1 409 247个注释到真核浮游藻类的OTUs序列。

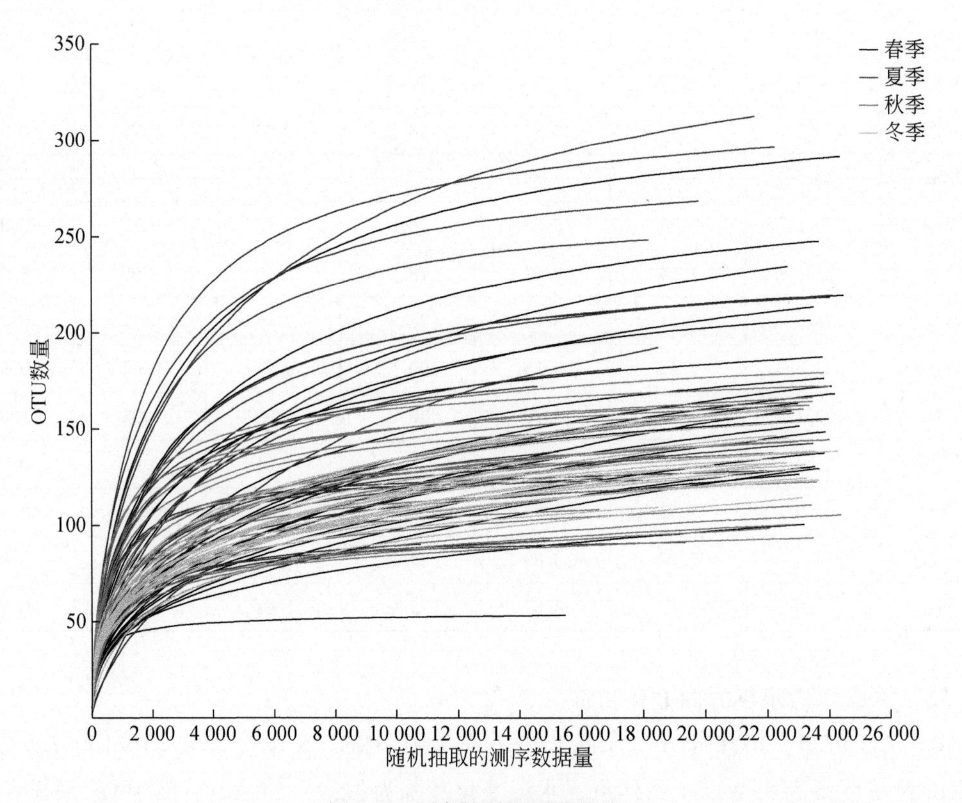

图6-2　测序结果稀疏曲线图

通过对不同季节样本基于ANOSIM非参数检验的相似性分析，检验各季节组间差异是否显著大于组内差异。首先基于Bray-Curtis的距离算法，对总方差进行分解，并使用置换检验对划分的统计学意义进行显著性分析，结果如图6-3所示。夏季箱形图的范围明显大于其余季节，表明夏季浮游植物群落结构差异较其他季节显著（王芳，2009）。因此，按照季节分析浮游植物群落结构更加合理。

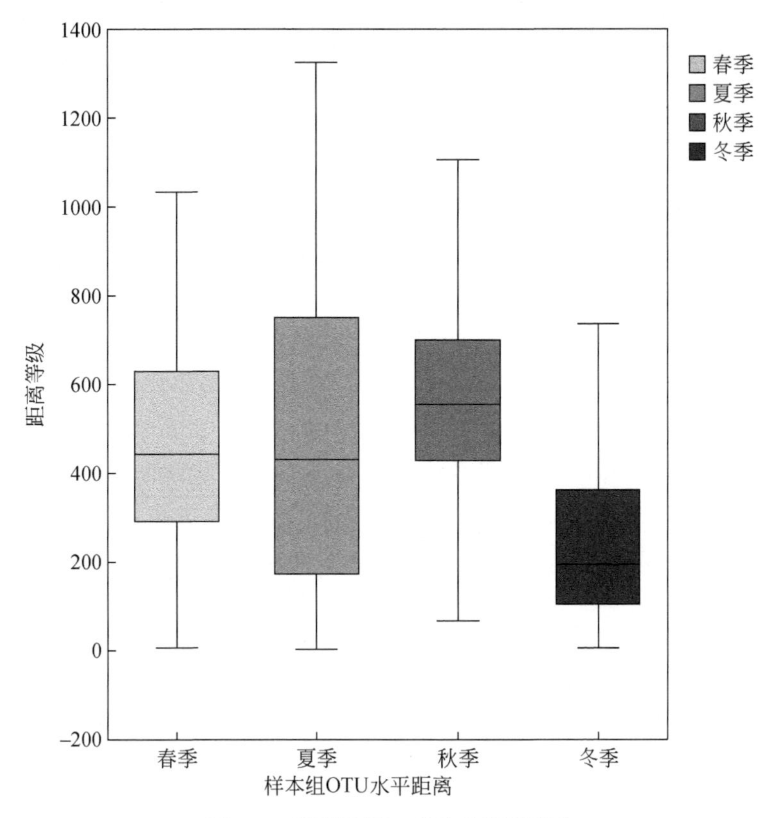

图 6-3　测序结果四季分组情况检验

(1) 门水平上浮游植物群落季节特征

库区总体浮游植物在门水平上的季节分布见图 6-4。利用 RDP 分类数据库，从域到种

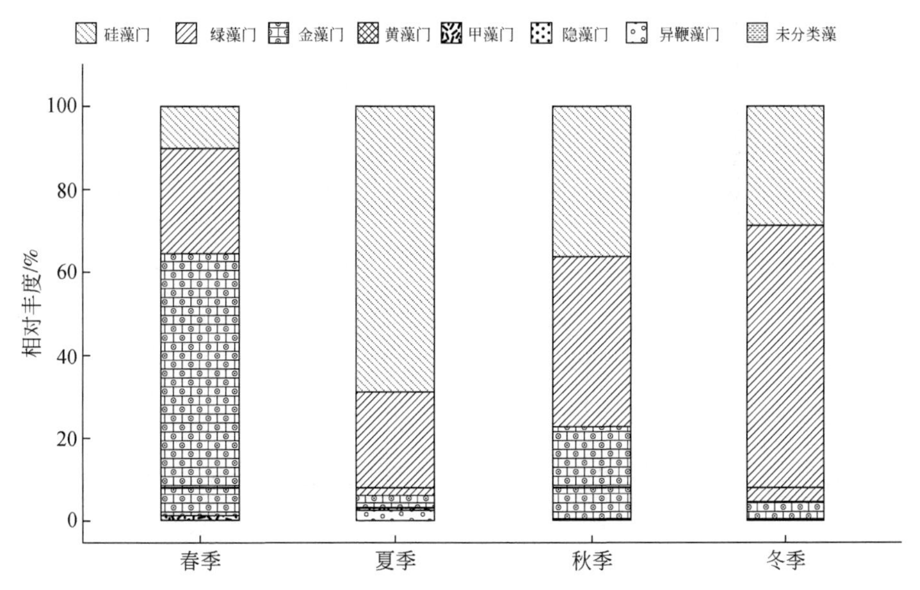

图 6-4　库区总体浮游植物在门水平上的季节分布

的层次对 OTUs 进行分类，共鉴定出 976 个 OTU，隶属 399 种 230 属 130 科 71 目 25 纲 7 门。在门的水平上，所有采样点浮游真核藻类主要由绿藻、硅藻和金藻组成，这 3 个门占所有序列的 98.64%，另外还有异鞭藻门（0.85%）、甲藻（0.30%）、隐藻门（0.15%）和黄藻门（0.05%），只有 0.01% 的序列不能在门水平上进行分类，被归为未分类的藻。其中春季浮游植物 7 门 120 属 174 种，夏季有 7 门 134 属 191 种，秋季有 7 门 119 属 182 种，冬季有 6 门 105 属 139 种。

调查期间，绿藻门（43.11%）、硅藻门（37.59%）和金藻门（17.94%）为库区的优势门类。其中，绿藻门是秋季和冬季的优势门类（40.93% 和 66.31%），而在春季和夏季是次优势门类（25.36% 和 24.92%）；硅藻在夏季分布最高（68.90%），在秋季和冬季仅次于绿藻（36.29% 和 28.68%），春季仅占 10.13%；金藻主要分布在春季（68.90%），其次是秋季（22.24%），在夏季和冬季（2.92% 和 4.07%）不占优势。这些结果表明，浮游植物在门水平上具有明显的季节性演替，并在春季（金藻）-夏季（硅藻）-冬季（绿藻）达到高峰。

库区浮游植物在门水平上的时空分布见图 6-5。浮游植物群落结构在季节和空间分布上具有一定规律性。春季各采样点以金藻为主（SG 点除外，以绿藻为主），绿藻和硅藻次之。金藻在除 SG 外的其余采样点的相对丰度均达到 50% 以上。其中，在 HJZ 分布最多，相对丰度接近 80%，各采样点金藻相对丰度大小依次为 HJZ（78.03%）>TC（71.32%）>KX（67.93%）>WLQ（65.04%）>TM（60.95%）>DZK（54.23%）>SG（28.62%）。绿藻在 SG 和 DZK 分布较多，相对丰度分别为 50.85% 和 28.86%，在其余采样点分布较均

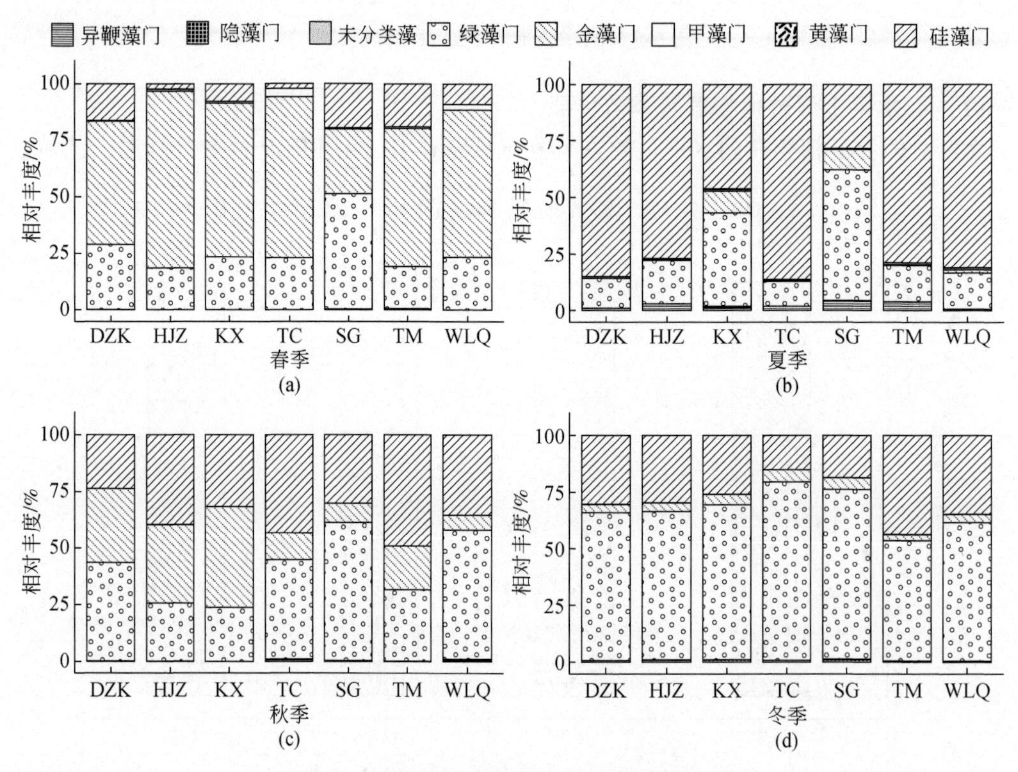

图 6-5　库区浮游植物在门水平上的时空分布

匀，相对丰度均在 20% 左右。硅藻在 SG、TM 和 DZK 分布较多，相对丰度分别为 19.62%、19.16% 和 16.33%，在其余采样点相对丰度均在 10% 以下。因此，库区春季各采样点浮游植物中，SG 以绿藻为主，其余各采样点以金藻为主，硅藻分布较少，相对丰度均不超过 20%，且在 HJZ 和 TC 分布较少，相对丰度仅为 2.48% 和 2.17%。

夏季各采样点与春季明显不同的是，夏季浮游植物以硅藻和绿藻为主，硅藻和绿藻的相对丰度分别为 68.90% 和 24.92%。与春季相比，金藻优势度有所降低，仅在 KX 和 SG 分布较多，相对丰度分别为 9.61% 和 8.90%，在其余采样点其相对丰度均在 1.4% 以下。与春季浮游植物分布趋势相似的是，夏季绿藻在 SG 仍占绝对优势，相对丰度达到 57.76%，在 KX 次之，相对丰度为 41.31%，其余采样点绿藻的相对丰度均在 15% 左右。硅藻在除 SG 外的各采样点均占优势，尤其在 TC、DZK 和 WLQ，相对丰度均超过 80%，各采样点硅藻的相对丰度规律是 TC（86.21%）>DZK（84.98%）>WLQ（80.97%）> TM（78.78%）>HJZ（76.79%）>KX（46.10%）>SG（28.45%），呈现出南部、西部和北部高，东部和中心低的趋势。

秋季各采样点浮游植物群落结构组成和春季、夏季明显不同。绿藻、硅藻和金藻在秋季均占一定优势，相对丰度分别为 40.93%、36.29% 和 22.24%。秋季浮游植物群落结构在各采样点差别较大，SG、WLQ、DZK 和 TC 均以绿藻为主，其中绿藻在 SG 和 WLQ 分布较多，相对丰度分别为 61.01% 和 56.94%。TM 和 HJZ 以硅藻为主，相对丰度分别为 49.05% 和 39.52%，金藻在 KX 分布最多，相对丰度为 44.51%，超过硅藻和绿藻比例。因此，秋季浮游藻类在空间分布上呈现出北部以硅藻为主，南部、西部和东部以绿藻为主，水库中心以金藻为主的特点。

冬季，浮游藻类在空间上呈现与其他季节不同的特征。冬季各采样点均以绿藻为主，相对丰度均值为 66.31%，其次是硅藻和金藻，相对丰度均值分别为 28.68% 和 4.07%。各采样点藻类分布趋势均为绿藻>硅藻>金藻，其中绿藻相对丰度均值在 53.14% ~ 78.61%，与其他季节不同的是，绿藻在 TC 占优，其次是 SG。绿藻在各采样点分布趋势是 TC（78.61%）>SG（74.86%）>KX（68.27%）>HJZ（65.64%）>DZK（65.32%）>WLQ（61.09%）>TM（53.14%）。硅藻的相对丰度在 15.01% ~ 43.63%，在 WLQ 最高，为 43.62%，在 TC 最低，为 15.01%。金藻在各采样点的相对丰度均在 5.5% 以下。

综合库区四季浮游藻类分布，各采样点春季均以金藻为主；夏季均以硅藻占优；秋季，库区北部以硅藻为主，库中心以金藻为主，其余采样点均以绿藻为主；冬季各采样点均以绿藻占优势，所以各采样点浮游藻类群落结构因季节差异而呈现不同的特征。

（2）属水平上浮游植物季节分布特征

基于 OTUs 聚类和注释结果，对库区总体浮游植物的优势属进行统计分析，结果（图 6-6）显示，浮游植物群落的优势属在不同季节呈现出较大差异。其中，春季浮游植物主要由金藻的锥囊藻（*Dinobryon*，61.29%）、绿藻的 *Atractomorpha*（6.51%）、硅藻的直链藻（*Aulacoseira*，6.14%）和绿藻的葡萄藻（*Botryococcus*，4.78%）组成。夏季浮游植物主要由硅藻的星纹星盘藻（*Discostella*，68.10%）、绿藻的葡萄藻（3.49%）、绿藻的 *Tabris*（1.76%）和金藻的棕鞭藻（*Ochromonas*，1.45%）组成。秋季浮游植物主要由硅藻的星纹星盘藻（22.75%），金藻的鱼鳞藻（*Mallomonas*，21.02%）、绿藻的绿球藻

(*Chlorococcum*，10.43%）和硅藻的直链藻（5.27%）组成。冬季浮游植物主要由绿藻的卵囊泡藻（*Follicularia*，18.8%）和盘星藻（*Monactinus*，17.9%）、硅藻的直链藻（17.5%）和星纹星盘藻（9.29%）组成。

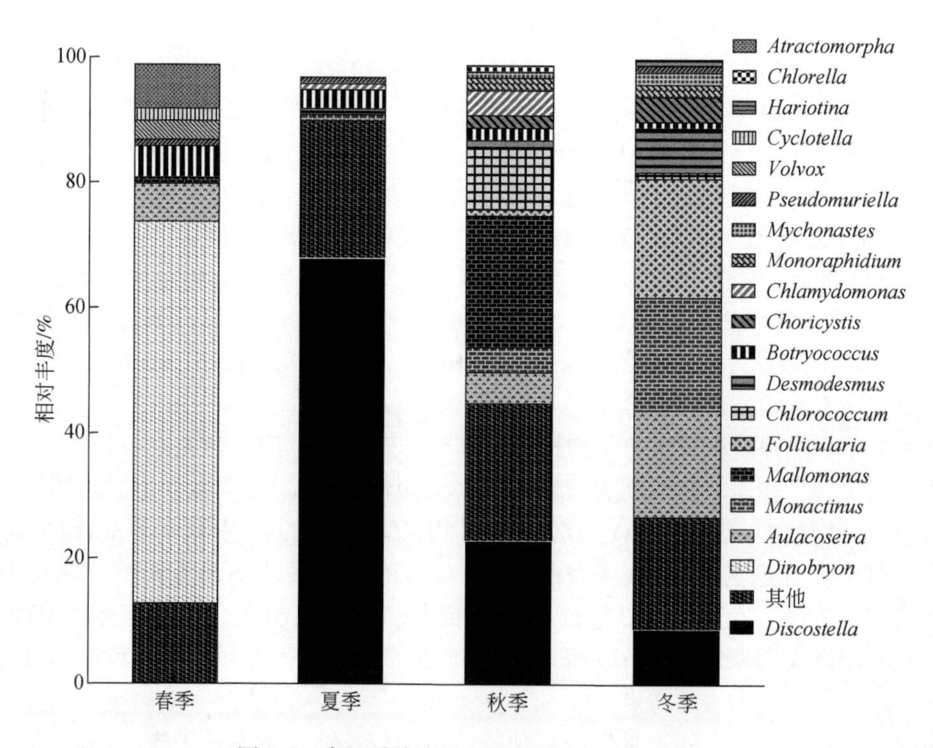

图 6-6　库区浮游植物在属水平上的季节分布

为调查各采样点真核浮游植物在四季的分布差异，选取四季排名前10的优势属组成累积图，结果见图6-7。各采样点优势属在季节间差异较大，春季和夏季单一优势属在各采样点的相对丰度较大，而秋季和冬季优势属在各采样点分布较多且较为均匀。其中，春季优势属金藻的锥囊藻在空间分布上与门分布基本一致，除库区东部SG以绿藻门 *Atractomorpha*（28.53%）为主外，其余采样点均以金藻的锥囊藻为优势类群，相对丰度高值区分布在西北部的HJZ（77.15%）。夏季，硅藻优势属星纹星盘藻在各采样点均占优势。其中，星纹星盘藻在库区西部DZK的相对丰度最高（84.67%），而在水库中心KX和

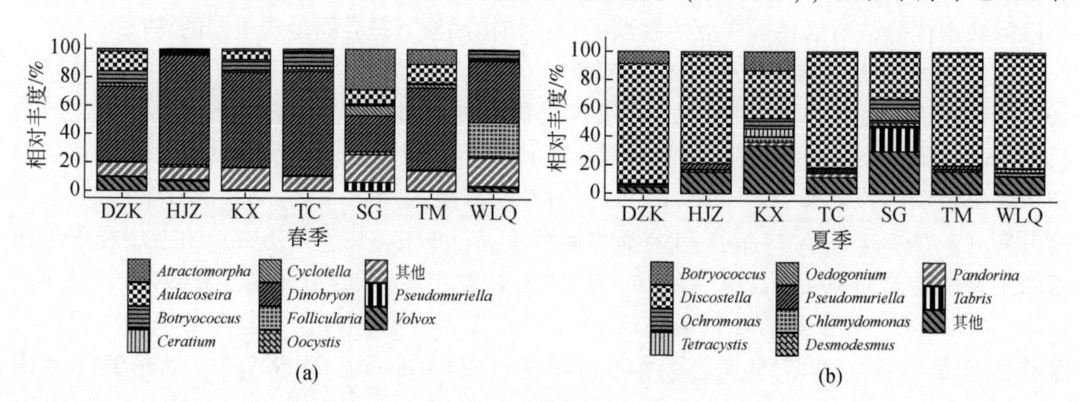

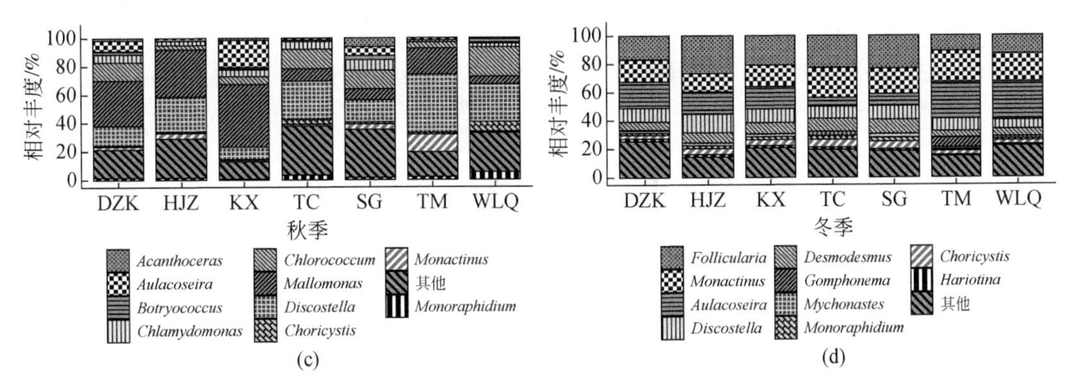

图 6-7　库区浮游植物在属水平上的季节特征

东部 SG 分布较少，相对丰度分别为 33.40% 和 33.50%，其余采样点的相对丰度均在 50% 以上，绿藻的葡萄藻主要分布在库区西部的 DZK 和水库中心 KX（8.53% 和 8.76%）；秋季，浮游植物群落结构与门分布存在明显的差异，库区西部 DZK、西北部 HJZ 和水库中心 KX 均以鱼鳞藻占优势，而在南部的 TC 和 WLQ、东北部 TM 和东部的 SG 则以星纹星盘藻占优势。冬季，沿水库东北—西南方向的 TM、WLQ 和 DZK，优势属以直链藻为主，而在西北—东南方向的 HJZ、KX、SG 和 TC 以绿藻的卵囊孢藻占优势，而绿藻的盘星藻在空间分布上没有显著性差异（P>0.05）。

（3）浮游植物群落多样性季节特征

为了评估基于 OTUs 分析的每个样本的多样性和丰富度。基于 α 多样性计算 Shannon-Wiener 指数（H'）、Chao 丰富度指数和 Pielou 均匀度指数（J），结果见图 6-8。对各采样点的 Chao 丰富度指数、Shannon-Winner 指数和 Pielou 均匀度指数按照式（6-1）~式（6-3）进行计算和分析，浮游植物的 Shannon-Winner 指数常用于反映 α 多样性，Shannon-Winner 指数越高，浮游植物的群落多样性越多，Shannon-Winner 指数的变化范围在 0.49 ~ 3.10，平均值为 2.23。春季 Shannon-Winner 指数的平均值为 2.05，夏季藻类多样性迅速减少，夏季成为 Shannon-Winner 指数最低的季节，仅为 1.66，秋季在各方面条件适宜的情况下，Shannon-Winner 指数逐渐增加，达到 2.56，冬季达到最高峰，为 2.63。因此，浮游植物 Shannon-Winner 指数在季节分布上表现为冬季>秋季>春季>夏季，Shannon-Winner 指数最高点在夏季的 KX，而最低点在夏季的 DZK。基于单因素方差显示，春季和夏季 Shannon-Winner 指数的空间分布存在极显著性差异（P<0.01），但秋季和冬季 Shannon-Winner 指数的空间分布差异性不显著（P>0.05）。

Chao 丰富度指数是评估群落所含的 OTUs 数目，Chao 丰富度指数越大，代表物种丰富度越高，此次分子学测序得到库区 Chao 丰富度指数的变化范围在 32 ~ 168，平均值为 82.72。春季 Chao 丰富度指数较高，平均值为 89.93，夏季和秋季 Chao 丰富度指数逐渐降低，分别为 81.87 和 60.72，且秋季达到 Chao 丰富度指数最低点，冬季 Chao 丰富度指数迅速升高，并达到季节中最高值，平均为 98.56。Chao 丰富度指数在季节变化上表现为冬季>春季>夏季>秋季，在空间上 Chao 丰富度指数最高点在夏季的 KX，达到 168，最低点在春季的 WLQ，仅为 32。基于单因素方差显示，Chao 丰富度指数在夏季空间分布上存在显著性差异（P<0.05），但在春季、秋季和冬季空间分布上差异性不显著（P>0.05）。

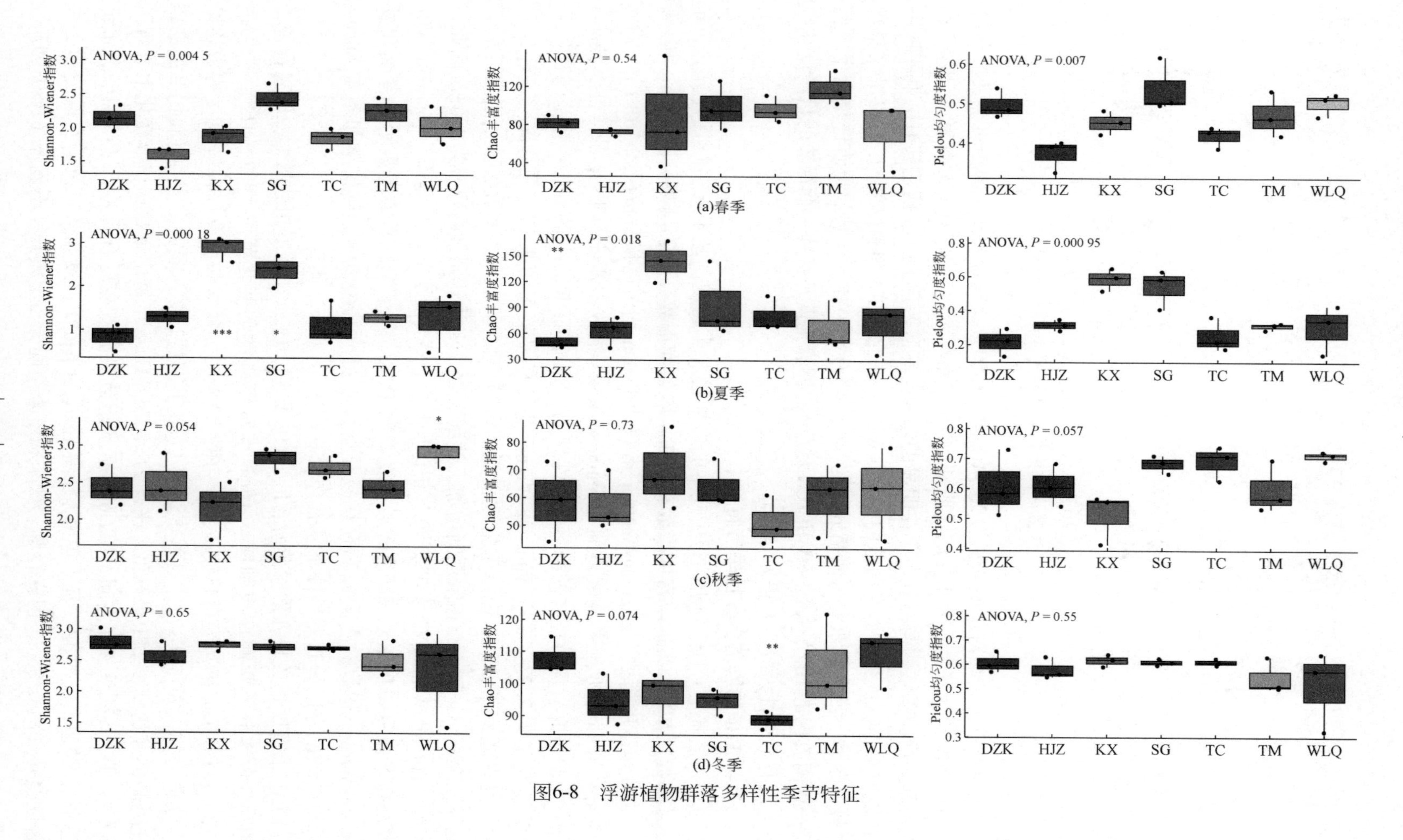

(a)春季

(b)夏季

(c)秋季

(d)冬季

图6-8 浮游植物群落多样性季节特征

Pielou 均匀度指数是反映各物种个体数目分配的均匀程度。Pielou 均匀度指数的变化范围在 0.13 ~ 0.74，平均值为 0.51。在季节变化上，春季浮游植物的 Pielou 均匀度指数平均值为 0.46，夏季降至最低，为 0.36，秋季达到最高（0.63），冬季略有下降（0.58）。在空间分布上，秋季和冬季的 Pielou 均匀度指数在空间上没有显著性差异（$P>0.05$），而春季和夏季的浮游植物 Pielou 均匀度指数在空间上差异显著（$P<0.05$），Pielou 均匀度指数最高值在秋季的 WLQ，而最低值分布在夏季的 DZK。

（4）浮游植物群落共线性网络的季节演替

为探索浮游植物群落结构在四季间的演替，构建了四季共线性网络。结果如图 6-9 所示。图 6-9 中所有浮游植物群落的阈值被确定为 0.60，正相关在每个季节中占 74% 以上，浮游植物群落在夏季和冬季形成更大的网络。基于Gephi 0.9.2软件的统计分析表明，所有季节的平均度、平均加权度和平均路径长度在夏季最高。网密度在 0.091 ~ 0.158，冬季远高于其他季节；秋季的模块化和连接部件最高。

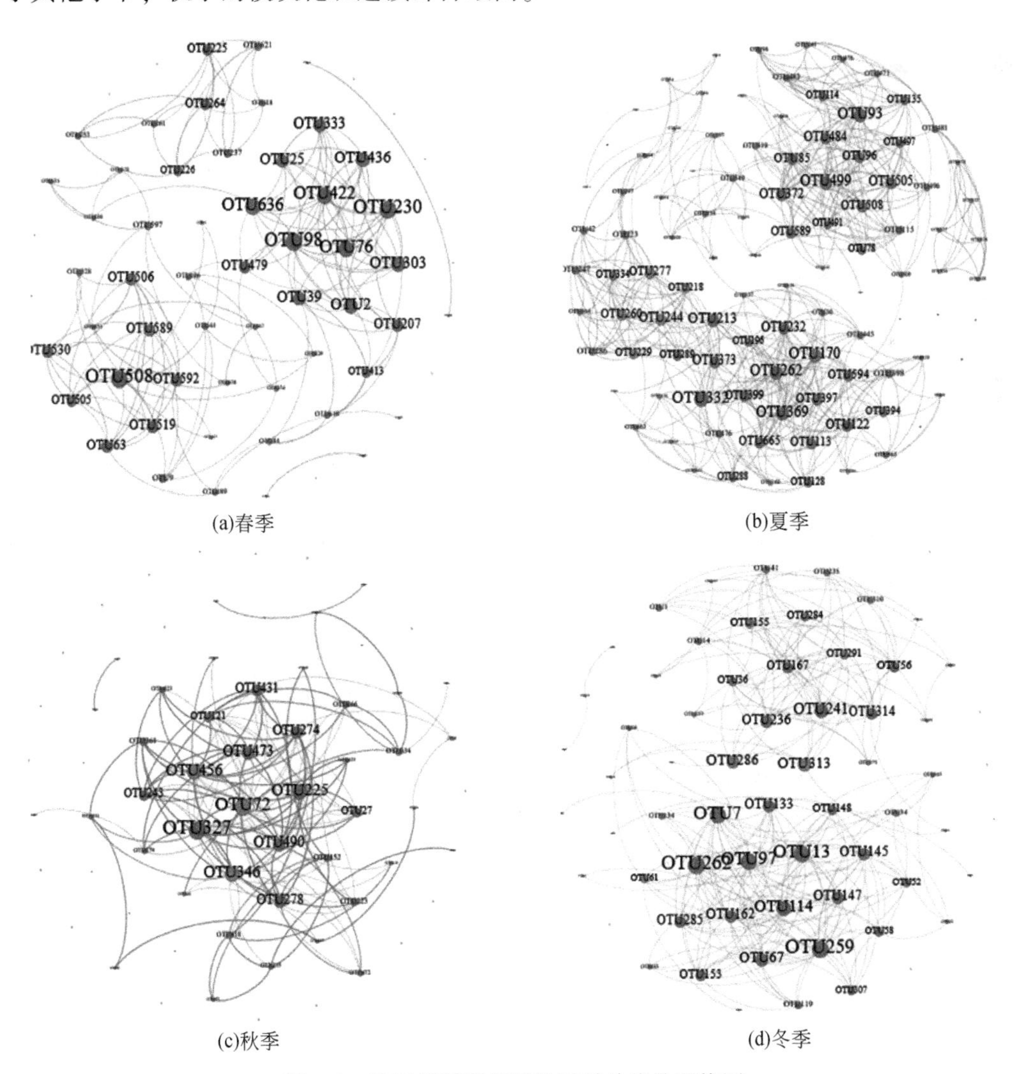

(a)春季　(b)夏季　(c)秋季　(d)冬季

图 6-9　库区浮游真核植物四季共线性网络图

为了确定每个季节的网络组成，通过可视化至少 20 个主要模块的系统发育树，并将浮游植物在季节演替上分别具有相关性较高的代表性物种关联到相关属水平上。春季，卵囊藻（*Oocystidium*，OTU76）、*Rotundella*（OTU98）与 *Pseudomuriella*（OTU422）相关性较高，碟星藻（*Discostella*，OTU2）和迪森藻 *Deasonia*（OTU230）连接边数最多。夏季，共线性网络结构节点和边较其他季节密度高，连接边数较多的代表性物种是衣藻（*Chlamydomonas*，OTU332）、单针藻（*Monoraphidium*，OTU93）、颗粒浮生直链藻（*Aulacoseira*，OTU170）、*Discostella*（OTU113）、*Monactinus*（OTU499）和 *Merotricha*（OTU122），而四孢藻（*Tetracystis*，OTU369）和壳衣藻（*Phacotus*，OTU262）之间的相关性较强。秋季，物种连接较为简单，但存在较强的相关性，例如 *Discostella*（OTU456）和 *Aulacoseira*（OTU72）之间存在极强的负相关性，布朗葡萄藻（*Botryococcus*，OTU225）、四棘藻（*Acanthoceras*，OTU346）和 *Dangeardinia*（OTU327）之间存在较强的正相关性。冬季，麦可 *Mychonastes*（OTU259）与索囊（*Choricystis*，OTU7）、*Aulacoseira*（OTU291）与转板藻（*Mougeotia*，OTU13）存在较强的正相关性，衣藻（*Chlamydomonas*，OTU241）、*Pseudomuriella*（OTU97）、链带藻（*Desmodesmus*，OTU114）、单针藻（*Monoraphidium*，OTU13）和 *Mychonastes*（OTU259）连接边数较多。总体而言，库区四季浮游植物群落共线性网络是以 *Aulacoseira*、*Discostella*、*Chlamydomonas*、*Monoraphidium* 和 *Pseudomuriella* 为基础的演替群落。

6.4.2 浮游植物群落结构空间特征

库区浮游植物样品通过 Illumina 高通量测序获得 1 972 914 条原始序列，各样品碱基平均长度为 420bp。筛选优质序列后得到 1 646 862 条有效序列，然后使用预先训练好的 Naive Bayes 分类器对所有样品的有效序列进行聚类，将相似度≥97% 的序列划分为 1 个 OTU，共得到 3135 个 OTU，属于 12 门 68 属。覆盖度均超过 99%，当测序读数达到 20 000 条序列时，稀释曲线逐渐趋于平缓（图 6-10），可以说明测序深度已足够覆盖绝大多数真核浮游植物，数据可靠（Hajibabaei et al.，2011）。

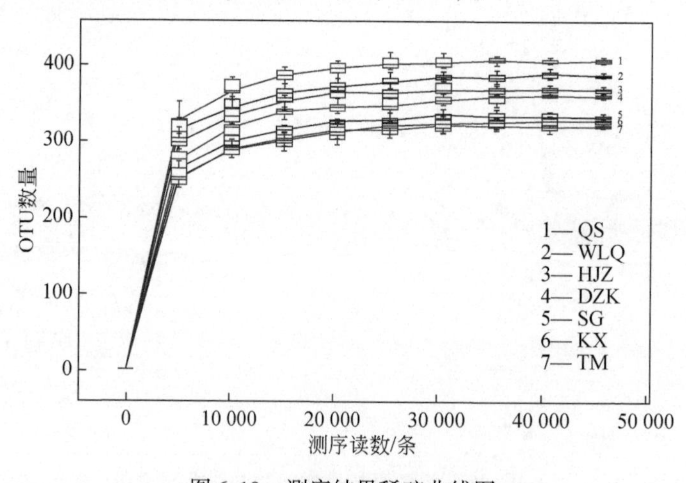

图 6-10　测序结果稀疏曲线图

(1) 浮游植物群落结构组成分析

门水平上各样本浮游植物相对丰度见图 6-11。库区 7 个采样点中浮游植物主要类群有甲藻（41.0%）、硅藻（35.3%）、绿藻（13.3%）、定鞭藻（7.5%）和金藻（1.9%），其他如异鞭藻、真眼点藻等浮游植物相对丰度共计 1%。库区物种组成表现为甲藻-硅藻-绿藻型结构。除 TM 硅藻相对丰度（22.9%）小于甲藻（65.8%）、WLQ 硅藻相对丰度（27.0%）小于甲藻（49.4%）和 HJZ 硅藻相对丰度（16.4%）小于甲藻（34.8%）外，其余各采样点群落分布大致相同，均以硅藻占优势，其次为甲藻。

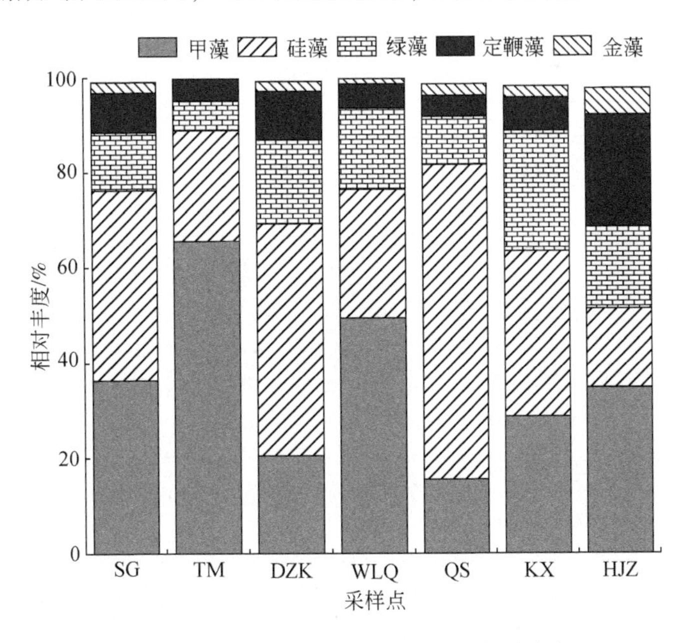

图 6-11 门水平上各样本浮游植物相对丰度

基于属分类水平下，各采样点浮游植物主要类群及相对丰度见表 6-4。28 个样本中共检测到浮游植物 68 属，均有类群未能鉴定到属。各样本浮游植物主要类群差异不大，但相对丰度有所差异。例如，宋岗（SG）0.5m 和 5m 处相对丰度最高的是隐藻门隐藻属（*Cryptomonas*）；10m 和 20m 处相对丰度最高的是硅藻未定属，相对丰度分别达到了 98.46% 和 81.68%。

表 6-4 属水平上库区总体浮游植物群落组成

采样点	深度/m	主要属
宋岗（SG）	0.5	隐藻门隐藻属（*Cryptomonas*，43.19%）、甲藻门属（*Bysmatrum*，29.94%）、裸藻门红胞藻属（*Rhodomonas*，9.14%）、金藻门金色藻属（*Chrysochromulina*，7.32%）、甲藻门角甲藻属（*Ceratium*，2.75%）、绿藻门衣藻属（*Chlamydomonas*，43.19%）、隐藻门伸长斜片藻（*Plagioselmis*，43.19%）、绿藻门壳衣藻属（*Phacotus*，1.97%）、硅藻未定属（1.16%）、硅藻门直链藻属（*Aulacoseira*，0.41%）

续表

采样点	深度/m	主要属
宋岗（SG）	5	隐藻门隐藻属（*Cryptomonas*，42.69%）、甲藻门属（*Bysmatrum*，14.88%）、硅藻未定属（13.56%）、金藻门金色藻属（*Chrysochromulina*，8.27%）、裸藻门红胞藻属（*Rhodomonas*，8.27%）、甲藻门角甲藻属（*Ceratium*，5.56%）、隐藻门伸长斜片藻（*Plagioselmis*，2.56%）、绿藻门壳衣藻属（*Phacotus*，2.1%）、绿藻门衣藻属（*Chlamydomonas*，1.65%）
	10	硅藻未定属（98.46%）、甲藻门属（*Bysmatrum*，0.70%）、隐藻门隐藻属（*Cryptomonas*，0.49%）、金藻门金色藻属（*Chrysochromulina*，0.14%）、裸藻门红胞藻属（*Rhodomonas*，0.14%）、绿藻门壳衣藻属（*Phacotus*，0.07%）
	20	硅藻未定属（81.68%）、甲藻门属（*Bysmatrum*，9.59%）、隐藻门隐藻属（*Cryptomonas*，4.31%）、绿藻门团藻属（*Volvox*，1.13%）、甲藻门角甲藻属（*Ceratium*，1.13%）、裸藻门红胞藻属（*Rhodomonas*，0.79%）、绿藻门衣藻属（*Chlamydomonas*，0.45%）、金藻门金色藻属（*Chrysochromulina*，0.34%）、绿藻门壳衣藻属（*Phacotus*，0.34%）、隐藻门伸长斜片藻（*Plagioselmis*，0.23%）
土门（TM）	0.5	甲藻门属（*Bysmatrum*，95.42%）、隐藻门隐藻属（*Cryptomonas*，1.89%）、硅藻未定属（1.05%）、金藻门金色藻属（*Chrysochromulina*，0.63%）、裸藻门红胞藻属（*Rhodomonas*，0.30%）、绿藻门壳衣藻属（*Phacotus*，0.21%）、甲藻门沟鞭藻属（*Bysmatrum*，0.16%）、绿藻门衣藻属（*Chlamydomonas*，0.16%）、隐藻门伸长斜片藻（*Plagioselmis*，0.09%）
	5	甲藻门属（*Bysmatrum*，76.72%）、硅藻未定属（16.79%）、隐藻门隐藻属（*Cryptomonas*，4.71%）、绿藻门壳衣藻属（*Phacotus*，0.63%）、裸藻门红胞藻属（*Rhodomonas*，0.52%）、隐藻门伸长斜片藻（*Plagioselmis*，0.31%）、金藻门金色藻属（*Chrysochromulina*，0.21%）、甲藻门角甲藻属（*Ceratium*，0.10%）
	10	甲藻门属（*Bysmatrum*，44.58%）、硅藻未定属（43.78%）、隐藻门隐藻属（*Cryptomonas*，4.43%）、绿藻门团藻属（*Volvox*，2.29%）、金藻门金色藻属（*Chrysochromulina*，1.80%）、裸藻门红胞藻属（*Rhodomonas*，0.98%）、绿藻门衣藻属（*Chlamydomonas*，0.98%）、绿藻门壳衣藻属（*Phacotus*，0.81%）、藻门伸长斜片藻（*Plagioselmis*，0.33%）
	20	硅藻未定属（60.68%）、绿藻门团藻属（*Volvox*，37.91%）、隐藻门隐藻属（*Cryptomonas*，0.84%）、甲藻门属（*Bysmatrum*，0.18%）、隐藻门伸长斜片藻（*Plagioselmis*，0.18%）、绿藻门壳衣藻属（*Phacotus*，0.18%）
黑鸡嘴（HJZ）	0.5	隐藻门隐藻属（*Cryptomonas*，41.54%）、硅藻未定属（26.33%）、金藻门金色藻属（*Chrysochromulina*，11.41%）、裸藻门红胞藻属（*Rhodomonas*，5.17%）、甲藻门属（*Bysmatrum*，4.11%）、甲藻门角甲藻属（*Ceratium*，3.37%）、绿藻门壳衣藻属（*Phacotus*，2.22%）、隐藻门伸长斜片藻（*Plagioselmis*，2.05%）、绿藻门衣藻属（*Chlamydomonas*，1.64%）、硅藻门脆杆藻属（*Fragilaria*，0.27%）

续表

采样点	深度/m	主要属
黑鸡嘴（HJZ）	5	隐藻门隐藻属（*Cryptomonas*，35.84%）、甲藻门属（*Bysmatrum*，25.09%）、金藻门金色藻属（*Chrysochromulina*，21.50%）、硅藻未定属（6.82%）、裸藻门红胞藻属（*Rhodomonas*，3.58%）、绿藻门壳衣藻属（*Phacotus*，3.58%）、隐藻门伸长斜片藻（*Plagioselmis*，2.39%）
	10	隐藻门隐藻属（*Cryptomonas*，50.19%）、金藻门金色藻属（*Chrysochromulina*，20.10%）、硅藻未定属（6.12%）、裸藻门红胞藻属（*Rhodomonas*，5.98%）、隐藻门伸长斜片藻（*Plagioselmis*，5.61%）、绿藻门衣藻属（*Chlamydomonas*，3.82%）、甲藻门属（*Bysmatrum*，3.50%）、绿藻门壳衣藻属（*Phacotus*，2.12%）、绿藻门团藻属（*Volvox*，1.24%）、甲藻门角甲藻属（*Ceratium*，0.78%）、硅藻门脆杆藻属（*Fragilaria*，0.29%）、硅藻门直链藻属（*Aulacoseira*，0.10%）
	20	隐藻门隐藻属（*Cryptomonas*，68.97%）、金藻门金色藻属（*Chrysochromulina*，8.72%）、裸藻门红胞藻属（*Rhodomonas*，6.08%）、绿藻门衣藻属（*Chlamydomonas*，5.20%）、隐藻门伸长斜片藻（*Plagioselmis*，2.82%）、绿藻门壳衣藻属（*Phacotus*，2.55%）、甲藻门属（*Bysmatrum*，2.29%）、硅藻未定属（2.15%）、硅藻门直链藻属（*Aulacoseira*，0.31%）、甲藻门角甲藻属（*Ceratium*，0.18%）、硅藻门脆杆藻属（*Fragilaria*，0.12%）
库心（KX）	0.5	隐藻门隐藻属（*Cryptomonas*，59.84%）、裸藻门红胞藻属（*Rhodomonas*，10.59%）、金藻门金色藻属（*Chrysochromulina*，9.03%）、硅藻未定属（4.35%）、隐藻门伸长斜片藻（*Plagioselmis*，2.82%）、甲藻门属（*Bysmatrum*，2.26%）、甲藻门角甲藻属（*Ceratium*，2.26%）、绿藻门壳衣藻属（*Phacotus*，1.98%）、绿藻门衣藻属（*Chlamydomonas*，1.98%）、硅藻门脆杆藻属（*Fragilaria*，0.24%）
	5	绿藻门团藻属（*Volvox*，61.56%）、硅藻未定属（21.13%）、隐藻门隐藻属（*Cryptomonas*，5.62%）、裸藻门红胞藻属（*Rhodomonas*，1.17%）、绿藻门衣藻属（*Chlamydomonas*，1.17%）、金藻门金色藻属（*Chrysochromulina*，0.94%）、绿藻门壳衣藻属（*Phacotus*，0.70%）、甲藻门属（*Bysmatrum*，0.47%）、硅藻门脆杆藻属（*Fragilaria*，0.31%）、隐藻门伸长斜片藻（*Plagioselmis*，0.23%）、甲藻门角甲藻属（*Ceratium*，0.23%）
	10	硅藻未定属（43.04%）、隐藻门隐藻属（*Cryptomonas*，18.65%）、甲藻门属（*Bysmatrum*，9.33%）、裸藻门红胞藻属（*Rhodomonas*，9.46%）、金藻门金色藻属（*Chrysochromulina*，6.53%）、甲藻门角甲藻属（*Ceratium*，6.53%）、硅藻门脆杆藻属（*Fragilaria*，3.80%）、绿藻门壳衣藻属（*Phacotus*，2.80%）、绿藻门衣藻属（*Chlamydomonas*，1.87%）
	20	隐藻门隐藻属（*Cryptomonas*，43.68%）、硅藻未定属（29.13%）、裸藻门红胞藻属（*Rhodomonas*，7.51%）、甲藻门属（*Bysmatrum*，5.29%）、金藻门金色藻属（*Chrysochromulina*，4.55%）、隐藻门伸长斜片藻（*Plagioselmis*，3.91%）、甲藻门角甲藻属（*Ceratium*，1.59%）、绿藻门壳衣藻属（*Phacotus*，1.59%）、绿藻门衣藻属（*Chlamydomonas*，1.48%）、绿藻门团藻属（*Volvox*，0.32%）、硅藻门直链藻属（*Aulacoseira*，0.22%）

续表

采样点	深度/m	主要属
党子口（DZK）	0.5	硅藻未定属（45.98%）、隐藻门隐藻属（*Cryptomonas*，27.91%）、金藻门金色藻属（*Chrysochromulina*，9.93%）、甲藻门属（*Bysmatrum*，8.12%）、裸藻门红胞藻属（*Rhodomonas*，4.85%）、隐藻门伸长斜片藻（*Plagioselmis*，0.92%）、绿藻门壳衣藻属（*Phacotus*，0.85%）、绿藻门衣藻属（*Chlamydomonas*，0.69%）、甲藻门角甲藻属（*Ceratium*，0.26%）
	5	绿藻门团藻属（*Volvox*，69.86%）、硅藻未定属（12.28%）、甲藻门属（*Bysmatrum*，9.90%）、隐藻门隐藻属（*Cryptomonas*，4.42%）、裸藻门红胞藻属（*Rhodomonas*，1.06%）、甲藻门角甲藻属（*Ceratium*，0.88%）、绿藻门壳衣藻属（*Phacotus*，0.71%）、金藻门金色藻属（*Chrysochromulina*，0.35%）、绿藻门衣藻属（*Chlamydomonas*，0.35%）、隐藻门伸长斜片藻（*Plagioselmis*，0.18%）
	10	隐藻门隐藻属（*Cryptomonas*，36.21%）、硅藻未定属（29.75%）、甲藻门角甲藻属（*Ceratium*，12.49%）、裸藻门红胞藻属（*Rhodomonas*，6.24%）、金藻门金色藻属（*Chrysochromulina*，4.37%）、甲藻门属（*Bysmatrum*，3.12%）、隐藻门伸长斜片藻（*Plagioselmis*，2.50%）、绿藻门壳衣藻属（*Phacotus*，1.87%）、硅藻门脆杆藻属（*Fragilaria*，1.58%）、绿藻门衣藻属（*Chlamydomonas*，0.62%）
	20	隐藻门隐藻属（*Cryptomonas*，36.68%）、硅藻未定属（23.04%）、甲藻门属（*Bysmatrum*，20.14%）、金藻门金色藻属（*Chrysochromulina*，5.75%）、裸藻门红胞藻属（*Rhodomonas*，5.75%）、隐藻门伸长斜片藻（*Plagioselmis*，4.32%）、甲藻门角甲藻属（*Ceratium*，1.44%）、绿藻门衣藻属（*Chlamydomonas*，0.72%）
五龙泉（WLQ）	0.5	甲藻门属（*Bysmatrum*，32.64%）、隐藻门隐藻属（*Cryptomonas*，29.53%）、裸藻门红胞藻属（*Rhodomonas*，11.66%）、金藻门金色藻属（*Chrysochromulina*，9.33%）、硅藻未定属（6.46%）、甲藻门角甲藻属（*Ceratium*，3.11%）、隐藻门伸长斜片藻（*Plagioselmis*，1.75%）、绿藻门壳衣藻属（*Phacotus*，1.36%）、绿藻门衣藻属（*Chlamydomonas*，1.17%）、绿藻门团藻属（*Volvox*，0.39%）、硅藻门直链藻属（*Aulacoseira*，0.28%）、硅藻门舟形藻属（*Navicula*，0.25%）
	5	甲藻门属（*Bysmatrum*，60.28%）、硅藻未定属（15.41%）、隐藻门隐藻属（*Cryptomonas*，12.89%）、金藻门金色藻属（*Chrysochromulina*，4.85%）、裸藻门红胞藻属（*Rhodomonas*，3.88%）、隐藻门伸长斜片藻（*Plagioselmis*，1.14%）、绿藻门壳衣藻属（*Phacotus*，0.21%）、绿藻门衣藻属（*Chlamydomonas*，0.21%）、硅藻门脆杆藻属（*Fragilaria*，0.04%）、绿藻门团藻属（*Volvox*，0.02%）
	10	硅藻未定属（96.13%）、隐藻门隐藻属（*Cryptomonas*，1.59%）、裸藻门红胞藻属（*Rhodomonas*，0.53%）、甲藻门属（*Bysmatrum*，0.45%）、金藻门金色藻属（*Chrysochromulina*，0.45%）、隐藻门伸长斜片藻（*Plagioselmis*，0.38%）、绿藻门团藻属（*Volvox*，0.15%）、绿藻门壳衣藻属（*Phacotus*，0.15%）、甲藻门角甲藻属（*Ceratium*，0.07%）
	20	绿藻门团藻属（*Volvox*，64.21%）、硅藻未定属（23.38%）、隐藻门隐藻属（*Cryptomonas*，5.65%）、甲藻门属（*Bysmatrum*，2.70%）、金藻门金色藻属（*Chrysochromulina*，1.26%）、裸藻门红胞藻属（*Rhodomonas*，1.11%）、隐藻门伸长斜片藻（*Plagioselmis*，0.72%）、绿藻门壳衣藻属（*Phacotus*，0.29%）、甲藻门角甲藻属（*Ceratium*，0.24%）

续表

采样点	深度/m	主要属
渠首（QS）	0.5	隐藻门隐藻属（*Cryptomonas*，31.52%）、硅藻未定属（27.92%）、裸藻门红胞藻属（*Rhodomonas*，11.61%）、金藻门金色藻属（*Chrysochromulina*，11.06%）、绿藻门壳衣藻属（*Phacotus*，3.87%）、绿藻门衣藻属（*Chlamydomonas*，2.77%）、甲藻门属（*Bysmatrum*，2.21%）、甲藻门角甲藻属（*Ceratium*，2.21%）、隐藻门伸长斜片藻（*Plagioselmis*，1.66%）、绿藻门团藻属（*Volvox*，0.92%）
	5	硅藻未定属（94.27%）、隐藻门隐藻属（*Cryptomonas*，3.40%）、裸藻门红胞藻属（*Rhodomonas*，0.68%）、金藻门金色藻属（*Chrysochromulina*，0.51%）、甲藻门属（*Bysmatrum*，0.26%）、隐藻门伸长斜片藻（*Plagioselmis*，0.17%）、绿藻门壳衣藻属（*Phacotus*，0.17%）、硅藻门直链藻属（*Aulacoseira*，0.11%）、绿藻门衣藻属（*Chlamydomonas*，0.09%）
	10	硅藻未定属（79.70%）、绿藻门团藻属（*Volvox*，18.06%）、隐藻门隐藻属（*Cryptomonas*，1.08%）、甲藻门属（*Bysmatrum*，0.25%）、裸藻门红胞藻属（*Rhodomonas*，0.25%）、隐藻门伸长斜片藻（*Plagioselmis*，0.25%）、金藻门金色藻属（*Chrysochromulina*，0.17%）、绿藻门壳衣藻属（*Phacotus*，0.17%）
	20	硅藻未定属（38.94%）、隐藻门隐藻属（*Cryptomonas*，34.23%）、裸藻门红胞藻属（*Rhodomonas*，7.44%）、金藻门金色藻属（*Chrysochromulina*，5.11%）、隐藻门伸长斜片藻（*Plagioselmis*，4.14%）、甲藻门属（*Ceratium*，2.96%）、绿藻门壳衣藻属（*Phacotus*，1.77%）、甲藻门沟鞭藻属（*Bysmatrum*，1.15%）、绿藻门衣藻属（*Chlamydomonas*，0.42%）、硅藻门直链藻属（*Aulacoseira*，0.31%）、绿藻门团藻属（*Volvox*，0.17%）、硅藻门脆杆藻属（*Fragilaria*，0.07%）

（2）浮游植物群落多样性垂直分布特征

各采样点垂直方向上浮游植物群落 α 多样性分析结果如图 6-12 所示。SG、TM 和 DZK 浮游植物群落丰度（Chao 丰富度指数和 Observed-species 物种多样性指数）和多样性[Shannon-Wiener 指数和辛普森（Simpson）指数]随水深而下降。WLQ、QS 和 HJZ 3 个采样点浮游植物 α 多样性指数变化范围较大，浮游植物群落垂向分布规律随水深变化不明显。KX 浮游植物的 Pielou 均匀度指数变化范围较小，表明在垂直方向上浮游植物群落分布较均匀。

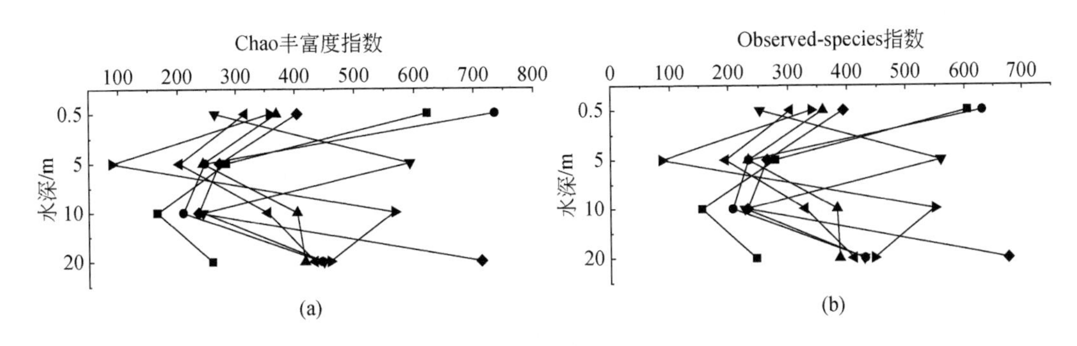

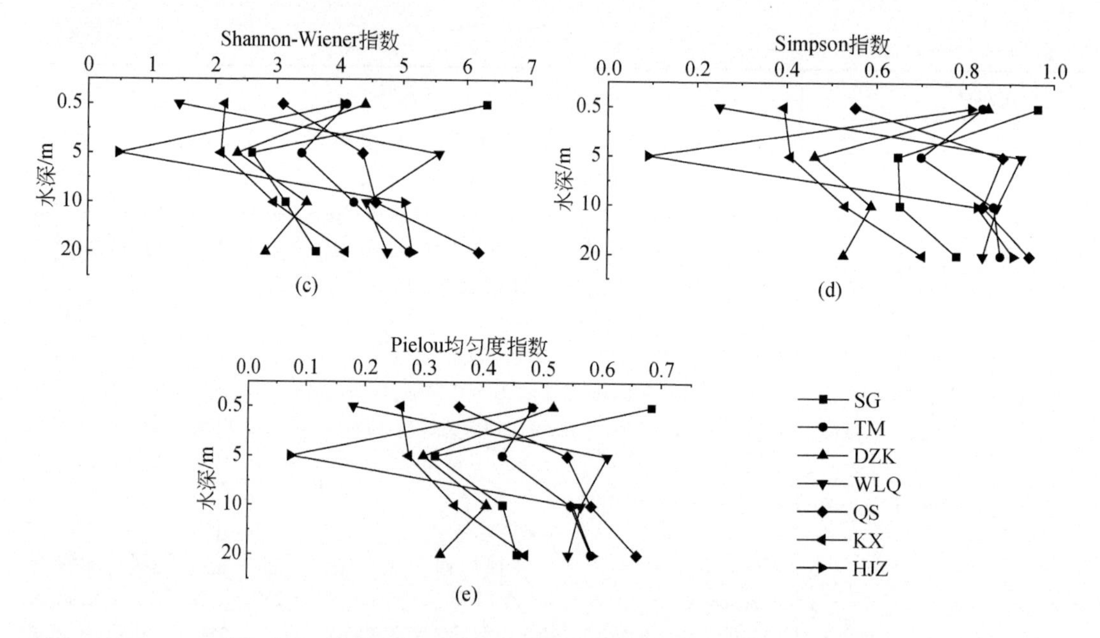

图6-12　各采样点垂直方向上浮游植物群落 α 多样性分析结果

进一步比较7个采样点0.5m、5m、10m和20m浮游植物物种组成的差异，利用物种组成热图（β多样性）对所有样本进行差异分析（图6-13，见彩图），将低丰度和高丰度的群落分块聚集，通过色块差异来反映浮游植物群落组成的相似性和差异性，色柱（-0.93～4.24）表示浮游植物在各样本中的丰度变化范围。黑色线段长度代表物种对样本的重要性，与色柱无关。从上到下，物种对样本的重要性依次递减，可认为这些重要性靠前的物种是组间差异的标志物种。横向可比较各采样点浮游植物群落0.5～20m的差异，如SG硅藻（Bacillariophyta）相对丰度随水深递增，而真眼点藻（Eustigmatophyceae）、定鞭藻（Haptophyceae）和金藻（Chrysophyceae）等群落随水深递减。造成各采样点浮游植物群落垂直分布差异的标志物种依次为硅藻、甲藻（Dinophyceae）、绿藻（Chlorophyta）和金藻等。

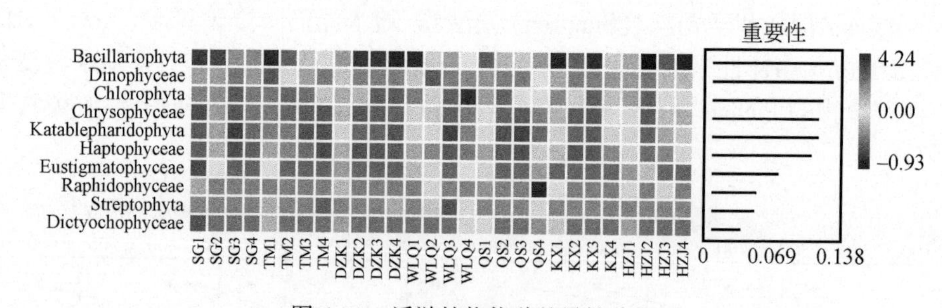

图6-13　浮游植物物种差异性分析

（3）浮游植物群落多样性水平分布特征

各采样点统一采样深度浮游植物相对丰度排名前十的群落如图6-14所示，库区浮游植物群落0.5m处甲藻占优，其中TM浮游植物群落丰富度最高，以甲藻（41.1%）为主；

SG 群落多样性最高，分别为甲藻、绿藻、定鞭藻、金藻和硅藻等。5m 处以甲藻为主，其中 WLQ 浮游植物群落丰度和多样性最高，包括甲藻（39.7%）、硅藻（6.5%）和定鞭藻（3.7%）等。10m 处除 HJZ 甲藻占优外，其他采样点以硅藻为主。20m 处大多数样点以硅藻为主，WLQ 绿藻为优势门类，HJZ 甲藻占优。

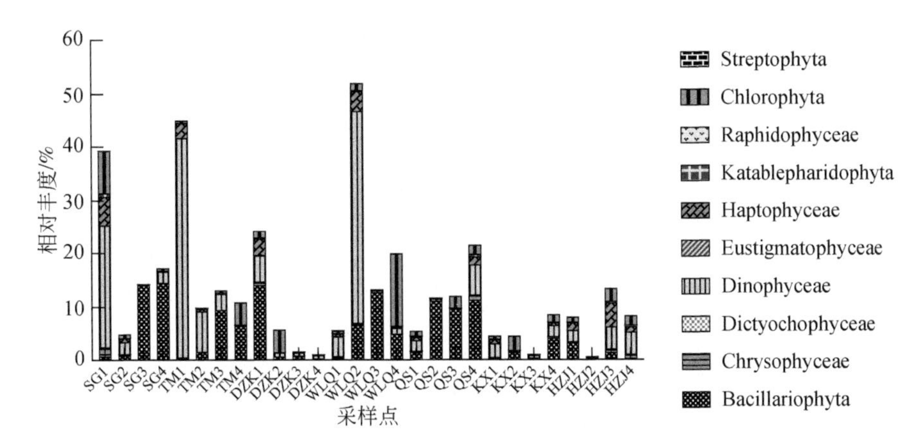

图 6-14　水平方向上浮游植物相对丰度

水平方向上浮游植物群落 α 多样性分析结果如表 6-5 所示，每个样本的覆盖率（coverage）指数均超过了 0.99，表明覆盖率均超过了 99%，可充分覆盖库区浮游植物类群。Simpson 指数表示浮游植物多样性程度，不同深度最大值分别出现在 SG1、WLQ2、WLQ3 和 QS4，表明 0.5m 处 SG 浮游植物多样性最高，5m 和 10m 处 WLQ 浮游植物多样性最高，20m 处 QS 浮游植物多样性最高。每层 Pielou 均匀度指数变化范围较大，表明水平方向上各采样点浮游植物群落分布不均匀，存在较大差异。Observed-species 指数和 Chao 丰富度指数表征浮游植物相对丰度，物种丰富度在 0.5m 处排序为 TM>SG>QS>DZK>HJZ>KX>WLQ；在 5m 处排序为 WLQ>SG>QS>TM>DZK>KX>HJZ；在 10m 处排序为 HJZ>DZK>KX>WLQ>QS>TM>SG；在 20m 处排序为 QS>HJZ>WLQ>TM>KX>DZK>SG。

表 6-5　水平方向上浮游植物群落 α 多样性分析结果

采样点	coverage 指数	Chao 丰富度指数	Observed-species 指数	Pielou 均匀度指数	Simpson 指数	OTU 数量
SG1	0.9989	622	605	0.68	0.96	616
TM1	0.9992	735	630	0.48	0.84	368
DZK1	0.9994	369	359	0.52	0.85	363
WLQ1	0.9995	264	252	0.18	0.25	260
QS1	0.9994	404	394	0.36	0.55	399
KX1	0.9994	315	303	0.26	0.39	311
HJZ1	0.9992	357	339	0.48	0.81	348
SG2	0.9996	283	278	0.32	0.65	281
TM2	0.9994	247	234	0.43	0.70	238

续表

采样点	coverage 指数	Chao 丰富度指数	Observed-species 指数	Pielou 均匀度指数	Simpson 指数	OTU 数量
DZK2	0.9995	243	233	0.30	0.46	240
WLQ2	0.9987	593	560	0.61	0.93	578
QS2	0.9995	272	264	0.54	0.88	267
KX2	0.9996	203	196	0.27	0.41	200
HJZ2	0.9998	89	86	0.07	0.09	89
SG3	0.9996	166	156	0.43	0.65	160
TM3	0.9998	210	207	0.55	0.86	208
DZK3	0.9991	404	383	0.41	0.59	390
WLQ3	0.9994	243	227	0.57	0.87	232
QS3	0.9997	236	232	0.58	0.84	233
KX3	0.9991	354	329	0.35	0.53	344
HJZ3	0.9990	567	549	0.55	0.83	555
SG4	0.9994	259	246	0.46	0.78	253
TM4	0.9991	447	430	0.58	0.88	432
DZK4	0.9988	418	387	0.33	0.53	403
WLQ4	0.9991	449	429	0.54	0.84	437
QS4	0.9983	713	676	0.66	0.95	399
KX4	0.9991	434	411	0.47	0.70	418
HJZ4	0.9991	460	446	0.59	0.91	450

水平方向上浮游植物群落 β 多样性的聚类分析如图 6-15 所示，0.5m 处 KX、WLQ 和 QS 浮游植物组成比较一致，均以甲藻、硅藻和绿藻为主，SG 包括甲藻、硅藻、定鞭藻和绿藻等 9 门浮游植物，因群落组成最为复杂而自成一组，TM、HJZ 和 DZK 因浮游植物群落丰度差异也各为一组；5m 处 HJZ、KX 和 DZK 的浮游植物以甲藻、硅藻和绿藻为主，其余 4 个采样点各为一组；10m 处 KX、DZK 和 HJZ 因相似度较高而为一组，主要包含甲藻、硅藻和绿藻，TM 和 WLQ 都由甲藻、硅藻、定鞭藻和金藻组成，SG 除金藻外浮游植物群

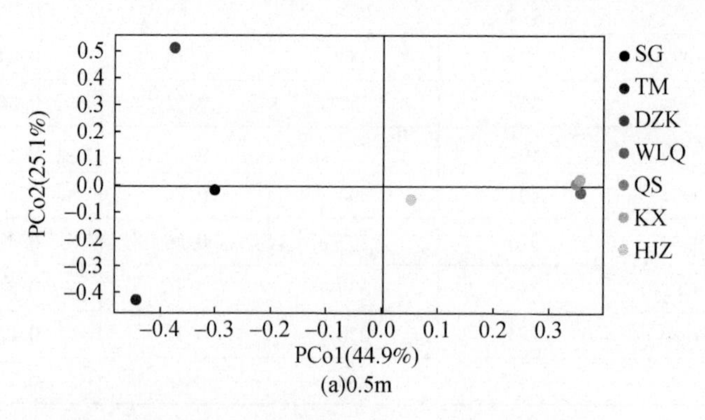

(a)0.5m

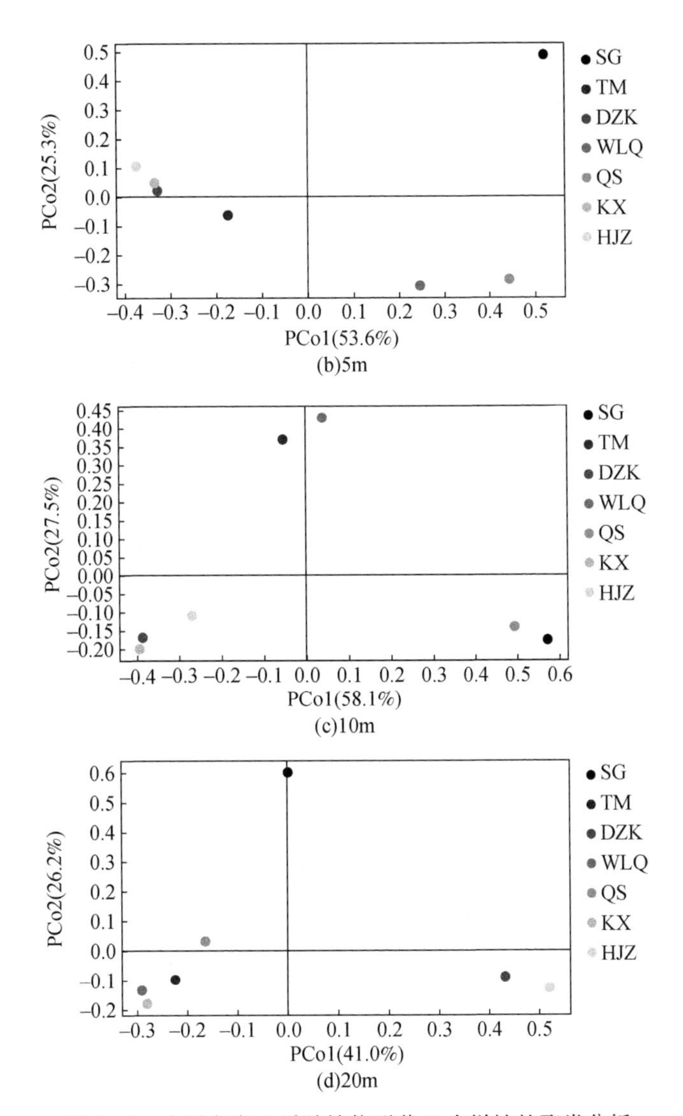

图 6-15 水平方向上浮游植物群落 β 多样性的聚类分析

落结构和渠首完全一致；20m 处 KX、WLQ、TM 和 QS 因相似度较高而为一组，主要包含硅藻、绿藻和甲藻，DZK 与 HJZ 群落结构相同，SG 为一组，由此可以发现各采样点间浮游植物群落 0.5m 处多样性存在较大差异。

6.5 浮游植物结构与理化因子

6.5.1 浮游植物群落季节变化的驱动因子

选取四季前 10 优势属及 TN、NO_3^--N、NO_2^--N、NH_4^+-N、TP、WT、Cond、SD、Chl-a 和 pH 共 10 个理化指标进行冗余分析（RDA）或典型对应分析（CCA），同时根据库区浮

游植物群落结构的理化指标，结合四季物种进行 Pearson 相关性分析，结果见图 6-16。图 6-16 中环境变量箭头的长度表示每个变量相对于样本的解释比例。春季 pH 对物种贡献率达到 22.9%。其中，pH 与小环藻（*Cyclotella*）和 *Atractomorpha_f_Sphaeropleaceae* 呈极显著负相关（$P<0.01$），与 *Pseudomuriella* 呈显著负相关（$P<0.05$），并对 SG 的浮游植物群落影响较大；夏季 TN 对浮游植物的贡献率达到 57.3%，远高于其他理化指标对浮游植物的影响，RDA 四季图显示，夏季理化指标与绿藻物种变量方向相反，但与硅藻的 *Discostella* 方向一致。TN 与 *Ochromonas* 呈显著负相关（$P<0.05$）；秋季 Chl-a 和 WT 对物种的贡献率分别达到 52.3% 和 24.4%，RDA 秋季图显示，物种与环境变量分布较为分散，Chl-a 与 *Discostella* 呈极显著正相关（$P<0.01$），WT 与 *Botryococcus* 呈极显著正相关（$P<0.01$），与 *Chlorococcum* 呈显著正相关（$P<0.05$）。冬季 NH_4^+-N 对物种的贡献率达到 75.2%，远大于

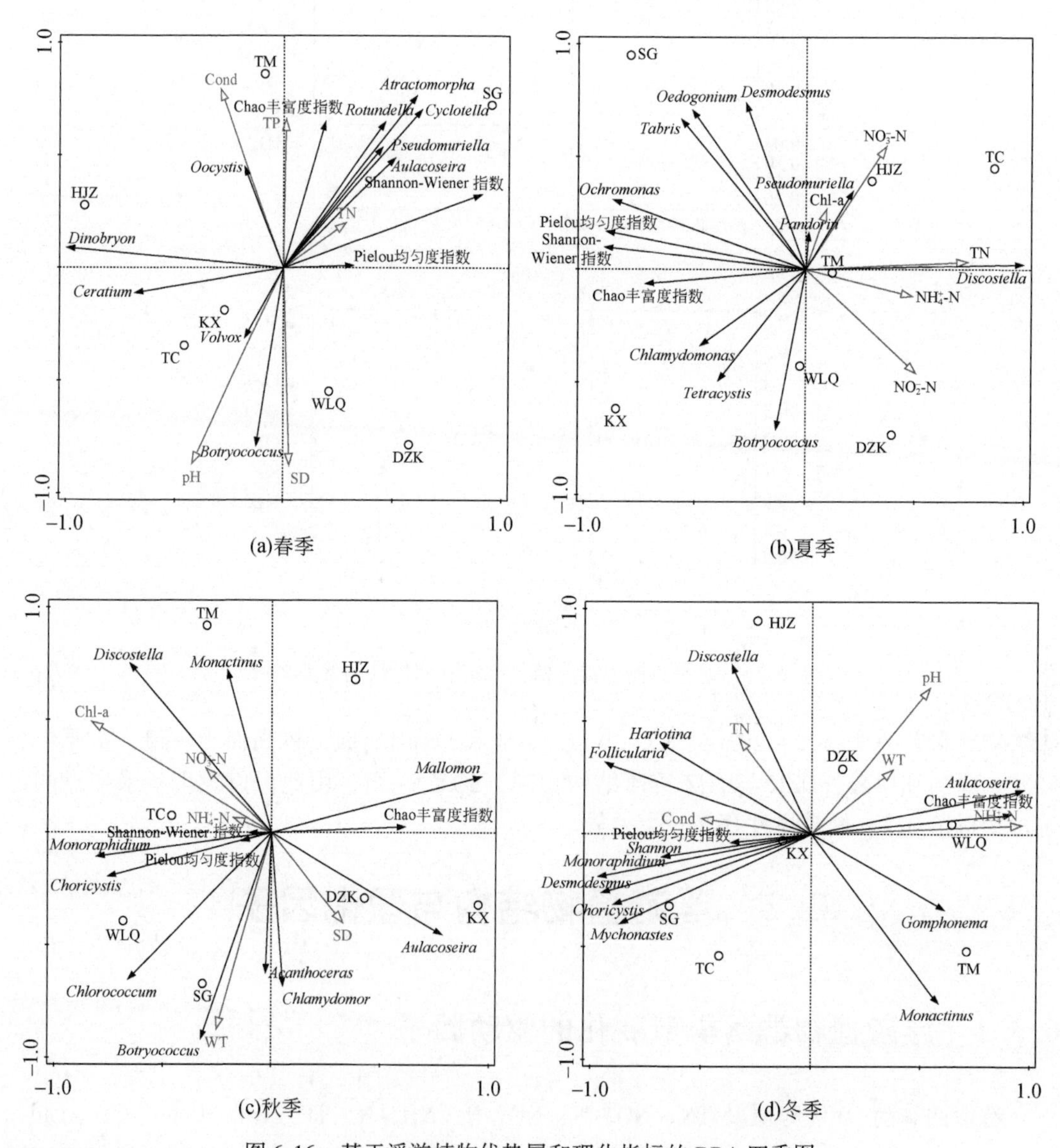

图 6-16　基于浮游植物优势属和理化指标的 RDA 四季图

其他理化指标对物种的贡献率（$P<0.05$），NH_4^+-N 与 *Aulacoseira* 呈极显著正相关（$P<0.01$），与大多数绿藻呈负相关，例如绿藻的 *Choricystis* 和 *Mychonastes* 均与 NH_4^+-N 呈显著负相关（$P<0.05$），NH_4^+-N 与绿藻的 *Desmodesmus* 和 *Monoraphidium* 呈极显著负相关（$P<0.01$），但与绿藻优势属 *Monactinus* 呈正相关。

RDA 四季图显示，影响物种群落结构较多的含氮化合物集中在夏季和冬季，而春季和秋季氮化合物对物种群落结构的贡献率相对较低，仅为 3.9% 和 13.7%，夏季 TN、NO_2^--N、NO_3^--N 和 NH_4^+-N 对物种群落变异的解释度分别为 57.3%、17.7%、10.1% 和 3.2%，合计达到 88.3%，而冬季对物种群落结构影响较大的含氮化合物主要是 NH_4^+-N 和 NO_3^--N，分别为 75.2% 和 5.9%，合计达到 81.1%，所以夏季和冬季含氮化合物对物种的影响较大。综合以上分析，影响四季浮游植物的理化指标主要是 pH、TN、Chl-a、WT 和 NH_4^+-N。

库区生态系统包含的多样性物种不仅是食物链的重要组成部分，还在调节水环境中发挥着重要作用。通常情况下，水温是驱动浮游植物群落演替的主要因素之一（Paches et al., 2019；Thuy et al., 2019；Wang et al., 2015）。浮游植物光合作用、生长、呼吸、运动和下沉以及资源获取都依赖于温度，由于不同浮游植物类群具有不同温度条件下的生长最佳值，因此温度也决定了浮游植物在季节中的演替（Zhu et al., 2019）。特别是秋季和冬季，在秋季，适宜的温度与大部分藻类如绿藻具有很好的正相关性，特别是与 *Chlorococcum* 和 *Botryococcus* 呈显著正相关，绿藻种类的多样性促进了秋季浮游植物多样性的增加。但在冬季温度较低的情况下，硅藻中的直链藻和异极藻在低温下和绿藻具有同样的竞争优势。然而，不同的水库具有不同的驱动因子，即使是相似的水库，不同季节浮游植物群落结构的驱动因子也有所不同（Niu et al., 2011；Wu et al., 2007）。

除温度外，TN、pH、Chl-a 和 NH_4^+-N 是驱动库区浮游植物群落演替的主要因素，这与之前库区文献中温度、总氮和 pH 对浮游植物影响的研究相一致（Gao et al., 2019；Tan and Wang, 2014）。RDA 四季图显示，夏季的营养成分是有限的，大量的浮游植物都远离营养盐的箭头，营养限制是夏季的共同特征（Shen et al., 2009）。尽管这样，星纹星盘藻粒径小、较大的表面体积比（Saxena et al., 2020）、较低的下沉速率（Winder et al., 2009；Ptacnik et al., 2003），能够多产繁殖（Litchman et al., 2007；Winder and Hunter, 2008），与营养物质（特别是 TN）具有很高的亲和力，在竞争中更具有优势（Zhou et al., 2018），导致夏季的硅藻丰度最高，这与中国上海金泽水库和西地中海夏季硅藻丰度较高的研究一致（Ning et al., 2021；Paches et al., 2019）。氮是浮游植物生长的基本营养物质，Perren 等（2017）在对阿拉斯加州湖泊沉积物中的 N、δ^{15}N 的研究中，发现全新世早期随着湖中有效活性氮含量的上升，星纹星盘藻的后期形成与沉积 δ^{15}N 的增加相耦合。Malik 等（2018）在对美国 Jordan Pond 的星纹星盘藻的研究中，发现星纹星盘藻的细胞密度在冰封后期较高，并在 8 月达到高峰，该类群在 7 月磷限制条件下在水柱中均匀分布，但在 8 月氮限制条件下在表层更为丰富。

春季优势种金藻的锥囊藻在 RDA 分布上远离营养物质，表明锥囊藻的丰度增加更多是与季节和周围环境有关。锥囊藻在 HJZ 的丰度最高，HJZ 处于水库西北方向，支流老鹳河入库汇合处，有一定水体流速，这种环境更适合锥囊藻生长，因为金藻更喜欢流速较高的水体（Nunes et al.，2018）。

pH 对水生生物的正常生长和发育非常重要。四季 pH 平均值为 8.89，pH 偏高有利于 CO_2溶解在水中，并促进浮游植物进行光合作用，从而提高初级生产力（Shou et al.，2018），特别是春季，pH 由于偏碱性，促进了小球藻目和衣藻目丰度的增加，但不利于一些硅藻（直链藻和小环藻）和绿藻（*Atractomorpha* 和 *Pseudomuriella*）的生长。秋季和冬季浮游植物理化指标较为分散，表明浮游植物生长受营养盐的影响较大。

冬季浮游植物受氨氮的影响较大。硅藻的直链藻和异极藻与氨氮呈正相关，而更多绿藻和物种多样性与氨氮呈显著负相关（除 *Monactinus* 外），表明绿藻和硅藻在争夺氨氮方面存在竞争关系，通常藻类会优先选择氨氮，因为氨氮能在氨基酸生物合成中直接被利用，当水体中的硝化细菌将氨转变成硝酸盐时，藻类利用氨氮是受到限制的（胡鸿钧和魏印心，2006），硅藻相比绿藻，其生长不受光照限制（Nunes et al.，2019），并在产生有机质的条件下，具有天然固有能力承受水体中的毒性水平，从而在利用氨氮方面更具有竞争力（Saxena et al.，2020）。

6.5.2 浮游植物群落空间变化的驱动因子

采用 RDA 分析水理化指标对浮游植物群落结构的影响，选取 WT、水深、DO、Cond、pH、TN、NH_4^+-N 和 NO_3^--N 8 个理化指标与前 6 个差异标志物种（甲藻、硅藻、绿藻、金藻、隐藻和定鞭藻）进行分析，分析结果如图 6-17 所示。第一和第二轴解释的方差百分比分别为 23.30% 和 13.26%，其中 NO_3^--N 是影响库区浮游植物群落结构和组成最重要的理化指标，其次是水深、DO、pH、WT、Cond、NH_4^+-N 和 TN。硅藻与 NO_3^--N、水深、Cond 和 NH_4^+-N 呈正相关，与 WT、pH、DO 和 TN 呈负相关。甲藻与 NO_3^--N 和水深呈负相关，与其他理化指标呈正相关。绿藻与 Cond、NH_4^+-N、TN 和 NO_3^--N 呈正相关，与 DO、pH 和 WT 呈负相关，与水深无明显相关性。由 RDA 结果可知，NO_3^--N 是影响浮游植物群落的主要氮营养盐，而库区 TN 浓度超标，可能会影响到库区的浮游植物群落演替。

RDA 即有约束条件的主成分分析，可以考虑到不同的约束条件下（本研究中的不同水理化指标）对样方的影响，即对库区各点位浮游植物物种丰度的影响，能更直观地发现哪些理化指标对浮游植物群落的影响更大。本次 RDA 结果表明，NO_3^--N、水深、DO、pH 和 WT 是影响库区真核浮游生物群落结构特征的重要理化指标，其中 NO_3^--N 为主要影响因子。氮营养盐浓度是一个重要的生态因子，与浮游植物的生长密切相关，可以通过影响浮游植物的光合作用影响其生长代谢，是浮游植物生长所需的重要营养物质，与浮游植物的生长代谢密不可分，直接或间接导致浮游植物群落结构发生演替。相关研究发现，下沉使营养物质浓度随水深增加而增加（de Queiroz et al.，2015）以及初级生产者对营养物质的吸收（Wei et al.，2018）等，表层的 NO_3^--N 浓度较低，深层的 NO_3^--N 浓度较高。在深水水体中，营养物质浓度会随水深发生变化，从而导致浮游植物群落结构相应改变（Tavernini et al.，2005）。这一现象在本研究中得到了验证，RDA 结果表明 NO_3^--N 浓度与水深呈正相关。表 6-6 显示 20m 处浮游植物群落丰度和多样性（OTU 均值为 399）高于 0.5 ~ 10m 处（OTU 均值为 270 ~ 381），NO_3^--N 作为水生生态系统中重要的氮源，由于营

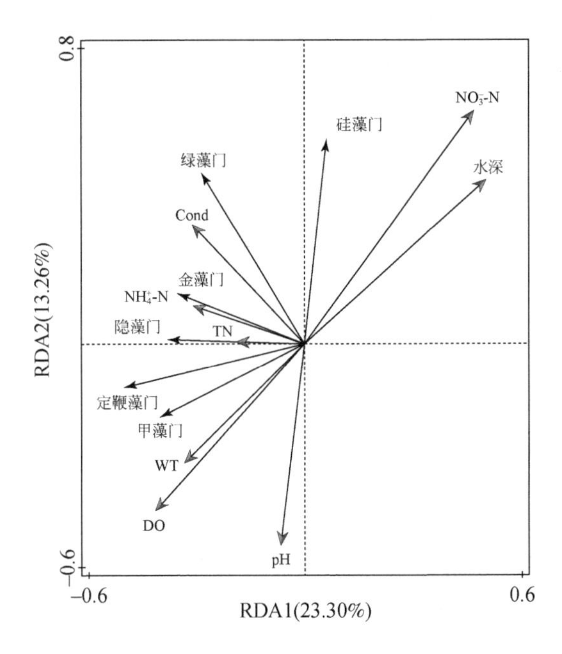

图 6-17　基于浮游植物差异标志物种和理化因子的 RDA

养盐浓度随深度增加而增加，浮游植物的最大生物量出现在深水区（Leal et al., 2009）。

丹江口水库为人工峡谷型水库，深处可达 80 余米，水温与水深呈负相关。研究表明水温是影响浮游植物群落分布的重要理化因子，温度通过控制浮游植物光合作用中酶促反应的强度直接影响浮游植物的生长状态，与浮游植物的丰度关系密切。水温是影响库区浮游植物群落分布的主要理化指标之一，各采样点 0.5m 处水温明显高于 20m 处，又因硅藻门与水温呈负相关以及甲藻门与水温呈正相关，导致表层甲藻占优，深层硅藻丰度高。证明水温的变化是 0.5 ~ 20m 深度浮游植物相对丰度差异的重要因素。

6.6　小　　结

本章以丹江口水库淅川库区为研究区域，采用野外调查、DNA 条形码及高通量测序的研究方法，分析丹江口库区水质理化性质，系统地研究库区浮游植物群落结构的季节性变化和垂直分布特征，探讨影响浮游植物群落结构动态变化的主要驱动因素，为库区的水质保护工作提供基础数据。

1）库区共检测到浮游植物 7 门 230 属 399 种，包括绿藻、硅藻、金藻、甲藻、异鞭藻、黄藻、隐藻和未分类藻。其中，春季浮游植物有 7 门 120 属 174 种，夏季浮游植物有 7 门 134 属 191 种，秋季浮游植物有 7 门 119 属 182 种，冬季浮游植物有 6 门 105 属 139 种。

2）浮游植物在季节分布上呈现显著性差异（$P<0.05$），春季以金藻为主，占整个春季浮游植物丰度的 68.9%，代表性物种是 *Dinobryon*，其次是绿藻，占 25.36%；夏季硅藻占绝对优势，为 68.9%，优势属是硅藻的 *Discostella*，其次是绿藻，占 24.92%；秋季，浮

游植物群落结构主要由绿藻（40.93%）、硅藻（36.29%）和金藻（22.24%）组成，优势属分别是硅藻的 *Discostella* 和 *Aulacoseira*，金藻的鱼鳞藻，绿藻的 *Chlorococcum* 和 *Monactinus*；冬季主要由绿藻组成（66.31%），其次是硅藻，占28.68%，优势属主要是绿藻的 Follicularia、Monactinus，硅藻的 *Aulacoseira* 和 *Discostella*。

3）浮游真核藻类群落结构在空间分布上具有一定规律性。除 SG 外，春季各采样点均以金藻为主；夏季硅藻在各采样点占绝对优势；秋季，KX 以金藻为主，北部 HJZ 和 TM 以硅藻占优，南部和西部的 TC、WLQ 和 DZK 以绿藻为主；冬季各采样点均以绿藻为主。SG 作为码头，受人类影响较大，在四季均以绿藻占优势。

4）浮游植物丰富度、多样性和均匀度在季节分布上具有显著性差异，多样性值分布在0.49～3.10，丰富度值在32～168变化，在季节变化上，多样性和丰富度最高值均在冬季分布最高，最低值分布在夏季和秋季，均匀度指数在0.13～0.74，以秋季分布最高，而夏季分布较低。

5）影响浮游植物群落结构的理化指标主要是 pH、TN、WT、Chl-a 和 NH_4^+-N。其中，含氮化合物在春季、夏季、秋季和冬季对物种的贡献率分别为3.9%、88.3%、13.7%和81.1%，夏季 TN 对浮游植物群落结构的贡献率较高，达到57.3%，远高于其他含氮化合物对浮游植物群落结构的贡献率，并与夏季绝对优势种 *Discostella* 呈正相关；冬季，NH_4^+-N对物种的贡献率达到75.2%，对冬季物种群落结构具有显著性影响（$P<0.05$），表明水体含氮化合物对库区浮游植物群落结构的季节分布具有一定的贡献。

6）于2021年6月（夏季）采用高通量测序技术对库区0.5～20m 真核浮游植物群落结构进行调查，发现浮游植物12门68属，其中甲藻（41.0%）>硅藻（35.3%）>绿藻（13.3%）>定鞭藻（7.5%）>金藻（1.9%），库区浮游植物群落组成为甲藻-硅藻-绿藻型结构。

7）浮游植物丰富度指数（Chao 丰富度指数变化范围为89～735，Observed-species 指数变化范围为86～676）和多样性指数（Simpson 指数变化范围为0.09～0.96）变化范围大，表明水平方向上浮游植物群落组成差异较大，且各采样点0.5～20m 浮游植物丰度和多样性也存在较大差异。采样点所处位置的差异导致了理化指标不同和水文状况差别，从而造成库区浮游植物群落组成水平方向上差异。

8）各采样点垂直方向上浮游植物群落 α 多样性结果表明，宋岗、土门和党子口浮游植物群落多样性和丰度随深度增加呈下降趋势，而其他采样点的浮游植物群落与水深关系趋势不明显，浮游植物与水深无明显趋势的原因是理化指标变化仅解释了微生物群落季节性变化的1/3。

9）库区水温随水深增加而降低，NO_3^--N 浓度随水深增加而升高。例如，SG1～SG4 的 NO_3^--N 浓度由0.53mg/L 增加到0.98mg/L，水温从24.1℃降低到20.0℃。下沉使营养物质浓度随水深上升和初级生产者对营养物质的吸收等原因，导致表层的 NO_3^--N 浓度较低，深层的 NO_3^--N 浓度较高。

10）RDA 结果表明 NO_3^--N、水深、DO、pH 和 WT 是影响库区浮游植物垂直分布的重要理化指标。理化指标对浮游植物门类影响各异，例如甲藻与 NO_3^--N 和水深呈负相关，与其他理化指标呈正相关；硅藻与 NO_3^--N 和水深呈正相关，与其他理化指标呈负相关。

NO_3^--N 作为影响库区浮游植物最重要的理化指标，由于氮营养盐浓度随水深增加而增加，浮游植物的最大生物量出现在深水区，因此库区 20m 处浮游植物群落丰度和多样性（OTU 均值为 399）高于 0.5 ~ 10m 处（OTU 均值为 270 ~ 381）。水温是影响库区浮游植物群落分布的主要理化指标之一，各采样点 20m 处水温明显低于 0.5m 处，又因硅藻门与水温呈负相关以及甲藻门与水温呈正相关，表层甲藻占优，深层硅藻丰度高。证明水温的变化是库区 0.5 ~ 20m 浮游植物相对丰度差异的重要因素。

参 考 文 献

安瑞志，潘成梅，塔巴拉珍，等 . 2021. 西藏巴松错浮游植物功能群垂直分布特征及其与环境因子的关系 . 湖泊科学，33：86-101.

陈伟民 . 2005. 湖泊生态系统观测方法 . 北京：中国环境科学出版社 .

冯佳 . 2016. 汾河上游浮游植物及水质评价 . 北京：海洋出版社 .

韩菲尔 . 2019. 太湖水体浮游植物氮素吸收过程及其影响因素 . 苏州：苏州科技大学 .

胡鸿钧，魏印心 . 2006. 中国淡水藻类——系统、分类及生态 . 北京：科学出版社 .

黄凯旋 . 2007. 米氏凯伦藻的氮营养生理生态研究 . 广州：暨南大学 .

贾海燕，徐建锋，雷俊山 . 2019. 丹江口库湾浮游植物群落与环境因子关系研究 . 人民长江，50：52-58.

李俭平 . 2011. 浒苔对氮营养盐的响应及其氮营养盐吸收动力学和生理生态研究 . 青岛：中国科学院研究生院（海洋研究所）.

李玉英，高宛莉，李家峰，等 . 2008. 南水北调中线水源区浮游植物时空分布及其营养状态 . 生态学杂志，（1）：14-22.

李运贤，张乃群，李玉英，等 . 2005. 南水北调中线水源区浮游植物 . 湖泊科学，17（3）：219-225.

刘炜，杨娜，张晟曼，等 . 2020. 低盐潟湖秋冬交替期浮游植物群落变化与环境因子的关系 . 生态学杂志，39：3342-3349.

吕华庆，常抗美，石钢德 . 2009. 象山港氮、磷营养盐环流和分布规律的研究 . 海洋与湖沼，40：138-144.

申恒伦，徐耀阳，王岚，等 . 2011. 丹江口水库浮游植物时空动态及影响因素 . 植物科学学报，29（6）：683-690.

石峰，魏晓雪，冯剑丰，等 . 2018. 不同无机氮条件下一种硅藻的氮吸收动力学及模型预测分析 . 农业环境科学学报，37：1833-1841.

宋勇军，戚菁，刘立恒，等 . 2019. 程海湖夏冬季浮游植物群落结构与富营养化状况研究 . 环境科学学报，39：4106-4113.

苏建国，张玥，许英，等 . 2002. 淡水浮游硅藻对氮磷的最适需求量 . 西北农林科技大学学报（自然科学版），30（1）：99-102.

孙勉英 . 1985. 扁藻降氨氮作用的试验 . 水产科学，4（2）：7-9.

谭香，夏小玲，程晓莉，等 . 2011. 丹江口水库浮游植物群落时空动态及其多样性指数 . 环境科学，32（10）：2875-2882.

王芳 . 2009. 象山港电厂临近海域海洋微生物的分子生态多样性研究 . 贵阳：贵州大学 .

王靖淇，王书平，张远，等 . 2017. 高通量测序技术研究辽河真核浮游藻类的群落结构特征 . 环境科学，38（4）：1403-1413.

王青岩，陈书秀 . 2018. 小新月菱形藻培养基优化研究 . 科学养鱼，（9）：27-28.

王英华，陈雷，牛远，等 . 2016. 丹江口水库浮游植物时空变化特征 . 湖泊科学，（5）：1057-1065.

邬红娟，彭建华，韩德举，等 . 1996. 丹江口水库浮游植物及其演变 . 湖泊科学，(1)：43-50.

巫华梅 . 1986. 海洋初级生产力、营养要素及海洋生物资源 . 海洋科学，10（6)：62-65.

吴卫菊，杨凯，汪志聪，等 . 2012. 云贵高原渔洞水库浮游植物群落结构及季节演替 . 水生态学杂志，33：69-75.

许志，陈小华，沈根祥，等 . 2020. 上海河道浮游植物群落结构时空变化特征及影响因素分析 . 环境科学，41：3621-3628.

闫雪燕，张鋆，李玉英，等 . 2021. 动态调水过程水文和理化因子共同驱动丹江口水库库湾浮游植物季节变化 . 湖泊科学，(5)：1350-1363.

杨广，杨千荣，刘金兰 . 1996. 丹江口水库浮游生物资源调查 . 湖北农学院学报，(1)：38-42.

杨坤，李静，卢文轩 . 2014. 不同初始氮浓度对小球藻生长及氮吸收的影响 . 环境科学与技术，37：40-46.

曾艳艺，黄翔鹄 . 2007. 温度、光照对小环藻生长和叶绿素 a 含量的影响 . 广东海洋大学学报，27（6)：36-40.

张春霞，贺玉晓，郭晓明，等 . 2022. 丹江口水库夏冬季真核浮游植物群落结构变化及其驱动因素 . 河南理工大学学报（自然科学版)，41：110-122.

张国庆，杨雨玲，唐爱国，等 . 2020. 新安江流域（屯溪段）浮游植物群落结构及其与环境因子的关系 . 生态学杂志，39：527-540.

张国维 . 2014. 湖光岩玛珥湖溶解态氮与浮游植物及其氮吸收的研究 . 湛江：广东海洋大学 .

张乃群，王正德，杜敏华，等 . 2006. 南水北调中线水源区浮游植物与水质研究 . 应用与环境生物学报，12（4)：506-510.

张雅洁，李珂，朱浩然，等 . 2017. 北海湖微生物群落结构随季节变化特征 . 环境科学，38：3319-3329.

E. B. 波鲁茨基，伍献文，白国栋，等 . 1959. 丹江口水库库区水生生物调查和渔业利用的意见 . 水生生物学集刊，(1)：33-56.

Cole J J，Caraco N F，Peierls B L. 1992. Can phytoplankton maintaina positive carbon balance in a turbid，freshwater，tidal estuary？. Limnology and Oceanography，37：1608-1617.

de Queiroz A R，Montes M F，de Castro M P A M，et al. 2015. Vertical and horizontal distribution of phytoplankton around an oceanic archipelago of the Equatorial Atlantic. Marine Biodiversity Records，8：e155.

Duong T T，Hoang T T H，Nguyen T K，et al. 2019. Factors structuring phytoplankton community in a large tropical river：case study in the Red River（Vietnam）. Limnologica，76：82-93.

Elliott J A，Defew L. 2012. Modelling the response of phytoplankton in a shallow lake（Loch Leven，UK）to changes in lake retention time and water temperature. Hydrobiologia，681（1)：105-116.

Fan C L，Glibert P M，Burkholder J M. 2003. Characterization of the affinity for nitrogen，uptake kinetics，and environmental relationships for *Prorocentrum minimum* in natural blooms and laboratory cultures. Harmful Algae，2：283-299.

Gamier J，Billen G，Coste M. 1995. Seasonal succession of diatoms and Chlorophyceae in the drainage network of the Seine River：observation and modeling. Limnology and Oceanography，40（4)：750-765.

Gao Y，Jia Y L，Yu G R，et al. 2019. Anthropogenic reactive nitrogen deposition and associated nutrient limitation effect on gross primary productivity in inland water of China. Journal of Cleaner Production，208：530-540.

Granum E，Kirkvold S，Myklestad S M. 2002. Cellular and extracellular production of carbohydrates and amino acids by the marine diatom *Skeletonema costatum*：diel variations and effects of N depletion. Marine Ecology Progress Series，242：83-94.

Ha K, Kim H W, Joo G J. 1998. The phytoplankton succession in the lower part of hypertrophic Nakdong River (Mulgum), South Korea. Hydrobiologia, 369-370: 217-227.

Hajibabaei M, Shokralla S, Zhou X, et al. 2011. Environmental barcoding: a next-generation sequencing approach for biomonitoring applications using river benthos. PLoS One, 6: e17497.

Huang G J, Li Q H, Chen C, et al. 2015. Phytoplankton functional groups and their spatial and temporal distribution characteristics in Hongfeng Reservoir, Guizhou Province. Acta Ecologica Sinica, 35: 418-428.

Huisman J, Weissing F J. 1999. Biodiversity of plankton by species oscillations and chaos. Nature, 402: 407-410.

Leal M C, Sá C, Nordez S, et al. 2009. Distribution and vertical dynamics of planktonic communities at Sofala Bank, Mozambique. Estuarine, Coastal and Shelf Science, 84: 605-616.

Lewis W M. 1988. Primary production in the Orinoco River. Ecology, 69: 679-692.

Litchman E, Klausmeier C A, Schofield O M, et al. 2007. The role of functional traits and trade- offs in structuring phytoplankton communities: scaling from cellular to ecosystem level. Ecology Letters, 10: 1170-1181.

Malik H I, Warner K A, Saros J E. 2018. Comparison of seasonal distribution patterns of *Discostella stelligera* and *Lindavia bodanica* in a boreal lake during two years with differing ice-off timing. Diatom Research, 33: 1-11.

Mora D, Abarca N, Proft S, et al. 2019. Morphology and metabarcoding: a test with stream diatoms from Mexico highlights the complementarity of identification methods. Freshwater Science, 38 (3): 448-464.

Naselli-Flores L, Barone R. 2007. Pluriannual morphological variability of phytoplankton in a highly productive Mediterranean reservoir (Lake Arancio, Southwestern Sicily) . Hydrobiologia, 578: 87-95.

Naselli-Flores L, Barone R. 2011. Fight on plankton! Or, phytoplankton shape and size as adaptive tools to get ahead in the struggle for life. Cryptogamie Algologie, 32: 157-204.

Ning M, Li H M, Xu Z, et al. 2021. Picophytoplankton identification by flow cytometry and high- throughput sequencing in a clean reservoir. Ecotoxicology and Environmental Safety, 216: 112216.

Niu Y, Shen H, Chen J, et al. 2011. Phytoplankton community succession shaping bacterioplankton community composition in Lake Taihu, China. Water Research, 45: 4169-4182.

Nunes M, Adams J B, Rishworth G M. 2018. Shifts in phytoplankton community structure in response to hydrological changes in the shallow St Lucia Estuary. Marine Pollution Bulletin, 128: 275-286.

Nunes S, Latasa M, Delgado M, et al. 2019. Phytoplankton community structure in contrasting ecosystems of the Southern Ocean: South Georgia, South Orkneys and Western Antarctic Peninsula. Deep-Sea Research Part Ⅰ: Oceanographic Research, 151: 103059.

Nurdogan Y, Oswald W J. 1995. Enhanced nutrient removal in high- rate ponds. Water Science and Technology, 31: 33-43.

Paches M, Aguado D, Martínez-Guijarro R, et al. 2019. Long- term study of seasonal changes in phytoplankton community structure in the western Mediterranean (Valencian Community) . Environmental Science and Pollution Research International, 26 (14): 14266-14276.

Paparazzo F E, Williams G N, Pisoni J P, et al. 2017. Linking phytoplankton nitrogen uptake, macronutrients and chlorophyll- a in SW Atlantic waters: the case of the Gulf of San Jorge, Argentina. Journal of Marine Systems, 172: 43-50.

Perren B B, Axford Y, Kaufman D S. 2017. Alder, nitrogen, and lake ecology: terrestrial- aquatic linkages in the postglacial history of Lone Spruce Pond, Southwestern Alaska. PLoS One, 12: e0169106.

Ptacnik R, Diehl S, Berger S. 2003. Performance of sinking and nonsinking phytoplankton taxa in a gradient of mixing depths. Limnology and Oceanography, 48: 1903-1912.

Salmaso N, Boscaini A, Pindo M. 2020. Unraveling the diversity of eukaryotic microplankton in a large and deep perialpine lake using a high throughput sequencing approach. Frontiers in Microbiology, 11: 789.

Saxena A, Tiwari A, Kaushik R, et al. 2020. Diatoms recovery from wastewater: overview from an ecological and economic perspective. Journal of Water Process Engineering, 39: 101705.

Shen J L, Tang A H, Liu X J, et al. 2009. High concentrations and dry deposition of reactive nitrogen species at two sites in the North China Plain. Environmental Pollution, 157: 3106-3113.

Shou WW, Zong H B, Ding P X, et al. 2018. A modelling approach to assess the effects of atmospheric nitrogen deposition on the marine ecosystem in the Bohai Sea, China. Estuarine, Coastal and Shelf Science, 208: 36-48.

Stoeck T, Bass D, Nebel M, et al. 2010. Multiple marker parallel tag environmental DNA sequencing reveals a highly complex eukaryotic community in marine anoxic water. Molecular Ecology, 19 (S1): 21-31.

Tan S C, Wang H. 2014. The transport and deposition of dust and its impact on phytoplankton growth in the Yellow Sea. Atmospheric Environment, 99: 491-499.

Tavernini S, Mura G, Rossetti G. 2005. Factors influencing the seasonal phenology and composition of zooplankton communities in mountain temporary pools. International Review of Hydrobiology, 90: 358-375.

Thuy D T, Hang H T, Kien N T, et al. 2019. Factors structuring phytoplankton community in a large tropical river: case study in the Red River (Vietnam). Limnologica-Ecology and Management of Inland Waters, 76 (3): 82-93.

Wang Y M, Liu L M, Chen H H, et al. 2015. Spatiotemporal dynamics and determinants of planktonic bacterial and microeukaryotic communities in a Chinese subtropical river. Applied Microbiology and Biotechnology, 99: 9255-9266.

Wei N, Satheeswaran T, Jenkinson I R, et al. 2018. Factors driving the spatiotemporal variability in phytoplankton in the Northern South China Sea. Continental Shelf Research, 162: 48-55.

Winder M, Hunter D A. 2008. Temporal organization of phytoplankton communities linked to physical forcing. Oecologia, 156: 179-192.

Winder M, Reuter J E, Schladow S G. 2009. Lake warming favours small-sized planktonic diatom species. Proceedings: Biological Sciences, 276: 427-435.

Wu Q L, Zwart G, Wu J, et al. 2007. Submersed macrophytes play a key role in structuring bacterioplankton community composition in the large, shallow, subtropical Taihu Lake, China. Environmental Microbiology, 9: 2765-2774.

Zhou Y P, Hu B, Zhao W H, et al. 2018. Effects of increasing nutrient disturbances on phytoplankton community structure and biodiversity in two tropical seas. Marine Pollution Bulletin, 135: 239-248.

Zhu C M, Zhang J Y, Nawaz M Z, et al. 2019. Seasonal succession and spatial distribution of bacterial community structure in a eutrophic freshwater lake, Lake Taihu. Science of the Total Environment, 669: 29-40.

Zimmermann J, Glockner G, Jahn R, et al. 2015. Metabarcoding vs. morphological identification to assess diatom diversity in environmental studies. Molecular Ecology Resources, 15 (3): 526-542.

第7章 氮沉降对浮游植物群落结构特征的影响

7.1 概 述

浮游植物是水生生态系统食物网中主要的初级生产者，在地球生态系统能量流动、物质循环和信息传递等方面起着重要作用。浮游植物通过色素体光合作用向水体中释放氧气，成为水体中溶解氧的重要来源之一。大量研究表明，浮游植物群落的结构、组成和数量变化与水体环境密切相关（Sun et al., 2023; Fu et al., 2024）。浮游植物作为水生生态系统的重要组成成分，其群落组成和种群变化不仅反映水生生态系统的现状，并直接影响着水生生态系统能量流动和物质循环，浮游植物对整个水生生态系统的平衡稳定起着不可或缺的重要作用（Santos et al., 2015; 史小丽等，2022）。浮游植物由于分布范围较广，细胞个体相对小，生长繁殖速率相对较快，对环境的变化响应相对较快，采集方法简单直接等特点，成为水生生态系统中最常用的生物评价类群之一（Zhu et al., 2023）。浮游植物群落结构及其生物量对水环境的变化极为敏感，因此常被作为水环境重要的指示生物，浮游植物群落结构、生物多样性指数常作为水环境评价的重要指标（张雷燕等，2024）。

氮沉降主要由人类活动产生的过量活性氮化合物的排放及其大气迁移过程引起，它可以通过干、湿沉降两种方式改变河流、湖泊、水库等生态系统的氮负荷，从而影响生态系统的结构和功能（Ding et al., 2019; Chen et al., 2022）。近年来人类活动导致全球大气氮沉降量急剧增加，自然氮循环失衡越来越严重。氮沉降的急剧增加会威胁水生生态系统的健康和安全，对水生生态系统的生产力和稳定性都会造成影响（Zhan et al., 2017）。大量研究表明，氮沉降量的增加常引发酸雨，导致湖泊、河流、湿地遭到污染，成为诱发水生生态系统退化的重要因素（谢迎新等，2010; 张六一等，2019）。从整体上看，氮沉降对浮游植物的影响主要包括水体净初级生产力和浮游植物生物多样性两方面（Tsagaraki et al., 2017; Burpee et al., 2022）。一方面，氮素是浮游植物生长必需的矿质元素，氮沉降对水体的氮输入导致水体生物的可利用氮素增加，直接促进浮游植物迅速生长，进而提高水生生态系统的净初级生产力（Deng et al., 2023）。另一方面，氮沉降也导致水生生态系统环境变化，改变生态系统中营养盐的有效性和浮游植物群落结构与功能，进而驱动生态系统结构与功能的改变（Sheibley et al., 2014; 翟元晓等，2022）。对于水生生态系统而言，氮沉降的负面效应主要体现在：造成水体污染和富营养化，改变生物群落的物种组成，降低浮游植物生物多样性和生态系统生产力，削弱生态系统的稳定性甚至导致水华发生，氮沉降对水体的生态效应日益成为人们关注的焦点。

7.1.1　氮素对浮游植物初级生产力及生物多样性的影响

初级生产力是自养型生物利用太阳能进行光合作用将无机碳同化为有机碳的能力。浮游植物初级生产力作为生物泵运转的动力源，在调控大气中 CO_2 浓度、氮循环以及全球气候变暖中发挥着重要作用，水体浮游植物光合作用的供氧量和固碳量约占生物圈的50%。越来越多的研究证据表明，氮素可以增加浮游植物的生物量，进而提高水生生态系统的生产力，水体初级生产力与水体富营养化的程度密切相关（Sun et al., 2023）。李学梅等（2023）在研究江汉平原富营养化浅水湖泊长湖的浮游植物初级生产力季节性演替特征及其驱动因子时发现，长湖浮游植物初级生产力与浮游植物密度以及叶绿素 a 浓度具有显著相关性，初级生产力主要受到硝氮、氨氮、水温及总悬浮物的影响，表明水体氮素在驱动江汉平原长湖浮游植物初级生产力的季节性变化中起着重要作用。黄立成等（2019）基于现场调查和生产力垂向归纳模型估算研究了云南深水湖泊程海浮游植物初级生产力的时空变化特征，结果表明程海初级生产力的主要影响因子具有季节异质性，浮游植物生物量是重要的影响因子。在降水最为充沛的夏季表现出明显的南北空间异质性，与降水条件和流域营养盐输入的空间异质性有关。其中，春夏季、秋冬季和全年的水体总氮的补充供给使浮游植物初级生产力有大幅提高的趋势，面临富营养化进程加快和藻类水华暴发的潜在风险。对于大多数水生生态系统，氮素是水生生态系统中最主要的限制元素，对贫营养淡水湖泊的控制实验研究表明80%的湖泊氮添加明显促进浮游植物生物量的增长。由此可见，氮素对浮游植物初级生产力的影响主要体现在浮游植物生物量的变化。浮游植物的生长和繁殖会直接或间接受到水体氮素营养因素的影响，同时浮游植物的大规模繁殖，其光合作用和呼吸作用也会作用于环境，进而影响水体的水环境状况。

浮游植物群落多样性对维持整个水生生态系统持续稳定发展起着重要作用，多样性的降低或丧失可能会破坏生态系统功能，同时多样性的变化会受到水环境因子的影响。氮素是大多数水生生态系统中最主要的限制元素之一，水体氮素的变化会影响浮游植物群落发生变化，从而影响水体浮游植物多样性。张民等（2010）对云南高原湖泊浮游植物多样性的研究表明湖泊营养水平既影响浮游植物的总生物量，又影响其丰富度的变化，在一定范围内物种丰富度和总氮含量的上升呈线性关系，同时营养水平相近的湖泊 β 多样性指数也较为相似。总的来看，氮素的输入可能导致水体富营养化，浮游植物演替系列中的部分物种从耐污性强种类上升成为优势种，从而抑制或限制了部分浮游植物种类的生长，因而导致浮游植物种类逐渐减少，多样性也随之降低，生态系统趋向单一化，甚至存在发生水华的危险性。

7.1.2　水体氮素对浮游植物群落结构特征的影响

氮素作为浮游植物生长必需的矿质元素，其在水体浓度的高低直接影响浮游植物的生长和繁殖，进而影响浮游植物群落结构。邓文丽等（2013）对北京野鸭湖浮游植物群落结构的研究发现，水体总氮浓度是影响浮游植物种类和密度的主要因素。对 2002 ~ 2017 年的千岛湖浮游植物数据研究发现，浮游植物群落结构发生了较大的改变，千岛湖优势属的组成发生了改变，其显著特征体现在优势属明显增多，整体表现为硅藻向蓝藻的演替趋势，与其总氮浓度、氮磷比等营养盐参数密切相关，该研究较为清晰地揭示了氮素对浮游植物群落特征的作用机制（笪文怡等，2019）。究其原因，浮游植物群落结构的变化主要与不同类群的藻类对氮素营养的响应差异有关。一般来讲，蓝藻在营养盐浓度较高的水体中易成为优势种，绿藻和硅藻主要在中等营养水平的水体中占优势，低营养水平的水环境有利于金藻的分布。赵思琪等（2019）研究了武汉东湖的浮游植物群落结构，结果显示浮游植物密度及生物量与水体中总氮和总磷浓度显著正相关，且总氮浓度对浮游植物群落结构的影响力高于总磷浓度。蓝藻门伪鱼腥藻属和绿藻门栅藻属的分布与总氮浓度显著正相关，而绿藻门弓形藻属、顶棘藻属及硅藻门直链藻属则与总氮浓度显著负相关，上述结果表明东湖浮游植物生长繁殖受水体富营养化水平的影响，不同物种浮游植物对水体氮素的响应存在差异。

浮游植物除受到水体氮素营养水平影响外，也与水体不同氮素形态密切相关。水生生态系统中存在多种形式的氮素形态，主要包括溶解性无机氮（硝氮、氨氮、亚硝氮）、溶解性有机氮（尿素、氨基酸、蛋白质）、颗粒性有机氮等。水体不同氮素形态对浮游植物群落结构包括浮游植物丰富度和组成具有显著影响，一般认为氨氮是浮游植物最喜好的氮形态，因为与其他形态氮相比，吸收氨氮所消耗的能量最少，氨氮不足时才吸收硝氮，藻类一般不吸收亚硝氮。然而，也有研究发现不同藻类对硝氮和氨氮存在利用的偏好性，对于氮素形态的选择利用表现出一定的物种特异性。对美国奥基乔比（Okeechobee）湖浮游植物群落研究发现，随着 NH_4/NO_x 比升高，蓝藻在浮游植物生物量中所占比例增加，硅藻所占比例降低（McCarthy et al.，2009）。叶琳琳等（2017）对太湖西北湖区研究发现，NH_4/NO_x比在冬季逐渐降低，硅藻在浮游植物生物量中所占比例由23%增加到32%，与硅藻对硝氮吸收利用的偏好性有关。夏季 NH_4/NO_x比例升高，蓝藻在浮游植物生物量中所占比例由16%增加到59%，表明氮源中氨氮比例的升高有利于增强蓝藻的竞争优势。陈康等（2022）对鄱阳湖柘林水库研究发现，氨氮和硝氮作为溶解性氮盐的两种存在方式，对浮游植物群落结构具有显著的影响作用。水库上游流域硅藻门和绿藻门浮游植物细胞密度相对较高，在浮游植物群落中占据优势地位，与该区域水体较高浓度氨氮和较低浓度硝氮有关，表明水体氨氮浓度的增加促进了直链藻、尖针杆藻、栅藻等硅藻门和绿藻门优势物种的生长。纵观不同氮素形态对浮游植物群落结构的影响研究，整体上看氮源中氨氮比例的升高有利于增强蓝藻的竞争优势，而硝氮浓度的升高会导致蓝藻被其他藻类替代，从而驱动浮游植物群落演替。

长期以来，溶解性有机氮被认为由于难以生物降解以及不能作为浮游植物氮源，不会促进水体水质富营养化而被忽视。后来的研究发现氮素在水生生态系统中迁移转化过程中，部分通过与无机氮之间的相互转化，成为一个潜在的可被生物利用的重要营养源。事实上，尿素和氨基酸可作为藻类的氮源，可被藻类间接或直接利用，对藻类的生长起到维持和促进的作用，对水生生态系统安全造成潜在的危害（吴丰昌等，2010）。例如，在河口及近岸海域，人为活动影响所产生的可溶性有机氮增加能显著地促进有毒甲藻类的增殖。梁英等（2014）研究了营养盐形态及输入方式对6种海洋微藻群落演替的影响，结果显示以硝酸钠和氯化铵为氮源时，硅藻为优势种，分别占总细胞密度的56.0%和58.4%。而以尿素为氮源时，绿藻占据一定的优势，占总细胞密度的56.5%。由上可知，可溶性有机氮是浮游植物重要的氮源之一，能促进浮游植物的生长，影响其体内物质的生成和转化，进而影响浮游植物的群落结构。

7.1.3 浮游植物响应氮沉降的变化特征

氮素是水生生态系统中最主要的限制元素，在如今越来越频繁的人类活动背景下，氮沉降速率逐步加快，氮沉降的加剧也在直接或间接地影响着水生生态系统的结构与功能。氮沉降是陆源氮进入水体的重要途径，导致水体氮含量增加，富营养化程度加重，严重影响水生生态系统的稳定性。有研究表明氮沉降可改变浮游植物的初级生产力及群落结构，并且在一定程度上影响浮游植物的固碳能力，从而对水生生态系统产生一定的影响（Preston et al.，2019；陈锦峰等，2022）。氮沉降对水体的主要影响在于增加了水体及浮游植物的可利用氮素营养，常引起浮游植物的快速生长和大量增殖。Klein 等（1997）研究发现在春末夏初地中海的西北部海区，氮湿沉降带来的大量氮可以缓解表层海水中的氮限制，且有利于小型真核藻类大量迅速繁殖。Deng 等（2023）对太湖的研究表明，氮沉降与水华发生存在因果关系，氮沉降带来的水体氮素加富效应是水华发生的关键原因。氮沉降引起水体可利用氮素增加，使得能够高效利用氮的浮游植物物种更易成为优势物种而改变水生生态系统中的群落结构。衣晓燕等（2017）在研究西北太平洋浮游植物对氮沉降的响应中发现，氮沉降导致浮游植物种类数减少了26%，细胞丰度却有不同程度的增加。同时，浮游植物群落优势种也发生了相应的改变，由笔尖形根管藻、羽纹藻以及伯氏根管藻等演替为菱形藻和羽纹藻。整体上看，一方面氮沉降促进了浮游植物的生长，浮游植物的总丰富度明显增加，而种类数却明显下降，使浮游植物群落组成变得较为单一，多样性降低。另一方面氮沉降明显改变了浮游植物的群落结构，硅藻和甲藻表现出不同的生长趋势。具体表现为硅藻中的菱形藻生长旺盛，丰富度增加明显，甲藻的生长相对受到限制，丰富度下降。不同浮游植物类群氮沉降的响应不同，可能是氮沉降驱动浮游植物的群落结构变化的主要原因。

有研究表明，氮沉降不同氮素形态对浮游植物群落结构也会产生深远的影响。郜培怡等（2021）利用船基围隔氮加富培养模拟氮沉降的实验方法，研究氮沉降不同氮素形态包括硝氮、氨氮、陆源有机氮和藻源有机氮对黄海浮游植物群落结构的影响。结果表明，在硝氮、氨氮和陆源有机氮加富培养条件下，舟形藻（60.4%）、丹麦细柱藻（56.6%）和密连角毛藻（57.4%）等硅藻在浮游植物群落中占据优势，在藻源有机氮加富培养条件下，春膝沟藻（60.2%）等甲藻为优势种，说明硅藻主要吸收无机态营养盐成为优势种，而甲藻能够吸收有机氮成为优势藻。动力学过程分析发现，春膝沟藻等甲藻可以直接吸收利用藻源有机氮，而陆源有机氮可能通过矿化转化为无机氮，再被密连角毛藻等硅藻吸收与利用。上述结果说明，莱州湾浮游植物的优势藻种组成响应不同氮素形态氮沉降存在较大差异，其原因在于硝氮、氨氮及陆源有机氮似乎有利于舟形藻、丹麦细柱藻和密连角毛藻等硅藻的生长，而藻源有机氮更有利于春膝沟藻等甲藻的生长，藻源有机氮可通过直接吸收过程被浮游植物利用，从而驱动浮游植物群落由硅藻向甲藻演替。

浮游植物群落结构特征可反映特定时期所处环境状态，浮游植物对氮沉降的响应关系还要受其他因素的影响。有研究表明，浮游植物的氮磷比基本上遵循 Redfield 比，即 16：1。浮游植物通常按比例吸收 2 种营养盐。当水体氮磷比大于或小于 16：1 时．则表示浮游植物生长受到了 P 限制或 N 限制（Poxleitner et al.，2016）。陈锦峰等（2022）等利用模拟实验研究了氮沉降对东海、黄海浮游植物群落结构的影响，结果显示对浮游植物群落的影响主要表现在叶绿素 a 含量、细胞密度峰值及不同优势种所占比例等方面的差异，而各个实验组的种类组成及优势种具有一定的相似性。而且不同比值的氮、磷无机营养盐添加对水体中叶绿素 a 含量和细胞密度的影响不同，其中氮磷比为 64：1 的实验组叶绿素 a 含量和细胞密度最高。牟英春等（2018）在研究南海浮游植物响应大气沉降的响应研究中发现，大气沉降整体上促进了浮游植物的生长，且促进程度与添加量密切相关。而且，大气沉降还能够显著影响浮游植物群落组成，其主要原因在于较大的浮游植物种群在营养盐丰富的条件下能够迅速吸收和利用营养盐，而较小的浮游植物种群（微微型）则能够充分利用贫营养水体中的营养盐。在低氮沉降量的条件下，使得浮游植物优势种群由超微型向小型和微型转变。

目前，已有的氮沉降对水生生态系统浮游植物影响的研究集中在海洋、海湾、海口等沿海区域，而对湖泊、水库、河流等淡水生态系统的氮沉降生态效应研究很少。本章以丹江口水源地为研究区域，以丹江口水库日均氮沉降量及其氮素组成为基准，采用氮沉降模拟实验的研究方法，系统开展氮沉降量及氮沉降不同氮素形态对浮游植物生物量、群落组成、丰富度、多样性及优势种等方面的影响研究，旨在为深入了解水体氮沉降对水生生态系统的生态效应提供参考。

7.2 材料与方法

7.2.1 实验设计

（1）氮沉降模拟

根据丹江口水库日均氮干、湿沉降量及其组分特征，以 KNO_3、$(NH_4)_2SO_4$、尿素按照实测氮沉降比例配比混合模拟氮沉降。氮添加量以实测丹江口水库夏季日均氮沉降量及组分比例为基准，设置 6 个不同氮添加处理 N0.5、N1、N2、N3、N4、N5，分别代表 0.5 倍、1 倍、2 倍、3 倍、4 倍、5 倍的氮沉降量，设置不添加氮素的空白对照 CK。为研究氮沉降不同组分对浮游植物群落结构的影响，以 KNO_3、$(NH_4)_2SO_4$、尿素作为单一氮源，分别以实测丹江口水库夏季日均氮沉降量硝氮、氨氮、有机氮量 1.189×10^{-2} kg/hm^2、6.494×10^{-2} kg/hm^2、6.334×10^{-2} kg/hm^2 为基准，设置 0.5 倍、1 倍、2 倍、3 倍、4 倍、5 倍的不同形态氮沉降方式模拟氮沉降。

（2）样品采集与培养

在丹江口水库淅川库区 6 个氮沉降点附近水体进行采样，离岸 300m，每个点采集 8L

水，水样采用200μm筛网过滤，采水样避光保存，当日回实验室后将水样混合，分装于20cm×20cm×10cm有机玻璃水槽中，每个水槽装2L水样，置于光照培养箱中进行培养。培养温度为25℃，光照强度为3000Lx，光周期为12h：12h，氮沉降频率采用每日添加方式，培养21天后测定浮游植物生物量、群落组成、多样性、丰富度等。

7.2.2 测定与分析

(1) 浮游植物生物量的测定

浮游植物生物量以浮游植物密度表示，浮游植物的计数方法采用目镜视野法，用0.1mL的浮游植物计数框在光学显微镜（10×40倍）下进行计数。计数时摇匀浓缩液，立即取0.1mL样品放入计数框中，盖上盖玻片后，在400倍显微镜下选择3～5行逐行计数，藻生物量较少时可全片计数，细胞数在300个以上，每个样品至少计数2次，取其平均值作为最终结果。1L水样中浮游植物密度（生物量）用下列公式计算：

$$N=\frac{N_0V_1}{N_1V_0}\cdot P_n$$

式中，N为1L水样中浮游植物的数量；N_0为计数框总格数；N_1为计数过的方格数；V_1为1L水样浓缩后的体积；V_0为计数框容积；P_n为计数的浮游植物密度。

(2) 浮游植物叶绿素a含量的测定

叶绿素a含量测定参考郑凌凌等（2017）的方法。取3mL藻液在离心机上去除上清，加入3ml丙酮（90%）在4℃黑暗中浸提24小时，5000r/min离心5min，上清液在分光光度计上测OD_{665}、OD_{645}、OD_{630}，具体计算公式为

$$\text{Chl-a(mg/L)}=(11.6OD_{665}-1.31OD_{645}-0.14OD_{630})V_a/V_c$$

式中，V_a为丙酮体积，mL；V_c为样品体积，mL。

比生长率：根据指数生长期叶绿素a的值，通过最小二乘法得到比生长率（金相灿和屠清瑛，1990）。

$$u=(\ln X-\ln X_0)/(t-t_0)$$

式中，u为比生长率；X、X_0分别为第t天、第t_0天Chl-a的浓度；t、t_0为不同的培养天数。

(3) 浮游植物群落结构分析

浮游植物群落结构分析采用DNA宏条形码Illumina高通量测序法。根据MP试剂盒（FastDNATM SPIN Kit for soil）说明书进行总DNA的抽提。利用NanoDrop2000DNA的浓度和纯度进行检测，采用1%琼脂糖凝胶电泳检测DNA的完整性。以浮游植物DNA为模板，对18S rRNA基因的V4区进行PCR扩增，采用引物A23SrVF2F（CARAAAGACCCTATGMAGCT）和A23SrVR2R（TCAGCCTGTTATCCCTAG）进行PCR扩增。PCR扩增程序是：94℃变性2min，27个循环数，94℃变性45s，55℃退火45s，72℃延伸60s，最后72℃延伸10min。PCR产物用2%琼脂糖浆凝胶回收，使用AxyPrepDNA凝胶回收试剂盒（AXYGEN公司）纯化回收PCR产物。根据Illumina Miseq平台（Illumina，San Diego，USA）标准操作规程对纯化后的PCR扩增片段构建测序文库，测序由上海美吉生物医药科技有限公司完成。

(4) 数据分析

序列分析应用 Trimmomatic 软件对获得的原始序列进行过滤分析，剔除低质量得分序列。使用软件 UPARSE7. 1 对有效序列进行聚类，根据 97% 的相似度将序列聚类成 OTUs。根据 NCBI 数据库中的 18S rRNA 基因序列，运用 BLAST 对 70% 的相似性阈值获得的 OTUs 序列进行分类学上的注释。去除与藻类无关的序列，根据 OTUs 列表中的各样本的物种丰富度情况，对原始序列 OTUs 进行分类，使用 QIIME2 和 R 语言软件分析真核浮游植物群落的多样性和丰富度。基于 Bray-Curtis 距离的相似性，利用 SIMANO 分析不同形态氮添加条件下的组内和组间差异，样本聚类和热图绘制采用 TBtools 软件进行。利用单因素方差分析探讨氮沉降量和氮沉降氮素形态对浮游植物群落结构的影响。利用 Origin 进行图形绘制，数据均采用平均值±标准差表示。

7. 3　氮沉降量对浮游植物的影响

7. 3. 1　浮游植物响应氮沉降量变化的生长特性

模拟氮沉降对浮游植物生长的影响如图 7-1 所示。不同氮沉降条件下，浮游植物生物量介于 1.4×10^5 ~ 8.8×10^6 个/L，平均值为 2.685×10^6 个/L。氮沉降处理组的浮游植物生物量均显著高于对照组，说明氮沉降促进了浮游植物生物量的增加。随着氮沉降量的增加，浮游植物生物量呈现出先升高后下降的趋势，低氮沉降处理组浮游植物生物量显著高于高氮处理组（N5）。除 N5 处理组外，浮游植物生物量在培养期间均出现两个峰值，表现出明显的“双峰型”的变化特征，峰值分别出现在中期、后期两个阶段。NS 处理组浮游植物生物量在前期随时间的增加而缓慢增长，中、后期阶段则逐渐下降，表明高氮沉降量可能不利于浮游植物的生长。浮游植物生物量第一个峰值出现在第 9 天，浮游植物生物量依次为 N1>N2>N0. 5>N3>N5>CK。N3、N0. 5 组在第 15 天达到第二个峰值，N1、N2、CK 处理组在实验结束达到第二个峰值（N1>N2），不同氮沉降量条件下浮游植物表现出明显的不同步生长。在培养前期和中期，浮游植物生物量最小，平均值为 1.121×10^6 个/L，变化范围为 1.4×10^5 ~ 2.92×10^6 个/L。N1、N2 处理组浮游植物生物量较大，高值达到 3.24×10^6 个/L 以上。培养中期，浮游植物生物量平均值为 3.13×10^6 个/L，变化范围为 1.4×10^6 ~ 6.275×10^6 个/L；低氮沉降量条件下（N3、N2、N0. 5）的浮游植物生物量最大，高氮沉降量条件下（N5）的浮游植物生物量较小。培养后期，浮游植物生物量平均值为 4.701×10^6 个/L，变化范围为 1.6×10^6 ~ 8.8×10^6 个/L。低氮沉降量处理组 N1、N2 浮游植物生物量随培养时间增加保持继续增长的趋势，并在实验结束时达到最高，最高值出现在 N1 处理组，高达 8.8×10^6 个/L 以上。N3 处理组进行到 15 天以后浮游植物生物量开始快速下降，显著低于对照组。N5 处理组的浮游植物生物量在前期表现为缓慢增长，其增长速率明显小于低氮沉降量处理组，在培养中期的第 11 天开始呈下降趋势。

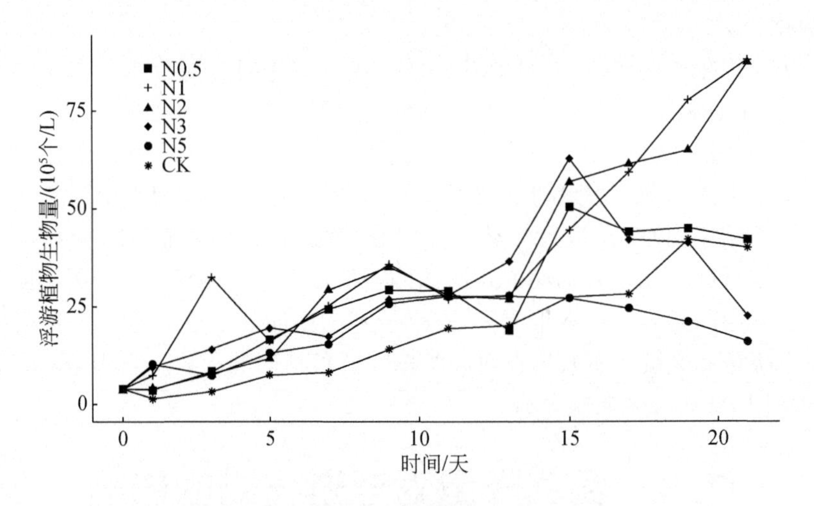

图 7-1　氮沉降量对浮游植物生物量的影响

7.3.2　浮游植物群落对氮沉降量变化的响应

(1) 浮游植物群落组成

为明确浮游植物群落组成对氮沉降的响应，分析了不同氮沉降处理组的浮游植物在门、属水平上的分布特征。基于 DNA 条形码浮游植物 16 个样本共获得 605 280 个序列，鉴定出 92 个 OTU，隶属 77 种 66 属 52 科 35 目 18 纲 9 门，包括蓝藻门（93.72%）、异鞭藻门（2.05%）、金藻门（1.30%）、硅藻门（1.10%）、绿藻门（1.06%）、定鞭藻门（0.67%）、隐藻门、裸藻门和红藻门。基于单因素方差分析发现，在 CK（对照组）、N0.5、N1、N2、N3、N5 不同处理间的浮游植物群落的物种组成种类无显著性差异（$P>0.05$），但群落组成的类群组成比例存在较大不同（图 7-2）。

不同氮沉降量处理组浮游植物群落在门水平上的分布特征存在较大差异，随着氮沉降量增加，各处理组的浮游植物 OTUs 序列均逐渐下降（图 7-2）。低氮沉降量处理组 OTUs 序列相对较高，最高值出现在 CK 和 N2 处理组，分别为 17 757 条、17 301 条。N5 处理组中的 OTUs 序列丰度最低，与 CK 和 N2 处理组相比分别下降了 38.2% 和 27.89%。蓝藻门在各处理组均保持较高比例，为 88.59% ~95.67%，并且随氮沉降量增加而增加；绿藻门 OTUs 序列随氮沉降量增加呈先降后升的趋势，从 CK 的 1.06% 增加到 N1 处理组的 1.37%，并达到最高值。之后随着氮沉降量的增加，绿藻门比例不断下降，在 N5 处理组所占比例下降到 0.97%；硅藻门的 OTUs 序列存在和绿藻门相似的变化趋势，随氮沉降量的增加硅藻占比也呈现先升高后降低的变化趋势，其 OTUs 序列在 N0.5 处理组最高，在 N5 处理组最低；而定鞭藻门 OTUs 序列值随着氮沉降量的增加表现出与绿藻和硅藻相反的变化趋势，N0.5 处理组定鞭藻门占比最高；红藻门、裸藻门和未分类藻在各处理组中所占比例均较低，在不同氮沉降量条件下其 OTUs 序列及占比无明显变化。

为确定不同氮沉降量处理组浮游植物组成在每个阶段是否存在显著性差异，通过单因素方差分析对 3 个阶段不同处理组 OTUs 进行检验，结果表明 3 个阶段不同处理组样本之

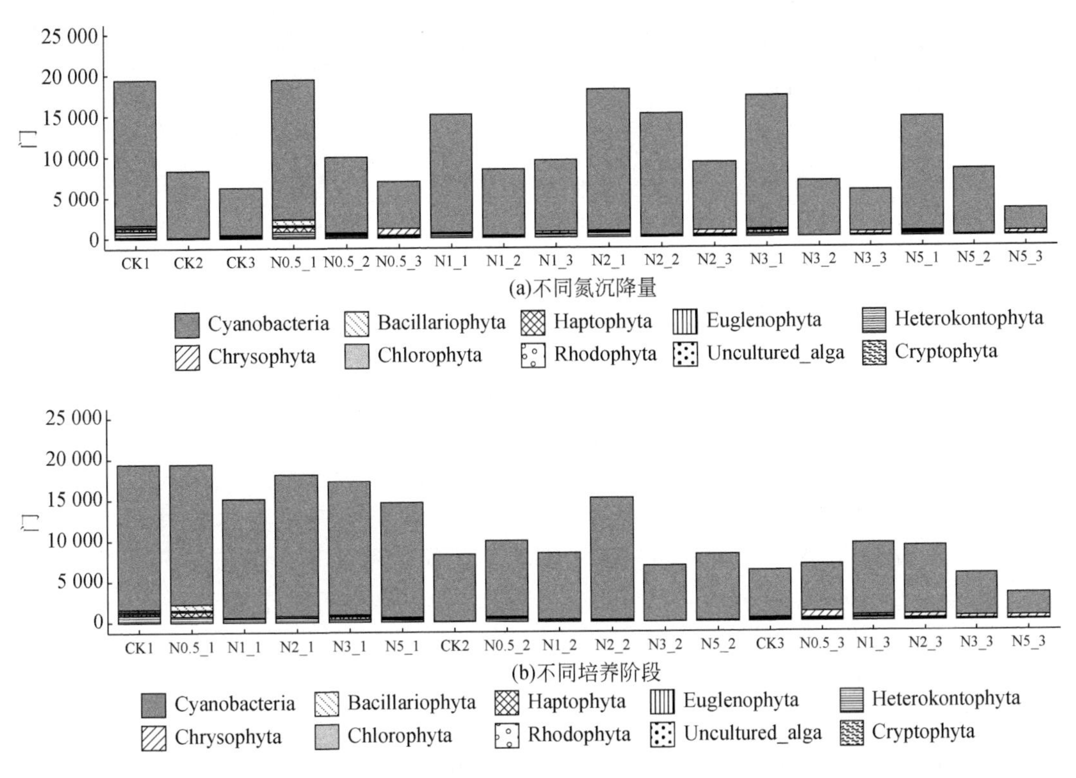

图 7-2 浮游植物响应模拟氮沉降的门分布特征

间物种分布比例也存在显著差异性（$P<0.001$）。如图 7-2（b）所示，各氮沉降量处理组均呈现早期浮游植物 OTUs 序列相对较高，中期和后期逐渐下降（N1 处理组除外，后期增加）的趋势。前期、中期和后期样本丰度最高值分别在 N0.5、N2 和 N1 处理组中出现。前期样本 OTUs 序列整体较高，分别是中期和后期的 1.83 倍和 2.54 倍。培养早期共得到 90 030 条 OTUs 序列，其中蓝藻门占比最多，为 83 045 条（92.24%），在浮游植物群落占据绝对优势，其次为硅藻门（为 1499 条），占总数的 1.66%，占比最少的是红藻门和裸藻门；中期共存在浮游植物 OTUs 序列为 56 908 条，占据前两位的是蓝藻门和异鞭藻门，分别为 55 441 条和 587 条，占比分别为 97.42% 和 1.03%；后期共得到 40 877 条 OTUs 序列，以蓝藻门为主，绿藻门次之，定鞭藻门和裸藻门占比最少，各占 0.0024%。在各处理组中所占比例较大的优势门类主要是蓝藻门，其余类群占比呈现出不同程度的波动。金藻门 OTUs 序列在早期均不超 5 条，随着培养时间增加，在中期段明显上升，处于 3 ~ 34，在培养后期随着培养时间增加继续增加，处于 145.33 ~ 796.67，培养后期的平均 OTUs 序列是早期的 223.24 倍；绿藻门 OTUs 序列变化较为显著，随着培养时间的增加明显上升，均在后期达到最高，占比从早期的 0.81% 增加到后期的 2.48%；硅藻与其他藻类规律性不同的是，硅藻 OTUs 序列在 N0.5、N2、N3 和 N5 处理组中随培养时间的增加逐渐下降并趋于稳定，而在 N1 处理组是先降后升，并在第三阶段达到最高；其他藻类中，定鞭藻门和隐藻门 OTUs 序列在不同氮沉降组随培养时间的增加不断下降；红藻门、裸藻门和未分类藻在所有阶段所占比例较低，在不同阶段培养上没有明显变化。由此可见，蓝藻门在浮

游植物群落中均占绝对优势，但不同氮沉降条件下群落组成又略有不同。低氮沉降量条件下，除蓝藻占优之外，群落也分布有一定比例的绿藻和硅藻。高氮沉降量条件下，浮游植物则表现为蓝藻门为主的单优群落结构。

为调查浮游植物群落响应氮沉降的属分布特征，选取排名前 10 的优势属的分布状况进行分析（图 7-3）。结果显示，不同氮沉降量处理组浮游植物群落属分布特征及优势属均存在较大差异［图 7-3（a）］。双色藻属（*Cyanobium*）在各处理组均保持较高比例（52.0%～78.7%），在浮游植物群落占据绝对优势。随着氮沉降量的增加聚球藻属（*Synechococcus*）比例变化较为明显，呈现先上升后下降趋势，在 N2 处理组最高为 33.4%。之后随着氮沉降量的进一步增加，聚球藻属比例不断下降，在 N5 处理组下降到最低值（16.35%）。粗盘藻属（*Trachydiscus*）和金藻门杯棕鞭藻属（*Poterioochromonas*）对氮沉降量的响应与聚球藻类似，粗盘藻属和金藻门杯棕鞭藻属的 OTUs 序列在 N0.5 组比例最高，分别为 2.73% 和 2.25%。假鱼腥藻属（*Pseudanabaena*）在各处理组中占比总体较低，在 N1 和 N2 处理组中占比相对较高，分别约 0.43% 和 0.27%。其他优势属如游丝藻属（*Planctonema*）、固氮藻属（*Crocosphaera*）、硅藻门的海链藻属（*Thalassiosira*）、定鞭藻门的金色藻属（*Chrysochromulina*）丰度值组随着氮沉降量的增加逐渐下降。

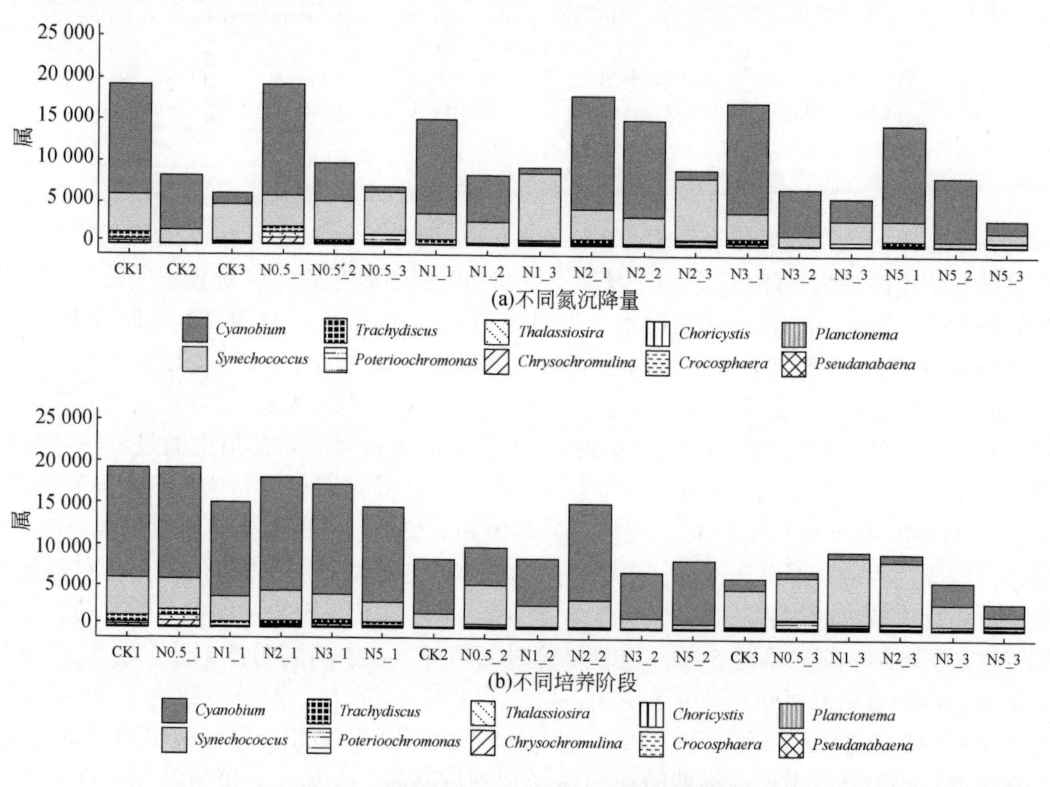

图 7-3　浮游植物响应氮沉降优势属分布特征

不同培养阶段的藻类属分布特征如图 7-3（b）所示。单因素方差分析结果显示，除蓝藻门聚球藻属和硅藻门海链藻属外，其余优势属均存在显著性差异。培养前期各处理组在属水平上均存在较高 OTUs 序列，随着培养时间的增加，OTUs 序列整体处于下降状态，前期的 OTUs 序列分别是中期和后期的 1.82 倍和 2.56 倍。OTUs 序列最大值出现在前期的双色藻属，最小值出现在后期的金色藻属。前期共存在 101 985 条 OTUs 序列，以双色藻属为主，为 76 262 条，占比 74.8%，其次是聚球藻属，为 20 196 条，占比 19.8%，OTUs 序列最少的是金藻门杯棕鞭藻属和假鱼腥藻属；中期共存在 55 912 条 OTUs 序列，包括双色藻属 41 476 条，聚球藻属 13 176 条，粗盘藻属 473 条，分别占浮游植物 OTUs 总序列的 74.18%、23.6% 和 0.85%，定鞭藻门金色藻属和游丝藻属占比最少；后期共得到浮游植物 OTUs 序列 40 325 条，占据前两位的是蓝藻门的聚球藻属和双色藻属，分别为 28 535 条、7653 条，共占比 97.7%。其中，金色藻属和固氮藻属的 OTUs 序列占比较少，仅占 0.22%。由此可见，在各处理组中所占比例较大的优势属分别是双色藻属和聚球藻属（共 93.13%），均隶属蓝藻门，金色藻属在整个培养期间的占比较少。双色藻属 OTUs 序列随着培养时间的增加逐渐下降，从前期 73.97% 下降到后期的 18.98%。与之相反，随着培养时间的增加，不同氮沉降量处理组中聚球藻属 OTUs 序列逐渐上升，从前期的 19.59% 增加到后期的 70.76%。聚球藻属在低氮沉降量处理组的中期和后期占据优势，双色藻属在低氮沉降量处理组的早期占优势。蓝藻中的固氮藻属和假鱼腥藻属在所有阶段不同氮沉降量处理组中占比均较低，仅为 0.27% 和 0.23%，固氮蓝藻属 OUTs 序列呈现出前期>后期>中期的规律，假鱼腥藻属 OTUs 序列呈现出后期>中期>早期的趋势。其他优势属中，如异鞭藻门粗盘藻属、硅藻门海链藻属、定鞭藻门金色藻属 OTUs 序列随着培养时间的增加逐渐下降，后期变化幅度不大；绿藻门的索囊藻属和金藻门的杯棕鞭藻属 OTUs 序列随着培养时间增加不断增加，并在后期达到最高。从上述结果可以看出，浮游植物群落优势属均为双球藻属和聚球藻属，氮沉降对不同优势属的分布比例影响有所不同。随氮沉降量的增加，双色藻属占比不断增加而聚球藻属分布逐渐下降，高氮沉降量条件下表现为双色藻属占据绝对优势的分布格局。蓝藻门双色藻属和聚球藻属在浮游植物群落中占据绝对优势地位，是蓝藻在群落占优的主要原因。

（2）浮游植物群落多样性及丰富度

Shannon-Wiener 指数能够反映浮游植物群落结构的复杂程度，数值越大，浮游植物种类数越多，分布越均匀，群落结构也越稳定。不同氮沉降量条件下，浮游植物群落 Shannon-Wiener 指数的动态变化如图 7-4 所示。不同处理组的比较分析结果显示，不同氮沉降量处理组浮游植物群落 Shannon-Wiener 指数存在极显著性差异（$P<0.05$），说明氮沉降量变化对浮游植物群落的多样性具有显著影响。浮游植物群落 Shannon-Wiener 指数在 0.60～1.65 变化，平均值为 1.19。其中，N0.5 处理组的 Shannon-Wiener 指数最高，N1 和 N5 处理相对较低。相比较对照组，N0.5 处理组 Shannon-Wiener 指数略高，说明在氮限制条件下，水体适量增加外源氮素有助于浮游植物群落结构多样性的维持。随着氮沉降量的进一步增加，各氮沉降量处理组 Shannon-Wiener 指数均显著低于对照组，浮游植物多样性 Shannon-Wiener 指数整体呈明显下降趋势。不同培养阶段浮游植物群落响应氮沉降的多样性指数变化有所不同，呈现出培养前期>中期>后期的变化特征，说明培养前期的浮游植物群落结构比较稳定。整体上看，随着氮沉降量的增加浮游植物群落多样性呈下降趋势，特别是在水体氮限制的状态下，少量氮沉降有助于提高和维持群落多样性，而水体的大量输入可能会导致浮游植物群落多样性的丧失。

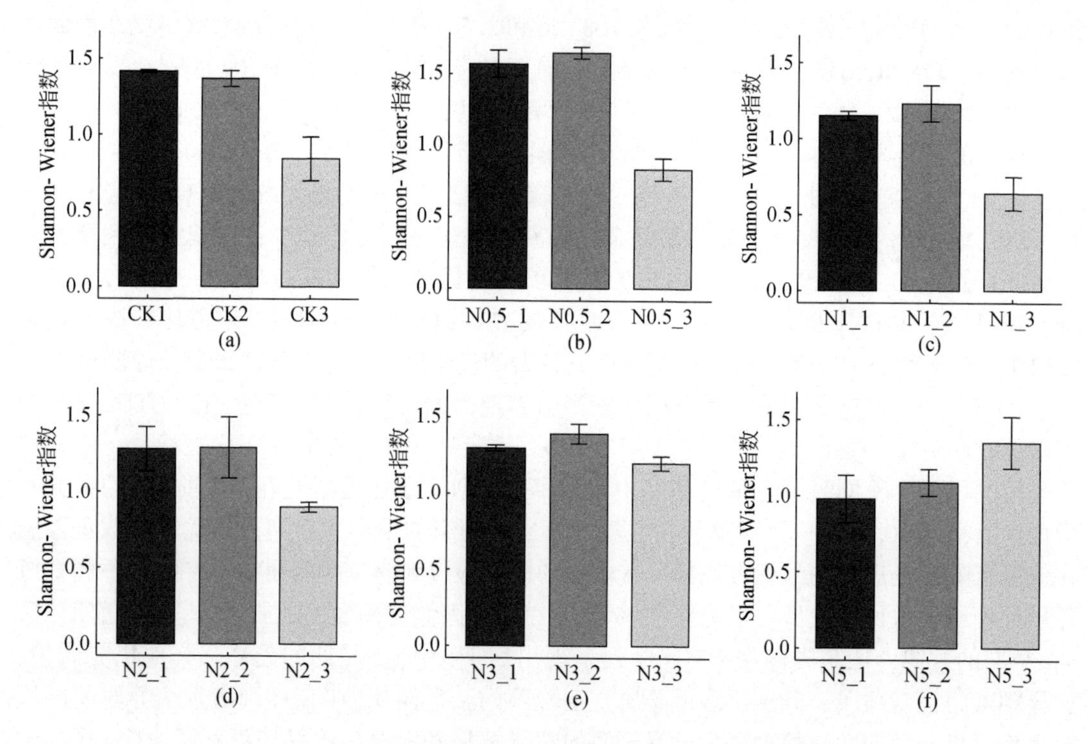

图 7-4　氮沉降量变化对浮游植物群落多样性的影响

Chao 丰富度指数反映群落物种丰富度，能够反映生物群落物种数目的多寡。数值越高，群落结构越稳定，生态系统抗干扰能力越强。不同氮沉降量条件下，浮游植物 Chao 丰富度指数的动态变化如图 7-5 所示。比较不同氮沉降量处理组的 Chao 丰富度指数发现，浮游植物群落响应不同氮沉降量的多样性指数变化有所不同。浮游植物群落 Chao 丰富度指数在 17.50 ~ 41.92 变化，平均值为 28.49。其中，N0.5 处理的 Chao 丰富度指数最高，为 33.33，N1 和 N3 处理相对较低，分别为 22.99 和 26.2。低氮沉降量条件下浮游植物群落 Chao 丰富度指数略高于对照组，随氮沉降量增加呈明显下降趋势。而在高氮沉降量条件下，Chao 丰富度指数明显低于对照组，随氮沉降量增加呈逐渐上升趋势。由此可见，浮游植物群落物种丰富度响应不同氮沉降量存在明显的差异。通过比较分析不同培养阶段浮游植物群落的丰富度，发现培养时间对浮游植物群落物种丰富度具有显著性影响。在培

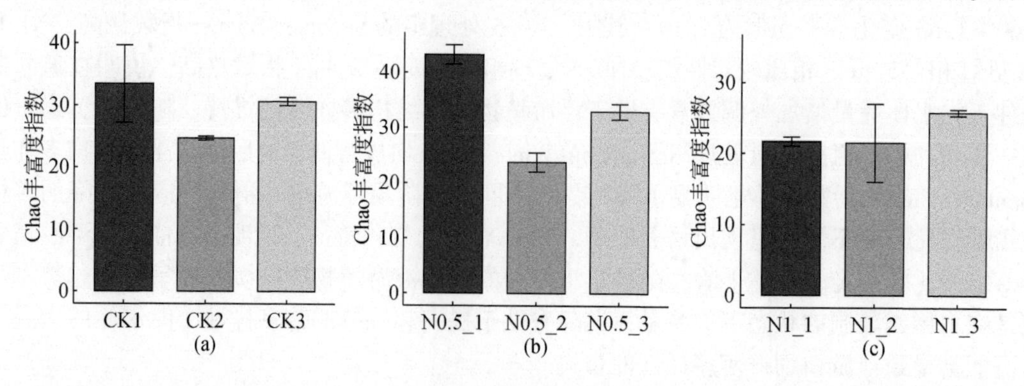

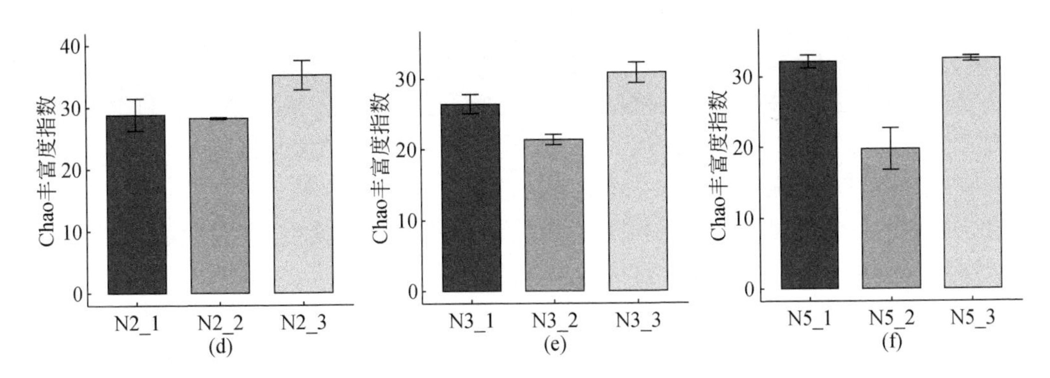

图 7-5 氮沉降量变化对浮游植物群落物种丰富度的影响

养的早期—中期—后期，不同氮沉降量条件下的 Chao 丰富度指数与对照组一样，均呈先下降后增加的趋势，该指数呈现出后期>前期>中期的变化特征。上述结果表明，在一定范围内，氮沉降量的增加可能会导致丹江口水库浮游植物群落物种丰富度的增加。

7.3.3 氮沉降量变化对浮游植物的影响

（1）氮沉降量对浮游植物生物量的影响

氮素是浮游植物生长的必需元素，是细胞糖类、蛋白质、核酸等物质合成的基础，很大程度上决定着浮游植物的生长状况。本室内模拟实验通过将 KNO_3、$(NH_4)_2SO_4$、尿素等按照比例混合模拟氮沉降，研究浮游植物响应氮沉降量变化的生长特性。在培养前期和中期，浮游植物生物量较小，氮沉降处理的浮游植物生物量均显著高于对照组，随着培养时间的增加呈上升的趋势。在培养后期，低氮沉降量处理组 N1、N2 浮游植物生物量保持继续增长的趋势，并在实验结束时达到最高，表明氮沉降对浮游植物生长具有明显的促进作用。本研究中对照组培养液取自丹江口水库，浮游植物生长繁殖所需的 N、P 等营养物质主要依靠实验开始时初始水体本身蕴含的营养盐供给。由于丹江口水库作为南水北调水源地，水质总体情况良好，符合Ⅱ类水水质标准，对浮游植物而言可能处于一种氮限制状态。有研究表明，氮限制条件下增加水体氮素浓度可显著促进浮游植物的生长及生物量增加。因此，本研究中模拟氮沉降增加了浮游植物可利用氮素浓度，在一定程度上缓解了浮游植物的氮限制，氮沉降促进浮游植物生长与其增加浮游植物可利用氮素浓度密切以及氮限制缓解有关。然而，高氮沉降量处理组 N5 与其他处理组表现大不相同，浮游植物藻生物量在前期表现为缓慢增长，但其增长速率明显低于其他氮沉降量处理组，在中、后期阶段则逐渐下降，且持续到实验结束。有研究表明，水体氮素浓度过高往往会导致 pH 和溶氧量降低，进而抑制浮游植物氮代谢关键酶的活性，从而影响浮游植物氮素吸收、运输、同化过程，抑制藻细胞生长，可能是高氮沉降量处理组在培养后期浮游植物生物量显著降低的主要原因。

（2）氮沉降量变化对浮游植物群落组成的影响

本研究基于 DNA 条形码浮游植物 16 个样本共鉴定出 92 个 OTU，隶属 77 种 66 属 52

科35目18纲9门，优势类群包括蓝藻门（93.72%），异鞭藻门（2.05%）、金藻门（1.30%）、硅藻门（1.10%）。其中，蓝藻门双色藻属、聚球藻属，异鞭藻门粗盘藻属，以及金藻门锥囊藻科和硅藻门海链藻属是浮游植物群落优势属。整体上看，氮沉降对丹江口水库浮游植物群落的影响主要表现为细胞密度峰值及不同优势种所占比例的差异，而各个实验组的种类组成及优势种具有一定的相似性。

越来越多的证据表明，水体可利用氮素的变化特别是富营养化过程不仅影响浮游植物的生长繁殖，也会造成浮游植物群落优势类群的变化。本研究从门分布特征来看，蓝藻门在不同氮沉降量下均占绝对优势（83%以上），其余藻类如绿藻和硅藻占比较少。蓝藻可以使用硝酸盐、亚硝酸盐、氨氮和有机氮作为氮源，有些蓝藻种类甚至可以固定大气中的氮，为其生长繁殖提供营养。本研究中通过模拟氮沉降的方式增加了蓝藻生长所需的营养物质，提供了有利于蓝藻生长的环境。相关研究证据显示，适宜的温度条件下增添氮、磷营养元素能够大大增加蓝藻的竞争优势（Trommer et al.，2020）。Deng等（2023）在研究氮沉降对太湖浮游植物的影响研究中发现，湿沉降对蓝藻门藻类影响最大，雨水为湖泊带来的氮、磷营养盐促进了蓝藻的生长，导致蓝藻大量增殖，与本研究结果基本一致。除蓝藻外，本研究还发现异鞭藻门和金藻门也占据一定优势，且高于绿藻门和硅藻门所占比例。异鞭藻门在培养前期N0.5处理组浮游植物群落中保持一定比例，随着时间增加所占比例下降较快，第一阶段平均丰富度是第三阶段的14.65倍，说明氮沉降量的增加可能抑制了异鞭毛藻的生长。先前的研究发现，水体在低营养条件下，对营养盐利用能力强的甲藻、鞭毛藻等则易为优势种，本研究N0.5氮沉降处理组异鞭毛藻相对较大的比例可能与对氮素的利用效率较高有关。普遍认为在营养盐丰富的水体，繁殖速率高的硅藻易成为优势种。然而，本研究中发现硅藻在浮游植物群落中占比极低。由于不同微藻对营养盐的吸收和利用策略不同，除水体可利用氮素外，其他因素如氮磷比的变化也会导致浮游植物群落结构及其优势类群的改变。研究发现，硅藻类的平均最适氮磷比较低，甲藻、蓝藻和绿藻次之，这与不同藻类对磷的需求和吸收利用策略密切相关（Hillebrand et al. 2013）。因此，虽然硅藻的生长速率较快，但是本研究持续氮添加导致氮磷比失衡，进而使得硅藻和绿藻可能无法在与蓝藻的竞争中占据优势。

（3）氮沉降量变化对浮游植物优势属分布的影响

优势属（种）是浮游植物群落结构和环境形成的支配者，在主导群落演替方面发挥着重要作用。浮游植物群落优势属的改变势必会引起群落结构与功能的改变，进而影响水生生态系统的稳定性。有研究表明，浮游植物优势种类数与群落结构的稳定性密切相关，一般来讲浮游植物优势种种类数越多、优势度越小，其群落结构越复杂稳定。本研究发现，蓝藻门双色藻属、聚球藻属，异鞭藻门粗盘藻属，金藻门锥囊藻属，硅藻门海链藻属是相对丰度最高的5个属。其中，各处理组蓝藻门双色藻属和聚球藻属占据绝对优势，其余分布比例较低。丹江口水库作为重要水源地，属寡养型水体，超微型浮游植物因其具有竞争优势，成为浮游植物的优势种群。虽然蓝藻门占绝对优势，但在不同培养阶段其优势属存在一定变化。双色藻属在培养前期和中期占优势。随着培养时间的增加，聚球藻属逐渐代替双色藻属成为浮游植物群落优势属，说明聚球藻属在氮浓度持久添加下比双色藻属更能适应富营养化水体环境。已有对海洋浮游植物研究发现，氮沉降除了能够促使浮游植物快速生长，还可以导致浮游植物的群落结构发生一定程度的改变，尤其是能够促进聚球藻细胞丰度的增加（牟英春等，2018）。值得注意的是，尽管双色藻属和聚球藻属占据绝对优势，本研究发现绿藻门的索囊藻属和金藻门的杯棕鞭藻属丰度随着培养时间增加不断增加，并在培养后期其达到占比最高值。有研究报道，氮沉降在很大程度上影响浮游植物群落中不同粒级浮游植物的分布比例，通过影响不同粒级浮游植物的生长竞争优势来改变浮游植物的群落结构。本研究氮沉降量的增加，浮游植物优势种群表现出一定的由超微型向小型和微型转变的趋势和潜力。

(4) 氮沉降量变化对浮游植物群落多样性及丰富度的影响

浮游植物群落物种多样性及丰富度对于浮游植物群落结构及水生生态系统的稳定性至关重要。多样性指数是描述群落多样性的一个重要指标，依据其数值大小通常可以分成 5 个等级，数值越高，代表群落多样性越丰富。本研究发现丹江口浮游植物群落 Shannon-Wiener 指数在 0.60～1.65 变化，平均值为 1.19，整体处于 2 级。随着氮沉降量增加，浮游植物整体上呈现出多样性降低的趋势。氮沉降对培养液的氮素输入可能形成富营养化的环境，使得个别藻类（聚球藻和双色藻）等在与其他藻类资源竞争中取得优势而过度生长，最终导致群落多样性的降低。此外，氮沉降还可能导致培养液理化性质发生改变，由此产生的氧含量下降、pH 下降，可能进一步限制了浮游植物多样性的维持和发展。一般认为，浮游植物丰富度的增加通常会引起浮游植物群落多样性的减小，在水体富营养化状态下作用尤为明显。浮游植物群落 Chao 丰富度指数在不同氮沉降量条件下存在显著差异，浮游植物群落 Chao 丰富度指数在 17.50～41.92 变化，随着培养时间的增加逐渐上升。低氮沉降量条件下，浮游植物群落 Chao 丰富度指数随着氮沉降量逐渐上升。而在高氮沉降量条件下，Chao 丰富度指数则显著下降。以上结果表明，在一定范围内，氮沉降量的增加可能会导致丹江口水库浮游植物丰富度增加。

综上所述，本研究结果表明氮沉降量对浮游植物多样性、丰富度均具有明显影响，氮沉降在驱动丹江口浮游植物群落演替过程中可能起着至关重要的作用。值得注意的是，氮沉降量的增加可能会导致浮游植物生物多样性降低，促进浮游植物以蓝藻为主的单优结构的形成，对水体水质安全可能具有极大的潜在风险，需引起足够重视。

7.4 不同氮素形态对浮游植物的影响

7.4.1 浮游植物响应不同氮素形态的生长特性

为研究浮游植物响应氮沉降不同氮素形态的生长特性，本研究通过分别添加不同浓度的 KNO_3、$(NH_4)_2SO_4$、尿素模拟氮沉降。浮游植物响应氮沉降不同氮素形态的生长情况见图 7-6。相比于空白对照组（CK），氮沉降处理组的浮游植物生物量都有不同程度的增加，说明氮沉降促进了浮游植物的生长。不同氮素形态氮沉降下浮游植物生长存在一定差异，表现出明显的生长不同步。硝氮组（N）中，N2 和 N5 均在第 7 天达到高峰，N0.5 和 N1 分别在第 5 天和第 6 天达到高峰；氨氮组（A）中，A0.5、A1 和 A2 均在第 4 天达到高峰，A5 在第 6 天达到高峰，但增长较为缓慢；有机氮（尿素）组（U）生长曲线分布具有一定的规律性，整体呈上升趋势，分别在第 5 天和第 6 天达到高峰，在第 7 天开始下降。随氮沉降量的增加，各个处理组浮游植物生长也有所不同。随氮沉降量增加硝氮组浮游植物生物量不断增加，而氨氮组和有机氮组则呈现先升高后降低的区属。整体上看，氮沉降下浮游植物生物量表现为硝氮组>有机氮组>氨氮组。

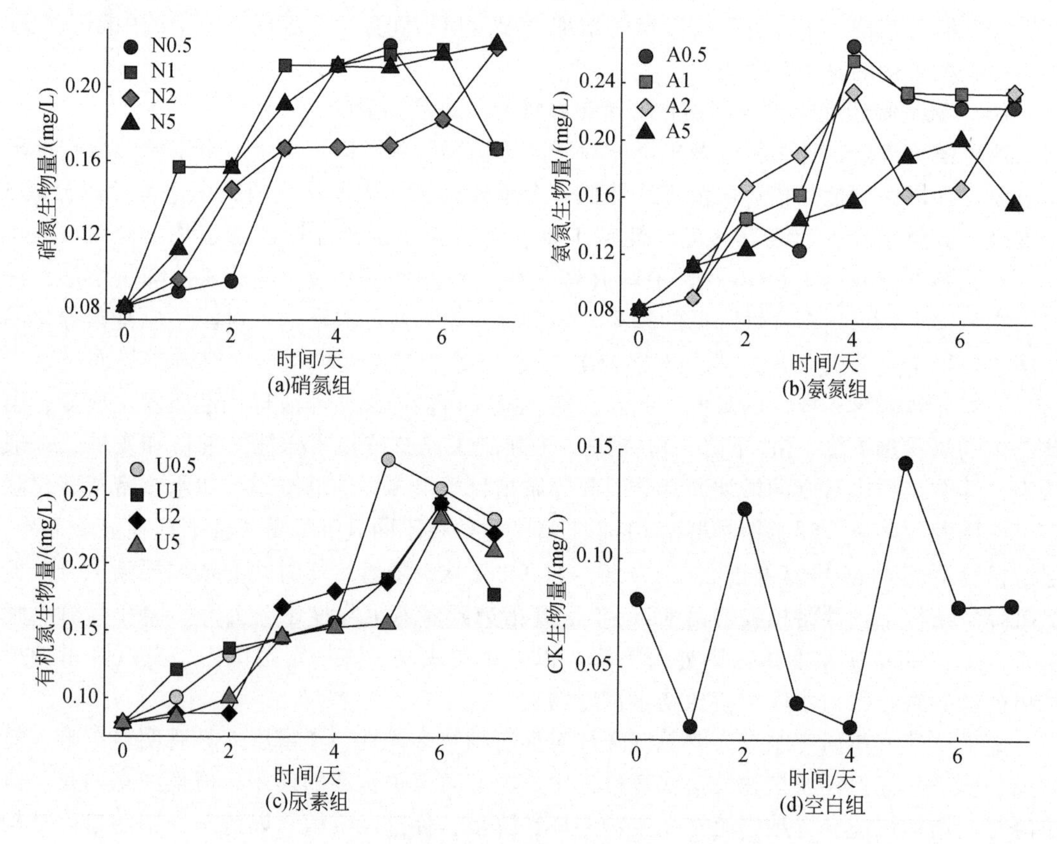

图 7-6　浮游植物响应氮沉降不同氮素形态的生长特性

7. 4. 2　浮游植物响应不同氮素形态的群落结构特征

（1）浮游植物的群落组成

不同形态氮素氮沉降模拟实验共检测到浮游植物 9 门 81 属 103 种，主要由硅藻、绿藻和蓝藻组成。其中，硅藻、蓝藻、绿藻分别占 OTUs 序列总数的 35. 04%、43. 13% 和 17. 57%。其余藻类包括褐藻、红藻、黄藻、金藻、隐藻、异鞭毛藻等分布比例较低，共占 OTUs 序列总数的 4. 26%。与对氮沉降量变化的响应相似，不同处理间的浮游植物群落的物种组成种类无显著差异（$P>0.05$），但群落组成的类群分布比例存在较大差异。

不同氮沉降处理组浮游植物群落在门水平上的分布特征（图 7-7）存在较大差异。空白对照组中，绿藻成为最优类群，分布比例高达 64. 93%，蓝藻次之，为 30. 91%，其余类群分布比例较低。氨氮组随着氮沉降量的增加，硅藻占比下降较快，从 A0.5 的 32.00%降到 A5 的 0.79%，减少 31.21 个百分点；蓝藻在各组中所占比例较高，为 58.46% ~76.29%；绿藻占比呈先升后降趋势，在 A0.5 中占比最低（6.54%），在 A2 中占比最高（19.32%）。红藻在 A1 和 A5 中有着较高的占比，分别为 12.82%和 8.13%，在 A0.5 和 A2 中占比极小。硝氮组中硅藻一直保持较高比例，从 N0.5 的 64.41%上升到 N1 的 70.26%，占比远超其他各藻，之后逐渐下降，从 N2 的 41.06%下降到 N5 的 24.33%；蓝藻在 N0.5 ~ N1 中占比 25%左右，在 N2 和 N5 中占比逐渐增加，分别达到 42.39%和 53.78%，超过了硅藻占比，绿藻在 N0.5 ~ N5 中占比一直维持在 18%以下，同蓝藻一样呈先减后增的趋势。有机氮组随着氮沉降量的增加，硅藻占比变化较为明显，呈现先上升后下降趋势，从 U0.5 的 55.64%增加到 U1 的 62.98%，并达到最高，之后不断下降，从 U2 的 16.95%下降到 U5 的 1.76%；蓝藻比例整体呈上升趋势，从 U0.5 的 22.73%增加到 U5 的 57.88%；绿藻分布比例相较氨氮组和硝氮组增加较快，从 U0.5 的 19.65%增加到 U5 的 36.45%。

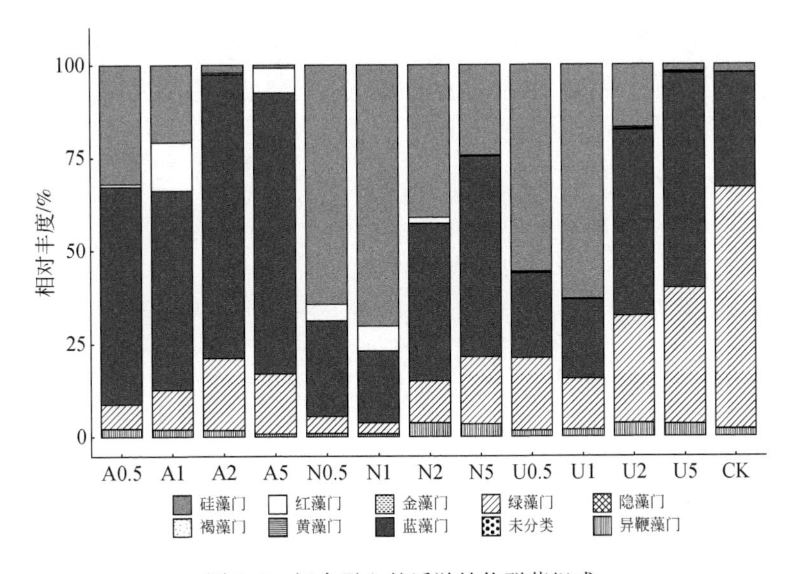

图 7-7　门水平上的浮游植物群落组成

整体看来，浮游植物群落响应不同氮沉降，其门分布特征存在较大差异。低氮沉降量下，氨氮组浮游植物群落以蓝藻为主，硝氮组和有机氮组则以硅藻占据绝对优势。高氮沉降量下，氨氮组蓝藻在各组中占比均较高，硅藻占比快速下降，而绿藻占比缓慢上升；硝氮组虽然硅藻维持相对较高的分布比例，但其分布比例远低于蓝藻，蓝藻逐渐取代硅藻成为浮游植物群落优势类群。不同于无机氮沉降，高有机氮沉降量条件下，绿藻在浮游植物群落中占比最大。

（2）浮游植物群落的属分布特征及优势属

浮游植物群落组成在属分类水平的分布特征如图 7-8 所示。本研究共检测到浮游植物 81 个属。相对丰度大于等于 1%的有 19 个属，其中绿藻 8 属、蓝藻 6 属，分别占 42.11%和 31.58%，其余各属相对丰度均在 1%以下。空白对照组硅藻的优势属小环藻组成仅占

2.12%，蓝藻和绿藻分别为30.67%和63.92%，其中蓝藻优势属为双色藻属（16.94%）、聚球藻属（7.39%）、席藻属（*Phormidium*，2.52%）、微囊藻属（*Microcystis*，2.89%）和固氮藻属（0.93%）；绿藻优势属为麦可属（44.00%）、索囊藻属（11.24%）、环藻目 *Hariotina* 属（4.27%）、四链藻属（*Tetradesmus*，3.40%）、单针藻属（1.01%）和异鞭藻的 *Monodopsis* 属（1.74%）。

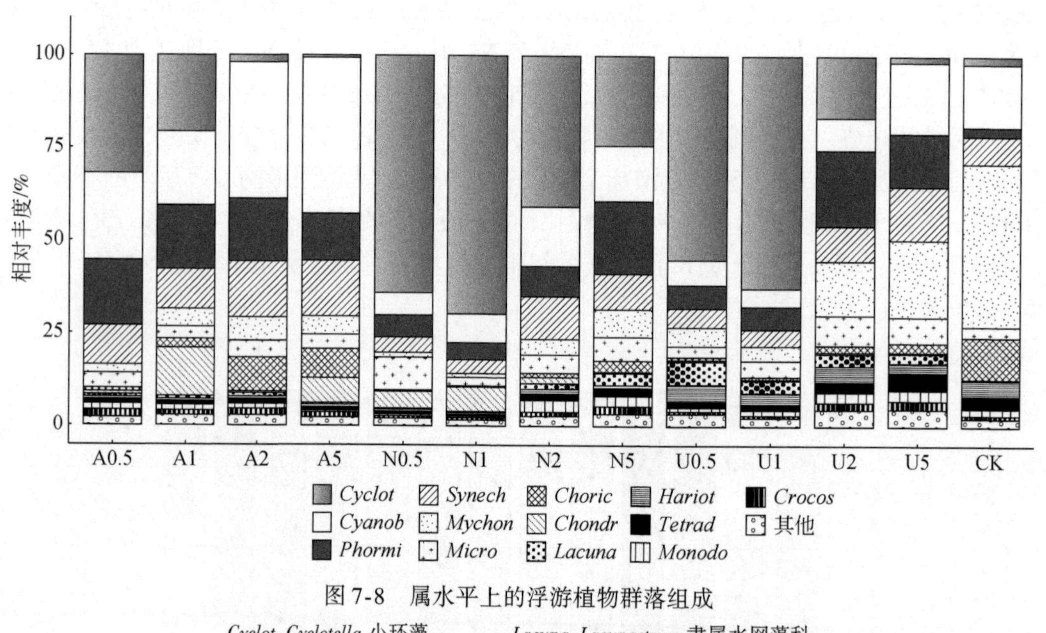

图7-8 属水平上的浮游植物群落组成

Cyclot-Cyclotella 小环藻
Cyanob-Cyanobium 双色藻
Phormi-Phormidium 席藻
Synech-Synechococcus 聚球藻
Mychon-Mychonastes 麦可属
Microc-Microcystis 微胞藻属
Chondr-Chondracanthus 软刺藻属
Lacuna-Lacunastrum 隶属水网藻科
Hariot-Hariotina 隶属绿藻环藻目
Tetrad-Tetradesmus 四链藻
Monodo-Monodopsis 隶属真眼点藻
Crocos-Crocosphaera 隶属色球藻目
Choric-Choricystis 索囊藻属

不同氮沉降模拟条件下，浮游植物群落的优势属分布也存在明显差异。氨氮组中，浮游植物群落优势属分别是小环藻、小环藻-双色藻、双色藻、双色藻。硝氮组浮游植物群落优势属均为小环藻。有机氮组浮游植物优势种分别为小环藻、小环藻、双色藻-麦可藻、麦可藻。随着氮沉降量的增加，各实验组的响应也有所不同。氨氮组中，硅藻门小环藻属分布比例依次为31.93%、20.67%、2.05%和0.72%，随氮沉降量增加呈显著下降趋势。与此相反，蓝藻门双色藻属分布比例呈整体上升趋势，从A0.5的23.4%增加到A5的42.07%。硝氮组中，硅藻门小环藻属始终占优，分布比例存在很大不同，分布比例分别为64.13%、69.86%、40.81%和24.25%，随氮沉降量呈整体下降趋势。蓝藻的各优势属分布比例缓慢增加，各处理组优势属分布比例均不超过20.00%。有机氮组中小环藻属变化和氨氮组相似，分布比例依次为55.09%、62.76%、16.61%和1.68%，随着尿素沉降量的增加，小环藻属分布比例急剧下降。蓝藻和绿藻优势属分布比例则有不同程度的增加。其中，绿藻门麦可属和蓝藻门双色藻属分布比例明显增加，麦可属分布比例从5.13%

增到 20.88%，双色藻属分布比例由 6.73% 增到 19.20%。

（3）浮游植物群落的多样性和丰富度

不同氮沉降条件下，浮游植物群落响应不同氮素形态的 Shannon-Wiener 指数和 Chao 丰富度指数的动态变化如表 7-1 所示。与空白对照组相比，氮沉降使得浮游植物群落的 Shannon-Wiener 指数和 Chao 丰富度指数均有不同程度的提高，表明氮沉降不同氮素形态对浮游植物群落多样性和丰富度均有不同程度的影响。

表 7-1　浮游植物群落响应氮沉降的 Shannon-Wiener 指数和 Chao 丰富度指数

处理组	Shannon-Wiener 指数	Chao 丰富度指数
A0.5	2.12±0.01	63.04±6.70
A1	1.70±0.24	56.70±6.65
A2	2.20±0.11	58.57±7.82
A5	2.24±0.12	102.25±6.73
N0.5	2.13±0.17	65.28±3.76
N1	1.86±0.15	60.27±5.21
N2	1.99±0.09	62.88±3.95
N5	2.17±0.16	67.82±7.46
U0.5	1.66±0.09	60.00±6.16
U1	1.61±0.35	63.50±4.08
U2	1.67±0.10	74.00±8.05
U5	1.68±0.05	51.87±4.15
CK	1.57±0.15	53.26±24.2

注：U 代表有机氮组，A 代表氨氮组，N 代表硝氮组，CK 代表空白对照组。

不同氮沉降浮游植物群落 Shannon-Wiener 指数存在一定差异，表现为氨氮组>硝氮组>有机氮组>空白对照组。空白对照组 Shannon-Wiener 指数最低，为 1.57，相比氨氮组、硝氮组、有机氮组 Shannon-Wiener 指数平均值分别降低 32%、30% 和 6%。氨氮组的 Shannon-Wiener 指数在 1.70～2.24，平均值为 2.07。其中，在 A1 浓度条件下最低（1.70），在 A5 浓度条件下达到最高（2.24）。硝氮组的 Shannon-Wiener 指数在 1.86～2.17，平均值为 2.04。其中，在 N1 浓度条件下最低（1.86），在 N5 浓度条件下达到最高（2.17）。有机氮组 Shannon-Wiener 指数在 1.61～1.68，平均值为 1.66，并在 U5 浓度条件下达到最高。由此可见，随着氮沉降量的增加不同氮素形态条件下浮游植物群落 Shannon-Wiener 指数变化基本一致，均呈现先减少后增加的趋势。

不同氮沉降条件下，浮游植物 Chao 丰富度指数的变化趋势同 Shannon-Wiener 指数基本一致，表现为氨氮组>硝氮组>有机氮组>空白对照组。空白对照组 Chao 丰富度指数为 53.26，较氨氮组、硝氮组和有机氮组 Chao 丰富度指数平均值分别降低 32%、20% 和 17%。氨氮组 Chao 丰富度指数在 56.70～102.25，平均值为 70.14。随氮沉降量增加，Chao 丰富度指数呈先降后升趋势，最低值出现在 A1 浓度条件下，最高值出现在 A5 浓度条件下。硝氮组 Chao 丰富度指数在60.27～67.82，平均值为64.06。整体变化趋势与氨氮组相似，呈先降后升趋势，最低值出现在 N1 浓度条件下，最高值出现在 N5 浓度条件下，最高值较最低值多13%。有机氮组的 Chao 丰富度指数在51.87～74.00，平均值为62.34。与氨氮组和硝氮组变化不同，Chao 丰富度指数表现为先升后降的趋势，在 U2 条件下达到最高（74.00），在 U5 条件下降至最低（51.87）。

7.4.3 不同氮素形态对浮游植物群落结构的影响

水生生态系统中，除了部分蓝藻可以利用氮气作为氮源，绝大多数浮游植物可利用氮素主要包括溶解态无机氮和溶解态有机氮，溶解态无机氮主要以氨氮、硝氮等形态存在，溶解态有机氮有尿素、游离态氨基酸、胺类化合物等以及部分气态氮。大量研究表明，不同形态氮素对藻类的生长影响不同。一般认为，当水体中同时出现高浓度的氨氮和硝氮时，浮游植物会优先吸收利用氨氮，只有当氨氮浓度无法满足浮游植物生长的需求时，浮游植物才会吸收利用硝氮和有机氮。然而，也有研究表明，不同类群的浮游植物响应氮素形态变化存在较大差异。以硝酸盐为优势的氮素营养通常支持硅藻类的生长，而还原态氮则会促进蓝藻和绿藻的生长（Glibert et al.，2016）。因此，氮沉降除增加水体浮游植物可利用氮素浓度外，还可能改变其氮素营养组成，进而影响其生长和群落结构。

（1）氮沉降不同氮素形态对浮游植物生长的影响

本模拟氮沉降研究中不同氮素条件下，浮游植物生物量表现为硝氮组>有机氮组>氨氮组。浮游植物生长特性对不同氮素形态的响应存在较大差异，表现为明显的不同步生长。随着氮沉降量增加，浮游植物对不同氮素形态的响应也有所不同。硝氮和有机氮沉降条件下，生长速率随氮素浓度的增加而相应增加，氨氮沉降下生长速率随氮素浓度的增加表现出先增加后降低的趋势，表明高浓度氨氮对其生长可能有一定的抑制作用。从能量消耗的角度看，还原态的氨氮被认为是浮游植物优先利用的氮源，原因在于其能够被浮游植物直接利用；硝氮和有机氮需要先还原成氨氮才能被同化利用，而还原过程需要消耗光合作用储存的能量。韩菲尔（2019）用稳定同位素（^{15}N）示踪技术研究了 5 种浮游藻类（铜绿微囊藻、海链藻、卡德藻、卡尔藻和盐水隐藻）对不同氨氮和硝氮吸收速率的特征，发现这 5 种藻类优先吸收氨氮。然而也有研究证据表明，不同类群浮游植物对氮素形态利用具有一定的偏好性。硅藻偏向于硝氮相对丰富的水体，在一定范围内提高硝氮浓度，有助于硅藻的快速增殖，有时甚至能够导致其暴发性的增长，引发硅藻水华。丹江口水库作为南水北调主要水源地，其浮游植物群落结构特征受到广泛关注。近年来对丹江口水库浮游植物群落结构的研究结果表明，群落以硅藻分布比例最高，为群落优势类群。本研究中，硝氮沉降对丹江口水库浮游植物生长明显的促进作用可能与硅藻在群落中的优势地位有关。值得注意的是，不同于硝氮和有机氮，高浓度氨氮对浮游植物生长具有一定的抑制作用。研究发现，浮游植物在氨氮代谢过程中，氨系统内的NH_4^+的去质子化形成的NH_3对藻类会产生毒害作用；此外，氨氮的同化在细胞内产生大量的质子，pH 降低，导致细胞酸度增加，是造成氨氮毒害的主要原因。

（2）氮沉降不同氮素形态对浮游植物群落结构的影响

越来越多的研究证实，不同藻类在不同氮素营养条件下的种群增长水平不同，而自然环境中氮素形态组合复杂多变，因此藻类对不同形态氮素营养的利用能力在一定程度上决定着在浮游植物群落中的竞争能力并驱动浮游植物群落演替。郜培怡等（2021）在氮素形态组成对海洋浮游植物群落结构的影响的研究中发现，在氨氮加富条件下，优势种群主要有甲藻门的春膝沟藻与硅藻门的丹麦细柱藻、条纹小环藻和密连角毛藻；在加富硝氮条件下，优势种群主要由舟形藻和密连角毛藻等组成，表明水体中氮素形态对浮游植物群落组成与结构有较大影响。本研究结果发现，氮沉降不同氮素形态下浮游植物群落组成有着明显差异。氨氮组浮游植物群落以蓝藻、硅藻和绿藻为主，硝氮组以硅藻占优，有机氮组则以硅藻、蓝藻和绿藻分布比例较高。随着氮添加量的增加，浮游植物群落类群组成对不同氮素形态的响应也有很大不同。氨氮组浮游植物群落中蓝藻分布比例明显增加而硅藻分布比例急剧下降，绿藻分布比例则呈现出先增加后下降的趋势，群落整体表现为由蓝藻-硅藻型向蓝藻-绿藻型的转变。硝氮组浮游植物群落蓝藻和硅藻的分布比例变化趋势与氨氮组相似，所不同的是绿藻分布比例显著增加，其群落整体表现为由硅藻-蓝藻型向蓝藻-硅藻-绿藻型的转变。有机氮组浮游植物群落中蓝藻和绿藻分布比例明显增加而硅藻分布比例逐渐下降，浮游植物群落表现为由硅藻-蓝藻-绿藻型向蓝藻-绿藻型的转变。Nwankwegu 等（2020）研究三峡库区湘西湾营养物添加量对秋季浮游植物群落的影响时发现，硅藻表现出对硝氮利用的高度偏好。杨强等（2011）在对早期硅藻水华的研究中认为，硅藻可以直接利用硝酸盐作为氮源，在富含硝酸盐的条件下，硅藻在培养初期对硝酸盐利用率更高，这一结论与本研究结果相似。与硝氮组的浮游植物群落结构有所不同的是，氨氮组中蓝藻优势最为明显。随着氨氮浓度的增加，硅藻分布比例从 32.00% 下降到 0.79%，蓝藻分布比例则显著增加，从 58.46% 增加到 76.29%。在淡水生态系统中，氨氮可被大多数藻类特别是蓝藻优先利用，长期以来氨氮被认为是蓝藻生长所需的优先可利用氮源。莫丹玫（2016）在对千岛湖浮游植物群落结构的研究中发现，水体氨氮营养增加常导致蓝藻大量繁殖而成为浮游植物群落的优势类群。与氨氮组和硝氮组相比，水体有机氮更适合绿藻生长。由此可见，浮游植物响应不同形态氮沉降的群落结构变化与其对不同氮素利用偏好性有关。

不同形态氮沉降模拟条件下，丹江口水库浮游植物群落的优势属分布也存在明显差异。氨氮组中，浮游植物群落优势属分别是小环藻、小环藻-双色藻、双色藻、双色藻。随氨氮添加小环藻分布比例逐渐下降为 55.12%、20.67%、2.05% 和 0.72%，蓝藻门双色藻分布比例呈现相反的趋势由 15.20% 增加到 42.07%，逐渐上升为优势种。硝氮组浮游植物群落优势种均为小环藻，但在群落中分布比例有所变化，整体上呈先升高后降低的趋势。有机氮组优势属分别为小环藻、小环藻、双色藻-麦可藻、麦可藻。例如，小环藻在低浓度的氨氮组和有机氮组及所有硝氮组占优势，在低浓度硝氮组中分布比例超过 64%。蓝藻则与硅藻完全不同，在 3 种氮素添加中均表现出对高浓度氮的高耐受性，随着 3 种氮添加浓度的升高，均呈现出分布比例升高的趋势，而双色藻则在中、高倍氨氮组中分布比例较高。整体来看，浮游植物优势属分布的变化特征与其群落演替基本一致。

7.5 小　结

为深入了解水体氮沉降对水生生态系统的生态效应，本章以丹江口库区日均氮沉降量及其氮素组成为基准，采用氮沉降模拟实验的研究方法，系统地开展氮沉降量及不同氮素形态对浮游植物的影响研究，结果表明氮沉降量及不同氮素形态对浮游植物群落的物种组成、丰富度及多样性均有明显影响，主要体现在以下四方面。

1）氮沉降量对浮游植物群落组成及优势种分布影响较大，其中蓝藻门在各处理浮游植物群落中均占绝对优势，但不同氮沉降量条件下群落组成又略有不同。低氮沉降量条件下，除蓝藻占优之外，群落也分布有一定比例的异鞭藻和硅藻。高氮沉降量条件下，浮游植物则表现为以蓝藻门为主的单优群落结构。浮游植物群落优势属均为蓝菌属和聚球藻属，氮沉降量对两者分布比例影响有所不同。随氮沉降量的增加，蓝菌属分布比例不断增加而聚球藻属分布比例逐渐下降，高氮沉降量条件下表现为蓝菌属占据绝对优势的分布格局。

2）浮游植物群落类群组成对不同氮素形态的响应存在一定差异。氨氮沉降组浮游植物群落中蓝藻分布比例明显增加而硅藻分布比例急剧下降，绿藻分布比例则呈现出先增加后下降的趋势，群落整体表现为由蓝藻-硅藻型向蓝藻-绿藻型的转变。硝氮组浮游植物群落蓝藻和硅藻的分布比例变化趋势与氨氮组相似，所不同的是绿藻分布比例显著增加，其群落整体表现为由硅藻-蓝藻型向蓝藻-硅藻-绿藻型的转变。有机氮组浮游植物群落中蓝藻和绿藻分布比例明显增加而硅藻分布比例逐渐下降，浮游植物群落表现为由硅藻-蓝藻-绿藻型向蓝藻-绿藻型的转变。

3）氮沉降量对浮游植物群落多样性和丰富度均具有显著影响。不同氮沉降量处理组浮游植物群落多样性存在极显著性差异，浮游植物群落 Shannon-Wiener 指数在0. 78 ~ 1. 65 变化。低氮沉降量处理组浮游植物群落 Shannon-Wiener 指数显著高于对照组，随着氮沉降量的增加，浮游植物群落 Shannon-Wiener 指数整体呈明显下降趋势。在一定范围内，氮沉降量的增加导致浮游植物群落丰富度的增加。低氮沉降量条件下，浮游植物群落 Chao 丰富度指数随着氮沉降量逐渐上升。而在高氮沉降量条件下，Chao 丰富度指数则显著下降。

4）不同形态氮沉降模拟对浮游植物群落的多样性和丰富度均具有不同程度的影响。氨氮组、硝氮组和有机氮组浮游植物的 Shannon-Wiener 指数分别在 1. 70 ~ 2. 24、1. 86 ~ 2. 17 和 1. 61 ~ 1. 68 变化，均在 5 倍氮沉降量时达到最高值。比较不同形态氮沉降发现，浮游植物多样性由高到低依次为氨氮组>硝氮组>有机氮组，均高于空白对照组。氨氮组和硝氮组 Chao 丰富度指数分别在 56. 70 ~ 102. 25 和 60. 27 ~ 67. 82 波动，氮沉降量的增加导致浮游植物群落的丰富度略有增加，均在 5 倍氮沉降量时 Chao 丰富度指数达到最高值。有机氮组的 Chao 丰富度指数变化范围为 51. 87 ~ 74. 00，其最高值出现在 2 倍氮沉降量处理组。与无机氮沉降有所不同，有机氮沉降条件下随尿素添加量的增加，浮游植物 Chao 丰富度指数表现为先升高后下降的趋势，表明有机氮沉降量的增加可能对浮游植物群落分布具有一定的抑制作用。

参 考 文 献

陈锦峰，张家卫，李朗，等 . 2022. 船基围隔条件下沙尘和营养盐添加对近海浮游植物群落结构的影响 . 应用海洋学学报，(2)：294-301.

陈康，孟子豪，李学梅，等 . 2022. 鄱阳湖流域柘林水库秋季浮游植物群落结构及其构建过程驱动机制 .

湖泊科学，(2)：433-444.
笪文怡，朱广伟，吴志旭，等 . 2019. 2002—2017 年千岛湖浮游植物群落结构变化及其影响因素 . 湖泊科学，31 (5)：1320-1333.
邓文丽，刘均平，王晓星，等 . 2013. 北京野鸭湖浮游植物群落结构与水质关系研究 . 湿地科学，11 (1)：27-34.
郜培怡，李克强，陈衎，等 . 2021. 氮形态组成对海洋浮游植物群落结构的影响与动力学研究 . 中国海洋大学学报 (自然科学版)，(5)：57-71.
韩菲尔 . 2019. 太湖水体浮游植物氮素吸收过程及其影响因素 . 苏州：苏州科技大学 .
黄立成，周远洋，周起超，等 . 2019. 云南程海浮游植物初级生产力的时空变化及其影响因子 . 湖泊科学，31 (5)：1424-1436.
金相灿，屠清瑛 . 1990. 湖泊富营养化调查规范 . 2 版 . 北京：中国环境科学出版社 .
李学梅，刘璐，龚森森，等 . 2023. 江汉平原长湖浮游植物初级生产力的季节性变化及其驱动因子 . 湖泊科学，(3)：833-843.
梁英，刘春强，田传远，等 . 2014. 营养盐形态及输入方式对 6 种海洋微藻群落演替的影响 . 海洋湖沼通报，(2)：23-30.
莫丹玫 . 2016. 千岛湖浮游植物群落结构多样性及其鉴定方法的研究 . 上海：上海海洋大学 .
牟英春，褚强，张潮，等 . 2018. 南海浮游植物对沙尘和灰霾添加的响应 . 中国环境科学，38 (9)：3512-3523.
史小丽，杨瑾晟，陈开宁，等 . 2022. 湖泊蓝藻水华防控方法综述 . 湖泊科学，(2)：349-375.
吴丰昌，金相灿，张润宇，等 . 2010. 论有机氮磷在湖泊水环境中的作用和重要性 . 湖泊科学，22 (1)：1-7.
谢迎新，张淑利，冯伟，等 . 2010. 大气氮素沉降研究进展 . 中国生态农业学报，18 (4)：897-904.
杨强，谢平，徐军，等 . 2011. 河流型硅藻水华研究进展 . 长江流域资源与环境，20 (S1)：159-165.
叶琳琳，吴晓东，刘波，等 . 2017. 太湖西北湖区浮游植物和无机、有机氮的时空分布特征 . 湖泊科学，(4)：859-869.
衣晓燕，黄有松，陈洪举，等 . 2017. 基于围隔实验的沙尘添加对西北太平洋寡营养海区小型浮游植物群落结构的影响 . 中国海洋大学学报 (自然科学版)，47 (5)：27-33.
翟元晓，李彦旻，崔胜辉，等 . 2022. 丽江市漾弓江流域水体氮负荷及污染源特征研究 . 环境科学学报，(7)：329-337.
张雷燕，刘成高，贾玉山，等 . 2024. 石梁河水库浮游植物功能群的生态特征及其对水环境质量的指示 . 环境生态学，6 (2)：59-64.
张六一，刘妍霁，符坤，等 . 2019. 三峡库区澎溪河流域氮湿沉特征及其来源 . 中国环境科学，39 (12)：4999-5008.
张民，于洋，钱善勤，等 . 2010. 云贵高原湖泊夏季浮游植物组成及多样性 . 湖泊科学，22 (6)：829-836.
赵思琪，范垚城，代嫣然，等 . 2019. 水体富营养化改善过程中浮游植物群落对非生物环境因子的响应：以武汉东湖为例 . 湖泊科学，31 (5)：1310-1319.
郑凌凌，张琪，李天丽，等 . 2017. 三种不同环境因子对汉江硅藻水华优势种冠盘藻 (*Stephanodiscus* sp.) 生长生理的影响 . 海洋湖沼通报，(6)：91-97.
Burpee B T, Saros J E, Nanus L, et al. 2022. Identifying factors that affect mountain lake sensitivity to atmospheric nitrogen deposition across multiple scales. Water Research, 209: 117883.
Chen S B, Chen L, Liu X J, et al. 2022. Unexpected nitrogen flow and water quality change due to varying

atmospheric deposition. Journal of Hydrology, 609: 127679.

Deng J M, Nie W, Huang X, et al. 2023. Atmospheric reactive nitrogen deposition from 2010 to 2021 in Lake Taihu and the effects on phytoplankton. Environmental Science & Technology, 57: 8075-8084.

Ding Y Q, Xu H, Deng J M, et al. 2019. Impact of nutrient loading on phytoplankton: a mesocosm experiment in the eutrophic Lake Taihu, China. Hydrobiologia, 829: 167-187.

Fu X T, Shi W T, Liu Z S, et al. 2024. Impact of environmental variables on the distribution of phytoplankton communities in the Southern Yellow Sea. Environmental Research, 243: 117862.

Glibert P M, Wilkerson F P, Dugdale R C, et al. 2016. Pluses and minuses of ammonium and nitrate uptake and assimilation by phytoplankton and implications for productivity and community composition, with emphasis on nitrogen-enriched conditions. Limnology and Oceanography, 61: 165-197.

Hillebrand H, Steinert G, Boersma M, et al. 2013. Goldman revisited: faster-growing phytoplankton has lower N : P and lower stoichiometric flexibility. Limnology and Oceanography, 58: 2076-2088.

Klein C, Dolan J R, Rassoulzadegan F. 1997. Experimental examination of the effects of rainwater on microbial communities in the surface layer of the NW Mediterranean Sea. Marine Ecology Progress Series, 158: 41-50.

McCarthy M J, James R T, Chen Y W, et al. 2009. Nutrient ratios and phytoplankton community structure in the large, shallow, eutrophic, subtropical Lakes Okeechobee (Florida, USA) and Taihu (China). Limnology, 10: 215-227.

Nwankwegu A S, Li Y P, Huang Y N, et al. 2020. Nitrate repletion during spring bloom intensifies phytoplankton iron demand in Yangtze River tributary, China. Environmental Pollution, 264: 114626.

Poxleitner M, Trommer G, Lorenz P, et al. 2016. The effect of increased nitrogen load on phytoplankton in a phosphorus-limited lake. Freshwater Biology, 61: 1966-1980.

Preston D L, Sokol E R, Hell K, et al. 2019. Experimental effects of elevated temperature and nitrogen deposition on high-elevation aquatic communities. Aquatic Sciences, 82: 7.

Santos A M C, Carneiro F M, Cianciaruso M V. 2015. Predicting productivity in tropical reservoirs: the roles of phytoplankton taxonomic and functional diversity. Ecological Indicators, 48: 428-435.

Sheibley R W, Enache M, Swarzenski P W, et al. 2014. Nitrogen deposition effects on diatom communities in lakes from three national parks in Washington State. Water, Air, and Soil Pollution, 225: 1857.

Sun K, Deng W Q, Jia J J, et al. 2023. Spatiotemporal patterns and drivers of phytoplankton primary productivity in China's lakes and reservoirs at a national scale. Global and Planetary Change, 228: 104215.

Trommer G, Poxleitner M, Stibor H. 2020. Responses of lake phytoplankton communities to changing inorganic nitrogen supply forms. Aquatic Sciences, 82: 22.

Tsagaraki T M, Herut B, Rahav E, et al. 2017. Atmospheric deposition effects on plankton communities in the eastern Mediterranean: a mesocosm experimental approach. Frontiers in Marine Science, 4: 210.

Zhan X Y, Bo Y, Zhou F, et al. 2017. Evidence for the importance of atmospheric nitrogen deposition to eutrophic Lake Dianchi, China. Environmental Science & Technology, 51: 6699-6708.

Zhu Y M, Qi Q S, Lu X X, et al. 2023. Local environmental variables outperform spatial and land use pattern in the maintenance and assembly of phytoplankton communities in the wetland cluster. Journal of Cleaner Production, 419: 138275.

第8章 典型硅藻对水体氮素变化的响应机制

8.1 概述

氮素作为水环境中最主要的营养元素之一，是浮游植物体内蛋白质、叶绿素等物质的重要组成部分，对浮游植物进行光反应、暗反应所需酶的合成起着至关重要的作用（Gilpin et al.，2004）。氮作为微藻生长必需和需求量最大的营养元素，能够显著影响微藻的光合作用和藻细胞的生长繁殖（Yang et al.，2022）。在自然水体中，藻类能够利用硝氮、亚硝酸盐、氨氮、尿素、氨基酸等氮源，其中，硝氮和氨氮是用于藻类生长繁殖的主要氮源（刘春光等，2006），水体中硝氮和氨氮的含量、组成及比例对浮游植物及生态系统生产力均具有很大影响（Liu et al，2022；Liang et al.，2020），影响着微藻的生长和分布。不同微藻对水环境中的营养盐成分和浓度均有不同的吸收作用（陈建业等，2014），营养盐对浮游植物生长的影响，不仅与营养盐浓度有关，还与浮游植物对营养盐的吸收速率以及营养盐的内部循环速率等因素有关（黄邦钦等，1993），不同微藻对不同形态氮素的亲和力存在较大差异，对不同氮源的利用能力在一定程度上决定其在自然环境中的竞争能力，因此氮源及浓度的差异也是微藻间生长竞争的主要因素之一（陈建业等，2014），对浮游植物群落结构的演替具有调控作用。丹江口库区周边典型小流域水体氮素分布差别较大，例如余家湾（养殖型）流域，氮素以氨氮为主，总氮浓度达到21.23mg/L；而五龙池（村落型）、张沟（农田型）和钱家沟（自然型）以硝氮为主，总氮浓度在为2.00mg/L左右（王超等，2020）。在丹江口水库中，硝氮比例相对较高，是水体氮素的主要形态，近年来总氮浓度均维持在1.5mg/L左右。

硅藻广泛分布于淡水生态系统。近年来，大量研究显示丹江口库区浮游植物群落以硅藻为优势类群（龚世飞等，2019；刘轩等，2021），作为浮游植物群落结构中的重要藻类，硅藻因其具有繁殖速度较快、种类较多、对环境因子敏感等特点，在指示水体pH、富营养化等方面非常有效，常被作为水体环境质量的指示物种（汤新武等，2014），在稳定水体生态系统功能中发挥着重要的作用（王英华等，2016；张春梅等，2021）。从能量转运的角度来说，还原态的氨氮应该是微藻优先利用的氮源，然而已有的研究表明，硅藻更偏向于硝氮丰富的水体（Tilman et al.，1986）。在丹江口库区不同氮素营养环境下，典型硅藻对氮素的生理响应机制如何，一直是研究人员与库区管理者共同关心的问题。

根据前期对丹江口水库硅藻群落结构的调查结果，库区比较典型的硅藻有脆杆藻、梅尼小环藻、针杆藻和隐头舟形藻等，本章分离并鉴定典型硅藻——脆杆藻、梅尼小环藻和针杆藻，以硝氮、氨氮为单一氮源，研究不同氮素营养条件下其生理变化和氮吸收特征，分析浮游植物在水体氮循环中的作用规律，研究其对氮素的去除机理，获取其对氮素的吸收动力学参数，阐述其在不同氮素浓度下的生理习性，厘清浮游植物的氮吸收特征，明晰其响应水体氮素变化的竞争关系，为进一步研究淡水硅藻对氮素营养的响应提供参考，以期为保障丹江口水库水质安全和生态系统稳定提供科学依据。

8.1.1 氮素对藻类生长的影响

氮不仅是蛋白质的主要成分，还是浮游植物细胞质和细胞核的重要组成部分（李俭平，2011）。不同浓度和形态的氮素将对浮游植物的生长起到决定性作用。水体中的氮主要分为可溶性无机氮（NO_3^--N、NO_2^--N、NH_4^+-N）、可溶性有机氮（尿素、氨基酸和维生素）和颗粒氮，其中可通过 0.45μm 微孔滤膜的氮为溶解态氮（张国维，2014）。总氮是上文所提及的含氮化合物之和，是评价水体营养化状况的重要指标，也是浮游植物生长所必需的重要营养物质之一，当水体中总氮浓度过高或过低时，均会对浮游植物群落结构的分布和演替产生影响（Paparazzo et al.，2017）。水体中的氮营养盐主要来源于固氮作用固定的大气中的氮，通过降水和人类工农业及生活排放含氮化合物等外源性渠道进入水体；另外，通过水体中沉积物的悬浮作用进行氮素交换（韩菲尔，2019）。与可溶性有机氮相比，可溶性无机氮对浮游植物群落生长的影响较为显著，其中 NH_4^+-N 和 NO_3^--N 是可溶性无机氮的两种主要形态。各种形态的氮素可以通过物理、化学和生物等过程实现相互转化（吕华庆等，2009）。在水生生态系统中，只有部分蓝藻具备自身固氮能力，而其他藻类的生长必须从水体中吸收氮营养物质（石峰等，2018）。如果培养液中的氮素供应不足，藻细胞中氨基酸的供应将减少，进而影响合成蛋白质的 mRNA 转录过程（Granum et al.，2002），但如果氮素的浓度过高，也会抑制浮游植物的生长（杨坤等，2014）。

越来越多的研究证实，不同藻类在不同氮素营养条件下的种群增长水平不同，而自然环境中氮元素形态组合复杂多变，因此对不同形态氮源的利用能力在一定程度上决定着微藻在自然环境中的竞争能力。郜培怡等（2021）在氮形态对海洋浮游植物群落结构的影响的研究中发现，在加富氨氮条件下，优势种群主要有甲藻门的春膝沟藻与硅藻门的丹麦细柱藻、条纹小环藻和密连角毛藻；在加富硝氮条件下，优势种群主要由舟形藻和密连角毛藻等组成，表明水体中氮素形态的不同在一定程度上能够决定浮游植物群落的分布。从能量消耗的角度看，浮游植物会优先利用还原态的氨氮。韩菲尔（2019）用稳定同位素（^{15}N）示踪技术研究了 5 种浮游藻类（铜绿微囊藻、海链藻、卡德藻、剧毒卡尔藻和盐水隐藻）对不同氨氮和硝氮吸收速率的特征，发现这 5 种藻类优先吸收氨氮。硝氮需要先还原成氨氮才能被同化利用，而硝氮的还原过程需要消耗光合作用储存的能量，所以传统观点认为，微藻吸收利用硝氮的能力低于氨氮。然而也有研究证据表明，硅藻偏向于硝氮丰富的水体，在一定范围内提高硝氮的浓度，有助于硅藻的快速增殖，有时甚至能够导致其暴发性的增长，引发水华现象。法国南部索潟湖硅藻水华的暴发主要由硝氮引起，类似现象在拉脱维亚的里加湾也有报道，发现在春季硅藻的相对丰度较高与外源硝酸盐的输入相关（Codrea et al.，2010；Koyro，2006）。因此，对浮游植物响应氮素机制的研究有助于帮助了解其群落结构演替的规律。

8.1.2 氮素对藻类荧光特性的影响

光合作用是微藻生理代谢过程中最重要的化学反应，包括光能吸收、能量转换、ATP合成及 CO_2 的固定等生物学过程，而光合作用是微藻最基本、最重要的生理活动，在维持其生长方面发挥着重要作用。微藻吸收的光能主要以 3 种形式存在，即光化学反应、荧光以及热耗散。3 种能量之间存在“光化学反应+荧光+热耗散=1”的竞争关系（张培书，2021）。正常情况下微藻吸收的光能，大部分用来进行光化学反应，仅有一小部分以荧光和热的方式耗散。但当微藻细胞处于不利环境时，荧光和热耗散增加，使得用以光化学反应的份额减少（Lam et al.，2017）。因此，叶绿素荧光参数的变化能够即时反映出微藻的光合效率。

光合系统包括光系统Ⅰ（PSⅠ）和光系统Ⅱ（PSⅡ），其中 PSⅡ被认为是响应环境变化的原初部位（Berry and Bjorkman，1980；Havaux et al.，1996）。叶绿素荧光参数能够有效反映 PSⅡ系统的能量利用情况，以表征藻细胞的光合活性。氮是类囊体所需蛋白的重要组成元素，对微藻 PSII 光化学反应有重要影响。微藻的光合作用能够受到氮素浓度的影响，藻细胞受到氮限制时，光合作用过程中的光能捕获、能量转移和碳素固定均会受到限制（柳清杨，2019）。微藻海洋原绿球藻（*Prochlorococcus marinus*）在氮素充足的条件下，最大光化学效率（F_v/F_m）处在较高水平，维持在 0.65 左右，但当氮限制时，2h 后 F_v/F_m 即出现下降；微藻杜氏藻（*Dunaliella tertiolecta*）在硝酸盐限制的情况下培养，F_v/F_m 出现下降，开始下降幅度较小，自 24 ~ 36h 下降最剧烈，至培养结束 F_v/F_m 降至 0.28（Steglich et al.，2001；Young and Beardall，2003）。氮素的形态同样影响着微藻的 PSⅡ光化学反应，高硝氮浓度条件下铜绿微囊藻的藻体表现出较高的生长和光合作用潜能；氨氮与其他形式的氮源相比具有较高的利用效率，因为它可以直接转化为氨基酸，但是当超过浓度阈值时，氨氮会抑制光合作用对藻类产生毒害作用（杨宋琪等，2017）。在高氨氮浓度条件下铜绿微囊藻和四尾栅藻的光合活性显著降低（代亮亮等，2017）。不同藻类对氮素的光合响应也有所不同，大多数的研究表明，硅藻对于硝氮具有偏好性，在硝氮培养条件下，棕鞭藻光能转化效率高于氨氮处理组，筒柱藻的叶绿素荧光参数也更高（范丽敏等，2012；梁英等，2014）。总的来说，氮素能够显著影响微藻的光合荧光反应，叶绿素荧光参数有潜力成为监测水环境氮素变化的有效手段。

8.1.3 浮游植物对氮的吸收动力学研究

离子吸收动力学是解释植物对水环境中离子吸收动态过程的一种理论（常会庆等，2008），其主要目的在于判断浮游植物的生态习性和生理特征，并了解其在生态系统中的功能（刘静雯和董双林，2001），其中半饱和常数（K_m）是表示浮游植物对离子吸收的亲和性；最低平衡浓度（C_{min}）是净吸收为 0 时外界离子的最低浓度；最大比增长率（V_{max}）表示浮游植物对离子的吸收潜力。陈德辉等（1998）认为获得 V_{max} 的条件就是藻细胞生长的最适条件，也就是最佳生态位的条件，C_{min} 小，表明植物能从有效性非常低的环境介质中吸收该养分，对低养分的耐受能力强（Xu et al.，2006），V_{max}和K_m可以作为浮游植物在群落中竞争能力和演替顺序的指标（韩小波等，2004），若$V_{max}1=V_{max}2$，$K_m1<K_m2$，那么当水体中营养物质丰富的情况下，2 种浮游植物可以共同生长，但是如果营养物质缺乏，浮游植物 1 会成长为优势种；若$V_{max}1>V_{max}2$，$K_m1>K_m2$，那么在营养丰富的环境中浮游植物 1 会占优势，而营养物质缺乏时浮游植物 2 将占优势，这就是研究浮游植物氮离子吸收动力学的意义。

用处于不同营养状态的浮游植物进行氮吸收动力学实验，会影响其对氮营养盐的吸收效率，进而可能会造成所测得的V_{max}和K_m有偏差，这不利于浮游植物之间氮吸收特征的分析。张诚和邹景忠（1997）研究发现如果浮游植物均处于同一种营养盐饥饿状态下，所测得的结果能较客观地反映藻细胞吸收营养盐的能力。正常情况下，将处于某种营养盐饥饿状态下的藻细胞移入该营养盐丰富的水体中，其吸收速率有明显的增加趋势。另外，不同类型的浮游植物对氮素的吸收差异也较大，有研究表明（曾俊等，2020）长茎葡萄蕨藻（*Caulerpa lentillifera*）、齿形蕨藻（*Caulerpa serrulata*）、线性硬毛藻（*Chaetomorpha linum*）、缢江蓠（*Gracilaria salicornia*）和芋根江蓠（*Gracilaria blodgettii*）等大型海藻对氨氮的吸收率大于对硝氮的吸收率，而且大型海藻的K_m一般较高。

8.1.4 浮游植物对不同形态氮吸收的差异

一般认为氨氮和硝氮是浮游植物主要吸收的两种氮形态，氨氮是富营养化水体中氮的主要形态之一，虽然浮游植物可以直接吸收利用氨氮，但水体中过高浓度的非离子态氨和铵根离子会对浮游植物的生长产生抑制作用，因此大多数的浮游植物不能耐受过高浓度的氨氮（颜昌宙等，2007）。相比氨氮，浮游植物对硝氮的吸收更为复杂，首先硝酸盐被硝酸盐还原酶还原成亚硝酸盐，然后到叶绿体中被类藻青菌的铁氧还原蛋白依赖的亚硝酸盐还原酶进一步还原成氨氮，从而被浮游植物吸收利用（倪婉敏，2014）。

浮游植物对不同氮素的吸收利用与其浓度密切相关，在不改变氮的形态只改变其浓度时，藻细胞的生长出现显著性差异（$P<0.05$）（石峰等，2018），适当的氮限制可以促进藻细胞的分裂，但随着藻细胞不断地生长繁殖以及氮素的不断消耗，藻细胞叶绿素 a 含量降低，光合作用受到限制，藻细胞分裂反而受到明显影响（石岩峻等，2004；Kolber et al.，1988）。

浮游植物对不同形态的氮素需求不尽相同，导致其在氮素利用率上的差异，即使是同一种浮游植物，对不同氮素的吸收速率也不尽相同（钟娜，2007）。有研究表明硅藻类更偏好富含硝氮的水体，其生长速度与硝氮浓度密切相关（Lomas and Glibert，2010）。硅藻细胞内含有多种不同氮源的转运蛋白以及相关代谢酶（Armbrust et al.，2004），且叶绿体和细胞中均含有硝酸还原酶和亚硝酸还原酶（Allen et al.，2006），而其他浮游藻类中硝酸还原酶和亚硝酸还原酶只在细胞质中存在（Glibert et al.，2016），因此，硅藻对硝氮的吸收速率较高。另有研究表明氨氮是浮游植物最容易吸收的氮源，只有当水体中缺乏氨氮时才利用其他形态的氮源（黄翔鹄等，2012），这是由于浮游植物吸收氨氮属于被动扩散，不需要消耗能量，而吸收其他形态的氮为主动运输，需要消耗能量，这一特征也在室内藻类培养研究中得到了较充分的验证（Crawford et al.，2000）。有研究指出浮游植物可以通过转氨酶的作用合成氨基酸，因而可以快速地吸收氨氮，而硝酸盐则必须经过相应的还原酶还原成氨氮才能被藻细胞吸收（Berges et al.，1995）。另外，藻细胞的快速增殖消耗了水中大量的碳酸根离子，导致培养基 pH 升高，铵盐作为一种生理酸性盐有助于降低 pH 而有利于藻细胞的生长（吕颂辉和黄凯旋，2007）。

8.1.5 氮素对藻类种间竞争的影响

竞争可分为资源利用性竞争和相互干扰性竞争。资源利用性竞争是指在吸收利用共同有限资源的生物之间的妨害作用，两种生物之间没有直接干涉，只有因为资源总量减少而产生的对竞争对手的存活、增殖和生长的间接影响；干扰性竞争是一种生物借助行为排斥另一种生物使其得不到资源（潘克厚等，2007）。浮游植物是水生生态系统的初级生产者，其种群的变动与群落结构会直接影响水生生态系统的结构和功能。浮游植物之间也存在着明显的竞争现象，包括营养盐、温度、光照和 pH 等环境条件对竞争结果均具有重要影响（孟顺龙等，2015a，b；Moser and Weisse，2011；Li et al.，2012；Shatwell et al.，2013）。

不同微藻对水环境中的营养盐成分和浓度均有不同的吸收作用，因此氮源及浓度的差异是微藻间生长竞争的主要因素之一（陈建业等，2014）。藻类通过竞争水体中的营养盐促进各自生长，在水体营养盐浓度发生变化时，其中一种藻类可以更快地适应当前环境的变化，在竞争过程中变为优势种（Zhang et al.，2009）。王菁（2014）研究发现在营养盐充足的情况下，小球藻等没有固氮能力的藻种会占优势。谢静等（2021）研究发现在铜绿微囊藻和斜生栅藻的竞争过程中氮元素对其结果具有十分显著的影响，混养培养条件下两种藻类存在着竞争性抑制。硅藻可采取提高细胞生长率和降低死亡率的策略在竞争中迅速取得优势，这也是硅藻水华暴发的主要原因。当资源枯竭时，硅藻细胞维持快速分裂速率的能力不仅影响着浮游植物类之间的演替，还影响着营养利用的种间差异导致的硅藻类群间竞争（Egge，1998）。因此，通过研究氮素对藻种间竞争关系的影响有助于了解浮游植物群落的动态变化特征。

8.2 材料与方法

8.2.1 样本采集与藻种分离纯化

根据淅川库区整体结构特点，在主要入库支流与库区交汇处、取水口及代表性点位附近设置 7 个采样点，分别为渠首、党子口、库心、宋岗、五龙泉、土门、台子山，见图 8-1。每个采样点采集 3 次，每个采样点之间的距离不少于 300m，均在离岸边至少 300m 的敞水区采集水样。采集方法使用国际标准的 25 号浮游植物采集网，在水面下 0.5m 处呈“∞”形缓慢拖动，拖动时间至少 5min，然后将采集网从水中提出，缓慢打开集中杯的活栓，将集中杯中的浓缩液放入 50mL 的离心管中，带回实验室供分离培养使用。

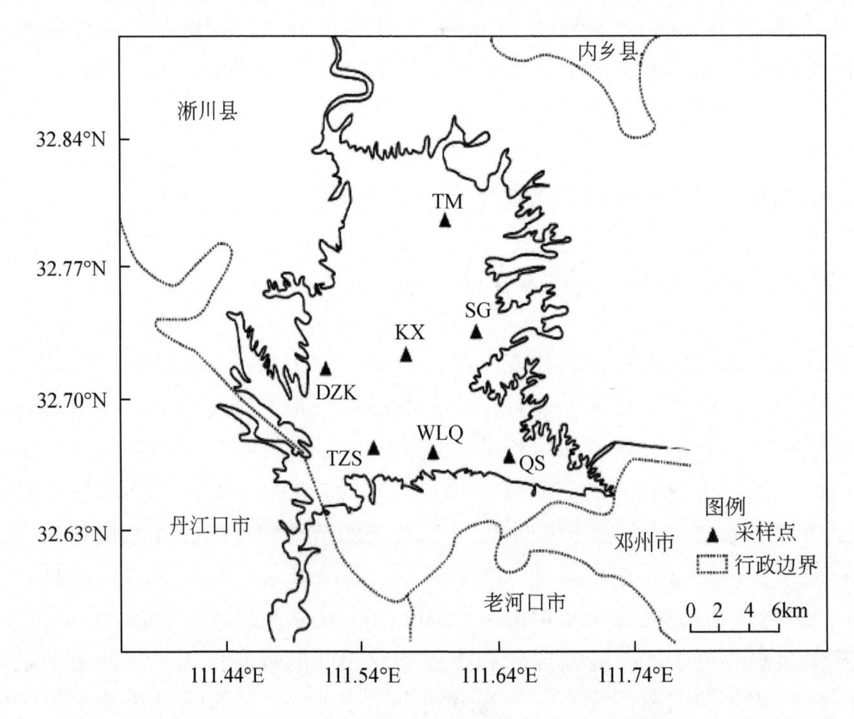

图 8-1　丹江口水库（淅川库区）采样点分布图

将从采样点采集的浮游植物样本用 D1 培养基各自培养，首先利用 0.45μm 的微孔滤膜浓缩浮游植物，将浓缩的浮游植物置于装有 150mL D1 培养基的锥形瓶中静置培养，培养条件为：温度（23±1）℃，光暗比为 12h：12h，光照强度为 54μmol/(m² · s)。光照培养设置为两个工作段：7:00～19:00，光照强度为 54μmol/(m² · s)；19:00～7:00，光照强度为 0μmol/(m² · s)，每天早中晚晃动培养瓶，防止浮游植物的细胞贴壁生长。培养一周后，将从各采样点分离纯化出同一形态的硅藻进行混合培养，采用小液滴分离法和稀释分离法分离纯化淅川库区的代表种。具体操作方法为：从混合培养的浮游植物中吸取少量液体，放在干净的载玻片上用 400 倍的光学显微镜观察，先确定淅川库区的代表藻种，若整个小液滴有且仅有目标藻种时，则用移液枪将小液滴转移到新的 D1 培养基中，重复抽打数次，再用显微镜观察载玻片，若没有发现目标藻种在载玻片上，则很大可能转移到新的 D1 培养基中，不过也有可能黏附在移液枪的枪头内壁。若吸取的少量藻液是混合藻样，可用移液枪吸取新的 D1 培养基，在载玻片上直接稀释藻液，然后将稀释后的藻液分成数个小液滴，依次观察，直到小液滴中含有目标藻种。

实验发现，在 400 倍光学显微镜下观察到藻种由细胞互相连成带状群体；壳面细长线形、长披针形、披针形到椭圆形，两侧对称，中部边缘略膨大或缢缩，两侧逐渐狭窄，末端钝圆、小头状、喙状（图 8-2）。将其形态特征与《中国淡水藻类——系统、分类及生态》（胡鸿钧和魏印心，2006.）和《中国内陆水域常见藻类图谱》（水利部水文局，2012）进行比对，确定为脆杆藻，该藻为淅川库区的优势硅藻。文献表明除了脆杆藻之外，梅尼小环藻和针杆藻也是丹江口水库硅藻的主要优势种（申恒伦等，2011；李波，2022）。因此，本研究主要针对脆杆藻、梅尼小环藻和针杆藻开展相关研究。本研究所用脆杆藻分离自丹江口水库，针杆藻（FACHB-2826）和梅尼小环藻（FACHB-2856）购买自中国科学院淡水藻种库。

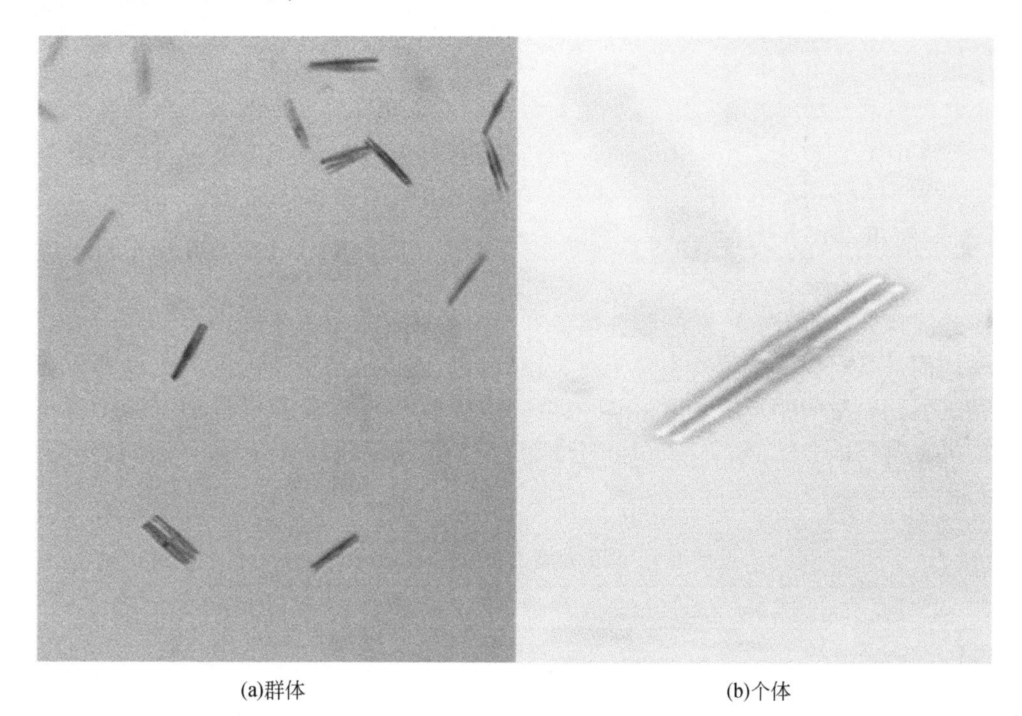

图 8-2　分离的脆杆藻在 400 倍光学显微镜下的形态特征

8.2.2　形态学观察、分子鉴定及序列分析

形态学观察的方法：取在指数生长周期的藻细胞，用光学显微镜观察并拍照，将图片与藻类鉴定图谱进行比较，选取最为相似藻类的物种名称。

分子学鉴定的方法：①样本处理。取适量藻液，细胞个数>10^6个，12000r/min 离心 10min，收集藻细胞，弃上清，将收集到的沉淀放入-20℃，反复冻融 2～3 次。②DNA 提取。采用试剂盒法提取 DNA，操作步骤参考说明书。③DNA 质量检测。提取的 DNA 用 1.0% 琼脂糖凝胶电泳进行初步检测。

将得到的 18S rDNA、LSU rDNA 和 *rbcL* 基因的扩增产物使用 1.0% 的琼脂糖凝胶进行电泳检测，用凝胶成像仪观察电泳结果，并拍照保存实验结果，扩增的 PCR 产物送到生工生物工程（上海）股份有限公司进行测序。利用美国国家生物技术信息中心（NCBI）网站，应用 Blast 搜索工具对实验获得的基因序列进行 Blast 序列比对，根据同源性相似性差异，从 NCBI 数据库中下载相似性高的序列。使用 MEGA 遗传学分析软件，分别构建基因序列的系统发育树，并通过自举分析进行置信度检测，自举分析数据集为 1000 次，确定该藻的分类学地位。

8.2.3 藻种的扩大培养

于培养温度23℃，光照强度4000 lux，光暗比 12h：12h 条件下，将分离的硅藻在无菌锥形瓶（已高温高压灭菌）中培养 20～30 天，每天晃动 3 次培养瓶，防止藻细胞贴壁生长。待瓶中藻细胞密度明显增大时进行再次转接，以便得到更多藻种进行后续实验。

8.2.4 氮吸收动力学

实验前将处于对数生长期的藻种接种到无氮的培养基中饥饿处理 3 天，让其先消耗自身体内的氮素，使藻细胞处于一个氮饥饿状态。以接种第 1 天为第 1 次，实验周期内每隔两天，同一时间测定培养基中氮浓度。氮吸收动力学实验以接种之后的第 0min、30min、1h、1.5h、3h、5h、7h、12h 分别测定培养基中的氮素含量。氮浓度设置如表 8-1 所示。

表 8-1　氮吸收动力学实验氮浓度设置　（单位：mg/L）

氮素形态	浓度梯度（以氮计）				
硝氮	0.5	1.5	2	5	10
氨氮	0.5	1.5	2	5	10

硝氮采用紫外分光光度法（HJ/T 346—2007）测定；氨氮采用纳氏试剂比色法（HJ 535—1987）测定。氮吸收速率采用式（8-1）计算：

$$V=\frac{(C_{t-1}-C_t)\cdot V_{t-1}}{t\cdot B} \tag{8-1}$$

式中，V 为氮吸收速率，mg/h；C_t、C_{t-1} 分别为每次取样时间的间隔结束与起始时培养液中氮浓度，mg/L；V_{t-1} 为每次取样时间间隔起始的培养液体积，mL；t 为每次取样的间隔时间，h；B 为每次样品中藻的湿重，g。

米氏方程为

$$V=\frac{V_{\max}C}{K_m+C} \tag{8-2}$$

式中，V 为吸收速率，mg/h；$V_{\max}$ 为最大吸收速率，mg/h；K_m 为半饱和常数，mg/L；C 为每次取样时间间隔的起始的氮浓度，mg/L。

8.2.5 藻细胞密度和生长

参照丹江口水库近年来的总氮浓度以及《地表水环境质量标准》（GB 3838—2002）中Ⅱ类水水质标准的 0.5mg/L 总氮浓度和Ⅳ类水水质标准的 1.5mg/L 总氮浓度，以硝酸钠、氯化铵为氮源，设定实验氮浓度梯度为 0.5mg/L、1.5mg/L、10mg/L（以 N 计），取对数生长期的藻种于 5000r/min 的转速下离心 10min，弃上清液，用 15mg/L $NaHCO_3$ 溶液洗涤后离心，收集藻细胞于无氮培养基（不加氮的 D1 培养基）中饥饿培养 3 天，随后在 250mL 三角瓶中加入 200mL 不同氮素的培养基，将饥饿培养后的藻细胞进行接种，初始接种藻密度为 1.6×10^5cells/mL，每组设置 3 个平行。接种后放在培养温度为 23℃，培养光照强度为 4000 lux，光暗比为 12h∶12h 的培养箱里一次性培养，实验周期为 21 天，其间每天早、中、晚摇晃 3 次，防止藻细胞贴壁生长。以接种第 1 天为第 1 次，实验周期内每隔两天，同一时间测定藻细胞密度。

藻细胞密度的测定：利用光学显微镜和血细胞计数板进行藻细胞密度的测定，本实验使用 25 个中方格计数区，遵照计上不计下、计左不计右的原则进行计数。为减少误差，每个样本应重复 2 ~ 3 次，藻细胞密度计算如式（8-3）所示：

$$\text{藻细胞密度(cells/mL)} = N/5\times25\times10^4 \tag{8-3}$$

式中，N 为 5 个中方格的藻细胞数；$N/5$ 为 5 个中方格的平均藻细胞数量；$N/5\times25$ 为中央大方格藻细胞总数；$N/5\times25\times10$ 为 $1mm^3$（μL）藻细胞总数；$N/5\times25\times10^4$ 为 1mL 的藻细胞总数。

比生长率测定：每两日用浮游植物计数框在光学显微镜下进行计数，每个瓶子至少计数 3 次，取平均值作为该瓶的藻细胞浓度。用式（8-4）进行计算。

$$\mu=\frac{\ln X_2-\ln X_1}{T_2-T_1} \tag{8-4}$$

式中，μ 为比生长率；X_1 为培养初始的藻细胞密度；X_2 为培养 T 天时的藻细胞密度；T_2-T_1 为相邻两次测量间隔的时间，天。

8.2.6 响应氮素的光合特性

以接种第 1 天为第 1 次，实验周期内每隔两天，同一时间测定叶绿素荧光参数。

叶绿素荧光参数的测定：使用双通道叶绿素荧光仪（DUAL-PAM-100，德国），500μL 藻液和 3mL 蒸馏水混匀加入比色皿，经过 5min 暗适应过后测定其荧光诱导曲线和快速光曲线，测得 F_v/F_m、α、I_k 和 ETR_{max} 值，采用 Eilers-Peeters 模型进行快速光曲线的拟合（Eilers and Peeters，1988），如式（8-5）~式（8-8）所示：

$$P=\mathrm{PAR}/(a\times\mathrm{PAR}^2\times b+\mathrm{PAR}+c) \tag{8-5}$$

$$\alpha=1/c \tag{8-6}$$

$$\mathrm{ETR}_{max}=1/(b+2\sqrt{ac}) \tag{8-7}$$

$$I_k=c/(b+2\sqrt{ac}) \tag{8-8}$$

式中，P 为光合速率；PAR 为光照强度；a、b、c 为计算参数，根据拟合结果求得；α 为光能利用效率，μmol/(m^2·s)（以光子数计，下同），反映生物体的光能利用效率；I_k 为半饱和光强，μmol/(m^2·s)，反映生物体对强光的耐受能力；ETR_{max} 为最大电子传递速率，μmol/(m^2·s)，反映生物体的光合活性高低。

8.2.7 响应水体氮素的竞争关系

以硝酸钠、氯化铵为氮源，设定实验氮浓度为 0.5mg/L、1.5mg/L、10mg/L（以氮计），取对数生长期的藻种在 5000r/min 的转速下离心 10min，弃上清液，用 15mg/L $NaHCO_3$溶液洗涤后离心，收集藻细胞于无氮（不加氮的 D1 培养基）培养基中饥饿培养 3 天，随后在 250mL 三角瓶中加入 200mL 不同氮素的培养基。将饥饿培养后的藻细胞以"脆杆藻和针杆藻、脆杆藻和小环藻" 1∶1 混合接种，两种藻的初始接种藻密度均为 8×10^4cells/mL，每组设置 3 个平行。接种后放在培养温度为 23℃，培养光照强度为 4000lux，光暗比为 12h∶12h 的培养箱里一次性培养，实验周期为 21 天，其间每天早、中、晚摇晃 3 次，防止藻细胞贴壁生长。以接种第 1 天为第 1 次，实验周期内每隔两天，同一时间测定藻细胞密度。

（1）生长曲线的拟合

以逻辑斯谛（logistic）方程拟合藻类生长过程。以培养过程中的最大生物量作为 K 值，用最小二乘法进行回归分析，得到该方程的斜率 a 和截距 r 估计值。

$$\ln\frac{K-N}{N}=a-rt \tag{8-9}$$

式中，K 为藻类最大环境容纳量；N 为藻类生物量；r 为内禀自然生长率；t 为培养时间。

（2）抑制起始点的计算

抑制起始点即为拐点，根据 logistic 方程二阶导数为 0 时计算拐点值。

$$t_{\mathrm{p}}=\frac{a-\ln2}{r} \tag{8-10}$$

（3）竞争抑制参数的计算

根据 Lotka-Volterra 竞争模型的差分形式对两种藻之间进行竞争抑制参数的计算。

$$\frac{N_{\mathrm{p}n}-N_{\mathrm{p}n-1}}{t_n-t_{n-1}}=\frac{r_{\mathrm{p}}N_{\mathrm{p}n-1}(K_{\mathrm{p}}-N_{\mathrm{p}n-1}-\alpha N_{\mathrm{q}n-1})}{K_{\mathrm{p}}} \tag{8-11}$$

$$\frac{N_{\mathrm{q}n}-N_{\mathrm{q}n-1}}{t_n-t_{n-1}}=\frac{r_{\mathrm{q}}N_{\mathrm{q}n-1}(K_{\mathrm{q}}-N_{\mathrm{q}n-1}-\beta N_{\mathrm{p}n-1})}{K_{\mathrm{q}}} \tag{8-12}$$

式中，$N_{\mathrm{p}n}$为混合培养中 A 藻在 t_n时的密度，10^4cells/mL；$N_{\mathrm{p}n-1}$为混合培养中 A 藻在 t_{n-1}时的密度，10^4cells/mL；$N_{\mathrm{q}n}$为混合培养中 B 藻在 t_n时的密度，10^4cells/mL；$N_{\mathrm{q}n-1}$为混合培养中 B 藻在 t_{n-1}时的密度，10^4cells/mL；r_{p}为 A 藻的内禀自然生长率；r_{q}为 B 藻的内禀自然生长率；K_{p}为 A 藻的最大环境容纳量；K_{q}为 B 藻的最大环境容纳量；α 为混合培养中 B 藻对 A 藻的竞争抑制参数；β 为混合培养中 A 藻对 B 藻的竞争抑制参数。

8.2.8 数据统计分析

使用 GraphPad 8.0.2、Origin 8.0 和 Excel 软件对实验获得的数据进行作图，显著性分析采用 SPSS 软件的单因素方差分析和多重比较，当 $P<0.05$ 时表示差异显著。

8.3 典型硅藻响应水体氮素的吸收动力学特征

8.3.1 脆杆藻对不同氮素的吸收情况及动力学参数

(1) 脆杆藻对不同氮素的吸收情况

不同氮素和浓度条件下脆杆藻对氮素的吸收情况如图 8-3 所示，各浓度硝氮和氨氮下，脆杆藻对氮素都能够有效吸收。随着培养时间的延长，硝氮和氨氮条件下的 0.5mg/L 和 1.5mg/L 组的吸收率都能够达到 100%；而 10mg/L 硝氮组的吸收率（82.53%）大于 10mg/L 氨氮组的吸收率（71.49%）；从图 8-3 可以看出，培养过程中氨氮 1.5mg/L 和 10mg/L 组的浓度始终大于硝氮组，而 0.5mg/L 组的浓度始终小于硝氮组。表明中高浓度条件下，脆杆藻对硝氮的吸收具有一定的偏好性。

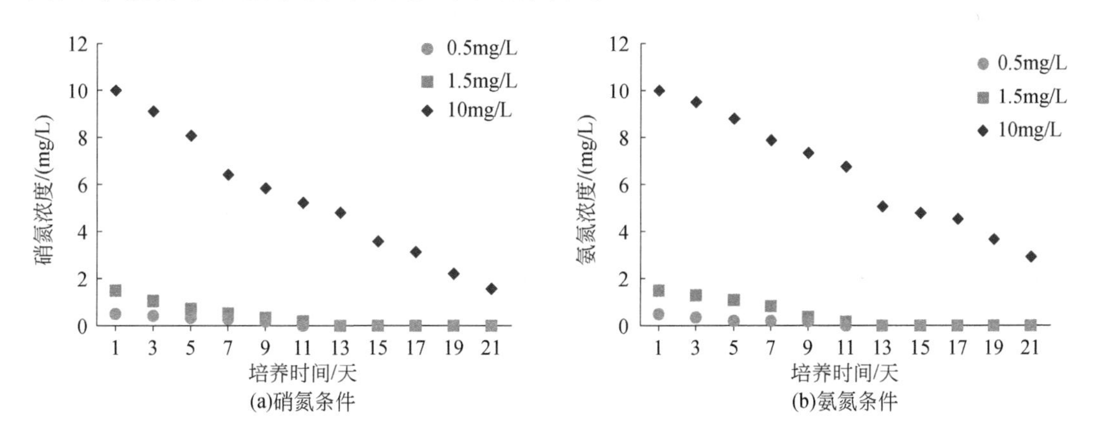

图 8-3　脆杆藻对不同氮素的吸收情况

(2) 脆杆藻在不同氮素营养下的吸收动力学参数

将脆杆藻在两种氮素的不同浓度下培养，发现脆杆藻对氮素的吸收符合米氏方程。通过计算脆杆藻在不同浓度下的吸收速率，绘制吸收速率随氮素浓度的变化曲线如图 8-4 所示，拟合得到脆杆藻在两种氮素下的吸收动力学参数如表 8-2 所示。从表 8-2 可以看出，脆杆藻在硝氮和氨氮培养下的最大吸收速率（V_{max}）和半饱和常数（K_m）存在差异。其中硝氮组的 V_{max}（0.22）大出氨氮组（0.13）69%，说明高浓度条件下，脆杆藻对硝氮的吸收要强于氨氮；K_m一般用来表示藻细胞对营养物质的亲和力，K_m数值大表示亲和力弱，反之则表示亲和力强（崔启武，1991）。本实验硝氮组的 K_m（4.47）大于氨氮组的 K_m（3.25），表明在低浓度条件下，脆杆藻对氨氮更有亲和力。

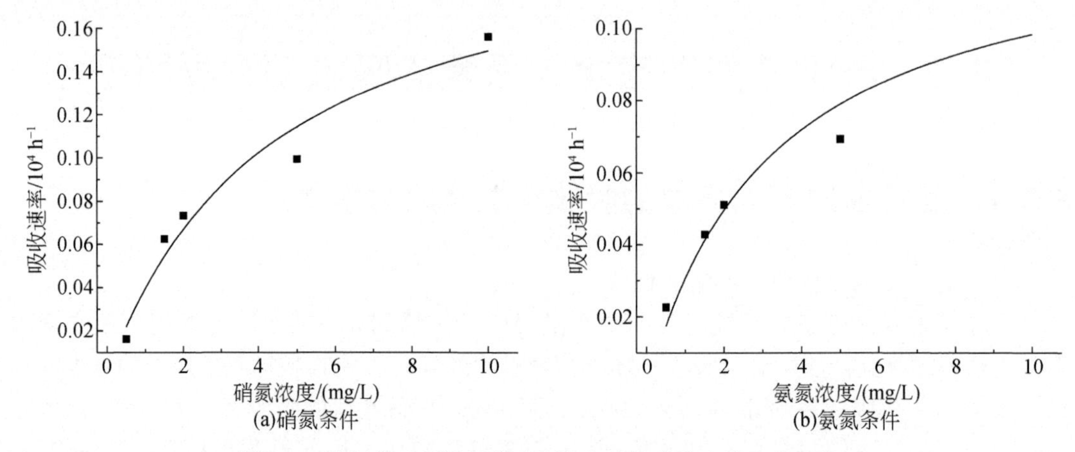

图 8-4　脆杆藻对不同氮素吸收速率随氮素浓度的变化曲线

表 8-2　脆杆藻氮吸收动力学参数

氮素形态	吸收动力学	最大吸收速率（V_{max}）	半饱和常数（K_m）	R^2
硝氮	$V=0.22C/(4.47+C)$	0.22	4.47	0.9498
氨氮	$V=0.13C/(3.25+C)$	0.13	3.25	0.9449

8.3.2　针杆藻对不同氮素的吸收情况及动力学参数

（1）针杆藻对不同氮素的吸收情况

不同氮素和浓度条件下针杆藻对氮素的吸收情况如图 8-5 所示，硝氮和氨氮各浓度下，针杆藻对氮素都能够有效吸收。随着培养时间的延长，10mg/L 硝氮组的吸收率（85.88%）大于 10mg/L 氨氮组的吸收率（75.84%）；1.5mg/L 硝氮组第 5 天、第 7 天、第 9 天、第 11 天的吸收率分别为 56.98%、73.42%、82.24%、85.01%，1.5mg/L 氨氮组第 5 天、第 7 天、第 9 天、第 11 天的吸收率为 46.5%、68.98%、81.55%、83.01%，均表现硝氮组大于氨氮组。

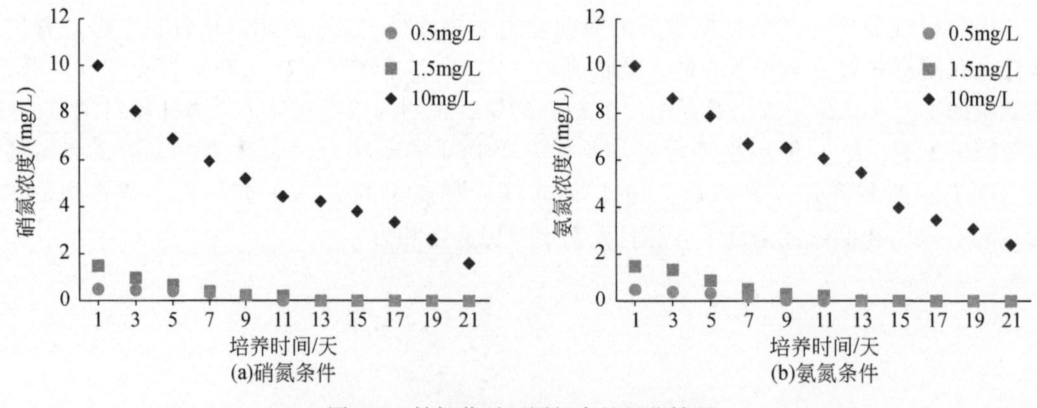

图 8-5　针杆藻对不同氮素的吸收情况

（2）针杆藻在不同氮素营养下的吸收动力学参数

将针杆藻在两种氮素的不同浓度下培养，发现针杆藻对氮素的吸收符合米氏方程。通过计算针杆藻在不同浓度下的吸收速率，绘制吸收速率随氮素浓度的变化曲线如图 8-6 所示，拟合得到针杆藻在两种氮素下的吸收动力学参数如表 8-3 所示。从表 8-3 可以看出，针杆藻在硝氮和氨氮培养下的最大吸收速率（V_{max}）和半饱和常数（K_m）存在差异。其中硝氮组的 V_{max}（0.31）大于氨氮组（0.26），说明高浓度条件下，针杆藻对硝氮的吸收具有更大的潜力；本实验硝氮组的 K_m（4.32）也大于氨氮组的 K_m（2.86），表明在低浓度条件下，针杆藻会优先吸收氨氮。

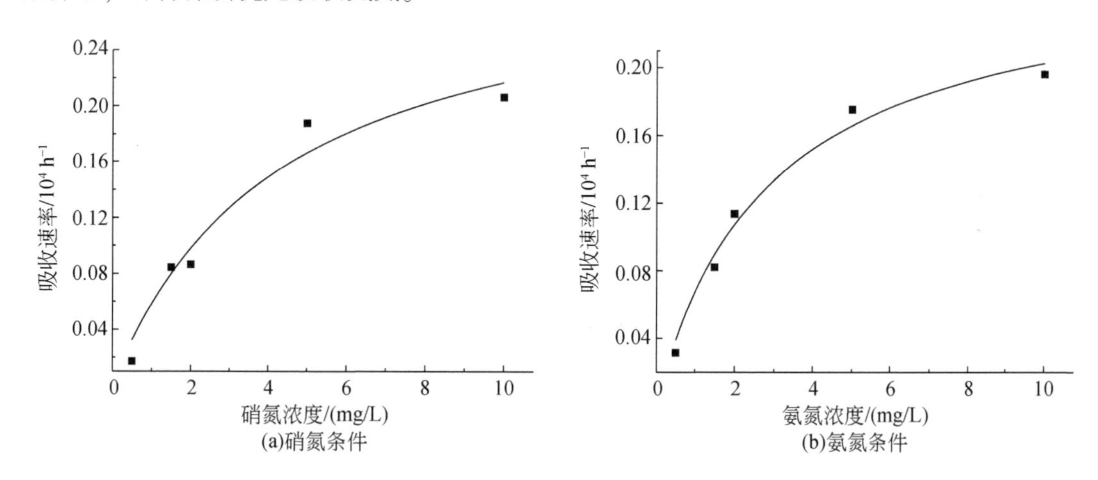

图 8-6　针杆藻对不同氮素吸收速率随氮素浓度的变化曲线

表 8-3　针杆藻氮吸收动力学参数

氮素形态	吸收动力学	最大吸收速率（V_{max}）	半饱和常数（K_m）	R^2
硝氮	V=0.31C/(4.32+C)	0.31	4.32	0.9791
氨氮	V=0.26C/(2.86+C)	0.26	2.86	0.9793

8.3.3　梅尼小环藻对不同氮素的吸收情况及动力学参数

（1）梅尼小环藻对不同氮素吸收的情况

不同氮素和浓度条件下梅尼小环藻对氮素的吸收情况如图 8-7 所示，硝氮和氨氮各浓度下，梅尼小环藻对氮素都能够有效吸收。随着培养时间的延长，氮素的吸收率依次增大，从图 8-7 可以看出，第 7 天的氮素浓度较第 6 天下降较多，与藻细胞密度的增加保持一致。第 7 天，10mg/L 硝氮组的吸收率（21.33%）大于 10mg/L 氨氮组的吸收率（17.63%），说明 10mg/L 氨氮抑制培养前期梅尼小环藻细胞对氮素的吸收。

（2）梅尼小环藻在不同氮素营养下的吸收动力学参数

将梅尼小环藻在两种氮素的不同浓度下培养，发现梅尼小环藻对氮素的吸收符合米氏方程。通过计算梅尼小环藻在不同浓度下的吸收速率，绘制吸收速率随氮素浓度的变化曲

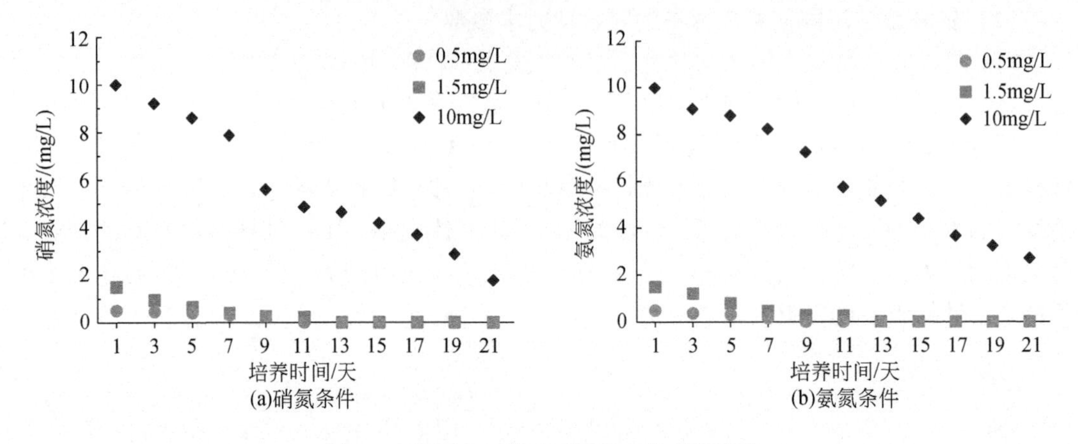

(a)硝氮条件 (b)氨氮条件

图 8-7 梅尼小环藻对不同氮素的吸收情况

线如图 8-8 所示，拟合得到梅尼小环藻在两种氮素下的吸收动力学参数如表 8-4 所示。从表 8-4 可以看出，梅尼小环藻在硝氮和氨氮培养下的最大吸收速率（V_{max}）和半饱和常数（K_m）存在差异。其中硝氮组的 V_{max}（0.26）大于氨氮组（0.22），说明高浓度条件下，梅尼小环藻对硝氮的吸收要强于氨氮；本实验硝氮组的 K_m（2.09）也大于氨氮组的 K_m（1.42），表明在低浓度条件下，梅尼小环藻对氨氮更有亲和力。

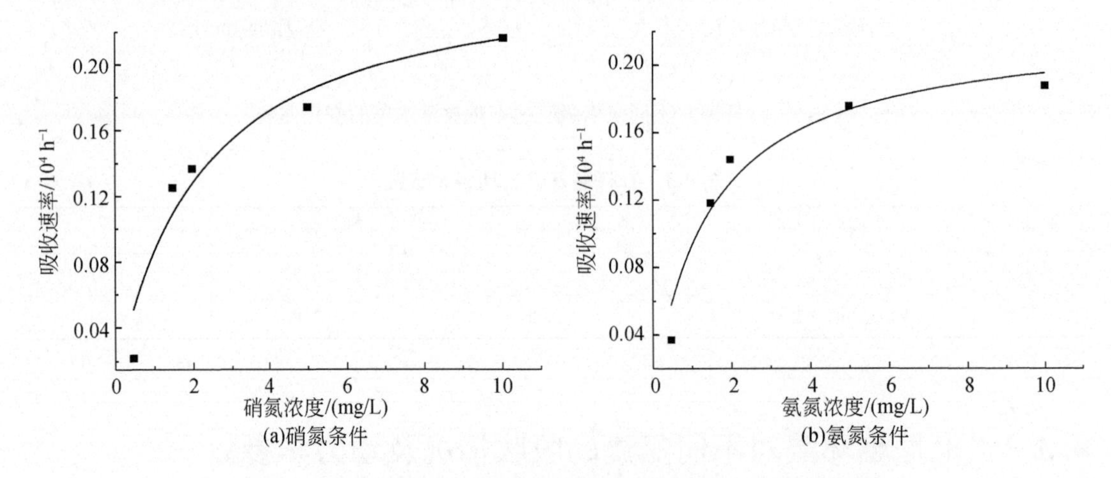

(a)硝氮条件 (b)氨氮条件

图 8-8 梅尼小环藻对不同氮素吸收速率随氮素浓度的变化曲线

表 8-4 梅尼小环藻氮吸收动力学参数

氮素形态	吸收动力学	最大吸收速率（V_{max}）	半饱和常数（K_m）	R^2
硝氮	V=0.26C/(2.09+C)	0.26	2.09	0.9178
氨氮	V=0.22C/(1.42+C)	0.22	1.42	0.9357

8.3.4 讨论

营养吸收动力学能够确认藻细胞对营养盐的吸收速率和营养盐浓度之间的关系，是一种有效研究吸收机制的方法，浮游植物对不同氮素的吸收偏好性主要是由浮游藻类细胞的个体差异导致的（Roleda and Hurd，2019）。V_{max}表示最大吸收速率，反映浮游植物吸收氮素的最大运转潜力，V_{max}越大，氮素被藻细胞吸收的速度越快。K_m是米氏常数，主要体现离子与离子载体吸附位点之间的亲和性，K_m越大，亲和力越小。从典型硅藻的氮吸收动力学参数可以看出，硝氮条件下脆杆藻、针杆藻和梅尼小环藻的 V_{max} 分别比氨氮条件下的 V_{max}大，表明脆杆藻、针杆藻和梅尼小环藻对硝氮的吸收具有更大的潜力，说明这几种硅藻更适宜生长在以硝氮为氮源的环境，与许多研究发现的硅藻对硝氮的吸收更具偏好性的说法吻合（Lomas and Glibert，1999）。在本研究中，硅藻在硝氮条件下的最大藻细胞密度也均大于氨氮条件下的最大藻细胞密度，也呈现出与之一致的结果。氨氮条件下，最大吸收速率是针杆藻>梅尼小环藻>脆杆藻，表明针杆藻在高浓度氮素条件下对氨氮的吸收潜力大于其他两种。硝氮条件下各典型硅藻 K_m 均大于氨氮条件，表明低浓度氮素条件下脆杆藻、针杆藻和梅尼小环藻会优先吸收氨氮。

NO_3^-进入细胞之后要在硝酸还原酶（NR）与亚硝酸还原酶（NiR）的作用下还原为 NH_3，随后在谷氨酰胺合成酶（GS）的作用下将 NH_3转化为谷氨酰胺和谷氨酸，从而完成氮同化的初始过程，此时需要消耗代谢能量 ATP 才能完成。而细胞吸收 NH_4^+主要通过 NH_4^+和 H^+的反向运输、NH_4^+脱质子化之后以 NH_3透过质膜这两种形式进行，该过程对能量的消耗较少（廖红和严小龙，2003）。许多研究表明，藻类对氨氮也表现出一定的喜好性（Wang and Xie，2012；Yuan et al.，2014）。本研究 3 种硅藻在氨氮条件下的半饱和常数均小于硝氮条件，表明较低浓度下这几种硅藻对氨氮具有更强的亲和力，这可能与藻细胞的氮吸收特性有关，因为藻细胞对氨氮的吸收更直接，如果同时存在氨氮和硝氮，典型硅藻更倾向于吸收低浓度氨氮。

通过对典型硅藻氮吸收动力学特征的分析，发现其对氮素的吸收均符合米氏动力学方程，但不同藻种对不同氮素的吸收动力学特征存在着一定的差异。本研究中，氨氮条件下，针杆藻的 V_{max}大于梅尼小环藻和脆杆藻的 V_{max}，说明针杆藻对氨氮的吸收潜力大于梅尼小环藻和脆杆藻。氨氮条件下，针杆藻比生长率随氨氮浓度的增大而增大也表现出与之相似的结果。

8.4 典型硅藻响应水体氮素的生长特性

8.4.1 不同氮素对脆杆藻生长的影响

不同氮素浓度条件下，脆杆藻的生长趋势见图 8-9。由图 8-9 可知，硝氮和氨氮各浓度条件下脆杆藻均能够正常生长，且其细胞密度均随着培养时间的延长而增加，在第 5 天时进入对数生长期，但氮素浓度不同，其细胞密度达到峰值的时间也具有一定差异。对照组的细胞密度在整个培养周期内均处于缓慢增长的状态。

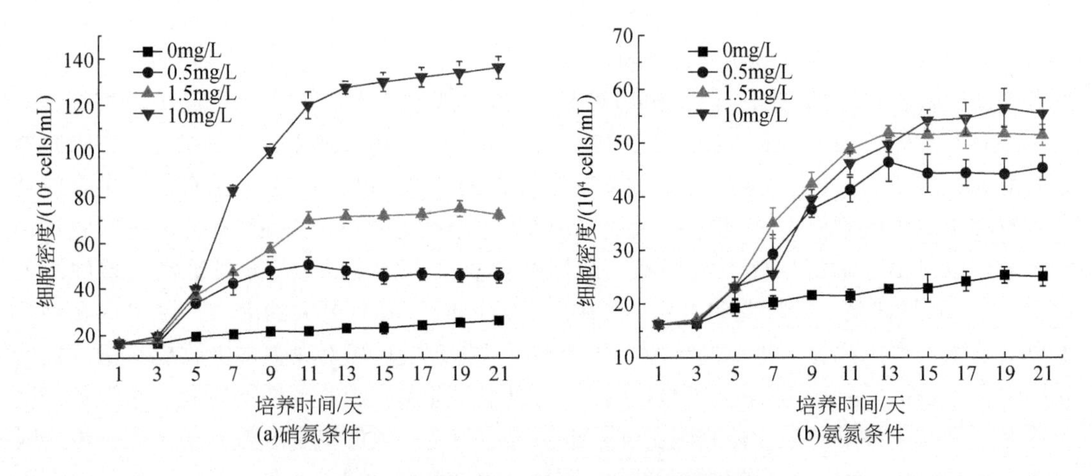

图 8-9　不同氮素对脆杆藻细胞密度的影响

在 0.5mg/L 和 1.5mg/L 的硝氮条件下，脆杆藻细胞密度均在第 11 天达到峰值，分别为 5.037×10^5 和 6.979×10^5 cells/mL，而 10mg/L 硝氮条件下的细胞密度在第 3～第 13 天快速分裂增长，此后，在第 13～第 21 天则增长缓慢。单因子方差分析显示，不同浓度硝氮条件下的细胞密度差异显著（$P<0.05$），但均呈现出随着硝氮浓度增加而增加的趋势。在 0.5mg/L、1.5mg/L 和 10mg/L 的氨氮条件下，脆杆藻细胞密度均在第 13 天以后进入平台期，其中，0.5mg/L 和 1.5mg/L 氨氮条件下最大细胞密度分别为 4.639×10^5 cells/mL 和 5.178×10^5 cells/mL，而 10mg/L 氨氮条件下的细胞密度在第 7 天时显著低于其他氨氮条件，但随着时间的延长，在第 15 天以后，脆杆藻生长速度加快，其细胞密度显著大于其他两组（$P<0.05$）。

在 0.5mg/L、1.5mg/L 和 10mg/L 硝氮条件下，脆杆藻的最大细胞密度分别为 5.037×10^5 cells/mL、6.979×10^5 cells/mL 和 1.3613×10^6 cells/mL；在 0.5mg/L、1.5mg/L 和 10mg/L 氨氮条件下，脆杆藻的最大藻细胞密度分别为 4.639×10^5 cells/mL、5.178×10^5 cell/mL 和 5.645×10^5 cells/mL。硝氮组各浓度下的脆杆藻细胞密度均大于氨氮组，且均以 10mg/L 浓度下为最大。

比生长率的结果（图 8-10）显示，硝氮条件下，脆杆藻的比生长率随着硝氮浓度的增加而增大，10mg/L 硝氮组的比生长率为最高（0.135），较 0.5mg/L、1.5mg/L 组分别增加了 37.9% 和 29.2%；氨氮条件下，比生长率呈现出随氨氮浓度增加先增后降的趋势，1.5mg/L 组的比生长率最高（为 0.101），10mg/L 的比生长率为 0.096，较 1.5mg/L 组下降了 5.0%。由此可知，在一定范围内增加氮素的浓度对脆杆藻生长有一定的促进作用，但浓度过高则会对脆杆藻细胞生长产生一定的抑制作用，且硝氮较氨氮更利于脆杆藻细胞的增殖。

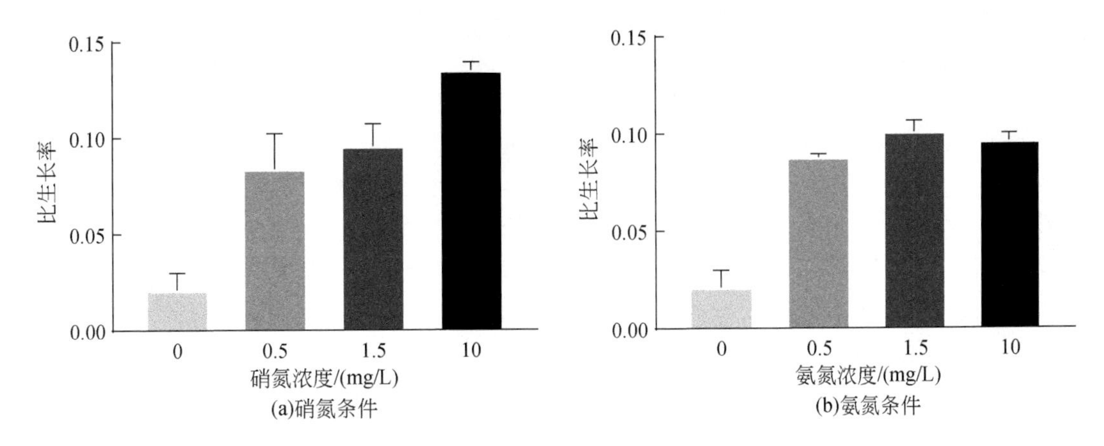

图 8-10　不同氮素对脆杆藻比生长率的影响

8.4.2　不同氮素对针杆藻生长的影响

不同氮素浓度条件下，针杆藻的生长趋势见图 8-11。由图 8-11 可知，硝氮和氨氮各浓度条件下针杆藻均能够正常生长，且其细胞密度均随着培养时间的延长而增加，并随着氮素浓度的升高逐渐增加，以 10mg/L 浓度下为最大。各组针杆藻细胞密度均在第 7 天进入对数生长期，对照组在整个培养周期内均处于一个缓慢增长的状态。

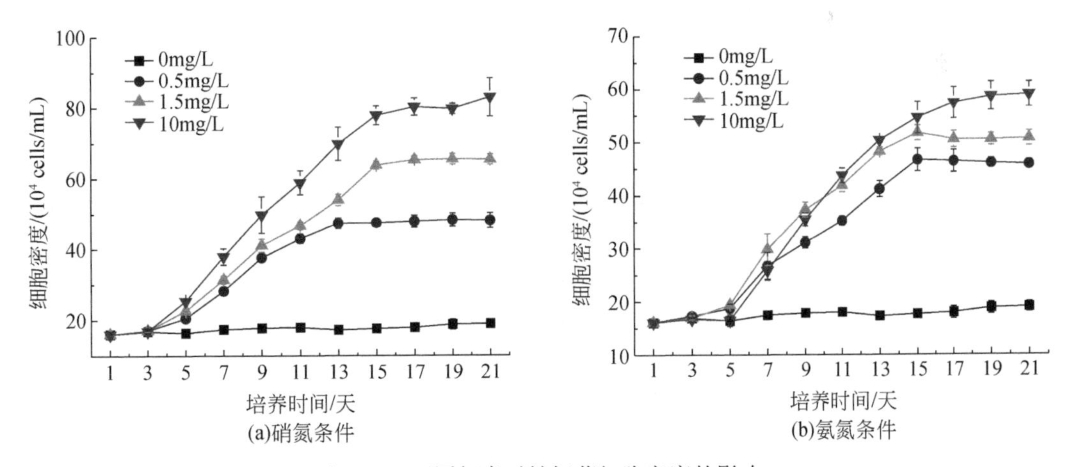

图 8-11　不同氮素对针杆藻细胞密度的影响

单因子方差分析显示，不同浓度硝氮条件下针杆藻藻细胞密度差异显著（$P<0.05$）。氨氮条件下，0.5mg/L、1.5mg/L 组针杆藻细胞密度均在第 15 天进入平台期，0.5mg/L 和 1.5mg/L 组其最大细胞密度分别为 4.66×10^5 cells/mL 和 5.167×10^5 cells/mL，10mg/L 组细胞密度在第 5 天时低于 0.5mg/L 组和 1.5mg/L 组，但针杆藻在第 7 天时进入对数生长期时，对比第 5 天的细胞密度，0.5mg/L、1.5mg/L 和 10mg/L 组在第 7 天时分别增长了 42.8%、53.7% 和 57.0%，10mg/L 组其藻细胞密度增长缓慢，说明较高氨氮浓度在一定

时期内对针杆藻细胞的生长会产生一定的抑制，但针杆藻细胞一旦适应高氨氮环境，就会进入生长迅速期。

不同氮素对针杆藻比生长率的影响见图 8-12，由图 8-12 可知，硝氮培养条件下，针杆藻的比生长率随着硝氮浓度的增加而增大，10mg/L 组的比生长率最高（为 0.127），较 0.5mg/L、1.5mg/L 组分别提高了 33.0%、13.6%；氨氮条件下，比生长率也呈现出随氨氮浓度增加而增大的趋势，10mg/L 组的比生长率最大（为 0.099），较 0.5mg/L、1.5mg/L 组分别提高了 16.2% 和 5.8%。硝氮组的比生长率整体显著高于氨氮组（$P<0.05$）。由此可知，一定范围内氮素浓度的增加对针杆藻的生长具有促进作用，且硝氮对针杆藻生长的促进作用比氨氮更强。

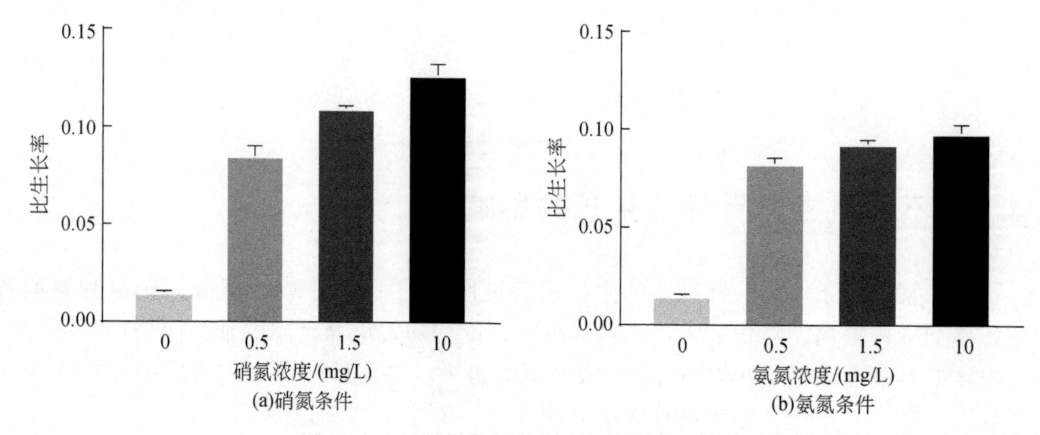

图 8-12 不同氮素对针杆藻比生长率的影响

8.4.3 不同氮素对梅尼小环藻生长的影响

不同氮素浓度条件下，梅尼小环藻的生长趋势见图 8-13。由图 8-13 可知，硝氮和氨氮各浓度条件下，梅尼小环藻细胞密度均大于对照组，且随着培养时间的延长其细胞密度逐渐增加，且均在第 7 天时进入对数生长期。

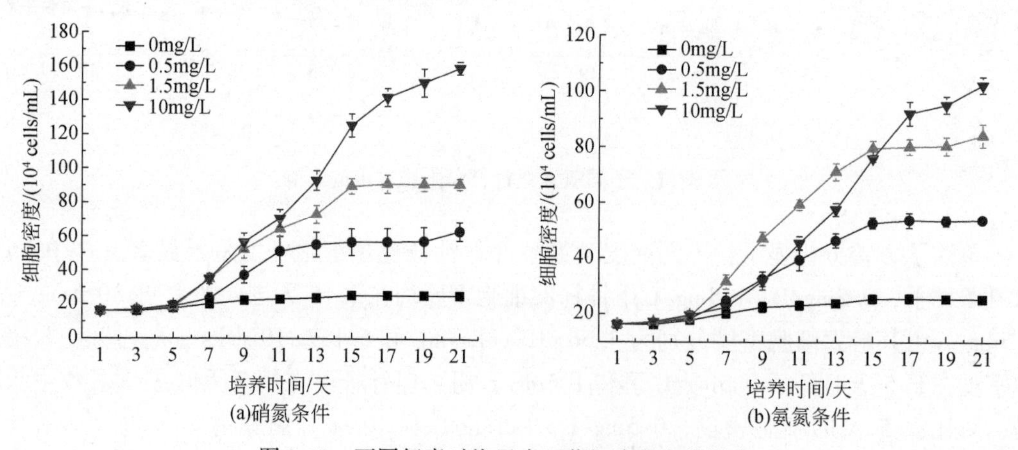

图 8-13 不同氮素对梅尼小环藻细胞密度的影响

硝氮条件下，整个培养周期内随着硝氮浓度的增加梅尼小环藻细胞密度依次增大，其中，10mg/L 组较 0. 5mg/L、1. 5mg/L 组增加了 60. 3% 和 43. 7%。氨氮条件下，在培养周期内，0. 5mg/L 组梅尼小环藻细胞密度始终低于 1. 5mg/L 组，但 10mg/L 组梅尼小环藻细胞密度则有所波动，第 1 ~ 第 7 天，10mg/L 组的梅尼小环藻细胞密度低于 0. 5mg/L 和 1. 5mg/L 组，从第 8 天开始增长速度有所上升，但至第 9 ~ 第 15 天，10mg/L 组的梅尼小环藻细胞密度虽高于 0. 5mg/L 组，仍显著低于 1. 5mg/L 组（$P<0.05$），第 16 天后，其细胞密度才高于其他两组。此外，硝氮条件下，10mg/L 组的最大细胞密度大于其他两组，0. 5mg/L、1. 5mg/L 和 10mg/L 组的最大细胞密度依次分别为 5.741×10^5 cells/mL、9.111×10^5 cells/mL 和 1.594×10^6 cells/mL；氨氮条件下最大细胞密度也呈现出同样的规律，0. 5mg/L、1. 5mg/L 和 10mg/L 组分别为 5.376×10^5 cells/mL、8.426×10^5 cells/mL 和 1.0235×10^6 cells/mL，且硝氮条件下各浓度均大于氨氮组。

不同氮素对梅尼小环藻比生长率的影响见图 8-14，由图 8-14 可知，硝氮培养条件下，梅尼小环藻的比生长率随着硝氮浓度的增加而增大，10mg/L 组的比生长率最高（为 0. 160），较 0. 5mg/L、1. 5mg/L 组分别提高了 30. 8%、26. 0%；氨氮条件下，比生长率呈现出随氨氮浓度增加先增后降的趋势，1. 5mg/L 组的比生长率最大（为 0. 143），10mg/L 组的比生长率为 0. 136，较 1. 5mg/L 组下降了 4. 9%。由此可知，一定范围内增加氮素的浓度对梅尼小环藻的生长具有促进作用，不同氮素对梅尼小环藻生长的影响不同，硝氮较氨氮更能促进梅尼小环藻生长，高浓度的氨氮则对梅尼小环藻细胞的生长具有一定的抑制作用。

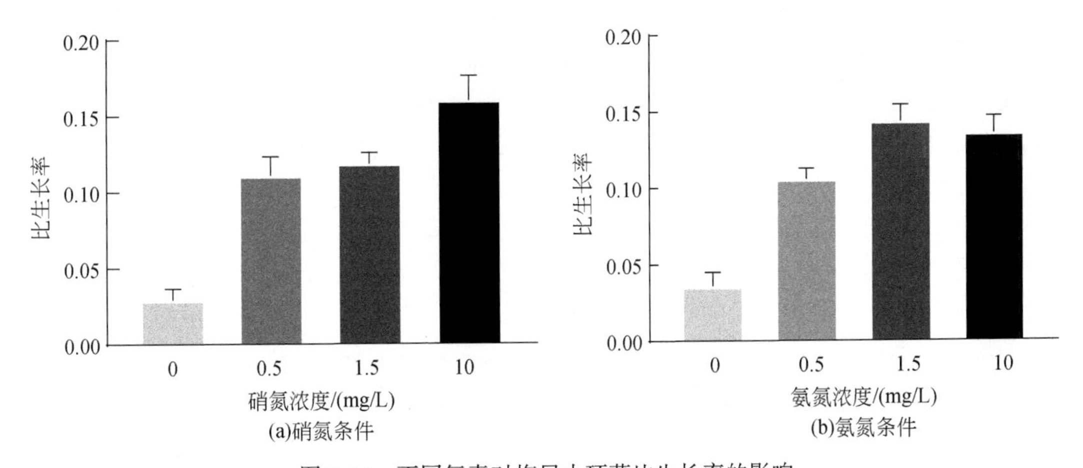

图 8-14　不同氮素对梅尼小环藻比生长率的影响

8. 4. 4　讨论

氮素是浮游植物生长繁殖的必须营养元素之一，参与细胞物质代谢和能量代谢等重要生命活动，硝氮和氨氮是两种主要的可供浮游植物吸收的氮素形态，是浮游植物体合成蛋白质的重要元素，在浮游植物的生长中具有十分重要的作用。本研究中，3 种硅藻均表现为硝氮条件下的比生长率大于氨氮条件下，说明硝氮更有利于硅藻的生长繁殖，也有许多研究表明硅藻对硝氮吸收具有更好的偏好性（Goldman，1993；Lomas and Glibert，2010；Andersen et al.，2020），这是因为硅藻具有相当大的吸收和储存硝氮的能力，相对于其他藻类，硅藻可能具有增强硝酸盐同化效率的能力（Lomas and Glibert，2010），这些都可能是脆杆藻、针杆藻和梅尼小环藻在硝氮条件下能够更好生长的原因。其他相关研究也得出相似的结论，例如吕航等（2013）通过研究筒柱藻在氨氮、硝氮和尿素条件下的生长状况，发现筒柱藻在含硝氮的环境里表现出了更好的生长特性；李斌等（2009）通过研究发现，当以 $NaNO_3$为氮源时，微藻的生长情况最好，硝酸还原酶活性最大。但也有研究发现，从能量吸收的角度看，微藻会将氨氮作为优先利用的氮源，因为利用这些氮源会消耗更少的能量（李勤，2020）。其他相关研究也得出同样的结论，例如张玮等（2006）的研究发现氨氮在1.83～18.3mg/L 时，铜绿微囊藻生长会随着氨氮浓度升高而加速；对微囊藻和小球藻的研究发现，微囊藻和小球藻等蓝绿藻对氨氮亲和力更强，在以氨氮占优的水体中生长状况更佳（周涛等，2013；胡雪等，2015）。

虽然氮素一系列化合物都能够被藻类利用，但是不同形态氮素含量组成特征对浮游藻类的生长具有不同的影响，浮游植物对不同氮素种类及浓度变化的适应能力也决定了其是否能够成为优势种（韩菲尔等，2019；Pahl et al.，2012）。本研究中，硝氮条件下，脆杆藻、针杆藻和梅尼小环藻的细胞密度都有随氮素浓度的增加而增大的趋势，说明3 种硅藻在硝氮条件下，其生长和氮浓度均成正比。10mg/L 浓度下的最大细胞密度表现为梅尼小环藻>脆杆藻>针杆藻，最大比生长率也呈现梅尼小环藻（0.160）>脆杆藻（0.135）>针杆藻（0.127），说明高硝氮浓度下梅尼小环藻具有更好的繁殖能力，推断可能是因为梅尼小环藻细胞的硝酸还原酶活性在高浓度硝氮条件下高于针杆藻和脆杆藻。

藻类对还原态氨氮的同化吸收需要更少的能量，因此被认为是一种更加经济的利用，但氨氮浓度过高会抑制藻细胞谷氨酰胺合成酶的活性，从而影响藻细胞合成蛋白质，抑制藻细胞生长（孟鸽等，2018；蒋汉明和高坤山，2004）。本研究氨氮条件下，脆杆藻和梅尼小环藻的比生长率随着氨氮浓度的升高先升高后下降，说明 10mg/L 的氨氮会对脆杆藻和针杆藻细胞产生抑制，可能因为氨氮浓度过高会在藻细胞体内产生有毒的气体，对藻细胞产生了危害而影响藻细胞的生长。宋玉芝等（2014）的研究也表明高浓度的氨氮会对藻细胞的增殖产生影响。有研究发现，当水体氨氮浓度达到0.5mg/L 时，多种硅藻的生长均会受到不同程度的抑制（Admiraal，1977），与本研究结果相似，本研究中，针杆藻0.5mg/L 组比生长率显著低于其他两组（$P<0.05$），但1.5mg/L 和10mg/L 组之间并无显著差异（$P>0.05$），进一步说明较高氨氮浓度对针杆藻细胞的生长也会产生一定的抑制。脆杆藻、针杆藻和梅尼小环藻的最大比生长率分别为0.101、0.099 和0.143，说明一定氨氮条件下，梅尼小环藻较脆杆藻和针杆藻依旧具有更好的增殖效率。

通过对丹江口水库典型硅藻脆杆藻、针杆藻和梅尼小环藻响应不同氮素的生长特性进行研究，发现不同氮素形态和氮素浓度下藻细胞密度和比生长率存在着非常大的差异，说明藻细胞的生长与水库中氮营养盐有着密不可分割的关系，本章通过控制不同氮素浓度探讨丹江口水库3 种典型硅藻的生长特性，在一定程度上可为水库水体环境的监测和评价提供重要参考依据。

8.5 典型硅藻响应水体氮素的光合特性

8.5.1 不同氮素对脆杆藻叶绿素荧光的影响

F_v/F_m 是光系统Ⅱ（PSⅡ）最大光能转换效率或称光系统Ⅱ最大光化学量子产量，其数值不受物种和环境条件的影响，非胁迫条件下数值变化很小，胁迫条件下数值明显下降，是反映藻细胞生长环境状况的重要参数。不同浓度氮素条件下脆杆藻的 F_v/F_m 见图8-15，不同氮素浓度条件下，脆杆藻的 F_v/F_m 均有变化，除对照组和10mg/L氨氮组之外，其他各组均呈现先升高后降低的趋势，各组最高值均能达到0.65左右。硝氮条件下，1.5mg/L和10mg/L浓度的 F_v/F_m 显著大于0.5mg/L（$P<0.05$）。氨氮条件下，10mg/L浓度下 F_v/F_m 在第7天之前均显著低于其他浓度（$P<0.05$），而在第9天之后增长至0.65左右的水平。表明一定范围内，硝氮浓度的增加能够促进脆杆藻的 F_v/F_m，而高浓度的氨氮则会抑制脆杆藻的 F_v/F_m，并且随着培养基中高浓度组中氨氮的吸收，脆杆藻的 F_v/F_m 会得到恢复。

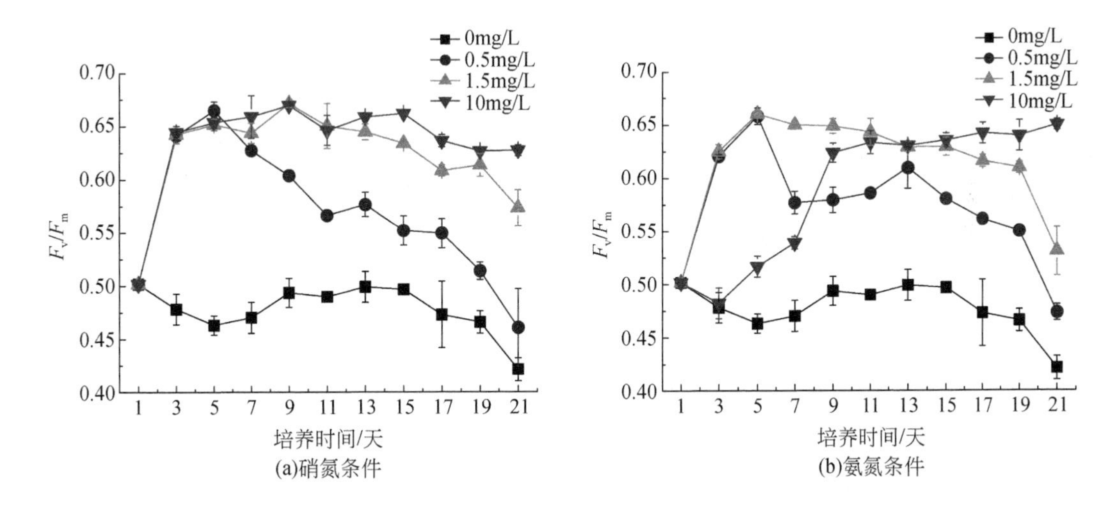

图8-15　不同氮素对脆杆藻 F_v/F_m 的影响

Y（Ⅱ）是PSⅡ实际光量子产量，反映PSⅡ反应中心在部分关闭的情况下，原初光能的捕获效率。图8-16为不同氮素对脆杆藻Y（Ⅱ）的影响，由图8-16可知，不同氮素浓度条件下，脆杆藻的Y（Ⅱ）表现出相似的变化规律，均呈现先升高后降低的趋势。硝氮条件下，1.5mg/L和10mg/L浓度的Y（Ⅱ）显著大于0.5mg/L（$P<0.05$）。氨氮条件下，10mg/L浓度的Y（Ⅱ）在第13天之前均显著低于其余浓度（$P<0.05$）。

α 是快速光曲线的初始斜率，代表了藻细胞对光能的利用效率，能够直观地反映藻类捕光色素对光能的吸收能力。如图8-17所示，由不同氮素对脆杆藻 α 的影响可知，不同氮素下脆杆藻的 α 变化不同，除对照组和10mg/L的氨氮浓度组以外其他各组均有先升高

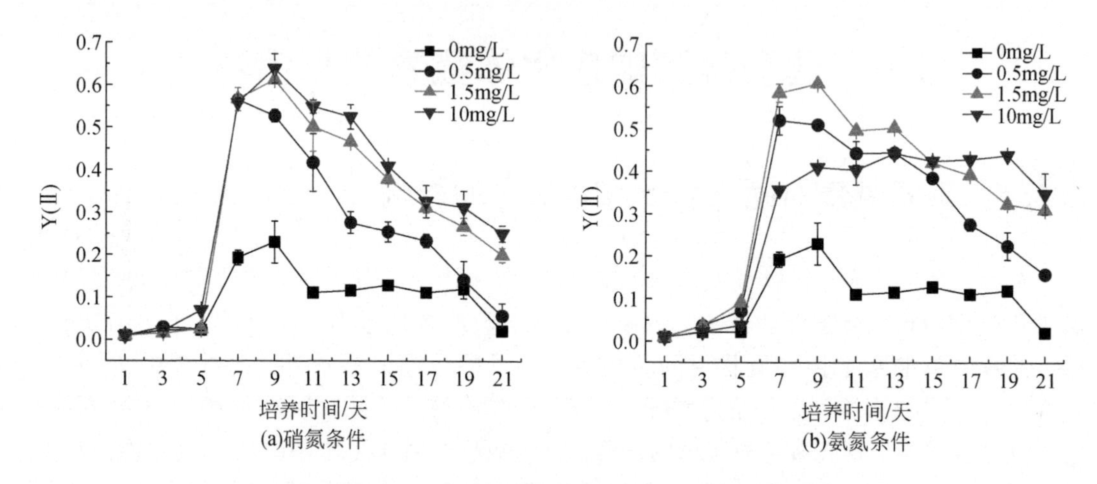

图 8-16　不同氮素对脆杆藻 Y（Ⅱ）的影响

后下降的趋势。硝氮条件下，10mg/L 组显著大于 0.5mg/L 和 1.5mg/L 组（P<0.05）；氨氮条件下，10mg/L 组先降后增，在第 11 天达到最大值，第 3～第 9 天，10mg/L 组显著低于 0.5mg/L 和 1.5mg/L 组（P<0.05）。表明高浓度的氨氮会降低脆杆藻对光能的利用效率，增加硝氮浓度在一定程度上能够提高脆杆藻的光能利用效率。

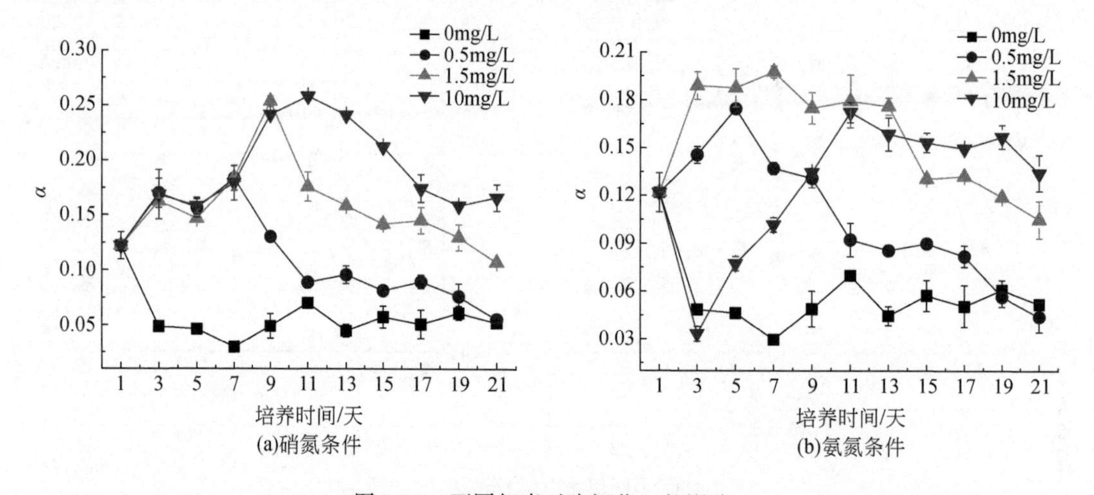

图 8-17　不同氮素对脆杆藻 α 的影响

ETR_{max}是最大电子传递速率，不同氮素对脆杆藻 ETR_{max}的影响如图 8-18 所示，ETR_{max}反映了藻细胞单位时间内光合电子传递链中电子传递的速度，从图 8-18 可以看出，各组 ETR_{max}随着培养时间延长均呈现出先升高后降低的趋势。硝氮条件下，第 5～第 15 天，ETR_{max}随硝氮浓度的增加而增大；而氨氮条件下，第 3～第 7 天时，0.5mg/L 和 1.5mg/L 组 ETR_{max}显著大于 10mg/L（P<0.05）。实验结果表明，脆杆藻在不同氮素及其浓度条件下的 ETR_{max}与 Y（Ⅱ）和 F_v/F_m具有相同的变化趋势，一定范围内，氮素浓度的增加会促进藻细胞 PSⅡ对所捕获光能的利用效率，而高浓度的氨氮则会抑制光能转化效率。

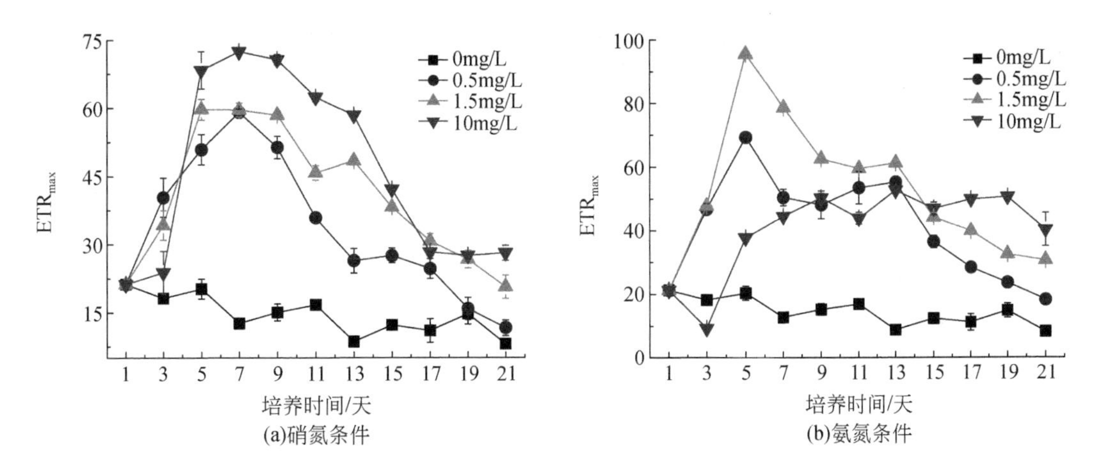

图 8-18　不同氮素对脆杆藻 ETR_{max} 的影响

I_k 为半饱和光强，反映藻类对强光的耐受程度。不同氮素浓度条件下脆杆藻的 I_k 变化如图 8-19 所示，随培养时间延长，两种氮素各浓度组均呈现出先升高后下降的趋势。

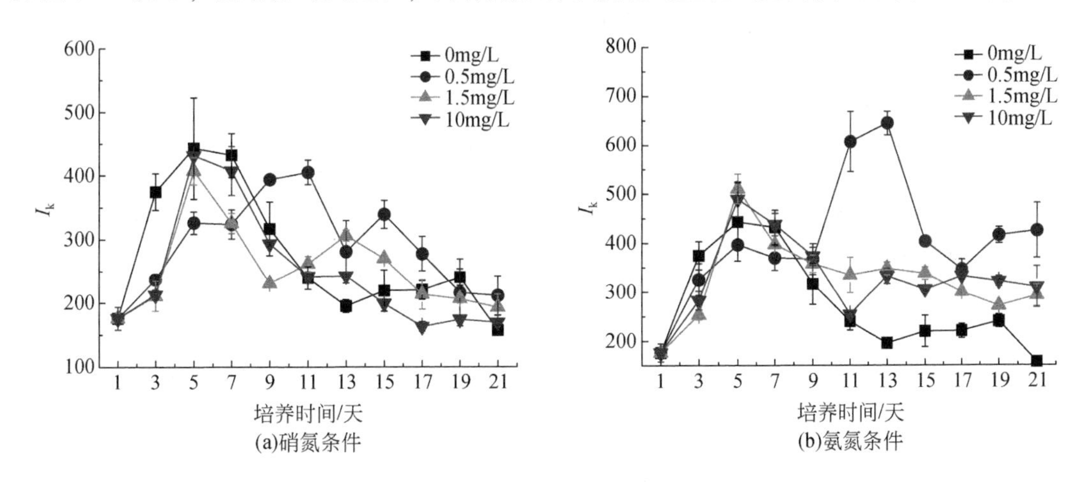

图 8-19　不同氮素对脆杆藻 I_k 的影响

光化学猝灭值（qP）反映了光系统Ⅱ吸收的能量用于光化学反应的比例，可以代表藻细胞的光合活性的高低。不同氮素浓度条件下脆杆藻的 qP 变化情况见图 8-20，可以看出，随着培养时间的延长各浓度条件下 qP 均呈现出先升高后下降的趋势。硝氮条件下，整个培养周期内，随着氮素浓度的升高，脆杆藻的 qP 也呈升高趋势，高浓度氮素条件下的 qP 均大于低浓度下的 qP；氨氮条件下，第 7 ~ 第 15 天，10mg/L 组持续低于 0. 5mg/L 和 1. 5mg/L 组。

非光化学猝灭值（NPQ）反映了光系统Ⅱ吸收的能量用于热耗散的比例，代表了叶绿素的光保护能力，也代表 PSⅡ吸收的光能不能用于光合电子传递而以热的形式耗散掉的部分，理论上其数值会随着 F_v/F_m 和 qP 的变化发生相反的变化。图 8-21 为不同氮素对脆杆藻 NPQ 的影响，可以看出，不同氮素浓度条件下脆杆藻的 NPQ 随培养时间的延长均呈

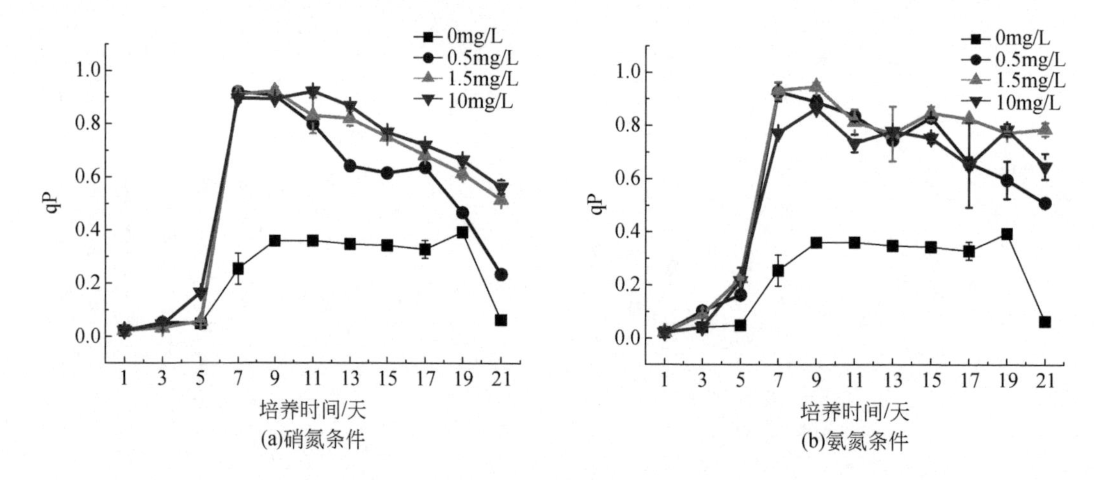

图 8-20　不同氮素对脆杆藻 qP 的影响

现出先降低后升高的趋势，整体与 F_v/F_m 和 qP 变化趋势相反，说明藻细胞光合效率随着时间受抑制程度增大，吸收的能量用于热耗散的比例增大。硝氮条件下，第 13～第 21 天，0.5mg/L 组的 NPQ 大于其他两组；氨氮条件下，在培养后期，10mg/L 组显著低于 0.5mg/L 和 1.5mg/L 组（$P<0.05$）。表明一定范围内增加硝氮的浓度有利于脆杆藻进行光合作用，增强脆杆藻细胞对光能的利用份额。

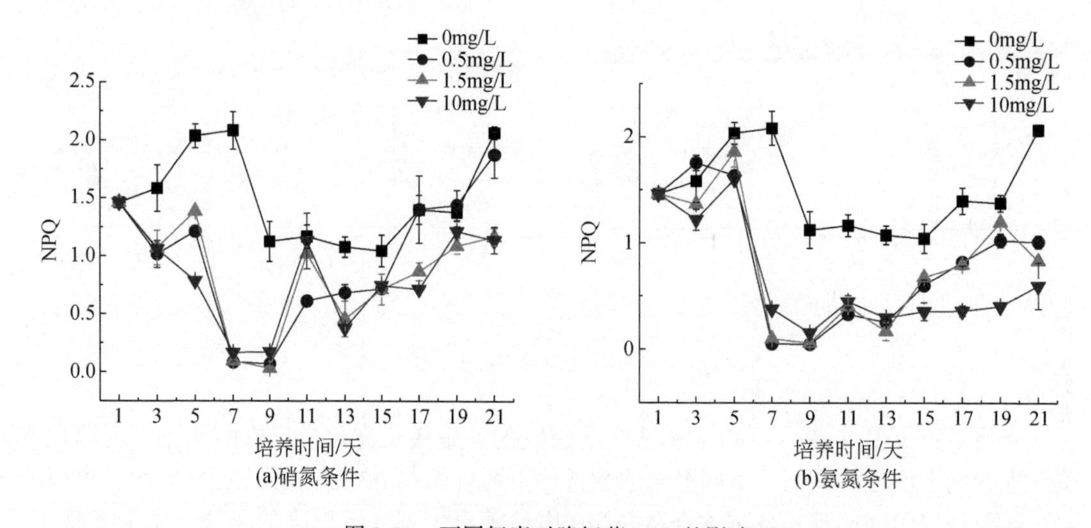

图 8-21　不同氮素对脆杆藻 NPQ 的影响

8.5.2　不同氮素对针杆藻叶绿素荧光的影响

不同氮素浓度条件下，针杆藻的 F_v/F_m 变化如图 8-22 所示。从图 8-22 可以看出，除对照组、10mg/L 硝氮和 10mg/L 氨氮组之外，其他各组均呈现先升高后降低的趋势，各组最高值均能达到 0.7 左右。硝氮条件下，10mg/L 组的 F_v/F_m 始终大于 0.5mg/L 和 1.5mg/L

组。氨氮条件下，第1～第7天，10mg/L组的 F_v/F_m 均显著低于其他组（$P<0.05$），而在第9天之后10mg/L组增长至0.7左右并持续大于其他组。

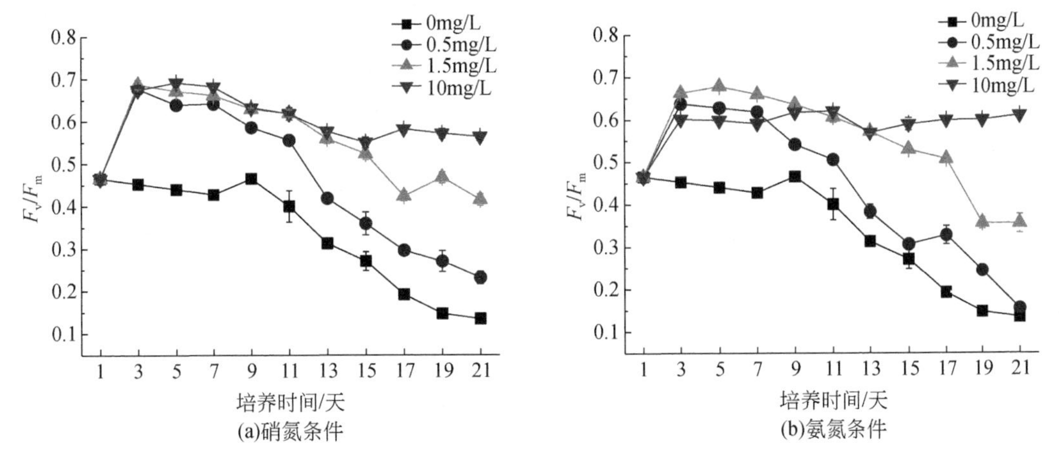

图8-22 不同氮素对针杆藻 F_v/F_m 的影响

图8-23为不同氮素对针杆藻Y（Ⅱ）的影响，不同氮素浓度条件下，针杆藻的Y（Ⅱ）均呈现先升高后降低的趋势。硝氮条件下，10mg/L组针杆藻Y（Ⅱ）最大，0.5mg/L组Y（Ⅱ）最小，即随着氮素浓度的降低，针杆藻的Y（Ⅱ）均呈现出逐渐降低的趋势。氨氮条件下，第3天时，0.5mg/L、1.5mg/L和10mg/L组的Y（Ⅱ）分别是0.494、0.543和0.403，以10mg/L组为最低，其次是1.5mg/L组，此后随着培养时间的延长，0.5mg/L、1.5mg/L组Y（Ⅱ）迅速下降，而10mg/L组Y（Ⅱ）则较为平缓。

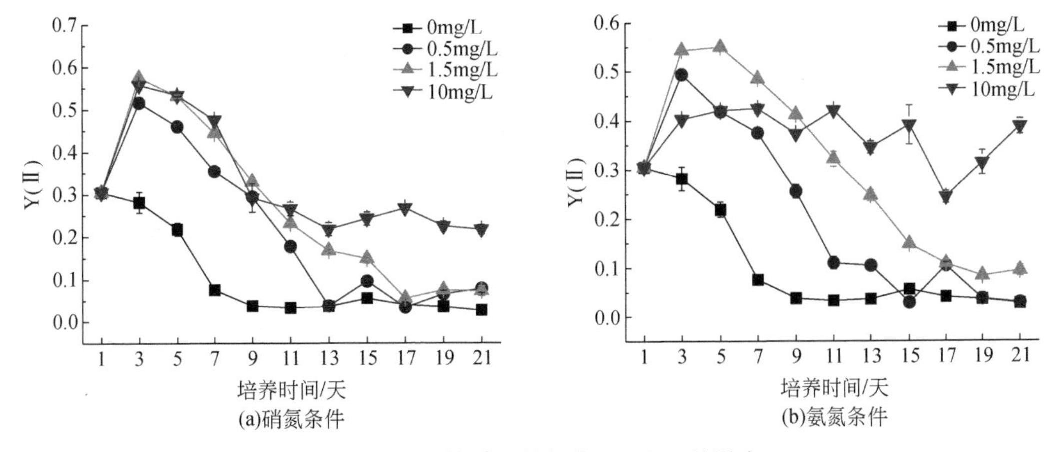

图8-23 不同氮素对针杆藻Y（Ⅱ）的影响

不同氮素下针杆藻 α 的变化如图8-24所示，除对照组和10mg/L的氨氮组以外其他各组均有先升高后下降的趋势。单因子方差分析显示，硝氮组各浓度之间 α 差异显著（$P<0.05$）。氨氮条件下，第5～第11天，10mg/L组的 α 显著低于1.5mg/L组，第13～第21天，10mg/L组的 α 显著高于0.5mg/L和1.5mg/L组，表明氮素浓度的增加能够提升针杆藻对光能的吸收能力，而过高浓度的氨氮会降低针杆藻对光能的利用效率。

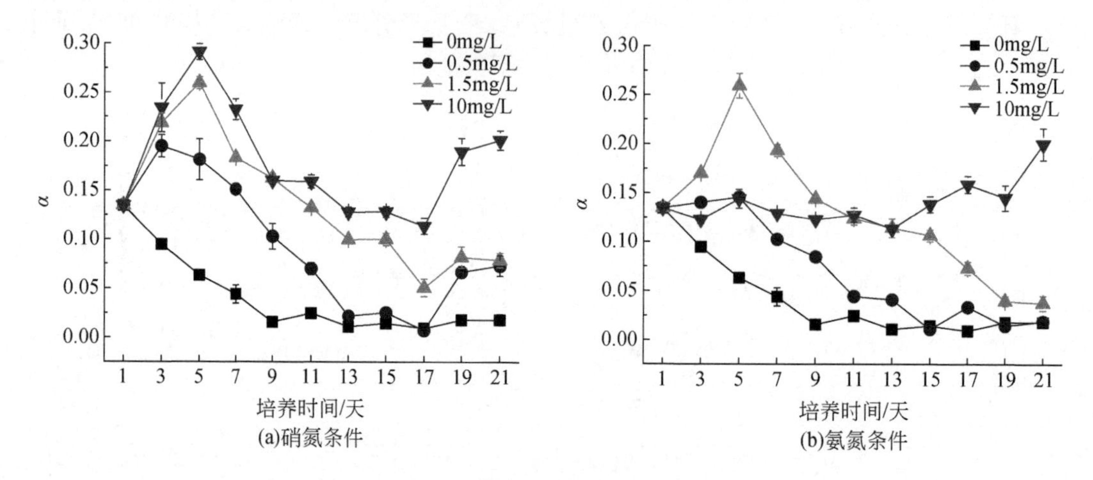

图 8-24　不同氮素对针杆藻 α 的影响

图 8-25 为不同氮素浓度下针杆藻的 ETR_{max}，从图 8-25 可以看出，硝氮和氨氮条件下，针杆藻的 ETR_{max} 随着培养时间延长均有先升高后下降的趋势。在整个培养周期内硝氮组的 ETR_{max} 随着浓度的升高而依次增加。不同于硝氮组，氨氮组在第 1～第 5 天，以 1. 5mg/L 组 ETR_{max} 为最高，显著大于其余两组（$P<0.05$），而第 11～第 21 天，10mg/L 组的 ETR_{max} 为最高，显著大于其余两组（$P<0.05$）。表明高氮素浓度有利于针杆藻电子传递速率的提升。

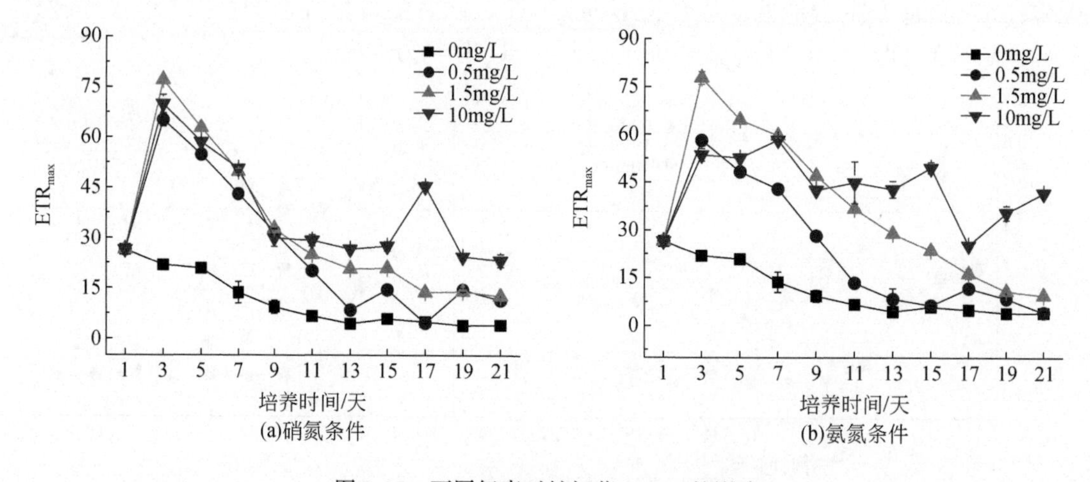

图 8-25　不同氮素对针杆藻 ETR_{max} 的影响

不同氮素浓度条件下针杆藻的 I_k 变化如图 8-26 所示，硝氮条件下，0. 5mg/L 组的 I_k 显著大于 1. 5mg/L 和 10mg/L 组（$P<0.05$）；氨氮条件下，针杆藻的 I_k 随培养时间的延长先升高后降低。

不同氮素对针杆藻 qP 的影响如图 8-27 所示，不同氮素浓度条件下针杆藻的 qP 随培养时间的延长均呈现出先升高后下降的趋势。硝氮条件下，第 7～第 13 天，针杆藻 qP 随氮素浓度的增大而增大；氨氮条件下，第 1～第 5 天，10mg/L 组的 qP 低于 0. 5mg/L 和

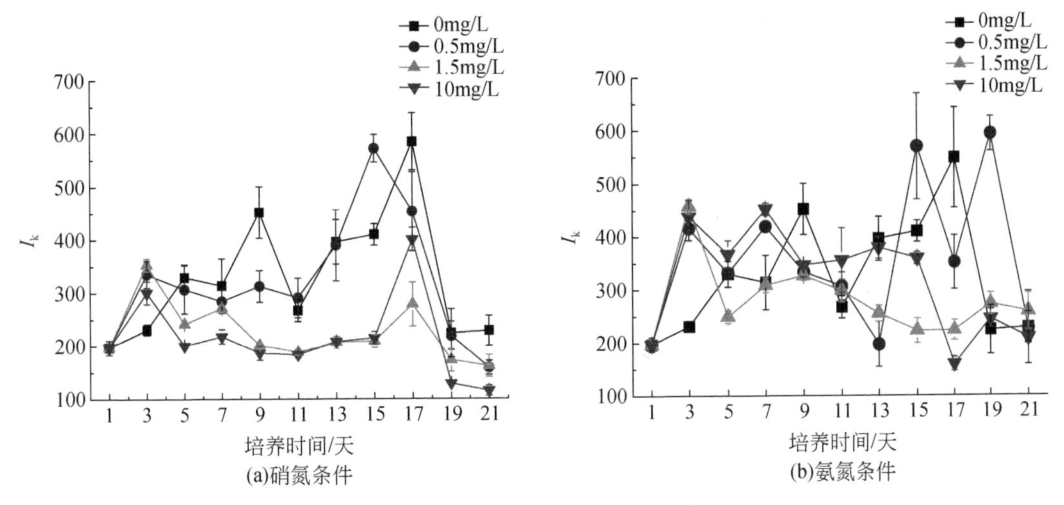

图 8-26　不同氮素对针杆藻 I_k 的影响

1.5mg/L 组，第 11～第 21 天，0.5mg/L 和 1.5mg/L 组的 qP 随着氮素的消耗开始下降，而 10mg/L 组的 qP 开始保持高于 0.5mg/L 和 1.5mg/L 组的趋势。表明一定范围内增加硝氮的浓度有利于针杆藻细胞光合活性的提高，而较高浓度的氨氮会抑制针杆藻细胞对光能的利用，但随着培养时间的延长，氨氮浓度的降低，针杆藻细胞能够恢复对光能的转化效果。

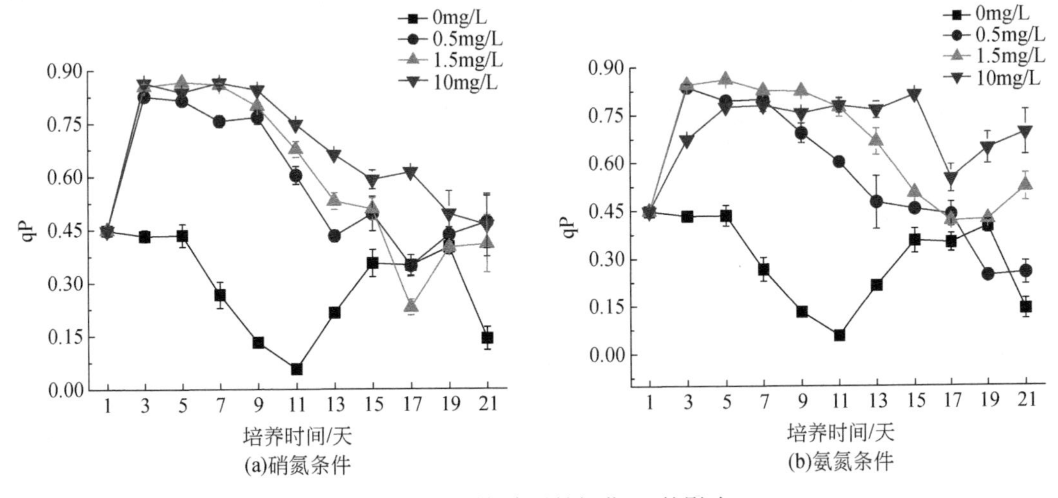

图 8-27　不同氮素对针杆藻 qP 的影响

不同氮素浓度条件下脆杆藻的 NPQ 随培养时间的延长均呈现出先降低后升高的趋势，如图 8-28 所示，硝氮条件下，培养前期时，由于氮素充足，3 个浓度下 NPQ 几乎保持相同的趋势，培养后期，随着氮素的减少，0.5mg/L 和 1.5mg/L 组的 NPQ 开始升高；氨氮条件下，第 9 天之后，10mg/L 组一直保持较低的 NPQ，表明针杆藻对高浓度的氨氮具有较快的适应能力。

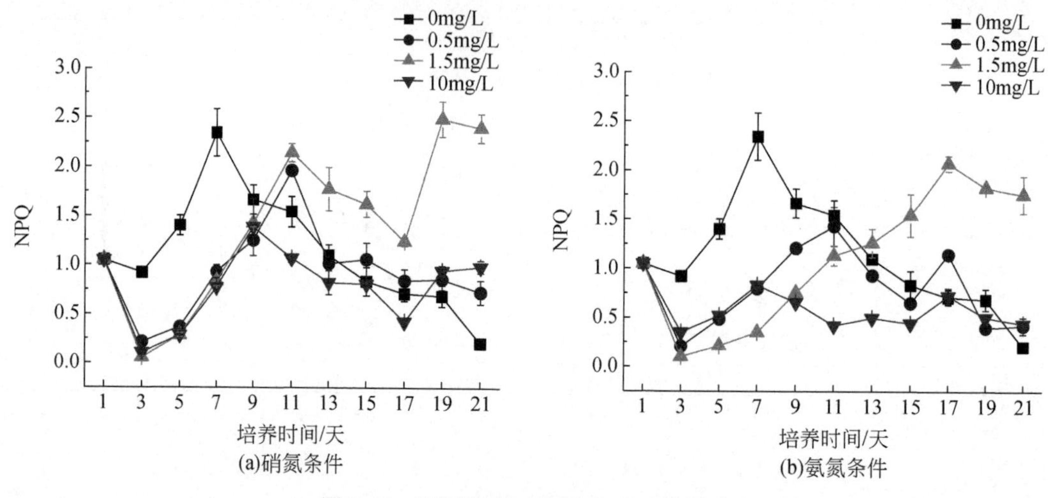

图 8-28　不同氮素对针杆藻 NPQ 的影响

8.5.3　不同氮素对梅尼小环藻叶绿素荧光的影响

不同氮素浓度条件下梅尼小环藻的 F_v/F_m 变化如图 8-29 所示。从图 8-29 可以看出，除对照组、10mg/L 硝氮组和 10mg/L 氨氮组之外，其他各组均呈现先升高后降低的趋势，各组 F_v/F_m 最高值均能达到 0.5～0.6。硝氮条件下，第 9～第 21 天，1.5mg/L 和 10mg/L 组的 F_v/F_m 显著大于 0.5mg/L 组（$P<0.05$），且以 10mg/L 组为最大。氨氮条件下，第1～第 9 天，1.5mg/L 组的 F_v/F_m 显著高于 0.5mg/L 组和 10mg/L 组（$P<0.05$），第 9 天之后增长至 0.55 左右的水平。

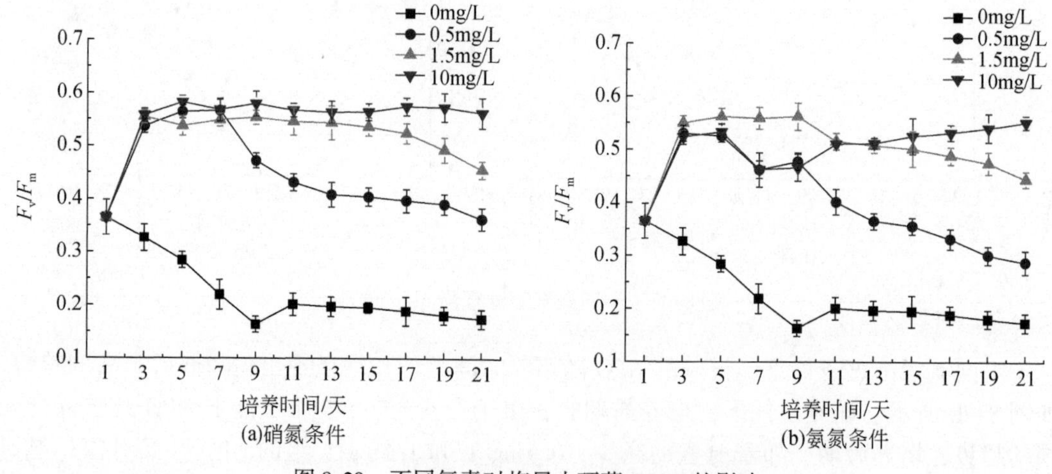

图 8-29　不同氮素对梅尼小环藻 F_v/F_m 的影响

不同氮素浓度条件下梅尼小环藻的 Y（Ⅱ）变化如图 8-30 所示。从图 8-30 可以看出，不同氮素浓度下梅尼小环藻的 Y（Ⅱ）均呈现先升高后降低，具有相同的变化趋势。在第

7～第 21 天，硝氮和氨氮组均有随着氮素浓度增加而增加的趋势，且硝氮组 Y（Ⅱ）最大值出现在 10mg/L 组的第 7 天，为 0.393；氨氮组 Y（Ⅱ）最大值出现在 10mg/L 组的第 5 天，为 0.348。说明一定范围内，提高氮素浓度能够提升梅尼小环藻的 Y（Ⅱ），硝氮对梅尼小环藻 Y（Ⅱ）的提升效果高于氨氮。

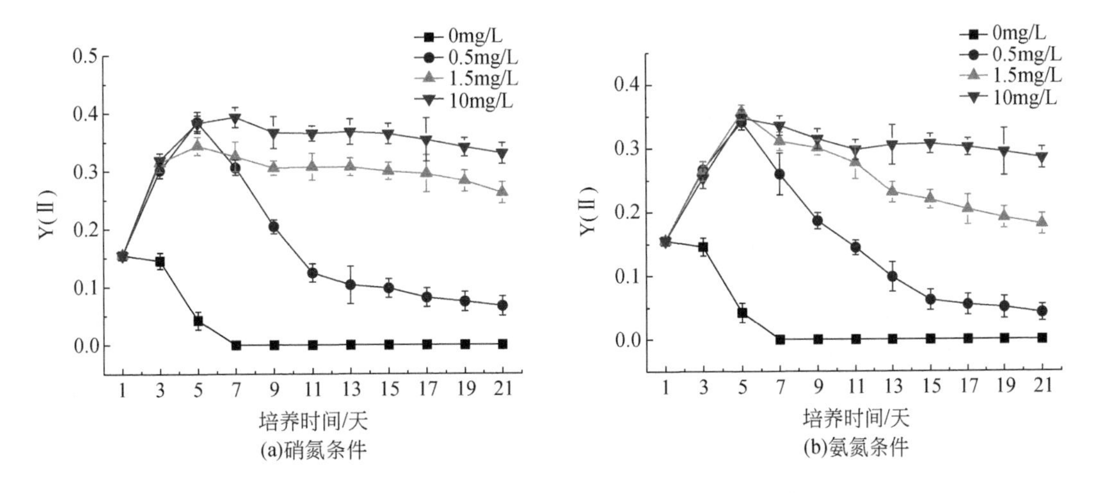

图 8-30　不同氮素对梅尼小环藻 Y（Ⅱ）的影响

从图 8-31 不同氮素浓度下梅尼小环藻的 α 变化趋势可知，各浓度组 α 均随着培养时间的延长出现先升高后下降的趋势。硝氮条件下 0.5mg/L、1.5mg/L 和 10mg/L 组 α 的最大值分别是 0.115、0.121 和 0.131，10mg/L 组的 α 较 0.5mg/L 组和 1.5mg/L 组提升了 13.9%、8.3%；氨氮条件下，0.5mg/L 组的 α 显著低于 1.5mg/L 组和 10mg/L 组（$P<0.05$）。由此可知，氮素浓度的增加更有利于梅尼小环藻对光能的转化利用。

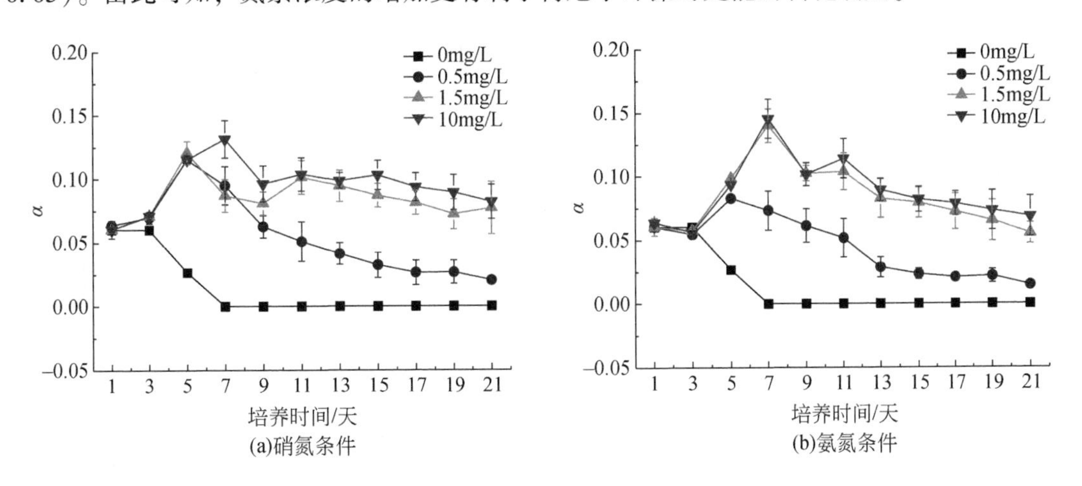

图 8-31　不同氮素对梅尼小环藻 α 的影响

图 8-32 为不同氮素浓度下梅尼小环藻的 ETR_{max} 变化趋势，均呈现出有随着培养时间延长先升高后下降的趋势。第 7～第 21 天，硝氮组梅尼小环藻的 ETR_{max} 均随着浓度的降低而降低；第 5～第 21 天，氨氮条件下 0.5mg/L 组的 ETR_{max} 显著低于 1.5mg/L 组和 10mg/L

组（$P<0.05$）。硝氮条件下最大的 ETR_{max} 为 52.8，氨氮组最大的 ETR_{max} 为 49.0，较硝氮组低 7.2%。表明提高氮素浓度能够促进梅尼小环藻对光能的转化效率，硝氮较氨氮更有利于针杆藻电子传递速率的提升。

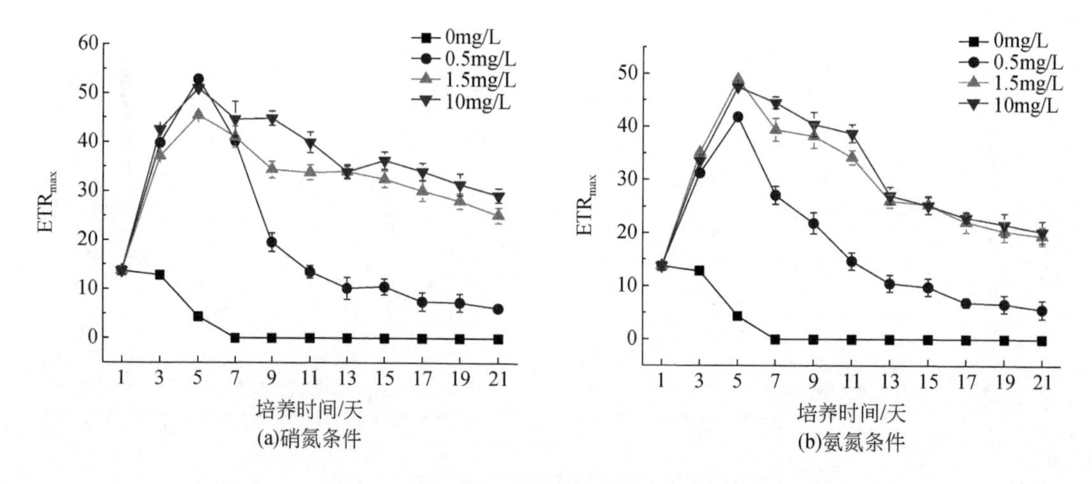

图 8-32　不同氮素对梅尼小环藻 ETR_{max} 的影响

不同氮素浓度条件下梅尼小环藻的变化如图 8-33 所示，两种氮素各浓度下梅尼小环藻的 I_k 均呈先升高后下降的趋势。硝氮条件下，第 9 ~ 第 13 天，0.5mg/L 组的 I_k 显著低于 1.5mg/L 组和 10mg/L 组（$P<0.05$）；氨氮条件下，1.5mg/L 组和 10mg/L 组 I_k 具有相同的趋势。

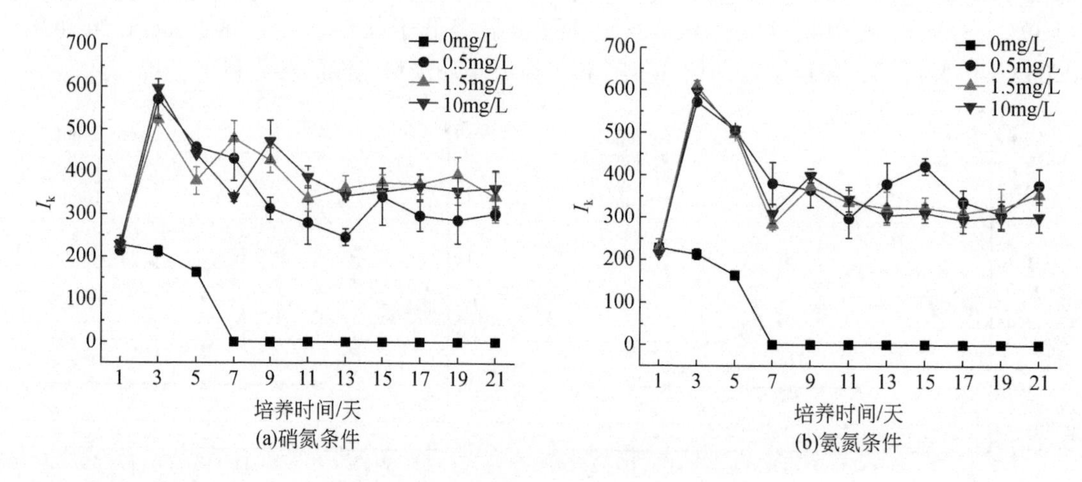

图 8-33　不同氮素对梅尼小环藻 I_k 的影响

不同氮素浓度条件下梅尼小环藻的 qP 变化如图 8-34 所示，随培养时间的延长，0.5mg/L 组呈现出先升高后下降的趋势，而其他两个浓度组随着氮素的加入 qP 开始增大，培养到后期稍有下降。说明氮缺条件会抑制梅尼小环藻细胞的光合活性。

不同氮素浓度条件下梅尼小环藻的 NPQ 变化如图 8-35 所示，各组 NPQ 均随培养时间的延长呈现出先降低后升高的趋势。硝氮条件下，第 7 ~ 第 17 天内，梅尼小环藻的 NPQ

都随浓度的降低而增高；氨氮条件下，第 7 天 0.5mg/L 组 NPQ 显著低于其他两组（$P<0.05$）。

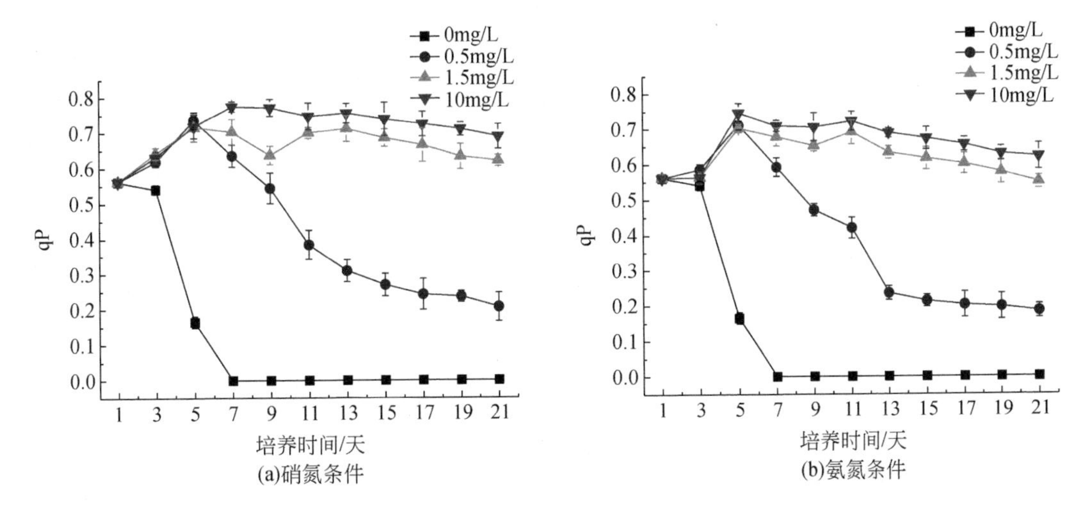

图 8-34　不同氮素对梅尼小环藻 qP 的影响

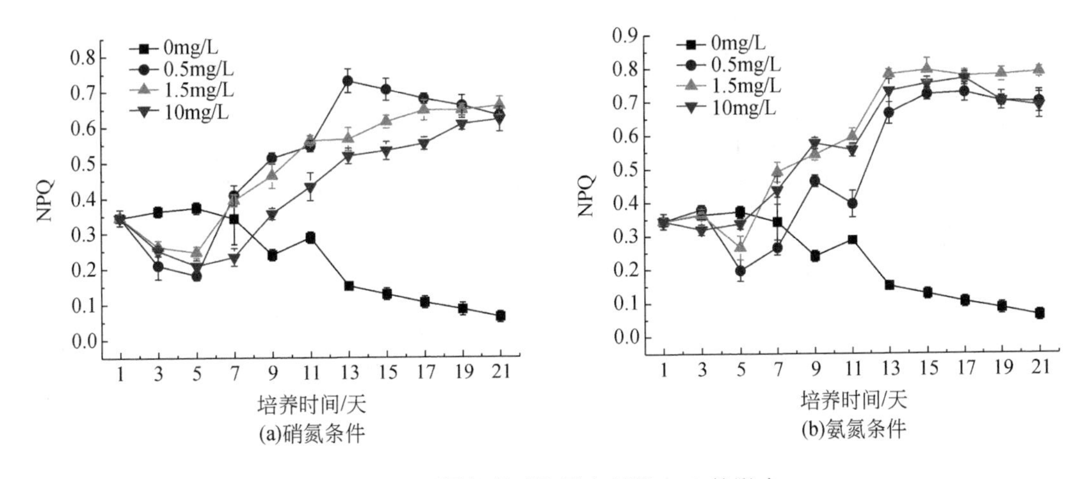

图 8-35　不同氮素对梅尼小环藻 NPQ 的影响

8.5.4　讨论

氮素是构成叶绿素分子的关键因素之一，会直接或者间接地影响微藻的光合作用和细胞生长（郑和龙，2019）。缺氮会使硅藻的光合作用能力和叶绿素含量均降低，多条代谢路径下调，影响藻细胞 PSⅡ的光化学反应，进而降低其对高光的耐受能力。叶绿素荧光技术是利用生物体中的叶绿素荧光，研究、探测植物体的光合生理状况和外界环境对其产生细微影响的一种活体测定技术，不但可以反映生物对光能的利用效率，而且能够客观地反映其本身的光合特性及其对环境变化的适应能力（陈健晓，2021；杨航等，2021）。本研究发现，不同氮素培养条件下，脆杆藻、针杆藻和梅尼小环藻的 F_v/F_m、Y（Ⅱ）、ETR_{max}、qP 和 NPQ 等叶绿素荧光参数变化均存在较大差异，表明不同形态及浓度的氮素对脆杆藻光能的吸收、传递、耗散和分配具有显著影响。作为藻类叶绿素荧光重要参数之一，F_v/F_m反映了其进行光合作用的最大潜力（Kitajima and Butler，1975）。在营养充足的条件下，大多数藻类的 F_v/F_m大约为 0.65，与藻的种类无关，而在胁迫条件该数值会显著降低（Li and Gao，2014；Geide et al.，1993；吕颂辉和李英，2006）。本研究中脆杆藻、针杆藻和梅尼小环藻的最大 F_v/F_m分别为 0.67、0.69 和 0.58，这与 Suggett 等（2009）和 Moore 等（2005）的研究结果吻合。本研究中，经过饥饿培养的脆杆藻叶绿素荧光参数值都处于一个较低水平，在接种至新的培养基之后，除对照组之外，叶绿素荧光参数都有明显上升。培养第 7 ~ 第 21 天，0.5mg/L 组的 F_v/F_m呈下降趋势，可能是因为氮胁迫使藻细胞 PSⅡ潜在活性中心受损，光合作用的原初反应过程受到了抑制。Young 和 Beardall（2003）研究指出，盐藻在低氮条件下培养 4 天之后，其 F_v/F_m降至 0.2，下降 60%，与本研究结果一致。脆杆藻在培养第 5 天时，除 10mg/L 氨氮组之外其他组的 F_v/F_m均在 0.65 ~ 0.67，而 10mg/L 氨氮组的 F_v/F_m低至 0.52；针杆藻在培养第 3 天时，除 10mg/L 氨氮组之外其他组的 F_v/F_m均在 0.64 ~ 0.69，10mg/L 氨氮组的 F_v/F_m为 0.60；梅尼小环藻在培养第 5 天时，除 10mg/L 氨氮组之外其他组的 F_v/F_m均在 0.54 ~ 0.58，10mg/L 氨氮组的 F_v/F_m为 0.53，可见 10mg/L 氨氮组均低于其他各组，说明高浓度的氨氮会对脆杆藻的光化学效率产生一定的抑制作用。氨氮虽然是藻类优先利用的氮源，但是较高浓度氨氮对 PSⅡ反应中心会造成一定的损伤，导致其失活，从而降低光能转换效率（Raab and Terry，1994）。氨同化产生大量质子降低 pH，导致细胞酸化，会对藻细胞产生毒害作用，抑制细胞生长（Pahl et al.，2012；魏东等，2000）。pH 的变化，导致细胞需要转移一部分能量用于调节适应环境，这可能也是高浓度氨氮条件下的藻细胞密度显著低于其他组的原因之一（Pahl et al.，2012）。也有研究表明，PSⅡ反应中心有一定的修复能力（Järvi et al.，2015）。随着培养时间的延长，脆杆藻 10mg/L 氨氮组的 F_v/F_m逐渐恢复到 0.63 左右的水平，说明 PSⅡ反应中心也得到了一定恢复，可能是较高浓度的氨氮对藻细胞的光合结构造成了可逆损伤，随着培养基中氮浓度降低，藻细胞反应中心得到修复，然而修复过程会增加微藻的能量负担，也就可能是较高浓度氨氮不利于脆杆藻生长的原因之一。

Y（Ⅱ）是实际光量子产量，代表了 PSⅡ反应中心部分关闭时的光能捕获效率。本研究中，脆杆藻、针杆藻和梅尼小环藻的 Y（Ⅱ）都随着培养时间的延长逐渐降低，说明缺氮条件会降低藻细胞对光能的转化效率，可能因为缺氮胁迫抑制了藻细胞从 Q_A^-向 Q_B的电子传递，引起 Q_A^-的积累，引起部分有活性反应中心的关闭，也可能是因为缺氮条件阻碍了藻细胞同化力形成，影响了其对碳的固定与同化，在一定程度上抑制了藻的实际光化学性能（李金洵，2016）。ETR_{max}是最大电子传递速率，反映了藻细胞单位时间内光合电子传递链中电子传递的速度（Estrada et al.，2015）。本研究中，进入对数生长期时 10mg/L 硝氮条件下脆杆藻、针杆藻和梅尼小环藻的 ETR_{max}分别为 68.4、70.0 和 44.8；10mg/L 氨氮条件下，脆杆藻、针杆藻和梅尼小环藻的 ETR_{max}分别为 37.7、53.6 和 44.5；可见硝氮条件下 3 种硅藻都有着较高的 ETR_{max}。硝酸盐还原为铵，在硝酸盐的运输和同化过程中要消耗超过 30% 的还原当量和 8 个额外的 ATP 分子（Maki et al.，2021），藻细胞需要通过加快光能的转化，为硝氮的利用提供能量，这可能就是硝氮条件下 3 种硅藻细胞 ETR_{max} 较高的原因。qP 是 PSⅡ吸收的光能用于光化学反应的份额，反映了光合活性的高低，qP 越大表示电子传递的活性越大，qP 变小证明从 PSⅡ氧化侧向 PSⅡ反应中心的电子流动受到抑制（Ralph and Gademann，2005；张守仁，1999）。本研究中，3 种硅藻的 qP 都与 Y（Ⅱ）具有相似的趋势，且都随着硝氮浓度的增加而增大，表明较高浓度的硝氮条件下，氮素的利用率较高，PSⅡ中处于还原态的原初电子受体 Q_A 的量最多。可能是因为硝氮能够提高藻细胞反应中心的开放比例，增强了 PSⅡ的电子传递活性。NPQ 反映了 PSⅡ反应中心通过热耗散消耗过剩光能的比例，表示 PSⅡ吸收的光能不能被用于光化学电子传递，而被用于非光化学反应的过程，此过程有利于保护植物光合过程不会遭到破坏（Guan and Gu，2009；吴路遥等，2021）。崔岩等（2023）研究发现，在低营养条件下的非光化学效率显著低于其他各组，与本研究的结果相似。本研究中，脆杆藻、针杆藻和梅尼小环藻在整个培养过程中的 NPQ 都随着培养时间的延长先降低后下降，说明氮素浓度的降低导致藻细胞 PSⅡ反应中心的活性受到了影响，PSⅡ的电子传递受阻，藻细胞要通过增加热耗散进行自我保护。NPQ 越大，对 PSⅡ反应中心的损伤就越小。随着氮素的消耗，藻细胞光合作用逐渐降低，其吸收过剩的光能并以热的形式耗散，以减少对藻细胞的损害。

通过叶绿素荧光技术测定浮游植物叶绿素荧光参数，可有效地检测出浮游植物在水体不同营养状况下光能的分配和响应能力，在很大程度上可反映出水体营养状况的动态变化。因此，密切关注丹江口水库典型硅藻叶绿素荧光参数可以为了解丹江口水库水体硝氮、氨氮的状况及水环境质量监测提供一定的参考。值得注意的是，较高浓度硝氮条件下，3 种硅藻都有着较高的光合速率以及生长潜力。由此推测，水体短时间输入大量硝氮可能引发硅藻水华现象。因此，预防硝氮的输入是目前丹江口水环境管理工作之一。

8.6 典型硅藻响应水体氮素的竞争关系

8.6.1 不同氮素对三种硅藻单独培养的影响

以培养过程中最大的生物量作为 K 值，通过培养时间和藻细胞密度的参数，利用 logistic 对数拟合出硝氮条件下脆杆藻、针杆藻和梅尼小环藻的 a 和 r 估计值及拐点，如表 8-5 所示。在硝氮条件下，单独培养 3 种硅藻时，不同浓度间均存在差异。脆杆藻、针杆藻和梅尼小环藻均在 10mg/L 时拐点最大，分别为 5.2 天、5.1 天和 9.0 天。

表 8-5 硝氮条件下脆杆藻、针杆藻与梅尼小环藻单独培养时的 logistic 对数形式模型参数及拐点

藻种	浓度/(mg/L)	K 值/(10^4 cells/mL)	a	r	R^2	拐点/天
脆杆藻	0.5	46	1.572	0.339	0.8759	2.6
	1.5	68	1.884	0.338	0.9846	3.5
	10	136	2.509	0.349	0.9924	5.2

续表

藻种	浓度/(mg/L)	K 值/(10^4cells/mL)	a	r	R^2	拐点/天
针杆藻	0.5	24	1.493	0.298	0.9623	2.7
	1.5	29	1.886	0.272	0.9796	4.4
	10	39	2.184	0.291	0.9914	5.1
梅尼小环藻	0.5	63	1.97	0.268	0.9506	4.8
	1.5	91	2.759	0.338	0.978	6.1
	10	159	3.476	0.31	0.9875	9.0

以培养过程中最大的生物量作为 K 值，通过培养时间和藻细胞密度的参数，利用 logistic 对数拟合出氨氮条件下脆杆藻、针杆藻和梅尼小环藻的 a 和 r 估计值及拐点，如表 8-6 所示。在氨氮条件下，单独培养 3 种硅藻时，不同浓度间均存在差异。脆杆藻、针杆藻和梅尼小环藻均在 10mg/L 时拐点最大，分别为 3.7 天、4.6 天和 8.7 天。

表 8-6 氨氮条件下脆杆藻、针杆藻与梅尼小环藻单独培养时的 logistic 对数形式模型参数及拐点

藻种	浓度/(mg/L)	K 值/(10^4cells/mL)	a	r	R^2	拐点/天
脆杆藻	0.5	46	1.292	0.288	0.9656	2.1
	1.5	52	1.639	0.345	0.9702	2.7
	10	56	1.69	0.273	0.9688	3.7
针杆藻	0.5	23	1.315	0.241	0.9554	2.6
	1.5	28	1.574	0.28	0.9674	3.1
	10	32	1.949	0.271	0.9661	4.6
梅尼小环藻	0.5	54	1.725	0.259	0.9538	4.0
	1.5	84	2.546	0.313	0.9823	5.9
	10	102	3.08	0.274	0.965	8.7

8.6.2 不同氮素对脆杆藻和针杆藻混合培养的影响

脆杆藻和针杆藻混合培养时，由 logistic 对数拟合得到 a、r 估计值和拐点，如表 8-7 所示。在不同硝氮浓度条件下，两种硅藻混合培养，脆杆藻 0.5mg/L 组、1.5mg/L 组和 10mg/L 组的拐点均大于针杆藻。

表 8-7 硝氮条件下脆杆藻与针杆藻混合培养时的 logistic 对数形式模型参数及拐点

藻种	浓度/(mg/L)	K 值/(10^4cells/mL)	a	r	R^2	拐点/天
脆杆藻	0.5	30	2.1	0.365	0.9571	3.9
	1.5	33	1.917	0.354	0.9851	3.5
	10	66	2.501	0.326	0.9933	5.5

续表

藻种	浓度/(mg/L)	K 值/(10^4cells/mL)	a	r	R^2	拐点/天
针杆藻	0.5	17	1.16	0.233	0.9191	2.0
	1.5	20	1.153	0.223	0.9189	2.1
	10	20	1.02	0.191	0.9305	1.7

脆杆藻和针杆藻混合培养时，由 logistic 对数拟合得到 a、r 估计值和拐点，如表 8-8 所示。在不同氨氮浓度条件下，两种藻混合培养，脆杆藻 0.5mg/L 组、1.5mg/L 组和 10mg/L 组的拐点均大于针杆藻。

表 8-8　氨氮条件下脆杆藻与针杆藻混合培养时的 logistic 对数形式模型参数、方程及拐点

藻种	浓度/(mg/L)	K 值/(10^4cells/mL)	a	r	R^2	拐点/天
脆杆藻	0.5	23	1.412	0.287	0.9519	6.1
	1.5	27	1.79	0.34	0.972	6.3
	10	28	1.785	0.283	0.9691	9.1
针杆藻	0.5	19	0.984	0.22	0.9369	1.3
	1.5	19	0.921	0.228	0.9498	1.0
	10	20	1.024	0.217	0.9478	1.5

硝氮条件下，脆杆藻和针杆藻混合培养时的竞争抑制参数如表 8-9 所示。3 个浓度组的针杆藻对脆杆藻的竞争抑制参数 α 的估计值都为正数，且有随着硝氮浓度增加而增大的趋势，说明在 3 种浓度下针杆藻对脆杆藻的生长都具有抑制作用，且抑制作用随浓度的增大而增大。在各浓度下，脆杆藻对针杆藻的抑制参数 β 均为正值，且在 1.5mg/L 浓度下 β 最小，说明在 3 种浓度下脆杆藻对针杆藻都有抑制作用，且在 1.5mg/L 浓度下脆杆藻对针杆藻的抑制作用最小。

表 8-9　硝氮条件下脆杆藻和针杆藻混合培养的竞争抑制参数

时间/天	0.5mg/L		1.5mg/L		10mg/L	
	α	β	α	β	α	β
3	22.00	7.21	23.04	9.87	55.53	12.00
5	15.62	8.67	14.56	11.67	38.74	12.00
7	13.57	-2.84	10.85	-1.87	30.31	-2.16
9	2.143	-0.47	6.28	1.43	23.03	-7.71
11	2.47	0.66	0.33	-8.43	13.36	6.00
13	-0.71	-0.15	0.73	-0.49	12.25	-3.81
15	0	-3.06	1.00	-4.48	4.46	0.95
17	0	-1.43	-0.26	0	-0.01	-3.34

续表

时间/天	0.5mg/L		1.5mg/L		10mg/L	
	α	β	α	β	α	β
19	0	0	0	0	-0.20	-4.62
21	0	0	0	0	0	-0.33
平均	5.51	0.86	5.65	0.77	17.75	0.90

氨氮条件下，脆杆藻和针杆藻混合培养时的竞争抑制参数如表 8-10 所示。0.5mg/L 组、1.5mg/L 组和 10mg/L 组，针杆藻对脆杆藻的竞争抑制参数 α 的估计值都为正数，且有随着氨氮浓度增加而增大的趋势，说明在 3 种浓度下针杆藻对脆杆藻的生长都具有抑制作用，且抑制作用随浓度的增大而增大。在各浓度下，脆杆藻对针杆藻的抑制参数 β 也都为正值，且在 1.5mg/L 浓度下 β 最大，说明在 3 种浓度下脆杆藻对针杆藻都有抑制作用，且在 1.5mg/L 浓度下脆杆藻对针杆藻的抑制作用最大。

表 8-10　氨氮条件下脆杆藻和针杆藻混合培养的竞争抑制参数

时间/天	0.5mg/L		1.5mg/L		10mg/L	
	α	β	α	β	α	β
3	15.00	11.00	19.00	11.00	20.00	12.00
5	11.37	5.20	13.94	5.37	16.43	5.88
7	5.29	0.15	7.33	-3.41	13.19	0.62
9	6.49	-0.64	4.56	-0.95	5.25	-3.87
11	1.37	-1.78	0.79	-2.20	3.98	-5.13
13	-1.06	-3.08	0.717	-3.63	2.37	3.00
15	0	-4.55	-0.28	1.00	1.70	-0.56
17	0	0	0	-2.19	0.71	-4.61
19	0	0	0	0	-0.28	0
21	0	0	0	3.31	0	0
平均	3.85	0.63	4.61	0.83	6.34	0.73

8.6.3　不同氮素对脆杆藻和梅尼小环藻混合培养的影响

脆杆藻和梅尼小环藻混合培养时，由 logistic 对数拟合得到 a、r 估计值和拐点，如表 8-11 所示。在不同硝氮浓度条件下，两种硅藻混合培养，脆杆藻 0.5mg/L 组、1.5mg/L 组和 10mg/L 组的拐点均小于梅尼小环藻。

表 8-11　硝氮条件下脆杆藻与梅尼小环藻混合培养时的 logistic 对数形式模型参数及拐点

藻种	浓度/(mg/L)	K 值/(10^4 cells/mL)	a	r	R^2	拐点/天
脆杆藻	0.5	28	1.680	0.199	0.9356	5.0
	1.5	31	1.914	0.22	0.9375	5.5
	10	34	1.690	0.239	0.9803	4.2
梅尼小环藻	0.5	42	3.334	0.432	0.9642	6.1
	1.5	51	3.112	0.384	0.9849	6.3
	10	97	3.766	0.338	0.9891	9.1

脆杆藻和梅尼小环藻混合培养时，由 logistic 对数拟合得到 a、r 估计值和拐点，如表 8-12 所示。在不同氨氮浓度条件下，两种硅藻混合培养，脆杆藻 0.5mg/L 组、1.5mg/L 组和 10mg/L 组的拐点均小于梅尼小环藻。

表 8-12　氨氮条件下脆杆藻与梅尼小环藻混合培养时的 logistic 对数形式模型参数及拐点

藻种	浓度/(mg/L)	K 值/(10^4 cells/mL)	a	r	R^2	拐点/天
脆杆藻	0.5	30	1.899	0.214	0.9390	5.6
	1.5	25	1.481	0.253	0.9512	3.1
	10	17	1.063	0.250	0.9166	1.5
梅尼小环藻	0.5	38	2.822	0.313	0.9467	6.8
	1.5	42	2.811	0.361	0.9772	5.9
	10	43	3.037	0.315	0.9600	7.4

硝氮条件下，脆杆藻和梅尼小环藻混合培养时的竞争抑制参数如表 8-13 所示。0.5mg/L 组、1.5mg/L 组和 10mg/L 组，梅尼小环藻对脆杆藻的竞争抑制参数 α 的估计值都为正数，且 10mg/L 组的 α 最低，说明在 3 种浓度下梅尼小环藻对脆杆藻的生长都具有抑制作用，且 10mg/L 浓度下梅尼小环藻对脆杆藻的抑制作用最小。在各浓度下，脆杆藻对梅尼小环藻的抑制参数 β 也都为正值，且在 10mg/L 浓度下 β 为 14.46，远大于 0.5mg/L 组（5.55）和 1.5mg/L 组（5.97），说明在 3 种浓度下脆杆藻对梅尼小环藻都有抑制作用，且在 10mg/L 浓度下脆杆藻对梅尼小环藻的抑制作用最大。

表 8-13　硝氮条件下脆杆藻和梅尼小环藻混合培养的竞争抑制参数

时间/天	0.5mg/L		1.5mg/L		10mg/L	
	α	β	α	β	α	β
3	16.85	34.00	19.85	43.00	22.82	89.00
5	16.63	27.60	19.62	34.62	−1.40	58.30
7	−1.76	14.04	−3.92	−5.52	−2.53	5.25
9	4.04	−12.04	6.73	−1.14	−4.17	0.50
11	5.02	−2.72	2.83	1.44	4.07	27.30

续表

时间/天	0.5mg/L		1.5mg/L		10mg/L	
	α	β	α	β	α	β
13	-1.85	-4.08	4.38	-5.81	4.92	-3.66
15	-9.27	-0.19	-16.00	-5.64	-3.99	-6.70
17	-0.19	-1.16	-2.89	-1.30	-3.66	-16.92
19	-9.21	0	-3.50	0	-5.86	-5.55
21	0	0	0.33	0	-0.33	-2.96
平均	2.03	5.55	2.74	5.97	0.99	14.46

氨氮条件下，脆杆藻和梅尼小环藻混合培养时的竞争抑制参数如表 8-14 所示。0.5mg/L 组和 1.5mg/L 组梅尼小环藻对脆杆藻的竞争抑制参数 α 的估计值都为正数，而 10mg/L 组梅尼小环藻对脆杆藻的竞争抑制参数 β 为负值，说明 0.5mg/L 组和 1.5mg/L 组的梅尼小环藻对脆杆藻的生长都具有抑制作用，而 10mg/L 组的梅尼小环藻对脆杆藻的生长都具有促进作用。在各浓度下，脆杆藻对梅尼小环藻的抑制参数 β 都为正值，且在 10mg/L 浓度下 β 最大，表明在 3 种浓度下脆杆藻对梅尼小环藻都有抑制作用，且在 10mg/L 浓度下脆杆藻对梅尼小环藻的抑制作用最大。

表 8-14　氨氮条件下脆杆藻和梅尼小环藻混合培养的竞争抑制参数

时间/天	0.5mg/L		1.5mg/L		10mg/L	
	α	β	α	β	α	β
3	18.86	30.00	14.69	34.00	7.31	35.00
5	21.67	22.26	14.43	20.37	7.03	26.42
7	-13.67	10.82	-10.86	4.19	1.18	19.59
9	6.70	10.86	2.19	-3.94	-8.58	1.91
11	7.27	-6.11	4.26	-0.26	-4.00	-3.84
13	-0.67	-6.16	-5.98	-8.93	-2.89	1.62
15	-3.54	-10.48	-5.93	-1.84	-3.79	-14.06
17	-4.55	-1.60	3.06	-1.39	-2.00	-2.25
19	-8.81	0	-1.98	0	-2.00	-1.59
21	-0.33	0	0	0	-2.00	0
平均	2.29	4.96	1.39	4.22	-0.97	6.28

8.6.4　不同氮素对针杆藻和梅尼小环藻混合培养的影响

针杆藻和梅尼小环藻混合培养时，由 logistic 对数拟合得到 a、r 估计值和拐点，如表 8-15 所示。在不同硝氮浓度条件下，两种硅藻混合培养，针杆藻 0.5mg/L 组的拐点小于梅尼小环藻，而 1.5mg/L 组和 10mg/L 组的拐点均大于梅尼小环藻。

表 8-15　硝氮条件下针杆藻与梅尼小环藻混合培养时的 logistic 对数形式模型参数及拐点

藻种	浓度/(mg/L)	*K* 值/(10^4cells/mL)	*a*	*r*	R^2	拐点/天
针杆藻	0.5	28	1.6802	0.199	0.9356	5.0
	1.5	31	1.914	0.22	0.9375	5.5
	10	34	1.69	0.239	0.9803	4.2
梅尼小环藻	0.5	30	1.899	0.214	0.939	5.6
	1.5	25	1.481	0.253	0.9512	3.1
	10	17	1.063	0.25	0.9166	1.5

针杆藻和梅尼小环藻混合培养时，由 logistic 对数拟合得到 *a*、*r* 估计值和拐点，如表 8-16 所示。在不同氨氮浓度条件下，两种硅藻混合培养，针杆藻 0.5mg/L 组的拐点小于梅尼小环藻，而 1.5mg/L 组和 10mg/L 组的拐点均大于梅尼小环藻。

表 8-16　氨氮条件下针杆藻与梅尼小环藻混合培养时的 logistic 对数形式模型参数及拐点

藻种	浓度/(mg/L)	*K* 值/(10^4cells/mL)	*a*	*r*	R^2	拐点/天
针杆藻	0.5	42	3.334	0.432	0.9642	6.1
	1.5	51	3.112	0.384	0.9849	6.3
	10	97	3.766	0.338	0.9891	9.1
梅尼小环藻	0.5	38	2.822	0.313	0.9467	6.8
	1.5	42	2.811	0.361	0.9772	5.9
	10	43	3.037	0.315	0.96	7.4

硝氮条件下，针杆藻和梅尼小环藻混合培养时的竞争抑制参数如表 8-17 所示。0.5mg/L 组、1.5mg/L 组和 10mg/L 组，梅尼小环藻对针杆藻的竞争抑制参数 α 的估计值都为正数，说明在 3 种浓度下梅尼小环藻对针杆藻的生长都具有抑制作用。在各浓度下，针杆藻对梅尼小环藻的抑制参数 β 也都为正值，且在 10mg/L 浓度下 β 为 14.69，远大于 0.5mg/L 组（5.94）和 1.5mg/L 组（6.75），说明在 3 种浓度下针杆藻对梅尼小环藻都有抑制作用，且在 10mg/L 浓度下针杆藻对梅尼小环藻的抑制作用最大。

表 8-17　硝氮条件下针杆藻和梅尼小环藻混合培养的竞争抑制参数

时间/天	0.5mg/L		1.5mg/L		10mg/L	
	α	β	α	β	α	β
3	9.01	37	14.10	45	18.06	87
5	-2.01	34.58	2.32	42.02	1.57	81.03
7	-2.73	4.95	-1.53	-9.33	-1.05	-15.69
9	-1.94	-8.60	-3.42	-0.34	-6.62	-0.04

续表

时间/天	0.5mg/L		1.5mg/L		10mg/L	
	α	β	α	β	α	β
11	-1.24	-1.37	-3.58	2.94	-1.90	28.24
13	3.16	-5.40	-1.87	-7.85	3.38	-6.41
15	-1.00	-1.29	1.23	-4.81	-0.99	-10.28
17	0.24	1.39	-0.22	0.67	-0.64	-10.08
19	-1.14	-1.16	3.06	-0.83	-0.48	-1.48
21	2.53	-0.72	3.18	0	-0.81	-5.44
平均	0.49	5.94	1.33	6.75	1.38	14.69

氨氮条件下，针杆藻和梅尼小环藻混合培养时的竞争抑制参数如表 8-18 所示。0.5mg/L 组、1.5mg/L 组和 10mg/L 组梅尼小环藻对针杆藻的竞争抑制参数 α 的估计值都为正数，且 0.5mg/L 组的 α 最大（为 0.34），说明各组的梅尼小环藻对针杆藻的生长都具有抑制作用，且 0.5mg/L 组的梅尼小环藻对针杆藻的抑制作用最大。在各浓度下，针杆藻对梅尼小环藻的抑制参数 β 都为正值，且在 10mg/L 浓度下 β 最大，表明在 3 种浓度下针杆藻对梅尼小环藻都有抑制作用，且在 10mg/L 浓度下针杆藻对梅尼小环藻的抑制作用最大。

表 8-18　氨氮条件下针杆藻和梅尼小环藻混合培养的竞争抑制参数

时间/天	0.5mg/L		1.5mg/L		10mg/L	
	α	β	α	β	α	β
3	10.99	29.04	11.93	36	12.37	36
5	-1.41	26.13	-5.48	23.83	-1.94	27.59
7	1.39	3.87	3.86	-1.26	-0.40	13.65
9	-0.90	14.41	-0.52	-3.23	3.12	2.71
11	-1.40	-6.86	-1.06	-1.52	-6.83	-2.67
13	-2.92	-6.90	-3.57	-5.40	4.67	-4.38
15	-2.66	-8.96	-1.67	-2.95	-1.79	-9.16
17	0	-1.56	1.34	0.53	-0.74	-3.23
19	1.01	0.67	-2.27	0.20	-2.77	-1.34
21	-0.66	-0.22	-0.33	-0.92	-2.80	1.35
平均	0.34	4.96	0.23	4.53	0.29	6.05

8.6.5　讨论

竞争是主导浮游植物群落的因子（杜峰等，2004），是两个以上的个体在有限资源环境中形成的一种相互关系（金相灿等，2007）。研究者普遍认为氮素不仅会对微藻的生长产生影响，还会影响微藻之间的竞争关系（朱益辉，2021）。不同的浮游植物对有机营养盐的水解、利用能力不同，这与微藻本身对氮素的吸收特性有关（刘晓红，2016）。本研究将脆杆藻和针杆藻、脆杆藻和梅尼小环藻在不同氮素及浓度条件下 1 : 1 接种，探究其种间竞争关系。在脆杆藻和针杆藻共培养的体系中，硝氮条件下 10mg/L 组的针杆藻对脆杆藻的抑制参数（α）最大，脆杆藻对针杆藻的抑制参数（β）也是 10mg/L 组最大；氨氮条件下 10mg/L 组的针杆藻对脆杆藻的抑制参数（α）最大，脆杆藻对针杆藻的抑制参数（β）是 1.5mg/L 组最大。在脆杆藻和梅尼小环藻共培养的体系中，硝氮条件下 1.5mg/L 组的梅尼小环藻对脆杆藻的抑制参数（α）最大，脆杆藻对梅尼小环藻的抑制参数（β）是 10mg/L 组最大；氨氮条件下 0.5mg/L 组的梅尼小环藻对脆杆藻的抑制参数（α）最大，脆杆藻对梅尼小环藻的抑制参数（β）是 10mg/L 组最大。在针杆藻和梅尼小环藻共培养的体系中，硝氮条件下 10mg/L 组的梅尼小环藻对针杆藻的抑制参数（α）最大，针杆藻对梅尼小环藻的抑制参数（β）是 10mg/L 组最大；氨氮条件下 0.5mg/L 组的梅尼小环藻对针杆藻的抑制参数（α）最大，针杆藻对梅尼小环藻的抑制参数（β）是 10mg/L 组最大。说明不同氮素条件下藻类之间的竞争优势是会发生变化的。在竞争模型中，拐点代表的意义是生物体从快速增殖的阶段转为相互抑制的阶段，也称为抑制起始点；如果拐点先出现，说明生长受到抑制，就会在竞争中处于劣势地位（孟顺龙等，2015a）。在脆杆藻和针杆藻共培养的体系中，无论硝氮还是氨氮 3 种浓度下的针杆藻的拐点都小于脆杆藻，表明针杆藻在竞争中处于劣势。在脆杆藻和梅尼小环藻共培养的体系中，则脆杆藻在竞争中处于劣势。然而竞争抑制参数则显示与之相反的竞争地位，在脆杆藻和针杆藻共培养的体系中，α 均大于 β；在脆杆藻和梅尼小环藻共培养的体系中，β 均大于 α。这可能因为随着培养液种氮素浓度的下降，不同藻种适应胁迫环境的能力不同导致竞争关系发生的变化。

参考孟顺龙等（2012）Lotka-Volterra 竞争模型，在脆杆藻和针杆藻共培养的体系中，0.5mg/L 氨氮条件下 $1/K_{脆}>\beta/K_{针}$ 且 $1/K_{针}<\alpha/K_{脆}$，其他硝氮和氨氮浓度下均为 $1/K_{脆}<\beta/K_{针}$ 且 $1/K_{针}<\alpha/K_{脆}$，表明在脆杆藻和针杆藻共培养体系中，0.5mg/L 氨氮条件下脆杆藻种内竞争强于种间竞争，而针杆藻种间竞争强于种内竞争，此时针杆藻占优势地位；而其他组脆杆藻和针杆藻均为种内竞争大于种间竞争，两种藻不稳定共存。在脆杆藻和梅尼小环藻共培养的体系中，各组均为 $1/K_{脆}<\beta/K_{环}$ 且 $1/K_{环}<\alpha/K_{脆}$，说明在脆杆藻和梅尼小环藻共培养的体系中，脆杆藻和梅尼小环藻均种内竞争大于种间竞争，不稳定共存。针杆藻和梅尼小环藻共培养体系中，在硝氮条件下，各浓度组均 $1/K_{针}<\beta/K_{环}$ 且 $1/K_{环}<\alpha/K_{针}$，表明该条件下针杆藻和梅尼小环藻均种内竞争大于种间竞争，不稳定共存；在氨氮条件下，各浓度组均 $1/K_{针}<\beta/K_{环}$ 且 $1/K_{环}>\alpha/K_{针}$，表示该条件下针杆藻种间竞争大于种内竞争，梅尼小环藻则种内竞争大于种间竞争。

8.7 小　　结

由于硅藻具有繁殖速度快、种类繁多、对环境因子敏感的特点，因此在指示水体水质变化方面非常有效，常被作为水体环境质量的指示物种。在丹江口库区，典型硅藻在不同氮素营养环境下的生理响应机制，一直是研究人员和库区管理者共同关注的课题。研究硅藻对氮素的响应机制不仅能够揭示其对水体氮素变化的适应能力，还为理解浮游植物群落的动态变化提供了科学依据。这些研究结果有助于优化水体氮素管理策略，指导水环境的生态修复和水质保护工作，同时在预防和控制硅藻水华的形成方面具有重要应用价值。本章通过现场采样及查阅大量相关文献，选择了丹江口水库的典型硅藻——脆杆藻、针杆藻和梅尼小环藻作为实验对象，分析了不同氮素营养条件对其生长和光合特性的影响。此外，还对它们的氮吸收动力学参数进行了研究，以进一步揭示三种硅藻对氮营养盐的吸收特征与其生长和光合作用之间的关系。在不同氮素营养条件下，将脆杆藻分别与肘状针杆藻、梅尼小环藻进行混合培养，并通过 logistic 方程及种间抑制参数分析其种间竞争关系，最终得出了以下结论。

1）脆杆藻、针杆藻和梅尼小环藻在硝氮条件下的最大藻细胞密度分别为 1.3613×10^6 cells/mL、8.288×10^5 cells/mL 和 1.594×10^6 cells/mL，分别较氨氮条件下高 58.5%、28.8% 和 35.8%，且硝氮条件下最大比生长率也呈现梅尼小环藻（0.160）>脆杆藻（0.135）>针杆藻（0.127），表明硝氮对 3 种硅藻生长的促进作用优于氨氮，且硝氮条件下小环藻较脆杆藻和针杆藻具有更高的增殖效率。10mg/L 氨氮条件下，脆杆藻的细胞密度在培养第 5 ~ 第 13 天内，均低于 1.5mg/L 组，比生长率为 0.096，较 1.5mg/L 下降了 5.0%；在第 1 ~ 第 15 天，10mg/L 组的梅尼小环藻细胞密度显著低于 1.5mg/L 组（$P<0.05$），比生长率为 0.136，较 1.5mg/L 组下降了 4.9%；针杆藻细胞密度在第 5 ~ 第 9 天，10mg/L 组均低于 0.5mg/L 组和 1.5mg/L 组，表明较高浓度的氨氮对藻细胞的生长产生不同程度的抑制。

2）不同氮素及浓度对 3 种典型硅藻的叶绿素荧光参数都存在显著影响（$P<0.05$），硝氮条件下，脆杆藻培养在第 9 ~ 第 21 天，10mg/L 组的 F_v/F_m、Y（Ⅱ）、ETR_{max} 和 α 显著高于 0.5mg/L 组（$P<0.05$），培养第 5 天，10mg/L 组的 F_v/F_m 和 Y（Ⅱ）分别为 0.653 和 0.068，较同期氨氮条件下高出 21% 和 44.1%，表明硝氮更有利于脆杆藻光化学反应的进行；10mg/L 硝氮浓度下针杆藻的 F_v/F_m、Y（Ⅱ）、ETR_{max}、α、qP 均显著高于 0.5mg/L 和 1.5mg/L 组，而 10mg/L 氨氮条件下，第 1 ~ 第 5 天，F_v/F_m、Y（Ⅱ）、ETR_{max}、α 显著低于其他两组，表明高浓度氨氮会抑制针杆藻细胞光反应的进行；梅尼小环藻硝氮组 F_v/F_m 最大值为 0.582，较氨氮组（0.562）高出 3.45%；10mg/L 硝氮组的 Y（Ⅱ）为 0.393，10mg/L 氨氮组的 Y（Ⅱ）为 0.348，硝氮>氨氮；硝氮组最大的 ETR_{max} 为 52.8，氨氮组最大的 ETR_{max} 为 49.0，较硝氮组低 7.2%，表明硝氮较氨氮更利于梅尼小环藻光化学反应的进行。

3）硝氮条件下，脆杆藻的 V_{max} 和 K_m 分别为 0.22 和 4.47、针杆藻的 V_{max} 和 K_m 分别为 0.38 和 5.22，梅尼小环藻的 V_{max} 和 K_m 分别为 0.26 和 2.09；而氨氮条件下脆杆藻的 V_{max} 和 K_m 分别为 0.13 和 3.25、针杆藻的 V_{max} 和 K_m 分别为 0.26 和 2.86，梅尼小环藻的 V_{max} 和 K_m 分别为 0.22 和 1.42，表明 3 种硅藻对硝氮的吸收潜力均大于氨氮，而 3 种硅藻对较低浓度氨氮也有更强的亲和力。氨氮条件下，针杆藻的 V_{max} 大于梅尼小环藻的 V_{max} 且大于脆杆藻的 V_{max}，说明针杆藻对氨氮的吸收潜力大于梅尼小环藻和脆杆藻。

4）在脆杆藻和针杆藻共培养的体系中，硝氮条件下 10mg/L 组的针杆藻对脆杆藻的抑制参数（α）最大，脆杆藻对针杆藻的抑制参数（β）也是10mg/L组最大；氨氮条件下10mg/L组的针杆藻对脆杆藻的抑制参数（α）最大，脆杆藻对针杆藻的抑制参数（β）是1.5mg/L组最大。0.5mg/L氨氮条件下$1/K_{脆}>\beta/K_{针}$且$1/K_{针}<\alpha/K_{脆}$，其他硝氮和氨氮浓度下均为$1/K_{脆}<\beta/K_{针}$且$1/K_{针}<\alpha/K_{脆}$，说明在脆杆藻和针杆藻共培养体系中，0.5mg/L氨氮条件下脆杆藻种内竞争强于种间竞争，针杆藻种间竞争强于种内竞争，此时针杆藻占优势地位；而其他组脆杆藻和针杆藻均为种内竞争大于种间竞争，两种藻不稳定共存。

5）在脆杆藻和梅尼小环藻共培养的体系中，硝氮条件下1.5mg/L组的梅尼小环藻对脆杆藻的抑制参数（α）最大，脆杆藻对梅尼小环藻的抑制参数（β）是10mg/L组最大；氨氮条件下0.5mg/L组的梅尼小环藻对脆杆藻的抑制参数（α）最大，脆杆藻对梅尼小环藻的抑制参数（β）是10mg/L组最大。在脆杆藻和梅尼小环藻共培养的体系中，各组均为$1/K_{脆}<\beta/K_{环}$且$1/K_{环}<\alpha/K_{脆}$，说明在脆杆藻和梅尼小环藻共培养的体系中，脆杆藻和梅尼小环藻均种内竞争大于种间竞争，不稳定共存。

6）在针杆藻和梅尼小环藻共培养的体系中，硝氮条件下10mg/L组的梅尼小环藻对针杆藻的抑制参数（α）最大，针杆藻对梅尼小环藻的抑制参数（β）是10mg/L组最大；氨氮条件下0.5mg/L组的梅尼小环藻对针杆藻的抑制参数（α）最大，针杆藻对梅尼小环藻的抑制参数（β）是10mg/L组最大。在硝氮条件下，各浓度组均$1/K_{针}<\beta/K_{环}$且$1/K_{环}<\alpha/K_{针}$，说明该条件下针杆藻和梅尼小环藻均种内竞争大于种间竞争，不稳定共存；在氨氮条件下，各浓度组均$1/K_{针}<\beta/K_{环}$且$1/K_{环}>\alpha/K_{针}$，说明该条件下针杆藻种间竞争大于种内竞争，梅尼小环藻则种内竞争大于种间竞争。

参考文献

常会庆，李娜，徐晓峰．2008．三种水生植物对不同形态氮素吸收动力学研究．生态环境，（2）：511-514．

陈德辉，章宗涉，陈坚．1998．藻类批量培养中的比增长率最大值．水生生物学报，（1）：26-32．

陈建业，林丹，黄健，等．2014．不同氮源、磷源营养盐对亚心型扁藻（*Platymonus subcordiformis*）生长的影响．福建水产，36（4）：258-263．

陈健晓，王小娟，屠乃美，等．2021．低磷胁迫对4种香稻苗期磷积累量及叶绿素荧光参数的影响．湖南农业大学学报（自然科学版），47（4）：369-377．

崔启武．1991．生物种群增长的营养动力学．北京：科学出版社．

崔岩，刘海燕，李武阳，等．2023．固定化培养中氮磷浓度对钝顶螺旋藻生长及其代谢产物和叶绿素荧光参数的影响．西北植物学报，（1）：136-146．

代亮亮，郭亮亮，李露，等．2017．铜绿微囊藻和四尾栅藻对铵态氮的响应．生态学杂志，36（8）：2289-2295．

杜峰，梁宗锁，胡莉娟．2004．植物竞争研究综述．生态学杂志，（4）：157-163．

范丽敏，梁英，田传远．2012．营养盐浓度对棕鞭藻叶绿素荧光参数、细胞密度和总脂含量的影响．水产科学，31（5）：245-254．

郜培怡，李克强，陈衎，等．2021．氮形态组成对海洋浮游植物群落结构的影响与动力学研究．中国海洋大学学报（自然科学版），51（5）：57-71．

龚世飞，丁武汉，肖能武，等．2019．丹江口水库核心水源区典型流域农业面源污染特征．农业环境科学学报，38（12）：2816-2825．

韩菲尔 . 2019. 太湖水体浮游植物氮素吸收过程及其影响因素 . 苏州：苏州科技大学 .
韩菲尔，赵中华，李大鹏，等 . 2019. 利用稳定同位素（^{15}N）示踪技术研究浮游藻类氮素吸收速率特征 . 海洋与湖沼，50（4）：811-821.
韩小波，孔繁翔，阎荣 . 2004. 太湖铜绿微囊藻磷摄取动力学若干重要参数与其竞争优势相关研究 . 湖泊科学，（3）：252-257.
胡鸿钧，魏印心 . 2006. 中国淡水藻类——系统、分类及生态 . 北京：科学出版社 .
胡雪，刘德富，杨正健，等 . 2015. 基于香溪河背景下小球藻对不同形态氮素吸收动力学研究 . 水生态学杂志，36（6）：8-13.
黄邦钦，洪华生，戴民汉 . 1993. 环境因子对海洋浮游植物吸收磷酸盐速率的影响 . 海洋学报，（4）：64-67.
黄翔鹄，刘梅，周美华，等 . 2012. 波吉卵囊藻对养殖水体溶解态氮吸收规律的研究 . 渔业现代化，39（3）：34-39.
蒋汉明，高坤山 . 2004. 氮源及其浓度对三角褐指藻生长和脂肪酸组成的影响 . 水生生物学报，（5）：545-551.
金相灿，杨苏文，姜霞 . 2007. 非稳态条件下藻类种间非生物资源竞争理论及研究进展 . 生态环境，（2）：632-638.
李斌，欧林坚，吕颂辉 . 2009. 不同氮源对海洋卡盾藻生长和硝酸还原酶活性的影响 . 海洋环境科学，28（3）：264-267.
李波 . 2022. 流速对南水北调中线干渠浮游植物群落演替与生长的影响 . 大连：大连海洋大学 .
李俭平 . 2011. 浒苔对氮营养盐的响应及其氮营养盐吸收动力学和生理生态研究 . 青岛：中国科学院研究生院（海洋研究所）.
李金洵 . 2016. 血球藻在胁迫条件下叶绿素荧光特性的研究 . 武汉：湖北工业大学 .
李勤 . 2020. 淡水常见硅藻针杆藻与水质的相互关系研究 . 新乡：河南师范大学 .
梁英，孙明辉，田传远，等 . 2014. 氮磷源对筒柱藻叶绿素荧光特性和生长的影响 . 水产科学，33（5）：269-276.
廖红，严小龙 . 2003. 高级植物营养学 . 北京：科学出版社 .
刘春光，金相灿，孙凌，等 . 2006. 不同氮源和曝气方式对淡水藻类生长的影响 . 环境科学，（1）：101-104.
刘静雯，董双林 . 2001. 海藻的营养代谢及其对主要营养盐的吸收动力学 . 植物生理学通讯，（4）：325-330.
刘晓红 . 2016. 藻华生物参与有机物质水解代谢的几种胞外酶的生理学特性研究 . 广州：暨南大学 .
刘轩，赵同谦，蔡太义，等 . 2021. 丹江口水库总氮、氨氮遥感反演及时空变化研究 . 农业资源与环境学报，（5）：829-838.
柳清杨，徐兴莲，刘佳仪，等 . 2019. 海水升温与氮限制对三角褐指藻生长及光合作用的影响 . 海洋通报，38（2）：194-201.
吕航，芦薇薇，王巧晗，等 . 2013. 不同氮源对筒柱藻生长和生化组成的影响 . 河北渔业，（7）：3-6.
吕华庆，常抗美，石钢德 . 2009. 象山港氮、磷营养盐环流和分布规律的研究 . 海洋与湖沼，40（2）：138-144.
吕颂辉，黄凯旋 . 2007. 米氏凯伦藻在三种无机氮源的生长情况 . 生态环境，（5）：1337-1341.
吕颂辉，李英 . 2006. 我国东海 4 种赤潮藻的细胞氮磷营养储存能力对比 . 过程工程学报，（3）：439-444.
孟鸽，黄罗冬，高保燕，等 . 2018. 氮源类型和水平对 3 株球状绿藻生长、油脂和花生四烯酸积累的影响. 微生物学通报，45（12）：2624-2638.
孟顺龙，裘丽萍，胡庚东，等. 2012. 氮磷比对两种蓝藻生长及竞争的影响. 农业环境科学学报，31（7）：1438-1444.
孟顺龙，裘丽萍，王菁，等. 2015a. 光照对普通小球藻和鱼腥藻生长竞争的影响. 生态环境学报，24（10）：1654-1659.
孟顺龙，王菁，裘丽萍，等. 2015b. 氮磷质量浓度对普通小球藻和鱼腥藻生长竞争的影响. 生态环境学报，（4）：658-664.
倪婉敏. 2014. 硅藻对不同形态氮的吸收及其碳代谢响应研究. 成都：2014 中国环境科学学会学术年会.
潘克厚，王金凤，朱葆华. 2007. 海洋微藻间竞争研究进展. 海洋科学，（5）：58-62.
申恒伦，徐耀阳，王岚，等. 2011. 丹江口水库浮游植物时空动态及影响因素. 植物科学学报，29（6）：683-690.
石峰，魏晓雪，冯剑丰，等. 2018. 不同无机氮条件下一种硅藻的氮吸收动力学及模型预测分析. 农业环境科学学报，37（9）：1833-1841.
石岩峻，胡晗华，马润宇，等. 2004. 不同氮磷水平下微小原甲藻对营养盐的吸收及光合特性. 过程工程学报，（6）：554-560.
水利部水文局. 2012. 中国内陆水域常见藻类图谱. 武汉：长江出版社.
宋玉芝，赵淑颖，杨美玖，等. 2014. 氨氮浓度及基质对附着藻类群落组成的影响. 环境科学学报，34（5）：1173-1177.
汤新武，蔡德所，姚文婷，等. 2014. 贺江中下游硅藻群落特征及其与重金属的关系. 三峡大学学报（自然科学版），36（6）：28-32.
王超，贾海燕，汪涛，等. 2020. 丹江口库区典型小流域水体氮素分布特征研究. 长江流域资源与环境，29（3）：696-705.
王菁. 2014. 环境因素对普通小球藻（*Chlorellavulgaris*）和鱼腥藻（*Anabaena* sp. strain PCC）生长竞争的影响. 南京：南京农业大学.
王英华，陈雷，牛远，等. 2016. 丹江口水库浮游植物时空变化特征. 湖泊科学，28（5）：1057-1065.
魏东，张学成，隋正红，等. 2000. 氮源和 N/P 对眼点拟微球藻的生长、总脂含量和脂肪酸组成的影响. 海洋科学，（7）：46-51，56.
吴路遥，张建国，常闻谦，等. 2021. 三种荒漠植物叶绿素荧光参数日变化特征. 草业学报，30（9）：203-213.
谢静，程燕，查燕，等. 2021. 氮磷营养盐对铜绿微囊藻和斜生栅藻生长及竞争的影响. 江西农业大学学报，43（3）：694-702.
颜昌宙，曾阿妍，金相灿，等. 2007. 不同浓度氨氮对轮叶黑藻的生理影响. 生态学报，（3）：1050-1055.
杨航，常粟淮，程薛霖，等. 2021. 氮营养形态和 Ni^{2+} 浓度对三角褐指藻的影响. 生态毒理学报，16（6）：289-295.
杨坤，李静，卢文轩. 2014. 不同初始氮浓度对小球藻生长及氮吸收的影响. 环境科学与技术，37（12）：40-46.
杨宋琪，王丽娟，谢婷，等. 2017. 氮源对杜氏盐藻生长及光合系统Ⅱ的影响. 西北植物学报，37（7）：1397-1403.
曾俊，吴翔宇，廖昕星，等. 2020. 温度对 5 种大型海藻氮磷吸收能力的影响. 中国渔业质量与标准，10（2）：31-37.
张诚，邹景忠. 1997. 尖刺拟菱形藻氮磷吸收动力学以及氮磷限制下的增殖特征. 海洋与湖沼，（6）：

599-603.

张春梅，米武娟，许元钊，等．2021. 南水北调中线总干渠浮游植物群落特征及水环境评价．水生态学杂志，42（3）：47-54.

张国维．2014. 湖光岩玛珥湖溶解态氮与浮游植物及其氮吸收的研究．湛江：广东海洋大学．

张培书．2021. 不同单色光对雨生红球藻叶绿素荧光参数及 ROS 的影响．昆明：云南师范大学．

张守仁．1999. 叶绿素荧光动力学参数的意义及讨论．植物学通报，（4）：444-448.

张玮，林一群，郭定芳，等．2006. 不同氮、磷浓度对铜绿微囊藻生长、光合及产毒的影响．水生生物学报，（3）：318-322.

郑和龙．2019. 不同氮素浓度对 5 株微藻生长及其生化组成特征的影响．广州：暨南大学．

钟娜．2007. 不同氮源和磷源对利玛原甲藻（*Prorocentrum lima*）生长和产毒影响的研究．广州：暨南大学．

周涛，李正魁，冯露露．2013. 氨氮和硝氮在太湖水华自维持中的不同作用．中国环境科学，33（2）：305-311.

朱益辉．2021. 低盐富营养化水域表层藻类竞争关系及其对水体微生物种群影响研究．南京：南京信息工程大学．

Admiraal W. 1977. Tolerance of estuarine benthic diatoms to high concentrations of ammonia，nitrite ion，nitrate ion and orthophosphate. Marine Biology，43（4）：307-315.

Allen A E，Vardi A，Bowler C. 2006. An ecological and evolutionary context for integrated nitrogen metabolism and related signaling pathways in marine diatoms. Current Opinion in Plant Biology，9（3）：264-273.

Andersen I M，Williamson T J，Gonzúlez M J，et al. 2020. Nitrate，ammonium，and phosphorus drive seasonal nutrient limitation of chlorophytes，cyanobacteria，and diatoms in a hyper- eutrophic reservoir. Limnology and Oceanography，65：962-978.

Armbrust E V，Berges J A，Bowler C，et al. 2004. The genome of the diatom *Thalassiosira pseudonana*：ecology，evolution，and metabolism. Science，306（5693）：79-86.

Berges J A，Cochlan W P，Harrison P J. 1995. Laboratory and field responses of algal nitrate reductase to diel periodicity in irradiance，nitrate exhaustion，and the presence of ammonium. Marine Ecology Progress Series，124：259-269.

Berry J，Bjorkman O. 1980. Photosynthetic response and adaptation to temperature in higher plants. Annual Review of Plant Physiology，31：491-543.

Codrea M C，Hakala-Yatkin M，Kårlund- Marttila A，et al. 2010. Mahalanobis distance screening of *Arabidopsis mutants* with chlorophyll fluorescence. Photosynthesis Research，105（3）：273-283.

Crawford N M，Kahn M L，Leustek T，et al. 2000. Nitrogen and sulfur//Buchanan B B，Gruissem W，Jones R L. Biochemistry & Molecular Biology of Plants. Rockville，MD：American Society of Plant Physiologists.

Egge J K. 1998. Are diatoms poor competitors at low phosphate concentrations?．Journal of Marine Systems，16（3-4）：191-198.

Eilers P H C，Peeters J C H. 1988. A model for the relationship between light intensity and the rate of photosynthesis in phytoplankton. Ecological Modelling，42：199-215.

Estrada F，Escobar A，Romero-Bravo S，et al. 2015. Fluorescence phenotyping in blueberry breeding for genotype selection under drought conditions，, with or without heat stress. Scientia Horticulturae，181：147-161.

Geider R J，La Roche J，Greene R M，et al. 1993. Response of the photosynthetic apparatus of *Phaeodactylum tricornutum*（Bacillariophyceae）to nitrate，phosphate，or iron starvation. Journal of Phycology，29（6）：755-766.

Gilpin L C, Davidson K, Roberts E. 2004. The influence of changes in nitrogen: silicon ratios on diatom growth dynamics. Journal of Sea Research, 51 (1): 21-35.

Glibert P M, Wilkerson F P, Dugdale R C, et al. 2016. Pluses and minuses of ammonium and nitrate uptake and assimilation by phytoplankton and implications for productivity and community composition, with emphasis on nitrogen-enriched conditions. Limnology and Oceanography, 61 (1): 165-197.

Goldman J C. 1993. Potential role of large oceanic diatoms in new primary production. Deep Sea Research Part Ⅰ: Oceanographic Research Papers, 40 (1): 159-168.

Granum E, Kirkvold S, Myklestad S M. 2002. Cellular and extracellular production of carbohydrates and amino acids by the marine diatom *Skeletonema costatum*: diel variations and effects of N depletion. Marine Ecology Progress Series, 242: 83-94.

Guan X, Gu S. 2009. Photorespiration and photoprotection of grapevine (*Vitis vinifera* L. cv. Cabernet Sauvignon) under water stress. Photosynthetica, 47 (3): 437-444.

Havaux M, Tardy F, Ravenel J, et al. 1996. Thylakoid membrane stability to heat stress studied by flash spectroscopic measurements of the electrochromic shift in intact potato leaves: influence of the xanthophyll content. Plant, Cell & Environment, 19 (12): 1359-1368.

Järvi S, Suorsa M, Aro E M. 2015. Photosystem Ⅱ repair in plant chloroplasts—regulation, assisting proteins and shared components with photosystem Ⅱ biogenesis. Biochimica et Biophysica Acta (BBA) -Bioenergetics, 1847 (9): 900-909.

Joel P, Shao W, Pratt K. 1993. A nuclear protein with enhanced binding to methylated Sp1 sites in the AIDS virus promoter. Nucleic Acids Research, 21 (24): 5786-5793.

Kitajima M, Butler W L. 1975. Quenching of chlorophyll fluorescence and primary photochemistry in chloroplasts by dibromothymoquinone. Biochimica et Biophysica Acta (BBA) -Bioenergetics, 376 (1): 105-115.

Kolber Z, Zehr J, Falkowski P. 1988. Effects of growth irradiance and nitrogen limitation on photosynthetic energy conversion in photosystem Ⅱ. Plant Physiology, 88 (3): 923-929.

Koyro H W. 2006. Effect of salinity on growth, photosynthesis, water relations and solute composition of the potential cash crop halophyte *Plantago coronopus* (L.) . Environmental and Experimental Botany, 56 (2): 136-146.

Lam M K, Yusoff M I, Uemura Y, et al. 2017. Cultivation of *Chlorella vulgaris* using nutrients source from domestic wastewater for biodiesel production: growth condition and kinetic studies. Renewable Energy, 103: 197-207.

Li G, Gao K S. 2014. Effects of solar UV radiation on photosynthetic performance of the diatom *Skeletonema costatum* grown under nitrate limited condition. ALGAE, 29 (1): 27-34.

Li J, Glibert P M, Alexander J A, et al. 2012. Growth and competition of several harmful dinoflagellates under different nutrient and light conditions. Harmful Algae, 13: 112-125.

Liang W Z, Liu Y, Jiao J J, et al. 2020. The dynamics of dissolved inorganic nitrogen species mediated by fresh submarine groundwater discharge and their impact on phytoplankton community structure. Science of the Total Environment, 703: 134897.

Liu X, Li Y, Shen R J, et al. 2022. Reducing nutrient increases diatom biomass in a subtropical eutrophic lake, China—Do the ammonium concentration and nitrate to ammonium ratio play a role? . Water Research, 218: 118493.

Lomas M W, Glibert P M. 1999. Temperature regulation of nitrate uptake: a novel hypothesis about nitrate uptake and reduction in cool-water diatoms. Limnology and Oceanography, 44 (3): 556-572.

Lomas M W, Glibert P M. 2010. Comparisons of nitrate uptake, storage, and reduction in marine diatoms and flagellates. Journal of Phycology, 36 (5): 903-913.

Maki T, Lee K C, Pointing S B, et al. 2021. Desert and anthropogenic mixing dust deposition influences microbial communities in surface waters of the Western Pacific Ocean. Science of the Total Environment, 791: 148026.

Moore C M, Lucas M I, Sanders R, et al. 2005. Basin-scale variability of phytoplankton bio-optical characteristics in relation to bloom state and community structure in the Northeast Atlantic. Deep Sea Research Part I: Oceanographic Research Papers, 52 (3): 401-419.

Moser M, Weisse T. 2011. The outcome of competition between the two chrysomonads *Ochromonas* sp. and *Poterioochromonas malhamensis* depends on pH. European Journal of Protistology, 47 (2): 79-85.

Pahl S L, Lewis D M, King K D, et al. 2012. Heterotrophic growth and nutritional aspects of the diatom *Cyclotella cryptica* (Bacillariophyceae): effect of nitrogen source and concentration. Journal of Applied Phycology, 24 (2): 301-307.

Paparazzo F E, Williams G N, Pisoni J P, et al. 2017. Linking phytoplankton nitrogen uptake, macronutrients and chlorophyll-a in SW Atlantic waters: the case of the Gulf of San Jorge, Argentina. Journal of Marine Systems, 172: 43-50.

Ralph P J, Gademann R. 2005. Rapid light curves: a powerful tool to assess photosynthetic activity. Aquatic Botany, 82 (3): 222-237.

Raab T K, Terry N. 1994. Nitrogen source regulation of growth and photosynthesis in *Beta vulgaris* L. Plant Physiology, 105 (4): 1159-1166.

Roleda M Y, Hurd C L. 2019. Seaweed nutrient physiology: application of concepts to aquaculture and bioremediation. Phycologia, 58 (5): 552-562.

Serna M D, Borras R, Legaz F, et al. 1992. The influence of nitrogen concentration and ammonium/nitrate ratio on N-uptake, mineral composition and yield of citrus. Plant and Soil, 147 (1): 13-23.

Shatwell T, Köhler J, Nicklisch A. 2013. Temperature and photoperiod interactions with silicon-limited growth and competition of two diatoms. Journal of Plankton Research, 35 (5): 957-971.

Steglich C, Behrenfeld M, Koblizek M, et al. 2001. Nitrogen deprivation strongly affects photosystem Ⅱ but not phycoerythrin level in the divinyl-chlorophyll *b*-containing cyanobacterium *Prochlorococcus marinus*. Biochimica et Biophysica Acta, 1503 (3): 341-349.

Suggett D J, Moore C M, Hickman A E, et al. 2009. Interpretation of fast repetition rate (FRR) fluorescence: signatures of phytoplankton community structure versus physiological state. Marine Ecology Progress Series, 376: 1-19.

Tilman D, Kiesling R, Sterner R, et al. 1986. Green, bluegreen and diatom algae: taxonomie differences in competitive ability for phosphorus, silicon and nitrogen. Archiv Für Hydrobiologie, 106 (4): 473-485.

Wang C Y, Xie H Q. 2012. Study on nutrients uptake kinetics of typical *Enteromorpha* algae from Lianyungang. Advanced Materials Research, 610/611/612/613: 111-114.

Xu L L, Chen S N, Cheng Z Q, et al. 2006. Study on absorption efficiency of ions and its kinetics of Yunnan wild rice. Plant Physiology Communications, 2 (3): 406-410.

Yang X L, Bi Y H, Ma X F, et al, 2022. Transcriptomic analysis dissects the regulatory strategy of toxic cyanobacterium *Microcystis aeruginosa* under differential nitrogen forms. Journal of Hazardous Materials, 428: 128276.

Young E B, Beardall J. 2003. Photosynthetic function in *Dunaliella tertiolecta* (Chlorophyta) during a nitrogen

starvation and recovery cycle. Journal of Phycology, 39 (5): 897-905.
Yuan C Y, Han X, Cui Q M. 2014. The study on main nutrients uptake kinetics by three species of algae. Applied Mechanics and Materials, 513/514/515/516/517: 355-358.
Zhang Z H, Sachs J P, Marchetti A. 2009. Hydrogen isotope fractionation in freshwater and marine algae: Ⅱ. Temperature and nitrogen limited growth rate effects. Organic Geochemistry, 40 (3): 428-439.

第9章 氮沉降控制途径

9.1 氮沉降特征及其生态效应

氮是地球生物体的重要构成元素和维持动物、植物生命活动的必需元素。氮在元素周期表中是第ⅤA族元素，可以形成从负三价到正五价的化合物或原子团，如NH_3、N_2H_2、N_2O、NO、NO_2、NO_2^-、NO_3^-等。两个氮原子构成一个氮气分子，是构成大气的主要组成成分。氮不仅是生物体内蛋白质分子的构成元素，还是细胞核中核酸的主要组成部分，具有不可替代性。同时，氮也是生态系统中一种极其重要的生态因子，其主要输入来源包括生物固氮、径流输入和大气沉降。

氮沉降是全球氮循环的重要环节，对全球陆地和水生生态系统健康和服务产生了重要影响（Liu et al.，2011）。快速的工业、农业和城市发展导致大气活性氮排放及其沉降量显著增加，适量的活性氮提高了生态系统的生产力，而过量的氮沉降则导致土壤酸化、水体富营养化和生物多样性丧失等，进而影响碳、氮、磷等元素的生物地球化学循环过程（Aber，1992；Morecroft et al.，1994；Hurd et al.，1998；Gordon et al.，2001；Fleischer et al.，2019；付伟等，2020；Yang et al.，2022）。Ackerman等估算了1984～2016年全球干湿氮沉降量的年际变化，发现全球的氮沉降量呈现上升趋势，例如中国已成为继欧洲和美国之后的第三大氮沉降区，特别是东部沿海和中部地区的氮沉降量增加最为明显，达到50kg/(km^2·a)（Galloway et al.，2008；Ackerman et al.，2019）。因此，氮沉降及其引发的生态环境问题已经引起了学者、公众和政府的广泛关注（Liu et al.，2011）。

南水北调中线工程是国家跨流域水资源调配的重要组成部分，水源地丹江口水库横跨河南、湖北两省，取水口位于淅川县的陶岔。根据近五个年度《河南省环境质量年报》提供的数据（河南省环境保护厅，2021），丹江口水库取水口水质总体良好，水质符合Ⅱ类标准，但是若总氮参与评价，则其水质符合Ⅲ类或Ⅳ类标准，潜在威胁不容忽视。本书紧紧围绕“氮沉降是不是库区水体总氮含量较高的重要原因”“氮沉降对水体外源氮输入的贡献有多大”“氮沉降对库区水体水质和浮游植物存在何种程度的生态影响”等关键科学问题，以南水北调中线工程水源地小太平洋水域一级水质保护区为研究区，系统研究水源地氮干、湿沉降量及其影响因素，揭示氮沉降对水体外源氮输入的贡献，厘清氮沉降化合物的形态特征，识别氮沉降的来源及变化规律，阐明氮沉降对水体水质及生态系统的潜在影响，为南水北调中线工程水源地的水质安全提供数据支撑。

9.1.1 氮沉降量及其对水体外源氮输入的贡献

氮沉降量特征始终是氮沉降研究者关注的首要内容。从20世纪80年代开始，美国推行的美国国家酸雨评估计划（NADP）、欧洲监测与评价计划（EMEP）、日本开展的东亚酸沉降监测网络（EANET）、加拿大进行的大气与降雨监测网（CAPMON）以及中国组建的全国性大气氮沉降监测网络（NNDMN）和中国生态系统研究网络（CERN），基本实现了各国家对氮沉降的监测，但相关研究集中在无机氮沉降，而有机氮沉降的研究相对较少（常运华等，2012；吴玉凤等，2019；Wen et al.，2020；Zhang et al.，2021）。此外，关于氮沉降量的研究集中于森林（Miyazaki et al.，2014）、草地（Niu et al.，2018）、农田（Luo et al.，2015）等陆生生态系统，有关水体氮沉降量的研究相对较少，且以海洋（Yan and Kim，2015）、湖泊（Jiang et al.，2022）等自然水生生态系统为主，关于水库氮沉降量的研究相对较少。本书以南水北调中线工程小太平洋水域一级水质保护区为研究区，基于长时间尺度（2017 年 10 月 ~2021 年 9 月）的野外原位观测，研究丹江口水库淅川库区氮沉降量的时空变化特征及其对水库水体外源氮输入的贡献，为探索有针对性的库区水体氮污染控制途径提供重要的理论基础。

氮沉降对水体外源氮输入的贡献不容忽视。氮沉降对地表水体氮污染的贡献已经引起了越来越多的学者重视（Gao et al.，2020）。氮沉降输入库区水体的总氮量为 3111.65t/a，占河流总氮入库量的 25.46%；干沉降量为 2059.51t/a，湿沉降量为 1215.94t/a，分别占河流总氮入库量的 16.85% 和 9.95%。氮沉降对库区水体氮浓度的年净增量为 0.206mg/L，超过了《地表水环境质量标准》（GB 3838—2002）中的Ⅰ类水标准（总氮浓度标准为 0.2mg/L）；干沉降对库区水体氮浓度的年净增量为 0.136mg/L，湿沉降对库区水体氮浓度的年净增量为 0.080mg/L。

干沉降是水源地氮沉降中举足轻重的组成部分。前人有关氮沉降的研究集中在湿沉降，而干沉降的研究相对较少。观测期间（2017 年 10 月 ~2021 年 9 月），丹江口水库淅川库区溶解性总氮年均沉降量为 56.99kg/hm^2，其中干、湿沉降量分别占总沉降量的 66.19%、39.08%。干沉降中氨氮、硝氮和溶解性有机氮的年均沉降量分别为 14.28kg/hm^2、5.91kg/hm^{2}和 14.53kg/hm^2；湿沉降中氨氮、硝氮和溶解性有机氮的年均沉降量分别为 11.14kg/hm^2、3.89kg/hm^{2}和 7.24kg/hm^2。干、湿沉降中溶解性总氮沉降量在年际上均表现出显著减小的趋势（$P<0.05$），在季节上均呈现出春季（干：9.12kg/hm^2；湿：5.53kg/hm^2）和夏季（干：9.06kg/hm^2；湿：8.81kg/hm^2）较高，秋季（干：8.59kg/hm^2；湿：5.19kg/hm^2）次之，冬季最低（干：7.59kg/hm^2；湿：2.73kg/hm^2）。

气象因素是影响水源地氮沉降的重要因素。氨氮干沉降量与平均气温、平均风向、平均气压、相对湿度之间均存在极显著相关性（$P<0.01$），湿沉降量与降水量、平均气温、平均气压、相对湿度之间均存在极显著相关性（$P<0.01$）；溶解性有机氮干沉降量与平均气温之间存在极显著相关性（$P<0.01$），湿沉降量与平均气温、降水量之间均存在极显著相关性（$P<0.01$）硝氮湿沉降量与降水量、平均气压、平均气温、相对湿度之间均存在显著相关性（$P<0.05$）。

氨氮是库区无机氮沉降的主要组分。氨氮干、湿沉降量分别占溶解性总氮的 41.13% 和 50.02%，是氮沉降中占比最高的组分。观测期内，氨氮与硝氮沉降量的比值是高于 1 的，表明水源地的周边污染源以农业源为主。这与研究区以农业为主而工业不发达的实际情况是相符的，也与研究区周边土地利用类型以耕地（45.0%）和林地（33.7%）为主的特点是符合的。在季节上，氨氮沉降量表现出显著差异性（$P<0.05$），在春季、夏季较高，而在冬季最低。这是因为春季的施肥活动（如尿素、复合肥等）较为密集，氮肥的挥发使得大气中的氨氮浓度相对较高；夏季的高温促进了畜禽粪便等 NH_3 的排放（Guo et al.，2022；郭晓明等，2022；肖春艳等，2023a）。在空间上，氨氮干沉降量月均值表现为 WLQ（1.31 kg/hm^2）>TM（1.30 kg/hm^2）>DZK（1.23 kg/hm^2）>TC（1.20 kg/hm^2）>SG（1.14 kg/hm^2）>HJZ（0.95kg/hm^2）；湿沉降量月均值表现为 TM（1.13 kg/hm^2）>DZK（1.03 kg/hm^2）>WLQ（0.98 kg/hm^2）>HJZ（0.84 kg/hm^2）>TC（0.83kg/hm^2）>SG（0.76 kg/hm^2）。

硝氮是库区无机氮沉降中次要组分。硝氮干、湿沉降量分别占溶解性总氮的 17.02% 和 17.47%，是氮沉降中占比最低的组分。这是因为当地政府先后关停、改造和搬迁冶金、化工、水泥、电石、造纸、钢铁、电解铝等重污染企业，极大地削减了水库周边氮氧化物的排放。在季节上，硝氮干沉降量以春季最高、秋季次之和夏季最低。这是因为春季时，较多的旅游观光出行导致交通运输工具排放的氮氧化物排放量增加，以及频繁的农业机械使用中会释放大量的氮氧化物；夏季时，降水量大，频繁的降雨对大气有较强的清除洗刷作用。硝氮湿沉降量以夏季最高、春季次之和冬季最低。这是因为湿沉降量显著受到降水量的影响。在空间上，硝氮干沉降量月均值表现为 SG（1.05 kg/hm^2）>HJZ（0.43 kg/hm^2）>DZK（0.40 kg/hm^2）>TC（0.38kg/hm^2）>TM（0.37 kg/hm^2）>WLQ（0.33 kg/hm^2）；湿沉降量月均值表现为 SG（0.43kg/hm^2）>DZK（0.41 kg/hm^2）>HJZ（0.30 kg/hm^2）>WLQ（0.28 kg/hm^2）>TM（0.28 kg/hm^2）>TC（0.24kg/hm^2）。

9.1.2 氮沉降组分特征

氮沉降化合物的形态分无机态和有机态两种。无机氮化合物主要包括氨氮、硝氮和亚硝氮；有机氮的组成较为复杂，主要包括还原性有机氮（氨基酸、烷基胺类）、氧化态有机氮（有机硝酸类、含硝基的多环芳烃和尿素）和生物有机氮（腐殖质等）3 类。无机氮沉降主要包括还原态氮（NH_x）和氧化态氮（NO_x）沉降，分别来源于农业活动产生的氨气（NH_3）与化石燃料产生的氮氧化物（NO_x）排放（Zhu et al.，2022）。已有研究表明，美国的氮沉降已经由 NO_x沉降转变为以 NH_x沉降为主，而 NH_x在中国的氮沉降中也发挥着关键作用，例如作为全球 NH_3浓度较高的热点区之一的华北平原，NH_x沉降占总氮沉降量的 71% ~88%（Xu et al.，2015；Yu et al.，2019）。虽然欧盟已针对畜禽养殖和化肥施用实施 NH_3减排，但全球大部分地区仍未对 NH_3排放进行有效管控，在 2002 ~2013 年卫星观测到美国、欧盟和中国的农业区每年大气 NH_3的浓度分别以 2.61%、1.83% 和 2.27% 的速率显著上升（Warner et al.，2017；Liu M et al.，2018）。Zhu 等（2022）基于大气化学传输模型 GEOS-Chem 模型模拟了 2005 ~2015 年中国大气活性氮干湿沉降量的年际变化，认为 2007 ~2015 年 NH_x 干沉降量显著增加，SO_2 的大幅减排是 NH_x 干沉降量增加主要原因；NO_y 干湿沉降量在 2012 年前后达到最高值，其变化则直接反映了前体物 NO_x 排放的变化。虽然全球氮沉降总量及其形态存在较大的空间变异性，但普遍认为社会经济结构的变化和对 NO_x 排放的控制共同推动了全球范围内 NH_x 沉降的比例增加（Ackerman et al.，

2019)。不同的植物对氮形态的需求存在差异，还原态氮沉降增加的趋势不可避免地影响了植物物种间的竞争平衡（Kanakidou et al.，2018；Liu X Y et al.，2018）。上述研究也表明，目前的氮沉降研究聚焦于无机氮而忽略了有机氮，这种忽视导致了氮素沉降总量的普遍低估，进而导致对生态系统氮沉降风险估计不足。有机氮是大气氮沉降的重要组分，在生物地球化学循环、气候变化和生态系统中发挥着重要作用（Tripathee et al.，2021）。目前，对大气沉降中有机氮的认识还很有限，只有全面开展有机氮沉降化合物研究，才能较为准确地估计全球氮循环量。

有机氮是库区氮沉降的重要组成部分。溶解性有机氮干、湿沉降量分别占总氮的 41.85%和 32.51%。在季节上，有机氮沉降量表现为夏季较高，秋季次之，冬季最低，这与温度的季节变化有关。因为气温升高不仅可以促进大气环境中有机物与氨、氮氧化物反应生成胺类和硝基酚类（Yang et al.，2010），还可以促进光化学反应、土壤和植物中含氮化合物的挥发（Shen et al.，2013）。在空间上，有机氮干沉降量月均值表现为 DZK（2.20 kg/hm^2）>WLQ（1.35 kg/hm^2）>TC（1.14 kg/hm^2）>SG（1.03 kg/hm^2）>TM（0.78 kg/hm^2）>HJZ（0.76 kg/hm^2）；湿沉降量月均值表现为 TC（0.79 kg/hm^2）>WLQ（0.65 kg/hm^2）>TM（0.62 kg/hm^2）>DZK（0.60 kg/hm^2）>SG（0.49 kg/hm^2）>HJZ（0.48 kg/hm^2）。

尿素是氮沉降中重要的含氮有机化合物，易被浮游植物吸收利用，可随土壤颗粒等进入大气，是造成水体富营养化的重要因素。库区尿素月均干、湿沉降量分别为 0.25 kg/hm^2 和 0.09 kg/hm^2；春季和秋季尿素干降量约占全年沉降量的 56.37%。典型农业活动期的尿素沉降量高于非农业期，受农业施肥氮素挥发影响显著，农业活动过程中未被作物利用的尿素肥料会随风力和扬尘进入大气（武俐等，2023）。此外，降水量也是影响库区尿素干降量的重要因素。库区尿素干沉降量空间差异性显著，2019 年库区尿素月均干沉降量大小依次为 SG>TM>DZK>TC>HJZ>WLQ，月均湿沉降量大小依次为 DZK>HJZ>TM>TC>SG>WLQ；2020 年月均干沉降量则表现为 TC>WLQ>TM>SG>HJZ>DZK，月均湿沉降量为 DZK>HJZ>TM>SG>TC>WLQ。空间上，尿素干湿沉降量除受局部排放源和降雨强度影响外，在人为影响、农业活动明显的区域较高。2019 年，尿素的干沉降量集中在码头（SG）和农业区（TM）；2020 年，受新冠疫情影响，尿素的沉降量峰值在居民区（TC）较为突出，分析认为人为源是尿素干沉降的重要来源。尿素湿沉降量的集中区域年际差异不明显，均集中在农业种植区、林地等，可能与当地的降水量和源强有关。氮湿沉降中尿素沉降量主要来自追肥、翻耕土地以及施用农药等农业生产活动和林区的土壤有机质和花粉颗粒。

氨基化合物作为能被量化的有机氮种类，影响着有机氮的生物可利用性，可直接作为植物和微生物的氮源（Mopper and Zika，1987；Scalabrin et al.，2012；Zhu et al.，2020）。库区游离态氨基酸（DFAA）和结合态氨基酸（DCAA）干沉降量的月均值分别为 0.048 kg/hm^2 和 0.141 kg/hm^2，湿沉降量月均值分别为 0.04kg/hm^2 和 0.161kg/hm^2。氨基酸干、湿沉降中均以 DCAA 为主。库区 DFAA 和 DCAA 干沉降量存在年际差异，均表现为 2019 年最高，2021 年次之，2020 年最低，且具有季节变化特征。总体而言，DFAA 和 DCAA 干沉降量的季节变化可能与排放源、气象条件和农业活动有关。空间上，不同采样点间土地利用类型的差异性对 DFAA 干沉降量影响较大，DFAA 和 DCAA 干沉降量在农业密集区较高。因此，需要关注农业活动对 DFAA 和 DCAA 干沉降量的影响。DFAA 和 DCAA 湿沉降量在农业活动期和降水丰沛的月份较高；DFAA 和 DCAA 湿沉降量的空间差异性与采样点所处的位置、降雨强度有关，受当地源释放影响显著。DFAA 和 DCAA 中单个优势氨基酸占比存在差异。对比 2019 年、2020 年、2021 年的研究，发现 Glu 和 Ala 是 DFAA 干沉降中单个优势氨基酸，Glu、Gly 和 Asp 是 DCAA 干沉降中单个优势氨基酸，由此可见，干沉降中氨基酸以农业释放源为主。湿沉降中，DFAA 和 DCAA 中单个优势氨基酸均为 Glu，说明库区氨基酸湿沉降可能更多来源于当地农作物的新鲜释放源。

大气有机胺是一类特殊的碱性挥发性有机化合物，可通过均相和非均相反应对气溶胶的形成起作用，特别是二次有机气溶胶（SOA），对 $PM_{2.5}$、气候和人类健康具有重要影响（Shen et al.，2023）。有机胺的来源繁多且具有明显的地域特征，煤炭燃烧、工业生产等人类活动是大气有机胺的重要来源（Liu et al.，2022）。大气细颗粒物中 5 种脂肪胺浓度为 70.53 ng/m^3，春季较高，与植物和土壤的释放、交通源有关；脂肪胺浓度在空间差异显著，受胺排放源、机动车尾气、土壤和生物固氮作用和道路扬尘影响。4 种芳香胺浓度为 57.86 ng/m^3，存在季节变化和空间差异。杂环胺浓度为 18.55 ng/m^3，空间差异不显著。

9.1.3 含氮化合物来源

氮沉降化合物的来源辨识一直是氮沉降领域研究的热点问题。化石燃料燃烧、过量施肥和牲畜排放造成了大气活性氮含量增加，从而使得氮沉降量增加（Wen et al.，2020；Song et al.，2021）。NO_x 和 NH_3 是大气重霾污染过程二次颗粒物形成或增长过程中的气态前体物，其排放强度影响了大气污染物的源汇关系、环境行为及生态效应，量化不同含氮化合物排放源对氮沉降的贡献，从而建立有针对性的有效减排措施也是目前氮沉降研究领域的前沿热点（Song et al.，2021）。与传统方法相比，氮沉降化合物中的稳定同位素为解析不同的含氮化合物排放来源提供了指纹信息。基于同位素质量平衡的 SIAR 等源解析模型，成功区分了不同的氮污染来源，并量化了其各自的贡献率，常应用于大气沉降中氨氮和硝氮来源解析（Pan et al.，2018）。正定矩阵因子分解（PMF）等受体模型能够基于受体数据进行分解，得到源成分矩阵和源贡献矩阵，能实现定量解析有机氮等组分复杂污染物来源（肖春艳等，2023b）。

农业源是水源地大气沉降中氨氮的主要来源。水源地大气沉降中氨氮来源于本地源释放。大气中氨氮和湿沉降中的 $\delta^{15}N\text{-}NH_4^+$ 分别为 +2.3‰ ~ +38.4‰、−14.7‰ ~ +6.3 ‰，均呈现出夏季高、冬季低的季节变化特征，这与污染物排放源和同位素平衡分馏效应有关。夏季存在含有较高 $\delta^{15}N$ 的氮肥和畜禽粪便等挥发性 NH_3 排放源，与此同时，夏季 $NH_3 \leftrightarrow NH_4^+$ 之间频繁的转化过程使得同位素平衡分馏效应增强，使得该季节具有较高的 $\delta^{15}N\text{-}NH_4^+$。利用 SIAR 模型分析发现，肥料释放和畜禽粪便排放等农业源是淅川库区大气沉降的主要 NH_3 源，其中肥料释放又是最主要的农业 NH_3 源。农业源对大气和湿沉降中氨氮的贡献率分别为 59% ~74% （平均贡献率为 66%） 和 80% ~ 84% （平均贡献率为 83%）。大气中氨氮农业源贡献率在夏季最高（74%），主要与夏季高温以及氮肥的大量施用有关。而农业源对湿沉降中 NH_4^+ 的贡献率则在秋季达到最大（84%），主要是受到了秋季频繁的农业活动的影响。

化石源是水源地大气沉降中硝氮的主要来源。水源地大气沉降中硝氮受本地源释放和外源传输的共同影响。大气中和湿沉降中的 $\delta^{15}N-NO_3^-$（大气和湿沉降中分别为-2.9‰~+15.56‰、-20.0‰~+1.70‰）和 $\delta^{18}O-NO_3^-$（大气和湿沉降中分别为+12.03‰~+96.58‰、+15.93‰~+83.03‰）具有季节变化特征，均表现为冬季高于夏季。$\delta^{15}N-NO_3^-$的季节变化由 NO_x 排放源的变化和 NO_x 与颗粒物 NO_3^-之间的氮同位素分馏作用所驱动。$\delta^{18}O-NO_3^-$的季节变化则反映了不同 NO_3^-形成途径的影响。NO_2+·OH 途径在夏季贡献率（84%）最高，$N_2O_5+H_2O$ 和 NO_3+VOCs 途径在冬季贡献率（75%）最高。SIAR 模型研究表明，煤燃烧和交通排放等化石源是淅川库区大气沉降中最主要的 NO_3^-污染来源，其中煤燃烧排放又是最主要的化石源。化石源对大气和湿沉降中硝氮的贡献率分别为 59%~74%（平均贡献率为 65%）和 56%~59%（平均贡献率为 57%）。大气和湿沉降中硝氮化石源的贡献率均在冬季最高，其贡献率分别为 74%、59%，主要与冬季硝氮沉降主要受到煤燃烧的影响有关。生物质燃烧源对库区硝氮沉降的贡献率高（大气和湿沉降中分别为 26%、31%），气团后向轨迹聚类结果分析认为其主要来源于气团外部输入。

二次源和农业源是水源地大气沉降中有机氮的主要来源。水源地大气沉降中有机氮也受到本地源释放和外源传输的共同影响。通过分析有机氮和水溶性无机离子的相关关系，发现干沉降中 WSON 与 3 种二次离子（NH_4^+、SO_4^{2-} 和 NO_3^-）相关性极显著、与 Cl^-、K^+、Mg^{2+}、Ca^{2+}相关性显著，表明二次转化、生物质燃烧和扬尘可能是库区干沉降中 WSON 的主要来源；湿沉降中 DON 与 NO_3^-、NH_4^+和 F^-具有显著相关性，表明化石燃料燃烧、农业活动和工业生产可能是湿沉降中 DON 的主要来源。基于 EPA PMF 5.0 的有机氮源解析表明，大气干、湿沉降中有机氮具有相同来源，分别为二次源、农业源、扬尘源、工业源、燃烧源，其中 5 种来源对干沉降中 WSON 的贡献率分别为 55%、16%、14%、9% 和 6%；对湿沉降中 DON 的贡献率分别为 35%、34%、14%、14% 和 3%。二次源和农业源的贡献率均相对较高，分别占大气干、湿沉降中有机氮来源的 71% 和 69%。

9.1.4 氮沉降生态效应

氮沉降主要由人类活动产生的过量活性氮化合物的排放及其大气迁移过程引起，它可以通过干、湿沉降两种方式改变生态系统的氮负荷，进而影响生态系统的结构和功能。一方面，氮素是植物生长必需的矿质元素，氮沉降的增加直接促进植物迅速生长，提高生态系统的净初级生产力。另一方面，氮沉降改变生态系统中矿质养分的有效性和微生物群落结构与功能，进而间接影响植物生长，驱动生态系统结构与功能的改变，其生态效应日益成为人们关注的焦点（付伟等，2020）。整体上看，氮沉降的负面效应主要体现在：导致生态系统土壤酸化和养分流失，降低生物多样性并改变物种组成，降低生态系统生产力和削弱生态系统稳定性（张世虎等，2022）。氮沉降的影响在全球范围内都存在，对湖泊、河流、水库等水生生态系统也会产生深远的影响。氮素是许多水生生态系统中最主要的限制元素，可以指示生态系统的营养水平，对生态系统的生产力产生重要影响（Yang et al.，2023）。氮沉降是陆源氮进入水体的重要途径，氮沉降的加剧可能导致水体氮含量增加，富营养化程度加重，严重影响水生生态系统的稳定性（Deng et al.，2023）。目前，氮沉降对生态系统的影响研究集中在森林和草原等陆地生态系统，而对于水生生态系统研究相对较少。为全面了解氮沉降对丹江口库区的生态影响，本书以丹江口库区的浮游植物群落结构特征为切入点，综合利用野外调查、模拟实验及控制实验方法系统研究丹江口库区浮游植物群落结构特征及其影响因素，氮沉降对浮游植物群落结构特征的影响以及浮游植物对水体氮素的生理响应，以期为全面了解水源地氮沉降的生态效应提供参考。

水体氮素是驱动浮游植物群落结构变化的关键环境因子。2019～2021 年，在调查 6 个氮沉降监测点附近水域及库区中心水质的基础上，进行 0.5 m、5 m、10 m 和 20 m 水深的分层采样，分析了库区水质理化性质的季节变化及垂直分布特征，结果显示水体水温、pH、总氮浓度、硝氮浓度等理化指标呈显著的季节变化特征，其中，总氮浓度变化范围在 1.06～1.26 mg/L，在夏季出现最高值，秋季最低。硝氮浓度变化范围在 0.47～0.95 mg/L，以秋季最高，夏季最低。从垂直分布来看，随水深增加硝氮浓度逐渐升高，而水温与溶解氧逐渐下降，不同水深总氮浓度变化不明显。运用 DNA 条形码及高通量测序技术，分析了库区浮游植物群落结构的季节变化及垂直分布特征，探讨了驱动浮游植物群落结构特征变化的主要环境因子。季节分布上浮游植物群落主要由绿藻、硅藻和金藻组成，随季节变化呈现出春季金藻-夏季硅藻-冬季绿藻占优的演替趋势，在垂直分布上浮游植物群落主要由甲藻、硅藻和绿藻组成，随水深增加浮游植物群落表现为甲藻占优向硅藻和绿藻占优的变化趋势。对水体水质理化指标与浮游植物群落进行 RDA，结果表明影响浮游植物群落季节变化的主要环境因子是 pH、总氮、叶绿素 a、水温和氨氮，而硝氮是影响浮游植物群落结构垂直分布最重要的环境因子。由此可见，水体氮素包括总氮、硝氮和氨氮在驱动丹江口水库浮游植物群落结构特征变化中起着关键作用。

氮沉降对库区生态系统稳定性的潜在风险须引起重视。采用氮沉降模拟的实验方法分别研究了氮沉降量及氮素形态对浮游植物群落结构特征的影响。不同氮沉降量条件下，浮游植物群落结构特征存在较大差异。在群落组成上，整体表现为蓝藻占据绝对优势的群落结构特征，浮游植物群落优势属为蓝藻蓝菌属和聚球藻属。随氮沉降量的增加，蓝菌属分布比例不断增加而聚球藻属分布比例逐渐下降，高氮沉降量条件下表现为蓝菌属占据绝对优势的分布格局。浮游植物群落 Shannon-Wiener 指数在 0.78～1.65 变化，随着氮沉降量的增加，浮游植物多样性 Shannon-Wiener 指数整体呈明显下降趋势。浮游植物群落 Chao 丰富度指数在 17.50～41.92 变化，低氮沉降量条件下，浮游植物群落丰富度 Chao 丰富度指数随着氮沉降量增加逐渐上升。而在高氮沉降量条件下，Chao 丰富度指数则显著下降。在一定范围内，氮沉降量的增加可能会导致丹江口水库浮游植物群落多样性降低及丰富度的增加。氮沉降氮素形态对浮游植物多样性、丰富度、群落组成及优势种分布均具有明显影响，浮游植物群落多样性由高到低依次为氨氮组>硝氮组>有机氮组，丰富度依次为硝氮组>氨氮组>有机氮组。氨氮实验组浮游植物群落中蓝藻分布比例明显增加，而硅藻分布比例急剧下降，绿藻分布比例则呈现出先增加后下降的趋势，群落整体表现为由蓝藻-硅藻型向蓝藻-绿藻型的转变。硝氮实验组浮游植物群落蓝藻和硅藻的分布比例变化趋势与氨氮组相似，所不同的是绿藻分布比例显著增加，其群落整体表现为由硅藻-蓝藻型向蓝藻-硅藻-绿藻型的转变。有机氮实验组浮游植物群落中蓝藻和绿藻分布比例明显增加，而硅藻分布比例逐渐下降，浮游植物群落表现为由硅藻-蓝藻-绿藻型向蓝藻-绿藻型的转变。综上所述，本研究结果表明氮沉降量和氮素形态对浮游植物多样性、丰富度、群落组成及优势种分布均具有明显影响，表明氮沉降在驱动丹江口浮游植物群落演替过程中可能起着至关重要的作用，特别是氮沉降量的增加可能会导致浮游植物生物多样性降低，促进浮游植物以蓝藻为主的单优结构的形成，对于库区生态系统稳定性具有极大的潜在风险，须引起足够重视。

浮游植物群落组成及优势种分布格局与藻类的氮素吸收利用密切相关。基于丹江口水库浮游植物群落硅藻占优的结构特征，分离纯化库区代表硅藻脆杆藻、针杆藻和梅尼小环藻并进行分类鉴定，研究了不同氮素条件下其生长特性、光合特性、氮吸收动力学特征及藻种间竞争关系等生理响应特征。3 种典型硅藻响应不同氮素的生长特性存在一定差异，比生长率整体上表现为梅尼小环藻>脆杆藻>针杆藻。硝氮处理组比生长率高于氨氮处理组，表明硝氮更有利于 3 种硅藻的生长。氨氮组 3 种硅藻最大光化学量子产量 F_v/F_m 介于 0.30～0.65，均略低于相应的硝氮处理组 F_v/F_m（0.35～0.70），与其比生长率变化趋势基本一致，浮游植物响应不同氮素形态的光合效率可能是其生长模式差异的重要原因。吸收动力学特征分析结果显示，硝氮条件下脆杆藻、针杆藻和梅尼小环藻的 V_{max} 分别为 0.22、0.38 和 0.26，氨氮条件下的 V_{max} 分别为 0.13、0.26 和 0.22，整体上硝氮条件下的 V_{max} 大于氨氮条件下，表明脆杆藻、针杆藻和梅尼小环藻对硝氮的吸收具有更大的潜力。总的来看，3 种库区典型硅藻具有对于硝氮吸收与利用的偏好性，也在一定程度上反映出丹江口水库硝氮在水体中占主导形态的水环境特点。利用 Lotka-Volterra 种群竞争模型分析 3 种硅藻之间的种间关系发现，种间竞争力依次为梅尼小环藻、脆杆藻和针杆藻，特别在中高浓度氮素条件下梅尼小环藻表现出较强的种间竞争优势。由此可见，浮游植物群落组成及优势种分布与藻类响应氮素的生长特性、光合效率、氮素的吸收利用密切相关。

综合上述研究结果，库区水体外源氮输入的控制途径应主要从源头上加强对大气活性氮（NH_4^+-N、NO_3^--N 和 DON）排放的管理和控制。

9.2 氮沉降控制途径

9.2.1 NH_4^+-N 排放控制途径

研究区位于南水北调中线工程水源地，区域内经济以农业为主。库区大气沉降中 NH_4^+-N 来源综合识别表明，氮沉降化合物中氨氮主要来源于农业源（化肥释放和畜禽排放），对大气氨氮和湿沉降中氨氮的贡献率分别为 66% 和 83%。基于此，我们提出以下氨氮排放控制途径。

（1）建立区域性氨源排放清单

欧洲较早开展大气氨排放研究，通过数值模拟分析其形成、输送和转化过程，评估其对颗粒物形成的贡献。我国作为氨排放大国，目前对氨排放清单的建立虽已取得不少进展，但大多数的研究数据来源于统计年鉴。虽然我国环境保护部在 2014 年发布了《大气氨源排放清单编制技术指南》（试行）来指导全国各地对本地 NH_3 排放进行估算，但目前我国仅在全国尺度以及区域尺度［京津冀、长江三角洲（简称长三角）和珠江三角洲（简称珠三角）］陆续开展了农业源氨排放清单建立工作，缺乏非农业氨源清单的研究。此外，现阶段国家级排放清单的分辨率大多为省级，而县区尺度的氨排放清单较为缺乏，并且难以识别区域排放热点，导致无法为区域环境质量管理提供支持。因此，编制高分辨率的农业源和非农业源的氨排放清单，有助于认识氨排放的时空格局，识别氨排放的关键环节，优化氨减排的区域方案。建立区域氨源排放清单时，应采用自下而上与自上而下相结合的方式获取数据，选取合理的计算方法与排放因子。在获取数据资料时，应使其空间分辨率达到乡镇尺度，能够更真实地反映不同区域氨排放源控制和管理措施。同时，应采用大气化学-气象模型和遥感观测对氨排放源进行“自上而下”的验证，以减小排放清单的不确定性。

（2）改进施肥方式及肥料类型

化肥施用是库区 NH_4^+-N 沉降的重要来源之一。研究区周边土地利用类型主要为耕地和林地，以种植小麦、玉米和果树为主；肥料以尿素、复合肥和有机肥为主，年施肥量为 525～1125 kg/hm^2。氨排放主要来自农作物种植过程中施用的氨肥，大部分以氨氮的形式挥发到大气中，能被农作物吸收利用的量较低。由于氨排放量的大小取决于施肥量和氮肥类型。因此可通过以下方式来降低种植业的氨排放量。第一，可以通过改变施肥方式来提高作物的氮肥利用率，从而降低肥料中氨的挥发量。氮肥深施情况下，土壤的保肥能力使氮素能在较长时间内持续向作物供给，并可以抑制氮素以氨挥发形式损失。氨挥发率随施氮量呈指数上升，可采用分次施肥的方式降低氨排放量。此外，可以采用推广追肥的机械深施、追肥比例、雨前或午后施肥等方式来降低土壤氨排放量，提高氨的减排效果。第二，通过调整肥料类型来减少氨排放量。通过野外原位模拟实验研究发现，库区施加尿素后，土壤氨氮释放量最大，而施加有机肥的土壤氨氮释放量最少。有机肥中大多数氮素释放比较缓慢，肥效稳定而持久，有利于作物对于氮素的充分利用，可以减少土壤中氨气挥发损失。

（3）控制畜禽养殖业氨排放

畜禽养殖排放是库区 NH_4^+-N 沉降的重要来源之一。畜禽养殖的氨排放主要来源于畜禽排泄物中的氮，而排泄物中的含氮物质来自动物饲料中蛋白质的消化代谢产物。因此，应针对氮素在饲料到排泄物的转化过程和排泄物的管理开展控制措施，包括饲料管理、畜舍改造和优化粪尿处理处置。第一，饲料管理是从源头控制畜禽养殖氨排放的有效手段。畜禽排泄物产生氨气的能力因饲料成分及含量的不同而不同，可以采用低氮饲料喂养或在饲料中添加适当的添加剂等方法，减少畜禽排泄物中的氮素含量。例如，降低饲料中粗蛋白质含量，对于排泄物中氮素的减少有明显作用。此外，在饲料中添加对氨气等有害气体有吸附功效的丝兰提取物，可以有效减少畜禽排泄物的氨排放量。第二，在畜舍改造方面，可以采用良好的地面设计，对部分地面采用漏缝地板、金属或塑料涂层板条，并使部分地板倾斜或者凸起，可以有效分离排泄物中的粪尿，减少粪便在空气中暴露的表面积和时间，从而减少氨排放量。第三，优化粪尿处理处置。粪便是氨气的主要来源，沸石具有吸附分离性强、催化活性高的特点，在粪便中添加沸石吸附剂，可以有效减少畜禽排泄物在储存和堆肥阶段的氨排放量。此外，加强畜禽粪尿的减量、浓缩等加工处理，降低不同类型有机肥养分有效性等方面的差异，实施粪肥还田，也是实现有机肥替代化肥，是降低农业系统氮素存量、控制氨气挥发的重要途径。

9.2.2 NO_3^--N 排放控制途径

库区大气沉降中 NO_3^--N 来源综合识别表明，氮沉降化合物中 NO_3^--N 主要来源于燃料燃烧和交通排放等化石源，对大气硝酸盐和湿沉降中硝酸盐的贡献率分别为 65% 和 57%。因此，减少 NO_3^--N 污染源排放主要从燃煤燃烧和交通排放两方面控制。

（1）控制库区周边燃煤排放

相较 NH_3 而言，NO_x 具有相对较长的大气寿命，可以进行长距离输送，能够沉降在距离排放源更远的地方。气团后向轨迹模拟分析结果表明，库区在 50 m 低空主要受到河南省中部、湖北省北部和陕西省中部污染源排放的影响，在 1200 m 高空则主要经过河南东南部、安徽省中部和北部污染源排放的影响。因此，要从本地排放源和长距离传输的外地源两方面来控制 NO_x 的排放。第一，加快发展农村清洁能源，减少生活用煤的 NO_x 排放。推行“煤炭清洁利用”模式，推广新型高效燃煤清洁燃烧炉具，替代原煤散烧。此外，大力发展沼气池建设。推进沼气池建设由户用沼气向整村沼气集中供气转变，建设以自然村为单元的沼气工程，利用畜禽粪便、农作物秸秆、有机废弃物等通过厌氧发酵转化为沼气，通过管网集中供农户生活用能，优化农村用能结构和改善生态环境。第二，控制工业 NO_x 排放。与 NH_3 主要为农业活动等低矮面源不同，NO_x 主要来自发电厂和工业设施等高架点源，排放高度相对较高，更容易通过气流传输对下风向地区氮沉降产生影响，从而导致周边地区的 NO_x 负荷增加。要重点控制电力行业的污染源，采用低氮燃烧技术和建立烟气脱硝设施等技术手段从源头上降低 NO_x 排放强度。对钢铁、水泥和石化行业，考虑先以低氮燃烧技术为首选技术，优化烧结工艺，同时加强排放源末端控制，并在水泥行业率先逐步采取选择性催化还原法（SCR）等脱硝技术来控制的 NO_x 排放。

（2）交通运输源排放控制

库区以农业经济为主，工业经济极少，因而机动车辆和游船等交通排放可能是影响该地区 NO_x 排放的重要因素。第一，积极发展绿色交通，强化机动车污染控制。主要通过机动车淘汰工程和机动车油品替代工程来实现 NO_x 的减排。要控制机动车数量及出行，持续实施机动车尾号限行政策，从源头上减少 NO_x 的排放；加快淘汰黄标车，实施清洁能源政策，控制燃油汽车增长，推广使用新能源汽车，推进出租车电动化进程；提升燃油品质，全面落实国Ⅳ标准的车用燃油的使用，从而减少 NO_x 的排放量。第二，开展船舶等非道路移动机械污染控制。主要通过推广使用清洁能源、尾气后处理等措施来实施 NO_x 的减排。推动船舶技术更新，促进能源产业升级。推动船用油品质量升级，改造现有船舶，对船舶尾气进行脱硝处理来达到减排控制的要求。新造船采用液化天然气等清洁替代能源，从而减少船舶 NO_x 排放。此外，政府部门应通过提供便利、经济补贴等激励措施促进船舶经营者主动服从减排控制。

9.2.3 有机氮排放控制途径

库区大气沉降中有机氮来源综合识别表明，二次源、农业源、扬尘源、工业源、燃烧源对干沉降的贡献率分别为55%、16%、14%、9%和6%，对湿沉降的贡献率分别为35%、34%、14%、14%和3%。有研究表明，植物本身释放的挥发性有机物如萜烯，与NO_x反应可生成有机氮化物；而烟尘与NO_x和NH_3在低温下也能产生有机氮化合物。因此，可以从有机氮与NO_x协同减排、有机氮与NH_3协同减排、有机氮自然源排放控制三方面减少大气中有机氮的排放。

（1）有机氮与NO_x协同减排

化石燃料燃烧可直接释放或通过大气中的气相、气-粒反应间接产生有机氮，如燃料燃烧释放的NO_x与生物或人为源释放的挥发性有机碳，通过光化学反应可形成以气态或颗粒态的形式存在的有机硝化物；含有羰基的化合物与胺的反应可生成颗粒态的亚胺；硝酸盐和氨基化合物等二次有机氮化合物，与VOCs经过气固凝结作用生成二次有机硝酸盐气溶胶；在高浓度NO_x环境中共轭二烯的光氧化能生成颗粒态的硝酰多羟基化合物。因此，减少燃料燃烧和交通排放等化石源控制NO_x排放的同时，也减少了大气中有机氮的排放。有机氮与NO_x协同减排是控制有机氮排放的有效途径。

（2）有机氮与NH_3协同减排

化肥生产和农业化肥的使用是大气有机氮的另一个来源。由农业源排放的有机氮能通过风吹和生物质燃烧排入大气环境中。因此，减少化肥释放和生物质燃烧等农业源控制NH_3排放的同时，也减少了大气中有机氮的排放。有机氮与NH_3协同减排也是控制有机氮排放的有效途径。

（3）有机氮自然源排放控制

大气中有机氮的自然源包括生物的释放、沙尘和海洋表层等。生物本身可以通过直接或间接的方式向大气中排放有机氮。细菌、花粉和生物碎屑是有机氮的直接来源。Scheller曾指出在德国春季的露水中高浓度的氨基酸主要来自植物花粉。植物本身释放的挥发性有机物（如萜烯）与NO_x的反应可生成有机氮化物。动物释放的大量含氮废物在微生物的降解作用下也可产生有机氮化合物。实验研究证明，细菌、灰尘及花粉等生物和颗粒形式的氮通常被排放至低层大气中，且浓度均较高。生物排放的颗粒有机氮（蛋白质、多肽类）则包括直接排放的粉尘、植物、皮毛碎片、花粉和细菌等，存在于粗颗粒中。在春暖花开播种的季节里，随着空气中生物有机氮（如花粉、昆虫等）的增加，发生沉降的生物有机氮也会增加。因此减少植物释放和土壤扬尘等自然源排放可以有效地减少大气中有机氮的排放。第一，因地制宜、适地适树。在氮沉降对库区水体影响显著的影响区域内（距离水体4 km范围内），按照以乡土乔木树种为主的原则，选择种植广玉兰、柑橘、柚等常绿阔叶林，从而减少春、夏季植物花粉、孢粉等产生有机氮污染。第二，加强地面扬尘污染防治。对施工扬尘实施全天候视频监管，严格落实绿色施工。加强道路运输扬尘污染控制，对城市周边道路、城乡接合部裸露地面实施环境综合整治，大力提升生活垃圾、渣土等运输和处置管理水平，清运车辆要安装卫星定位监控终端，实行密闭洁净运输。严禁露天焚烧、原煤散烧和露天烧烤，对餐饮业严格实施油烟控制，安装高效净化设施，新建居民楼必须设置公共油烟管道，统一进行居民油烟治理。

参 考 文 献

常运华，刘学军，李凯辉，等. 2012. 大气氮沉降研究进展. 干旱区研究，(6)：972-979.

付伟，武慧，赵爱花，等. 2020. 陆地生态系统氮沉降的生态效应：研究进展与展望. 植物生态学报，44（5）：475-493.

郭晓明，张清森，金超，等. 2022. 丹江口水库淅川库区大气无机氮干沉降特征. 地球与环境，50（6）：884-891.

河南省环境保护厅. 2021. 河南省环境质量年报. https：//sthjt. henan. gov. cn/hjzl/hjzlbgs/［2024-07-01］.

马儒龙，王章玮，张晓山. 2021. 城市绿化林中大气氨浓度垂直分布观测. 环境化学，40（7）：2028-2034.

吴玉凤，高霄鹏，桂东伟，等. 2019. 大气氮沉降监测方法研究进展. 应用生态学报，30（10）：3605-3614.

武俐，宋百惠，李啸林，等. 2023. 丹江口水库氮干沉降的时空特征及生态影响. 生态学杂志，（1）：190-197.

肖春艳，陈飞宏，陈晓舒，等. 2023a. 丹江口水库淅川库区大气氨氮干沉降特征及源解析. 环境化学，42（6）：1856-1866.

肖春艳，李朋波，胡倩倩，等. 2023b. 丹江口水库淅川库区大气水溶性有机氮干沉降特征及源解析. 环境科学学报，43（9）：268-278.

尹兴，张丽娟，刘学军，等. 2017. 河北平原城市近郊农田大气氮沉降特征. 中国农业科学，50（4）：698-710.

张世虎，张悦，马晓玉，等. 2022. 大气氮沉降影响草地植物物种多样性机制研究综述. 生态学报，42：1252-1261.

Aber J D. 1992. Nitrogen cycling and nitrogen saturation in temperate forest ecosystems. Trends in Ecology & Evolution，7（7）：220-224.

Ackerman D，Millet D B，Chen X. 2019. Global estimates of inorganic nitrogen deposition across four decades. Global Biogeochemical Cycles，33（1）：100-107.

Chen S B，Chen L，Liu X J，et al. 2022. Unexpected nitrogen flow and water quality change due to varying atmospheric deposition. Journal of Hydrology，609：127679.

Chen X S，Zhao T Q，Xiao C Y，et al. 2024. Isotopic characteristics and source analysis of atmospheric ammonia during agricultural periods in the Xichuan area of the Danjiangkou Reservoir. Journal of Environmental Sciences，136：460-469.

Deng J M，Nie W，Huang X，et al. 2023. Atmospheric reactive nitrogen deposition from 2010 to 2021 in Lake Taihu and the effects on phytoplankton. Environmental Science & Technology，57：8075-8084.

Elser J J，Andersen T，Baron J S，et al. 2009. Shifts in lake N：P stoichiometry and nutrient limitation driven by atmospheric nitrogen deposition. Science，326（5954）：835-837.

Fleischer K，Dolman A J，van der Molen M K，et al. 2019. Nitrogen deposition maintains a positive effect on terrestrial carbon sequestration in the 21st century despite growing phosphorus limitation at regional scales. Global Biogeochemical Cycles，33（6）：810-824.

Galloway J N，Townsend A R，Erisman J W，et al. 2008. Transformation of the nitrogen cycle：recent trends，questions，and potential solutions. Science，320（5878）：889-892.

Gao Y, Zhou F, Ciais P, et al. 2020. Human activities aggravate nitrogen- deposition pollution to inland water over China. National Science Review, 7: 430-440.

Gordon C, Wynn J M, Woodin S J. 2001. Impacts of increased nitrogen supply on high Arctic heath: the importance of bryophytes and phosphorus availability. The New Phytologist, 149 (3): 461-471.

Guo W J, Ding J X, Wang Q T, et al. 2021. Soil fertility controls ectomycorrhizal mycelial traits in alpine forests receiving nitrogen deposition. Soil Biology and Biochemistry, 161: 108386.

Guo X M, Zhang Q M, Zhao T Q, et al. 2022. Fluxes, characteristics and influence on the aquatic environment of inorganic nitrogen deposition in the Danjiangkou reservoir. Ecotoxicology and Environmental Safety, 241: 113814.

Hurd T M, Brach A R, Raynal D J. 1998. Response of understory vegetation of Adirondack forests to nitrogen additions. Canadian Journal of Forest Research, 28 (6): 799-807.

Jiang X Y, Gao G, Deng J M, et al. 2022. Nitrogen concentration response to the decline in atmospheric nitrogen deposition in a hypereutrophic lake. Environmental Pollution, 300: 118952.

Kanakidou M, Myriokefalitakis S, Tsigaridis K. 2018. Aerosols in atmospheric chemistry and biogeochemical cycles of nutrients. Environmental Research Letters, 13 (6): 063004.

Liu M, Huang X, Song Y, et al. 2018. Rapid SO_2 emission reductions significantly increase tropospheric ammonia concentrations over the North China Plain. Atmospheric Chemistry and Physics, 18 (24): 17933-17943.

Liu X J, Duan L, Mo J M, et al. 2011. Nitrogen deposition and its ecological impact in China: an overview. Environmental Pollution, 159 (10): 2251-2264.

Liu X J, Zhang Y, Han W X, et al. 2013. Enhanced nitrogen deposition over China. Nature, 494 (7438): 459-462.

Liu X Y, Koba K, Koyama L A, et al. 2018. Nitrate is an important nitrogen source for Arctic tundra plants. Proceedings of the National Academy of Sciences of the United States of America, 115 (13): 3398-3403.

Liu Z Y, Li M, Wang X F, et al. 2022. Large contributions of anthropogenic sources to amines in fine particles at a coastal area in Northern China in winter. Science of the Total Environment, 839: 156281.

Luo S S, Zhu L, Liu J L, et al. 2015. Mulching effects on labile soil organic nitrogen pools under a spring maize cropping system in semiarid farmland. Agronomy Journal, 107 (4): 1465-1472.

Miyazaki Y, Fu P Q, Ono K, et al. 2014. Seasonal cycles of water- soluble organic nitrogen aerosols in a deciduous broadleaf forest in northern Japan. Journal of Geophysical Research: Atmospheres, 119 (3): 1440-1454.

Mopper K, Zika R G. 1987. Free amino acids in marine rains: evidence for oxidation and potential role in nitrogen cycling. Nature, 325: 246-249.

Morecroft M D, Sellers E K, Lee J A. 1994. An experimental investigation into the effects of atmospheric nitrogen deposition on two semi-natural grasslands. The Journal of Ecology, 82: 475.

Niu D C, Yuan X B, Cease A J, et al. 2018. The impact of nitrogen enrichment on grassland ecosystem stability depends on nitrogen addition level. Science of the Total Environment, 618: 1529-1538.

Pan Y P, Tian S L, Liu D W, et al. 2018. Isotopic evidence for enhanced fossil fuel sources of aerosol ammonium in the urban atmosphere. Environmental Pollution, 238: 942-947.

Scalabrin E, Zangrando R, Barbaro E, et al. 2012. Amino acids in Arctic aerosols. Atmospheric Chemistry and Physics, 12 (21): 10453-10463.

Shen J L, Li Y, Liu X J, et al. 2013. Atmospheric dry and wet nitrogen deposition on three contrasting land use types of an agricultural catchment in subtropical central China. Atmospheric Environment, 67: 415-424.

Shen X L, Chen J Y, Li G Y, et al. 2023. A new advance in the pollution profile, transformation process, and contribution to aerosol formation and aging of atmospheric amines. Environmental Science: Atmospheres, 3 (3): 444-473.

Song W, Liu X Y, Hu C C, et al. 2021. Important contributions of non-fossil fuel nitrogen oxides emissions. Nature Communications, 12 (1): 243.

Tripathee L, Kang S C, Chen P F, et al. 2021. Water-soluble organic and inorganic nitrogen in ambient aerosols over the Himalayan middle hills: seasonality, sources, and transport pathways. Atmospheric Research, 250: 105376.

Warner J X, Dickerson R R, Wei Z, et al. 2017. Increased atmospheric ammonia over the world's major agricultural areas detected from space. Geophysical Research Letters, 44 (6): 2875-2884.

Wen Z, Xu W, Li Q, et al. 2020. Changes of nitrogen deposition in China from 1980 to 2018. Environment International, 144: 106022.

Xu W, Luo X S, Pan Y P, et al. 2015. Quantifying atmospheric nitrogen deposition through a nationwide monitoring network across China. Atmospheric Chemistry and Physics, 15 (21): 12345-12360.

Yan G, Kim G. 2015. Sources and fluxes of organic nitrogen in precipitation over the southern East Sea/Sea of Japan. Atmospheric Chemistry and Physics, 15 (5): 2761-2774.

Yang R B, Hayashi K, Zhu B, et al. 2010. Atmospheric NH_3 and NO_2 concentration and nitrogen deposition in an agricultural catchment of Eastern China. Science of the Total Environment, 408 (20): 4624-4632.

Yang G J, Hautier Y, Zhang Z J, et al. 2022. Decoupled responses of above- and below- ground stability of productivity to nitrogen addition at the local and larger spatial scale. Global Change Biology, 28 (8): 2711-2720.

Yang R, Fan X, Zhao L, et al. 2023. Identification of major environmental factors driving phytoplankton community succession before and after the regime shift of Erhai Lake, China. Ecological Indicators, 146: 109875.

Yu G R, Jia Y L, He N P, et al. 2019. Stabilization of atmospheric nitrogen deposition in China over the past decade. Nature Geoscience, 12 (6): 424-429.

Zhan X Y, Bo Y, Zhou F, et al. 2017. Evidence for the importance of atmospheric nitrogen deposition to eutrophic Lake Dianchi, China. Environmental Science & Technology, 51 (12): 6699-6708.

Zhang Q, Li Y N, Wang M R, et al. 2021. Atmospheric nitrogen deposition: a review of quantification methods and its spatial pattern derived from the global monitoring networks. Ecotoxicology and Environmental Safety, 216: 112180.

Zhang Q M, Guo X M, Zhao T Q, et al. 2024. Atmospheric organic nitrogen deposition around the Danjiangkou Reservoir: fluxes, characteristics and evidence of agricultural source. Environmental Pollution, 341: 122906.

Zhu R G, Xiao H Y, Lv Z, et al. 2020. Nitrogen isotopic composition of free Gly in aerosols at a forest site. Atmospheric Environment, 222: 117179.

Zhu H Z, Chen Y F, Zhao Y H, et al. 2022. The response of nitrogen deposition in China to recent and future changes in anthropogenic emissions. Journal of Geophysical Research: Atmospheres, 127 (23): e2022JD037437.

彩　　图

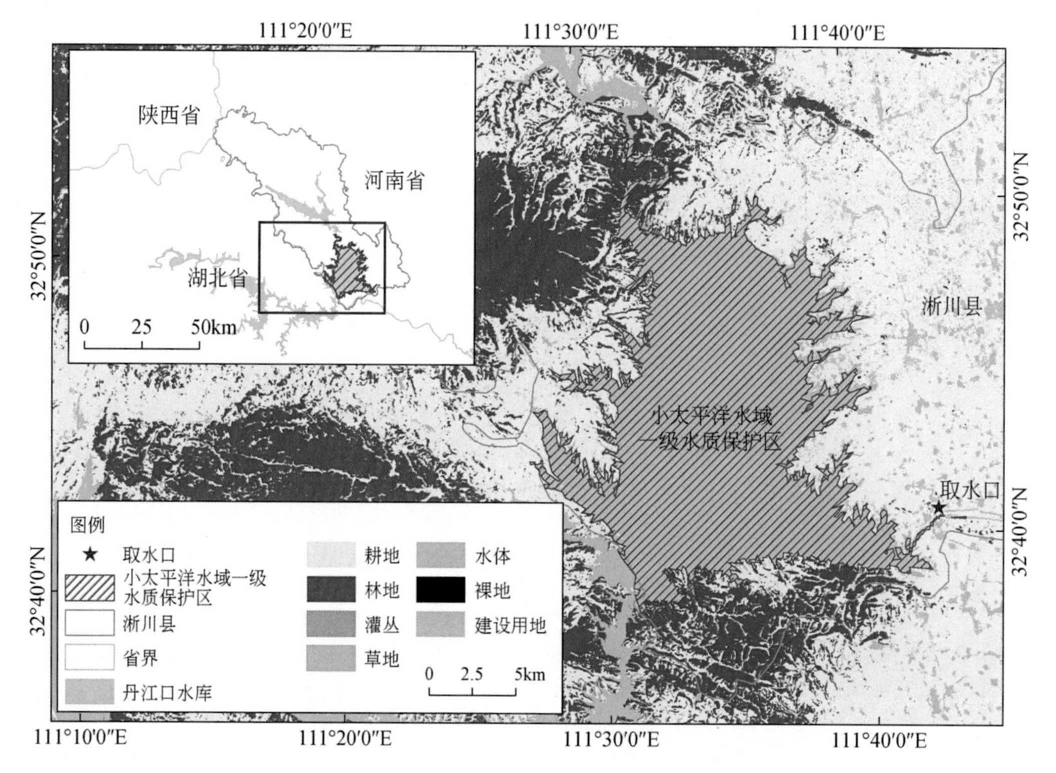

图 2-1 研究区位置图

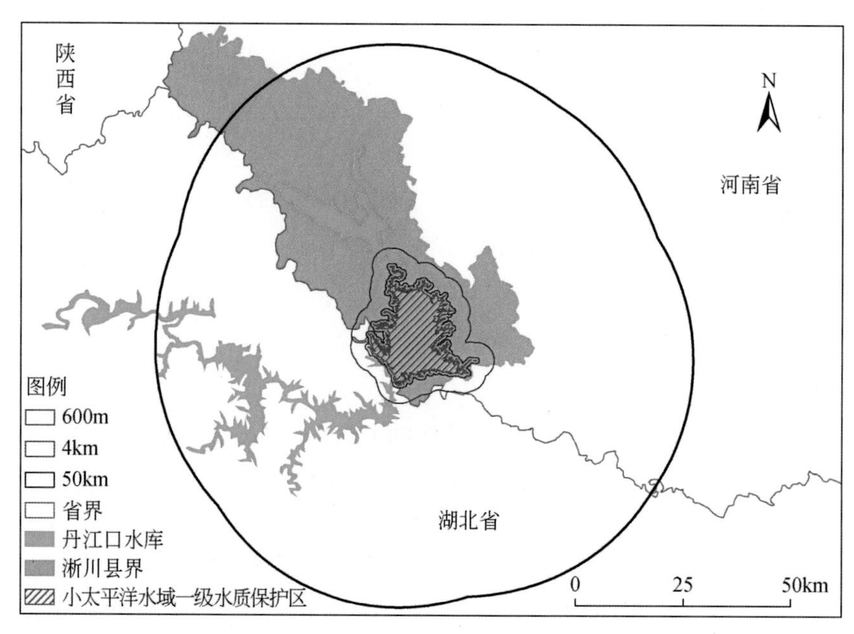

图 2-2 缓冲区示意图

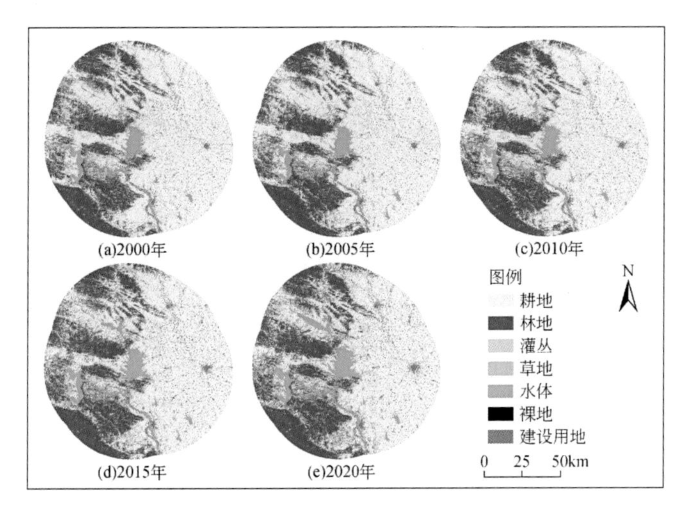

图 2-3　2000～2020 年土地利用格局分布图

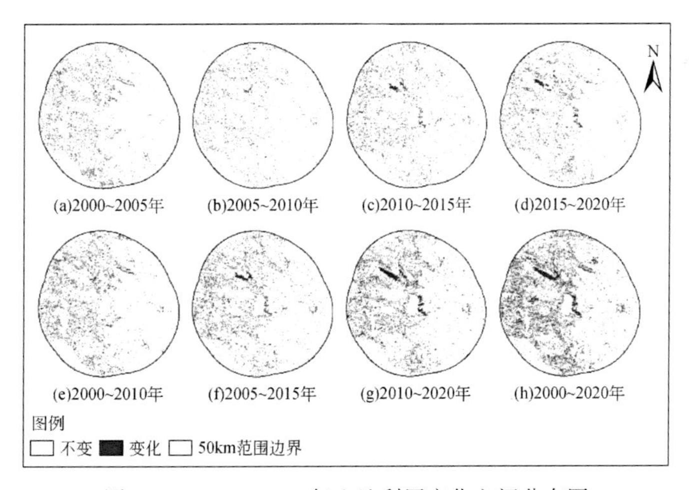

图 2-4　2000～2020 年土地利用变化空间分布图

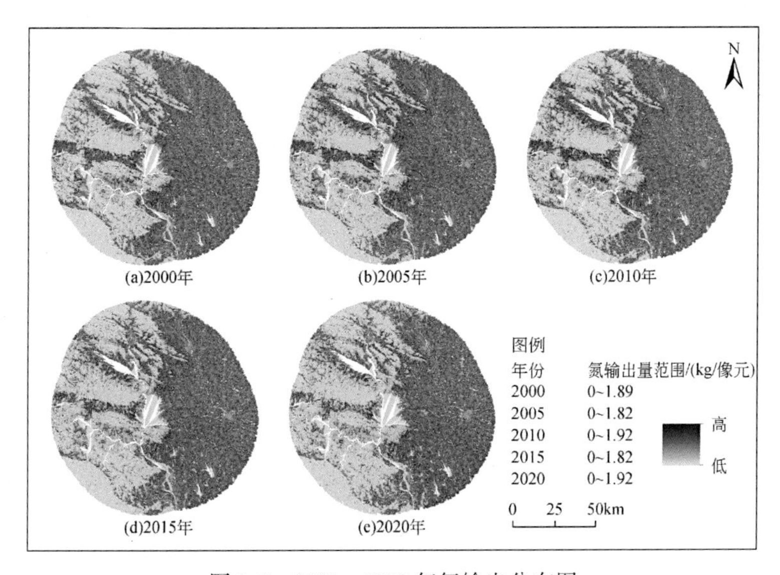

图 2-8　2000～2020 年氮输出分布图

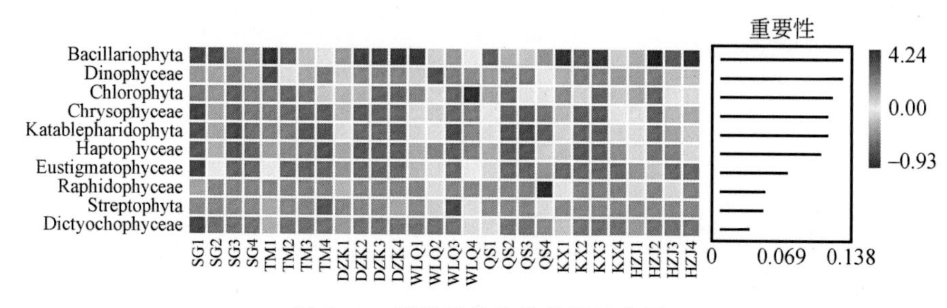

图 6-13　浮游植物物种差异性分析